Sciences exactes et sciences appliquées à Alexandrie

Centre Jean-Palerne

MÉMOIRES XVI

Sciences exactes et sciences appliquées à Alexandrie

Textes réunis et édités
par
Gilbert Argoud et Jean-Yves Guillaumin

Publications de l'Université de Saint-Étienne

1998

35, rue du 11 Novembre, 42023 Saint-Étienne
ISBN 2-86-272-120-4

Illustration de couverture : Appareil pour élever des charges (Héron d'Alexandrie, *Dioptre* XXXVII, d'après H. Schoene, Teubner, Leipzig, 1901, vol. III, p. 309, fig. 115).

CENTRE JEAN-PALERNE

Faculté des Lettres, Langues et Sciences Humaines
Université Jean Monnet - Saint-Étienne
2 rue Tréfilerie, 42023 - Saint-Étienne Cedex 2

Mémoires I	(Sept articles consacrés à des problèmes de linguistique, de littérature et de civilisation), 1978.
Mémoires II	(Neuf articles sur la civilisation gréco-latine : archéologie, géographie, linguistique, littérature), 1980.
Mémoires III	*Médecins et médecine dans l'Antiquité*, 1982.
Mémoires IV	*Nomades et sédentaires. Perspectives ethnoarchéologiques* 1984.
Mémoires V	*Textes médicaux latins antiques*, 1984.
Mémoires VI	*Bibliographie des textes médicaux latins. Antiquité et Haut Moyen Âge*, 1987.
Mémoires VII	*Recherches épigraphiques*, 1987.
Mémoires VIII	*Études de médecine romaine*, 1988.
Mémoires IX	*Pontica I., Recherches sur l'histoire du Pont dans l'Antiquité*, 1991.
Mémoires X	*Le latin médical, la constitution d'un langage scientifique*, 1991.
Mémoires XI	*Mathématiques dans l'Antiquité*, 1992.
Mémoires XII	*Cas et prépositions en grec ancien*, 1994.
Mémoires XIII	*La médecine de Celse. Aspects historiques, scientifiques et littéraires*, 1994.
Mémoires XIV	*Science et vie intellectuelle à Alexandrie (Ier-IIe siècles après J.-C.*, 1994.
Mémoires XV	*Les Pneumatiques d'Héron d'Alexandrie*, 1997.
Mémoires XVII	*Nommer la maladie, recherches sur le lexique gréco-latin de la pathologie*, 1998.

Avant-Propos
Les thématiques du colloque

C'est à la demande de plusieurs spécialistes français et étrangers que le Centre Jean-Palerne, dont une partie des recherches se concentrent actuellement sur Alexandrie et sur Héron d'Alexandrie, a organisé ce colloque dont les travaux ont porté sur tous les aspects de la science et de la technique à l'époque alexandrine, mais aussi dans les débuts du monde gréco-romain. Si l'époque alexandrine, en effet, a été celle d'une systématisation et d'une diffusion tout à fait remarquables des connaissances élaborées par les Grecs depuis le Ve siècle avant J.-C.[1], le monde romain lui est largement redevable de ses connaissances en tous domaines et des applications qu'il en a faites.

Le colloque s'est donc donné pour but d'appréhender la science alexandrine dans la diversité de ses contenus et de ses méthodes, dans un va-et-vient incessant entre le cas précis et la généralité dont il permet de définir plus nettement un aspect. La généralité, ce sont par exemple les mécanismes de la production du savoir, examinés par Christian Jacob : la compilation, la systématisation et la volonté de généralisation des résultats obtenus, en même temps que l'éclosion de nombreux traités, définissent une volonté d'encyclopédisme qui trouve sa symbolisation dans la grande bibliothèque que l'on peut voir comme l'épicentre de ces productions ; mais Ératosthène, l'un des plus grands noms d'Alexandrie, dont il a été plusieurs fois question au cours du colloque, serait lui-même, comme le montre Germaine Aujac, un bon représentant de la πολυμαθία alexandrine. Si la science alexandrine a fait appel à la théorisation abstraite, ce fut à partir de données d'expérience et des enseignements de la pratique. De cette dialectique complexe et créatrice entre la pratique et la théorie, Fabio Stok se fait l'interprète aussi à propos de la physiognomonie. La science alexandrine, et c'est sans doute l'un des traits qui l'individualisent le mieux et lui font pleinement mériter son nom, a pensé ses pratiques ; la pharmacie, pour elle, ne s'est pas réduite au maniement plus ou moins empirique de telle ou telle substance, de telle ou telle plante ; elle a conduit à réfléchir sur le concept même de médicament, ce que nous montre

1 - Cf. *Science et vie intellectuelle à Alexandrie*, Mémoires XIV du Centre Jean-Palerne, éd. par G. Argoud, Publications de l'université de Saint-Étienne, 1994.

Alain Touwaide. La même leçon est délivrée par l'exposé d'Amal Abou Aly sur les expériences relatives au lait de femme, qui présentent une différence intéressante par rapport à des travaux de médecine comme ceux de Galien.

Mais l'activité des savants pouvait être aidée par l'attention bienveillante que leur portaient les grands personnages de l'époque, et c'est ainsi que Gabriele Marasco met en évidence l'influence exercée par Cléopâtre sur l'essor remarquable des sciences à Alexandrie, et surtout de la médecine. Cela ne doit pas faire oublier le caractère en quelque sorte paradoxal de la situation des savants de l'époque alexandrine : car s'il est vrai que certains eurent la chance de bénéficier de l'intérêt manifesté par les puissants de l'époque, il n'en reste pas moins qu'un autre trait distinctif est l'isolement dans lequel ils travaillaient le plus souvent, même s'ils avaient connaissance des travaux des prédécesseurs : Simonetta Feraboli attire l'attention sur ce point de façon très opportune.

Le colloque a donc bien senti l'époque alexandrine pour ce qu'elle est réellement, à la fois un accomplissement, redevable aux acquis des siècles précédents, et une transition. Un accomplissement, et l'on peut en prendre deux exemples. En médecine, Apollonios construit un traité original sur les bases qui lui étaient offertes par le Περὶ ἄρθρων d'Hippocrate ; grâce aux travaux des philologues alexandrins, il est à même de tirer d'un ouvrage ancien une œuvre nouvelle : belle illustration de l'esprit de synthèse propre à Alexandrie, qui est développée par Amneris Roselli. En mathématiques, Alexandrie voit naître les *Éléments* d'Euclide, magistrale synthèse des travaux des deux siècles antérieurs, au sein de laquelle Michel Federspiel examine la signification du mot σημεῖον dans la définition euclidienne de la droite ; mais l'époque alexandrine est aussi une transition vers l'utilisation, en des domaines qui vont jusqu'à celui de la gromatique romaine, des connaissances qu'elle a systématisées. On peut en effet discerner, comme l'indique Jean-Yves Guillaumin, la présence d'Euclide dans un traité gromatique des années 100 après J.-C., celui de Balbus.

Le colloque ne s'est pas interdit le voyage d'Alexandrie à Rome, non seulement en traitant des textes gromatiques romains, mais en examinant, comme le fait Philippe Fleury, la place occupée par les savants alexandrins dans la littérature scientifique et technique latine : Ctésibios, par exemple, est une source directe de plusieurs passages du De *architectura* de Vitruve. Si les Romains ont beaucoup reçu d'Alexandrie – Béatrice Bakhouche le fait sentir à propos de l'héritage alexandrin dans les textes latins d'astronomie –, ils le lui ont bien rendu, en nous laissant des textes qui nous permettent d'être plus clairs sur les origines alexandrines de telle ou telle science, comme c'est le cas pour la chimie, étudiée par Elisa Romano. Dans le même sens, Françoise Gaide s'intéresse au témoignage des textes médicaux latins sur les médecins alexandrins. Nous savons, du reste, que certaines œuvres alexandrines, comme les *Pneumatiques* d'Héron qui sont le sujet de Gilbert Argoud, pour être des œuvres d'origine purement grecque, s'insèrent pleinement dans le milieu romain, ce dont témoignent jusqu'à certains éléments lexicaux qui les caractérisent.

Mais aucune science, et cela est tout à fait net à propos des sciences à Alexandrie, ne saurait exister indépendamment des autres activités intellectuelles de son époque. S'il y a interpénétration entre la science et la philosophie, il y a aussi interaction des différentes sciences entre elles, par exemple de la médecine avec la mécanique, comme le montre Heinrich von Staden, ou de l'astronomie et de la mécanique, ce que souligne Joëlle Delattre à propos de Théon de Smyrne. Il y a même dialogue entre la science et la poésie, celle-ci recevant des progrès de celle-là tel ou tel enrichissement thématique comme le montre André Hurst. Des sciences « exactes » surgissent les sciences « humaines », ou plutôt une science purement mathématique peut devenir science humaine comme c'est le cas de la climatologie, qu'examine Didier Marcotte.

La variété des directions dans lesquelles put se développer à Alexandrie telle ou telle discipline scientifique est particulièrement sensible, au sein des études réalisées à l'occasion du présent colloque, à propos de l'astronomie. On voit en effet quel rôle décisif fut celui des savants d'Alexandrie dans la définition de la théorie des ἀναφοραί (Josèphe-Henriette Abry), mais on prend en même temps conscience de la place tenue par la mythologie jusque dans une œuvre aussi scientifique que celle de Ptolémée (Wolfgang Hübner) ; du reste, il y avait là une constante ancienne, si l'on pense à la mythologie astrale d'Ératosthène, ici étudiée par Carlo Santini à travers les témoignages latins.

On ne saurait croire que les excursus que le colloque s'est autorisés en-dehors des limites chronologiques, somme toute restreintes, qui avaient été définies arbitrairement, aient été vains ou superflus. Car il y a là une autre manière d'aborder la question, tant il est vrai que les acquis de la science alexandrine ont marqué l'histoire intellectuelle de longs siècles, tant il est vrai aussi que cela a supposé un travail approfondi dans la transmission par les philologues de ces données capitales pour la postérité. On peut penser ici à ce qui est écrit par Micheline Decorps-Foulquier sur l'édition, au VIe siècle, des *Coniques* d'Apollonius par Eutocius d'Ascalon. C'est bien un problème essentiel que celui de la transmission raisonnée des textes, sur lequel on lira dans ces *Actes* les réflexions de Jean Irigoin concernant spécialement les éditions de poètes.

« Rendre raison de l'irrationnel et régulariser l'irrégularité », cette formule, empruntée à Jean Lallot qui l'utilise dans le cadre précis de son étude de la quête de rationalité dans la grammaire alexandrine, pourrait somme toute servir à résumer, en un certain sens, ce que l'on a entendu sur la science alexandrine pendant ces trois jours de colloque, et qui est publié dans ces *Actes*. Sur les données matérielles éparses, déroutantes et incongrues fournies par la réalité à laquelle l'homme s'affronte chaque jour, la science alexandrine, élaborant des méthodes assez fines pour saisir et interpréter chaque parcelle du réel, pour les synthétiser ensuite en un ensemble cohérent, a su construire l'édifice multiple mais unifié d'une compréhension (le mot étant pris dans son sens étymologique latin) du monde qui voulait offrir à tous, avec les améliorations de la vie quotidienne dans tous ses aspects, le plaisir intellectuel du savoir alimenté par une universelle curiosité.

Il reste à dire que ce colloque n'aurait pu avoir lieu sans de nombreuses aides de toute nature ; il faut donc s'acquitter, en terminant, de l'agréable devoir de remercier le CNRS et les Ministères des Affaires Étrangères et de l'Éducation Nationale, la Région Rhône-Alpes, le Département de la Loire, l'Université de Saint-Étienne, ainsi qu'EDF-GDF Services Loire. Ces aides précieuses ne sont certes pas étrangères à la réussite du colloque et à l'atmosphère à la fois studieuse et amicale dans laquelle il s'est déroulé.

Jean-Yves Guillaumin et Gilbert Argoud

Gilbert ARGOUD

Jean Palerne à Alexandrie

Jean Palerne

Le Centre Jean-Palerne porte le nom d'un gentilhomme forézien du XVIe siècle qui voyagea et visita Alexandrie. Jean Palerne est né en 1557 à La Fouillouse, dans la banlieue de Saint-Étienne[1]. Il est le sixième et dernier enfant du notaire Clément Palerne et de son épouse Antoinette Guichard et il ne serait sans doute pas passé à la postérité, s'il n'y avait le récit d'un voyage qu'il fit en Orient. On a d'ailleurs très peu de précisions sur sa vie. On sait seulement qu'il reçut une éducation solide, grâce à l'appui d'un grand oncle, Claude Tournon, Conseiller au Parlement de Dijon. Il connaît le latin et le grec et plusieurs langues étrangères, parmi lesquelles figurent probablement l'italien et l'anglais. La famille semble avoir été bien implantée dans le Forez et le Lyonnais, où le dernier Palerne connu, Palerne de Sacy, aurait été Maire de Lyon au XVIIIe siècle.

On retrouve Jean Palerne à 19 ans, en novembre 1576, au poste de secrétaire de François, Duc d'Anjou et d'Alençon, et frère du Roi Henri III. Il reste trois ans à son service, pendant lesquels il voyage beaucoup, dans la suite du Duc d'Anjou, en France d'abord, puis aux Pays-Bas, en 1578, et en Angleterre, en août-septembre 1579. Au retour de ce voyage d'Angleterre, il quitte ses fonctions auprès du Duc. Il se consacre alors à la poésie, dans deux registres à la mode du temps, le pamphlet politique et la poésie amoureuse[2], et il entreprend un voyage en Espagne ; c'était une répétition pour sa grande expédition de deux ans en Orient, de 1581 à 1583. De retour à Lyon en 1583, il rédige immédiatement le récit de son voyage, d'après les notes qu'il avait prises en cours de route, en le réservant à ses amis, sans le publier, comme il l'indique

1 - Sur Jean Palerne, voir Claude Longeon, *Écrivains Foréziens du XVIe siècle*, Saint-Étienne, Centre d'Études Foréziennes, 1970, p. 406-417 ; Olivier Aurenche, « Un voyageur français en Orient au XVIe siècle : Jean Palerne, Forézien », *Mélanges en l'honneur de Étienne Fournial*, publications de l'Université de Saint-Étienne, 1978, p. 19-34.

2 - Jean Palerne, *Poésies*, publiées avec une introduction et des notes par Auguste Benoît, Paris, 1884 ; réimpression par Slatkine Reprints, Genève, 1971.

dans son avant-propos. Le manuscrit est achevé en 1584, selon le manuscrit, actuellement aux Archives Départementales de la Loire. Nous ne savons rien de Jean Palerne de 1584 à 1587 ; en 1587, il est nommé Contrôleur des Trésoriers de France à Orléans, grâce à l'appui de Denis de Royssie, membre d'une vieille famille stéphanoise qu'il avait rencontré à Lyon, et qui avait occupé cette même charge de Contrôleur des Trésoriers de France à Orléans avant Jean Palerne et l'avait quittée en 1583.

C'est dans cette ville d'Orléans que meurt Jean Palerne le 9 septembre 1592, à l'âge de 35 ans, laissant deux manuscrits, celui de ses poésies et celui de son voyage, et une devise, *Ne haïr la pene*, qui est l'anagramme de son nom.

Le voyage en Orient

Le récit du voyage de Jean Palerne fut publié à Lyon le 6 octobre 1606, après la mort de l'auteur, chez le célèbre éditeur Jean Pillehotte, avec Privilège du Roi. Cette publication est certainement due à l'intérêt que l'on porte alors aux récits de voyages, au nombre d'une vingtaine, parmi lesquels les *Voyages du Seigneur de Villamont*, publiés en 1595, connurent dix-huit éditions. Jean Palerne se montre original dans son titre, qui ne reprend pas le nom de voyage[3] :

Pérégrinations du Sieur Jean Palerne Forésien,

Secrétaire de François de Valois

Duc d'Anjou et d'Alençon

Ce titre général est suivi d'un très long sous-titre :

Où est traicté[4] de plusieurs singularités, & antiquités remarquées es provinces d'Égypte, Arabie déserte, & pierreuse, Terre Saincte, Surie, Natolie, Grèce, & plusieurs isles tant de la mer méditerranée, que Archipelague.

Avec la manière de vivre des Mores & Turcs, & de leur Religion. Ensemble un bref discours des triumphes & magnificences faictes à Constantinople, en la solennité de la Circoncision de Mahomet fils de Sultan Amurat III, de ce nom Empereurs des Turcs.

Plus est adjousté un petit dictionnaire en langage François, Italien, Grec vulgaire, Turc, Moresque, ou Arabesque, & Esclavon, nécessaire à ceux qui désirent faire le voyage.

---

3 - Réédition en 1991, sous le titre *Jean Palerne, d'Alexandrie à Istanbul, Pérégrinations dans l'Empire ottoman, 1581-1583*, avec introduction, notes et index par Yvelise Bernard, Paris, L'Harmattan, 352 p. Les chapitres des *Pérégrinations* consacrés à l'Égypte ont fait l'objet d'une édition critique séparée : *Voyage en Égypte de Jean Palerne, Forézien, 1581*, présentation et notes de Serge Sauneron, Le Caire, IFAO, 1971.

4 - Les citations respectent les graphies de l'auteur, même fautives ; nous corrigerons seulement en note les erreurs qu'il a pu commettre.

L'auteur annonce parfaitement son sujet, qui est de décrire les conditions matérielles de son long voyage et de présenter les villes et provinces visitées, en étant un témoin fidèle des mœurs, us et coutumes, et cela dans un but pédagogique avoué, qui est de rendre service « à ceux qui désirent faire le voyage ».

Le voyage de Jean Palerne dura deux ans, du 20 mars 1581, départ de Paris, au 2 février 1583, retour à Lyon, et il fut dangereux, avec de nombreuses péripéties. Jean Palerne ne part pas seul, il a pour compagnon de voyage un gentilhomme de Melun, dont il ne dit pas le nom, et avec qui il partage les frais. Ce gentilhomme va disparaître dans un naufrage à l'entrée du port de Byblos le 23 octobre 1581.

Le but des deux voyageurs était de se rendre en pèlerinage à Jérusalem et en Terre Sainte, et ils avaient décidé de s'embarquer à Venise. Partant de Paris, ils passent par Troyes, Dijon, Beaune, Lyon, puis ils traversent le Dauphiné et la Savoie, gagnent Turin, Milan, Pavie, Plaisance, Crémone, Ferrare, Padoue et Venise, où ils arrivent le 12 avril. Ils attendent trois semaines avant de trouver un grand bateau marchand, le *Nava e Rosina*, qui devait les conduire à Tripoli en Syrie. Le navire quitte le port de Mallamoco au Sud de Venise le 5 mai, pour faire naufrage quelques jours plus tard : sur les 360 personnes à bord, il n'y a que 80 survivants, parmi lesquels figurent nos deux voyageurs. Ils reviennent à Venise et trouvent cette fois à embarquer le 24 mai pour Alexandrie, où ils arrivent le 20 juillet ; ils visitent cette ville, Le Caire et l'Égypte, y compris le Sinaï – le récit de ce début de voyage et de cette visite de l'Égypte occupe les chapitres 1 à 57 des *Pérégrinations*. Ce séjour égyptien prend fin le 18 septembre, et dans les chapitres 58 à 87 nous avons le récit du voyage en Syrie-Palestine, avec le pèlerinage à Jérusalem et autres lieux bibliques : embarquement à Damiette pour Jaffa, d'où nos deux voyageurs partent pour Jérusalem et la Terre Sainte. Ils reviennent ensuite à Jaffa, d'où ils repartent pour Tripoli. C'est alors qu'a lieu le second naufrage, à l'entrée du port de Byblos, le 23 octobre 1581, au cours duquel Jean Palerne perd son compagnon. Palerne gagne ensuite Tripoli par voie terrestre, en passant par le Mont Liban. Le 21 décembre, il quitte Tripoli pour Damas, où il arrive le 26 décembre. Il revient à Tripoli qu'il quitte le 15 janvier 1582 pour Chypre (visite de Larnaka, Limassol et Famagouste), d'où il repart pour Istanbul (arrivée le 6 avril), en passant par diverses îles de la Méditerranée, notamment Rhodes, Chio et Lemnos – c'est le contenu des chapitres 88 à 100. Jean Palerne consacre la dernière partie des *Pérégrinations*, chapitres 101 à 131, à Istanbul puis à son retour d'Istanbul à Raguse par voie de terre, avant de gagner Venise par bateau, avec retour à Lyon le 2 février 1583. La ville d'Istanbul, alors Constantinople, va fasciner notre voyageur : arrivé le 6 avril, il n'en repartira que le 25 juillet 1582. Il décrit la ville et ses monuments et présente la splendeur des cérémonies auxquelles il a assisté, notamment un feu d'artifice, sans oublier les habitants, artisans et marchands, avec leurs habits et leur mobilier. C'est ensuite le lent retour vers la France, qu'il accomplit en compagnie d'un gentilhomme français dont il avait fait connaissance à Istanbul. Les deux hommes traversent la Macédoine et la Bulgarie, avant d'arriver à Raguse le 30 août 1582. Jean Palerne, malade, devra attendre le 19 octobre pour embarquer sur une frégate vénitienne qui le conduira à Venise le 26 octobre. Peu pressé de regagner la France, Jean Palerne décide de visiter quelques villes italiennes, Florence, Sienne, Rome, Bologne, Parme, Gênes, Turin. Il arrive enfin à Lyon le 2 février 1583. Il va alors rédiger le récit de son voyage, avec l'aide des très nombreuses informations qu'il a notées avec une précision et une sensibilité remarquables, conscient d'avoir la chance de sortir indemne de ces pérégrinations, comme il l'écrit à la fin de son récit, :

> *ayans demeuré vingt trois mois ou environ en ce voyage, rendant graces, & louanges immortelles à Dieu le souverain Pillote de m'avoir garanty de tant de fortunes, naufrages, dangers, & maladies.*

Alexandrie

« Alexandrie[5] est située au bord de la mer, en pays sablonneux, comme sont presque toutes les autres villes d'Égypte, s'avançant asses dans la mer, appellée par les Mores & les Turcs Scanderia, de Scander, qui signifie Alexandrie : quasi en forme ovale, ayant d'un costé la mer Méditerranée, & de l'autre un grand lac, qu'on nomme le lac Marcotis[6], contenant environ trois cens mil de circuit, comme nous asseurèrent ceux du pays : & disaient d'avantage, que s'estoit celuy là mesme, qui fut anciennement fait & cavé par artifice, profond de vingt cinq toyses, pour conserver l'eauë qu'on y fait aller par un canal du Nil, qui se sépare au dessus du Caire. On nous voulut persuader, que tous les Vendredis ores l'eauë en devenair rouge.

Dudict lac il y a environ un mil jusques à la ville, laquelle souloit estre de grand trafic : & est celle mesme que Démocrate Mathématicien désigna à Alexandre le grand, estant encores les mesmes murailles en leur entier, qui sont doubles, & si bien estendues par belles arcades, que le soldat à pied, voire à cheval, peut aller au tour toujours à couvert : & sont si bien flanquées, qu'on y conte de trois à quatre mil tours, ayant environ six mil de circuit.

Elle fut ruinée lors qu'un de nos Roys de France avec celuy de Chypres contraignirent le Soldan de la quitter[7]. Il se peut encores veoir par les colonnes,

5 - La description d'Alexandrie se trouve au ch. 7 de l'ouvrage, p. 76-79 de l'édition de 1991.

6 - Lac Mareotis et non Marcotis : erreur que l'on retrouve dans les pages suivantes (note de l'éditeur).

7 - Palerne fait référence à la ruine d'Alexandrie à la suite de la prise de la ville par Pierre de Lusignan en 1365 (note de l'éditeur).

arcades, & fragments de marbre, quelle estoit ceste ville, où il n'y a amintenant que deux rues habitées, qui sont couvertes, comme elles sont aussi par toute l'Egypte, terre Saincte, & Surie : quoy que soit celle, où se vend la mercerie, qu'ils appellent Bazarts : & ce à cause de la grande chaleur qu'il y faict, & les maisons couvertes en plate forme, ou terrasses, de façon qu'on peut marcher au dessus comme en la ruë : aussi est ce la promenoir des habitants après le repas. Cecy servira donc pour l'intelligence des bastiments des autres provinces méridionalles, d'ont sera cy après traicté, sans répéter la forme d'iceux.

La ville est tellement ruinée, que sans les Frantiques des nations qui y trafficquent, elle seroit presque déshabitée : & encores ceux qui y veullent habiter, s'en vont plustost bastir à la marine, hors de la ville, que dedans. Tellement qu'au près du port, l'on a desja faict un petit bourg, plustost pour la commodité dudit port, qu'autre chose, encores que la ville n'en soit pas loing : où il y a tousjours quatre galères pour la garde.

Le lieu est très abondant en poisson, chair de mouton, & plusieurs fruicts, que nous n'avons pas communs en nostre Europe, comme Carrobes, l'arbre duquel ressemble au Cassier, & produit son fruict comme febves estans en leur escorce : mais plus gros, plat, & de mesme couleur estans seiches, que seroit un morceau de colle-forte, & ainsi faict. Ses noyaux y sont rangez comme febves, mais ne servent à rien, & n'y a que ce qui est au tour : & à son escorce dure, comme marrons. Plus il y a force de grenades, limons, oranges, & des figues les plus grosses & meilleures, que j'aye veuës. On y apporte aussi de bons raisins, dont nous mangeasmes lors que nous y estions, bien que ce ne fust encores qu'au dix neuviesme de Juillet[8].

Il y a quantité de Cappriers produisans des cappres très grosses, & des palmiers qui jettent les dattes. De cest arbre ils en tirent plusieurs commoditez. Premièrement ils ont les dattes, qu'est son naturel & meilleur fruict. Tirent du boys une certaine filasse, de laquelle ils font des cordes, bruslent le boys, dont ils ont grande nécessité au moys de May. Ils recueillent encor certains petits rejects, dont ils salades[9] : & après coupent la pointe des rameaux : recueillent encores une certaine mouëlle, qu'ils portent vendre aux villes, & se mange cruë : mais ce qui est digne de remarque en cest arbre, c'est qu'il y a masle & femelle, laquelle ne produiroit jamais quoy que ce soit : son fruict ne viendroit à maturité, si premièrement on ne jette des rameaux du masle sur la femelle ; & pareillement de la femelle sur le masle.

---

8 - Erreur de Jean Palerne, qui a déclaré peu auparavant être arrivé à Alexandrie le 20 juillet. Il y a ainsi dans son récit quelques petites discordances de calendrier qu'on lui pardonne volontiers.

9 - On peut penser qu'il y a ici un ou deux mots sautés par Jean Palerne, et qu'il a voulu dire « dont ils font des salades ».

Or revenans à la ville, les belles cisternes, qui y sont sans nombre, sont aussi dignes d'admiration, si bien fabriquées par grandes arcades & colonnes, le tout en son entier : & la ville bastie au dessus : elles ont été faictes respondantes les unes aux autres, pour recevoir l'eauë du Nil ; n'ayant autre commodité d'eauë que celle là. Car lors qu'il croit, ils y font aller l'eauë par le canal ou rameau qu'Alexandre le Grand fit encores caver exprez, qu'ils appellent Calix[10], lequel remplit toutes lesdites cisternes une foys l'année, lors que le Nil croist. Par ainsi ils ont provision d'eauë pour tout le reste de l'année, jusques à ce qu'il retourne. Pendant ce temps là, qui dure environ deux ou trois moys, on se peut embarquer sur ledit canal, pour aller au Caire : mais hors ledit temps il demeure à sec, & se faut aller embarquer à Rosette, journée & demy delà.

Il y a trois montaignes dans la ville : & entre autres singularités, & antiquités qui s'y voient, faut premièrement remarquer deux esguilles, ou obélisques, qui sont dans la ville près la muraille d'icelle. L'un desquels est droict, & en son entier : l'autre couché, & rompu, la poincte fichée en terre : celuy qui est droict, est entaillé de charactères Égyptiens, que nous appelons lettres Hieroglyfiques : & peut avoir environ cinquante pieds de hauteur, à se reigler selon son diamètre, qui est de cinq pieds. Et celuy qui est couché, en a soixante douze, comme il se peut aussi cognoistre par sa faciade, qui estoit dix fois autant, ou neuf au moins. Ils sont de pierre Thébaïque, meslée de petits grains noirs, blancs & rouges. Ce qui a donné occasion à plusieurs, voyans une pierre massive toute d'une pièce si grande, longue & grosse, & tant bien polie, qu'elles ont été jettées, & qu'elles sont mixtionnées. Car tous obélisques sont d'une mesme pierre, gravez de divers grains. Un Architecte nous dict en sçavoir l'invention : mais si confessa il en fin, qu'ils avoyent ainsi esté taillez au roc.

Se voient encores hors la ville, près de la porte, une très belle colonne à la Corinthe, appellée vulgairement la Colonne de Pompée, à cause de César, qui la fit dresser en mémoire de la victoire qu'il eut contre Pompée, sur laquelle fut mise une statue, que les Égyptiens adoroyent : ceste colonne est admirable en hauteur & grosseur, pour estre toute d'une pièce, de mesme pierre que les Obélisques : & tient on, qu'il ne s'en soit jamais veuë de telle. Elle a sept pieds de diamètre, qui revient à soixante pieds de haut, & plus ; & grosse, qu'à peine six hommes la peuvent embrasser.

Dans la ville l'on voit encores la prison de Saincte Catherine, que l'on y feist mourir, & son corps porté par les Anges sur le mont Sinai, & une pierre au millieu d'une ruë, dont les Mores font cas, sur laquelle on dit, que S. Marc eut la teste tranchée. Les Chrestiens l'ont voulu chèrement achepter : mais les Mores ne la veulent donner pour rien au monde. L'église, où il fut enterré, y est aussi. Toutesfois son corps a despuis esté transporté à Venise, que les

10 - Il s'agit de la francisation du terme arabe *khalidj* désignant le canal de dérivation du Nil – le khalidj al-Misri – remblayé de 1897 à 1900 (note de l'éditeur).

Vénitiens tiennent pour leur patron, & protecteur : hors la ville y a encores un lieu, où l'on tient , que S. Athanase Evesque dudict Alexandrie, fit le Symbole, *Quicunque vult salvus esse.*

Outre ceste ville est fameuse, tant pour les lettres, qui y ont autresfois flory, que pour la tour de Pharo, qui servoit de fanal aux navigeans, mise aux sept merveilles du monde, pour sa hauteur & grosseur, au lieu de laquelle y a aujourd'huy un champ[11], qui est encores appellé Farion, ou Farzion de ce nom de Pharo, qui est, comme dict est, à l'entrée du port. D'avantage pour la statue de Serapis, qui estoit soustenue en l'air, par ce qu'estant de fer elle estoit attirée par l'aymant. Et pour le grand amas de livres, & belle bibliothèque, que les Ptolémées Roys d'Egypte y firent assembler, contenant jusques à sept cens mil volumes, lesquels despuis furent tous bruslés à la première guerre Alexandrine : firent encores traduire la bible d'Hébrieu en Grec, par soixante douze interprètes. Ce fut aussi là où Cleopatra Royne d'Egypte alla recevoir Marc Antoine, avec des vaisseaux à voiles d'or, & rames qui sonnoyent la musique ».

Suivent ensuite quelques considérations sur l'astrolabe[12] que possédait un Anglais, ce qui permet à Jean Palerne de donner la latitude de la ville : « Lequel ayant regardé sur Alexandrie, il trouva qu'elle avoit environ soixante degrez, & trente minutes, & trente un degrez de latitude, en eslévation du pole Articque ». La latitude d'Alexandrie est indiquée avec assez de précision, puisqu'elle est très précisément de trente et un degrés et douze minutes de latitude nord. Ainsi se termine la description de ce que Jean Palerne vit à Alexandrie, entre le 20 et le 25 juillet 1581.

---

11 - Il faut lire « chateau » et non « champ » (note de l'éditeur).

12 - L'astrolabe est un instrument qui permet de mesurer la hauteur d'un astre au-dessus de l'horizon.

Christian Jacob

La bibliothèque, la carte et le traité
Les formes de l'accumulation du savoir à Alexandrie

Questions sur les sciences alexandrines

L'intitulé même de ce colloque pose une question implicite : que représente Alexandrie dans l'histoire des sciences antiques ? En quoi réside l'importance historique de ce moment et de ce lieu ? Et dans quelle mesure Alexandrie et son moment historique permettent-ils de définir un processus plus large et diffus, qui influencerait globalement l'évolution intellectuelle et scientifique du monde Méditerranéen, occidental et oriental, au-delà même des cadres chronologiques et géographiques du monde gréco-romain ?

Plusieurs stratégies sont possibles pour répondre à de telles questions. On peut, dans le cadre d'une approche internaliste, analyser le moment alexandrin dans le développement de chaque science particulière, observer la part de la continuité et des mutations, évaluer les découvertes et les avancées conceptuelles. La juxtaposition même de ces différentes approches monographiques permettrait de dresser un état des lieux plus général, susceptible de donner lieu à la comparaison, voire à l'observation des influences d'une discipline à l'autre.

On peut aussi rechercher certains des facteurs de cette évolution non plus à l'intérieur même des différentes disciplines, mais dans le contexte extérieur, social, politique, économique et plus généralement culturel. Quelles étaient les conditions de l'activité scientifique à Alexandrie à partir du IIIe siècle avant J.-C. ? Quels furent les facteurs de continuité et d'évolution par rapport à la situation antérieure, comme par exemple les écoles médicales ou les écoles philosophiques athéniennes ? Et dans quelle mesure la science alexandrine s'est-elle ou non imposée comme un modèle dominant dans l'ensemble du monde Méditerranéen ? Questions qui invitent à une géographie comparée des centres intellectuels de la Méditerranée gréco-romaine, où Alexandrie pourrait être située par rapport à Rhodes, à Cyrène, à Pergame ou à Rome[1].

1 - Sur la géographie culturelle de l'époque hellénistique et gréco-romaine, voir les études réunies dans *Lo Spazio Letterario della Grecia Antica*, Volume I. *La Produzione e la circolazione del testo*, sous la direction de G. Cambiano, L. Canfora, D. Lanza, Roma, Salerno Editrice, 1993.

Dans le cadre d'une telle approche « externaliste » ou contextuelle, il faut sans doute dépasser les cloisonnements disciplinaires pour percevoir les similitudes comme les contrastes d'un champ à l'autre. Appréhender globalement les sciences à Alexandrie invite en effet à réfléchir sur leurs découpages, sur leurs interactions, sur leurs regroupements et leurs influences réciproques. Qu'ont-elles en commun ? Quels sont leurs rapports de présupposition et, le cas échéant, leur hiérarchie ? Peut-on observer, des unes aux autres, des transferts de concepts et de modèles ? De telles questions impliquent que l'on prenne en compte toutes les facettes de l'activité intellectuelle d'un auteur donné. On ne saurait dissocier, par exemple, les travaux de zoologie ou de météorologie d'Aristote de l'ensemble de son oeuvre philosophique : les traités que nous identifions comme scientifiques s'intègrent en effet dans ce cadre plus général. Ces textes ont en commun une conception générale du monde et de la connaissance. Ils furent aussi produits dans le cadre d'une « école » vouée à l'enseignement et à une forme de recherche collective, où l'on partageait des instruments et des méthodes de travail – citons en particulier l'usage d'une bibliothèque et les formes de critique et de discussion liées à la pratique doxographique et à la lecture critique des grandes oeuvres philosophiques du passé[2].

On pourrait appliquer le même type d'approche globale à Théophraste et à Poseidonios, ou encore à Eratosthène de Cyrène et à Galien : il est du plus grand intérêt de comprendre la logique intellectuelle et culturelle qui sous-tend des œuvres dont on souligne aujourd'hui le caractère encyclopédique et qui défient les clivages habituels entre sciences pures et sciences appliquées, entre sciences et disciplines littéraires ou historiques. L'une des clés de l'œuvre d'Eratosthène, par exemple, résidait dans la gamme relativement ouverte des champs intellectuels auxquels il s'est intéressé : mathématiques, géodésie, géographie, philosophie, poésie, grammaire, histoire littéraire, chronologie historique. Il y avait manifestement des liens entre ces disciplines, même si la biographie d'Eratosthène peut constituer un facteur d'explication : ses années de formation à Cyrène, puis ses années athéniennes, où il fréquente les écoles philosophiques et entreprend sans doute ses recherches mathématiques, activités qu'il complète par la gamme plus large des disciplines littéraires caractéristiques de l'érudition alexandrine, dès lors qu'il se trouve à la tête de la Bibliothèque des Lagides. Cette position de bibliothécaire, du reste, ne pouvait être sans conséquences sur l'activité intellectuelle d'Eratosthène, sur les objets qu'il a choisi d'étudier comme sur ses méthodes de travail.

A ce premier décloisonnement, qui tente de comprendre la cohérence intellectuelle globale d'une oeuvre, au-delà de la diversité même des champs qu'elle recouvre, il nous semble nécessaire d'en ajouter un second. Alexandrie

2 - Voir C. Natali, *Bios theoretikos. La Vita di Aristotele e l'organizzazione della sua scuola*, Bologna, Il Mulino, 1991.

invite en effet à redéfinir la place des sciences sur la carte plus générale des activités intellectuelles qui se développent dans ce cadre. On ne peut comprendre l'organisation de cette carte qu'en remettant en cause les frontières et les partages entre sciences et non sciences, entre sciences pures et appliquées. La cohérence des disciplines, le haut degré de technicité parfois impliqué ne doivent pas dissimuler l'existence d'une série de seuils de transformation, qui conduisent de la recherche la plus spécialisée à des formes de diffusion émoussées par la vulgarisation. De ce point de vue, les *Phénomènes* d'Aratos et la *Périégèse de la terre habitée* de Denys font autant partie du paysage scientifique alexandrin que les œuvres originales qui furent ainsi adaptées – les *Phénomènes* d'Eudoxe de Cnide, les ouvrages géographiques d'Eratosthène et de Poseidonios. Porter des jugements de valeur sur la différence de niveau entre les œuvres originales et leurs adaptations poétiques ne dispense pas de s'interroger sur les enjeux sociologiques du processus : Aratos et Denys s'adressent à un autre public, permettent un autre mode de circulation du savoir que celui du traité original. Le fait même de leur fortune, et de la disparition des traités majeurs, conduit à réfléchir sur les modes de circulation des textes scientifiques, sur leurs différents publics. On pourrait formuler des remarques semblables sur le genre de la paradoxographie, inauguré à Alexandrie par Callimaque. Le recueil attribué à Antigonos de Caryste s'appuie de manière notable sur l'*Histoire des Animaux* d'Aristote, dont la cohérence et le projet sont déconstruits pour s'adapter à la forme spécifique d'un catalogue de *mirabilia*. Textes mineurs ? Peut-être. Mais que nous apprennent-ils sur la curiosité de leurs lecteurs, sur les seuils de transformation stylistique et de découpage qui pouvaient donner à un traité d'Aristote ou de Théophraste une lisibilité, des significations, une valeur esthétique et imaginaire nouvelles ?

Dans cet élargissement des cadres de l'enquête, il semble difficile de ne pas situer les sciences parmi les autres champs de savoir alexandrins : l'érudition antiquaire et grammaticale, la philologie, l'histoire, la mythographie, les formes multiples de la création littéraire. D'abord parce que les unes comme les autres partagent les mêmes ressources fondamentales, bénéficient du même contexte global : la politique de mécénat des Lagides, la création de la Bibliothèque qui, si elle n'était pas un établissement public au sens moderne du terme, n'en était pas moins accessible à un certain nombre de savants et de lettrés. Ensuite, parce savants et lettrés se retrouvaient autour d'un certain nombre de pratiques intellectuelles : lecture, écriture, utilisation et critique des sources écrites, recherche d'informations, établissement et interprétation du texte, commentaire, exégèse littéraire, citations etc. La lecture de la *Géographie* de Strabon, de ce point de vue, constitue un exemple privilégié : des discussions de géographie mathématique à la définition des connaissances scientifiques impliquées dans le tracé cartographique, mais aussi de l'exégèse homérique à la philologie, de l'histoire à l'ethnographie, Strabon témoigne de la diversité des formes de discours, d'argumentation, de langages techniques, de niveaux d'interprétation et d'argumentation disponibles pour un auteur qui appartient à la sphère alexandrine entendue au sens large.

Il n'est pas de science indépendante d'un contexte et d'une société, d'un cadre général de production et de circulation des textes et des savoirs. Pour comprendre l'œuvre d'un savant comme Eratosthène, il faut sans aucun doute s'interroger sur l'éducation qu'il a reçue, les influences philosophiques qu'il a subies et assumées, mais aussi le cadre dans lequel il a exercé ses activités. Le Musée et la Bibliothèque d'Alexandrie donnent une échelle sans précédent à des institutions qui existaient déjà, sous des formes différentes, à Athènes : en particulier, le Lycée d'Aristote, qui fut le modèle avéré des fondations Lagides, grâce à l'inspiration des savants péripatéticiens qui firent le voyage d'Egypte, Démétrios de Phalère, Straton de Lampsaque. Mais le fait même que cette communauté de savants soit désormais placée sous la protection du roi et établie dans le quartier royal de la ville, tout en les libérant des soucis matériels, leur imposait de nouvelles contraintes : on aimerait en savoir plus sur la vie collégiale, les obligations, les modes de sociabilité et d'échanges, les moyens de travail et les activités quotidiennes de ceux qui pouvaient s'adonner aux recherches scientifiques ou grammaticales, ou encore à l'écriture poétique.

Les savants Alexandrins pouvaient avoir des statuts différents, du cercle le plus proche de la cour royale – le Bibliothécaire, précepteur des enfants du roi – aux membres de la communauté du Musée, et aux « chercheurs indépendants », qui, sans bénéficier directement des largesses du pouvoir, trouvaient néanmoins dans la capitale Lagide un climat favorable à l'exercice de leur activité et, parfois, aux expérimentations les plus innovatrices[3]. Ces savants donnaient-ils un enseignement, des conférences ? Avaient-ils des étudiants ? La situation variait sans doute d'une discipline à l'autre. Les élèves d'Euclide, apparemment, tenaient école à Alexandrie sous le règne de Ptolémée Evergète (247-222), et eurent parmi leurs étudiants Apollonios de Pergé[4]. Mais il ne semble pas qu'Eratosthène ait suivi ce modèle et donné des cours ou des conférences de mathématiques. Si, dans le domaine des études littéraires et grammaticales ou de la poésie, on identifie les élèves de Callimaque, d'Aristophane de Byzance ou d'Aristarque, Eratosthène ne semble pas avoir fait école dans ce qui fut l'une de ses œuvres majeures : la géographie et la cartographie. La Souda lui reconnaît comme disciples Aristophane de Byzance, Mnaséas de Patara et un certain Ménandre : le premier est l'un des grands

3 - Tel a pu être le cas du médecin Hérophilos : aucune source n'atteste qu'il ait été un membre du Musée. Voir H. Von Staden, *Herophilus. The Art of Medicine in Early Alexandria*, Cambridge University Press, 1989, pp. 26-27.

4 - Pappus, Coll. VII, 35.

grammairiens alexandrins, le second est un géographe mineur orienté vers la paradoxographie, quant au troisième, il pourrait être un historien originaire d'Ephèse, auteur d'un traité sur les Rois de Tyr[5]. Mais il est remarquable qu'aucun de ces trois élèves ne soit un cartographe *stricto sensu*.

Les oeuvres conservées – quand elles le sont – ne permettent pas toujours de se représenter clairement ce que pouvait être le milieu scientifique alexandrin, les rapports entre collègues, les modes de communication entre spécialistes d'une même discipline. Certaines préfaces des traités d'Archimède constituent de ce point de vue des exceptions notables et nous révèlent des formes d'échange et de sociabilité entre spécialistes intéressés par les mêmes problèmes mathématiques. Il n'est pas indifférent que le grand savant de Syracuse s'adresse notamment à Eratosthène, son collègue alexandrin, dans la préface de son traité *Sur la méthode*..

Ce qui pouvait constituer la vie scientifique alexandrine semble définitivement hors de portée de l'historien moderne. Il paraît difficile d'imaginer des formes d'enquête analogues à celles des sociologues contemporains qui observent tous les aspects de la « vie de laboratoire », et les composantes apparemment mineures et informelles du travail scientifique : interactions quotidiennes entre chercheurs, conflits et rapports de concurrence, rôle des instances de pouvoir (politique, scientifique, technique, économique), ensemble des procédures mises en œuvre pour valider les découvertes et les faire accepter de leurs collègues[6].

Peut-on d'ailleurs parler d'une « communauté scientifique » à Alexandrie ? Quels étaient les échanges informels et formels, par exemple dans la communauté du Musée, organisée sur le modèle d'une association religieuse, mais dont le poète satirique Timon évoque les criailleries d'oiseaux gâtés[7] ? Quelle était l'organisation de la recherche, et de quels moyens logistiques disposaient les savants ? De quelle nature était le soutien de la famille régnante, de quel ordre étaient les pensions allouées aux chercheurs ? Quel rôle jouaient, dans la vie intellectuelle du Musée, les ambitions littéraires et scientifiques de certains des souverains Lagides[8] ?

Apporter des éléments de réponses à ce faisceau de questions suppose que l'on modifie notre point de vue sur les seuls documents à notre disposition : les traités scientifiques eux-mêmes, et la tradition indirecte qui pallie la perte de

5 - P.M. Fraser, « Eratosthenes of Cyrene », *Proceedings of the British Academy*, 1970, LVI, p. 203 -204 (note 1).

6 - Voir l'enquête exemplaire de B. Latour et S. Woolgar, *La vie de laboratoire. La production des faits scientifiques*, Paris, La découverte, 1988, consacrée à l'équipe de recherches en neuroendocrinologie du Prof. Guillemin à San Diego.

7 - Athénée, *Deipnosophistes*, 1, 22 D.

8 - La meilleure synthèse reste celle de P.M. Fraser, *Ptolemaic Alexandria*, Oxford 1972, en particulier le chapitre VI « Ptolemaic Patronage : The Mouseion and Library ».

certains d'entre eux. S'il est légitime et indispensable de s'attacher à l'architecture conceptuelle des travaux scientifiques, à l'évaluation de leurs méthodes et de leurs innovations, à la compréhension de leur logique interne, on peut aussi réfléchir à la mise en scène de ce travail intellectuel, aux procédures rhétoriques et discursives mobilisées pour établir un fait, critiquer des sources, résoudre une aporie, imposer une interprétation, une mesure, un fait historique dans le cadre d'une controverse. L'approche épistémologique s'enrichit ainsi d'une dimension sociologique, où les textes scientifiques eux-mêmes livrent des indices sur le processus de leur production, les stratégies mises en œuvre pour rendre acceptables des propositions nouvelles et, dans certains cas, pour rejeter celles des prédécesseurs. Le traité est alors un indicateur précieux sur la « science en train de se faire », et permet de dégager, explicitement ou implicitement, un certain nombre de critères qui régulent, par exemple, le comportement critique à l'égard des auteurs antérieurs et définissent une forme de code déontologique du travail scientifique, dès lors qu'il implique le recours aux sources écrites. Dans le domaine de la géographie, Strabon nous donne ainsi des indications très fines sur les codes de bonne conduite entre « collègues », sur les cadres de la polémique, sur les profils psychologiques et les types caractériels de savants, sur la casuistique juridique complexe qu'il convient de suivre dans la critique des prédecesseurs : autant d'indices qui nous introduisent dans la « cité » des savants, par le biais de ces formes de débats paradoxales qui se déploient dans le traité de l'auteur le plus récent, qui aura, par définition, le dernier mot.

Je ne ferai qu'esquisser un cheminement à partir de deux corpus sur lesquels portent mes recherches actuelles, la géographie et la philologie. Je situerai ces deux disciplines par rapport à l'une des figures majeures de la culture alexandrine, l'accumulation, en montrant comment l'accumulation des livres, des cartes, des informations, a généré de nouvelles pratiques intellectuelles, un nouveau regard porté sur les documents eux-mêmes. Puis je montrerai comment le traité scientifique devient lui-même comme la bibliothèque de la discipline dans laquelle il s'inscrit, dont il synthétise les acquis et dont il redéfinit l'histoire proche.

J'espère ainsi montrer l'intérêt d'une approche qui porterait à la fois sur l'impact des nouvelles conditions du travail intellectuel, sur les modes de communication et d'influence entre disciplines, et aussi sur la dimension réflexive de l'écriture scientifique, qui explicite ses procédures et formalise les rapports entre praticiens d'une même science.

Figures de l'accumulation

Le modèle aristotélicien a inspiré de toute évidence les deux premiers Lagides dans leur dessein d'associer dans une même fondation une bibliothèque et une communauté de savants et de gens de lettres, travaillant dans le cadre d'un Musée. Les sources suggèrent la croissance exponentielle de la collection de livres – 490 000 au temps de Ptolémée II Philadelphe selon Tzetzès[9]. Le pouvoir symbolique de cette accumulation est évident : il correspond à une prise de possession de la mémoire du monde, grec et barbare, la captation de l'héritage de l'hellénisme au coeur d'une ville nouvelle fondée aux marges de la plus antique civilisation de la Méditerranée, auprès de laquelle, comme Solon et Hécatée l'avaient appris, les Grecs ne sont que de tout jeunes enfants[10]. De la même logique centripète relève l'accumulation des savants et des poètes, des objets précieux, des animaux rares, des richesses de toutes sortes, comme du reste des ressources produites en Egypte même[11].

Une bonne part de la mythologie d'Alexandrie réside dans ce rêve de l'accumulation et de la mémoire totale : la première bibliothèque universelle du monde Méditerranéen, qui ne soit pas réservée au seul souverain, mais soit mise à la disposition d'une petite communauté de savants et de gens de lettres, réunis sous la protection du roi. On a moins souvent tenté de dégager les implications d'un tel projet sur le travail intellectuel effectué à Alexandrie. Cette figure de l'accumulation et de la collection constitue un paradigme essentiel de la culture d'Alexandrie, y compris sous la forme des multiples stratégies intellectuelles qui visaient à la maîtriser et à rendre exploitables les collections ainsi constituées[12].

L'une des figures majeures de l'activité intellectuelle des Alexandrins (et en employant ces termes, je me situe au-delà du clivage entre sciences et activité lettrée) réside en effet dans les pratiques de la collection – *sullogè*, *sunagôgè*. Les Ptolémées accumulaient des objets matériels – les livres, investis d'une valeur symbolique, ce qui explique par exemple leur quête des éditions

9 - Tzetzès, *De comoedia*, p. 43 Koster.

10 - Platon, *Timée*, 22b ; Hérodote, *Histoires*, II.143.

11 - Sur le zoo de Ptolémée II Philadelphe, *FGrHist* 234 F 2 ; Diodore de Sicile, III.36-37. Voir aussi la description de la grande procession des Ptolémaia par Callixène : *Athénée, Deipnosophistes*, V, 200 E-F, 201 BC. Sur ce texte : E.E. Rice, *The Grand Procession of Ptolemy Philadelphus*, Oxford, 1983.

12 - Nous nous permettons de renvoyer à notre étude : « Navigations alexandrines : lire pour écrire ». In : *Le Pouvoir des Bibliothèques. La mémoire des livres en Occident*, sous la direction de M. Baratin et C. Jacob, Paris, Albin Michel, 1996, pp. 47-83.

prestigieuses des cités grecques (les exemplaires officiels des tragiques Athéniens)[13].

Les grammairiens, antiquaires et érudits, dont Callimaque et Aristophane de Byzance sont particulièrement représentatifs, contribuèrent eux aussi à ce processus d'accumulation, non plus à l'échelle de la Bibliothèque, mais sous la forme de livres-collections, qui pouvaient obéir à des contraintes intellectuelles, à des formes d'ordre conventionnel – ordre alphabétique, géographique, taxinomique, chronologique[14]. Dans les *Tables des auteurs qui se sont illustrés dans tous les aspects de la culture et de leurs écrits*, en 120 rouleaux, Callimaque dressait un inventaire raisonné, par disciplines et champs littéraires, de la *paideia* universelle rassemblée dans la bibliothèque. Ce catalogue, dont ne subsistent que quelques maigres fragments[15], donnait sa pleine signification à la collection des Lagides en faisant ressortir ses lignes de force intellectuelle. Les *Tables* en étaient la carte, en ce qu'elles dressaient un inventaire des différentes subdivisions génériques et disciplinaires et, à l'intérieur de celles-ci, énuméraient les auteurs et leurs œuvres sans doute par ordre alphabétique. Les *Tables* de Callimaque furent un « instrument de référence » majeur : non seulement parce les subdivisions du catalogue reflétaient peut-être le rangement matériel des rouleaux de papyrus sur les étagères qui constituaient la bibliothèque, mais aussi parce qu'elle rendaient possible la constitution de bibliographies disciplinaires ou génériques : elles permettaient, par exemple, de juxtaposer tous les textes représentatifs d'un même genre poétique ou d'un même champ scientifique. On est certes réduit aux hypothèses, mais il est permis de s'interroger sur le rôle que ces *Tables* (y compris sous la forme de leur version corrigée par Aristophane de Byzance) ont pu jouer dans certaines grandes entreprises scientifiques, comme par exemple les travaux géographiques d'Eratosthène.

Les collections de mots rares et de variantes dialectales, les lexiques, les recueils de rituels, de mythes, de curiosités naturelles, de notices ethnographiques etc. perpétuent un type de travail déjà attesté dans l'école aristotélicienne. On qualifie souvent, et de manière péjorative, de compilation une opération qui est autrement complexe. Les livres de la Bibliothèque sont conçus comme un gisement d'informations et de savoirs qui se prêtent à l'extraction, à la décontextualisation, et à une redistribution régie par des choix a priori. Une telle opération implique la réification des contenus de savoir, leur objectivation. Ils deviennent autonomes, traductibles, combinables. On peut extraire une information, voire en modifier la formulation, sans en altérer fondamentale-

13 - Galien, *Commentaire au livre II des Epidémies*, II.4.

14 - Voir R. Pfeiffer, *Callimachus*, 2 vol., Oxford, 1949-1953 ; W. Slater, *Aristophanis Byzantii Fragmenta*, Berlin-New York, De Gruyter, 1986.

15 - Fragm. 429-453 Pfeiffer.

ment le contenu. Il peut s'agir de collections de mots, de choses ou de faits. Mais il s'agit toujours de créer des effets de sens nouveaux, de produire des informations nouvelles puisque l'accumulation dans des textes-catalogues ou dans des lexiques crée un nouveau contexte, de nouveaux jeux de résonance sémantique entre des éléments qui étaient auparavant sans rapport. Si la Bibliothèque avait pour vocation de réunir tous les livres de la terre, les livres-collections, en déconstruisant la clôture des textes, visent des formes d'exhaustivité locale, où la complétude résulte de l'accumulation de données comparables.

Les auteurs de ces recueils sont des lecteurs professionnels, qui utilisent la médiation des livres pour bâtir une forme de savoir sur le monde – l'espace, la langue, le passé, la culture, la nature. La Bibliothèque d'Alexandrie constitue ainsi un vaste dispositif de médiation à partir duquel on peut par exemple dresser l'inventaire des noms de poissons ou de vents dans telle région de la Grèce continentale, collecter les merveilles de la terre habitée et les classer par lieux, *kata topous*, constituer des dictionnaires de termes techniques, recenser les noms et les propriétés des fleuves, les récits de fondation de cités, les proverbes etc[16]. Le recensement, le classement, la constitution de séries sont ici les figures essentielles.

Certes de tels recueils révèlent une économie de la lecture et de la mémoire, puisqu'ils résorbent l'éparpillement des livres en des dispositifs intertextuels qui réorganisent une information précise pour un lecteur désireux d'en disposer. Ces dispositifs rendent transitifs les objets de savoir ainsi collectionnés : ils sont à certains égards proches des recueils de lieux communs de la Renaissance, notes de lecture qui se prêtaient à des multiples réemplois dans de nouveaux textes. Mémoire artificielle, certes, mais qui ne remplace pas totalement la mémoire humaine du lecteur : ces collections, en effet, ne comportent pas d'index, pas de table des matières, qui, seuls, pouvaient permettre la consultation et la recherche d'informations ponctuelles. La forme même du livre en rouleau imposait du reste une lecture linéaire et continue.

Nous sommes ici dans un espace d'inventaire et de déclinaison des variations et des différences. Ces listes opèrent à la fois l'inventaire des mots, offerts à tous les réemplois comme aux opérations de l'interprétation et de la paraphrase, et l'inventaire des choses, analogiquement maîtrisées par la connaissance des mots. Et selon le projet de l'auteur, l'accent pouvait être mis sur la morphologie du mot ou sur son contenu référentiel, sur le mot isolé ou sur l'énoncé.

---

16 - Nous ne possédons le plus souvent que les titres et quelques maigres fragments de ces recueils. Callimaque fut ainsi l'auteur d'une *Collection des merveilles de toute la terre, classées par lieux*, de recueils *Sur les coutumes barbares*, *Sur les Fondations d'îles et de cités*, *Sur les rivières du monde habité*.

La carte géographique d'Eratosthène, telle qu'on peut en comprendre la logique d'après les deux premiers livres de la *Géographie* de Strabon, n'est pas sans rapports avec ces pratiques de l'accumulation et de la collection. Comme les *Tables* de Callimaque, comme les lexiques et les recueils érudits, la carte est un instrument de traitement et de transformation de l'information. Elle est le lieu où peuvent s'inscrire les informations recueillies au fil des voyages, des mesures, des observations astronomiques : dispositif qui permet la simultanéité et l'interaction de données hétérogènes, une fois qu'on les a rendues comparables et combinables. Elle réunit les données topographiques et chorographiques renfermées dans les livres et sans doute aussi dans les cartes conservés dans la bibliothèque. La carte produit de l'ordre dans ce qui est un éparpillement de données chiffrées hétérogènes, de toponymes, d'observations astronomiques, de bribes de descriptions. La carte soumet ces informations à un filtrage qui n'en retient que ce qui est géométriquement traductible et positionnable sur un plan euclidien, espace abstrait de rangement, de calcul et de mesure, traversé par des lignes parallèles et perpendiculaires, qui ne correspondent à rien sur le terrain réel, mais occupent tout le terrain de la discussion entre cartographes : ces lignes définissent des latitudes et des longitudes signalées par un point notable (un fleuve, une île, une ville, un peuple) et créent des alignements qui permettent de positionner d'autres points, du sud au nord, de l'ouest à l'est de la terre habitée. Grâce à ces lignes, le cartographe peut établir un ensemble de relations abstraites entre des lieux que rien ne permettrait de rapprocher autrement. Elles définissent des écarts mesurables et additionnables, permettant de progresser de la mesure locale à la mesure de la largeur ou de la longueur de la totalité de la terre habitée. Leur tracé est l'aboutissement d'une série de mesures, de calculs, de syllogismes, dont le détail pouvait être expliqué dans le traité du cartographe. Telle que Strabon, dans les prolégomènes de sa *Géographie*, nous permet de l'entrevoir, la carte à projection orthogonale d'Eratosthène condense l'information sous une forme conventionnelle et codifiée, et fait émerger, sur la surface limitée d'une « planche », ce que la profusion et la confusion des livres ne permettaient pas de voir : des formes, des alignements dans un espace régi par la commensurabilité mathématique.

Strabon illustre la tâche du cartographe hellénistique par une métaphore frappante : le cartographe en bibliothèque est comme un intellect immobile[17]. Les voyageurs qui se rendent dans une région particulière du monde sont comme les « organes des sens » de cet intellect. Ce qu'ils ont vu, ils peuvent le lui transmettre, par le biais de l'*akoè*, de l'ouï-dire dans lequel il faut aussi intégrer la lecture des textes. L'intellect du cartographe procède au fil-

17 - Strabon, *Géographie*, 2.5.11, C 117.

trage et à la synthèse de ces données partielles et empiriques en un schéma unique, un *diagramma*, de la même manière que le concept d'un objet comme la pomme émerge de l'addition des données partielles livrées par chaque sens. Les observations de terrain, les mesures, les récits de voyage dans des terres lointaines, les descriptions chorographiques antérieures sont rassemblés, filtrés et synthétisés en un dispositif maîtrisable par l'intellect et par la vision dès lors qu'il est matérialisé par un dessin. Mais la carte n'est pas seulement un dispositif d'archivage qui serait comme la mémoire artificielle de tout le savoir sur la terre habitée, depuis les Ioniens. Elle produit un nouvel objet, la terre habitée. Elle ouvre un nouvel espace de vision, de calculs et d'opérations mentales. Elle permet des corrélations, des constructions géométriques, une forme d'abstraction par rapport aux lieux géographiques qui seraient impossibles à partir des relations de voyages réels. C'est en effet un dispositif abstrait de calculs, et plus généralement de commensurabilité, où l'espace se constitue avant tout par un ensemble de relations, de *diastèmata* régis par une cohérence mutuelle. Les noms de lieux prennent eux-mêmes un sens différent. Lorsque les cartographes positionnent Athènes, Byzance, Thulé ou le Pays de la cannelle, ils ne donnent pas à ces toponymes le même sens que l'auteur d'un périple ou d'une périégèse : ces lieux ne sont plus intégrés dans la séquentialité d'un parcours ou dans une économie narrative, mais ils désignent des points fixes dans un réseau de relations mathématiques. La carte induit ainsi un mode particulier de manipulation des signes, non seulement graphiques et mathématiques, mais aussi linguistiques.

La carte de la terre entière qui fut tracée par Eratosthène rassemble et stabilise ce que Bruno Latour appelle les « mobiles immuables »[18] : des données provenant de lieux périphériques, que l'on va inscrire dans un espace de simultanéité et d'interaction (taxinomique, logique ou mathématique) – des mesures d'itinéraires, des observations astronomiques, la description du climat, de la faune et de la flore. Il faut pour cela exporter ces informations de leurs contextes locaux, partiels, discursifs et empiriques pour les importer dans un dispositif qui permette leur capitalisation et les formes multiples de leur interaction géométrique. Ces informations sont mobiles, car elles sont transférées depuis la périphérie vers le centre, de l'espace lointain des voyages vers Alexandrie et de sa bibliothèque, où s'accumulent les livres et le cartes, jusqu'au dispositif synoptique de la carte. Encore faut-il que ces informations aient été encodées dans un langage géométrique qui permette ces seuils successifs de traduction. Les informations ainsi rendues transitives et mobiles, deviennent

18 - Bruno Latour, *La science en action*, Paris, La découverte, 1989, p. 362 sq. Pour une présentation d'ensemble de la démarche de la sociologie des sciences, voir Bruno Latour, *Le métier de chercheur : regard d'un anthropologue. Une conférence-débat à l'INRA, Paris, le 22 septembre 1994*, Paris, INRA éditions, 1995.

immuables, dès lors qu'elles sont fixées et assujetties à un code de traduction mathématique, aux lois de la géométrie euclidienne, à ses règles de calcul.

Ce faisant, la carte devient elle-même un dispositif transmissible de géographe en géographe, d'Eratosthène à Hipparque, d'Hipparque à Strabon, de Marin de Tyr à Ptolémée, apte à être complété et corrigé, à être le théâtre de permutations, de redressements, de modifications de tracés. D'où les étranges controverses des deux premiers livres de la *Géographie*, où le même dispositif, étonnamment abstrait, purement discursif, permet à Strabon de vérifier les calculs de ses prédécesseurs, de multiplier les syllogismes pour les vérifier ou les infirmer, de trancher dans les désaccords entre Hipparque et Eratosthène. Strabon n'était pas lui-même un cartographe. Pourtant, dans ses prolégomènes, il pense en cartographe, et montre que la carte alexandrine pouvait aussi exister sous la forme discursive d'une suite de controverses et d'argumentations géométriques. Le lecteur, s'il le souhaitait, pouvait lui-même matérialiser les étapes du raisonnement de Strabon en traçant des figures, en déployant dans un espace bidimensionnel les intervalles, les alignements posés dans l'argumentation.

La carte, comme les recueils, les lexiques, les collections et la bibliothèque elle-même, est donc une figure parmi d'autres du processus de mobilisation du monde, grâce aux traces écrites qui permettent la transmission des observations locales et empiriques jusqu'à un « intellect » qui les réunit, les juxtapose et les fait interagir, créant ainsi des artefacts dont le sens et l'efficacité sont d'un autre ordre que ceux de la somme des éléments singuliers qu'ils réunissent (les mots d'un lexique, les données d'un recueil, les mesures et les positions d'une carte).

Cartographie et philologie : le modèle de la « rectification »

La grande bibliothèque d'Alexandrie a sans nul doute exercé des influences multiples sur les différentes activités intellectuelles dans la capitale Lagide. Elle fut un instrument de mobilisation du monde et rendit possibles des entreprises de rassemblement et de redistribution des données, selon l'ordre alphabétique, géographique, chronologique, etc. Elle me semble avoir aussi exercé une influence directe sur certaines formes du travail intellectuel : la cartographie et la philologie offrent de ce point de vue un exemple très suggestif, qui dépasse le clivage entre disciplines « scientifiques » et « littéraires » et montre comment un modèle méthodologique a pu être transféré d'un champ à l'autre.

On peut raisonnablement supposer que le développement de la philologie alexandrine s'explique en partie par l'accumulation des livres dans la Bibliothèque : accumulation des exemplaires d'un même texte qui pouvaient différer par leur longueur, leur origine géographique, leur littéralité[19]. La Bibliothèque appelait dès lors la comparaison des rouleaux, l'analyse de leurs différences, et un travail critique dont l'une des composantes consistait à substituer le primat du texte à celui de la pluralité des livres.

L'épopée homérique, mais aussi plus généralement l'ensemble de la poésie, les textes de théâtre et de prose, firent l'objet du travail des grammairiens alexandrins : travail éditorial, exégétique et linguistique dont les communications de Jean Irigoin et Jean Lallot reconstituent les formes et les enjeux. Ce fut une entreprise de bibliothécaires : Zénodote, puis Aristophane de Byzance et Aristarque furent tous trois préposés au grand établissement et entreprirent dans ce cadre une œuvre philologique en particulier sur les épopées homériques[20].

Leur travail d'éditeur est défini par le substantif *diorthôsis* et ses dérivés : au sens propre, une « correction », une « rectification ». Ce travail impliquait une forme de lecture particulière des textes, attentive à l'ordre des lignes et des mots, aux répétitions, aux déplacements, aux problèmes sémantiques posés par certains termes ou par des épisodes entiers. Le texte apparaissait comme un espace problématique, exposé à des altérations diverses (répétition, contradiction, obscurité etc) qui justifiaient l'intervention critique. Il semble que cette intervention critique n'aboutissait pas à l'établissement d'un nouveau texte, mais consistait plutôt en l'annotation d'un « exemplaire de référence » sous la forme de signes marginaux, placés à gauche des mots, des lignes ou des passages concernés. Aristophane, puis Aristarque reprirent le principe de Zénodote tout en l'enrichissant de nouveaux signes, dont l'un au moins désignait les désaccords par rapport aux choix critiques du premier éditeur alexandrin d'Homère.

Un tel dispositif est remarquable en ce qu'il juxtaposait, sur un rouleau de papyrus, deux ensembles d'inscriptions fort différentes : un texte attribué à un auteur nommé Homère, parvenu parmi de nombreuses autres copies dans la Bibliothèque ; un ensemble d'annotations marginales qui pouvaient servir de repères mnémotechniques pour des explications orales ou rédigées dans un volume distinct de commentaires, mais qui désignaient autant de lieux problématiques du texte, s'arrêtaient sur sa lettre, sur l'ensemble des altéra-

19 - Voir R. Pfeiffer, *History of Classical scholarship : From the Beginnings to the end of the Hellenistic Age*, Oxford, 1968, en particulier le chapitre « Zenodotus and his Contemporaries ».

20 - Pour une présentation d'ensemble des recherches actuelles sur la philologie alexandrine, voir *La Philologie grecque à l'époque Hellénistique et Romaine*, Entretiens préparés et présidés par Franco Montanari, Vandœuvres – Genève 16 au 21 août 1993, Entretiens sur l'Antiquité Classique, Tome XL, Fondation Hardt, 1994. Sur les différentes écoles d'exégèse littéraire, voir *Homer's Ancient Readers, The Hermeneutics of Greek Epic's Earliest Exegetes*, edited by Robert Lamberton and John J. Keaney, Princeton University Press, Princeton 1992.

tions qui venaient creuser un écart plus ou moins grand entre le texte existant et ses états antérieurs, dégradés par la transmission manuscrite.

Les philologues pratiquaient une lecture très spécifique : impliquant peut-être la confrontation de plusieurs exemplaires, ils portaient sur le texte un regard distancié et analytique, attentif à sa structure et à sa cohérence formelle. Une lecture qui pouvait échapper à la stricte linéarité des colonnes d'écriture sur le rouleau de papyrus pour prendre des décisions en fonction du contexte, déplaçant, le cas échéant, un vers ou un groupe de vers en amont ou en aval, en signalant d'autres lorsqu'ils apparaissaient interpolés et méritaient une « athétèse ».

Ce n'est pas un hasard si le bibliothécaire Eratosthène a conçu une partie de son travail géographique selon le modèle de la *diorthôsis*. Selon Strabon, en effet, « dans le second livre, Eratosthène tente de procéder à une sorte de rectification (*diorthôsis*) de la géographie et d'exposer ses propres conceptions »[21]. Il ajoute : « Sur ces conceptions, à nouveau, s'il y a quelque rectification possible (*epanorthôsis*), il faut essayer d'apporter notre contribution ». Et nous apprenons ailleurs[22] : « Eratosthène juge indispensable de rectifier (*diorthôsai*) l'ancienne carte de géographie, qui fait considérablement dévier vers le nord la partie orientale de la chaîne, ce qui entraîne l'Inde aussi beaucoup plus au nord qu'il ne faut ». La sévère critique de la *Géographie* d'Eratosthène entreprise par Hipparque aboutit à la conclusion qu'il faut s'abstenir de rectifier (*eân adiorthôton*) le tracé du nord de l'Inde, en conservant la ligne oblique que présentent les anciennes cartes[23].

Quel est l'objet de cette rectification ? Il s'agit d'abord, au sens propre, de la rectification d'une ligne, la chaîne montagneuse marquant le nord de l'Inde, que les « anciennes cartes » dessinaient comme déviant vers le nord-est, contribuant ainsi à déplacer l'Inde vers le nord, tandis qu'Eratosthène veut l'aligner dans la continuité du parallèle de référence de sa carte, dans le prolongement de la chaîne du Taurus. Ce faisant, Eratosthène rectifie non seulement une ligne, mais aussi la carte entière. Et le second livre de son traité est évoqué par Strabon comme « une rectification de la géographie » : Eratosthène est vraisemblablement le premier à avoir employé ce terme de « géographie », qui désignait le processus cartographique et les développements discursifs qui l'accompagnaient.

Faute de disposer de cette ancienne carte et de la carte rectifiée d'Eratosthène[24], nous devons tenter de comprendre le sens de son travail à

21 - Strabon, *Géographie*, I.4.1 C 62.

22 - Strabon, *Géographie*, II.1.2 C 68 ; voir aussi II.1.4 C 68-69, où Hipparque attaque les témoignages utilisés par Eratosthène pour corriger les anciennes cartes (au pluriel).

23 - Strabon, *Géographie*, II.1.11 C 71.

24 - Cette dernière perpétuait de toute évidence des représentations très anciennes, remontant peut-être aux cartes Ioniennes. Voir W.A. Heidel, *The Frame of the Ancient Greek Maps, New York, American Geographical Society*, 1937.

partir de la *Géographie* de Strabon. Je ne ferai que souligner les enjeux épistémologiques de ce modèle du travail géographique. Si, dès les *Histoires* d'Hérodote, la cartographie et la description géographique se caractérisent par une forte dimension polémique, par la critique des cartes et des descriptions antérieures, la *Géographie* d'Eratosthène a fait de ce rapport critique aux prédécesseurs le principe même d'une méthode. Le géographe comme le philologue se livrent l'un et l'autre à cette opération essentielle qu'est la *diorthôsis* : de l'accumulation des livres et des cartes, s'imposent le projet d'une intervention active sur la graphie du texte comme sur les tracés du dessin, un regard critique, qui ne se satisfait pas de la transmission et de la conservation pures et simples des documents. Dans le cas de la cartographie, il s'agit de corriger des erreurs en s'appuyant sur des sources plus à jour et de prendre acte des données nouvelles apportées par les voyageurs, suite notamment à l'expédition d'Alexandre en Asie et à la navigation de Pythéas dans l'Océan. La correction du dessin n'est qu'une étape de ce processus critique. Il comportait aussi l'examen des sources écrites, la constitution d'un corpus avec des choix sur les auteurs dignes de foi. Car le projet d'une géographie œcuménique, qu'elle revête la forme d'une carte ou d'une description, nécessite le recours à une grande masse d'informations, sélectionnées, confrontées et combinées : l'intellect du cartographe procédait à la synthèse des données empiriques des voyageurs en un schéma géométrique. Mais cette opération de synthèse pouvait être rendue difficile par le fait que les données des voyageurs étaient lacunaires, contradictoires et très souvent invérifiables, faute de pouvoir se rendre sur le terrain pour procéder à de nouvelles mesures et à de nouvelles observations.

La géographie en bibliothèque impliquait donc à la fois la correction des cartes et des descriptions existantes, sur la base de critères internes et d'un ensemble de techniques intellectuelles (le calcul, la mise en corrélation des observations climatiques et écologiques, le repérage des contradictions et des invraisemblances) et la mise à l'épreuve de la fiabilité des sources sur lesquelles on s'appuyait pour procéder à telle ou telle modification. Une casuistique complexe réglait les modalités de ce rapport aux sources écrites, en déployant un cadre quasi-juridique pour mettre à l'épreuve les auteurs susceptibles d'être utilisés comme source documentaire. A défaut de pouvoir se déterminer sur la fiabilité des informations, on examinait la fiabilité de l'informateur, en dénonçant en particulier ceux qui tentaient de faire passer le *mûthos* pour de l'*historia*. Les deux premiers livres de la *Géographie* de Strabon offrent un bon exemple de ces controverses[25] : l'un des aspects de la *diorthô-*

25 - Nous avons esquissé le cadre général de ces controverses dans notre article : « Cartographie et rectification. Essai de lecture des Prolégomènes de la Géographie de Strabon », *Strabone. Contributi allo studio della personalità e dell'opera*, II, a cura di G. Madoli, Perugia, 1986, pp. 27-64.

sis à laquelle Strabon soumet à son tour l'oeuvre d'Eratosthène consiste notamment à vérifier la validité de ses sources et, en l'occurrence, à dénoncer fortement l'utilisation du traité de Pythéas pour établir la géographie des confins septentrionaux de la terre habitée[26]. De même, l'un des arguments utilisés par Strabon pour donner raison à Eratosthène contre Hipparque, sur la nécessité de rectifier l'ancienne carte, consiste à évaluer la crédibilité de leurs témoins respectifs, et à montrer que l'informateur d'Eratosthène, Patrocle, est beaucoup plus recommandable[27].

Si la bibliothèque, les recueils et collections, la carte elle-même sont autant de formes de cette figure majeure de la culture alexandrine qu'est l'accumulation, on peut donc observer que, dans le champ de la géographie en particulier, le traité scientifique lui-même devient lui-même une bibliothèque. La géographie, en effet, est un type de savoir cumulatif, où l'apport de tout nouveau savant ne peut consister que dans la répétition de ce qui a déjà été établi, dans la correction des erreurs et dans le complément des lacunes[28]. D'où la nécessité d'organiser le discours géographique à partir d'un examen critique des prédécesseurs, qui inventorie leurs lacunes et leurs erreurs, afin de pouvoir justifier sa propre contribution, en termes de correction et de complément. Cet examen critique n'a de sens que s'il introduit l'apport d'informations et de connaissances nouvelles[29], qui viennent et corriger et compléter le savoir géographique antérieur. La critique des prédécesseurs est donc une étape, voire une justification essentielle dans le projet d'écrire une nouvelle description géographique ou de tracer une nouvelle carte[30] : « En voilà assez à l'adresse de nos prédécesseurs, de tous ceux du moins dont le nom seul suffit, nous semble-t-il, à témoigner que c'est à juste titre que nous avons choisi nous aussi de nous consacrer à ce travail qui réclamait tant de corrections et de compléments ». Polybe avait pareillement procédé à la « rectification » d'Eratosthène[31].

La géographie hellénistique et gréco-romaine, d'Eratosthène à Ptolémée, implique l'examen critique des sources disponibles pour inventorier les corrections et les compléments à apporter, notamment du fait des nouvelles découvertes liées à l'expédition d'Alexandre le Grand, à la politique étrangère des grandes monarchies hellénistiques et à l'expansion romaine. En mettant en

26 - Strabon, II.4.2 C 104.

27 - Strabon, II.1.4 C 68-II.1.9 C 70.

28 - Strabon, I.3.1 C 47.

29 - Modèle bien affirmé par exemple par Strabon, I.2.1 C 14, I.4.1 C 62, II.1.41 C 93. Le contre-exemple est Hipparque, qui s'est contenté de critiquer Eratosthène sans le rectifier (II.1.38 C 90).

30 - Strabon, II.4.8 C 109.

31 - Sur Polybe : Strabon, 2.4.4 C 106 : « Ensuite, il se met à corriger (*epanorthoi*) Eratosthène, tantôt à bon droit, tantôt en disant pire que lui ».

scène à l'intérieur même de son traité cette étape préliminaire, tout nouveau géographe redéfinit le corpus de ses sources, réexamine la fiabilité de ses informateurs et des informateurs de ses prédécesseurs. Le processus de la rectification peut, se faisant, s'exercer à tous les échelons de la tradition géographique antérieure : Strabon entreprend non seulement l'examen critique d'Eratosthène, mais aussi de la manière dont Eratosthène a été critiqué par Hipparque et Polybe. L'enjeu de ces controverses est de procéder à un état des lieux liminaire : corpus de sources fiables reposant sur l'examen de la crédibilité des auteurs, ensemble de propositions que l'on peut considérer comme avérées et qui fournissent donc les cadres généraux du nouveau traité géographique. Dans ce processus, le nouveau géographe doit procéder à un tri entre, d'une part, des informations justes, qui deviennent des faits acceptés, des données désormais objectives, et d'autre part, des énoncés subjectifs qui restent tels, et paraissent inspirés par le mensonge ou la propension à la forgerie mythique.

Le traité géographique réserve donc une place importante à l'établissement initial des faits scientifiques. Lorsqu'un voyageur apporte des informations nouvelles sur l'Inde et sur Thulé, on peut soit les accepter comme véridiques, et elles entrent alors dans le corpus des connaissances géographiques, soit les considérer comme incroyables, et elles restent alors des énoncés infondés, que l'on exclut du savoir géographique[32]. Il y a des énoncés que l'on peut confirmer par des observations astronomiques, des calculs mathématiques, des comparaisons climatiques, le recoupement d'autres sources. Il en est d'autres qui ne peuvent être rapportés qu'à leurs conditions d'énonciation : seule la crédibilité de leur auteur peut les rendre acceptables.

Les prolégomènes de la *Géographie* de Strabon sont l'un des exemples les plus révélateurs des opérations critiques nouvelles imposées par l'accroissement des sources bibliographiques : l'intégration des données dans le cadre d'une carte ou d'une description œcuménique ne peut se produire qu'au terme d'une série de procédures où se met en jeu la confiance que l'on peut accorder à des auteurs : même fautifs et incomplets sur certains points, ils permettent au nouveau géographe de définir son entreprise comme correction et complément, c'est-à-dire d'apporter sa contribution au processus cumulatif (et non réversible) qui conduit la science géographique vers une connaissance toujours plus étendue de la terre habitée. En revanche, les auteurs pris en flagrant délit de mensonge, de fiction et de tératologie ne peuvent être utilisés en quelque occasion que ce soit, même lorsqu'ils ont pu dire vrai sur un point particulier. Les catégories de l'éthique et de l'éristique judiciaire (où s'opposent la faute involontaire et la faute volontaire) s'imposent dans ce processus de sélection, à défaut

32 - Le rôle des controverses dans la transformation des énoncés en faits scientifiques a été remarquablement analysé par B. Latour, *La Science en action*, pp. 33-96.

de disposer des moyens permettant de vérifier sur le terrain la véracité des témoignages.

Conclusion

Par ces quelques remarques, j'ai voulu mettre en évidence l'une des formes de production du savoir à Alexandrie. La capitalisation de tous les écrits du monde fait de la bibliothèque un lieu de traitement et de transformation de l'information. Transformation du fait des jeux de décontextualisation et de re-contextualisation des données dans différentes formes écrites. Mais aussi création d'un nouvel espace, à la fois visuel et mental, de juxtaposition et de confrontation critique des données, qui permet de passer des configurations locales et singulières à des dispositifs universels – la carte, les recueils encyclopédiques, les histoires et les géographies universelles. Une forme typique du travail intellectuel à Alexandrie me semble résider dans ces entreprises de synthèse et de rassemblement, dans ce traitement global d'une masse de données hétérogènes, qu'il s'agit d'organiser en un corpus opératoire, espace de calculs et de syllogismes de la carte, dictionnaires, bases de données classées selon l'ordre géographique, alphabétique, thématique.

Dans le monde hellénistique, les grandes bibliothèques permettent de concevoir les livres comme autant de canaux de transmission du savoir, depuis la périphérie jusqu'au centre : savoirs partiels, reposant sur des expériences directes, récits et descriptions de témoins, d'observateurs, de voyageurs, qui apportent leur moisson de données et de faits. Loin de générer simplement les jeux borgésiens de l'intertextualité, la bibliothèque est ainsi la centre d'un vaste réseau de collecte, de traitement et de transformation de l'information[33]. Les philologues, les érudits, les auteurs de catalogues, de généalogies ou de chronologies comme les géographes fabriquent des formes de totalité en extrayant les données, en les additionnant et en les rendant commensurables : ils sont les principaux acteurs de ce processus.

Le modèle de la rectification, dans les champs de la philologie et de la géographie alexandrines[34], est avant tout un instrument de maîtrise intellectuelle, qui permet de passer de l'accumulation des livres et des inscriptions à l'accumulation ordonnée du savoir, condensé, après plusieurs étapes de traitement, dans un texte, sur une carte ou dans une description géographique. Le texte d'Homère, la carte de la terre peuvent alors être transmis de savant en

---

33 - Sur la problématique des « centres de calcul », voir B. Latour, « Ces réseaux que la raison ignore : laboratoires, bibliothèques, collections », in : *Le Pouvoir des Bibliothèques. La mémoire des livres en Occident*, sous la direction de M. Baratin et C. Jacob, Paris, Albin Michel, 1996, pp. 23-46.

34 - Auxquels on pourrait ajouter l'histoire universelle, telle que la pratique Polybe.

savant, à la fois comme instrument et finalité du travail du philologue et du géographe : instrument, car l'un et l'autre conservent d'une certaine façon la mémoire de leur discipline respective, des opérations critiques et des décisions intellectuelles qui sont venues s'y reporter, de savant en savant ; finalité, car le nouveau savant apporte sa contribution à une entreprise qu'il ne renouvelle pas totalement, mais où il s'intègre après avoir évalué l'oeuvre de ses prédécesseurs. Dans la redéfinition permanente du corpus des sources, dans l'évaluation jamais totalement terminée de l'oeuvre des prédécesseurs, on voit ainsi s'affirmer la dimension réflexive du travail scientifique, la prise de conscience de ses règles de méthode, de ses principes déontologiques, de sa nature collective, cumulative et historique.

Gabriele MARASCO

Cléopâtre et les sciences de son temps

Après la longue période sombre qui avait suivi l'expulsion d'Alexandrie des intellectuels par Ptolémée VIII Evergète II en 145[1], les dernières décennies de la dynastie ptolémaïque ont été caractérisées par un nouvel essor de la vie culturelle, commencé pendant le règne de Ptolémée XII Aulète et culminant sous sa fille Cléopâtre. Cette renaissance de l'activité culturelle et scientifique, qui était sans doute la conséquence du patronage renouvelé de la monarchie égyptienne, est attestée pourtant seulement par des sources maigres et très dispersées, qui rendent difficile la tâche d'évaluer pleinement les méthodes utilisées et les résultats acquis. En particulier, dans le domaine des sciences, on a jugé que l'érudition l'aurait emporté, tandis que l'originalité, l'effort créateur et les progrès obtenus auraient été très limités, exception faite partiellement pour la chirurgie[2]. Cette conclusion doit être pourtant beaucoup nuancée, à mon avis, d'après une analyse des témoignages dont nous disposons. Il me paraît important, d'autre part, d'examiner le rôle de Cléopâtre elle-même dans cette renaissance culturelle et son intérêt pour les sciences.

Le développement de la culture à Alexandrie à l'époque de Cléopâtre concernait la littérature et la philosophie, la philologie et la grammaire, dans lesquelles, à côté de Didyme, nous connaissons d'autres savants de premier plan, tels que Tryphôn, Denis et Héracléon[3] ; mais les sciences exactes ont eu elles aussi beaucoup d'importance. Bien que leur essor ait concerné surtout la médecine, l'événement qui a eu plus d'éclat et de conséquences se rapporte à l'astronomie : nous savons en effet par Pline l'Ancien que César, en 46, s'est prévalu surtout de l'œuvre de l'astronome alexandrin Sosigène pour réformer le calendrier romain[4]. Puisqu'à cette époque Cléopâtre était déjà à Rome auprès

1 - Athen. IV 184 b-c (= *FGrHist* 270 F 9) ; au sujet de cet épisode et de ses conséquences cf. surtout P. M. Fraser, *Ptolemaic Alexandria*, Oxford, 1972, I, p. 86-7, 332-33 et 467 sqq. ; P. Green, *Alexander to Actium. The Hellenistic Age*, London, 1990, p. 538.

2 - Cf. p. ex. Fraser, *op. cit.*, I, p. 87, 363 et 806-7.

3 - Cf. C. Wendel, s.v. *Tryphon*, nr. 25, *R.E.*, VIII A 1 (1939), c. 726-45 ; L. Cohn, s.v. *Dionysios*, nr. 137, *R.E.*, V 1 (1903), c. 985 ; A. Gudeman, s.v. *Herakleon*, nr. 5, *R.E.*, VIII 1 (1912), c. 512-14 ; Fraser, *op. cit.*, I, p. 471-74.

4 - Plin. *Nat. hist.* XVIII 57, 211 ; cf. en particulier A. Rehm, s.v. *Sosigenes*, nr. 6, *R.E.*, III A 1 (1927), c. 1153-57 ; W. Gundel- H.G. Gundel, *Astrologoumena. Die astrologische Literatur in der Antike und ihre Geschichte*, (*Sudhoffs Archiv*, Beihefte 6), Wiesbaden, 1966, p. 127 ;

de César[5], il est logique de penser que Sosigène y était arrivé à sa suite ; nous voyons donc ici le premier témoignage des rapports de Cléopâtre avec les milieux scientifiques alexandrins et de leurs résultats pratiques.

Pline insiste d'ailleurs justement sur les difficultés de l'application de la réforme du calendrier, qui avaient exigé ensuite des rectifications, et il affirme que Sosigène, dans les trois traités qu'il avait écrits à ce sujet, n'avait pas cessé de manifester ses doutes, en se corrigeant lui-même[6]. Il est question ici, de toute évidence, des trois éditions successives du même traité, mais l'avis[7] que les corrections de Sosigène concernaient l'aspect littéraire de son œuvre me paraît en contraste avec la logique du témoignage de Pline, qui prouve, au contraire, qu'il s'agissait d'apporter des corrections substantielles sur le plan scientifique, fondées sur des études ultérieures et, surtout, sur la réflexion face aux difficultés de l'application pratique de la réforme. Pline nous rapporte aussi, ailleurs, que Sosigène avait calculé l'orbite de Mercure autour du soleil[8]; ce renseignement paraît donc confirmer encore l'impression qu'il n'était pas un pur érudit, qui fondait ses conclusions sur la science de ses devanciers, mais bien un chercheur, qui faisait des observations et des calculs originaux.

Il est possible, d'ailleurs, que César ait eu recours à la science égyptienne dans d'autres domaines encore, en particulier pour ses projets qui prévoyaient la construction d'importants canaux pour aménager le cours du Tibre et pour percer l'isthme de Corinthe[9], mais nous n'avons pas de témoignages à ce sujet.

Le niveau des sciences géographiques paraît avoir été, au contraire, assez modeste. Strabon nous rapporte que deux philosophes de son époque, l'éclectique Eudore et le péripatéticien Ariston, avaient écrit des livre au sujet du Nil, où il disaient les mêmes choses, à tel point que seulement l'oracle d'Ammon était en mesure de juger lequel des deux était l'auteur de l'œuvre originale ; Strabon penche pour Ariston, mais exclusivement pour des raisons de style[10]. Ces écrits témoignent de la persistance d'un intérêt particulier pour le Nil, de toute évi-

---

J. Carcopino, *César*, Paris, 1968[5], p. 547 sqq. Le recours de César à la science astronomique égyptienne est confirmé par d'autres sources (App. *bell. civ.* II 154, 648; Dio Cass. XLIII 26, 2) et même par Macrobe (I 16, 39), qui, ailleurs (I 14, 2), témoigne de la participation aussi du scribe Marc Flavius.

5 - Au sujet du long séjour de Cléopâtre à Rome cf. p. ex. M. Grant, *Cleopatra*, trad. it., Roma, 1983, p. 102-15.

6 - Plin. *Nat. hist.* XVIII 57, 212 : ... *Et Sosigenes ipse trinis commentationibus, quamquam diligentior ceteris, non cessavit tamen addubitare ipse semet corrigendo.*

7 - Rehm, *art. cit.*, c. 1154.

8 - Plin. *Nat. hist.* II 6, 39.

9 - Cf. Grant, *op. cit.*, p. 109-10.

10 - Strabo XVII 1, 5, p. 790 (= Ariston. Test. 7 Mariotti) ; cf. Martini, s.v. *Eudoros*, nr. 10, *R.E.*, VI 1 (1907), c. 916 ; I. Mariotti, *Aristone d'Alessandria*, Bologna 1966, p. 37-41 ; Fraser, *op. cit.*, I, p. 489.

dence surtout par rapport aux problèmes, très discutés, de ses sources et de ses crues [11]. Leur analogie, qu'on pourrait expliquer peut-être aussi par l'utilisation des mêmes sources par les deux auteurs, montre, de toute façon, le peu d'originalité des sciences géographiques à cette époque, ce qui est confirmé du fait même que Strabon a préféré suivre, dans sa *Géographie*, des sources antérieures, en particulier Ératosthène, Hipparque et Poséidonios d'Apamée[12].

L'analyse des témoignages concernant les sciences médicales nous ramène sur un terrain meilleur et sur une base plus large : à l'époque de Cléopâtre, Alexandrie paraît avoir retrouvé, en effet, une bonne partie de l'éclat en tant que centre des études qui l'avait caractérisée dans la première période de l'époque hellénistique. Cela est témoigné, en particulier, par la carrière du médecin Philotas d'Amphissa, que Plutarque (*Ant.* 28, 3-12) rapporte d'après les souvenirs de son grand-père Lamprias : Philotas s'était rendu à Alexandrie pour apprendre son art, avait été en rapports avec la cour de Cléopâtre et ensuite avait été l'un des médecins qui soignaient Antyllus, le fils aîné de Marc Antoine. Étant revenu en Grèce, il avait été un médecin très apprécié dans les milieux les plus élevés, comme le témoignent justement son amitié avec Lamprias et un décret de Delphes en son honneur[13]. Un autre personnage dont la carrière pourrait avoir été analogue est Démétrios de Pergame, honoré lui aussi à Delphes, avec un autre médecin dont le nom est effacé, pour les services que tous les deux avaient rendus à la ville par une inscription qui paraît témoigner, d'après les restitutions et l'interprétation de Wilhelm, qu'ils venaient du Musée d'Alexandrie[14].

La présence à Alexandrie d'un étudiant qui venait de la Grèce et même d'un médecin originaire de Pergame, qui était le siège d'une école importante de médecine, témoigne de la renommée de la capitale égyptienne dans ce domaine ; mais cette renommée était-elle l'effet seulement de l'érudition et de l'enseignement, ou bien était-elle la conséquence aussi du niveau scientifique des médecins d'Alexandrie ?

Nous savons que les études de médecine à cette époque comprenaient une partie essentiellement érudite, concernant surtout la rédaction des commentaires et des lexiques d'Hippocrate, qui avaient eu un très grand succès dès

11 - On peut bien mentionner aussi, à ce propos, le débat de César avec le prêtre égyptien Acorée chez Lucain (*Phars.* X 172 sqq.), qui pourtant paraît plus redevable des intérêts et des études à ce sujet de son oncle Sénèque (cf. H. Diels, « Seneca und Lucan », *Abh. kngl. Akad. Wiss.*, phil-hist. Kl., 1885, H. 3, Berlin, 1886 ; R. Pichon, *Les sources de Lucain*, Paris, 1912, p. 43 sqq.).

12 - Cf. surtout G. Aujac, *Strabon et les sciences de son temps*, Paris 1966, p. 49 sqq.

13 - *Fouilles de Delphes*, III 4, n° 58 ; cf. W. A. Oldfather, « A Friend of Plutarch's Grandfather », *Class. Phil.*, 19 (1924), p. 177.

14 - A. Wilhelm, « Zur Inschriften aus Delphi », *Anz. Akad. Wien*, 59 (1922), p. 20-22 (= *SEG* II 332) ; cf. *Pros. Ptol.* VI 16590. Fraser (*op. cit.*, II, p. 550, n. 332) manifeste néanmoins beaucoup de doutes à ce propos.

le IIIe siècle[15]; la composition de ces lexiques, en particulier, était dès le début l'œuvre soit des grammairiens soit des médecins[16] et le grammairien le plus renommé de l'âge de Cléopâtre, Didyme, s'est mesuré lui aussi à cette tâche[17]. Mais la soudure entre ce travail d'érudition et la pratique médicale est attestée déjà dans l'œuvre d'Apollonios de Kition, qui vécut sous Aulète[18]. A l'époque de Cléopâtre l'œuvre des médecins en tant que commentateurs et lexicographes est encore bien attestée[19], mais, à côté de celle-ci, une activité pratique et de recherche, qui ne doit pas être négligée, a fleuri aussi.

Dans la préface du livre VII de son *De medicina*, Celse dresse en effet une liste des chirurgiens les plus réputés, qui s'étaient distingués par leurs découvertes : nous trouvons dans cette liste deux médecins qui s'appellent Apollonios, Héron, Ammonios et Sostratos[20]. L'identification de ces deux médecins de nom Apollonios est discutée, mais on admet généralement que l'un d'eux doit être Apollonios Mys[21], que Strabon considère son contemporain[22]. Cet Apollonios était hérophiléen et il est connu aussi comme l'auteur d'un écrit sur les parfums[23] et de quelques médicaments, dont les recettes nous sont conservées[24] ; d'autre

15 - Cf. en particulier K. Strecker, « Zu Erotian », *Hermes*, 26 (1891), p. 262-307 ; M. Wellmann, *Hippokratesglossare*, ('Quellen und Studien zur Geschichte der Naturwiss. u. der Medizin' 2), Berlin, 1931 ; Fraser, *op. cit.*, I, p. 365-67 ; H. von Staden, *Herophilus. The Art of Medicine in Early Alexandria*, Cambridge 1989, p. 427 sqq. et 453 sqq.; M. Vegetti, *Entre le savoir et la pratique : la médecine hellénistique*, dans : *Histoire de la pensée médicale en Occident. 1. Antiquité et Moyen Âge*, sous la dir. de M. D. Grmek, tr. fr., Paris, 1995, p. 82 sq. ; R. J. Littman, *Medicine in Alexandria*, dans : *ANRW*, II 37. 3 (1996), p. 2696-97.

16 - Cf. Herotian. 31-32, p. 4-5 Nachmanson.

17 - Herotian. 32, p. 5 ; cf. p. ex. Fraser, *op. cit.*, I, p. 365 ; II, p. 540-41, nn. 247 et 249. En plus de Didyme, il faut mentionner, à cette époque, les grammairiens Apollonios (Wellmann, *Hippokratesglossare*, p. 66-7) et Antigonos d'Alexandrie, qui a écrit aussi un commentaire de Nicandre (Cohn, s.v. *Antigonos*, nr. 23, *R.E.*, I 2 [1894], c. 2422 ; Wellmann, *Hippokratesglossare*, p. 68 sqq.).

18 - Cf. Vegetti, *op. cit.*, p. 83.

19 - On doit mentionner, en particulier, Héraclide d'Éritre, commentateur d'Hippocrate et auteur d'une œuvre sur la secte hérophiléenne (H. Gossen, s.v. *Herakleides*, nr. 55, *R.E.*, VIII 1 [1912], c. 496 ; von Staden, *op. cit.*, p. 555-58), et, comme nous le verrons, Dioscoridès Phakas (*infra*, note 39).

20 - Cels. *med.* VII, *prooem.* 2-3 : ... *Gorgias quoque et Sostratus et Heron et Apollonii duo et Hammonius Alexandrini multique alii celebres uiri singuli quaedam reperierunt.*

21 - Cf. en particulier Wellmann, « Sostratos. Ein Beitrag zur Quellenanalyse des Aelian », *Hermes*, 26 (1891), p. 340 ; Id., s.v. *Apollonios*, nr. 103, *R.E.*, II 1 (1896), c. 150 ; T. Mola, *La scuola di Erofilo. Apollonio Erofileo e gli altri medici che ebbero nome Apollonio*, Roma 1962, p. 3 ; M. Michler, *Die alexandrinischen Chirurgen*, Wiesbaden, 1968, p. 119 et 121 ; Fraser, *op. cit.*, I, p. 363; II, p. 537, n. 228, et bibliographie. L'autre médecin est, de toute probabilité, Apollonios de Kition, dont l'activité doit être datée plutôt pendant le règne de Ptolémée XII.

22 - Strabo XIV 1, 34, p. 645.

23 - Athen. XV 689 e ; cf. von Staden, *op. cit.*, p. 542-43.

24 - Cf. en particulier Wellmann, dans : F. Susemihl, *Geschichte der griechischen Litteratur in der Alexandrinerzeit*, II, Leipzig, 1892, p. 442-43 ; Id., s.v. *Apollonios*, c. 149-50 ; Mola, *op. cit.*, p. 4 et 7 sqq. ; Michler, *op. cit.*, p. 82 ; Fraser, *op. cit.*, I, p. 361 ; II, p. 532, n. 199 ; von Staden, *op. cit.*, p. 540-54.

part, Célius Aurélien nous a conservé ses descriptions des symptômes des maladies pulmonaires[25], qui témoignent ses études dans la matière. Héron est attesté non seulement comme chirurgien, mais aussi comme l'auteur d'un médicament ophtalmique[26].

Ammonios, d'après Celse, était surnommé Λιθοτόμος parce qu'il avait découvert la méthode de briser, par un instrument chirurgical particulier, les calculs rénaux trop grands pour être extraits tout entiers sans déchirer le col de la vessie[27]. Il avait fait aussi des recherches dans le domaine des médicaments, puisque nous avons ses recettes d'un collyre, particulièrement célèbre sous le nom d' Ὑγιεινόν[28], et d'un hémostatique[29].

Enfin, les progrès apportés à la chirurgie par Sostratos[30] nous sont attestés par Soranos, qui rapporte sa méthode pour extraire le fœtus de l'utérus, tout en exprimant sa désapprobation[31], tandis que Celse est d'accord au fond avec la méthode de Sostratos[32]. D'autre part, Galien nous rapporte les méthodes particulières de bandage de celui-ci[33]. Sostratos était aussi célèbre pour ses études de zoologie et il était l'auteur d'un écrit περὶ βλετῶν καὶ δακέτων dont nous avons des fragments[34] ; ses intérêts dans ce domaine étaient évidemment liés à la profession médicale, par rapport aux progrès que l'étude des animaux vénimeux pouvait apporter dans le domaine des médicaments et des antidotes[35].

Un autre médecin de marque de cette époque est Dioscoridès, dont la Souda nous dit qu'il était surnommé Phakas, qu'il avait vécu à la cour de Cléopâtre et de Marc Antoine et qu'il avait écrit vingt-quatre livres célèbres de médecine[36] ; il était hérophiléen[37], alexandrin[38] et il doit être identifié au

25 - Cael. Aurel. *acut.* II 13, 88, p. 182 ; 28, 147, p. 230 Drabkin.

26 - Galen. XII 745-46 ; cf. Gossen, s.v. *Heron*, nr. 8, *R.E.*, VIII 1 (1912), c. 1080 ; Michler, *op. cit.*, p. 108-9.

27 - Cels. *med.* VII 26, 3 : *Si quando autem is [maior] non uidetur nisi rupta cervice extrahi posse, fundendus est : cuius repertor Hammonius ob id lithotomos cognominatus est.* Au sujet de cette méthode cf. p. ex. Michler, *op. cit.*, p. 115-16.

28 - Oribas. *coll. med.*, *ecl. med.* 9, *CMG* VI 2, 2, p. 188 ; Paul. Aeg. VII 16, 23, *CMG* IX 2, p. 339 ; Aet. VII 117, *CMG* VIII 2, p. 393-94 ; cf. aussi Galen. XII 761, qui ne mentionne pas Ammonios.

29 - Aet. XIV 51.

30 - Sur celui-ci cf. surtout Wellmann, *Sostratos*, p. 321-50, avec un recueil de ses fragments ; Id., dans : Susemihl, *op. cit.*, II, p. 444-45 ; Gossen, s.v. *Sostratos*, nr. 13, *R.E.*, III A 1 (1927), c. 1203-4 ; Michler, *op. cit.*, p. 106-8 ; Fraser, *op. cit.*, I, p. 363 ; II, p. 537, n. 231.

31 - Soran. *gyn.* IV 12, 5, *CMG* IV, p. 143.

32 - Cels. *med.* VII 29, 2; cf. Wellmann, *Sostratos*, p. 341-42.

33 - Galen. XVIII A 823-24.

34 - Wellmann, *Sostratos*, p. 346-48.

35 - Cf. surtout Wellmann, *Sostratos*, p. 339 sqq.

36 - Sud., *s.v.*Διοσκουρίδης, Adler II, p. 113.

37 - Galen. XIX 63.

38 - Galen. XIX 105 ; Paul. Aeg. IV 24, *CMG* IX 1, p. 345.

Dioscoridès qui avait joui d'une grande autorité auprès de Ptolémée XII, avait été ambassadeur à Rome de celui-ci et, en 48, avait été envoyé par Ptolémée XIII, sur le conseil de César, traiter avec le rebelle Achillas[39]. Il était donc un médecin de cour et il jouissait de beaucoup d'influence politique. Dioscoridès était l'auteur d'un lexique d'Hippocrate en sept livres, où il critiquait les écrits de ses prédécesseurs dans cette matière[40].

Oribase nous a conservé d'ailleurs un extrait de Rufus d'Éphèse, qui, distinguant les bubons ordinaires des pestilentiels, affirme qu'au sujet de ceux-ci « Dioscoridès et Poséidonios ont traité très longuement dans leur écrit sur la peste qui se produisit de leur temps en Libye » et rapporte leur description soigneuse des symptômes de cette maladie[41]. Ce témoignage, la première description qui nous est restée de la peste bubonique, montre que Dioscoridès joignait à l'érudition et aux études de lexicographie une activité pratique, en s'intéressant à la symptômatologie des maladies et, en particulier, à une épidémie contemporaine. Ce passage a fait couler, de toute façon, assez d'encre au sujet soit de l'identification du Poséidonios coauteur de l'écrit sur la peste, soit de la datation de cette épidémie.

Apollonios de Kition, dans son commentaire aux *Articulations* d'Hippocrate, dédié à Ptolémée XII ou à son frère, qui régnait sur Chypre[42], témoigne en effet l'existence d'un Poséidonios qui avait été, comme lui-même, l'élève du médecin empirique Zopyros[43] ; Aétius d'Amida, d'autre part, rapporte de longs extraits des œuvres médicales d'un Poséidonios[44]. Deichgräber[45] a attribué ces témoignages à un médecin empirique Poséidonios, élève de Zopyros et ayant vécu à Alexandrie dans la deuxième moitié du Ier siècle av. J.-C., tout en exprimant beaucoup de doutes sur l'attribution à celui-ci de l'écrit sur la peste. Kudlien[46], au contraire, a suggéré que tous les témoignages doivent être attribués à Poséidonios d'Apamée, l'historien et philosophe stoïcien qui vécut entre 135 et 50 av. J.-C. environ et dont les intérêts pour la médecine sont témoignés par les fragments. Cette hypothèse a été acceptée par quelques-

39 - Caes. *bell. civ.* III 109, 4-5. Pour cette identification cf. Wellmann, dans Susemihl, *op. cit.*, II, p. 443-44 ; Id., *s.v. Dioskorides*, nr. 10, *R.E.*, V 1 (1903), c. 1129-30 ; Fraser, *op. cit.*, I, p. 372 ; II, p. 547, n. 303 ; von Staden, *op. cit.*, p. 519-20.

40 - Erotian. 31, p. 5 ; 132, p. 91 Nachmansson ; cf. Galen. XIV 63 et 105.

41 - Oribas. *coll. med.* XLIV 14, 2, *CMG* VI 2, 1, p. 132.

42 - Concernant ce problème cf. p. ex. Fraser, *op. cit.*, II, p. 536, n. 223.

43 - Apollon. Cit. *de artic.* I 1, ed. J. Kollesch. - D. Nickel, *CMG* XI 1, 1, Berlin, 1965, p. 12 (= Posidon. T 112 Edelstein-Kidd).

44 - Cf. la liste des références dans F. Kudlien, « Poseidonios und die erzteschule der Pneumatiker », *Hermes*, 90 (1962), p. 422 ; Posidon. T 114 Edelstein-Kidd.

45 - K. Deichgräber, *Die griechische Empirikerschule*, Berlin, 1930, p. 21-22.

46 - *Art. cit.*, p. 419-29 ; Id., s.v. *Dioskurides*, nr. 6, *Kleine Pauly*, II (1967), c. 91.

uns[47], refusée[48] ou retenue avec beaucoup de doutes par d'autres[49], tandis que d'autres encore ont identifié le Poséidonios auteur des extraits d'Aétius avec le médecin du même nom du IVe siècle ap. J.-C., attesté par l'historien de l'Église Philostorge[50]. Theiler[51] attribue à ce médecin même la description de la peste bubonique, ce qui est tout à fait impossible, puisque ce témoignage est rapporté par Rufus, auteur du Ier siècle ap. J.-C.

Néammoins, laissant de côté le problème des extraits d'Aétius[52], il me paraît impossible d'identifier avec Poséidonios d'Apamée le personnage qui a écrit avec Dioscoridès le traité sur une épidémie de peste bubonique contemporaine. Non seulement, en effet, il est peu probable que le philosophe stoïcien, vu ses intérêts prédominants, ait été réellement l'élève du médecin Zopyros[53] et les détails médicaux dans l'extrait de Rufus paraissent se rapporter plutôt à un vrai médecin expérimenté dans la pratique de son art qu'à un philosophe, plus intéressé aux aspects théoriques[54], mais aussi aucun témoignage ne confirme l'hypothèse d'un séjour de Poséidonios à Alexandrie[55]. La difficulté la plus lourde est posée pourtant, à mon avis, par la chronologie, au sujet de laquelle on n'a pas du tout tenu compte du rapport de contemporanéité avec Dioscoridès. En effet, pour admettre que Poséidonios, né vers 135, ait pu être l'élève de Zopyros, dont les rapports avec Ptolémée XII et avec Mithridate sont d'ailleurs bien connus, il faut croire que Poséidonios a séjourné à Alexandrie vers 100[56]. Mais il me paraît impossible d'accorder cette chronologie avec le

47 - P. ex. Kollesch et Nickel, *CMG* XI 1, 1, p. 12 e 112 ; Kollesch, s.v. *Zopyros*, nr. 15, *R.E.*, X A (1972), c. 771.

48 - Cf. *Poseidonios. Die Fragmente*, hrsg. v. W. Theiler, II, Berlin-New York, 1982, p. 414.

49 - P. ex. I. G. Kidd, *Posidonius II. The Commentary : (I) Testimonia and Fragments 1-149*, Cambridge, 1988, p. 93-4 ; J. Malitz, *Die Historien des Poseidonios*, München 1983, p. 241; von Staden, *op. cit.*, p. 521, qui doute aussi de l'identification de Dioscoridès.

50 - Philostorg. *Hist. eccl.* VIII 10, p. 111 Bidez-Winckelmann ; cf. H. Flashar, *Melancholie und Melancholiker in den medizinischen Theorien der Antike*, Berlin, 1966, p. 118-26 ; Kidd, *op. cit.*, p. 94-5.

51 - *Op. cit.*, II, p. 414.

52 - On peut souligner, pourtant, que les extraits (Aet. VI 9-11, *CGM* VIII 2, p. 141-51 = Galen. XIX 699-720) et (Aet. VI 24, *CMG* VIII 2, p. 163-69) pourraient appuyer l'hypothèse (Deichgräber, *op. cit.*, p. 22) qu'Aétius connaissait Poséidonios surtout par l'intermédiaire de Rufus, qui, comme nous l'avons vu, est justement la source aussi du témoignage de Dioscuridès et de Poséidonios sur la peste bubonique.

53 - Cf. Kidd, *op. cit.*, p. 93, qui cependant juge possible qu'Apollonios de Kition ait exagéré à ce sujet ; mais il me paraît difficile de croire à une inexactitude d'Apollonios, qui avait été lui-même l'élève de Zopyros.

54 - Cf. Kidd, *op. cit.*, p. 93-4, par rapport au fragment rapporté par Oribase.

55 - Il faut écarter évidemment, à ce propos, le témoignage d'Athénée (IV 151 e = *FGrHist* 87 T 12a), qui est la conséquence d'une confusion avec Panétios. Malitz (*op. cit.*, p. 241) souligne avec raison que les fragments de Poséidonios d'Apamée ne prouvent aucune connaissance personnelle de l'Égypte.

56 - Ainsi, p. ex., Kollesch, s.v. *Zopyros*, c. 771.

témoignage de Rufus concernant le livre écrit, sur une épidémie contemporaine, par Poséidonios et Dioscoridès, qui, comme nous l'avons vu, était en pleine activité en 48 et qui, ensuite, devait être médecin à la cour de Cléopâtre et de Marc Antoine, de toute évidence après le premier séjour de celui-ci à Alexandrie, dans l'hiver 41/40. Nous pouvons donc attribuer l'œuvre écrite en collaboration avec Dioscoridès à Poséidonios, médecin empirique, élève de Zopyros et ayant vécu dans la génération suivante, justement comme Dioscoridès.

D'autre part, nous pouvons maintenant réexaminer le problème historique de l'épidémie de peste bubonique qui s'était produite à l'époque de Dioscoridès et de Poséidonios. On a cru que cette peste avait atteint l'Égypte[57] et on a jugé aussi[58] qu'elle était la conséquence des famines qui ont frappé l'Égypte, à la suite des crues insuffisantes du Nil, en 48[59] et encore en 42 et en 41[60] ; mais aucun des témoignages concernant ces famines ne touche un mot du problème, bien plus effrayant, d'une épidémie de peste bubonique. Il serait plus logique, au contraire, de relier cette épidémie au témoignage d'Appien, d'après lequel en 43 Cléopâtre, pressée d'envoyer des secours par Cassius, qui assiégeait Dolabella à Laodicée, refusa, en prétextant que l'Égypte était alors atteinte par une carestie et par une pestilence λοιμός, et envoya, en réalité, des secours à Dolabella[61] ; mais justement ces secours attestent que la situation en Égypte n'était pas particulièrement lourde et qu'elle fournissait justement un prétexte à Cléopâtre[62], tandis que rien ne permet de distinguer cette épidémie de celles qui étaient fréquentes en Égypte et de l'attribuer à la peste bubonique.

D'autre part, justement l'analyse de l'extrait de Rufus amène, à mon avis, à des conclusions tout à fait différentes. Rufus distingue, en effet, d'après les symptôlogies respectives, les bubons ordinaires des pestilentiels et il dit que ceux-ci sont très mortels et aigus et qu'ils sont diffusés surtout en Libye, en Égypte et en Syrie[63]. Tout de suite après, il ajoute une description soignée

57 - Cf. p. ex. Wellmann, s.v. *Dioskorides*, c. 772.

58 - Grant, *op. cit.*, p. 208.

59 - Plin. *Nat. hist.* V 10, 58.

60 - Sen. *Nat. quaest.* IV 2, 16 ; cf. aussi les mesures prises au début de 41 par Cléopâtre (*P. Tebt.* V 57-61), le décret en l'honneur du stratège Callimaque (*OGIS* 194, l. 10 = R. Hutmacher, *Das Ehrendekret fÅr den Strategen Kallimachos*, Meisenheim am Glan, 1965, p. 20 ; sur la datation cf. Hutmacher, p. 29 ; L. Mooren, *The Aulic Titulature in Ptolemaic Egypt. Introduction and Prosopography*, Brussel, 1975, p. 96-7, nr. 061 f) et Joseph, *C. Apion.* II 5, 60.

61 - App. *Bell. civ.* IV 61, 262 ; les secours envoyés à Dolabella sont confirmés par Dion Cassius (XLVII 30, 4 ; 31, 5).

62 - Peu après, en effet, Cléopâtre a essayé aussi de porter secours à Octavien et à Marc Antoine (App. *Bell. civ.* IV 63, 269; V 8, 32).

63 - Oribas. *coll. med.* XLIV 14, 1, *CMG* VI 2, 1, p. 132.

des symptômes de la peste bubonique, d'après le témoignage qu'en avaient donné Dioscoridès et Poséidonios « dans leur traité sur la peste qui s'était produite de leur temps en Libye »[64]. Si Rufus distingue donc d'abord la Libye de l'Égypte et de la Syrie en tant que des régions où la peste était diffusée, comment pouvons-nous croire qu'il a désigné tout de suite après, par le terme de « Libye », justement l'Égypte ?

Cet usage du mot serait d'ailleurs très curieux, puisqu'on sait bien que, dans la plupart des divisions anciennes du monde, des Grecs et ensuite surtout des Romains, l'Égypte n'était pas comprise dans la Libye, dont elle était au contraire la borne orientale, délimitée par le *Catabathmos*[65] ; le terme Libye désignait donc l'Afrique du Nord, y comprise la Cyrénaïque, Λιβύη περὶ Κυρήνης[66]. L'avis opposé, qui bornait la Libye par le Nil, était beaucoup moins diffusé et il était contesté déjà par Hérodote et par Strabon, qui objectaient qu'ainsi l'Égypte était divisée entre deux continents[67]. Mais, bien plus que les débats des spécialistes, ce qui importe le plus c'est l'usage général, dans lequel le terme Libye indiquait l'Afrique du Nord, à l'exclusion de l'Égypte : Strabon lui-même, qui, dans la théorie, manifeste beaucoup de flottements au sujet des confins entre l'Afrique et l'Asie, dans la pratique de sa description distingue nettement l'Égypte de la Libye[68]. Nous pouvons conclure, par conséquent, que l'épidémie de peste bubonique n'avait pas atteint l'Égypte, mais qu'elle s'était manifestée dans les provinces romaines de l'Afrique et peut-être même dans la Cyrénaïque, qui était alors elle aussi sous la domination romaine.

L'écrit de Dioscoridès et de Poséidonios est donc la preuve d'un intérêt sur le plan scientifique, mais il avait aussi, de toute probabilité, des buts pratiques, par rapport aux craintes que la diffusion de l'épidémie peut bien avoir provoquées même en Égypte. En effet, quelques éléments donnent à réfléchir : la position dans la cour de Dioscoridès, ambassadeur de Ptolémée XII, ensuite de son successeur, enfin médecin de Cléopâtre, le fait assez insolite qu'il a composé un écrit sur l'épidémie avec un autre médecin, l'appartenance, enfin, de ces médecins à deux écoles rivales, Dioscoridès à l'hérophiléenne, Poséidonios à l'empirique. Compte tenu de tous ces facteurs, il est possible, peut-être, de formuler une hypothèse sur les circonstances et sur les buts de cet écrit, c'est-à-dire que Dioscoridès et Poséidonios avaient été chargés d'étudier l'épidémie, ses symptômes et les traitements et les défenses possibles, dans la crainte de sa diffusion même en Égypte.

---

64 - Oribas., *coll. med.* XLIV 14, 2 : ἐν τῷ περὶ τοῦ κατ᾽αὐτοὺς γενομένου λοιμοῦ ἐν Λιβύῃ

65 - P. ex. Hdt. II 65, 1 ; IV 41 ; Sall. Iug. 17, 4 ; Plin. *Nat. hist.* V 1, 1 ; Mela, I 8, 40 ; 9, 49 ; cf. J. Desanges, *Pline l'Ancien. Histoire naturelle. Livre V, 1-46*, Ière partie, *(L'Afrique du Nord)*, Paris, 1980, p. 75-77.

66 - Cf. p. ex. A. Laronde, *La Cyrénaïque romaine, des origines à la fin des Sévères (96 av. J.-C. - 235 ap. J.-C.)*, dans *ANRW*, II 10. 1 (1988), p. 1007 et n. 2.

67 - Hdt. II 16 ; Strabo I 2, 25, p. 32 ; I 4, 8, p. 66.

68 - Strabo XVII 1, 1, p. 785 ; 3, 1, p. 824.

L'écrit sur la peste bubonique atteste, de toute façon, que les intérêts érudits de Dioscoridès, témoignés par son lexique d'Hippocrate, s'accordaient bien avec la pratique de la médecine et avec l'étude des maladies. Cette conclusion est confirmée par un fragment d'une autre de ses œuvres, concernant les symptômes d'une maladie qui provoquait des ulcères serieuses, le terminthe[69], qui pourrait provenir de son lexique d'Hippocrate[70], mais qui rapporte aussi des traitements, en confirmant ainsi l'intérêt de Dioscoridès pour l'observation clinique.

L'analyse des témoignages au sujet de l'astronome Sosigène et des médecins en activité à Alexandrie à l'époque de Cléopâtre, y compris Dioscoridès, qui a été en rapports personnels avec la reine, permet donc de conclure que l'érudition remarquable s'accordait bien, dans leur œuvre, avec le progrès des études, fondées sur une méthode spéculative et avec un penchant très marqué pour les sciences appliquées et pour l'acquisition des résultats pratiques : en particulier, dans le domaine de la médecine, ils se signalèrent pour leurs progrès non seulement dans la chirurgie, mais aussi dans la pharmacologie et dans l'étude des maladies. Si, d'ailleurs, les résultats de leur activité nous paraissent, somme toute, assez modestes par rapport à la première période de la science hellénistique, nous devons tenir compte d'une part de la maigreur des témoignages, d'autre part du fait que justement le grand essor scientifique antérieur laissait peu d'espace pour des progrès éclatants, étant donné les limitations des instruments dont disposaient les chercheurs de l'antiquité.

Mais quel a été le rôle de Cléopâtre dans la vie scientifique ? Le problème est compliqué, parce que justement l'œuvre de patronage de la reine, qui aimait s'entourer d'hommes de lettres, de philosophes et d'intellectuels, a fait en sorte que même sa culture et sa participation à l'activité scientifique ont été beaucoup exagérées par la tradition ancienne[71], bien au delà de la réalité, par rapport aussi au développement de son mythe. Ainsi, le renseignement de Pline l'Ancien au sujet de la très bonne connaissance qu'elle aurait eue de beaucoup de langues étrangères, tandis que ses prédécesseurs ne connais-

---

69 - Paul. Aeg. IV 24, *CMG* IX 1, p. 345. Wellmann, (s.v. *Dioskurides*, c. 1130) croit que les descriptions du térébinthe et de la peste bubonique proviennent toutes les deux d'un écrit de Dioscoridès, περὶ τῶν ἐντὸς καὶ ἐκτὸς παθῶν. Cette assertion doit être tout à fait refusée, à mon avis, parce que, comme nous l'avons vu, la description de la peste est attribuée par Rufus à un traité spécial sur cette épidémie, composé d'autre part avec la collaboration de Poséidonios.

70 - Cf. von Staden, *op. cit.*, p. 521.

71 - Les exagérations à ce propos ne font pas défaut, d'ailleurs, même dans les études modernes. Green (*op. cit.*, p. 663), p. ex., appelle Cléopâtre « a mathematician and shrewd businesswoman », en se fondant sur le renseignement qu'elle avait chargé le sénateur romain Q. Ovinius de diriger une filature (Oros. VI 19, 20) ; mais, dans cette occasion, Cléopâtre s'était bornée, en réalité, à nommer l'administrateur de l'une des manufactures de l'État déjà en activité (cf. F. Heichelheim, s.v. *Monopole*, *R.E.*, XVI 1 [1933], c. 176).

saient même pas l'égyptienne[72], bien qu'il ait été accepté[73], paraît plutôt une exagération, à la suite du rapprochement de Cléopâtre avec l'autre grand ennemi de Rome, Mithridate, lui aussi crédité des mêmes connaissances dans ce domaine[74].

D'autre part, la tradition d'après laquelle Cléopâtre, de retour en Égypte après la bataille d'Actium, avait expérimenté sur des prisonniers condamnés à mort des poisons pour analyser leurs effets et choisir le plus approprié pour se suicider[75] me paraît aussi une invention, due soit encore au rapprochement avec des cruautés semblables attribuées aux rois hellénistiques et à Mithridate en particulier, soit à l'hostilité contre la vivisection humaine, dont on accusait les médecins alexandrins[76]. Mais justement au sujet de ces recherches de la méthode la meilleure de se suicider, Élien nous rapporte un témoignage très intéressant : il dit, en effet, que Cléopâtre avait discuté ce problème dans un banquet, où elle avait appris que la mort par l'épée entraînait de grandes souffrances, de même que celle par le poison, qui provoquait de violentes convulsions, tandis que seulement la morsure de l'aspic donnait une mort douce et tranquille[77]. Ce témoignage, qui paraît provenir du médecin contemporain Sostratos[78], est un premier indice de la participation des médecins, à l'époque de Cléopâtre, aux banquets de la cour et aux débats qu'y avaient lieu, avec tout le poids de leur science et de leur pratique.

Nous pouvons rappeler aussi, à ce propos, le récit de Plutarque, d'après lequel Philotas, devenu l'un des médecins qui soignaient Antyllus et admis à sa table, avait fermé la bouche à un médecin fanfaron par un syllogisme ; Antyllus l'avait alors récompensé en lui donnant plusieurs coupes précieuses[79]. Cet épisode, bien plus important, parce qu'il n'est pas lié à une situation particulière, témoigne de l'habitude des débats sur des arguments scientifiques dans la petite cour d'Antyllus et de l'intérêt personnel de celui-ci, qui dans cet affaire avait joué le rôle du juge du débat, en récompensant le gagnant. Pourquoi

72 - Plut. *Ant.* 27, 4-5.

73 - Cf. p. ex. Grant, *Cleopatra*, p. 58 e 284, n. 42 ; Green, *op. cit.*, p. 63.

74 - Plin. *Nat. hist.* XXV 3, 6 ; cf. Th. Reinach, *Mithridate Eupator, roi de Pont*, Paris 1890, p. 282, n. 1. On peut croire, pourtant, à la connaissance par Cléopâtre de la langue égyptienne, qui s'accorde très bien avec sa politique à l'égard de la population indigène (au sujet de laquelle cf. surtout Grant, *op. cit.*, p. 62 sqq. ; G. Hîlbl, *Geschichte des Ptolemaerreiches*, Darmstadt, 1994, p. 264 sqq.).

75 - *Carmen de bello Actiaco*, col. V-VI (ed. I Garuti, Bologna, 1958, p. 81-2 = H.W. Benario, dans : *ANRW*, II 30. 3 [1983], p. 1660) ; Plut. *Ant.* 71, 6-8 ; Dio Cass. LI 11, 2.

76 - Cf. Marasco, « Cleopatra e gli esperimenti su cavie umane », *Historia*, 44 (1995), p. 317-25.

77 - Ael. *Nat. anim.* IX 11.

78 - Cf. Wellmann, *Sostratos*, p. 336 sqq. ; Michler, *op. cit.*, p. 119 ; Fraser, *op. cit.*, I, p. 363 ; II, p. 537, n. 231.

79 - Plut. *Ant.* 28, 3-12.

donc des débats tout à fait semblables n'auraient-ils eu lieu à la cour de Cléopâtre, dont l'intérêt pour la culture est si bien attesté ?

C'est justement dans la perspective de cet intérêt de Cléopâtre pour les sciences, surtout médicales, que nous devons analyser les témoignages concernant sa participation personnelle à l'activité scientifique. En particulier, un traité de métrologie attribué faussement à Galien nous a transmis des extraits d'une œuvre sur les cosmétiques attribuée à Cléopâtre[80]; nous avons aussi un extrait d'une œuvre sur la méthode de friser les cheveux[81], tandis que plusieurs manuscrits témoignent du succès de cet aspect du mythe de Cléopâtre, à laquelle on a attribué surtout des écrits de gynécologie[82]. Toutes ces œuvres ont été généralement jugées apocryphes par les savants modernes[83], parce que leur attribution à Cléopâtre paraît en accord trop parfait avec le renom de celle-ci en tant que femme de charme et versée dans la séduction.

Pourtant, on a généralement négligé le témoignage de Galien, qui, dans son *De compositione medicamentorum*, rapporte les recettes, tirées du Κοσμετικόν de Cléopâtre, de trois médicaments, utilisés respectivement pour soigner l'alopécie, pour faire croître les cheveux et pour éliminer les acores, une infection du cuir chevelu, en soulignant leur adhérence au texte de la reine[84]. Ces recettes proviennent de toute probabilité de Criton, médecin de l'empereur Trajan, auteur d'œuvres d'histoire, de médecine et d'un traité de cosmétique[85], qui, comme le témoigne Galien lui-même, avait rassemblé toutes les recettes de Cléopâtre[86]. Les assertions de ceux qui nient sans la moindre dis-

80 - Galen. XIX 767-71 (= Fr. Hultsch, *Metrologicorum scriptorum reliquiae*, I, Lipsiae 1864, p. 233-36 ; cf. 253-56) : ἐκ τῶν Κλεοπάτρας κοσμετικῶν περὶ σταθμῶν καὶ μέτρων. Grant (*Cleopatra*, p. 55) et Fraser (*op. cit.*, II, p. 548, n. 306) réfèrent ces extraits, d'une façon erronée, à un traité sur les poids et les mesures. Cf. aussi A. Cramer, *Anecdota Graeca e codd. manuscriptis Bibliothecarum Oxoniensium*, III, Oxonii 1836, p. 164, l. 15, ἡ κομμωτικὴ Κλεοπάτρας τέχνη : il s'agit ici encore d'une œuvre de cosmétique, non (comme l'entend Fraser, *loc. cit.*) d'un traité de coiffure.

81 - Paul. Aeg. III 2, 1, *CMG* IX 1, p. 132.

82 - Cf. la liste des traités dans les manuscrits du Moyen Âge de L. Thorndike - P. Kibre, *A Catalogue of Incipits of Mediaeval Scientific Writings in Latin*, London, 1963 , c. 1774 (Index, s.v. *Cleopatra*). Nous avons aussi une formule du Ier siècle av. J.-C. au sujet de la fabrication de l'or, qui témoigne de la renommée de Cléopâtre même comme alchimiste : cf. F. S. Taylor, « A Survey of Greek Alchemy » *Journ. Rom. Stud.*, 50 (1930), p. 116 sq.

83 - Cf. p. ex. Hultsch, *op. cit.*, I, p. 108 sq. ; H. Usener, « Vergessenes », *Rhein. Mus.*, N.F. 28 (1873), p. 412-13 (= Id., *Kleine Schriften*, III, Leipzig-Berlin, 1914, p. 31-2) ; H. Volkmann, *Kleopatra. Politik und Propaganda*, München, 1953, p. 62; Grant, *Cleopatra*, p. 59 et 83 ; Fraser, *op. cit.*, II, p. 548, n. 306, qui néammoins (I, p. 372) reconnaît l'intérêt de Cléopâtre pour la cosmétique et ses rapports, à cet effet, avec les médecins.

84 - Galen. XII 403-5 ; 432-34; 492-93.

85 - Cf. surtout Kind, s.v. *Kriton*, nr. 7, *R.E.*, XI 2 (1922), c. 1935-38 ; W. H. Buckler, « T. Statilius Crito, Traiani Aug. medicus », *Jahreshefte d. österr. arch. Inst. Wien*, 30 (1937), Beiblatt 5-8 ; J. Scarborough, « Criton, Physician to Trajan. Historian and Pharmacist », dans : *The Craft of the Ancient Historian. Essays in Honor of Ch. G. Starr*, ed. J.W. Eadie and J. Ober, Lanham, Maryland, 1985, 387-405.

86 - Galen. XII 445-46 ; cf. C. Fabricius, *Galens Exzerpte aus älteren Pharmakologen*, Berlin-New York, 1972, p. 201 sq.

cussion l'attribution à Cléopâtre même de l'écrit témoigné par Galien[87] me paraissent excessives. En effet, l'autorité de Criton, médecin bien informé, intéressé tout particulièrement à ce sujet et sans doute en état, un peu plus d'un siècle après Cléopâtre, de vérifier, bien mieux que nous ne le pouvons, l'authenticité de cet écrit, qu'il lisait tout entier, porte, à mon avis, à envisager le problème avec moins de préventions.

D'autre part, les recettes rapportées par Galien ne correspondent pas du tout à l'orientation frivole, qui paraît implicite dans le titre de l'œuvre et qui a amené à juger l'attribution du *Kosmetikón* à Cléopâtre un expédient logique, à la suite du renom de séductrice de la reine. Tout au contraire, ces recettes rentraient sans doute dans le domaine de la cosmétique, estimée néammoins, comme justement l'œuvre de Criton l'atteste très bien, une branche de la médecine, étant donné ses rapports surtout avec la pharmacologie. L'écrit de Cléopâtre n'était certes pas, somme toute, plus léger que l'œuvre d'Apollonios sur les parfums et il témoigne d'un soin particulier de l'apparence du corps que nous pouvons bien comprendre, dans l'atmosphère raffinée de la cour d'Alexandrie.

Les recettes tirées du livre de Cléopâtre ont d'ailleurs, comme nous l'avons vu, une teneur surtout médicale, parce qu'elles visent justement à soigner des maladies qui pouvaient porter atteinte à l'apparence physique. Il convient aussi de souligner que Galien les rapporte au côté des recettes de quelques médecins célèbres, tels que Criton et Soranos ; en particulier, au sujet du traitement des acores, il dit d'avoir choisi, parmi la quantité de recettes qu'il connaissait, celles que les médecins les plus réputés avaient jugées les meilleures d'après leur expérience[88]. Galien remarque encore que la recette de Cléopâtre contre les acores était utile aussi dans le traitement de la lèpre et des exanthèmes[89], ce qui témoigne de son succès dans la médecine et des études et des expériences dont elle avait été l'objet.

Mais surtout, à mon avis, il faut refuser la tendance, implicitechez ceux qui nient sans discussion la possibilité de l'attribution de ces recettes à un écrit de Cléopâtre, à juger que leur composition ne convenait pas à la position de la reine égyptienne. Cette tendance paraît fondée sur les limitations sociales de la profession médicale et sur sa classification parmi les τέχναι, à la suite de ses aspects manuels liés à la pratique de l'art, encore à l'époque hellénistique[90] ; mais ces limitations ne s'appliquaient pas, de toute évidence,

87 - Cf. I. Becher, *Das Bild der Kleopatra in der griechischen und lateinischen Literatur*, Berlin, 1966, p. 141-42 ; Fabricius, *op. cit.*, p. 202.

88 - Galen. XII 483.

89 - Galen. XII 493.

90 - Cf. à ce sujet surtout M. Rostovzev, *A Social and Economic History of the Hellenistic World*, Oxford, 1953 2 , II, p. 1088 sqq.; H. E. J. Horstmanshoff, « The Ancient Physician : Craftsman or Scientist ? », *Journ. Hist. Med.*, 45 (1990), p. 176-97 ; H. W. Pleket,

à ceux qui bornaient leur intérêt pour la médecine aux aspects scientifiques et, d'autre part, les sources permettent, à mon avis, de brosser un tableau bien différent des rapports des souverains hellénistiques avec cette branche des études.

Il suffirait de rappeler, à ce propos, l'exemple célèbre de Mithridate, roi très intéressé à la médecine, versé dans les expériences chirurgicales[91] et adonné surtout aux études de pharmacologie et de botanique médicale : il avait étudié, en particulier, les contre-poisons et il avait composé un antidote très célèbre, qui avait pris de lui le nom de *Mithridatium*[92]. Mithridate avait laissé plusieurs écrits de médecine, ainsi que les originaux des recettes et les descriptions de leurs effets, que Pompée avait fait traduire en latin par son affranchi Lénaeus[93]; il avait découvert aussi des plantes médicinales, qu'il avait dessinées de sa main [94]. Ses œuvres sont mentionnées dans les listes des sources utilisées par Pline l'Ancien dans les livres VIII, IX, XIV, XV, XVII et XVIII de son *Histoire naturelle*, ce qui témoigne encore de leur importance scientifique.

Mais Mithridate n'était pas le seul roi qui avait des intérêts scientifiques dans ces domaines. Attale III de Pergame, qui, tout comme Mithridate, était accusé d'avoir expérimenté des poisons sur des condamnés à mort[95], avait fait des études importantes de biologie, de pharmacologie[96] et de botanique, en particulier au sujet des plantes vénéneuses[97]. Le roi Nicomède de Bithynie était l'auteur de quelques médicaments[98] et, peu après Cléopâtre, le roi Juba II de Maurétanie, qui avait épousé sa fille, devait se signaler lui aussi par ses études. D'après Pline l'Ancien[99], en effet, Juba avait découvert une plante médicinale, à laquelle il avait dédié un traité spécial et qu'il avait appelé *euphorbea*, du nom de son médecin Euphorbus ; Pline attribue ailleurs à ce médecin la découverte de la plante, mais il confirme le renseignement concernant le livre de Juba[100].

« The social status of physicians in the Graeco-Roman world », dans *Ancient Medicine in its Socio-Cultural Context. Papers read at the Congress held at Leiden University (13-15 april 1992)*, (*Clio Medica* 27), Amsterdam-Atlanta, 1995, p. 27-34.

91 - Plut. *adul.* 58 e.

92 - Cf. surtout Reinach, *op. cit.*, p. 284-85 ; Wellmann, dans Susemihl, *op. cit.*, II, p. 415-16 ; G. Watson, *Theriac and Mithridatium*, London 1966.

93 - Plin. *Nat. hist.* XXV 3, 7.

94 - Plin. *Nat. hist.* XXV 26, 62-63.

95 - Galen. XII 252.

96 - Cels. *med.* V 19, 11 ; VI 6, 5 ; Galen. XIII 414 ; E.V. Hansen, *The Attalids of Pergamon*, Ithaca and London 1971^2, p. 145.

97 - Varro *re rust.* I 1, 8 ; Plut. *Demetr.* 20, 3 ; Plin. *Nat. hist.* XVIII 5, 22 ; Justin. XXXVI 4, 3.

98 - Galen. XIII 929 ; cf. XII 556 et 579 ; XIV 147.

99 - *Nat. hist.* XXV 38, 77-78.

100 - *Nat. hist.* V 1, 16.

Ces témoignages prouvent suffisamment l'intérêt particulier et personnel des souverains, surtout vers la fin de l'époque hellénistique, pour la recherche et pour les études scientifiques, en particulier dans le domaine de la médecine et des sciences naturelles ; pourquoi donc, en dépit du témoignage détaillé de Criton, confirmé par Galien, devons-nous nier que Cléopâtre ait eu les mêmes intérêts ? Cela ne comporte pas, bien sûr, que nous devions nous figurer Cléopâtre entourée de cornues et d'alambics et occupée à des expériences scientifiques : elle doit s'être contentée plutôt de rassembler dans son écrit des recettes et des remèdes déjà connus, peut-être en leur apportant des modifications suggérées par les expériences et par les études successives. Son écrit est, de toute façon, le témoignage d'un intérêt particulier pour la science qui porte à juger Cléopâtre la digne épigone de la tradition de patronage et d'égards qui, durant trois siècles d'histoire, avait permis les plus grands progrès scientifiques du monde ancien.

Michel FEDERSPIEL

Sur un emploi de *sèmeion* dans les mathématiques grecques

I. Introduction

Les considérations qu'on va lire forment le troisième volet de mes recherches sur la définition euclidienne de la droite.

Voici le texte grec de la définition, accompagné de ma proposition de traduction et d'un certain nombre de traductions modernes en langues indo-européennes[1] :

1 - Éditions et traductions des auteurs cités :

A) Euclide :

Texte grec : I. L. Heiberg, *Euclidis Elementa*, vol. I-IV, rééd. Leipzig, 1969-1973.

Traductions :

F. Peyrard, *Les œuvres d'Euclide*, Paris 1819, rééd. A.- Blanchard, Paris 1966 ; Th.L. Heath, *The Thirteen Books of Euclid's Elements*, Cambridge 1908, rééd. Dover, New York 1956 ; E. J. Dijksterhuis, *De Elementen van Euclides*, Groningen 1929 ; C. Thaer, *Euklid. Die Elemente*, Leipzig 1933 ; 6e éd., Darmstadt 1975 ; A. Frajese-L. Maccioni, *Gli Elementi di Euclide*, Torino 1970 ; B. Vitrac, *Euclide. Les Éléments*, vol. I, Paris 1990 ; L. Vega-M.L. Puertas Castaños, *Euclides. Elementos*, vol. I, Madrid, 1991.

B) Apollonius :

Texte grec : I. L. Heiberg, *Apollonius Pergaeus*, vol. I, rééd. Stuttgart, 1974.

Traductions :

H. Balsam, *Des Apollonius von Perga sieben Bücher über Kegelschnitte*, Berlin 1961 ; P. Ver Eecke, *Les Coniques d'Apollonius de Perge*, Bruges 1923 ; A. Czwalina, *Die Kegelschnitte des Apollonios*, München-Berlin 1926 ; R. C. Taliaferro, *Conics by Apollonius of Perga*, Chicago 1952.

C) Pappus, Texte grec :

F. Hultsch, *Pappi Alexandrini Collectionis quae supersunt*, 3 vol., Berolini 1876-1878.

D) Aristote :

P. Moraux, *Aristote*. Du ciel, C.U.F., Paris 1965.

E) Proclus, texte grec :

G. Friedlein, *Proclus Diadochus, In Euclidis Elementorum librum primum comm.*, Lipsiae 1873.

F) Ch. Mugler, *Archimède, Œuvres complètes*, C.U.F., Paris 1970.

A) *Elém.*, I, déf. 4 :

Εὐθεῖα γραμμή ἐστιν ἥτις ἐξ ἴσου τοῖς ἐφ' ἑαυτῆς σημείοις κεῖται.

Traductions :

– *Federspiel* : La ligne droite est la ligne qui est isothétique de ses repères.

– *Peyrard* : La ligne droite est celle qui est également placée entre ses points.

– *Heath* : A straight line is a line which lies evenly with the points on itself.

– *Dijskterhuis* : Een rechte lijn is [een lijn], die gelijk ligt met de punten erop.

– *Thaer* : Eine gerade Linie (Strecke) ist eine solche, die zu den Punkten auf ihr gleichmässig liegt.

– *Frajese-Maccioni* : Linea retta è quella che giace ugualmente rispetto ai punti su essa (cioè, ai suoi punti).

– *Vitrac* : Une ligne droite est celle qui est placée de manière égale par rapport aux points qui sont sur elle.

– *Vega-Puertas Castaños* : Una línea recta es aquella que yace por igual respecto de los puntos que están en ella.

Je ne prendrai pas parti sur les diverses traductions que j'ai citées après la mienne, car leurs auteurs eux-mêmes les donnent généralement sous toutes réserves. Je ne les présente ici qu'à titre de curiosité. En revanche, ma traduction réclame au moins de brèves explications.

Dans une première communication, publiée en 1991[2], j'avais découvert, me semble-t-il, le sens de ce qui constitue le cœur de la définition, je veux dire celui de l'expression ἐξ ἴσου κεῖσθαι. J'ai traduit ce syntagme par le néologisme « *isothétique* », que j'ai créé sur le modèle de l'adjectif moderne *homothétique*, lui-même fait sur le grec ὁμοίως κείμενος « *placé semblablement* ». Pour des raisons mathématiques et philologiques développées dans l'article en question, je pense que la définition euclidienne signifie ceci : la droite est la ligne dont la position est déterminée univoquement par la position de ses σημεῖα (sa θέσις, sa *position*, est ἐξ ἴσου, *sur le même pied*, que la θέσις de ses σημεῖα) ; voilà ce que veut dire, pour un segment de droite, d'être *isothétique* de ses σημεῖα.

Si, comme je le pense, le mot σημεῖα a ici le sens de « repères » et a pour référent les « *extrémités* » d'un segment de droite, la définition euclidienne est une définition purement logique, pure de tout appel à l'intuition sensible, et qui exprime la propriété fondamentale de la droite, qui est d'être donnée par ses extrémités, ce qui entraîne l'unicité d'une droite entre des points donnés.

Mais, dans ce premier travail, j'étais fort embarrassé par le mot σημεῖα, qui devait désigner « *extrémités* » pour donner un sens à la définition, mais que je ne savais pas traduire autrement que par « *points* ».

2 - « Sur la définition euclidienne de la droite », *Mathématiques et philosophie de l'Antiquité à l'âge classique*, Hommage à J. Vuillemin (éd. R. Rashed), Paris 1991, p. 115-130.

Dans un second article, paru en 1992[3], j'ai tenté de comprendre comment le mot σημεῖον, qui a généralement le sens de « *point* », avait pu désigner les extrémités d'un segment de droite. Je suis parti pour cela du sens courant, déjà homérique, du terme, celui de « *marque, repère* ». Mon idée était qu'avant la révolution qui a fait du point un être géométrique sans parties, le σημεῖον d'une figure n'était pas un être géométrique, mais la *marque* faite au crayon ou tout autre stylo et permettant de repérer les extrémités d'une droite, le centre d'un cercle, le sommet d'un angle, les sommets d'un polygone ou d'un polyèdre, etc. L'apport majeur de cet article, à mes yeux, est dans la découverte qu'une science-sœur de la géométrie, l'astronomie la plus reculée, s'était servi du mot σημεῖον, *pris dans le même sens*, pour désigner une étoile située au sommet des angles d'une constellation, et même pour désigner une étoile isolée, et que le sens courant de « *constellation* » était un sens dérivé, et non pas le sens primitif en astronomie.

Malheureusement, si l'hypothèse générale était séduisante, et si elle invitait à chercher un emploi de σημεῖον dans les mathématiques à une date bien plus ancienne qu'on ne l'avait jusqu'alors supposé, je n'avais pas d'attestations à l'appui de mes dires. Aucun des principaux auteurs anciens où nous puisons encore aujourd'hui des renseignements sur les mathématiques grecques, Platon, Aristote, Sextus Empiricus, Nicomaque, Jamblique ou Proclus, ne mentionne expressément le sens de « *repère* ». Les Modernes, qui n'avaient jamais tourné leurs recherches dans cette direction lors de leurs tentatives pour comprendre la définition euclidienne, ne m'étaient pas non plus du moindre secours.

Mais, alors que ce deuxième travail était en cours de publication, il m'est venu l'idée suivante, issue d'une véritable conversion du regard : pourquoi ne pas chercher le mot σημεῖον au sens de « *marque, extrémité, sommet* » dans les textes mathématiques eux-mêmes ? On dira que j'aurais pu le faire plus tôt. Ma seule excuse est que, à ma connaissance, aucun traducteur ou commentateur des ouvrages mathématiques grecs n'avait *jamais* signalé une telle possibilité, et que moi-même je n'avais *jamais* lu ces textes dans cette perspective.

Avec ce fil conducteur, il m'a été facile de trouver les quelques témoignages, peu nombreux, mais significatifs, que je présente ici.

J'ai rassemblé les occurrences les plus claires. A cet effet, j'ai dépouillé les *Eléments* d'Euclide, les *Coniques* d'Apollonius, la *Collection* de Pappus ainsi que les deux traités astronomiques d'Autolycus, lesquels n'ont rien donné directement, mais intéresseront mon sujet plus tard, dans un autre article. Il manque un examen sérieux d'Archimède et des traités mathématiques mineurs, ainsi que de tous les traités d'astronomie (sauf Autolycus) et d'optique. Pour

3 - « Sur l'origine du mot σημεῖον en géométrie », *Revue des Études Grecques*, CV, 1992, p. 385-405.

Euclide et Apollonius, la récolte présentée ici est complète ; c'est probablement aussi le cas pour Pappus, mais je n'en suis pas absolument sûr.

J'ai parlé des occurrences les plus claires. En effet, il y en a d'autres, qui orientent vers le sens d'« *extrémités d'un segment de droite* ». Mais, pour être convaincantes, elles réclament une si longue démonstration philologique que je dois les réserver pour un travail ultérieur. Dans cet article à venir, j'examinerai l'usage de quelques prépositions pour situer les objets mathématiques les uns par rapport aux autres sur une figure, ce qui m'amènera à revenir sur l'emploi de la préposition ἐπί dans la définition euclidienne.

II. Euclide

A) *Elém.*, IV 12, p. 169, 7-8 :

Νενοήσθω τοῦ ἐγγεγραμμένου πενταγώνου τῶν γωνιῶν σημεῖα τὰ Α, Β, Γ, Δ, Ε.

Traductions :

– *Federspiel* : Que soient considérés des repères A, B, C, D et E des angles du pentagone inscrit[4].

– *Peyrard* : Concevons que A, B, Γ, Δ, E soient les sommets des angles du pentagone inscrit.

– *Heath* : Let A, B, C, D, E be conceived to be the angular points of the inscribed pentagon.

– *Thaer* : Man verstehe unter A, B, C, D, E, die Endpunkte des einbeschriebenen Fünfecks.

– *Frajese-Maccioni* : Supponiamo que i punti A, B, C, D, E siano i vertici di un pentagono iscritto.

– *Vitrac* : Que les points A, B, C, D, E soient considérés comme les sommets des angles du pentagone inscrit.

– *Vega-Puertas Castaños* : Considérense A, B, Γ, Δ, E los puntos de los ángulos del pentágono inscrito.

B) *Elém.*, XIII 15, p. 167, 23-4 :

Ὁμοίως καὶ διὰ τῶν λοιπῶν τοῦ κύβου σημείων ἥξει [*scil.* τὸ ἐπὶ τῆς ΗΚ γραφόμενον ἡμικύκλιον]

Traductions :

– *Federspiel* : Il passera semblablement par les autres repères du cube.

– *Peyrard* : Ce demi-cercle passera semblablement par les autres points du cube.

– *Heath* : Similarly it will also pass through the remaining angular points of the cube.

– *Thaer* : Und ähnlich muß er auch durch die übrigen Würfelecken gehen.

– *Frajese-Maccioni* : Similmente verrà pure a passare per gli altri vertici del cubo.

---

4 - Pour mes traductions des textes de mathématiques pures, on pourra consulter la théorie développée dans mon article intitulé « Sur l'opposition défini/indéfini dans la langue des mathématiques grecques », *Les Études Classiques* 63 (1995), p. 249-293.

C) *Elém..*, XIII 16, p. 172, 8-9 :

ἥξει [*scil.* τὸ ἐπὶ τῆς ΨΩ γραφόμενον ἡμικύκλιον] καὶ διὰ τοῦ Π καὶ τῶν λοιπῶν σημείων τοῦ εἰκοσαέδρου.

Traductions :

– *Federspiel* : Il passera et par Π et par les autres repères de l'icosaèdre.

– *Peyrard* : Il passera par le point Π et par les autres points de l'icosaèdre.

– *Heath* : It will also pass through Q and the remaining angular points of the icosahedron.

– *Thaer* : So muß er durch Q und die übrigen Ikosaederecken gehen.

– *Frajese-Maccioni* : Esso verrà a passare per Q e per gli altri punti dell'icosaedro.

III. Le « sommet » : κορυφή et σημεῖον

Les exemples euclidiens montrent qu'à l'époque moderne le même mot σημεῖα a reçu au moins six traductions différentes : repères, sommets (vertici), points (punti), angular points, Endpunkte, (Würfel/Ikosaeder) ecken, certaines des traductions retenues pour l'énoncé de IV 12 intégrant le complément τῶν γωνιῶν. Cette variété de traductions révèle les hésitations des interprètes, qui n'ont pourtant pas cru nécessaire de s'en ouvrir dans des notes.

Il est vrai que le référent désigné par σημεῖα se découvre facilement : il s'agit des « *sommets d'un polygone ou d'un polyèdre* », qui sont des points. Il était donc assez naturel, pour les traducteurs, de glisser par métonymie du sens ordinaire de « points » au sens de « *sommets* ».

Or il existe aussi un autre mot, en grec, pour dire « *sommet* », dans la langue ordinaire comme en mathématiques ; c'est κορυφή. Les deux substantifs σημεῖον et κορυφή sont donc susceptibles d'entrer en concurrence. Le seul moyen de comprendre l'existence d'une double désignation pour ce qui nous apparaît comme un seul référent est d'examiner la distribution de ces deux substantifs.

Le mot κορυφή est un mot assez fréquent. Il s'emploie pour désigner le sommet d'un angle[5], d'un triangle[6], d'une pyramide, d'un cône et, par extension, d'une conique, d'un conoïde de révolution ou d'un segment de sphère[7].

Il est clair par là que les Grecs ont restreint l'emploi du mot à des usages où la valeur étymologique était encore sensible. Par exemple, dans le cas d'un triangle ou d'une pyramide, la base de la figure sera souvent parallèle à la droite imaginaire joignant les deux yeux ou, si l'on préfère, à la ligne d'horizon, et le sommet sera un point situé *au-dessus* de la base ; et ainsi de suite par analogie[8]. Bref, dans le mot κορυφή, il y a étymologiquement le mot « *tête* », et il semble que les Grecs aient eu du mal à s'affranchir pratiquement des représentations sensibles qui placent le *sommet* au-dessus d'une base. – On dira des choses similaires pour l'emploi du mot βάσις, qui est souvent un corréla-

---

5 - Si l'on excepte le tour prépositionnel très fréquent κατὰ κορυφήν, qui s'emploie exactement comme notre syntagme « opposé(s) par le sommet », il n'y a qu'une seule occurrence, dans Euclide, de κορυφή pour désigner le sommet d'un angle ; c'est dans l'énoncé du théorème *Elém.*, XI 35 (éd Heiberg, t. IV, p. 66, l. 5). La référence est cependant suspecte, car ce théorème est atypique sur un point qui est aussi en rapport avec notre sujet. A la fin de l'énoncé d'abord, les sommets de deux angles sont désignés tout simplement par γωνίαι (dans l'expression ἐπὶ τὰς ἐξ ἀρχῆς γωνίας « vers les angles du début » (p. 66, l. 11), alors qu'on attendrait l'un des deux tours suivants : *ἐπὶ τὰς κορυφὰς (ou τὰ σημεῖα) τῶν ἐξ ἀρχῆς γωνιῶν « vers les sommets (ou : les repères) des angles du début ». Même chose ensuite dans le corollaire (p. 68, l. 19), où l'expression ἐπ' αὐτῶν (scil. γωνιῶν) « à eux » (= aux angles ; il n'y a pas de raison de supposer que ἐπί + génitif a ici le sens de « sur » ; la préposition a une simple valeur locative, cf. *Elém.*, XI 5, énoncé, p. 9, l. 3 : ἐπὶ τῆς κοινῆς τομῆς « à leur intersection ») prend la place de l'expression correcte attendue : *ἐπὶ τῶν κορυφῶν (ou τῶν σημείων) αὐτῶν « aux sommets (ou : aux repères) des angles ». On conviendra que j'ai quelques raisons de trouver suspectes des maladresses si marquées et situées justement aux deux seuls endroits des *Éléments* où le contexte impose l'expression du sommet d'un angle ! Par ailleurs, nous savons que cette proposition contient une interpolation ancienne d'une étendue considérable (p. 61, l. 1-11). Elle a donc été l'objet d'un travail de réfection. Certes, toute restitution est purement conjecturale ; c'est donc en toute connaissance de cause que je propose de voir dans κορυφῶν de p. 66, l. 5 une forme substituée à un plus ancien *σημείων et dans les tours elliptiques et maladroits de la fin de l'énoncé et du corollaire des expressions substituées à des tours comportant le mot *σημεῖα (p. 66, l. 11) ou le mot *σημείων (p. 68, l. 19) et que j'ai restitués un peu plus haut. – Dans tout Euclide, le référent « sommet d'un angle » est donc exprimé trois fois par σημεῖον (cf. les exemples cités plus haut dans le texte principal) et, si le texte est authentique, une seule fois par κορυφή. – Dans les *Coniques* d'Apollonius, le concept de « sommet d'un angle » n'apparaît que deux fois, comme on le verra plus loin, et c'est σημεῖον qui est employé.

6 - Chez les Grecs, un triangle n'a qu'un sommet, comme il n'a qu'une seule base.

7 - Cf. Ch. Mugler, *Dictionnaire historique de la terminologie géométrique des Grecs*, Paris 1959, *s. u.* κορυφή. Ch. Mugler a eu du mal a trouver un exemple de κορυφή au sens de « sommet d'un angle ». Il ne cite qu'Archimède, *Arénaire*, I, 4e hypothèse, éd. Mugler, t. III, p. 137, l. 15-16 (et des exemples identiques dans les lignes qui suivent) : τὰν γωνίαν, εἰς ἂν ὁ ἅλιος ἐναρμόζει τὰν κορυφὰν ἔχουσαν ποτὶ τᾷ ὄψει « l'angle qui est tangent au soleil et qui a son sommet à l'œil ».

8 - Bien entendu, toute la figure peut prendre une autre position, mais cela ne change rien à la position relative de ses éléments, comme on voit par exemple dans Archimède, t. II, *La quadrature de la parabole*, éd. Mugler, p. 172 sq., propos. 7 sq., où la base des triangles considérés est perpendiculaire à la ligne d'horizon.

tif du mot κορυφή. S'il est si rare de trouver, en dehors du tour consacré κατὰ κορυφήν, le mot κορυφή au sens de « *sommet d'un angle* », c'est qu'un angle n'a pas de base.

Il faut penser que c'est cette répugnance à étendre l'usage du mot κορυφή au-delà des emplois où l'étymologie était encore sensible qui explique l'existence du mot σημεῖον dans certains contextes. Les trois exemples d'Euclide que nous avons vus, ainsi que les occurrences que nous trouverons plus loin chez Apollonius et chez Pappus, montrent que le mot σημεῖον s'emploie chaque fois qu'il faut désigner un sommet *quelconque* de polygone ou de polyèdre[9]. Le plus souvent d'ailleurs, le mot σημεῖον a pour déterminant le mot γωνία, soit au génitif, soit (chez Apollonius, *v. infra*), comme déterminant prépositionnel, ce qui fait que plutôt que « *les* σημεῖα *du pentagone* », on préfèrera dire : « *les* σημεῖα *des angles du pentagone* ».

Ces considérations montrent donc que, dans les mathématiques grecques, il y a non pas *un* référent, comme dans les mathématiques d'aujourd'hui, mais *deux* : un référent « *sommet* », exprimé par κορυφή, et un référent que j'appellerai « *intersection des côtés d'un polygone ou des arêtes d'un polyèdre* » et auquel a été réservé le mot σημεῖον.

Qu'est-ce qui a bien pu inciter les mathématiciens grecs à désigner dans certains cas, et notamment dans celui d'un angle, le sommet par le mot σημεῖον ? Pas plus en grec que dans les langues modernes, il n'y aurait de sens à parler du « *point* » d'un angle. Les recherches que j'ai présentées dans mon précédent travail sur l'emploi de σημεῖον dans l'astronomie la plus ancienne m'invitent à penser que les énoncés dont je m'occupe ont été composés à une époque où un angle était repéré par une marque, ou σημεῖον, située à son sommet.

Selon moi, nous avons donc affaire à un véritable archaïsme : ces expressions ont été conservées jusqu'à une époque où σημεῖον avait changé de sens et était devenu le point euclidien, sans parties, et où le mot κορυφή était susceptible de remplacer σημεῖον dans un certain nombre de ses emplois.

Dans ces conditions, la cœxistence de ces deux termes pour désigner *notre* référent « *sommet* » est le produit d'une certaine situation historico-linguistique : le refus de l'extension de la compréhension du concept de κορυφή, c'est-à-dire le refus de l'effacement de l'un des référents en présence. Le mot σημεῖον a bien résisté à la concurrence possible de κορυφή pour désigner le sommet d'un angle, un sommet quelconque de polygone ou de polyèdre ; en revanche, il n'a pas résisté à celle de πέρας pour désigner l'extrémité d'une ligne.

---

9 - La seule exception à cet usage est présentée par la définition Elém. VI 4 : Ὕψος ἐστὶ παντὸς σχήματος ἡ ἀπὸ τῆς κορυφῆς ἐπὶ τὴν βάσιν κάθετος ἀγομένη « Dans toute figure, la hauteur est la perpendiculaire menée du *sommet* à la base ». Mais cette exception n'est qu'apparente. Si l'on trouve κορυφή, c'est parce que l'auteur a aussi employé βάσις.

Si mon analyse a quelque justesse, nous aurions sans doute là la raison de la disparition de σημεῖον au sens d'extrémité de ligne ou de droite. Dans le cas d'une telle extrémité, il n'y a, pour nous comme pour les Grecs, qu'*un seul* véritable référent, le référent « *extrémité* ». Un seul mot suffisait alors pour l'exprimer, c'est-à-dire le mot πέρας (ou son synonyme plus rare ἄκρον).

*

* *

La coexistence des deux mots κορυφή et σημεῖον pour désigner ce qui n'est *pour nous* qu'un seul référent est une situation indéniablement embarrassante pour le traducteur. La traduction par « *points* » est la plus malheureuse, puisque σημεῖα ne veut pas dire *points* ici. La traduction par « *sommets* », ou bien ne fait que désigner notre référent « *sommet* », ou bien, si l'on affine l'analyse, témoigne de la méconnaissance de l'existence, que je crois avoir démontrée, du référent grec spécifique « *intersection des côtés d'un polygone ou des arêtes d'un polyèdre* » ; dans les deux cas, il ne s'agit d'ailleurs pas d'une vraie traduction, si traduire veut dire traduire des mots et pas désigner des choses. – Quant à ma traduction par « *repères* », elle a l'avantage de donner le vrai sens de σημεῖον, mais a peut-être l'inconvénient d'obliger le traducteur à rendre dans Euclide le mot σημεῖον par deux mots différents selon le contexte : « *point* » ou « *repère* ».

Les choses seraient plus simples si nous avions une idée assurée du sentiment linguistique des mathématiciens grecs lorsqu'ils employaient le mot σημεῖον dans ce second sens. Se contentaient-ils de reprendre un mot consacré par l'usage, dans un contexte traditionnel, ou savaient-ils expressément que σημεῖον avait eu jadis le sens de « *repère* » ? – Ce qui me ferait pencher pour la seconde solution, c'est que le sens de « *repère* » était courant dans la langue non mathématique[10] et aussi qu'il paraît difficile d'admettre que la définition de la droite, dont la formulation était déjà archaïque à l'époque d'Euclide, n'était plus comprise des mathématiciens de cette époque. Il semble raisonnable de penser que, si Euclide l'avait trouvée incompréhensible pour ses lecteurs, il aurait remplacé l'archaïque σημείοις par le moderne πέρασι « *extrémités* ». C'est ce que fait par exemple Proclus[11], qui comprend si bien le vrai sens de σημεῖα ici qu'il n'éprouve même pas le besoin d'en commenter l'emploi, et qui, incidemment, écrit pourtant : Εἰ γὰρ εἴη τις ἐλάττων, οὐκ ἐξ ἴσου κείσεται τοῖς πέρασιν ἑαυτῆς « S'il existait une ligne plus courte, < la droite > ne serait pas ἐξ ἴσου de ses extrémités (πέρασι). »

10 - Voir mon article « Sur l'origine, etc. ».

11 - *In Eucl.*, p. 110,14 sq. Voir aussi, à la fin de ce travail, une citation de Simplicius qui va dans le même sens.

Si j'ai raison de penser que ce sens de σημεῖον n'a pas été ignoré des mathématiciens grecs, alors l'inconvénient signalé disparaît. Dans des contextes différents, le mot σημεῖον a deux sens différents, dont l'un devait être senti comme archaïque.

*

* *

Il est d'ailleurs resté une confirmation indirecte du sens ancien de σημεῖον dans la désignation classique de l'angle.

En effet, on peut dire :

a) ou bien ἡ ὑπὸ ΒΑΓ γωνία, c'est-à-dire « l'angle contenu (il faut sous-entendre le participe περιεχομένη) par les droites BA et AC »[12],

b) ou bien ἡ πρὸς τῷ Α γωνία « l'angle en A » (il faut sous-entendre ici le mot σημεῖον au datif : ἡ πρὸς τῷ Α <σημείῳ> γωνία « l'angle au point A »)[13].

C'est la seconde dénomination qui m'intéresse ici. Au contraire de la première, la seconde est très éloignée de la définition de l'angle qu'on trouve au début du Livre I des *Eléments* et qui fait intervenir les deux lignes enveloppantes[14]. En même temps, elle est parfois peu explicite et oblige le lecteur à se référer à la figure[15].

Mais, s'il est vrai qu'à l'époque préeuclidienne, et notamment à une époque où le recours à la figure était plus courant qu'à l'époque classique, un angle était généralement repéré par un σημεῖον, l'expression se justifie aisément : de même qu'il est arrivé qu'un segment de droite fût repéré par un σημεῖον, lui-même pourvu d'un nom (par ex. A, B ou C), de même, un angle

12 - Cette dénomination est analogue à celle d'un rectangle, par ex. τὸ ὑπὸ τῶν ΑΒ ΓΔ « le rectangle contenu par les droites AB, CD ».

13 - Par ex. Elém. I 24 (H. p. 33,16 sq.) : Ἔστω δύο τρίγωνα..., ἡ δὲ πρὸς τῷ Α γωνίᾳ τῆς πρὸς τῷ Δ γωνίας μείζων ἔστω. Autre ex., *Elém.*, II 9 (H. p. 81,18) : Καὶ ἐπεὶ ὀρθὴ ἡ πρὸς τῷ Γ « Puisque l'angle en C est droit ». – Le mot « point(s) » n'est pas forcément sous-entendu et peut exister. Voir par exemple Archimède, t. II, *La quadrature de la parabole*, éd. Mugler, p. 174, l. 9-10, prop. 10 : τὸ δὲ ΒΔΗΚ τραπέζιον τὰς μὲν ποτὶ τοῖς Β, Η σαμείοις γωνίας ὀρθὰς ἔχον « le trapèze BDHK ayant les angles aux points B et H droits ». Même chose aux prop. 12 et 14.

14 - I 8 : Ἐπίπεδος δὲ γωνία ἐστιν ἡ ἐν ἐπιπέδῳ δύο γραμμῶν ἁπτομένων ἀλλήλων καὶ μὴ ἐπ' εὐθείας κειμένων πρὸς ἀλλήλας τῶν γραμμῶν κλίσις « L'angle plan est l'inclinaison mutuelle dans un plan de deux lignes concourantes et qui ne sont pas en ligne droite. »

15 - Voyez un exemple du même genre à la proposition *Elém.*, III 20 : Ἐν κύκλῳ ἡ πρὸς τῷ κέντρῳ γωνία διπλασίων ἐστὶ τῆς πρὸς τῇ περιφερείᾳ, ὅταν τὴν αὐτὴν περιφέρειαν βάσιν ἔχωσιν αἱ γωνίαι « Dans un cercle, l'angle au centre est le double de l'angle à la périphérie, lorsque les angles ont pour base le même arc de cercle. » – Dans l'énoncé, une formulation relativement vague, surtout pour le second angle, est parfaitement admissible, notamment avec l'adjonction de la subordonnée. En revanche, dans l'ecthèse, les angles sont aussi repérés par les droites qui les limitent : Ἔστω κύκλος ὁ ΑΒΓ, καὶ πρὸς μὲν τῷ κέντρῳ αὐτοῦ γωνία ἔστω ἡ ὑπὸ ΒΕΓ, πρὸς δὲ τῇ περιφερείᾳ ἡ ὑπὸ ΒΑΓ, κτλ.. « Soient un cercle ABC, à son centre un angle BEC et à la périphérie un angle BAC, etc. »

pouvait l'être lui aussi par un σημεῖον. Dans les deux cas, droite ou angle, il manque une donnée essentielle : ni la longueur du segment de droite, ni la grandeur de l'angle ne sont même suggérées. Mais, dans les deux cas, on savait, en recourant à la figure, de quel segment de droite ou de quel angle il s'agissait.

Ce qui justifie cette remarque, c'est la coexistence de deux expressions pour désigner un angle, dont la seconde, plus concrète, et qui a, elle aussi, perduré jusqu'à nos jours, est nettement moins explicite que la première, et aurait pu disparaître sans dommage pour la clarté de l'exposition géométrique.

Je pense donc qu'à une époque antérieure à la création du concept euclidien de « *point* », comme d'un être sans parties, l'expression ἡ πρὸς τῷ Α γωνία devait donc signifier « l'angle apposé au repère A ».

Dans le même ordre d'idées, il faut encore citer deux passages des *Coniques* d'Apollonius, qui, dans l'état actuel de mes réflexions, sont les seuls témoins de la persistance de l'emploi ancien de σημεῖον chez cet auteur.

IV. Apollonius

A) *Con.*, I 54, p. 166, 7 :

κορυφὴ [*scil.* τῆς ὑπερβολῆς] δὲ τὸ πρὸς τῇ γωνίᾳ σημεῖον.

Traductions :

– *Federspiel* : [une hyperbole]..., ayant pour sommet le repère apposé à l'angle.

– *Balsam* : [eine Hyperbel zu finden, so daß] die Spitze des rechten Winkels (= τὸ πρὸς τῇ γωνίᾳ) der Scheitelpunkt [ist].

– *Ver Eecke* : [de telle sorte que] le point situé à l'angle soit le sommet.

– *Czwalina* : [für welche] der Scheitel des rechten Winkels der Scheitel der Hyperbel [ist].

– *Taliaferro* : [so that] the point at the angle is the vertex.

B) *Con.*, I 56, p. 174, 26 :

ἧς [*scil.* ἐλλείψεως] κορυφὴ ἔσται τὸ πρὸς τῇ ὀρθῇ γωνίᾳ σημεῖον.

Traductions :

– *Federspiel* : [une ellipse]..., ayant pour sommet le repère apposé à l'angle droit.

– *Balsam* : [eine Ellipse zu beschreiben, die]..., die Spitze des rechten Winkels zu einem Scheitel... hat.

– *Ver Eecke* : [une ellipse]..., dont le sommet soit le point situé à l'angle droit.

– *Czwalina* : [eine Ellipse zu konstruieren]..., deren Scheitel der Scheitel des rechten Winkels ist

– *Taliaferro* : [an ellipse]..., whose vertex will be the point at the right angle.

Pour saisir l'intérêt de ces deux références, il faut savoir qu'Apollonius n'emploie jamais ailleurs, à ma connaissance, le mot σημεῖον dans un sens favorable à ma thèse[16]. La raison la plus obvie en est fort simple : il n'est question ni de polygones ni de polyèdres dans les *Coniques*.

Il est difficile de savoir comment se serait exprimé Apollonius dans le cas contraire. Aurait-il été fidèle à la tradition euclidienne ou aurait-il imposé partout le mot κορυφή ? Si des doutes peuvent s'élever à ce sujet, c'est que c'est chez Apollonius que la langue géométrique grecque a atteint son point de perfection ; comparée à celle d'Apollonius, la langue d'auteurs comme Archimède, et à plus forte raison Euclide, a un caractère archaïque ; par exemple, c'est à Apollonius que nous devons les noms modernes des trois coniques. Mais tout cela est fort spéculatif ; après tout, même le mot κορυφή n'apparaît jamais au sens de « *sommet d'un angle* » dans les *Coniques* (v. note 5).

Dans toute l'œuvre d'Apollonius, les deux seules occurrences de σημεῖον au sens de « *repère* » se rencontrent justement dans les propositions *Con.*, I 54 et 56. Ce n'est peut-être pas l'effet du hasard. Il se trouve que cette fin du Livre I, je veux dire le groupe des problèmes *Con.*, I 52-60, a elle-même un caractère archaïque prononcé, si on la compare au reste du Livre I[17]. C'est un passage sans doute emprunté à Euclide et qu'Apollonius a peu retouché.

Dans ces deux passages, Apollonius (ou plutôt sa source) met en concurrence les deux mots κορυφή et σημεῖον dans la même phrase. Il réserve l'emploi du premier pour le sommet d'une hyperbole ou d'une ellipse, mais affecte le second à la désignation du sommet d'un angle.

On pourrait m'objecter que ce sommet est justement un point, au sens euclidien du terme, et que, dans l'ecthèse de ces propositions (et dans d'autres), on trouve des tours du genre κορυφὴ δὲ τὸ B « ayant pour sommet le point B », où σημεῖον sous-entendu (il faut comprendre κορυφὴ τὸ B < σημεῖον >) a bien le sens de « *point* ».

Mais il ne faut pas confondre l'expression de l'énoncé et celle de l'ecthèse. Dans l'énoncé, est exprimé que le sommet de l'hyperbole ou de l'ellipse est le σημεῖον de l'angle droit. L'ecthèse, elle, dit que le sommet en question est tel point (le point B) dont il a déjà été question plus haut comme sommet d'un angle droit. Les contextes étant différents, il n'est pas surprenant que le sens de σημεῖον soit différent dans chaque cas.

Ce qui confirme l'interprétation que je propose ici, c'est que, d'un point de vue linguistique, l'expression qui m'intéresse est quasiment identique à celle qu'on trouve dans *Elém.* IV 12. La seule différence est que, chez Apollonius, le déterminant du substantif, au lieu d'être au génitif, est un tour préposi-

16 - Il ne reste même plus d'expressions témoignant indirectement de l'existence de ce sens primitif pour désigner les extrémités d'un segment de droite. Apollonius ne devrait m'être d'aucune utilité pour mes recherches à venir sur le sujet.

17 - Cf. M. Federspiel, « Sur l'opposition, etc. », cité *supra* n. 4. Dans l'Appendice de cet article, j'évoque certains aspects de l'archaïsme linguistique de ce groupe de propositions.

tionnel, donc en position épithétique : simple variante, que je trouve même archaïsante, du complément au génitif employé par Euclide et, nous le verrons plus loin, par Pappus[18]. C'est pourquoi j'ai traduit σημεῖον par « *repère* », exactement comme dans le cas des tours euclidiens cités plus haut.

V. Pappus

La situation de Pappus, qui a vécu des siècles après Apollonius, est très différente. D'abord, il lui arrive de traiter de polyèdres. Ensuite, contrairement à Apollonius, Pappus n'est pas un styliste ; sa langue dépend étroitement de celle de ses sources[19], exactement comme on voit par exemple, dans la littérature non mathématique, chez un historien comme Diodore de Sicile.

Les témoignages présentés par Pappus se trouvent dans le Livre III de sa *Collection mathématique*. Dans ce Livre, on trouve d'assez nombreuses occurrences de σημεῖα au sens de « *repères* », le mot ayant pour référent les sommets d'un polyèdre. Si l'on ne connaissait la manière de travailler des Anciens et le respect qu'ils portent à leurs prédécesseurs, on ne pourrait s'empêcher d'être stupéfait de retrouver chez Pappus encore un emploi préeuclidien de σημεῖον.

A) p. 142, l. 2 :

Ἐγγεγράφθω (*scil.* πυραμίς) καὶ ἔστω σημεῖα τῶν γωνιῶν αὐτῆς (= πυραμίδος) αἱ τῆς ἐν τῇ ἐπιφανείᾳ τῆς σφαίρας τὰ Α, Β, Γ, Δ.

B) p. 144, l. 21 :

(δεήσει) καὶ ἔχειν τὰ σημεῖα τῶν γωνιῶν τῆς πυραμίδος τὰ Α, Β, Γ, Δ.

C) p. 146, l. 1 :

Ἐγγεγράφθω (*scil.* κύβος) καὶ ἔστω ἐν τῇ ἐπιφανείᾳ τῆς σφαίρας τὰ σημεῖα τῶν γωνιῶν αὐτοῦ τὰ Α, κτλ.

D) p. 146, l. 17 :

τὰ τῶν γωνιῶν σημεῖα τοῦ κύβου.

E) p. 148, l. 11 :

Ἐγγεγράφθω (*scil.* ὀκτάεδρον) καὶ ἔστω σημεῖα τῶν γωνιῶν αὐτοῦ ἐν τῇ ἐπιφανείᾳ τῆς σφαίρας τὰ Α κτλ.

---

18 - Au lieu de dire « le repère apposé à l'angle », j'aurais donc pu me contenter du simple « le repère *de* l'angle », exactement comme on traduit le grec ὁ ἐν Δελφοῖς θεός non pas par « le dieu *à* Delphes », mais par « le dieu *de* Delphes ». Si j'ai contrevenu ici aux usages de la traduction, c'est pour attirer l'attention sur l'emploi de la préposition πρός dans ce syntagme, qui est fort intéressant. Je reviendrai sur ce genre de choses plus tard.

19 - Pour un autre exemple d'archaïsme linguistique chez Pappus (Livre II de la *Collection*), l'emploi de la formule préeuclidienne ἐφ' οὗ, cf. M. Federspiel, « Sur la locution ἐφ' οὗ/ἐφ' ᾧ servant à désigner des êtres géométriques par des lettres », *Mathématiques dans l'Antiquité* (éd. J.-Y. Guillaumin), Saint-Étienne 1992, p. 9-25, *in fine*.

F) p. 148, l. 25 :
τὰ ἐπ' αὐτῶν (*scil.* κύκλων) σημεῖα, désigne les sommets de l'octaèdre.

G) p. 150, l. 15 :
Ἐγγεγράφθω (*scil.* εἰκοσαέδρον) καὶ ἔστω ἐν τῇ ἐπιφανείᾳ σημεῖα τῶν γωνιῶν αὐτοῦ τὰ Α κτλ.

H) p. 154, l. 19 :
τὰ σημεῖα τῶν τοῦ πολυέδρου γωνιῶν.

I) p. 156, λ. 9 ·
Ἐγγεγράφθω (*scil.* δωδεκάεδρον) καὶ ἔστω σημεῖα τῶν γωνιῶν αὐτοῦ τὰ Α κτλ.

j) p. 162, l. 5 :
τὰ σημεῖα τῶν τοῦ πολυέδρου γωνιῶν.

On voit que l'expression qui nous intéresse est stéréotypée. A une exception près [exemple f], il s'agit du syntagme τῶν γωνιῶν σημεῖα, identique à celui qu'on trouve dans *Elém.*, IV 12 et substantiellement identique aux deux occurrences rencontrées chez Apollonius.

VI. Conclusion

Dans le *corpus* de textes que j'ai dépouillé, il reste quelques occurrences de l'emploi préeuclidien de σημεῖον au sens de « *marque, repère* ». Le référent est presque toujours le sommet d'un angle, pris dans un polygone ou un polyèdre. On ne trouve, en revanche, aucune occurrence explicite du mot σημεῖα avec pour référent les extrémités d'un segment de ligne ou de droite. Des recherches plus délicates, où domineront les analyses linguistiques et grammaticales, seront consacrées plus tard aux traces de cet emploi ancien de σημεῖον jusque dans la mathématique classique.

Mais l'apport des considérations qu'on vient de lire ne saurait être sousestimé pour l'élucidation de la définition euclidienne de la droite. Après la voie ouverte par mon deuxième article sur le le sujet, il était d'une importance cardinale d'avoir mis au jour un emploi indubitable de σημεῖον au sens de « *repère* », indépendamment du référent proprement dit. La distinction classique, en linguistique, du *signe* et du *référent* permet d'éclairer la question. Incidemment, je crois avoir démontré l'existence, dans les mathématiques grecques, de deux référents dont l'extension couvrait celle de notre unique référent « *sommet* ».

Appendice

(Aristote, *De cælo*, I 4, 271a5-17)

Au chapitre I 4 du *Traité du ciel*, Aristote veut prouver que le mouvement circulaire n'a pas de contraire (étape importante dans la démonstration de l'unicité du corps céleste). L'un des arguments est que la supposition de deux mouvements contraires sur un arc de cercle ou sur un demi-cercle se ramène à la supposition de deux mouvements contraires sur un segment de droite (la corde qui sous-tend l'arc en question, ou le diamètre qui sous-tend le demi-cercle). Or, si l'on peut effectivement faire un aller-retour sur un segment de droite, d'une extrémité à l'autre, il ne s'agit pas de mouvements contraires proprement dits. Donc, etc.

Voici le texte grec de l'argument complet, accompagné d'une traduction française :

Ἔπειτ' εἴ τις ὑπολαμβάνει τὸν αὐτὸν εἶναι λόγον ὅνπερ ἐπὶ τῆς εὐθείας καὶ ἐπὶ τῆς περιφεροῦς (τὴν γὰρ ἀπὸ τοῦ Α πρὸς τὸ Β φορὰν ἐναντίαν εἶναι τῇ ἀπὸ τοῦ Β πρὸς τὸ Α), τὴν ἐπὶ τῆς εὐθείας λέγει· αὕτη γὰρ πεπέρανται, περιφερεῖς δ' ἄπειροι ἂν εἶεν περὶ τὰ αὐτὰ σημεῖα.

Ensuite, supposer que le raisonnement s'applique aussi bien à l'arc de cercle qu'il le fait à la ligne droite – c'est-à-dire que la translation de A vers B est contraire à la translation de B vers A – c'est penser en fait au mouvement rectiligne, car une droite est déterminée <par deux repères>, tandis qu'il y a une infinité d'arcs de cercle passant par les mêmes repères.

Ὁμοίως δὲ καὶ ἐπὶ τοῦ ἡμικυκλίου τοῦ ἑνός, οἷον ἀπὸ τοῦ Γ ἐπὶ τὸ Δ καὶ ἀπὸ τοῦ Δ ἐπὶ τὸ Γ· ἡ γὰρ αὐτὴ ἐπὶ τῆς διαμέτρου ἐστίν· ἀεὶ γὰρ ἕκαστον ἀπέχειν τὴν εὐθεῖαν τίθεμεν.

Même raisonnement si l'on prend une seule demi-circonférence, avec un mouvement de C à D et un autre mouvement de D à C ; ce mouvement est identique à celui qui se fait sur le diamètre ; en effet, nous partons de l'hypothèse que la distance est, dans chaque cas, déterminée par une droite.

Ὁμοίως δὲ κἂν εἴ τις κύκλον ποιήσας τὴν ἐπὶ θατέρου ἡμικυκλίου φορὰν ἐναντίαν θείη τῇ ἐπὶ θατέρου, οἷον ἐν τῷ ὅλῳ κύκλῳ τὴν ἀπὸ τοῦ Ε πρὸς τὸ Ζ τοῦ Η ἡμικυκλίου τῇ ἀπὸ τοῦ Ζ πρὸς τὸ Ε ἐν τῷ Θ ἡμικυκλίῳ.

Même raisonnement si l'on trace un cercle et que l'on pose que la translation sur l'une des demi-circonférences est contraire à celle qui s'effectue sur l'autre, comme si l'on disait, en considérant le cercle entier, que la translation de E vers F sur la demi-circonférence G est contraire à la translation de F vers E sur la circonférence H.

La distinction que fait Aristote entre trois cas de figure (arc de cercle, demi-cercle, cercle entier) ne nous intéresse pas ici. Si j'ai reproduit le raisonnement en entier, c'est uniquement parce que les deux premiers arguments contiennent des éléments qui ne sont pas sans intérêt pour mon propos, et que, puisque les trois arguments forment un tout, il aurait été désobligeant pour le troisième de l'omettre.

Je voudrais essayer de montrer que les deux premiers arguments, pris ensemble, ne sont pas sans rapport avec la théorie grecque de la ligne droite.

A) Le second argument s'achève sur l'assertion suivante : nous partons de l'hypothèse que la distance est, dans chaque cas, déterminée par une droite ». Je voudrais, non sans précautions, rapprocher cette assertion d'un fameux postulat invoqué par Archimède :

Λαμβάνω δὲ ταῦτα·
α΄. Τῶν τὰ αὐτὰ πέρατα ἐχουσῶν γραμμῶν ἐλαχίστην εἶναι τὴν εὐθεῖαν

« J'admets ce qui suit : 1° De toutes les lignes ayant les mêmes extrémités, la plus courte est la droite. »[20].

Mon premier argument en faveur de ce rapprochement est celui de l'équivalence des verbes introducteurs.

Aristote emploie τίθημι ; nous avons donc affaire à une ὑπόθεσις, qui est le nom désignant notamment une certaine classe de principes. Archimède connaît une variante du terme employé par Aristote : le Livre I du traité *Des corps flottants* commence par ὑποκείσθω, forme verbale correspondant à la forme nominale ὑπόθεσις ; mais, dans l'introduction du traité *De la sphère et du cylindre*, il emploie le verbe λαμβάνω. Si la différence est intéressante pour la terminologie des principes dans les sciences grecques, elle est peu significative dans le cas qui nous intéresse. Il s'agit dans les deux cas de poser un principe.

Ensuite, dans l'un et l'autre cas, ces énoncés ont un certain rapport avec la notion implicite de *distance*.

Chez Archimède, cette notion est sous-entendue par la mention de la droite la plus courte. La longueur de cette droite est implicitement la distance entre deux points.

Aristote évoque indirectement cette notion par le biais du verbe ἀπέχειν « être éloigné de ». Ce verbe demande un sujet et un complément indirect, soient deux termes qu'on peut par exemple assimiler à deux points distincts dans l'espace. Entre deux points, il n'y a pas plusieurs distances ; il n'y en a qu'une, qui n'est pas minimale en elle-même, puisqu'une distance n'est pas une longueur, sauf dans le langage ordinaire. Mais, dit Aristote, la distance entre deux termes est toujours appréciée par une ligne joignant les deux termes, qui est une εὐθεῖα, un segment de droite.

20 - *De la sphère et du cylindre*, Introduction, Admission 1 ; traduction de Ch. Mugler.

Aristote s'exprime dans des termes identiques en *Physique*, V 3, 226b32-34, dont je citerai ici le début (voir la suite page suivante) : Ἐναντίον δὲ κατὰ τόπον τὸ κατ᾽εὐθεῖαν ἀπέχον πλεῖστον « Le contraire selon le lieu est ce qui est le plus éloigné selon une droite. »

Proclus ne dit pas autre chose lorsqu'il veut essayer de commenter la définition euclidienne de la droite (que ce commentaire de Proclus soit inadapté à son propos est une autre question)[21] :

> [Εὐκλείδης] δηλοῖ διὰ τούτου μόνην τὴν εὐθεῖαν ἴσον κατέχειν διάστημα τῷ μετάξυ τῶν ἐπ᾽ αὐτῆς σημείων. Ὅσον γὰρ ἀπέχει θάτερον τῶν σημείων θατέρου, τοσοῦτον τὸ μέγεθος τῆς εὐθείας τῆς ὑπ᾽ αὐτῶν περατουμένης.

« Par cette définition [*scil.* de la droite], Euclide montre que la droite est la seule ligne à comporter un intervalle égal à l'intervalle entre ses extrémités. La longueur de la droite bornée par ces extrémités est égale à la distance qui sépare (ἀπέχει, le même verbe que chez Aristote) une extrémité de l'autre. »

Un peu plus loin[22], Proclus fait de l'axiome d'Archimède une conséquence de la définition euclidienne de la droite ; dans un passage déjà cité plus haut à d'autres fins, il interprète ἐξ ἴσου au sens spatial (l. 14 sq.) :

> Εἰ γὰρ εἴη τις ἐλάττων, οὐκ ἐξ ἴσου κείσεται τοῖς πέρασιν ἑαυτῆς

« S'il existait une ligne plus courte, < la droite > ne serait pas ἐξ ἴσου de ses extrémités ».

Si j'ai évoqué ici le commentaire de Proclus, c'est surtout pour montrer que, même si Aristote n'emploie pas les mêmes termes qu'Archimède, nous sommes dans le même ordre d'idées : la distance entre deux points est mesurée par la droite qui les joint et la longueur de cette droite est minimale (cette dernière assertion n'est pas expressément dans Aristote, parce qu'elle n'intéresse pas directement l'argument, mais elle est certainement sous-entendue).

B) Le rapport du premier argument avec la définition euclidienne de la droite me semble plus net encore que le rapport entre le deuxième argument et l'axiome archimédien.

a) Examinons d'abord le verbe πεπέρανται. Dans son contexte, il ne peut pas signifier simplement « borner », comme le faisait par exemple le doublet περατόω que l'on a vu plus haut dans la première citation de Proclus (p. 109,10). En effet, n'importe quelle ligne non infinie, droite, circulaire ou mixte (pour reprendre la tripartion ancienne classique), est bornée par ses σημεῖα (ou ses πέρατα).

L'opposition qui est instituée par Aristote entre la droite et les arcs de cercle (περιφερεῖς), qui sont en nombre infini *relativement* aux mêmes σημεῖα

21 - *In Eucl.*, p. 109,10 sq.
22 - *In Eucl.*, p. 110,10 sq.

(ἄπειροι περὶ τὰ αὐτὰ σημεῖα) (περί n'a probablement pas le sens de « autour » ici), nous invite à :

– Sous-entendre pour le verbe πεπέρανται le complément de moyen ou d'agent τοῖς σημείοις.

– Donner au verbe περαίνω le sens de « déterminer (*scil.* en position », ce qui implique l'unicité de cette droite, par opposition à la multiplicité des autres courbes passant par ces mêmes extrémités.

b) Si mon interprétation est exacte, l'assertion aristotélicienne est donc substantiellement identique à la définition euclidienne de la droite. Dans les deux cas, il serait question de la détermination univoque de la droite par ses extrémités.

Aristote est même plus explicite dans le traité *Du ciel*, puisqu'il complète l'énoncé de la propriété de la droite en marquant le contraste entre la droite et les autres lignes (notamment circulaires, ici).

c) Toujours dans la même hypothèse, il devient intéressant de traduire ici σημεῖα par « repères », et non par « points ». C'est cette dernière remarque qui m'a conduit à traiter ici de ce passage d'Aristote. Certes, dans la géométrie euclidienne (toujours au sens philologique du terme), le référent est bien les « points » au sens défini par Euclide. Mais rien n'empêche des considérations sur la détermination d'une droite par ses « repères » d'être antérieures à la création du concept euclidien de « point ». Je ne parle pas de la création de la définition euclidienne proprement dite, que je croirais volontiers plus tardive, notamment parce que Platon n'y fait aucune allusion dans le *Parménide*[23].

Enfin, il y a un argument de poids en faveur de ce sens de σημεῖα. Dans le texte transmis, Aristote ne précise pas le nombre des σημεῖα. Si le mot voulait ici dire « points », on serait obligé d'admettre qu'Aristote a été fort négligent en omettant le numéral δύο, tout comme Euclide l'aurait été dans l'énoncé de sa définition. Avec le sens de « repères », il devient clair que l'expression est parfaitement correcte, que ce soit chez Aristote ou chez Euclide, puisqu'une ligne, droite ou non, a *un* ou, le plus souvent, notamment dans un cas comme celui-ci, *deux* repères.

d) L'interprétation de Simplicius[24] est très différente de la mienne. En effet, c'est déjà la fin du *premier* argument d'Aristote, et non pas seulement du deuxième, qu'il identifie au postulat archimédien. Pour cela, il prend la forme verbale πεπέρανται dans un sens qui me paraît peu vraisemblable (« limité en nombre (τῷ ἀριθμῷ ἀλλ' οὐ τῷ μεγέθει πεπερασμένην τὴν εὐθεῖαν εἶπεν) », dit-il à la l. 29), mais qui permet une assimilation immédiate de l'assertion d'Aristote au postulat archimédien :

23 - Voir mes deux précédents articles sur la question.

24 - *Simplicii in Aristotelis De cælo commentaria*, éd. I. L. Heiberg, Berolini, 1893, p. 146, 26 sq.

Τὸ μὲν πεπέρανται ἀντὶ τοῦ μία ἐστίν εἰπών· ἀπὸ γὰρ σημείου ἐπὶ σημεῖον ἀδύνατον πλείους μιᾶς εὐθείας ἐπιζεῦξαι· εὐθεῖα γάρ ἐστιν ἡ ἐλαχίστη τῶν τὰ αὐτὰ πέρατα ἐχουσῶν, ἡ δὲ ἐλαχίστη μία.

« Il (*scil.* Aristote) emploie le verbe πεπέρανται au sens de 'est unique' : en effet, il est impossible de mener plus d'une droite d'un point à un point, car la droite est la plus petite des lignes qui ont les mêmes extrémités, or la ligne la plus courte est unique ».

En substance, la fin du deuxième argument est interprétée de la même façon, ce qui se comprend mieux (p. 148,3 sq.) :

τὴν δὲ ὡρισμένην ἀποχὴν κρίνομεν τῇ ἐλαχίστῃ τῶν τὰ αὐτὰ πέρατα ἐχουσῶν, αὕτη δὲ ἐστιν ἡ εὐθεῖα

« nous jugeons la distance finie par le moyen de la plus petite ligne de celles qui ont les mêmes extrémités, c'est-à-dire de la droite ».

On voit que Simplicius prend d'emblée pour référence l'axiome archimédien. En revanche, il n'a pas l'air de penser un seul instant que le rapprochement le plus plausible du premier argument d'Aristote est avec la définition euclidienne de la droite. Il semble bien que, même s'il est loisible de trouver, ici ou là, des emplois de σημεῖον au sens au moins implicite de « repère », le vrai sens de la définition euclidienne s'était complètement perdu dès l'Antiquité.

Jean-Yves GUILLAUMIN

Présence d'Euclide dans un traité du corpus gromatique des années 100 après J.-C. :
l'*Expositio et ratio omnium formarum* de Balbus

Avec Balbus[1], je me situe aux franges extrêmes de la période à laquelle s'intéresse notre colloque, et je suis même obligé de tricher un peu, puisque son traité a été écrit, selon toute vraisemblance, dans les toutes premières années du second siècle : il se peut que je sois jusqu'à sept ans trop loin. Malgré tout, l'intérêt du traité géométrico-agrimensorique de Balbus est tel qu'il me paraît justifier ce léger dépassement, d'autant que l'auteur ne prétend pas à l'originalité et qu'en bien des cas, il a dû copier purement et simplement des sources latines que nous n'avons plus.

Qui donc était Balbus ? C'est une question qui sera vite traitée, car nous ne savons rien de lui, si ce n'est qu'il participa à l'une des expéditions de Trajan chez les Daces, car il rédigea son ouvrage quand il put, à l'issue de cette campagne, retourner à ses études *tamquam ad otium* : il le dit dans sa lettre de dédicace à Celsus, et l'*Expositio* a donc été écrite entre 102 et 107 (102 si ce fut après la première expédition dacique, 107 si ce fut après la seconde)[2]. Celsus, le destinataire, est un *professor* dont nous ne savons rien non plus[3]. Cependant, il est possible de mettre le traité de Balbus en perspective par rapport à une époque où, sous le Haut Empire, on s'est préoccupé de donner aux techniciens romains du cadastre une formation technique et géométrique certes succincte,

1 - Le traité de Balbus, fort mutilé, intitulé *Expositio et ratio omnium formarum*, a été édité par K. Lachmann dans le premier volume de son corpus des textes gromatiques, *Die Schriften der Römischen Feldmesser*, Berlin, 1848, p. 91-108. J'ai publié en 1996 (Naples, Jovene) une traduction de ce traité, avec introduction et notes, d'après le texte latin édité par Lachmann. De façon générale, ce traité a peu intéressé les spécialistes, dans ses détails.

2 - Une expression comme *Postquam ergo maximus imperator uictoria Daciam proxime reserauit*, « Quand donc notre grand empereur eut par sa victoire ouvert les accès d'une Dacie plus proche » (p. 93 l. 6-7 Lachmann), fait-elle allusion au pont de pierre que Trajan fit jeter sur le Danube à la fin de sa première campagne de Dacie, en 102, rendant possible les communications même dans la plus mauvaise saison ? Il faudrait alors prendre comme date de rédaction de l'*Expositio et ratio omnium formarum* la fin de cette première campagne.

3 - La lettre de dédicace à Celsus, sur laquelle s'ouvre le traité de Balbus (p. 91-94 Lachmann), fait, au début et à la fin, l'éloge de la compétence de ce personnage en matière gromatique.

mais malgré tout scientifique et systématique[4]. Balbus ne revendique pas une autre justification : il souhaite « être utile à ceux qui étudient notre discipline »[5]. Son but est de donner un exposé cohérent *rerum ad professionem nostram pertinentium*[6].

Le traité, donc, est, si je puis me permettre une expression dont usent les numismates, classé aux gromatiques, et *ipso facto* déprécié. Il l'a été déjà aux yeux de son éditeur, Lachmann, qui n'a pas éprouvé grand intérêt, visiblement, pour ce genre de texte géométrique du corpus agrimensorique (il a édité le *Podismus* par-dessus la jambe et délaissé les « Extraits d'Épaphrodite et de Vitruvius Rufus »[7]). Il est vrai qu'il nous est parvenu fort abîmé et tronqué, ne répondant plus aux promesses de son titre : *Expositio et ratio omnium formarum* annonce un exposé systématique sur toutes les figures, *formae*, de la géométrie ; or, nous sommes loin de compte[8], car nous ne trouvons plus chez Balbus, après un chapitre introductif sur la mesure et les différentes unités de mesure (p. 94 l. 3 - p. 96 l. 20 Lachmann), que les définitions des trois dimen-

---

4 - Rappelons qu'à l'époque républicaine, les *finitores* sont issus des rangs de l'armée : des officiers ayant acquis une expérience suffisante dans la castramétation peuvent être chargés de questions de délimitation de terres par des collectivités ou des particuliers. C'est l'administration impériale qui met en place, peu à peu, des *mensores* civils, pour lesquels est définie une formation préalable dans tous les domaines de leur *ars*.

5 - C'est la dernière phrase de sa lettre de dédicace à Celsus (p. 93 l. 15 - p. 94 l. 2 Lachmann) : *Per quae satis ampla mediocritatis meae opinio seruabitur, si illa uir tantae auctoritatis studentibus profutura iudicaueris*, « Grâce à quoi on gardera de ma médiocrité une opinion suffisamment bonne, si un homme d'une autorité aussi grande que la tienne juge que cet ouvrage sera utile à ceux qui étudient notre discipline ».

6 - Cette expression figure dans sa lettre de dédicace, p. 93 l. 13 Lachmann. *Professio nostra* est une expression d'une certaine fierté, par laquelle les gromatiques aiment à désigner leur corporation.

7 - Le *Podismus* occupe les p. 295-301 de l'édition Lachmann du corpus gromatique ; le premier à donner le texte intégral des extraits d'Épaphrodite et de Vitruvius Rufus a été M. Cantor, *Die römischen Agrimensoren und ihre Stellung in der Geschichte der Feldmesskunst, eine historisch-mathematische Untersuchung*, Leipzig, Teubner, 1875, p. 208-215. M. Curtze, *Abhandlungen zur Geschichte der Mathematik*, VII, Leipzig, Teubner, 1875, p. 75-142, a donné une collation complète du ms. de Munich 14 836 (11e s.) avec les textes édités par Lachmann et Cantor. Les extraits d'Épaphrodite et de Vitruvius Rufus, ainsi que le *De iugeribus metiundis*, ont été édités par V. Mortet, avec une introduction et des notes complémentaires de P. Tannery, d'après le ms. de Munich 13 084. Ces textes, enfin, ont été édités par N. Bubnov, *Gerberti opera mathematica*, Berlin, 1899.

8 - C'est pourquoi Lachmann (cf. son apparat critique p. 91 : FORMARVM] *immo* mensurarum) aurait préféré lire *Expositio et ratio omnium mensurarum*. Il pensait pouvoir tirer un argument (cf. son apparat critique, *ibid.*) de la phrase de la p. 94 l. 3-4 (La.) : *Ergo ne quid nos praeterisse uideamur, omnium mensurarum appellationes conferamus*. Mais on ne saurait penser que cette phrase indique le contenu de la totalité du traité ; elle ne fait qu'annoncer l'ensemble préliminaire qui présente effectivement un catalogue des mesures. La précision *ne quid nos praeterisse uideamur* montre bien qu'il s'agit là d'un élément indispensable du traité, qu'il ne faut pas oublier ; non pas de l'essentiel. La vérité est que le traité est mutilé : le titre d'*Expositio et ratio omnium formarum* est bon, mais ce que nous avons conservé de l'ouvrage ne va pas au-delà des généralités sur les figures.

sions (p. 96 l. 21 - p. 97 l. 13), suivies d'un certain nombre de définitions du premier livre d'Euclide (point, ligne, extrémités de la ligne, parallèles, surface, extrémités de la surface, perpendiculaire), entrecoupées de définitions agrimensoriques (*extremitas, rigor, decumanus, cardo*) (p. 97 l. 14 - p. 100 l. 4), ensuite un ensemble traitant des angles (trois genres, le droit, l'obtus et l'aigu, donnent neuf espèces, suivant qu'on les considère dans l'angle rectiligne, dans l'angle mixtiligne ou dans l'angle circulaire) (p. 100 l. 4 - p. 103 l. 16), avec ensuite la distinction entre angle plan et angle solide (p. 103 l. 17-21). L'ensemble suivant concerne les figures : il commence par la définition euclidienne de la figure (p. 104 l. 1-2), puis énumère (jusqu'à la fin de la partie considérée comme authentique du traité, p. 107) cinq genres de figures : 1) figures formées par des lignes courbes : elles ont un nombre infini d'espèces ; 2) figures formées par une ligne courbe et une ligne régulière, droite ou circulaire ; 3) figures formées par des lignes circulaires ; 4) la figure mixte formée par une combinaison de la ligne circulaire et de la ligne droite ; 5) différentes espèces de figures rectilignes : triangle, (quadrilatère dans une lacune) puis figures plurilatères (pentagone, hexagone, heptagone, etc.).

L'*Expositio* est donc un manuel de géométrie, écrit dans les années 100 après J.-C. L'enseignement géométrique y est entrelacé avec un enseignement purement gromatique au service duquel l'auteur veut mettre la géométrie, car il considère qu'un *agrimensor* compétent se doit de connaître au moins les fondements de cette science (« Il m'aurait semblé indigne », écrit-il dans sa lettre de dédicace à Celsus[9], « si l'on me demandait combien il y a de genres d'angles, de répondre « beaucoup » », sans pouvoir être plus précis sur la classification des différentes espèces d'angles, dont le traité, effectivement, traitera longuement, même dans le peu de pages qui nous en restent). Mais, du moins pour ce qui nous reste du traité, c'est la géométrie qui fournit la matière la plus abondante. Et il est nécessaire de dire que nous avons dans l'*Expositio*, au tout début du IIe siècle, un héritage euclidien indiscutable et intéressant, en une traduction latine dont je ne saurais du reste attribuer absolument la paternité à Balbus : il est possible que celui-ci se contente de mettre en forme les contenus d'un enseignement que l'on avait commencé à dispenser aux *agrimensores* depuis quelques décennies (les premiers manuels gromatiques systématiques à l'usage des écoles de techniciens du cadastre sont certainement ceux de Frontin, qui écrit entre 70 et 90).

La relative ancienneté du traité de Balbus est une raison essentielle de l'intérêt que l'on doit lui manifester. Certes, nous avons avant lui des passages

9 - *Foedum enim mihi uidebatur si genera angulorum quot sint interrogatus responderem « multa »* (p. 93 l. 11-13 Lachmann). Noter l'attaque indirecte contre les collègues ignorants, qui sont seulement capables d'opérer sur le terrain grâce à leur expérience pratique.

mathématiques chez Cicéron, Vitruve, Pline l'Ancien. Mais, puisque les *Nouem disciplinae* de Varron ont disparu, nous n'avons pas en latin de traité systématique de géométrie avant l'*Expositio*. D'autre part, nous avons avec Balbus une traduction systématique d'Euclide en latin – du moins, pour ce que nous en avons conservé, avons-nous la traduction d'un certain nombre de définitions et de termes techniques de la géométrie grecque –, et cette traduction est de 400 ans au moins antérieure à la traduction d'Euclide que l'on attribue à Boèce.

Il ne s'agit pas de négliger les autres influences qui ont pu s'exercer sur Balbus, et notamment celle de Géminus et celle du corpus héronien. J'en ai étudié ailleurs certaines marques[10]. Il ne s'agit pas d'oublier tous les points intéressants que présente notre auteur, parmi lesquels je voudrais seulement rappeler sa définition de la mesure :

> Mensura est complurium et inter se aequalium interuallorum longitudo finita,
>
> La mesure est la longueur finie commune à une pluralité d'intervalles égaux entre eux[11].

Mais, dans le cadre de cet exposé, je m'en tiendrai à la présentation et au commentaire de quelques définitions géométriques de Balbus, qui se veulent toutes des traductions des définitions grecques d'Euclide qui leur correspondent.

---

10 - Pour le corpus héronien : J.-Y. Guillaumin, « La signification des termes *contemplatio* et *obseruatio* chez Balbus et l'influence héronienne sur le traité », *Mémoires XI* du Centre Jean-Palerne, Université de Saint-Étienne, 1992, p. 205-214 ; pour Géminus : J.-Y. Guillaumin, « Géométrie grecque et agrimensorique romaine : la science comme justification d'une idéologie », *Dialogues d'Histoire Ancienne*, n° 20,2 (1994), p. 279-295.

11 - Cette intéressante définition (p. 94 l. 9-10 Lachmann) n'a pas de modèle connu. Y aurait-il une source grecque ? Car une phrase comme *Μέτρον ἐστὶ πλειόνων καὶ ἴσων διαστημάτων μέγεθος πεπερασμένον se lit aisément sous le texte latin. Faudrait-il songer à une influence d'Euclide, *Éléments*, 10, prop. 3 (« Deux grandeurs commensurables étant données, trouver leur plus grande commune mesure ») et 4 (« Trois grandeurs commensurables étant données, trouver leur plus grande commune mesure ») ? Cela, dans le cas où cette définition de la mesure par Balbus se voudrait « scientifique ». C'est ainsi que je la comprends, et je traduis « la longueur finie commune à une pluralité... » pour éviter l'ambiguïté du texte dans sa littéralité : « la longueur finie d'une pluralité... » : il est bien évident que dans le cas de la *decempeda* par exemple, la mesure n'est pas la longueur des dix segments égaux, chacun valant un pied, qui composent la *decempeda*, mais bien le *pes* qui mesure successivement chacun des *complura* (ici, 10) *et inter se aequalia interualla*. On ne peut cependant exclure une autre interprétation : il pourrait n'y avoir là qu'une définition « gromatique » de la mesure, au sens d'unité de mesure (pied, pas, *actus*...), laquelle serait définie par le nombre des unités inférieures qui lui donnent sa longueur, et qui sont toutes de valeur égale : par exemple la *decempeda*, alors, serait la longueur totale (longueur finie, *finita*) des dix intervalles successifs valant chacun un pied, et donc égaux entre eux. Cette définition serait alors bien décevante, puisqu'elle se ramènerait à définir une mesure par... une autre mesure (et sans se poser la question de savoir comment on définira, au terme du processus, l'unité la plus petite, quand on n'aura plus d'unités inférieures pour la mesurer...).

Définition du point

Commençons par la définition du point. *Signum est cuius pars nulla est*, « Le point est ce qui n'a pas de partie », est la traduction par laquelle Balbus (p. 97 l. 15 Lachmann) rend la définition euclidienne (*Éléments*, 1, déf. 1) :

Σημεῖόν ἐστιν οὗ μέρος οὐθέν,

Un point est ce dont il n'y a aucune partie, trad. Vitrac,

ou

Le point est ce dont la partie est nulle, trad. Peyrard.

On voit comment les mots latins sont calqués sur les mots grecs pour composer une définition qui soit en latin l'écho exact de la phrase grecque – mis à part le verbe final, *est*, dont le latin aurait pu se dispenser comme l'avait fait le grec. La phrase se retrouvera jusque dans la traduction latine d'Euclide attribuée à Boèce (p. 377 l. 2 Lachmann) : *Punctum est cuius pars nulla est*, après avoir figuré en des termes presque identiques par exemple chez Martianus Capella, 6,708 : *Punctum uero est cuius pars nihil est*. La seule différence, mais elle est importante, réside dans la manière dont Balbus nomme le point géométrique : *signum*, systématiquement, jamais *punctum*. L'emploi de *signum* pour désigner le point est caractéristique des gromatiques, et l'on voit bien comment ce mot, qui signifie originellement « repère, jalon », et dont les valeurs sémantiques, de plus, se superposent exactement à celles de σημεῖον grec qui est le terme canonique pour désigner le point dans les textes géométriques, a pu revêtir chez les gromatiques comme Balbus la signification abstraite de « point géométrique ». *Signum*, en ce sens, se maintiendra longtemps ; nous le retrouvons dans les passages des *Géométries* pseudo-boéciennes qui sont pris directement à Balbus[12] ; au XIIIe siècle encore, Guillaume de Mœrbeke, quand il traduit Archimède ou Héron[13], ne craint pas d'utiliser largement *signum* en concurrence avec *punctum*.

Définition de la ligne

Je passerai rapidement sur les définitions concernant la ligne, mais je les cite cependant, pour faire sentir combien nous avons là une démarche raisonnée de traduction d'ensemble d'Euclide dans son aspect progressif. Les définitions des *Éléments*, 1, déf. 2-3 :

12 - Par exemple, dans le corpus gromatique de Lachmann, p. 414 l. 5, 6 et 8 ; dans l'édition de Boèce par Friedlein (Leipzig, 1867), p. 394 l. 3, 6 et 8.

13 - Pour Archimède, voir l'édition Heiberg, *Archimedis opera* I, Leipzig, 1910, p. 3-445 ; II, Leipzig, 1913, p. 3-413 ; dans la traduction de la *Catoptrique* de Héron (éd. Nix-Schmidt, *Heronis opera* II, 1, Leipzig, 1900, p. 316-364), Guillaume de Moerbeke emploie systématiquement *signum*, jamais *punctum*.

Γραμμὴ δὲ μῆκος ἀπλατές. Γραμμῆς δὲ πέρατα σημεῖα

Une ligne est une longueur sans largeur. Les limites d'une ligne sont des points, trad. Vitrac,

ou :

Une ligne est une longueur sans largeur. Les extrémités d'une ligne sont des points, trad. Peyrard,

sont chez Balbus (p. 98 l. 15-16 Lachmann) :

Linea est longitudo sine latitudine. Lineae autem fines signa,

La ligne est une longueur sans largeur. Les extrémités de la ligne sont des points.

Définition des parallèles

J'en viens à la définition des parallèles : elle se trouve dans les *Éléments*, 1, déf. 23 :

Παράλληλοί εἰσιν εὐθεῖαι αἵτινες ἐν τῷ αὐτῷ ἐπιπέδῳ οὖσαι καὶ ἐκβαλλόμεναι εἰς ἄπειρον ἐφ' ἑκάτερα τὰ μέρη ἐπὶ μηδέτερα συμπίπτουσιν ἀλλήλαις,

Des droites parallèles sont celles qui étant dans le même plan et indéfiniment prolongées de part et d'autre, ne se rencontrent pas, ni d'un côté ni de l'autre (trad. Vitrac),

ou :

Les parallèles sont des droites qui, étant situées dans un même plan, et étant prolongées à l'infini de part et d'autre, ne se rencontrent ni d'un côté ni de l'autre (trad. F. Peyrard).

Cela donne chez Balbus, p. 98 l. 16-p. 99 l. 2 Lachmann :

Ordinatae rectae lineae sunt quae in eadem planitia positae et eiectae in utramque partem in infinitum non concurrunt,

Sont parallèles les lignes droites qui, situées dans le même plan, et prolongées à l'infini de part et d'autre, ne se rencontrent pas

C'est le terme grec *parallelos* qui était employé chez Vitruve, 5,8, ou chez Frontin, *De limitibus*, p. 33 l. 12 Lachmann, à la fin du paragraphe consacré à la méthode d'évaluation d'une aire irrégulière par le rectangle inscrit :

[...] et collocatis metis in alteram partem rigorem mittere qui cum ad extremum peruenerit, parallelon primi rigoris excipiat,

« et, une fois les jalons placés, mener dans l'autre direction un alignement qui, parvenu à l'extrémité, doit recevoir la parallèle au premier alignement ». C'est aussi le terme grec qui sera employé par Martianus Capella, 6,712 :

parallelae sunt directae lineae quae in eadem planitie constitutae atque productae ad infinitum nulla parte in se incidunt.

Il semble que l'emploi systématique de *ordinatae* chez Balbus soit une particularité de la terminologie géométrique des gromatiques. Les droites parallèles, quand elles sont appelées *ordinatae*, sont vues comme « disposées en rangées » (*ordines*). Du reste, cette définition de Balbus montre, comme certains autres passages de son œuvre, sa volonté de « latiniser » le vocabulaire de la géométrie grecque (ce que sont loin de faire tous les auteurs gromatiques quand ils parlent de géométrie ; au contraire, beaucoup sont visiblement fiers de manipuler un jargon savant où demeure beaucoup de grec). A propos des droites parallèles, la traduction d'Euclide attribuée à Boèce (p. 379 l. 4 Lachmann) glose *parallelus* par *alternus* :

> Parallelae, id est alternae, rectae lineae nuncupantur quae in eadem plana superficie conlocatae atque utrimque productae in neutra parte concurrent.

Définition de la ligne droite

> Recta linea est quae aequaliter suis signis rectis posita est,

> La droite est la ligne qui est placée d'une manière égale à l'égard de ses points, qui sont droits.

C'est ainsi que Balbus traduit la célèbre définition euclidienne de la ligne droite (*Éléments*, 1, déf. 4), Εὐθεῖα γραμμή ἐστιν ἥτις ἐξ ἴσου τοῖς ἐφ ' ἑαυτῆς σημείοις κεῖται. Je ne m'aventurerai ici ni à discuter la signification exacte de la définition grecque (M. Federspiel en parle de façon beaucoup plus savante), ni même la manière dont Balbus la traduit en latin (pourquoi avoir introduit le mot *rectis* ? Est-ce une interpolation ?), et je me contente de noter, là encore, la volonté de donner une traduction latine aussi fidèle que possible à l'original grec, au moins dans les mots employés, car pour l'esprit, cette définition euclidienne de la droite n'est certainement pas mieux comprise par Balbus ou sa source qu'elle ne l'a été par beaucoup de mathématiciens...

Définition de la surface, de ses extrémités et de la surface plane

Il s'agit des *Éléments*, 1, déf. 5-7 :

> Ἐπιφάνεια δέ ἐστιν ὃ μῆκος καὶ πλάτος μόνον ἔχει. Ἐπιφανείας δὲ πέρατα γραμμαί.
>
> Ἐπίπεδος ἐπιφάνειά ἐστιν ἥτις ἐξ ἴσου ταῖς ἐφ ' ἑαυτῆς εὐθείαις κεῖται,

> Une surface est ce qui a seulement longueur et largeur. Les limites d'une surface sont des lignes. Une surface plane est celle qui est placée de manière égale par rapport aux droites qui sont sur elle (trad. Vitrac),

ou « Une surface est ce qui a seulement longueur et largeur. Les extrémités d'une surface sont des lignes. La surface plane est celle qui est également placée entre ses droites (trad. Peyrard) = Balbus, p. 99 l. 11 sq. Lachmann :

Summitas est secundum geometricam appellationem quae longitudinem et latitudinem tantum modo habet. Summitatis fines lineae. Plana summitas est quae aequaliter rectis lineis est posita,

La surface, géométriquement parlant, est ce qui a seulement longueur et largeur. Les extrémités de la surface sont des lignes. La surface plane est celle qui est également placée à l'égard de lignes droites.

Le mot *summitas* est celui qu'emploie Balbus pour désigner la « surface » dans l'ensemble de son traité; mais remarquer qu'il a pris soin de dire qu'il prend cette acception *secundum geometricam appellationem*. *Summitas* au sens de « surface » se retrouvera dans l'épitomé anonyme qui suit le texte de Censorinus, *De die natali*, dans l'édition de N. Sallmann, Leipzig, 1983, p. 68 l. 4-5.

Définition de la perpendiculaire

La définition de la perpendiculaire se trouve dans les *Éléments*, 1, déf. 10 :

Ὅταν δὲ εὐθεῖα ἐπ' εὐθεῖαν σταθεῖσα τὰς ἐφεξῆς γωνίας ἴσας ἀλλήλαις ποιῇ, ὀρθὴ ἑκατέρα τῶν ἴσων γωνιῶν ἐστι, καὶ ἡ ἐφεστηκυῖα εὐθεῖα κάθετος καλεῖται, ἐφ ' ἣν ἐφέστηκεν,

Et quand une droite, ayant été élevée sur une droite, fait les angles adjacents égaux entre eux, chacun de ces angles égaux est droit, et la droite qui a été élevée est appelée perpendiculaire à celle sur laquelle elle a été élevée (trad. Vitrac),

ou

Lorsqu'une droite tombant sur une droite fait deux angles de suite égaux entre eux, chacun des angles égaux est droit; et la droite placée au-dessus est dite perpendiculaire à celle sur laquelle elle est placée (trad. Peyrard).

Ici l'exercice de traduction est plus difficile que quand il s'agit seulement de transposer en latin, par exemple, la définition 2 (la ligne). La définition de la perpendiculaire est longue et relativement complexe dans ses termes, lesquels ne sont pas nécessairement faciles à passer spontanément en latin. La traduction suppose donc un réel travail sur le texte euclidien. Voilà ce qu'on lit chez Balbus, p. 100 l. 11-14 Lachmann :

Quotiens autem recta super recta linea stans ex ordine angulos pares fecerit, et singuli anguli recti sunt, et stans perpendicularis eius lineae super quam insistit est,

Toutes les fois qu'une droite élevée sur une ligne droite fait des angles successifs égaux, chacun de ces angles est droit, et la droite que l'on a élevée est dite perpendiculaire à la ligne sur laquelle elle est placée.

On pourra comparer avec la formulation de la traduction d'Euclide attribuée à Boèce (p. 377 l. 11-15 Lachmann) :

Quando autem recta linea super rectam lineam stans circum se angulos aequos sibi inuicem fecerit, rectus est uterque aequalium angulorum, et quae super stat linea super eam quam insistit, perpendicularis uocatur.

Il est facile de voir comment, sur les bases d'un canevas durable fourni par le texte de Balbus, de légères modifications viennent signer une relative originalité de Boèce ou du Pseudo-Boèce. Mais on peut dire que substantiellement, la traduction de Balbus (ou du moins, celle qui a été insérée dans le traité que nous possédons sous le nom de Balbus) survit encore dans la traduction attribuée à Boèce.

Définition de l'angle plan

L'angle plan est ainsi défini dans les *Éléments*, 1, déf. 8 :

Ἐπίπεδος δὲ γωνία ἐστὶν ἡ ἐν ἐπιπέδῳ δύο γραμμῶν ἁπτομένων ἀλλήλων καὶ μὴ ἐπ' εὐθείας κειμένων πρὸς ἀλλήλας τῶν γραμμῶν κλίσις,

Un angle plan est l'inclinaison, l'une sur l'autre, dans un plan, de deux lignes qui se touchent l'une l'autre et ne sont pas placées en ligne droite (trad. Vitrac),

ou

Un angle plan est l'inclinaison mutuelle de deux lignes qui se touchent dans un plan, et qui ne sont point placées dans la même direction (trad. Peyrard).

A cette phrase grecque répond chez Balbus la traduction suivante :

Planus angulus est in planitia duarum linearum adtingentium sed et non in rectum positarum alterius ad alteram inclinatio,

L'angle plan est l'inclinaison mutuelle de deux lignes qui se touchent dans le plan, mais qui ne sont pas placées en ligne droite.

Cette traduction permet les mêmes remarques que la traduction de la définition de la perpendiculaire, dont on vient de parler. Là encore, il s'agit d'un texte d'une relative technicité ; là encore, la traduction suppose un travail approfondi sur le texte et sur ses différents composants. Ce travail a-t-il été fait par Balbus lui-même, je n'oserais l'affirmer, ici pas davantage qu'ailleurs. En tout cas, nous avons sous les yeux, dans un traité des années + 100, une traduction latine très élaborée de la définition euclidienne. Qu'elle puisse provenir peut-être d'un Varron disparu ne change rien à cette constatation. Il y a eu des traductions d'Euclide à date ancienne, et, pour certaines du moins, elles sont toujours sous nos yeux, si nous voulons bien les voir. Pour cette définition de l'angle plan encore, on pourra faire la comparaison avec la traduction d'Euclide attribuée à Boèce (p. 377 l. 7-9 Lachmann) :

Planus angulus est duarum linearum in plano inuicem sese tangentium et non in directo iacentium ad alterutram conclusio

(pour l'emploi de ce dernier mot, il faut penser que l'auteur de la traduction latine a lu dans le texte grec non pas κλίσις « inclinaison », mais κλείσις « fermeture » ; ou plutôt, étant donné que κλείσις ne paraît attesté ici par aucun manuscrit euclidien (voir l'apparat critique de l'édition Heiberg), qu'il a confondu les deux mots), et avec le texte de Martianus Capella, 6,710 :

> Planus autem fit angulus in planitie duabus lineis se inuicem tangentibus et non unam facientibus ad alterutram inclinationem.

Les différences ne sont pas très grandes : on voit encore Balbus fonctionner comme une sorte de « tronc commun », peut-être simple transcripteur d'un plus ancien corpus de définitions euclidiennes traduites en latin, en tout cas traité de référence pour les siècles suivants en Occident[14].

Conclusions

Avec l'*Expositio et ratio omnium formarum* de Balbus, on a donc affaire à un manuel de géométrie écrit en latin dans les années 100. Tel est son intérêt.

1 – Il nous montre le niveau de l'enseignement géométrique qui était dispensé aux apprentis *agrimensores*. Certes, le traité est tronqué, mais rien ne prouve qu'il s'élevait jusqu'aux difficultés des grands livres d'Euclide, le 5 et le 10 par exemple. On a même tout lieu de penser le contraire, quand on considère ce que sont les équivalents grecs du manuel de Balbus, par exemple les *Définitions* du Pseudo-Héron, ou même ce que sera la « traduction d'Euclide » attribuée à Boèce. Dans tout les cas, on en reste à des définitions, et, s'il s'agit d'une proposition euclidienne, à son énoncé, sans aucune démonstration. Certes, le traité de Balbus tel que nous l'avons conservé s'achève sur l'exposé de trois méthodes de tracé de perpendiculaires (méthode des cercles sécants, puis méthode du triangle inscrit dans un demi-cercle, puis méthode du triangle de côtés 6, 8, 10) ; mais cette partie du texte a été jugée apocryphe par Lachmann, et l'on ne peut affirmer que le traité originel s'élevait au-dessus du niveau des définitions.

2 – En tout cas, et de manière plus positive, le traité de Balbus montre que ceux qui s'occupaient de la formation géométrique des *mensores* étaient de

14 - On ne sait à quoi raccrocher la définition de l'angle solide, qui suit immédiatement (p. 103 l. 20-21 Lachmann) : *Solidus angulus est cuius planitiae altitudo adiungitur aut aequatur*, « L'angle solide est celui dans lequel la hauteur est jointe au plan, ou s'égale à lui », car Euclide, *Éléments*, 11, déf. 11, dit : « Un angle solide est l'inclinaison mutuelle de plus de deux lignes qui se rencontrent, et qui ne sont pas dans une même surface. Ou autrement : un angle solide est celui qui est compris par plus de deux angles plans qui ne sont pas dans une même surface, et qui sont construits en un seul point » (trad. Peyrard). La définition de Balbus se borne à indiquer que l'angle solide possède aussi la troisième dimension (ici désignée par *altitudo*) en plus de (*adiungitur*) la seconde, celle du plan (*planitiae*).

formation euclidienne. Il y avait donc un enseignement de la géométrie euclidienne, même sommaire, sous l'Empire romain, et cet enseignement se faisait en latin. Il faut donc admettre l'existence de traductions latines d'Euclide beaucoup plus anciennes qu'on ne le croit généralement et que ne l'enseigne Heath lui-même[15] ; bien avant l'époque de Boèce. Les Latins n'ont donc pas étudié les mathématiques seulement en grec, surtout si c'était dans le cadre de la formation des techniciens du cadastre.

3 – L'*Expositio* de Balbus donne aussi une idée précise du vocabulaire géométrique latin usité dans les années 100, en même temps qu'elle témoigne du souci de latiniser ce vocabulaire : par exemple, Balbus explique (p. 107 l. 1-3) que l'on dit en latin *forma plurilatera sex angulorum* ou *septem angulorum* pour « hexagone » et « heptagone » ; ou bien encore, comme on l'a vu, il traduit en latin (par le mot *ordinatae*) le terme grec « parallèles ». Il est vrai que nous avons affaire ici à un seul traité, à un traité écrit par un auteur gromatique, et qu'il existe des différences de terminologie chez d'autres auteurs. Ces restrictions étant posées, il demeure que l'on a toujours chez Balbus *forma* pour désigner la figure géométrique, jamais *figura*[16] ; *signum* pour le point géométrique, non pas *punctum* ; *punctum circuli* est réservé systématiquement à la désignation du « centre du cercle », qui n'est jamais appelé *centrum*, mot que n'utilisent pas les gromatiques ; *summitas* pour la « surface », non pas *superficies*. Notons que le sens de *summitas* « surface » n'est même pas signalé par Gaffiot *s. u.* (« la partie la plus haute d'une chose, sommité, sommet, cime, point culminant : Pall. 1,6,10 ; Macr. *Scip.* 1,6 ; Amm. 15,10,6. »), pas plus que le sens de « point géométrique » pour *signum*, ou celui de « centre » pour *punctum*. Ce sont pourtant des acceptions qui, de Balbus et des autres gromatiques, passeront dans un certain nombre de textes géométriques qui les recopient.

Balbus, en effet, survit jusque dans les *Géométries* pseudo-euclidiennes : il a donc été un texte de référence et d'étude au moins jusqu'à l'époque carolingienne, et même plus loin. Qu'avait-on en latin à part lui, en effet ? Ce n'étaient pas Martianus, Cassiodore ni Isidore qui pouvaient soutenir la comparaison. Balbus a donc été important pour ses contemporains, mais aussi pour la postérité, et pendant longtemps. Les premiers l'ont utilisé comme un

15 - Th. L. Heath, *A History of Greek Mathematics*, Oxford, 1921 (repr. 1965), vol. 1, p. 359 : « Beyond a fragment in a Verona palimpsest of a free rendering or rearrangement of some propositions from Books XII and XIII dating apparently from the fourth century, we have no trace of any Latin version before Boëtius (born about A. D. 480), to whom Magnus Aurelius Cassiodorus and Theodoric attribute a translation of Euclid ».

16 - A la définition euclidienne (*Éléments*, 1, déf. 14 : Σχῆμά ἐστι τὸ ὑπό τινος ἤ τινων ὅρων περιεχόμενον, « Une figure est ce qui est contenu par quelque ou quelques frontière(s) », trad. Vitrac, ou : « Une figure est ce qui est compris par une seule ou par plusieurs limites », trad. Peyrard), Balbus répond par la traduction suivante : *Forma est quae sub aliquo aut aliquibus finibus continetur*, « La figure est ce qui est compris par une ou plusieurs limites ».

manuel de synthèse où se mêlaient les connaissances géométriques et le savoir gromatique de base ; la postérité occidentale a conservé de lui une sorte de *digest* dans lequel elle pouvait trouver, ce n'est pas ironie d'utiliser ce mot, les seuls στοιχεῖα de géométrie qui lui fussent encore accessibles.

Bibliographie succincte

Les œuvres d'Euclide traduites littéralement par F. Peyrard, nouveau tirage augmenté d'une introduction de J. Itard, Paris, Blanchard, 1966 (1re édition Paris, 1819.)

Euclide. Les Éléments. Volume I. Introduction générale. Livres I à IV, par M. Caveing (Introduction générale) et B. Vitrac (Traduction et commentaires), Paris, PUF, Bibliothèque d'Histoire des Sciences, 1990.

Euclides I. Elementa I-IV post I. L. Heiberg edidit E. S. Stamatis, Leipzig, Teubner, 1969.

J.-Y. Guillaumin, « Les noms latins du point géométrique », II Seminario Internazionale di Studi sui Lessici Tecnici Greci e Latini, Messine, 14-16 déc. 1995 (à paraître dans les Actes, 1996).

J.-Y. Guillaumin, Balbus, *Expositio et ratio omnium formarum*, texte, introduction, traduction et notes, Naples, Jovene 1996.

J.-Y. Guillaumin, *Podismus* et textes connexes (extraits d'Epaphrodite et de Vitruvius Rufus ; *De iugeribus metiundis*), introduction, texte, traduction et notes, Naples, Jovene 1996.

J.-Y. Guillaumin, « La signification des termes *contemplatio* et *obseruatio* chez Balbus et l'influence héronienne sur le traité », *Mémoires XI* du Centre Jean-Palerne, Université de Saint-Étienne, 1992, p. 205-214.

J.-Y. Guillaumin, « Géométrie grecque et agrimensorique romaine : la science comme justification d'une idéologie », *Dialogues d'Histoire Ancienne*, n° 20,2 (1994), p. 279-295.

J.-Y. Guillaumin, « Celsus n'avait rien inventé... (Note critique sur Balbus, *Expositio et ratio omnium formarum*, p. 92 l. 16 Lachmann) », *Dialogues d'Histoire Ancienne*, n° 18,2 (1992), *Annales Littéraires de l'Université de Besançon*, vol. 490, Paris, Belles Lettres, p. 303-309.

J.-Y. Guillaumin, « Les *agrimensores* romains et la géométrie grecque », *Actes* du 28e Congrès de l'A.P.L.A.E.S. (Saint-Étienne, 19 au 19 mai 1995), Public. de l'Université de Saint-Étienne, 1995, p. 39-63.

Micheline DECORPS-FOULQUIER

Eutocius d'Ascalon éditeur du traité des *Coniques* d'Apollonios de Pergé et l'exigence de « clarté » :

un exemple des pratiques exégétiques et critiques des héritiers de la science alexandrine

Le traité en huit Livres qu'Apollonios de Pergé (c. 240 – c. 170 av. J.- C.) avait écrit sur les sections coniques[1] a connu bien des vicissitudes au cours de sa transmission. Le Livre VIII s'est perdu. Les Livres V-VII n'ont été conservés que par les Arabes, dans la traduction élaborée sous l'égide des Banû Mûsâ (IXe s.). Quant aux Livres I-IV, ils ne nous sont pas parvenus dans le texte original. Les traditions grecques et arabes nous transmettent seulement la recension qu'en a procurée au VIe siècle le commentateur d'Archimède, Eutocius d'Ascalon[2]. L'état de la tradition directe fixe donc les limites imposées à l'éditeur des livres grecs des *Coniques* : établir le texte des Livres I-IV, c'est au mieux restituer le texte édité par Eutocius au VIe siècle.

Si l'on veut pouvoir remonter au-delà du texte d'Eutocius, il est nécessaire de faire appel à la tradition indirecte. Elle est essentiellement constituée par les *Lemmes* de Pappus aux *Coniques* (IVe s.)[3] et par le propre commentaire dont Eutocius avait accompagné son édition d'Apollonios[4]. Les renseignements

1 - Les Livres grecs I-IV ont été édités par J.-L. Heiberg, *Apollonii Pergaei quae exstant*, 2 vol., Leipzig, 1891-3. Les Livres arabes I-IV sont encore inédits. L'édition des Livres arabes V-VII est due à G.J. Toomer (*Apollonius Conics Books V to VII. The Arabic Translation of the Lost Greek Original in the Version of the Banû Mûsâ*, 2 vol., New York 1990).

2 - Sur Eutocius d'Ascalon, voir l'ensemble des éléments rassemblés dans notre thèse. *Les Coniques d'Apollonios de Pergé*, Thèse de Doctorat d'État, Clermont-Ferrand, 1994 (ANRT Lille III 1646. 17 547/95).

3 - *Les Lemmes aux Coniques* sont dans le Livre VII de la *Collection mathématique* (éd. F. Hultsch, *Pappi Alexandrini Collectionis quae supersunt*, II, Berlin, 1877). Le Livre VII a fait l'objet d'une édition récente (A. Jones, *Pappus of Alexandria Book VII of the Collection*, New York, 1986).

4 - Il a été édité par J.-L. Heiberg, *op. cit.*, II, p. 168-361. Le travail d'Eutocius sur les *Coniques* nous offre ainsi l'exemple d'une édition commentée complète, avec texte et commentaire : un texte, dont nous sommes sûrs qu'il a été édité par Eutocius (au témoignage des titres et souscriptions des manuscrits des *Coniques* s'ajoutent les renvois concordants du commentaire d'Eutocius au texte d'Apollonios qui nous a été transmis), et un commentaire, dont nous n'avons pas à chercher de lambeaux dans des scholies médiévales ou dans

qu'on peut tirer de la lecture des *Lemmes* de Pappus restent très limités et nécessitent une interprétation. Le commentaire d'Eutocius aux *Coniques* est un commentaire mathématique (il n'est enrichi d'aucune perspective philosophique, contrairement au *Commentaire* de Proclus au Premier Livre des *Éléments* d'Euclide), mais Eutocius lui a donné une dimension critique, en en faisant le témoin de son travail d'édition. Nous disposons ainsi de matériaux qui permettent de juger de l'état des traditions utilisées par Eutocius, même si les informations que celui-ci nous donne sont très incomplètes et souvent fort peu explicites.

Si l'on cherche maintenant à prendre la mesure de la fidélité d'Eutocius à ses sources, il faut pouvoir déterminer dans quelle direction celui-ci a travaillé. La présente étude se place dans cette perspective et met à contribution l'ensemble des travaux d'Eutocius pour mieux saisir ses exigences d'éditeur.

*

* *

Notre point de départ sera la préface d'Eutocius à son commentaire du Livre IV des *Coniques*, dont voici le début[5] :

> Τὸ τέταρτον βιβλίον, ὦ φίλε ἑταῖρε Ἀνθέμιε, ζήτησιν μὲν ἔχει ποσαχῶς αἱ τῶν κώνων τομαὶ ἀλλήλαις τε καὶ τῇ τοῦ κύκλου περιφερείᾳ συμβάλλουσιν ἤτοι ἐφαπτόμεναι ἢ τέμνουσαι· ἔστι δὲ χαρίεν καὶ σαφὲς τοῖς ἐντυγχάνουσι καὶ μάλιστα ἀπὸ τῆς ἡμετέρας ἐκδόσεως, καὶ οὐδὲ σχολίων δεῖται.

> Le Livre IV, mon cher compagnon Anthémius, a pour objet de chercher de combien de manières les sections de cône se rencontrent entre elles et rencontrent la circonférence de cercle, qu'elles soient tangentes « les unes aux autres » ou qu'elles se coupent. Il est satisfaisant et clair pour les lecteurs, surtout pour ceux qui utiliseront notre édition, et il n'exige pas de commentaires.

Nous avons ici deux notions, exprimées respectivement par les adjectifs χαρίεν et σαφές, dont on voit bien qu'elles donnent le but même recherché par Eutocius quand il entreprend d'éditer Apollonios : procurer un texte dont l'éditeur comme le lecteur peuvent être contents, au point même de rendre inutile l'intervention du commentateur. Le commentaire du Livre IV n'est d'ailleurs constitué que de quatre variantes de démonstration.

Tout notre propos est ici de déterminer la signification de ces deux termes aux yeux d'Eutocius et les implications des deux notions quant à son travail

des fragments de la tradition indirecte postérieure. La seule altération apportée au travail d'origine est la séparation qui s'est faite entre le commentaire d'Eutocius et le texte d'Apollonios : la tradition manuscrite des *Coniques* nous a transmis le texte d'Apollonios seul, et le commentaire d'Eutocius a été joint au corpus des traités de la « petite astronomie ».

5 - *Coniques*, éd. Heiberg, II, p. 354, 2-7.

d'édition. Nous chercherons d'abord, dans les trois commentaires sur Archimède[6] du même Eutocius et dans le commentaire du traité des *Coniques*, ce que pouvait être aux yeux d'un commentateur antique un texte mathématique « satisfaisant et clair ». Auparavant il faut replacer ces deux exigences dans la tradition dont elles relèvent.

Eutocius et la tradition du commentaire

Eutocius inscrit sa démarche dans une tradition d'exégèse bien attestée, dont les grammairiens, les rhéteurs et les philosophes ont codifié les règles. La lecture des préfaces de ses commentaires est à cet égard significative[7].

La préface du commentaire au traité *De la sphère et du cylindre*, qui est une lettre de dédicace adressée au philosophe alexandrin Ammonius[8], explicite le but que s'est fixé le commentateur. En voici le début[9] :

> Εἰς τὰ περὶ σφαίρας καὶ κυλίνδρου Ἀρχιμήδους οὐδένα τῶν πρὸ ἡμῶν ἀξίαν εὑρὼν σύνταξιν καταβεβλημένον καὶ κατανοήσας μὴ δι' εὐμάρειαν τῶν θεωρημάτων τοῦτο παροραθῆναι· ἐπιστάσεως γὰρ ἀκριβοῦς, ὡς ἴστε, καὶ εὐεπιβόλου δεῖται φαντασίας· ὠρέχθην κατ' ἐμὴν δύναμιν σαφῶς ἐκθέσθαι τὰ ἐν αὐτοῖς δυσθεώρητα;
>
> Comme je n'ai pas trouvé chez mes prédécesseurs un ouvrage digne d'intérêt sur le traité *De la sphère et du cylindre* d'Archimède, et qu'à la réflexion, j'ai estimé qu'on ne pouvait imputer à la facilité de ses propositions cette négligence (elles demandent, comme on le sait, une attention minutieuse et une imagination ingénieuse), je me suis proposé d'expliquer clairement, dans la mesure de mes capacités, ce qu'il y a en elles de difficile à comprendre...

Eutocius exprime ici en des termes qu'on peut qualifier de canoniques la fonction de l'exégèse : expliquer clairement (σαφῶς ἐκθέσθαι) ce qui est difficile

---

6 - Les commentaires des traités *De la sphère et du cylindre*, *De la mesure du cercle*, *De l'équilibre des figures planes* ont été édités par J.-L. Heiberg, *Archimedis opera omnia*, III, Leipzig, 1915. Nos références renvoient au texte de la CUF, *Archimède*, IV, *Commentaires d'Eutocius et Fragments*, éd. Ch. Mugler, Paris, 1972. Les deux premiers commentaires, dédiés à Ammonius, ont été écrits l'un à la suite de l'autre (*ibid.*, p. 142,3-10) et sont des œuvres de jeunesse. Ils sont antérieurs au commentaire du traité *De l'équilibre des figures planes* (*ibid.*, p. 168,27-9).

7 - La préface du traité *De la mesure du cercle*, par exemple, montre nettement ses liens avec la tradition d'exégèse contemporaine. On y retrouve trois des points examinés dans les introductions spécifiques aux traités d'Aristote par les commentateurs néo-platoniciens tardifs (πρόθεσις, αἰτία τῆς ἐπιγραφῆς, χρήσιμον). Sur l'utilisation de ces schémas introductifs dans les écoles philosophiques, voir I. Hadot, « Les introductions aux commentaires exégétiques chez les auteurs néo-platoniciens et les auteurs chrétiens », *Les règles de l'interprétation*, éd. M. Tardieu, Paris, 1987, p. 99-122. Plus généralement, sur leur usage dans les commentaires par les grammairiens, les rhéteurs et les commentateurs des traités scientifiques, voir l'étude d'ensemble de J. Mansfeld, *Prolegomena. Questions to be settled before the Study of an Author or a Text*, Leyde, 1994.

8 - C'est la dédicace d'un disciple à son maître.

9 - *Archimède*, IV, p. 12,5-10.

à comprendre (τὰ δυσθεώρητα). Parmi les multiples rapprochements possibles, citons la définition de l'exégèse que donne Galien au cours du développement général qu'il lui consacre dans la préface de son commentaire du traité des *Fractures* d'Hippocrate[10] :

ὅσα τῶν ἐν τοῖς συγγράμμασίν ἐστιν ἀσαφῆ, ταῦτ' ἐργάσασθαι σαφῆ.

éclairer tout ce qui dans les ouvrages est obscur.

Nous avons là l'objectif premier du commentateur (aider le lecteur à comprendre l'ouvrage) et la justification de cet objectif (la difficulté du traité à commenter), puisque, comme le font souvent remarquer les exégètes antiques[11], il n'est pas d'usage d'expliquer ce qui est facile à comprendre ou connu de tous. On reconnaîtra dans la volonté d'éclairer ce qui est difficile à comprendre une double exigence :

– celle qui lie le commentateur à l'ouvrage de l'auteur : l'interprétation doit être conforme au sens du texte. C'est la relation qui lie tout énoncé explicatif aux choses qu'il explique.

– celle qui lie le commentateur à son lecteur : l'exégète doit favoriser l'intelligence du traité commenté. Éclairer le texte que l'on commente, c'est le rendre accessible aux autres. Un texte clair, c'est d'abord un texte intelligible. Cette exigence est partie prenante de la définition même de la clarté dans le Livre III de la *Rhétorique* d'Aristote comme qualité première de la *lexis* [12].

La première exigence dépend uniquement des capacités de l'exégète. Eutocius a conscience de la difficulté et détermine lui-même les qualités requises pour bien interpréter les propositions d'Archimède (ἐπιστάσεως γὰρ ἀκριβοῦς...καὶ εὐεπιβόλου δεῖται φαντασίας).

La seconde exigence dépend, dans son application, à la fois de l'aptitude à comprendre du lecteur auquel on s'adresse et de l'aptitude à expliquer de l'exégète[13].

---

10 - *In Hippocratis librum De fracturis comm.*, éd.G. Kühn, *Medicorum graecorum opera quae exstant*, XVIII, 2, Leipzig, 1830, p. 318,3-4. Galien avertit son lecteur qu'il résume ici son ouvrage sur l'exégèse (οἷον ἐπιτομή τις ὧν ἰδίᾳ λέλεκται διὰ μακροτέρων ἐν τῷ περὶ ἐξηγήσεως ὑπομνήματι, *ibid.*, p. 319,9-11).

11 - Ainsi ce commentateur des *Phénomènes* d'Aratos qui écrit à son dédicataire : εἴρηται δὲ πάντα τὰ ἀναγκαῖα καὶ συντελοῦντα πρὸς τὸ σαφὲς ἀπεριέργως καὶ ὡς [ἂν] ἀνδρὶ διὰ τῶν μαθημάτων φιλοσοφοῦντι ἐξηγήσασθαι πρέπον ἦν τὰ ποιήματα. –Τὰ δὲ λίαν φανερά, ὡς λέγουσιν, ἐξ ἀγωνίας παραλέλειπται, E. Maass, *Commentariorum in Aratum reliquiae*, Berlin, 1898, p. 555,5-9.

12 - Aristote, *Rhétorique* III, 1404b.

13 - Les qualités respectivement requises de l'exégète et de son auditeur font l'objet de deux questions codifiées dans les commentaires aux *Catégories* d'Aristote ; sur les dix points d'introduction à la philosophie d'Aristote dans les commentaires aux *Catégories*, voir I. Hadot, *op. cit.*, p. 102-5 et p. 120-1.

Quant à la notion toute relative qu'on peut avoir de ce qui « difficile à comprendre », nous pouvons nous reporter à la distinction formulée par Galien[14], toujours dans sa préface du commentaire au traité des *Fractures*, entre ce qui est « obscur en soi » (τὸ μὲν ὄντως ἀσαφὲς αὐτὸ δι' ἑαυτὸ τοιοῦτον ὑπάρχον[15]) et ce qui l'est relativement au degré de préparation et d'entraînement ou au degré d'intelligence de l'auditeur, car de grandes disparités peuvent exister[16].

L'obscurité « en soi », telle que la formule Galien, c'est ce qui est difficile à saisir pour tout lecteur. Elle demande impérativement l'intervention du commentateur, qui doit comprendre ce que veut dire l'auteur. C'est elle qui exige la compétence à laquelle fait allusion Eutocius, celle que donne la maîtrise de la τέχνη et que recommande Galien à la suite du texte précité[17]. Pour ce qui est de l'obscurité « relative », c'est à l'exégète de juger à quel type de lecteurs il s'adresse et d'agir en conséquence[18]. C'est ainsi que Galien a coutume de procéder, d'après la fin de sa préface[19].

Dans les différentes préfaces de ses commentaires sur Archimède, Eutocius ne dit rien d'aussi précis sur son lecteur. Mais, dans la suite du texte, il s'adresse expressément à des lecteurs érudits (φιλομαθεῖς), qui sont bien informés de la littérature mathématique, puisqu'il leur demande, à plusieurs reprises, de s'y reporter[20]. Dans son commentaire de la proposition 1 de la *Mesure du cercle*, il s'adresse même à des lecteurs « un tant soit peu exercés dans les mathématiques » (τοῖς ἐπὶ ποσὸν μαθημάτων γυμνασαμένοις[21]). On peut

14 - Galien reprend à son usage la thématique développée par Aristote, *Physique*, I, 1, 184a.

15 - Ed. Kühn, XVIII, 2, p. 319,11-12.

16 - Τὸ δὲ ἐν αὐτῷ πρότερον τὴν γένεσιν οὐκ ἔχον, ἐπειδὴ τῶν ἀκουόντων τοῦ λόγου διαφοραὶ πάμπολλαι τυγχάνουσιν οὖσαι κατά τε τὸ προπαιδεύεσθαι καὶ γεγυμνάσθαι περὶ λόγους ἢ παντάπασί γε ἀγυμνάστους ὑπάρχειν, εἶναί τε φύσει τοὺς μὲν ὀξεῖς τε καὶ συνετούς, τοὺς δὲ ἀμβλεῖς καὶ ἀσυνέτους, éd. Kühn, XVIII, 2, p. 319,12-17.

17 - Galien prend l'exemple d'une affirmation d'Hippocrate « obscure en soi » et montre que seul celui qui est compétent en anatomie comprendra sa signification (εἰ μέντοι τις ἑώρακεν ὁποῖόν ἐστι τῶν ὀστῶν ἑκάτερον, ὑπὲρ ὧν ὁ λόγος ἐστίν, οὐδεμίαν ἀσάφειαν ἔχει· τῷ δ' ἀγνοοῦντι τῆς κατ' ἀγκῶνα διαρθρώσεως τὴν φύσιν ἀσαφὴς εἰκότως ἡ λέξις φαίνεται, éd. Kühn, XVIII, 2, p. 320,12-6).

18 - On remarquera cependant qu'elle est aussi relative à l'exégète, qui peut trouver une difficulté là où plus savant que lui ne verra pas l'objet d'une explication, ou bien manquer de voir où réside la vraie difficulté. Cette faute est bien la raison du reproche qu'adressait Théon d'Alexandrie à ses prédécesseurs dans sa préface au commentaire du Livre I de l'*Almageste* : ils se sont proposés d'omettre les choses les plus claires et ils ont le plus souvent omis les plus difficiles (Τὰ γὰρ σαφέστερα προθέμενοι παραλιπεῖν, τὰ μάλιστα δυσχερῆ παραλελοιπότες φαίνονται, *Commentaires de Pappus et de Théon d'Alexandrie sur l'Almageste*, II, éd. A. Rome, *Studi e Testi* 72, Rome, 1936, p. 318,8-9).

19 - Lorsqu'il s'adresse à un auditeur particulier, affirme-t-il, il s'adapte chaque fois à celui qu'il a devant lui, mais lorsqu'il écrit pour tous, il prend soin de ne viser ni trop haut, auquel cas, le texte resterait obscur pour la plupart, ni trop bas, pour éviter l'ennui de passer du temps sur des choses claires (éd. Kühn, XVIII, 2, p. 321,7-13).

20 - *Archimède*, IV, p. 142,19-21 ; 144,17-23 ; 166,7-11.

21 - *Ibid.*, p. 143,5-6.

supposer qu'il s'agira pour lui d'éclairer surtout les difficultés intrinsèques de l'ouvrage, donc « l'obscur en soi ».

Les commentateurs antiques se sont également appliqués à remplir une autre mission. Elle est formulée en troisième position par Diogène Laërce à propos de l'exégèse des écrits platoniciens (*Vie des philosophes*, III, 65), après l'explication de ce qui est dit (πρῶτον μὲν γὰρ ἐκδιδάξαι χρὴ ὅ τι ἐστὶν ἕκαστον τῶν λεγομένων), et après la détermination de l'intention qui s'y attache (ἔπειτα τίνος εἵνεκα λέλεκται). Elle consiste à montrer la justesse de ce qui est dit (τὸ δὲ τρίτον, εἰ ὀρθῶς λέλεκται). Dans la préface du commentaire au traité des *Fractures* déjà cité, Galien déclare que montrer la vérité de ce qui est écrit ou bien réfuter l'erreur ou encore défendre le texte contre de fausses interprétations n'entre pas dans la définition de l'exégèse à proprement parler, mais constitue une pratique observée par tous les commentateurs[22]. Eutocius, comme nous le verrons, se conforme à cet usage[23]. L'exégète soumet alors le traité qu'il commente à un examen critique[24]. En cas de désaccord avec le texte commenté, l'instauration de cette distance peut le conduire à formuler des reproches[25], à proposer des corrections ou même à douter de l'authenticité du texte reçu[26].

---

22 - Τὸ δ' ἀποδεῖξαί τι τῶν γεγραμμένων ὡς ἀληθὲς ἢ ὡς ψεῦδος ἐλέγξαι, καὶ εἰ κατηγόρησέ τις σοφιστικῶς ἀπολογήσασθαι, κεχώρισται μὲν ἐξηγήσεως, εἴθισται δὲ γίγνεσθαι πρὸς ἁπάντων ὡς εἰπεῖν τῶν γραφόντων ὑπομνήματα, éd. Kühn, XVIII, 2, p. 318,4-8.

23 - Notons ici qu'on voit par deux fois Eutocius défendre Archimède : dans son commentaire de la *Mesure du cercle*, il lève le reproche selon lequel Archimède aurait de manière abusive admis sans démonstration l'existence d'un segment de droite égal à une circonférence de cercle (*Archimède*, IV, p. 143,10-29) ; à la fin du même traité, il estime déplacé qu'on reproche à Archimède de n'avoir pas poussé plus loin son approximation (ibid., p. 162,11-163,2). Dans la préface du commentaire des *Coniques*, on le voit défendre Apollonius contre l'accusation portée par un certain Hérakleios, biographe d'Archimède. Celui-ci affirmait qu'Apollonios s'était approprié les propositions sur les coniques qu'Archimède avait conçues sans les publier, *Coniques*, éd. Heiberg, II, p. 168,8-17.

24 - Cet examen conduisait chez les grammairiens à formuler un jugement sur l'œuvre, qui constituait l'une des quatre parties de la τέχνη γραμματική. Pour le commentateur d'un traité scientifique, il s'agit de s'assurer de la conformité du texte avec la réalité, telle qu'elle pouvait être appréhendée. Pour Hipparque, c'est même l'unique perspective choisie quand il commente les *Phénomènes* d'Aratos (*In Arati Phaenomena commentarium*, I, 1,4). Dans la tradition philosophique, la volonté des exégètes néo-platoniciens de justifier le texte de Platon en montrant son accord avec l'enseignement des autres théologies, comme la volonté de le confronter à l'enseignement des astronomes pour le défendre, relève de la même démarche (voir sur ce sujet, l'article de A. Ph. Segonds, « Proclus : astronomie et philosophie », dans *Proclus lecteur et interprète des Anciens*, éd. J. Pépin et H.D. Saffrey, Paris, 1987, p. 319-334).

25 - C'est ce que fait Eutocius au début du commentaire du traité *De la sphère et du cylindre*. Il reproche à Archimède son premier postulat, qui, selon lui, constitue une propriété démontrable, *Archimède*, IV, p. 14,16-15,16. De même, à propos du premier postulat du traité *De l'équilibre des figures planes*, il donne raison à Géminus, qui reproche à Archimède d'avoir qualifié les axiomes de postulats, *ibid.*, p. 167,10-14.

26 - La critique d'authenticité était déjà mise en pratique par les premiers éditeurs alexandrins d'Homère. Dans la tradition néo-platonicienne tardive, elle constituait l'un des points à examiner (τὸ γνήσιον) dans les introductions spécifiques aux traités d'Aristote ; sur le type de considérations qui la nourrissaient, voir l'article de P. Moraux, « La critique d'authen-

Galien nous a donc fourni les cadres généraux et traditionnels dans lesquels l'exégète antique inscrivait sa pratique. Nous les utiliserons dans notre analyse de la démarche d'Eutocius. Il nous faut maintenant revenir à ses commentaires.

Eutocius commentateur d'Archimède

Au début de son commentaire du Livre II du traité *De la sphère et du cylindre*, Eutocius fait remarquer qu'il a « clairement expliqué » les propositions du Livre I (σαφῶς ἡμῖν τῶν ἐν τῷ πρώτῳ βιβλίῳ θεωρημάτων γεγραμμένων[27]) et entend agir de même pour le Livre II. La même remarque est formulée au début du commentaire du Livre II de l'*Équilibre des figures planes* (ἀκριβῶς ἐπεξελθόντες τῷ πρώτῳ καὶ σαφηνίσαντες τὰ ἐν αὐτῷ δυσθεώρητα[28]). Eutocius fait référence dans les deux cas à l'ensemble des explications qu'il a données pour faciliter la lecture des propositions : il a ainsi explicité la démarche suivie par l'auteur, précisé la signification des concepts, exposé les constructions demandées par Archimède et démontré les propriétés qu'elles supposent, restitué les étapes intermédiaires du raisonnement, complété enfin les problèmes en ajoutant la synthèse manquante. Le commentateur a ainsi rendu le texte plus intelligible en levant les obstacles liés à la difficulté de la matière et la concision du propos.

Le relevé systématique des occurrences du mot σαφές dans le commentaire proprement dit du texte d'Archimède confirme la priorité donnée à cet objectif. Dans son commentaire des *définitions* du traité *De la sphère et du cylindre*, Eutocius nous dit ainsi que la *définition* I sera « claire », lorsqu'il nous aura expliqué quelle est la conception d'Archimède de la ligne courbe[29]. Dans le commentaire de la proposition 7 du Livre II du même traité, il nous avertit que grâce aux explications qu'il a fournies pour l'*analyse*, la *synthèse* du problème donnée par Archimède est « claire »[30].

De ce fait, quand le texte se comprend de lui-même, le commentateur n'intervient pas[31]. C'est la constatation que fait Eutocius pour la proposition I de la *Mesure du cercle*, tant l'exposé d'Archimède lui semble « clairement »

ticité chez les commentateurs grecs d'Aristote », dans *Mélanges Mansel*, I, Ankara, 1974, p. 265-288.

27 - *Archimède*, IV, p. 41,2-3.

28 - *Ibid.*, p. 174,3-4.

29 - *Ibid.*, p. 13,15-6.

30 - *Ibid.*, p. 121,27-8.

31 - Eutocius n'ajoute rien aux définitions du secteur solide et du rhombe solide que donne Archimède dans son traité *De la sphère et du cylindre*, parce qu'elles font voir clairement le sens de ces mots (σαφῶς ἐμφανίζων τὴν ἔννοιαν τῶν ὀνομάτων, *Archimède*, IV, p. 14,15).

rédigé (αὐτῶν τῶν Ἀρχιμήδους ῥημάτων σαφῶς ἐκτεθειμένων)[32]. Mais il ajoute ce qui fait à ses yeux la raison même de cette clarté : la conclusion y est reliée à l'énoncé sans l'omission d'aucun chaînon intermédiaire (καὶ τὸ συμπέρασμα πρὸς τὴν πρότασιν ἀνελλειπῶς ἀποσωζόντων)[33]. La remarque est intéressante. Eutocius souligne ici l'une des principales difficultés de la lecture des anciens géomètres. Les commentateurs postérieurs consacreront une bonne partie de leur activité à suppléer les ellipses du raisonnement dans leurs propositions. En même temps, Eutocius donne un des critères qui permet de juger de la clarté d'un texte mathématique.

L'analyse des deux cas d'« obscurité », d'ἀσάφεια, qu'il signale dans le texte même d'Archimède confirme ce critère. Dans son commentaire de la proposition I, 40 du traité *De la sphère et du cylindre*, Eutocius juge peu claire la fin de la proposition (ἀσαφέστερον δοκεῖ συνῆχθαι τὸ εἰρήμενον) et propose une formulation plus claire (λέγοις δ' ἂν σαφῶς οὕτως·)[34]. Si l'on se reporte au texte d'Archimède, on observe que, dans la partie finale de la démonstration, la conclusion attendue du syllogisme a été omise. On comprend donc pourquoi, quand il récrit le passage, Eutocius récapitule tous les résultats qui permettent de formuler la *conclusion* sans rupture de l'enchaînement.

Dans son commentaire de la proposition II, 9 de l'*Équilibre des figures planes*, c'est toute la proposition qu'Eutocius juge obscure[35] :

> Τὸ ἔνατον θεώρημα πάνυ ὂν ἀσαφὲς ἐκθησόμεθα παραφράζοντες σαφῶς κατὰ τὸ δυνατόν

« Comme la proposition 9 est très obscure, nous l'expliquerons, en suivant le texte, aussi clairement que possible ». Eutocius récrit entièrement la démonstration d'Archimède, mais en suivant pas à pas le texte, introduisant à chaque étape tous les calculs intermédiaires omis. C'est donc l'omission de ces étapes intermédiaires qui aux yeux d'Eutocius fait toute la difficulté de la proposition.

On peut observer que les deux cas d'« obscurité » relevés par Eutocius portent en fait non pas sur le contenu même de la proposition, mais sur sa rédaction. Ils nous permettent déjà de juger des moyens pour l'exégète d'y remédier.

Le mot σαφές a d'autres emplois dans les trois commentaires sur Archimède. Dans quelques cas, il ne s'agit pas de rendre le texte facile à comprendre, mais de rendre manifeste une propriété par le recours à une figure ou une démonstration[36]. Cet emploi n'intéresse pas directement notre propos.

---

32 - *Archimède*, IV, p. 143,6-7.
33 - *Ibid.*, p. 143,7-9.
34 - *Ibid.*, p. 38,7-8.
35 - *Ibid.*, p. 183,11-2.
36 - *Ibid.*, 16,20 ; 19,5 ; 41,9.

Nous signalerons en revanche l'exemple fourni par le développement sur le rapport composé introduit dans le commentaire de la proposition II, 4 du traité *De la sphère et du cylindre*[37]. Eutocius n'est pas content du traitement de cette question chez les mathématiciens. Il veut nous en fournir un exposé plus « clair » (σαφέστερον). Ici la signification du terme est précisée par ses contraires : que reproche Eutocius à ses prédécesseurs ? Il le dit lui-même : leur traitement n'est pas articulé de manière démonstrative (ἀδιαρθρώτως) et ne satisfait pas l'esprit (οὐχ οὕτως ὥστε τὴν ἔννοιαν ἀποπληρῶσαι)[38]. Fournir un traitement « clair » d'une question en mathématiques, c'est donc aussi la traiter correctement, c'est-à-dire sans commettre de faute démonstrative. Ainsi, à la fin de son commentaire de la première proposition de la *Mesure du cercle*, Eutocius loue Archimède pour avoir donné une « solution claire et facile » (σαφῆ καὶ ῥᾳδίαν) à un problème d'une très grande difficulté[39]. Il conclut ici le développement dans lequel il montre qu'Archimède n'a commis aucun abus (κατάχρησις) en admettant sans démonstration l'existence d'un segment de droite égal à une circonférence de cercle.

On peut donc déduire des exemples cités qu'une proposition « claire » pour le commentateur Eutocius, c'est à la fois une proposition dont la rédaction ne supporte aucune ellipse et une proposition dont la méthode de démonstration n'est entachée d'aucune faute d'ordre logique.

On ne trouve pas d'occurrence de l'adjectif χαρίεις dans les commentaires des trois traités d'Archimède. La pratique de l'exégèse qu'on y observe fournit cependant quelques éléments qui peuvent nous aider à circonscrire la signification que donne Eutocius à ce concept dans sa préface du commentaire au Livre IV des *Coniques*.

Prenons comme point de départ de notre réflexion le jugement favorable que porte Eutocius sur la solution trouvée par le mathématicien Dionysodore pour résoudre le problème de la proposition II, 4 du traité *De la sphère et du cylindre*, à savoir couper une sphère donnée dans un rapport donné. Dans l'exposé liminaire qui présente la solution de Dionysodore[40], Eutocius qualifie par les mots οὐκ ἄχαρις la méthode de découverte utilisée (εὑρέσεως τρόπος). Cet exemple nous invite à ne pas limiter la signification de l'adjectif χαρίεις au simple agrément d'un texte que l'éditeur aura rendu d'une lecture aisée en modifiant les passages inutilement longs ou trop concis. A l'opposé de cette signification banale, on trouve le sens plein de la notion dans le *Commentaire*

37 - *Ibid.*, p. 82,8-86,11.

38 - *Ibid.*, p. 82,8-9. Dans son commentaire de la proposition I, 11 des *Coniques*, à propos du même sujet, il dira que les commentateurs ne l'ont pas traité de manière rigoureuse (οὐ κατὰ τὸν ἀναγκαῖον τρόπον, *Coniques*, éd. Heiberg, II, p. 218,7-8).

39 - *Ibid.*, p. 143,28-9.

40 - *Ibid.*, p. 100,27-101,9.

de Proclus au Premier Livre des *Éléments* d'Euclide, appliqué au fait géométrique lui-même. L'adjectif χαρίεις est utilisé dans la définition du théorème « élémentaire » (par exemple celui qui énonce que les hauteurs d'un triangle sont concourantes), distingué du théorème qualifié d'« élément »[41]. L'adjectif y est associé à ἁπλοῦς (« simple ») et à γλαφυρός (« élégant »)[42]. Si nous revenons à l'exemple fourni par le commentaire du traité *De la sphère et du cylindre*, l'application du concept χαρίεις à une méthode de découverte nous renvoie à ce qui fait l'« élégance » d'une démonstration, c'est-à-dire, à la fois, la simplicité des procédés démonstratifs auxquels elle a recours et la distinction intellectuelle qui s'attache au raisonnement mathématique qu'elle suppose dans ses deux étapes fondamentales, analyse et synthèse.

Ces exemples de l'extension du concept nous autorisent à ne pas trop limiter la signification de l'adjectif χαρίεις, appliqué au texte des *Coniques* procuré par Eutocius. Outre sa lisibilité, quel autre sujet de satisfaction peut être tiré du texte ainsi édité ? Si l'on veut répondre à cette question, il faut rappeler la seconde mission du commentateur antique. Outre son obligation d'expliciter le texte, il doit, pour reprendre les termes de Diogène Laërce, montrer « la justesse de ce qui est dit ».

Eutocius assume cette tâche avec soin dans son analyse des propositions. Il vérifie ainsi l'exactitude des calculs d'Archimède ou prouve la nécessité des conditions formulées. Cet accord du texte avec la vérité scientifique est exprimé par les adverbes εἰκότως (« avec raison »), δεόντως (« comme il convient ») et surtout καλῶς. Il est exprimé dans les mêmes termes lorsqu'Eutocius, dans son commentaire de la première proposition de la *Mesure du cercle*, se doit de prouver qu'Archimède, en admettant sans démonstration l'existence d'un segment de droite égal à une circonférence de cercle, n'a rien écrit qui ne convienne au traitement de la matière (οὐδὲν ἔξω τῶν προσηκόντων)[43]. Comme on le voit, c'est dans le champ sémantique de la beauté et de la convenance que le commentateur puise pour exprimer la parfaite adéquation entre le fait géométrique et le traitement qui en est proposé. Il serait donc logique que la satisfaction exprimée par l'adjectif χαρίεις soit le plaisir tiré de la considération de cet accord. L'utilisation d'une telle notion dans la préface du commentaire au Livre IV des *Coniques* signifierait alors que les propositions d'Apollonios, telles qu'Eutocius les livre à son public, ont obtenu de sa part, non seulement l'appro-

41 - *Procli Diadochi in primum Euclidis Elementorum librum commentarii*, éd. G. Friedlein, Leipzig, 1873, p. 71,27-72,22.

42 - L'adjectif γλαφυρός est également utilisé par Proclus dans son commentaire de la proposition I, 1 des *Éléments* (éd. Friedlein, p. 219,19), à propos de la construction des trois triangles équilatéral, isocèle et scalène. Le même adjectif, appliqué à des relations mathématiques, est fréquemment employé dans le commentaire de Jamblique à l'*Introduction Arithmétique* de Nicomaque.

43 - *Archimède*, IV, p. 143,16-7.

bation de l'exégète soucieux de l'intelligibilité du texte, mais également celle du mathématicien soucieux de sa conformité avec les exigences scientifiques.

Eutocius commentateur des « Coniques »

La lecture du commentaire des *Coniques* confirme nos remarques précédentes. Eutocius est animé de la même volonté d'expliciter le texte et de le justifier. Il définit la terminologie utilisée, souligne les intentions d'Apollonios, expose le détail des constructions, donne le moyen d'obtenir les relations demandées, examine les cas de figure, restitue les étapes omises dans la démonstration et ajoute des variantes de démonstration à titre de complément ; autant d'éléments qui lui permettent de dire, dans sa préface au commentaire du Livre III, que grâce aux explications fournies dans son commentaire des livres précédents, tout est « clair » pour son lecteur (σαφῶς ἔκκειταί σοι)[44].

Le mathématicien a également tenu à justifier l'enchaînement des propositions, la nécessité des conditions formulées, l'exactitude des calculs, l'intérêt des propriétés démontrées par Apollonios.

Les deux exemples d'« obscurité » soulignés par Eutocius à propos du texte des propositions I, 43 et III, 5 confirment ce que nous avons dit de cette notion dans notre étude des commentaires d'Archimède[45].

Dans les commentaires des trois traités d'Archimède et dans le commentaire des *Coniques*, ce sont bien les mêmes qualités de clarté et de rigueur qui sont requises du texte mathématique. Il nous reste à savoir quels ont pu être les effets de telles exigences dans la méthode d'édition d'Eutocius. Avant d'en arriver au traité des *Coniques*, on peut observer les usages d'Eutocius dans son commentaire du Livre II du traité *De la sphère et du cylindre*. Il y recueille des démonstrations anciennes, liées à la solution de deux problèmes mathématiques qui font intervenir des courbes coniques, à savoir l'insertion de deux moyennes proportionnelles entre deux droites données (proposition II, 1) et la section d'une sphère donnée dans un rapport donné (proposition II, 4).

Eutocius éditeur de solutions anciennes dans le commentaire du traité d'Archimède « De la sphère et du cylindre »

Dans son commentaire de la proposition II, 1, à propos de la construction de deux moyennes proportionnelles entre deux segments de droite donnés,

44 - *Coniques*, éd. Heiberg, II, p. 314,9.
45 - *Ibid.*, p. 258,4-16 et p. 320,7-20.

Eutocius rassemble les solutions proposées par les mathématiciens pour résoudre ce problème auquel avait été ramenée la duplication du cube. Le texte de ces solutions est présenté au lecteur accompagné d'un commentaire qui propose une comparaison des différentes méthodes de démonstration[46]. Ce travail a été précédé d'un examen critique qui a conduit Eutocius à éliminer certains écrits comme inauthentiques[47]. Pour quelques-unes de ces solutions, celles de Héron[48], Dioclès[49] et Pappus[50], il est possible de comparer la version d'Eutocius à l'original grec conservé ou la traduction arabe. On voit qu'Eutocius les a récrites et complétées en restituant toutes les étapes de la chaîne déductive. Il faut sans doute également lui attribuer l'introduction de la terminologie d'Apollonios de Pergé relative aux coniques dans la solution de Ménechme[51].

Dans la proposition II, 4 du traité, Archimède avait réduit le problème de couper une sphère donnée dans un rapport donné à un autre problème, dont il avait promis la solution à la fin. L'absence de cette solution dans le texte d'Archimède conduit Eutocius à rechercher les moyens de combler la lacune. Il présente à son lecteur une solution découverte « dans un vieux livre » (ἔν τινι ... παλαιῷ βιβλίῳ), qu'il croit être le passage perdu d'Archimède[52], ainsi que la solution restituée par Dioclès[53]. Il reproduit également, à titre de complément, la solution proposée par Dionysodore pour résoudre le problème entier de la proposition II, 4[54]. Son exposé des difficultés rencontrées au cours de cette recherche peut servir à éclairer sa démarche d'éditeur.

On le voit ainsi discuter de l'authenticité du vieux texte découvert. Il l'attribue à Archimède parce qu'il a en partie conservé le dialecte dorien et qu'il use de l'ancienne terminologie relative aux sections coniques[55]. Il souligne son « obscurité » due aux multiples fautes accumulées et aux figures erronées[56]. Il nous avertit qu'après l'avoir très soigneusement dépouillé, il le reproduit « dans un langage plus usuel et plus clair » (κοινοτέρᾳ καὶ σαφεστέρᾳ ... λέξει)[57]. Il rencontre la même obscurité dans les différents manuscrits

46 - *Archimède*, IV, p. 50,4-18 ; p. 51,7-9 ; p. 56,6-30 ; p. 58,15-6 ; 69,13-22.

47 - Ainsi la solution prêtée à Eudoxe de Cnide, *Archimède*, IV, p. 45,6-15.

48 - *Archimède*, IV, p. 47,6-48,20.

49 - *Ibid.*, p. 51,10-53,20. La solution présentée par Eutocius correspond aux propositions 11-13 des *Miroirs ardents*, dont le texte nous est parvenu en arabe (*Diocles On Burning Mirrors*, éd. G.J. Toomer, New York, 1976, p. 96-104).

50 - *Archimède*, IV, p. 54,1-56,5.

51 - *Ibid.*, p. 58,17-60,11.

52 - *Ibid.*, p. 88,25-100,28.

53 - *Ibid.*, p. 105,1-113,23.

54 - *Archimède*, IV, p. 101,10-104,26.

55 - *Ibid.*, p. 89,2-6.

56 - *Ibid.*, p. 88,26-89,1.

57 - *Ibid.*, p. 89,11.

de la solution de Dionysodore, dont les démonstrations ont été corrompues par la grande négligence de ceux qui l'ont reproduite. Il livre donc une version corrigée (διορθωσάμενοι κατὰ δύναμιν)[58].

Il est possible de comparer la démonstration de Dioclès que nous livre Eutocius au texte de la traduction arabe conservée[59]. On remarque qu'elle a été largement complétée par Eutocius, puisqu'il restitue toutes les étapes intermédiaires omises dans la démonstration, ajoute la synthèse et le lemme relatif à la construction de l'hyperbole d'asymptotes données.

On observera en revanche que, lorsqu'Eutocius dit expressément qu'il cite un texte, il le reproduit mot à mot. C'est le cas de l'introduction que Dioclès avait lui-même écrite pour présenter son traitement du problème[60] ; elle nous est transmise par Eutocius avec la plus grande fidélité.

Eutocius éditeur du traité des « Coniques »

La volonté manifestée par Eutocius d'éditer un texte « satisfaisant et clair » du traité des *Coniques* autorise *a priori* l'intervention de l'éditeur pour rendre tel un texte qui ne correspondrait pas à ces critères. Elle ouvre la possibilité qu'Eutocius ait complété de lui-même des démonstrations en restituant les étapes intermédiaires omises, ajouté au traité des démonstrations complémentaires, récrit certains passages, repensé l'ordonnance des propositions, ajouté des figures.

Eutocius pouvait être d'autant plus enclin à ces remaniements qu'il avait à sa disposition, comme il nous l'apprend dans l'introduction de son commentaire, plusieurs « éditions » du traité des *Coniques*, dont il entreprend de faire la synthèse :

> Πλειόνων δὲ οὐσῶν ἐκδόσεων, ὡς καὶ αὐτός φησιν ἐν τῇ ἐπιστολῇ, ἄμεινον ἡγησάμην συναγαγεῖν αὐτὰς ἐκ τῶν ἐμπιπτόντων τὰ σαφέστερα παρατιθέμενος ἐν τῷ ῥητῷ διὰ τὴν τῶν εἰσαγομένων εὐμάρειαν, ἔξωθεν δὲ ἐν τοῖς συντεταγμένοις σχολίοις ἐπισημαίνεσθαι τοὺς διαφόρους ὡς εἰκὸς τρόπους τῶν ἀποδείξεων,

Coniques, éd. Heiberg, II, p. 176,17-22, « Comme il existe plusieurs éditions, ainsi qu'Apollonios le dit lui-même dans sa lettre d'envoi, j'ai jugé préférable de les réunir en une seule, en plaçant dans le texte, pour la commodité de l'exposition, les démonstrations les plus claires et en signalant leurs variantes en dehors du texte, dans mon commentaire, comme c'est l'usage ».

---

58 - *Ibid.*, p. 101,5.

59 - La démonstration reproduite par Eutocius (*Archimède*, IV, p. 106,22-113,23) correspond à la proposition 8 des *Miroirs ardents* (éd. Toomer, p. 80-6).

60 - L'introduction reproduite par Eutocius (*Archimède*, IV, p. 105,4-106,21) correspond à la proposition 7 des *Miroirs ardents* (éd. Toomer, p. 76-8).

Dans la suite de son commentaire, Eutocius fait effectivement état de l'embarras où l'ont plongé la divergence de ses manuscrits, et donne parfois *in extenso* le texte des démonstrations qu'il n'a pas choisi de retenir dans son édition. La plupart de ces démonstrations attestent en fait la vitalité de la tradition scolaire qui s'est constituée autour du traité des *Coniques*, au point même d'investir le texte d'Apollonios dans certaines des sources utilisées par Eutocius.

Mais Eutocius ne doute pas que les diverses « éditions » à sa disposition ne représentent les différentes versions auxquelles fait allusion Apollonios dans sa préface[61]. De ce fait, contrairement à son commentaire de la proposition II, 4 du traité *De la sphère et du cylindre*, il n'amorce pas une réflexion en termes d'authenticité. Dans le commentaire des propositions, il ne sera jamais question de manuscrits plus dignes de foi que d'autres. Aucune allusion explicite non plus à des devanciers qui auraient fait des ajouts de leur crû ou modifié un texte traditionnel[62]. Eutocius semble accorder une égale autorité à ses manuscrits, d'où l'obligation qu'il s'impose d'en faire la synthèse. L'ensemble des sources est ainsi mis sur le même plan, sans qu'aucune ligne de partage soit établie entre un texte donné comme une vulgate et une ou plusieurs autres recensions[63]. Le seul critère de choix explicitement formulé en cas de divergence des manuscrits est celui de la « clarté ». On pourrait tout craindre, dans ces conditions, de la priorité donnée à l'intelligibilité des démonstrations. Le risque est grand d'éliminer un texte authentique au profit d'une variante scolaire, qui restituera toutes les étapes des calculs et préférera des procédés de démonstration plus élémentaires.

L'examen des commentaires d'Archimède auquel nous avons procédé montre que nous avons tout lieu de tempérer cette inquiétude. Nous avons vu, en effet, que pour Eutocius, une proposition « claire », c'est aussi une démonstration méthodologiquement irréprochable. L'observation de sa pratique exégétique nous conduit également à penser que, pour Eutocius, un texte « satisfaisant » l'est d'abord aux yeux du mathématicien. Ajoutons que, dans son commentaire des *Coniques*, pour un certain nombre de propositions, Eutocius donne le moyen de contrôler ses décisions d'éditeur. Il formule parfois explicitement les raisons qui l'ont fait s'écarter de certains de ses manus-

61 - Apollonios avertit le destinataire de sa lettre d'envoi qu'avant de livrer au public une version corrigée des *Coniques*, il avait communiqué au géomètre Naucratès une première version des huit livres, et à d'autres personnes de connaissance les Livres I et II avant correction.

62 - On opposera à ce silence les plaintes de ce commentateur anonyme d'Aratos, qui dans un fragment intitulé περὶ ἐξηγήσεως dénonce la corruption du texte due aux interventions personnelles des peintres, astronomes, grammairiens et géomètres, E. Maass, *Commentariorum in Aratum reliquiae*, Berlin, 1898, p. 80,24-6.

63 - Cette ligne de partage apparaît clairement dans les remarques d'Hipparque commentant Aratos ; cf. J. Martin, *Histoire du texte des Phénomènes d'Aratos*, Paris, 1956, p. 28.

crits. Les critères de choix énoncés (généralité des énoncés[64], simplicité des constructions[65], rejet du traitement des cas particuliers[66]) confirment la priorité donnée aux exigences de la discipline mathématique. La comparaison des variantes rejetées dans le commentaire et du texte édité conduit le plus souvent à la même conclusion.

D'autre part, le souci d'Eutocius de donner à son lecteur la possibilité de juger du bien-fondé de ses choix en accompagnant son édition d'un commentaire critique, montre qu'il continue à s'inscrire dans la tradition que les grammairiens alexandrins avaient établie en éditant Homère (respect du texte transmis dans l'édition et rassemblement des corrections et conjectures dans le commentaire). Son commentaire ne fait d'ailleurs jamais état d'interventions personnelles explicitement revendiquées comme telles, sauf pour la proposition I, 32. La diversité des versions l'a conduit, en effet, à récrire la démonstration de cette proposition pour la rendre « plus simple et plus claire » (ἁπλουστέραν καὶ σαφεστέραν)[67]. Mais l'intervention était justifiée par l'état de la tradition.

On dispose également d'un exemple précis qui permet de vérifier sa fidélité au texte suivi. Dans son commentaire de la proposition II, 4 du traité *De la sphère et du cylindre*, il ajoute à la démonstration de Dioclès la construction d'une hyperbole d'asymptotes données, parce qu'on ne la trouve pas dans le traité même des *Coniques*[68]. Dans son édition ultérieure de l'ouvrage d'Apollonios, la construction fait l'objet de la proposition II, 4. Eutocius a repris la même version, mais il en reproduit le vocabulaire spécifique, qui avait été éliminé de la version du commentaire[69].

On peut donc être sûr que l'exigence de « clarté » manifestée par Eutocius ne l'a pas conduit à récrire à sa convenance le texte des *Coniques*. Elle l'a conduit à exercer son jugement de mathématicien dans les choix que lui ont imposés la divergence de ses manuscrits, ce qui, dans le cas d'une tradition ouverte aux influences érudites, peut en partie compenser les graves dangers de l'absence d'analyse critique des sources et de la fusion des traditions comme méthode d'édition.

---

64 - Voir son commentaire de la proposition I, 18 (*Coniques*, éd. Heiberg, II, p. 230,13-5).

65 - Voir son commentaire de la proposition II, 12 (*Coniques*, éd. Heiberg, II, p. 292,22-294,2).

66 - Voir son commentaire des propositions III, 16 ; III, 17 ; III, 23.

67 - *Coniques*, éd. Heiberg, II, p. 246,15-17.

68 - *Archimède*, IV, p. 113,24-114,17.

69 - Ainsi l'emploi de l'adjectif καλουμένη devant ὑπερβολή (*Coniques*, éd. Heiberg, I, p. 198,28) ou la formulation du problème lui-même de construire une hyperbole d'asymptotes données *(ibid.*, p. 198,28-29 et p. 200,3-4).

Philippe Fleury

Les sources alexandrines d'un ingénieur romain au début de l'Empire

En 30 *a. C.* l'Égypte devient romaine. Nous sommes à une période de transition, de changement d'administration. Le « patronage » des lettres et des sciences à Alexandrie passe aux mains des Romains. Nous approchons de la fin de la période d'étude choisie pour ce colloque, le siècle d'or d'Alexandrie est déjà loin et une quinzaine d'années auparavant la ville a connu d'importantes destructions qui ont touché, au moins partiellement, son patrimoine culturel.

Il nous a semblé qu'il pouvait être intéressant de s'interroger sur ce que représentait Alexandrie pour un ingénieur romain de cette période[1]. Lit-il, utilise-t-il les travaux des savants d'Alexandrie ? Y a-t-il un essai de mise en pratique des recherches fondamentales qui viennent d'être menées pendant presque trois siècles ? Dans la ligne des travaux d'E. Rawson[2] nous allons donc examiner, en prenant quelques points particuliers, la place des sources alexandrines dans l'atmosphère intellectuelle qui entoure la formation d'un ingénieur romain au début de l'Empire.

*

* *

Pour apprécier ce qu'était la « science et l'art » d'un ingénieur romain à la fin du Ier siècle *a. C.* nous avons la chance de posséder le *De architectura* de Vitruve. Il y a longtemps déjà que Vitruve est reconnu comme architecte-ingénieur (c'est ainsi qu'il était perçu par ses collègues de la Renaissance qui se retrouvaient pleinement en lui), mais les recherches récentes ont permis de mieux définir son statut et la nature de son livre. Ainsi a-t-on pu répondre, au moins partiellement, à une question qui revenait toujours à son propos : est-il réellement représentatif du milieu scientifique et technique de son époque

1 - Sur Alexandrie au début de l'Empire Romain, voir la mise au point de E. G. Huzar, « Alexandria and Aegyptum in the Julio-Claudian Age », *ANRW* II, 10,1 (1988) 619-668.

2 - E. Rawson, *Intellectual life in the Late Roman Republic*, Londres, Duckworth, 1985.

ou n'est-il qu'un compilateur de sources hellénistiques ? D'un point de vue professionnel, l'hypothèse faisant de lui un *apparitor* est plausible[3]. Les *apparitores* étaient des fonctionnaires attachés à un magistrat particulier mais regroupés en corporations (en décuries) susceptibles de proposer leurs services à n'importe quel magistrat. Au moment où il publie son traité, vers 25 *a. C.*, Vitruve pourrait être un *scriba armamentarius* attaché à Octave. Il a en effet touché des *commoda*, des émoluments, pour s'être occupé « de la fourniture et de l'entretien des balistes, scorpions et autres machines de jet » et Octave, sur la recommandation de sa sœur, a renouvelé ce salaire. C'est en remerciement que Vitruve lui adresse son traité[4]. Nous ne savons s'il a exercé cette fonction pendant toute sa carrière, mais nous savons qu'il a aussi dirigé la construction d'une basilique en tant qu'*architectus* et il paraît avoir eu des responsabilités dans le service des eaux. Il s'agit donc bien d'un homme « ancré » dans le monde professionnel de son époque, un homme qui a eu à mettre en œuvre des techniques. Cela dit, son ouvrage n'est pas un « manuel professionnel » au sens moderne de l'expression. Vitruve écrit pour des maîtres d'ouvrage, des commanditaires, non pour des maîtres d'œuvre ou des exécutants. Sa perspective est utilitaire dans le sens qu'il souhaite servir des lecteurs qui auront à diriger ou commander des travaux : ils seront ainsi plus à même de comprendre le travail des architectes et des ingénieurs ; mais sa perspective est aussi culturelle au sens large : il réalise une somme condensée sur l'architecture de même que Cicéron vient de réaliser une somme sur l'éloquence[5].

Il paraît être le premier à le faire et nous ne lui connaissons pas d'émules. Ses sources et sa formation sont de trois ordres :

– Elles sont d'abord livresques. Vitruve a reçu une éducation soignée et apparemment il lit le grec. A l'image de ses contemporains, il attache de l'importance au livre, à l'autorité du prédécesseur, et il a parfois tendance à privilégier l'emprunt par rapport à l'observation directe. C'est le cas par exemple pour la description des machines de siège qu'il emprunte à des sources grecques alors que sa connaissance de l'ingénierie militaire, sa pratique des arsenaux lui auraient permis de donner une information plus actualisée.

– Elles viennent ensuite de ses *praeceptores*. Vitruve a suivi ce que nous appellerions aujourd'hui une « formation professionnelle », très probablement

3 - Voir à ce sujet P. Gros, « Munus non ingratum. Le traité vitruvien et la notion de service », *in Le Projet de Vitruve. Objet, destinataires et réception du De architectura*, Actes du colloque international organisé par l'École française de Rome, l'Institut de recherche sur l'architecture antique du CNRS et la Scuola normale superiore de Pise, Rome, 26-27.3.1993 (*Collection de l'École française de Rome,* 192), Rome, 1994, p. 75-90.

4 - Cf. Vitr. 1, *pr.* 2

5 - Le *De oratore* est publié en 55 *a. C.* Il y a des correspondances entre le chap. 1 du Livre I du *De architectura* et le préambule du *De oratore*, en particulier sur l'idée que ni le bon orateur, ni le bon architecte ne peuvent être experts en tout, mais qu'ils doivent avoir une bonne formation générale, avec spécialisation dans leur domaine.

dans des écoles ou auprès de professeurs romains, et il dit à plusieurs reprises qu'il rapporte ce que lui ont appris ses maîtres[6].

– Vitruve enfin a eu une pratique professionnelle et plusieurs chapitres du *De architectura* sont issus directement de son expérience[7].

Son traité est donc pour nous un moyen d'investigation valable pour apprécier l'influence alexandrine dans la science et la technique romaine au début de l'empire. Le nom même d'*Alexandria* est cité sept fois dans le *De architectura*[8] : dans la préface du Livre II à propos de l'architecte Dinocrate et de la fondation de la ville, dans la préface du Livre VII à propos de la fondation de la bibliothèque par Ptolémée et de Zoïle, au chapitre XI du Livre VII à propos de la fabrication du bleu céruléen mis au point à Alexandrie, au Livre IX à propos des longueurs d'ombres respectivement calculées dans des villes de latitude différente et à propos de Ctésibios. A cette liste s'ajoute au Livre X la mention d'un architecte Tryphon d'Alexandrie, que nous ne connaissons pas par ailleurs et qui est cité comme auteur de défenses contre les mines lors d'un siège[9]. Alexandrie est ainsi la quatrième ville la plus citée dans le *De architectura* après Athènes (14 occurrences), Rome (12 occurrences), et Rhodes (9 occurrences). Si l'on ajoute à cela que l'Égypte est le pays le plus cité après l'Italie, qu'Alexandre est le personnage le plus souvent nommé, que le Nil est désigné quatre fois contre une seule occurrence pour le Tibre, nous avons là le signe d'un intérêt certain pour Alexandrie et l'Égypte, mais ce qui nous importe davantage ici c'est le rôle qu'a pu jouer la littérature scientifique et technique d'Alexandrie dans la formation d'un architecte-ingénieur et la place des savants alexandrins parmi les sources du *De architectura*. Là, deux noms se dégagent nettement : Ératosthène pour les questions que nous appellerons ici « géographiques » et « météorologiques » et Ctésibios pour la mécanique, plus particulièrement pour les horloges et la branche appelée « pneumatique ».

Avant de passer à l'étude de ces deux cas particuliers, il faut préciser quelques points de chronologie. La formation de Vitruve est bien antérieure à la publication d'un traité qu'il fait paraître déjà assez âgé[10] ; elle est donc antérieure à la conquête de l'Égypte par les Romains qui en elle-même ne révolutionne pas les rapports culturels entre Rome et Alexandrie. Dans les trois derniers siècles avant J. C., ces rapports s'inscrivent dans le cadre général des relations entre les grandes cités méditerranéennes. Ils connaissent, semble-t-il, un renforcement sensible à partir de la campagne de Gabinius en 55 *a. C.* Suétone[11] met en doute que le *grammaticus M. Antonius Gnipho* ait étudié à

6 - Cf. Vitr. 4,3,3 ; 6, *pr.*4 etc.

7 - Par exemple ceux sur la basilique de Fano (5, 1, 6-10) ou ceux sur l'artillerie (10, 10-12).

8 - Vitr. 2, *pr.* 4 / 7, *pr.* 4 / 7, *pr.* 8 / 7,11,1/9,1,1 / 9,7,1/9,8,2.

9 - Vitr. 10,10,10.

10 - Vitr. 2, *pr.* 4.

11 - Suet., *Gramm.* 7,1.

Alexandrie au début du Ier siècle *a.C.* : cela prouve au moins que le fait était plausible. Le philosophe alexandrin Dion a logé chez Lucceius, ami de Cicéron[12]. Aulète vint à Rome dans les années cinquante, sa sœur Cléopâtre dans les années quarante. Cicéron fut en contact avec quelqu'un de leur suite sur des matières littéraires[13]. Timagènes fut apporté d'Égypte comme prisonnier de Gabinius. L'astronome Sosigènes vint à Rome comme protégé de César[14].

*

* *

Pour nous en tenir aux références explicites, le nom d'Ératosthène apparaît dans trois passages du *De architectura*, deux au Livre I et un au Livre IX[15].

Il est d'abord cité au début du Livre I parmi les rares hommes « à qui la nature a accordé tellement d'habileté, de pénétration et de mémoire qu'ils peuvent connaître à fond la géométrie, l'astronomie, la musique et toutes les autres disciplines ». Ces hommes, ajoute Vitruve, dépassent la profession d'architecte et deviennent des savants, des *mathematici* ; Ératosthène est ainsi entouré d'Aristarque de Samos, de Philolaos, d'Archytas de Tarente, d'Apollonios de Perge, d'Archimède et de Scopinas de Syracuse. Il est remarquable de constater que dans cette liste de sept savants, représentant pour un romain du Ier siècle *a. C.* l'élite scientifique de l'Antiquité, trois ont travaillé à Alexandrie : Aristarque[16], Apollonios[17] et Ératosthène et qu'un quatrième, Archimède, a été en correspondance étroite avec la science alexandrine. « Il ont laissé à la postérité, dit Vitruve, un grand nombre de systèmes mécaniques et horlogers

12 - Cic., *Pro Cael.* 51.

13 - Cic., Ad Att. 15,15,2 : *promissa*... φιλόλογα.

14 - Voir par ex. Pline 18, 211.

15 - 1,1,17, sur les savants ; 1,6,9 et 1,6,11 sur la mesure de la circonférence de la terre ; 9, *pr.* 13 et 9, *pr.* 14 sur les moyennes proportionnelles.

16 - Aristarque de Samos (vers 310 – vers 230 *a.C.*) fut disciple de Straton de Lampsaque et il travailla à Alexandrie comme mathématicien et astronome (son ébauche de théorie héliocentrique est célèbre). Il écrit également sur l'optique. Il est nommé deux autres fois par Vitruve dans le livre sur l'astronomie : une première fois en 9,2,3 en tant que savant puissant (*mathematicus uigore magno*) à propos de la théorie des phases de la lune, une deuxième fois en 9,8,1, en tant qu'inventeur du cadran hémisphérique. Il ne doit pas être confondu avec un autre de ses collègues d'Alexandrie : Aristarque de Samothrace, le grammairien qui fut directeur de la bibliothèque et qui est beaucoup plus tardif (il est mort vers 143 *a.C.*). Celui-ci est cité également par Vitruve en 1,1,13 comme le type même de l'élite dans le domaine de la grammaire.

17 - Apollonios de Perge est mort à Alexandrie vers 190 *a.C.* Son *Traité des Coniques* est considéré comme l'un des chefs-d'œuvre de la géométrie ancienne (voir la communication de M. Decorps-Foulquier dans ce recueil). Il est cité deux autres fois au Livre IX (8,1) comme inventeur de types de cadrans solaires.

(*res organicas, gnomonicas*) qu'ils ont inventés et exposés grâce au calcul et à leur connaissance des principes de la nature »[18].

Vitruve n'envisage donc pas seulement leur production intellectuelle pure, l'explication des principes de la nature, mais les exploitations matérielles qui en résultent, c'est ainsi que nous comprenons le mot *res* et nous y reviendrons un peu plus loin.

Nous passons rapidement sur la préface du Livre IX dans laquelle Ératosthène est cité à côté d'Archytas à propos du calcul des moyennes proportionnelles, Archytas résolvant le problème par calcul purement arithmétique, Ératosthène par le procédé mécanique du mésolabe. Il s'agit pour Vitruve de célébrer dans ce passage la gloire des penseurs et de leurs découvertes (duplication du carré par Platon, volume et densité des corps par Archimède, duplication du cube par Archytas et Ératosthène...). La citation montre que Vitruve connaissait l'existence du problème et de sa solution, elle ne prouve pas qu'il ait étudié l'ouvrage du savant alexandrin sur la question[19].

De toute autre nature est le deuxième passage du Livre I dans lequel Vitruve aborde la question de la circonférence de la terre. Nous sommes dans un chapitre sur l'urbanisme et Vitruve veut expliquer comment orienter les rues. L'orientation l'amène naturellement à l'élaboration des roses des vents puisque la dénomination des orientations par points cardinaux et intermédiaires ou par degrés n'est pas utilisée dans l'Antiquité. L'architecte latin est le seul auteur ancien connu à proposer une rose à vingt-quatre vents (les plus courantes sont de huit ou douze[20]) et c'est pour justifier la possibilité d'une si grande quantité qu'il évoque l'immensité de la circonférence de la terre calculée par Ératosthène. L'histoire de ce calcul, ou tout au moins son résultat, sont bien connus dans l'Antiquité[21] et aujourd'hui encore nous en avons des traces mal-

18 - Vitr. 1, 1, 17.

19 - Il peut s'agir du *Platonicus*, dialogue où se mêlent mathématiques et philosophie et où l'on trouve, entre autres, un nouvel examen du « problème délien » : la duplication du cube de l'autel d'Apollon.

20 - Cf. Ph. Fleury, « Les roses des vents latines », *Euphrosyne* 19, 1991, 61-88.

21 - Le point de départ du raisonnement est la constatation que la ville de Syène en Égypte est située sur le tropique du Cancer ; c'est observable à midi, le jour du solstice d'été : l'ombre du gnomon est alors nulle, on voit le fond des puits ; cela signifie que les rayons du soleil sont parfaitement parallèles à la verticale du lieu. Or, au même moment à Alexandrie, située sur le même méridien, un gnomon a une petite ombre. Le calcul du rapport entre la longueur de l'ombre et la hauteur du gnomon montre que les rayons du soleil font un angle de 7°12' avec la verticale du lieu. 7°12' représentent 1/50 de 360°. Sachant que la distance entre Syène et Alexandrie est de 5 000 stades, cela donne une circonférence totale de 5 000 x 50 = 250 000 stades, portés à 252 000 pour obtenir un chiffre divisible par 360. Un degré correspond ainsi à 700 stades. L'ensemble du raisonnement est juste et les données chiffrées relativement exactes : avec un stade égyptien de 157,5 m on obtient une circonférence de la terre de 39 690 km (la mesure réelle est environ 40 000 km).

gré la perte des œuvres intégrales d'Ératosthène[22]. Vitruve se contente de dire qu'Ératosthène a procédé par calculs et méthodes géométriques (*rationibus mathematicis et geometricis methodis*), qu'il a utilisé les ombres du gnomon à l'équinoxe, puis il donne directement le chiffre de 252 000 stades qu'il fait correspondre à 1 500 000 pas.

Ce passage du *De architectura* suscite plusieurs types de réflexion. D'abord, la priorité est accordée à la source alexandrine dans le domaine de la « géographie mondiale ». Nous retrouvons cette priorité chez un autre romain proche de Vitruve, César, qui dans la *Guerre des Gaules* mentionne Ératosthène à propos de la forêt Hercynienne[23] : l'auteur alexandrin est le seul à avoir le privilège d'être nommé dans ce passage ; les autres auteurs grecs sur la question sont rangés sous l'appellation générique *quidam Graeci*. De même Vitruve avait plusieurs sources à sa disposition pour la mesure de la circonférence terrestre. Il aurait pu citer Platon, Aristote et surtout, plus proche de lui, il aurait pu utiliser Posidonios dont on a souvent tendance à surestimer l'importance parmi les sources possibles de Vitruve. Qu'il ait lu directement le traité d'Ératosthène ou qu'il l'ait connu par une autre source importe peu ici : l'essentiel est qu'il rattache bien l'information à Ératosthène (le chiffre de 252 000 stades est aussi admis par Hipparque) et qu'il donne le raisonnement et les chiffres semble-t-il originaux (par la suite Ératosthène restera la référence en matière de géographie pour les auteurs latins).

Une autre réflexion concerne l'expression « ombre équinoxiale » utilisée par Vitruve alors que Strabon, Pline ou Cléomède indiquent un raisonnement s'appuyant sur l'ombre du solstice d'été. Il a pu y avoir naturellement erreur de Vitruve ou de la transmission manuscrite, mais deux autres orientations sont possibles. L'une a déjà été suggérée par A. Thalamas dans son étude sur *La Géographie d'Ératosthène*[24] : il apparaît d'après le témoignage de Cléomède qu'Ératosthène a pratiqué des contre-mesures au solstice d'hiver. Il a très bien pu le faire aussi à l'équinoxe et c'est à cette partie de son texte que Vitruve ferait référence, nous donnant ainsi un élément supplémentaire du calcul d'Ératosthène (Capella parlera aussi d'ombres équinoxiales à propos de ce calcul[25]). D'autant, et c'est la deuxième orientation, que Vitruve se retrouve ainsi dans

22 - Le témoignage le plus complet est certainement celui de Cléomède (I, 10) dans son traité sur *la Théorie des mouvements circulaires* (I, 10), de date incertaine : W. Schumacher, *Untersuchungen zur Datierung des Astronomen Kleomedes*, Cologne, 1975, le situe vers 100 *p.C.* sur des critères stylistiques (c'est la datation la plus courante) ; O. Neugebauer, *A history of Ancient Mathematical Astronomy*, Springer, 1975, le place vers 370 *p.C.* sur des critères astronomiques.

23 - Caes. G 6, 24, 2 : [...] *Hercyniam siluam, quam Eratostheni et quibusdam Graecis fama notam esse uideo.*

24 - A. Thalamas, *La géographie d'Ératosthène*, Versailles, Barbier, 1921, p. 139-140.

25 - Mart. Cap. 6,597.

le cadre général des tables de l'ombre équinoxiale utilisées pour établir la latitude d'un lieu[26]. Il donne un extrait de ces tables au Livre IX en se plaçant dans la perspective pratique de la construction d'un cadran solaire[27]. Ératosthène n'avait certainement pas manqué de donner quelque part un tableau de ces longueurs d'ombre équinoxiales, point de départ essentiel dans le dessin de l'analemme d'un cadran solaire.

Une autre réflexion inspirée par le texte de Vitruve porte sur le souci de donner la conversion en mesures romaines. Cette conversion, que nous trouvons aussi chez Pline, n'est pas sans poser des problèmes d'approximation[28] ; elle montre cependant que Vitruve ne cherche pas simplement à faire état de connaissances acquises dans le monde hellénistique mais qu'il souhaite les ancrer dans le monde romain.

Dépassant le cadre du traité de l'architecte romain, je crois que nous trouvons dans la Rome du début de l'empire une autre trace de l'intérêt pour ces recherches alexandrines dont Ératosthène fut le principal initiateur avec la construction de l'*horologium Augusti*. Cet immense cadran solaire construit sur le champ de Mars aux alentours de 10 *a.C.* utilisait comme gnomon un obélisque d'Héliopolis de 30 m de haut. C'était le premier obélisque rapporté d'Égypte à Rome et Auguste fera lui-même élever un obélisque à Alexandrie. Les passants lisaient l'heure et le mois de l'année en regardant la place de l'ombre par rapport à des lignes gravées sur un dallage. La connaissance de ce cadran solaire a fait beaucoup de progrès depuis les fouilles effectuées par l'Institut archéologique de Berlin sous la conduite d'E. Buchner[29]. D'après le chercheur allemand, le cadran lui-même faisait partie d'un ensemble construit en utilisant des calculs astronomiques précis déterminant son orientation par rapport au mausolée d'Auguste et surtout par rapport à *l'Ara pacis*. Ainsi la ligne de l'ombre équinoxiale (Auguste était né à l'équinoxe d'automne) aurait traversé l'axe de *l'Ara pacis*. E. Buchner va peut-être un peu trop loin dans

---

26 - Vitr. 9,7,1.

27 - Strabon utilise aussi ce rapport entre la longueur du gnomon et l'ombre équinoxiale (2,5,38 par ex.).

28 - On trouve chez G. Aujac (*Strabon et les Sciences de son temps*, Paris, Les Belles Lettres, 1966, p. 176-179) une analyse des différentes hypothèses concernant la valeur du stade utilisé par Ératosthène. Les manuscrits de Vitruve donnent une conversion de 252 000 stades en 31 050 000 pas romains qui ne convient ni à la conversion donnée par Pline : 31 500 000 pas ni à la division donnée par Vitruve lui-même un peu plus loin quand il dit qu'un octant de la circonférence de la terre fait 3 937 500 pas. 3 937 500 x 8 = 31 500 000 ; il faut donc corriger *le trecenties et decies quinquaginta milia* (31 050 000) des mss en *trecenties et decies quinquies centena milia* (31 500 000). Cela signifie que pour Vitruve et Pline le stade égyptien fait 125 pas (un mille romain fait donc 8 stades) ; en prenant un pas romain de 1,4785 m nous avons donc un stade de 184,81 m et une circonférence de la terre estimée à 0,184 km x 252 000 = 46 572 km, ce qui est moins bon comme estimation qu'avec un stade de 157,50 m (cf. *supra*).

29 - Cf. E. Buchner, *Die Sonnenuhr des Augustus*, Mayence, Ph. von Zabern, 1982 ; id. « Horologium Augusti », *Gymnasium* 90 (1983) 494 sq.

les rapports astronomiques qu'il suppose entre l'obélisque et l'*Ara pacis* d'autant que la situation exacte de celui-ci est mal déterminée[30], mais si l'on admet que les inscriptions retrouvées au niveau de la réfection par Domitien proviennent bien de blocs de réemploi de l'époque d'Auguste, trois constatations s'imposent : les inscriptions sont en grec (le symbole du lien avec le monde hellénistique est important), les indications de mois et d'heures sont couplées avec une rose des vents et le seul nom de vent actuellement lisible dans les fouilles est celui d'ΕΤΕΣΙΑΙ ; or ce mot apparaît aussi sur la rose des vents de Vitruve et ce n'est pas un vent caractéristique de Rome alors qu'il est important en mer Égée et à Alexandrie. L'ingénieur qui a construit cet *horologium* aurait-il lu Vitruve ? N'aurait-t-il pas utilisé les travaux alexandrins, sinon ceux d'Ératosthène lui-même ? Rappelons ce que dit Strabon :

> les vents *étésiens* soufflent du nord, et, comme ils viennent de traverser toute cette vaste étendue de mer, ils procurent toujours aux habitants d'Alexandrie un été délicieux[31].

Si l'on ajoute à cela que César pour réformer son calendrier a fait appel à un alexandrin, Sosigène[32], qu'Agrippa a fait venir des spécialistes d'Alexandrie pour l'établissement du cadastre, il apparaît que nous avons un courant très fort dans le sens Alexandrie vers Rome sur toutes les questions qui touchent à la géographie en général, plus particulièrement à l'orientation, aux coordonnées terrestres, à la météorologie, à la mesure des distances et du temps.

L'*horologium Augusti*, au-delà du symbole de la conquête de l'Égypte par les Romains, est aussi le symbole de l'acquisition d'un savoir transmis par les textes (Vitruve en est une illustration) et appliqué concrètement de façon monumentale et spectaculaire, et donc clairement affirmé.

*
* *

L'exemple de Ctésibios va dans le même sens. Cet ingénieur d'Alexandrie du IIIe siècle dont aucune œuvre n'a été conservée est nommé sept fois dans le *De architectura*[33] et une des machines décrites au Livre X porte son nom : la *machina ctesibica*[34].

---

30 - Voir W. Hübner, Compte-rendu d'E. Buchner, *Zur Sonnenuhr…*, *in Trierer Zeitschrift* 46 (1983), 333-338 (W. Hübner, qui a participé au débat suivant la communication, m'a aimablement fourni une partie des précisions données ici) ; M. Schütz, « Zur Sonnenuhr des Augustus auf dem Marsfeld », *Gymnasium* 97 (1990) 432-457.

31 - Strabon 17,1,7.

32 - Voir la communication de G. Marasco dans ce recueil.

33 - Vitr. 1,1,7 ; 7, *pr.* 14 ; 9,8,2 (bis) ; 9,8,4 ; 10,7,4 ; 10,7,5.

34 - Vitr. 10,7,1.

Il est d'abord cité dans le programme de formation de l'architecte-ingénieur selon Vitruve. L'auteur latin pose comme principe une formation pluridisciplinaire axée sur les domaines suivants : lettres, dessin, géométrie, histoire, philosophie, musique, médecine, droit et astronomie. C'est à propos de la philosophie que Ctésibios est mentionné en compagnie d'Archimède. L'étude de la philosophie est censée apporter deux choses à l'architecte : 1. le sens moral 2. la connaissance des phénomènes physiques. Celui qui n'a pas cette connaissance de la physique, en particulier sur les problèmes de pression de l'eau, ne pourra comprendre « les préceptes (*praecepta*) de Ctésibios, d'Archimède et de tous ceux qui ont écrit sur le même sujet ». L'ingénieur alexandrin est donc considéré par Vitruve comme une des sources de connaissance, une référence dans le domaine général de ce que nous appellerions l'« hydraulique » mais qui correspondrait plutôt à ce que les Anciens appelaient la « pneumatique ».

Dans le passage auquel nous venons de faire allusion, il est difficile de déterminer si Vitruve veut parler d'écrits théoriques de Ctésibios et d'Archimède sur les problèmes de pression ou d'écrits pratiques sur des machines faisant appel à ces principes. L'usage ordinaire du terme *praecepta* dans le *De architectura* nous oriente plutôt vers des écrits théoriques, tout au moins vers la partie théorique des traités sur les machines utilisant ces principes. Les textes des *Pneumatiques* de Philon et d'Héron qui nous ont été conservés contiennent une telle partie théorique.

La deuxième citation de Ctésibios dans le *De architectura*, dans la préface du Livre VII, nous oriente explicitement vers des traités *de machinationibus* et nous le retrouvons en compagnie d'Archimède, mais aussi de Diadès, Archytas, Philon de Byzance, Charias, Polyidos, Pyrrhus, Agésistratos et de quelques autres noms connus par ce seul passage. Là encore la mention *de machinationibus* ne permet pas de trancher pour écrit théorique ou pratique, mais nous pensons qu'à l'image du Livre X de Vitruve, ces traités mêlaient les deux perspectives.

L'importance de Ctésibios pour Vitruve est soulignée par la notice qu'il lui consacre au Livre IX. Avant de passer à la description des horloges à eau dont au moins le premier type paraît dériver directement des écrits de Ctésibios, Vitruve raconte comment l'ingénieur alexandrin a commencé à s'intéresser aux propriétés de la pression de l'air dans la boutique de son père, barbier à Alexandrie, puis comment il fut le premier à tirer parti de ces observations pour construire des orgues hydrauliques, des jets d'eau sous pression, des automates, des « trucs » amusants, et, bien entendu puisque c'est là le sujet du passage, des horloges à eau. Ctésibios est ainsi une des rares sources de Vitruve avec Archimède à bénéficier d'une petite notice biographique.

Au Livre X enfin est décrite la *machina Ctesibica*, c'est-à-dire la pompe à piston, machine en bronze à deux cylindres et chambre intermédiaire utilisant le principe du refoulement de l'eau par clapets mobiles ; Ctésibios bénéficie ainsi d'un nouveau privilège, celui d'être le seul inventeur mentionné dans le *De architectura* à voir son nom dérivé en adjectif pour caractériser une machine[35].

La description de la pompe à piston est suivie chez Vitruve de celle de l'orgue hydraulique et, bien que l'auteur ne dise pas explicitement qu'il continue à puiser dans les écrits de Ctésibios, il est tentant de rattacher les deux passages à une même source tant il y a de similitudes entre les principes des deux machines (deux cylindres, chambre intermédiaire, clapets : la différence est que cette fois la machine aspire l'air et non l'eau, elle n'a rien d'« hydraulique » en soi, mais c'est un autre question...). De même qu'au Livre I l'ensemble du passage « géographique-météorologique » (mesure de la terre – rose des vents – vents locaux) nous paraissait pouvoir être rattaché à Ératosthène[36], de même ici le passage « pneumatique » (pompe à piston – orgue hydraulique) peut être rattaché à Ctésibios d'autant qu'il est désigné au livre IX comme le premier à avoir conçu des orgues hydrauliques[37].

Ainsi donc, au Ier siècle *a.C.*, Ctésibios était lu à Rome et reconnu comme une autorité pour les principes physiques de la pneumatique et pour leur application en gnomonique, dans la pompe à piston et dans l'orgue hydraulique.

Qu'en est-il de l'application ? Là, les choses sont peut-être encore plus frappantes que pour les travaux d'Ératosthène. La pompe à piston et l'orgue hydraulique, que l'on peut regarder avec sûreté comme des inventions alexandrines[38], non seulement connaissent un développement dans le monde romain mais il semble même que ce soient les Romains qui les fassent passer du statut d'invention scientifique à celui de machine couramment utilisée.

Prenons d'abord l'exemple de la pompe à pistons : Ctésibios serait donc, sinon son inventeur, tout au moins celui qui l'a mise au point. Philon de Byzance qui a vécu une trentaine d'années plus tard parle lui aussi de la pompe à piston dans ses *Pneumatiques*[39]. Il ne cite pas Ctésibios mais il ne cite personne

---

35 - Pythagore partage le même privilège pour la géographie : *Pythagoricum trigonum* (10,6,4).

36 - Il ne s'agit toutefois que d'une hypothèse et non d'une certitude comme le présente A. Thalamas (*op. cit.*). Le texte de Galien invoqué à l'appui ne prouve pas que la rose décrite par Vitruve vient d'Ératosthène.

37 - Vitr. 9,8,4 : *Ergo Ctesibius, cum animaduertisset ex tactu caeli et expressionibus spiritus < sonitus > uocesque nasci, his principiis usus hydraulicas machinas primus instituit.*

38 - Vitruve est toutefois le seul auteur ancien à attribuer explicitement l'invention de la pompe à pistons à Ctésibios. Sur ces questions, voir J. P. Oleson, *Greek and Roman Mechanical Water-lifting Devices : The History of Technology*, Univ. of Toronto Press, 1984 ; sur la pompe à piston en particulier, p. 301 sq.

39 - Le texte a été conservé uniquement en arabe et il n'est pas facile à utiliser car il ne paraît pas à sa place dans les manuscrits. Cf. B. Carra de Vaux, *Le livre des appareils pneumatiques et des machines hydrauliques de Philon de Byzance (Notices et extraits des manuscrits de la Bibliothèque Nationale*, 38,1), Paris, 1903, appendice I, 2, p. 216-217.

d'autre non plus et rien n'interdit de penser qu'il reprend ici les travaux de l'ingénieur alexandrin comme il le fait explicitement ailleurs. D'autant que l'on retrouve chez lui la même erreur que celle qui est transmise par Vitruve au sujet du rôle de l'air dans la pompe à piston. L'un et l'autre considèrent que l'air joue un rôle d'aspiration alors que ce type de pompe foulante fonctionne en immersion sans présence d'air. Cette inexactitude pouvait se trouver déjà chez Ctésibios. Entre Philon et Vitruve nous ne trouvons plus aucun témoignage ni littéraire, ni papyrologique, ni archéologique. Mais à partir du Ier siècle *p. C.* les témoignages littéraires se multiplient : Sénèque le Rhéteur, l'*Aetna*, Pline l'Ancien, Héron d'Alexandrie, Sénèque le Philosophe, Apollodore de Damas, Pline le Jeune[40] etc. Paradoxalement c'est plutôt dans le monde romain extérieur à l'Égypte que l'appareil se développe (il est pratiquement absent des papyri, peut-être comme le fait remarquer J. P. Oleson parce qu'il ne convient pas aux conditions d'utilisation du pays : eau trouble et impossibilité d'appliquer la traction animale, alors que les autres systèmes mécaniques d'élévation connaissent un fort développement en Égypte[41]). De même les témoignages archéologiques datent tous de l'époque impériale romaine ; certains correspondent de près à la *machina ctesibica* décrite par Vitruve. Ce type de pompe va disparaître en occident après le VIe siècle pour ne réapparaître qu'à la Renaissance dans les écrits de l'architecte-ingénieur Taccola.

L'histoire de l'orgue est à peu près parallèle : certainement inventé par Ctésibios, cité par Philon de Byzance (qui cette fois nomme Ctésibios), nous n'en n'avons plus de traces jusqu'à Vitruve et il semble avoir connu son plein développement dans le monde romain où il a été fréquemment utilisé (jeux de l'amphithéâtre, cérémonies impériales...) et beaucoup apprécié. La première mention est peut-être chez Lucrèce[42], puis Cicéron le range parmi les grands plaisirs physiques[43], l'*Aetna* souligne son rythme et la variété de ses sons[44]. Les témoignages iconographiques, relativement nombreux (une quarantaine de représentations recensées), ne remontent guère au-delà de l'époque impériale et il en est de même pour les quelques témoignages archéologiques[45].

40 - Sen. *Controu.* 10, pr. 9 ; *Aetna* 324-325 ; Pline, *Nat.* 2,65,166 ; 19,4,60 ; Héron, *Pneum.* 1,28 ; Sen., *Nat.* 2,16 ; Apoll., *Pd.* 174,1-7 ; Pline, *Epist.* 10,33,2 ; J. P. Oleson *op. cit.* p. 302 donne une liste complète.

41 - *op. cit.* supra.

42 - Lucr. 5,332-334. La traduction d'A. Ernout dans le C.U.F. nous paraît fautive ; cf. Ph. Fleury, *La mécanique de Vitruve*, Caen, P.U., 1994, p. 202 n.3.

43 - Cic., *Tusc.* 2,18,43.

44 - *Aetna* 295-298.

45 - La plus ancienne représentation d'orgue actuellement connue est une statuette en terre cuite qui provient précisément d'Alexandrie (aujourd'hui au musée du Louvre : CA 426). Elle daterait de la fin de la période hellénistique. Les restes de l'orgue d'Aquincum datent du IIIe siècle *p.C.*

*

* *

L'exemple de Vitruve est donc un point de référence sur la transmission du savoir entre Alexandrie et Rome. L'architecte romain, comme probablement beaucoup d'autres de ses collègues, a lu et étudié Ératosthène et Ctésibios. Qu'il l'ait fait ou non dans le texte original importe peu ici. Ce ne sont pas ses seules sources, mais il les a choisies judicieusement comme autorité dans deux domaines où les savants alexandrins étaient, chacun de leur côté, à la pointe du savoir : la géographie-météorologie pour l'un, la pneumatique-gnomonique pour l'autre. La mise en relief du lien direct Ctésibios-Vitruve permet de revoir un peu la question de la transmission du savoir mécanique dans l'Antiquité. On a souvent tendance à faire un saut direct du IIIe siècle *a.C.* au Ier siècle *p. C.*, à passer d'un seul coup du couple Ctésibios-Philon à Héron en oubliant qu'entre les deux, un siècle avant Héron, il y a eu Vitruve et surtout qu'il y a eu derrière lui la formation des architectes-ingénieurs romains. Ceux-ci ont mis en pratique le savoir alexandrin en ayant clairement conscience de ce qu'ils faisaient : la construction de l'*horologium Augusti*, la mise au point de certains types d'horloge à eau, de la pompe à piston et de l'orgue hydraulique sont à la fois un prolongement et une concrétisation des recherches alexandrines menées pendant plus de deux siècles.

Elisa Romano

I colori artificiali e le origini della chimica

Vitruvio dedica l'ultima parte del libro VII del *De architectura* alle materie prime adoperate nei lavori di decorazione parietale, ovvero, a parte un breve cenno iniziale al marmo, ai colori, che egli classifica in naturali e artificiali : i primi corrispondono ai minerali nativi o ad altre sostanze esistenti in natura, animali, come la porpora, o vegetali. La bipartizione dei colori in naturali e artificiali corrisponde a uno schema classificatorio codificato, a noi noto a partire dal *De lapidibus* di Teofrasto, dove si fa riferimento, in generale, ai colori che si ottengono mediante la τέχνη (*lapid.* 55 s.) e, a proposito di alcuni di essi in particolare, si ricorda l'esistenza, accanto alla forma minerale, di un equivalente prodotto artigianale (*lapid.* 55 : κύανος, ὁ μὲν αὐτοφυής, ὁ δὲ σκευαστός ; *lapid.* 58 : γίνεται δὲ καὶ κιννάβαρι, τὸ μὲν αὐτοφυές, τὸ δὲ κατ' ἐργασίαν). La distinzione fra colori naturali e *facticii* si ritrova poi nella *Naturalis historia* di Plinio, dove essa si interseca alla bipartizione, fondamentale nella concezione pliniana dell'uso del colore in pittura, tra colori *austeri* e *floridi* [1] (*nat.* 35,30 : *sunt autem colores austeri et floridi. Utrumque natura aut mixtura evenit* [2]). La descrizione dei colori artificiali come risultato di quella che con linguaggio moderno chiamiamo combinazione chimica, implicita nel termine *mixtura* (tecnicismo che i glossari indicano come traduzione di μίξις χρωμάτων ἢ ἄλλης ὕλης) adoperato da Plinio, riceve formulazione pió esplicita all'inizio della trattazione vitruviana sui colori :

> Quanto ai colori, alcuni nascono spontaneamente in determinati luoghi, dai quali vengono estratti, altri sono ottenuti artificialmente a partire da altre sostanze sottoposte a trattamenti o a combinazioni.

1 - La distinzione tra *floridi* e *austeri* fa riferimento al grado di luminosità dei colori, cioè alla capacità maggiore o minore che essi hanno di assorbire e riflettere la luce, e quindi di produrre un effetto luminoso. I quattro colori (*sil* attico per il giallo, terra di Sinope per il rosso, terra di Melo per il bianco, *atramentum* per il nero) del sistema tetracromatico caratterizzante la pittura classica del periodo di Apelle, Ezione e Melanzio sono tutti *austeri* (Plin. *nat.* 35, 50). Cfr. A. Rouveret, *Histoire et imaginaire de la peinture ancienne (Ve siècle av. J.-C.- Ier siècle ap. J.-C.)*, BEFAR 274, Rome 1989, 258 ss.

2 - La distinzione viene ripetuta poco dopo, alla fine della rassegna dei colori *floridi e austeri* : *ex omnibus alii nascuntur, alii fiunt* (*nat.* 35, 30).

(7,6 : *Colores vero alii sunt, qui per se certis locis procreantur et inde fodiuntur, nonnulli ex aliis rebus tractationibus aut mixtionibus temperaturis compositi perficiuntur*).

La definizione viene ripetuta a introduzione della sezione specifica dedicata ai colori artificiali :

passerò ora a quelle sostanze che, trasformatesi in seguito alla combinazione mediante trattamenti con altre sostanze, acquistano le caratteristiche proprie dei colori.

(7,10,1 : *ingrediar nunc ad ea quae ex aliis generibus tractationum temperaturis commutata recipiunt colorum proprietates*)[3].

Segue l'esposizione dei procedimenti che permettono di ottenere colori uguali a quelli che esistono in natura : il nero (*atramentum*), che si può avere bruciando resina e lavorando con gomma o colla la fuliggine così sprigionatasi (7,10,2), oppure pestando con la colla rami secchi o schegge di pino resinoso carbonizzate (7,10,3), oppure ancora pestando con la colla la feccia del vino fatta seccare e cotta in forno (7,10,4) ; l'azzurro (*caerulum*), risultato di un impasto di sabbia, fiori di nitro e rame ciprio (7,11,1), l'ocra bruciata (*usta*), prodotta da una zolla di ocra gialla resa incandescente e spenta con l'aceto (7,11,2), la biacca (bianco artificiale, *cerussa*), un acetato di piombo che risulta dall'acido acetico di vinagra fatto reagire con il piombo (7,12,1), il verderame (*aerugo*), un acetato basico di rame (7,12,1), la sandracca (*sandaraca*), una biacca bruciata che imita il realgar, prodotta dalla *cerussa* messa in forno (7,12,2). Infine, i colori ottenuti sfruttando le proprietà coloranti di alcune piante, opportunamente diluite, o bollite, o filtrate, o impastate con creta : una porpora artificiale derivata dall'impasto di argilla con radice di robbia e isgino (7,14,1), un altro tipo ottenuto mescolando con il latte un infuso di mirtilli (7,14,2), un giallo artificiale che riproduce il *sil* attico, a base di creta e infuso di viole secche, infine una crisocolla che imita il verde naturale della malachite, prodotta trattando il *caeruleum* naturale, cioè l'azzurrite, con un'erba colorante, o guado (*luteum* o *vitrum*, *herba infectiva*), allo stesso modo in cui un'altra erba tintoria, detta con parola greca ἴσατις, tinge l'argilla di un colore che imita il blu indaco[4]. A questo elenco di colori artificiali, che coincide con quello fornito da Plinio, va aggiunta la falsificazione, mediante la calce, del cinabro (*minium*), il rosso vermiglio naturale diventato, alla fine del I sec. a.C., raro e costoso. Si tratta dell'unico caso in cui Vitruvio fa riferimento a una vera e propria adul-

3 - Sulla composizione dei pigmenti antichi S. Augusti, *I colori pompeiani*, Roma 1967 ; M. Frizot, *L'analyse des pigments de peintures murales antiques. Etat de la question et bibliographie*, « Revue d'Archéométrie » 6, 1982, 47-59 ; *Pigments et colorants de l'Antiquité et du Moyen Age. Teinture, peinture, enluminure, Etudes historiques et physico-chimiques* (Colloque international du CNRS, Orléans, 5-8 déc. 1988), Paris 1990.

4 - Notizie su ciascuno di questi colori (composizione, tecniche di preparazione, diffusione, prezzo) nel commento di M.-T. Cam al libro VII di Vitruvio nella recente edizione curata da B. Liou e M. Zuinghedau per la « Collection G. Budé », Paris 1995.

terazione : una operazione, questa, che va smascherata con una prova (7,9,5 : *vitiatur minium admixta calce. Si qui velit experiri...*), ma che rimane ben distinta rispetto alla fabbricazione dei colori prima elencati, i quali, piuttosto che adulterazioni o sofisticazioni, sono imitazioni, riproduzioni. Al contrario, Plinio mostrerà una continua attenzione per l'aspetto della falsificazione[5]. Ciò si spiega col fatto che un intento moralistico ed insieme una preoccupazione economica (si vedano i prezzi dei colori quasi sempre registrati scrupolosamente), ancora assenti o solo debolmente presenti in Vitruvio, si sovrapporranno all'esposizione. Un orientamento ideologico, definibile nel senso di una polemica contro la *luxuria*, darà luogo a una diversa selezione e organizzazione degli elementi di un discorso che pure riguarda la medesima materia trattata da Vitruvio[6]. In particolare, la trattazione pliniana sui colori artificiali è ricca di ricette docimastiche, contro l'unica presente nel *De architectura* (quella, appena ricordata, relativa al *minium*). Se si considera anche il fatto che a proposito di alcuni colori Plinio riporta un maggior numero di notizie[7] e che talvolta egli riferisce alla fabbricazione di un colore procedimenti che Vitruvio riferisce a un altro colore[8], si concluderà che fra i due testi ci sono tanto convergenze quanto significativi punti di distacco[9]. L'ipotesi più verosimile è che Plinio abbia utilizzato direttamente Vitruvio (il quale è menzionato nell'*index* degli *auctores* relativo ai libri 35 e 36 della *Naturalis historia*) e che abbia attinto inoltre altri dati (ciò deve presupporsi, in particolare, per i libri 33 e 34, per i quali Vitruvio non compare nell'elenco delle fonti) da una fonte comune a lui e allo stesso autore del *De architectura*, ipotesi in grado di spiegare, accanto ad alcune convergenze fra le due trattazioni di tale materia, la presenza in uno dei due testi di notizie assenti nell'altro.

Non si tratta di una semplice questione di ricerca delle fonti : si tratta piuttosto di tentare di ricostruire il quadro di cui i capitoli del libro VII del *De architectura*, le notizie sparse nei libri di Plinio e quelle fornite da Dioscoride[10]

5 - Confermata dalla frequenza del verbo *adultero* (per es., *nat.* 33, 117 ; 121 ; 159 ; 35, 46) e dell'aggettivo *adulterinus* (per es., *nat.* 35, 39) in riferimento ai colori artificiali.

6 - La condanna delle *mixturae* di ogni genere (per es., la mescolanza delle piante salutari semplici in *nat.* 22, 106 e 117) rientra nella più ampia condanna delle adulterazioni della natura, che attraversa l'intera *Naturalis historia* : cfr. S. Citroni Marchetti, *Plinio il Vecchio e la tradizione del moralismo romano*, Pisa 1991, 200 ss.

7 - A proposito della sandracca, per es., alla notizia dell'incendio grazie al quale si scoprì che la biacca a contatto col fuoco cambia colore, data da Vitruvio (7,12,2), Plinio (*nat.* 35, 38) aggiunge che l'incendio ebbe luogo nel Pireo, dove bruciò la biacca che si trovava in alcuni orci.

8 - Per es., Plinio (*nat.* 35,37) riferisce alla *cerussa* la notizia che Vitruvio (7,7,4) dà a proposito della *creta viridis*.

9 - Il quadro delle convergenze e delle divergenze si allarga se alle fonti sui colori artificiali aggiungiamo le notizie contenute nel *de materia medica* di Dioscoride : cfr. 5, 114-116 sul nero artificiale ; 5, 96 e 112 sulla *usta* ; 5, 88 sulla *cerussa* ; 5, 79 sulla *aerugo* ; 5, 103 sulla *sandaraca*.

10 - Cfr. nota precedente.

facevano parte, il quadro cioè di una produzione letteraria (un vero e proprio sottogenere della trattatistica) che si era sviluppata in ambito ellenistico-romano e che ha la più antica attestazione, per noi, proprio alle soglie dell'età alessandrina (verso il 315-14 a.C., secondo la datazione più probabile[11]), con il *De lapidibus* di Teofrasto. Tuttavia, se da un lato il trattato teofrasteo può essere considerato un momento importante del costituirsi di una tradizione di scrittura dedicata ai colori (perché vi compare già la distinzione fra colori naturali e artificiali, e soprattutto per l'idea che lo percorre di una creazione di colori come riproduzione dei processi naturali e non solo a fini utilitaristici), esso si presenta dall'altro lato come un campionario di ricette limitato (anche se con una terminologia tecnica inequivoca[12]), e non può quindi essere considerato come il punto di riferimento esclusivo degli autori di età romana precedentemente citati.

Questi ultimi presentano d'altra parte alcuni punti di contatto con le ricette che costituiscono le due raccolte conservate nel Papyrus Leidensis X e nel Papyrus Graecus Holmiensis. Alcune tracce ci conducono alla tradizione rappresentata da queste tarde compilazioni, redatte nel III sec. d.C. sulla base di materiale presumibilmente della fine del III- II sec. a.C.[13]. Un esempio : Vitruvio fa riferimento ad un falso *purpurissum* che si ottiene preparando sul fuoco un infuso di mirtilli secchi, filtrando l'infuso e mescolando quest'acqua colorata con il latte (7,14,2). Questa preparazione non è attestata altrove, ma l'uso del latte per diluire le sostanze coloranti, con funzione addensante e fissante, si trova in Pap. Holm. 158. Più in generale, la presenza di molti altri ingredienti comuni crea una rete di corrispondenze che collega i testi latini con le ricette dei due papiri : l'aceto, il piombo, la calce, la gomma, il nitro, le radici, la limatura di ferro, il rame, l'erba tintoria chiamata ἴσατις. Gli stessi sono anche gli attrezzi, come l'immancabile mortaio (ἀγγεῖον, *mortarium*). Gli stessi sono i colori artificiali : ψιμύθιον (*cerussa*), ἰός (*aerugo*), σανδαράχη (*sandaraca*), ἰνδικόν (*indicus*), un succedaneo dell'azzurro denominato ἀντιγλαυ-

11 - La data più probabile per il *De lapidibus*, il 315-14 a.C., è stata difesa da D.E. Eichholz (*Theophrastus, De lapidibus*, Oxford 1965) contro W. Jaeger, *Diokles von Karystos. Die griechische Medizin und die Schule des Aristoteles*, Berlin 1938, che proponeva una datazione dopo il 300 a.C. Nel trattato è centrale il tema dell'artificialismo, dell'imitazione della φύσις da parte della τέχνη, della riproduzione dei processi naturali in quelli artificiali : cfr. in particolare *lapid.* 54 e 60 e le note di Eichholz *ad ll.*

12 - Cfr. per es. le operazioni descritte in *lapid.* 54 τιθέασι δ' εἰς τὰς καμίνους χύτρας καινὰς περιπλάσαντες πηλῷ ; 58 : ταύτην (*sc.* ἄμμος) τρίψαντες ὅλως ἐν ἀγγείοις λιθίνοις λειοτάτην πλύνουσιν ἐν χαλκοῖ ; 60 : ὅταν < κιννάβαρι > τριφθῇ μετ' ὄξους ἐν ἀγγείῳ χαλκῷ καὶ δοίδυκι χαλκῷ.

13 - Ritrovati in una stessa tomba, a Tebe, nel 1828, assieme a due papiri magici, hanno forma di codice e sono della stessa mano. La scrittura, una bella onciale priva però di caratteristiche peculiari, rende difficile una datazione precisa dei due papiri : le ipotesi formulate oscillano all'interno di un arco cronologico piuttosto ampio fra III e IV sec. d.C., ma la più probabile, sulla base di elementi interni, è quella che riporta i due papiri all'età di Costantino. Cfr. l'introduzione di R. Halleux al vol. I dell'edizione degli alchimisti greci nella « Collection Budé » (Paris 1981), 22 ss.

κισμός (da confrontare con gli azzurri artificiali di Vitr. 7,11,1 ; 14,2 ; Plin. *nat.* 33,161 ; 35,46), e soprattutto la porpora[14], oggetto di una delle sezioni essenziali all'interno di questi veri e propri ricettari sulle quattro tinture (porpora, pietre preziose, argento, oro). La presenza inoltre di ricette docimastiche, per saggiare la genuinità o l'adulterazione dei colori, è da confrontare con i già ricordati passi di Plinio sulle prove di genuinità cui sottoporre i colori[15]. Riassumendo, le trattazioni sui colori artificiali di cui disponiamo mostrano un chiaro collegamento con i frammenti superstiti di una trattatistica sulle tinture, ad un troncone della quale probabilmente risalgono.

Ritornando alla questione della ipotizzabile fonte comune di Vitruvio e di Plinio, un brevissimo cenno merita il problema del possibile ruolo svolto da Bolos di Mendes – singolare e alquanto misteriosa figura di intermediario fra la cultura egiziana e quella greca, attivo probabilmente intorno al 200 a.C., autore di opere che andarono sotto il nome di Democrito (di qui la denominazione di pseudo-Democrito sotto la quale è più noto) – in quanto iniziatore di una tradizione incentrata sulla trasformazione attraverso i colori, forse proprio in un trattato specifico sulle tinture (φυσικαὶ βαφαί o βαφικά) di cui i papiri di Leyda e di Stoccolma conserverebbero tracce. Tale ipotesi, sostenuta a più riprese negli anni '20 da Wellmann[16], fu respinta da Kroll[17], le cui conclusioni furono successivamente accettate da Fraser, il quale andò oltre : sarebbe impossibile isolare, all'interno della letteratura alchemica di cui disponiamo, alcun frammento attribuibile a una fonte ellenistica, e probabilmente Bolos non non fu autore di alcuno scritto alchemico[18]. Posizione eccessiva, che non tiene conto

14 - Cfr. Pap. Leid. 512 ; 521 ; 558 ; 574 ; Pap. Holm. 617 ; 639 ; 640 ; 659, 674 etc., per un totale di circa 40 attestazioni (cfr. il lessico in appendice all'edizione di Halleux, 225 s.) ; Vitr. 7,14 ; Plin. *nat.* 35,45.

15 - Holm. 125, in particolare, elenca i criteri organolettici – peso, colore, gusto – per saggiare i colori, ma in generale la docimastica, in quanto insieme di tecniche per saggiare soprattutto i metalli, ha un ruolo importante nei ricettari trasmessi dai papiri : cfr. Halleux, cit., 52.

16 - Soprattutto M. Wellmann, *Die Georgika des Demokritos*, « Abhandlungen der Preussischen Akademie der Wissenschaften », Philosoph. – historische Kl. 4, Berlin 1921 ; *Die. φυσικά des Bolos Demokritos und der Magier Anaxilaos aus Larissa*, ibid. 7, Berlin 1928. Su Bolos cfr. inoltre J. Bidez - F. Cumont, *Les Mages hellénisés. Zoroastre Ostanès et Hystaspe d'après la tradition grecque* I.2, Paris 1938, 117 ss. ; A.J. Festugière, *La révélation d'Hermès Trismégiste* I, Paris 1944, 197 ss. ; 219 ss.

17 - W. Kroll, *Bolos und Demokritos*, « Hermes » 69, 1934, 228-232 ; *Sympathie und Antipathie in der antiken Literatur*, « Forschungen und Fortschritte » 10, 1934, 111 s., secondo cui : a) è dubbia l'identificazione di Bolos con il Democrito cui è attribuito il trattato alchemico di età bizantina *Physikà kai mystikà* b) l'ipotesi relativa all'esistenza di *Baphikà* dello stesso Bolos non ha il supporto di alcuna testimonianza, e dunque niente proverebbe che Bolos abbia avuto un ruolo, tanto meno un ruolo decisivo, nella costituzione di una tradizione alchemica in età ellenistica.

18 - P.M. Fraser, *Ptolemaic Alexandria*, Oxford 1972, I, 440 ss. e IIa, 636 ss. Radicalmente scettico non solo sull'esistenza di opere alchemiche di Bolos, ma anche sull'identificazione dello ps.-Democrito con Bolos di Mendes si dichiara J.-P. Hershbell, *Democritus and the Beginnings of Greek Alchemy*, « Ambix » 34, 1987, 5-20.

di alcuni dati della tradizione indiretta relativa a Bolos, l'esame dei quali rende certamente più credibile la posizione equilibrata di Waszink[19] e di Halleux[20], secondo cui esistono validi elementi per ritenere che Bolos fosse autore di precetti alchemici, se non in un'opera specifica sulle tinture –della cui esistenza mancano prove– all'interno di altre opere, per esempio di quei χειρόκμητα che sono citati, come democritei, sia da Vitruvio (9,1,14) sia da Plinio (*nat.* 24,160). Una serie di argomenti che spero di illustrare altrove mi spingono a ritenere che ambedue gli autori abbiano avuto come fonte Bolos, e che, in particolare, l'utilizzazione degli scritti di quest'ultimo da parte di Vitruvio possa spiegare la presenza nel *De architectura* di alcune notizie o teorie che non si ritrovano altrove, e che sembrano denunciare un'origine egiziana, prima fra tutte l'ipotesi riguardante la localizzazione delle sorgenti del Nilo in Mauretania (8,2,7). Penso anche che ci siano validi indizi a sostegno dell'ipotesi che Vitruvio conoscesse Bolos attraverso una compilazione compendiaria di Giuba II, il re di Mauretania che egli conosceva forse personalmente[21]. Giuba, il cui nome compare nell'elenco degli *auctores* per i libri 33 e 34 della *Naturalis historia*, potrebbe essere la fonte comune di Plinio e di Vitruvio riguardo ai colori artificiali (naturalmente, altre ipotesi sono possibili, per esempio quella relativa a Varrone, *auctor* dichiarato di Vitruvio, il cui nome compare pure nell'elenco pliniano per i libri sopra ricordati[22]).

In ogni caso, indipendentemente dalla possibilità di indicare una fonte precisa, i capitoli del *De architectura* e le sezioni di Plinio dedicate ai colori artificiali possono essere senza dubbio considerate testimonianze indirette di quella trattatistica sulla riproduzione dei colori naturali e sull'uso di tali colori nelle tinture che costituiva un filone –secondo alcuni il filone originario[23]– interno a quella che genericamente si definisce tradizione alchemica. A conferma di ciò, il linguaggio adoperato sia da Vitruvio sia da Plinio, che non solo mostra una omogeneità, come abbiamo già notato, con la terminologia degli ingre-

19 - J.H. Waszink, *Bolos* in « Reallexikon für Antike und Christentum » II, Stuttgart 1954, 502-08.

20 - Halleux, cit., 62 ss.

21 - Vitruvio poteva avere avuto conoscenza del contenuto della trattazione di Giuba sulla Libia, di cui quella sul Nilo faceva forse parte, anche prima della pubblicazione, dato che ambedue frequentavano lo stesso ambiente e che anche Giuba era come lui legato ad Ottavia : cfr. Cass. Dio. 51,15,6 ; Plut. *Ant.* 87. Meno verosimile che Vitruvio conoscesse Giuba attraverso Masinissa, con il quale aveva militato al seguito di Cesare (*De arch.* 8,3,25). Su Bolos fonte di Giuba cfr. F. Münzer, *Beiträge zur Quellenkritik der Naturgeschichte des Plinius*, Berlin 1897, 413 ; Waszink, cit.

22 - Su Varrone fonte di Vitruvio, in particolare come fonte intermedia fra Posidonio e Vitruvio, cfr. E. Oder, *Ein angebliches Bruchstück Democrits über die Entdeckung unterirdischer Quellen*, « Philologus » Supplbd. 7, 1899, 229-384.

23 - A.J. Hopkins, *Transmutation by Color. A Study of Earliest Alchemy*, in « Festgabe Lippmann » (ed. J. Ruska), Berlin 1927, 9-14 ; Id., *Alchemy Child of Greek Philosophy*, New York 1934, 43 ss. in particolare.

dienti nei due papiri, ma riproduce anche i gesti e le fasi della fabbricazione : azioni semplici, comuni a diverse attività, come 'prendere', 'collocare', 'versare in un recipiente', ma anche termini tecnici che rinviano alla descrizione di processi di trasformazione della materia, come il verbo tecnico della combinazione, 'mescolare' (*miscere*, μείγνυμι, κινέω, ἀνακινέω, φυράω) o 'sottomettere all'azione del fuoco' (*comburere*, *excoquere*, *in fornacem conlocare*, *in fornace coquere*, *ardere in caminis*, πυρόω, ἕψω, ζέω, χονεύω)[24] : il processo cioè attraverso cui due sostanze reagiscono fra loro (in Vitruvio, *tractatio*), e si modificano attraverso una combinazione (in Vitruvio, *temperatura*), dando luogo a quella che tecnicamente viene designata *mixtura* o, secondo la dizione vitruviana, *mixtio* (in greco μίξις).

Tale produzione, che non può ancora essere definita propriamente alchemica (anche se ne contiene le premesse, innanzitutto nell'idea centrale di una trasformazione degli elementi della natura), ma piuttosto un insieme di ricette legate a una pratica, non ancora arricchite di un contenuto filosofico e di una simbologia esoterica, è stata ed è tuttora oggetto di un ricorrente giudizio svalutativo, che sottolinea l'assenza in essa di spirito scientifico ed insieme il predominio di un interesse puramente pratico[25], e a cogliervi l'espressione di una « fantastic nondiscipline », originata dall'incapacità da parte del pensiero scientifico antico di fondare una scienza chimica[26], o tutt'al più l'esempio di una « contradictory alliance between the irrational and the rational », per usare le parole di Fraser[27]. Simili giudizi, se da un lato riflettono la tendenza abituale a giudicare il sapere e la pratica scientifica dell'antichità applicando i nostri parametri di scientificità (in questo caso, a partire da un'idea di chimica come sapere matematizzato), dall'altro lato mettono a fuoco una questione reale interna alla storiografia del pensiero scientifico, l'*impasse* cioè in cui venne a trovarsi la riflessione teorica su quella che oggi si chiama combinazione chimica. Dall'affermazione di Anassagora secondo cui c'è una parte di tutto in tutto (πάντα ὁμοῦ) ad Aristotele, che, affrontando il problema della μίξις nel *De generatione et corruptione* (I, 10, 327a 30-328b 22), conclude che gli ingredienti originari esistono potenzialmente nella mistura (μίξις), agli Stoici, secondo i quali in una autentica mescolanza (κρᾶσις) gli ingredienti si mantengono realmente e sono riseparabili, tutte le teorie antiche della combinazione si prestano a obiezioni e non danno una risposta soddisfacente alla domanda se « due corpi

24 - Cfr. R. Halleux, *Indices chemicorum graecorum. I : Papyrus Leidensis, Papyrus Holmiensis*, Roma 1983 (in particolare, p. XVIII).

25 - F. Sherwood Taylor, *A Survey of Greek Alchemy*, « Journal of Hellenic Studies » 50, 1930, 109-39.

26 - R.A. Horne, *Aristotelian Chemistry*, « Chymia » 11, 1966, 21-27 (= *Die Chemie des Aristoteles*, in *Die Naturphilosophie des Aristoteles*, Darmstadt 1975) : la definizione di « fantastic nondiscipline » si legge a p. 27.

27 - Fraser, cit., I, 443.

possano trovarsi nello stesso posto »[28]. Non forniscono una risposta, perché la discussione è dominata da preoccupazioni metafisiche (per Aristotele, si trattava di salvare la persistenza della materia pur entro l'acquisizione di una nuova forma, per gli Stoici l'idea che il πνεῦμα permei tutti i corpi aveva come conseguenza l'ipotesi riduzionista secondo cui ciò che somiglia a più entità si riduce ad un solo corpo). Si arrivava così per questa strada a mettere addirittura in dubbio la possibilità stessa della combinazione :
« secondo alcuni –riferisce Aristotele– è impossibile che una cosa si mescoli a un'altra diversa »[29], perché « se le cose che si sono mescolate sussistono ancora, allora non si sono mescolate, se una delle due componenti è stata distrutta non si sono mescolate, ma una esiste e l'altra non esiste più »[30]. E Aristotele conclude il capitolo del *De generatione et corruptione* dedicato alla μίξις affermando che non tutti gli elementi sono suscettibili di mescolarsi ad altri, ma soltanto quelli la cui azione è passibile di una opposizione reciproca, che subiscono azioni reciproche[31].

Ma se la riflessione sulla μίξις non trovava il modo di superare questa *impasse* e non riusciva a elaborare un modello teorico della trasformazione della materia, un altro filone di pensiero poneva al centro il fenomeno del mutamento qualitativo della materia nella sua osservabilità empirica, e, come caso esemplare di trasformabilità, il cambiamento di colore, al quale la modificazione qualitativa è legata, quando non si identifichi addirittura con esso. Questa attenzione aveva radici nella scuola aristotelica : a parte il già ricordato *De lapidibus* di Teofrasto, il mutamento di colore nel suo aspetto tecnico, mediante la tintura per immersione (βαφή), gioca un ruolo importante nel *De coloribus* pseudo-aristotelico :

> Fra i colori, sono naturali quelli che accompagnano gli elementi primi, cioè il fuoco l'aria l'acqua e la terra. Infatti l'aria e l'acqua di per sé sono bianche per natura, il fuoco e il sole sono di un colore fra il giallo e il rosso. E la terra è per natura bianca, ma in conseguenza della tintura assume vari colori[32] ;

---

28 - Cfr. R. Sorabji, *The Greek Origins of the Idea of Chemical Combination : Can Two Bodies be in the Same Place ?* « Proceedings of the Boston Area Colloquium in Ancient Philosophy » 4, 1988, 35-63 e, nello stesso volume, il commento di J.-G. Lennox al saggio di Sorabji, 64-75.

29 - Aristot. *G.C.* 327a 34s. : ἀδύνατον γάρ ἐστι μιχθέναι τι ἕτερον ἑτέρῳ, καθάπερ λέγουσί τινες. Cfr. il commento di C.J.F. Williams, *Aristotle's De generatione et corruptione*, Oxford 1982, 142 s. e R. Sharvy, *Aristotle on Mixtures*, « The Journal of Philosophy » 80, 1983, 439-57.

30 - *Ibid.* 327b 1 ss.

31 - *Ibid.* 328a 32 ss. : φανερὸν οὖν ὅτι ταῦτ᾽ἐστὶ μικτὰ ὅσα ἐναντίωσιν ἔχει τῶν ποιούντων· ταῦτα γὰρ δὲ ὑπ᾽ἀλλήλων ἐστὶ παθητικά.. Cfr. Williams, cit., 150 s.

32 - Ps.-Aristot. *Col.* 791a1 ss : Ἁπλᾶ τῶν χρωμάτων ἐστὶν ὅσα τοῖς στοιχείοις συνακολουθεῖ, οἷον πυρὶ καὶ ἀέρι καὶ ὕδατι καὶ γῇ. Ἀὴρ μὲν γὰρ καὶ ὕδωρ καθ᾽ἑαυτὰ τῇ φύσει λευκά, τὸ δὲ πῦρ καὶ ὁ ἥλιος ξανθά. Καὶ ἡ γῆ δ᾽ ἐστὶ φύσει λευκή, παρὰ δὲ τὴν βαφὴν πολύχρους φαίνεται.

tutti gli oggetti che vengono tinti per immersione prendono il colore della sostanza che li tinge. Molti vengono tinti con i germogli dei fiori, molti con le radici, molti ancora con rami, foglie, frutti[33].

Era un interesse scientifico, quello di Teofrasto e dell'autore del *De coloribus*, che si rivolgeva a procedimenti realmente realizzati, a pratiche artigianali e ad esperimenti di laboratorio, alle tecniche dei tintori di stoffe e a quelle con cui i pittori si procuravano i rossi, i verdi, gli azzurri artificiali. Quando la fioritura, soprattutto nell'Egitto ellenistico, di fabbriche di stoffe dipinte, di vetri colorati, di finte pietre preziose, e poi, in età romana, la crescente richiesta di generi di lusso come la porpora e le perle o di colori come il cinabro, tutti articoli diventati rari e costosi, diede sempre maggiore impulso a una attività artigianale finalizzata all'imitazione, alla riproduzione in *atelier* delle preziose rarità della natura, cominciò a costituirsi un *corpus* di ricette, forse anche una trattatistica più articolata dotata di un sistema classificatorio, una vera e propria letteratura sui colori artificiali. Non bisogna tuttavia sopravvalutare il ruolo, nell'emergere di questo genere di scrittura, di quella che è stata definita l'industria del falso : pur essendo infatti innegabile che ci troviamo di fronte ad un sapere la cui formazione avviene attorno a una pratica, un'analisi attenta delle ricette contenute nei papiri lascia poca verosimiglianza all'idea che queste fossero istruzioni effettivamente destinate ad artigiani o a falsari[34]. Piuttosto, in questi ricettari si è depositata una tradizione di sapere che partiva dai dati dell'esperienza quotidiana, ma procedeva poi autonomamente, registrava i modi in cui gli oggetti si trasformano, attraverso quel mutamento decisivo della qualità delle cose che è il mutamento di colore, per cogliere e ordinare i processi di trasformabilità delle cose. In ciò sta il punto di congiunzione fra questa trattatistica e i successivi sviluppi dell'alchimia, che prenderà più decisamente la direzione di una ricerca della trasformazione della materia.

All'interno di questo sapere che cominciava a svilupparsi agiva un modello epistemologico definibile come l'idea di una riproducibilità della natura, attraverso una τέχνη/*ars* che non si limitava a imitarla, restandole inesorabilmente inferiore, come nel paradigma classico, ma poteva riprodurla in laboratorio, a volte ottenendo risultati uguali o superiori alla natura stessa : così, per limitarci a un solo esempio, la sandracca artificiale in Vitruvio *multo meliorem usum praestat, quam quae de metallis per se nata foditur* (7,12,2), mentre Plinio sottolinea, fra le virtó della crisocolla fabbricata dai pittori, *ut colorem in herba segetis laete virentis quam simillime reddat* (*nat.* 33,89). A volte invece era inevitabile constatare la superiorità della natura : così la porpora per

33 - *Ibid.* 794a16 ss. ; sui cambiamenti di colore cfr. anche 794b12 ss.

34 - R. Pfister, *Teinture et alchimie dans l'Orient Hellénistique*, « Seminarium Kondakovianum » 7, Prague 1935, 1-35.

Vitruvio rimane il colore di gran lunga più pregiato e a cui spetta il titolo di eccellenza (7,13,1), così secondo Plinio il *sil* opaco contraffatto si riconosce, rispetto a quello naturale, a causa della sua *amaritudo* (*nat.* 33,160), mentre il nero artificiale è *pallidius et quantum colore, tantum bonitate deterius* (*ibid.* 34,125). La riproduzione della natura conosce dunque vari gradi, vari livelli di approssimazione 'sperimentale' ; nei quali, in ogni caso, è comunque riconoscibile una sorta di sfida conoscitiva. Presupposto di tale sfida era la rappresentazione di una natura né sacralizzata né provvidenziale, intesa non come sostanza immutabile, ma come un oggetto i cui processi potevano essere afferrati e riprodotti, quindi come un modello che poteva essere copiato, di cui era possibile duplicare i meccanismi. « La τέχνη – afferma Teofrasto – imita la natura, ne riproduce le proprietà, in parte a fini di utilità (χρήσεως χάριν), in parte per φαντασία, come nel caso della pittura murale » (*lapid.* 60). Non è solo per la necessità determinata dalla quantità non inesauribile di minerali nativi, dunque, che si fabbricano i colori, anche se l'uso che di essi si fa nella vita pratica resta quello più sottolineato nelle nostre fonti[35], ma anche una ricerca di effetti, in altre parole la curiosità di sperimentare, di conoscere qualcosa di nuovo. Si apriva così la strada, attraverso la fabbricazione dei colori artificiali e i successivi passaggi – tintura dei metalli e preparazione delle leghe metalliche – la strada a una manipolazione degli elementi naturali. Questi tentativi di ricombinazione erano leggibili, attraverso la lente del moralismo, come adulterazioni e contraffazioni della natura, e contro di essi si appunterà il moralismo di Plinio, individuando nella *luxuria* la radice prima di questa mania di mescolare colori e metalli :

> piace giocare a spendere e raddoppiare i giochi facendo miscugli, e di nuovo adulterare anche gli stessi adulterî della natura, come tingere le testuggini, fondere assieme argento e oro per ottenere l'elettro, aggiungervi il bronzo per avere quello corinzio[36].

Una *luxuria duplex* porta a tingere e a ritingere uno stesso oggetto fino ad ottenere una particolare sfumatura di porpora[37] ; una doppia via alla *luxuria*, insisterà Plinio, è quella per cui un colore viene coperto con un altro, per cui « si mescolano assieme anche prodotti della terra e si tinge col tirio quello che è già tinto di scarlatto col *coccum*, per avere l'*hysginum* »[38]. Con questa difesa della naturalezza contro ogni sofisticazione Plinio prendeva posizione

---

35 - Cfr. Vitr. 7,5,6 (alcuni colori vengono fabbricati *uti praestent eandem in operibus utilitatem*) ; 7,10,1 ; 2 ; 3 ; 11,2 ; Plin. *nat.* 34,110 ; 35,41 etc.

36 - Plin. *nat.* 9,139 : [...] *iuvatque ludere inpendio et lusus geminare miscendo iterumque et ipsa adulterare adulteria naturae, sicut testudines tinguere, argentum auro confundere, ut electra fiant, addere his aera, ut Corinthia* (trad. A. Borghini, Torino 1983).

37 - *Ibid.* : [...] *et cum confecere conchylia transire melius in Tyrium putant.*

38 - *Ibid.* 9,140 : [...] *et gemina demonstrata via luxuriae, ut color alius operiretur alio, suavior ita fieri leniorque dictus ; quin et terrena miscere coccoque tinctum Tyrio tinguere, ut fieret hysginum.*

entro un dibattito all'interno del quale un atteggiamento opposto, che diremmo artificialista, è parzialmente ricostruibile. Alcuni decenni prima, nel proemio dei *Medicamina faciei*, Ovidio aveva citato l'abitudine di tingere più volte la stessa lana con la porpora di Tiro come esempio di quel *cultus*, di quella coltivata raffinatezza che egli faceva oggetto di elogio[39], e che trova una delle espressioni più note nelle pratiche cosmetiche. Ma la cosmesi non era altro che l'applicazione sul viso dei colori artificiali, della *cerussa*, della sandracca, dell'ocra[40] ; e con le tecniche della tintura la preparazione dei cosmetici aveva in comune gli ingredienti (l'erba tintoria, il nitro, la gomma), le tecniche e gli attrezzi (la macerazione, il mortaio). Il fatto che un poeta non nuovo a prese di posizione anticonformiste avesse dedicato un poemetto alla cosmesi e che nel proemio (per noi, l'unico frammento conservato) difendesse le ragioni del trucco, facendosi sostenitore, per così dire, di una natura 'truccata', contro i difensori della semplicità naturale[41], fa indovinare, dietro il registro ironico e la cornice frivola, l'intenzione di intervenire in un dibattito serio, in cui si confrontavano non solo due diversi atteggiamenti nei confronti della natura, ma anche, alle spalle, due diversi modelli di conoscenza. Era possibile scomporre e ricomporre le sostanze naturali, capire i meccanismi della combinazione degli elementi e riprodurli ? Era possibile, attraverso questa riproduzione degli elementi, ottenere prodotti addirittura superiori a quelli naturali ? Se la riflessione teorica 'alta'non seppe mai trovare, come abbiamo visto, una via alla soluzione di tale problema, e se remore di matrice religiosa o etica agivano come freno a qualsiasi attività sperimentale sulla natura, la modificazione di quella qualità naturale che è il colore, in quanto paradigmatico intervento modificatore sulle sostanze naturali e in quanto asse centrale di una ricerca di trasformazione-riproduzione della materia, avrebbe continuato a percorrere, lungo i rivoli sotterranei di un sapere 'minore', legato alle botteghe artigianali e affidato alla scrittura attraverso i libri medievali « dei segreti », i secoli successivi[42].

> Prendete del succo di viole, ben impregnato della tintura dei fiori, versatene qualche goccia su un foglio bianco e su questo liquido lasciate cadere due o tre gocce di spirito o di sale o di aceto o di qualche altro liquido notevolmente acido, e scoprirete che, come effetto di questa mescolanza, il succo è immediatamente diventato rosso.

---

39 - 7-9 : *Culta placent : auro sublimia tecta linuntur / nigra sub imposito marmore terra latet / Vellera saepe eadem Tyrio medicantur aeno* (trad. G. Rosati, Venezia 1985). L'elogio del *cultus* ha una celebre formulazione anche in Ov. *ars* 3,101 ss.

40 - B. Grillet, *Les femmes et les fards dans l'antiquité grecque*, Lyon 1975, soprattutto 33 ss.

41 - Rosati, *Introduzione* all'ed. cit., 33 : « il *maquillage* è il gesto che accomuna la cura del corpo alle tante forme di artificio con cui si 'trucca' la natura, con cui si corregge la realtà per dotarla appunto di un aspetto 'artistico' ».

42 - In generale, cfr. W. Eamon, *Science and the Secrets of Nature : Books of Secrets in Medieval and Early Modern Culture*, Princeton 1994.

La struttura è quella di una delle tante ricette dei papiri di Leyda e di Stoccolma o di quelle contenute nella trattazione vitruviana sui colori artificiali o nella *Naturalis historia di Plinio*, gli stessi sono gli ingredienti. Ma la ricetta prende esplicitamente il nome di *experiment*, e a scrivere è Robert Boyle, nel 1664, in un'opera che segnerà un momento fondamentale nella nascita della chimica moderna[43].

43 - *Experiments and Considerations touching Colours*, London 1664, in R. Boyle, *The Works* (ed. Th. Birch), London 1772, rist. anast. Hildesheim 1965, p. 743 (*Experiment* n° 20). W. Eamon, *New Light on Robert Boyle and the Discovery of Colour Indicators*, « Ambix » 27, 1980, 204-209 assegna il giusto rilievo alle informazioni raccolte da pittori e tintori alla tradizione medievale come possibile fonte d'ispirazione per le ricerche di Boyle.

Gilbert ARGOUD

Héron d'Alexandrie et les *Pneumatiques*

Héron d'Alexandrie

Dans le domaine des sciences et des techniques, on connaît le nom de plusieurs théoriciens et inventeurs d'époque hellénistique ou romaine, mais Héron d'Alexandrie occupe une place à part en raison du nombre et de la taille des œuvres qui lui sont attribuées et qui sont parvenues jusqu'à nous[1]. La période durant laquelle a vécu Héron a été longtemps flottante, puisqu'on le situait ici ou là dans une vaste durée, allant du IIIe siècle avant J.-C. au IIIe siècle après J.-C. Mais il est maintenant établi qu'il a vécu au milieu du I^e^ siècle après J.-C.[2]. En effet Héron dans ses *Mécaniques* décrit une vis de pressoir à pression directe[3], mécanisme que Pline l'Ancien présente comme une invention récente à son époque[4]. Par ailleurs Héron explique dans la *Dioptre*, chapitre 35, comment calculer la distance entre Rome et Alexandrie en utilisant la même éclipse de lune depuis ces deux villes ; il précise que cette éclipse a eu lieu le dixième jour avant l'équinoxe de printemps et a débuté à Rome à la troisième heure de la nuit et à la cinquième heure à Alexandrie. Ces indications ne peuvent s'appliquer qu'à l'éclipse de lune du 13 mars 62 après J.-C. et à aucune autre éclipse entre le IIIe siècle avant J.-C. et le IIIe siècle après J.-C., comme l'a montré O. Neugebauer[5]. On peut donc situer avec assez de précision l'époque durant laquelle a vécu Héron, sans avoir pour autant des détails sur sa vie ou sa personnalité. La tradition lui attribue seulement une

1 - *Heronis Alexandrini opera quae supersunt omnia*, édition Teubner, au total 5 vol, Leipzig, 1899-1914 : vol I, *Pneumatica, Automata,* éd. Schmidt ; vol. 2, *Mecanica, Catoptrica*, éd. Schmidt ; vol. 3, *Metrica, Dioptra*, éd. Schöne ; vol. 4, *Définitiones, Geometrica*, éd. Heiberg ; vol. 5, *Stereometrica, De mensuris*, éd. Heiberg.

2 - A. G. Drachmann, *Ktesibios, Philon and Heron, a Study in Ancient Pneumatics*, Copenhague, 1948, 74-77.

3 - Héron, *Mécaniques* 3,20.

4 - Pline l'Ancien, *Hist. Nat.* 18,317.

5 - O. Neugebauer, « Über eine Methode zur Distanzbestimmung Alexandria-Rom bei Heron », *Det Kgl. Danske Videnskabernes Selskab. Historisk-filologiske Meddelelser*, 1938, 26, 2.

origine modeste à Alexandrie, où il aurait d'abord travaillé comme cordonnier avant de s'intéresser aux mathématiques et à leurs applications techniques. Heureusement, on a conservé une partie importante de son œuvre, ce qui permet de mieux cerner ses centres d'intérêt et le champ de son savoir, car il s'inscrit dans une lignée d'inventeurs, ou « mécaniciens », selon l'expression de Bertrand Gille[6].

Les prédécesseurs d'Héron à Alexandrie

Ctésibios est le plus ancien de ces mécaniciens d'Alexandrie, et nous avons très peu d'informations sur lui. Il est mentionné par Athénée dans les *Deipnosophistes*[7], par Diodore de Sicile[8], par Vitruve[9] et par Pline l'Ancien[10] ; leurs différents témoignages permettent de situer la vie de Ctésibios au IIIe siècle avant J.-C., durant le règne de Ptolémée II Philadelphe (283-247). Ctésibios a donc été contemporain d'Archimède. Il était d'origine modeste, et la légende le présente comme le fils d'un barbier des faubourgs d'Alexandrie, avec un esprit concret et inventif, dont il fit preuve très jeune. Aucun de ses écrits n'a été conservé, mais ses inventions sont souvent mentionnées par les auteurs postérieurs. On sait ainsi qu'il avait fait des inventions dans le domaine des Pneumatiques, c'est-à-dire la compression de l'air et du souffle, *pneuma*, et son action sur l'eau, dans quatre directions : instruments de musique[11], horloges hydrauliques[12], machines pour élever l'eau, et notamment une pompe à incendie dite « pompe de Ctésibios »[13], et machines de guerre[14] ; le fonctionnement de la « pompe de Ctésibios » a été décrit par Philon de Byzance, Vitruve et Héron d'Alexandrie.

La vie de Philon de Byzance[15] est presque aussi mal connue que celle de Ctésibios, mais une partie de son œuvre est parvenue jusqu'à nous. Il avait écrit un vaste ouvrage sur les techniques en neuf livres, *Méchanikè Suntaxis*, dont le quatrième livre, *Belopoiica*, ainsi que des fragments du septième, *Paraskeuastica*, et du huitième, *Poliorkética*, sont conservés en grec, tandis

6 - B. Gille, *Les Mécaniciens grecs : la naissance de la technologie*, Paris, 1980.
7 - Athénée, *Deipnosophistes* IV, 174 b-c.
8 - Diodore de Sicile III, 42.
9 - Vitruve 9, 8 et 10,7.
10 - Pline l'Ancien, *Hist. Nat.* 7,125.
11 - A. G. Drachmann, *o.l.*, 7-16 ; M. Nordon, *L'eau conquise, les origines et le monde antique*, Paris, 1991, 92-94.
12 - A. G. Drachmann, *o.l.*, 16-21 ; B. Gille, *o.l.*, 97-101 ; M. Nordon, *o.l.*, 83-91.
13 - A. G. Drachmann, *o.l.*, 4-7 ; B. Gille, *o.l.*, 86-90.
14 - B. Gille, *o.l.*, 93-97.
15 - A. G. Drachmann, *o.l.*, 41-74 ; B. Gille, *o.l.*, 103-121.

que le cinquième livre, *Pneumatica*, est conservé dans une version arabe[16]. Philon de Byzance cite Ctésibios, qu'il semble n'avoir pas rencontré, mais dont il a vu certaines machines. Il est probable qu'ils ont vécu tous deux dans ce même IIIe siècle avant J.-C., avec une sensible différence d'âge entre les deux hommes, Philon étant plus jeune d'une génération au moins. Vitruve et Héron, qui citent Philon, disent qu'il était originaire de Byzance, certainement pour le distinguer d'un autre Philon, architecte originaire d'Athènes. De Philon de Byzance, on sait seulement qu'il vécut un certain temps à Alexandrie, et qu'il séjourna à Rhodes. La partie conservée de son œuvre forme un ensemble réunissant les textes les plus anciens d'origine alexandrine que nous ayons sur les machines et appareils divers construits en application d'un principe mathématique ou physique. Philon reprend certainement une partie du programme qu'avait réalisé avant lui Ctésibios, sans qu'on puisse préciser la part de chacun. Il annonce également d'une façon assez précise ce que sera l'œuvre d'Héron d'Alexandrie, qui a été conservée dans sa plus grande partie.

L'œuvre d'Héron d'Alexandrie

L'ensemble de l'œuvre d'Héron s'articule autour de trois grands axes. Le premier axe concerne les mathématiques. Son ouvrage théorique le plus important est incontestablement ses *Métriques* (*Metrica*), en trois parties. Dans le livre I, il présente des figures planes, comme les triangles, les quadrilatères et autres polygones réguliers ayant jusqu'à douze côtés, les cercles, les ellipses, les paraboles, et des volumes, comme les cylindres, les cônes et les sphères, en indiquant le moyen de calculer la surface de ces figures. Dans ce même livre I, il expose une méthode pour extraire la racine carrée d'un nombre. Le livre II aborde le calcul du volume des cylindres, cônes, pyramides, sphères et autres figures de ce genre, tandis que le livre III concerne la division des surfaces et des volumes en parts correspondant à un rapport donné. Les questions qu'Héron aborde dans les *Metrica* se retrouvent dans d'autres œuvres, comme les *Définitions* (*Definitiones*), la *Géométrie* (*Geometrica*), la *Stéréométrie* (*Stereometrica*), les *Mesures* (*De mensuris*). Héron avait également rédigé un *Commentaire sur Euclide*, commentaire qui est perdu, mais dont le contenu devait être théorique et se rattacher à ce premier axe de l'œuvre d'Héron que sont les mathématiques.

Le second axe de l'œuvre d'Héron concerne les applications scientifiques des connaissances théoriques. Ainsi dans sa *Dioptre* (*Dioptra*), œuvre qui

16 - C'est cette version arabe qu'a traduite B. Carra de Vaux, « Le livre des appareils pneumatiques et des machines hydrauliques de Philon de Byzance d'après les versions arabes d'Oxford et de Constantinople », *Académie des Inscriptions et Belles Lettres : Notice et extraits des mss. de la Bibliothèque Nationale*, Paris, 38, 1903, 27-235.

relève aussi de la géométrie, il expose le fonctionnement de l'instrument destiné à mesurer les distances, et son appareil n'est autre qu'un ancêtre de notre théodolite. Ce traité contient également une partie consacrée à l'astronomie, et c'est là qu'Héron explique le moyen de calculer la distance entre Rome et Alexandrie par l'observation d'une éclipse de lune. Dans sa *Catoptrique*, ou *Réflexions* (*Catoptrica*), il présente la propagation de la lumière et les lois de la réflexion.

Le troisième grand axe de l'œuvre d'Héron a rapport aux machines ou appareils divers, qui sont des applications techniques de principes scientifiques. Le traité des *Machines de jet* (*Belopoiica*) traite, comme son nom l'indique, des machines de jet utilisées à la guerre pour atteindre un ennemi. Héron expose les procédés de fabrication de ces machines et leur fonctionnement, notamment le calcul des proportions de certains projectiles et de leur vitesse. C'est un sujet qui avait déjà été abordé par Ctésibios, et on peut supposer qu'Héron doit beaucoup à son prédécesseur, même s'il a pu apporter certains perfectionnements. Le petit traité intitulé *Chirobaliste* n'est que la description d'une espèce particulière de machine de jet, machine individuelle et portable, que l'auteur avait certainement sous les yeux quand il en décrivait le mode de construction. C'est tout simplement l'ancêtre de l'arbalète qu'utilisaient les archers au Moyen Age. Les *Mécaniques*, en trois livres, sont conservés uniquement dans une traduction arabe. Héron y aborde différentes questions, notamment le centre de gravité et l'équilibre des machines simples que sont le levier, la vis, la moufle et le treuil. Il traite ensuite de la roue dentée et des diverses applications que l'on peut en faire ; en complétant son ouvrage par la construction d'appareils de toutes sortes qui relèvent de la vie quotidienne, notamment différentes formes de pressoir à vis. Le *Treuil* (*Barulcos*), ou *Méthode pour tirer des poids lourds*, est une application de l'ouvrage précédent, dans lequel Héron traite de la combinaison de machines simples employées pour lever et tirer des fardeaux. Il étudie particulièrement le moyen d'élever un poids déterminé avec une force déterminée. Les *Automates* (*Automata*) présentent le mécanisme utilisé dans les machines de théâtre, et l'ouvrage constitue un document important pour la scénographie grecque et romaine. Outre ces ouvrages, on connaît également l'existence de deux traités perdus d'Héron. L'un traitait des balances (*Zeugia*), c'est-à-dire de l'équilibre des corps ; l'autre, en quatre livres, concernait les horloges hydrauliques (*peri hudriôn hôroscopeiôn*). C'est à ce dernier axe de l'œuvre d'Héron, machines et appareils divers, qu'appartiennent les *Pneumatiques*.

Les *Pneumatiques*

Le mot « pneumatiques » désigne un ensemble d'appareils qui utilisent le « souffle », *pneuma* en grec, c'est-à-dire la pression de l'air, de la vapeur et également de l'eau, avec usage de siphons, pour obtenir une réaction ou un mouvement. Certains appareils peuvent être utiles, comme la pompe à incendie, ou des dispositifs permettant d'alimenter automatiquement une lampe en huile ; mais d'autres ont un caractère ludique nettement affirmé, par exemple ceux qui permettent d'obtenir des chants d'oiseaux ou de la musique. D'autres enfin ont un caractère merveilleux, propre à étonner le spectateur ; c'est le cas de récipients où l'on verse de l'eau, et d'où il sort du vin, ou de lampes à huile qu'on alimente en y versant de l'eau.

Les *Pneumatiques* d'Héron se répartissent en deux livres, le premier comprenant une préface et quarante trois chapitres, et le second trente sept chapitres. Les huit premiers chapitres du livre I sont homogènes, avec la description des différents types de siphons, et ils forment une suite naturelle à l'introduction. Mais il n'y a pas de plan cohérent dans le reste de l'ouvrage. On a parfois une suite de deux, trois ou quatre chapitres montrant le même appareil avec différents traitements. Mais en comparaison avec la *Dioptre*, les *Mécaniques* ou la *Catoptrique,* où la disposition des chapitres est claire et cohérente, les *Pneumatiques* présentent une progression confuse.

L'objet des *Pneumatiques* est bien précisé par Héron dès le début de la préface de l'ouvrage : « c'est grâce à la combinaison de l'air, du feu, de l'eau et de la terre, et par l'union de trois de ces éléments ou même des quatre, que sont mises en action des compositions variées, dont les unes subviennent aux nécessités les plus pressantes de la vie humaine, et les autres suscitent l'admiration et l'étonnement ». Peu auparavant, dès la première phrase, il a indiqué qu'il voulait reprendre les travaux de ses prédécesseurs, en ajoutant sa part personnelle, « ...nous pensons nécessaire de mettre en ordre nous aussi ce qui a été transmis par les anciens, tout en y ajoutant nos propres découvertes ». Il propose donc de mettre « en action des compositions variées, qui les unes offrent ce qui est utile et indispensable à la vie humaine, les autres montrent quelque chose de surprenant et d'étonnant ».

L'auteur reconnaît donc une dette envers ses prédécesseurs, ainsi qu'un aspect tantôt utile et tantôt amusant ou merveilleux aux appareils qu'il propose. La source principale pour les *Pneumatiques* d'Héron est, selon toute vraisemblance, l'ouvrage de Philon de Byzance qui porte le même nom de *Pneumatiques*, ou un ouvrage perdu dérivé de celui de Philon, mais il y a une source particulière pour II,17 (la ventouse) et II,18 (la seringue), qui, avec leur utilisation médicale, se distinguent des autres appareils. Héron a trouvé ces deux appareils dans un ouvrage de médecine ou d'appareils médicaux, et non dans un ouvrage de pneumatiques. Mais s'il admet une dette envers des prédécesseurs, Héron affirme l'originalité de son écriture, comme il le dit dans les *Automates* II,12 : « il faut éviter la présentation des anciens, pour que l'appareil apparaisse plus neuf », δεῖ δὲ καὶ τὰς τῶν ἀρχαίων ἐκφυγεῖν διαθέσεις, ὅπως καινότερον τὸ κατασκεύασμα φαίνηται. Héron était un mécanicien habile, avec un style en général clair, et un vocabulaire technique précis. Mais ce qui est décrit présente un intérêt très variable et beaucoup de désordre, ce qui nous amène à proposer divers appareils dans un ordre différent de celui d'Héron.

Quelques appareils des *Pneumatiques*

Dès le début du premier livre, Héron présente, en I,7, une clepsydre (fig. 1) qui n'est pas un appareil nouveau puisqu'il correspond très précisément à la clepsydre que décrit déjà Empédocle :

> [...] Ainsi une enfant
> Joue à la clepsydre dans une bassine légère.
> Tant qu'elle presse l'anse creuse de sa belle main,
> Et qu'elle la plonge dans le corps délicat de l'eau d'argent,
> Nulle onde ne pénètre dans le vase, écartée
> Par l'air qui s'abat et qui pèse à l'intérieur contre les trous serrés,
> Jusqu'à ce qu'elle laisse échapper de l'anse le flot qui s'y presse ; alors
> Quand le souffle s'en est allé, y pénètre l'eau dans une égale mesure.
> De même lorsque la fillette tient l'eau dans les profondeurs de la bassine,
> Comme le détroit de l'anse est fermé par la chair de sa paume,
> L'éther au dehors, dans un brûlant désir d'entrer, repousse l'onde,
> Et autour des portes de l'isthme qui gronde sourdement, il règne aux frontières,
> Jusqu'à ce que l'enfant laisse aller la main ; alors à l'inverse, au rebours d'auparavant,
> Comme le souffle fond des hauteurs, l'eau s'écoule en bas dans une mesure égale[17].

Le fonctionnement est simple : pour transférer un liquide, du vin par exemple, on plonge la sphère creuse dans le vin, qui entre par la passoire, tandis que l'air intérieur s'échappe par le tube. Puis on presse l'orifice du tube avec le pouce et on retire la sphère du vin ; aussi longtemps qu'on ferme l'orifice du tube avec le pouce, l'air n'entre pas dans la sphère, et le vin ne s'écoule pas. Pour laisser le vin, ou tout autre liquide, s'écouler, il suffit de relâcher le pouce et de laisser entre l'air.

Ce type de vase était connu depuis longtemps. Parmi les exemplaires les plus anciens, on peut citer un vase du Mycénien Récent, d'origine inconnu, de la collection privée du Professeur A. B. Cook[18]. Grossièrement sphérique, ce vase a un col long et étroit, avec une petite anse verticale au sommet ; l'ouverture supérieure peut être aisément obstruée avec le pouce, et le fond du vase est percé de six petits trous. Un vase complet du même genre, d'une vingtaine de centimètres de hauteur, a été retrouvé en 1981 à Ras Shamra/Ougarit,

17 - Empédocle, fr. 551 de l'édition de J. Bollack 1969, *Empédocle*, Paris. Traduction de J. Bollack 1969, tome II, p. 206.

18 - E. J. A. Kenny, 1944, *Quaestiones Hydraulicae,* Cambridge, monographie dactylographiée, en dépôt à la bibliothèque de Cambridge, p. 248-249.

en Syrie, par Pierre Lombard, qui le date du dernier été d'occupation de la ville, à la fin du XIIIe siècle avant J.-C.[19]. Il s'agit d'une petite cruche en céramique commune, sans décor, à panse sphérique, dont le col présente un orifice circulaire d'un centimètre de diamètre, orifice que l'on peut facilement obturer avec le pouce. Le fond du vase est percé en son centre de 22 trous, de trois millimètres de diamètre, disposés en cercles concentriques. Un vase du même genre, mais incomplet, avait déjà été retrouvé sur le même site de Ras Shamra et publié par Jean-Claude Courtois[20]. Ce vase présente les mêmes caractéristiques que les précédents, avec un goulot resserré et un fond percé de petits trous, mais il paraît sensiblement plus ancien, puisqu'il est daté de la transition Bronze moyen / Bronze récent.

Appartiennent également à ce type de clepsydre un certain nombre de vases du VIe siècle avant J.C. Ils présentent tous une taille et une forme identiques, avec une panse sphérique, et une anse creuse qui forme un arc de cercle au-dessus. Cette anse est pourvue au sommet d'un trou unique, facile à boucher, et le fond est percé de multiples petits trous par lesquels le liquide entre ou sort, au gré de l'utilisateur qui commande l'ouverture supérieure. Tous ces vases ont une hauteur totale d'une vingtaine de centimètres, et une quinzaine de centimètres pour la panse, et ces dimensions modestes leur donnent l'aspect de jouets, en accord avec l'image de « l'enfant qui joue » d'Empédocle. Le premier vase de ce genre a été trouvé en Béotie, et il est maintenant au musée du Louvre[21] , mais l'on en connait d'autres, à Athènes[22], à Éleusis, où la partie supérieure du vase manque [23], à Baltimore[24], à Léningrad[25], à Wurzburg[26], à Copenhague[27], à Orvietto[28], à Yale[29] et au Metropolitan Museum de New-York[30]. Héron nous présente donc une clepsydre qui a une origine très

19 - P. Lombard, *Pneumatique d'Ougarit : note sur une « clepsydre » du Bronze récent*, RSO III : Le centre de la ville, 38e - 44e campagnes (1978-1984), ADPF, Paris, 1987, p. 351-356. Le vase porte le numéro d'inventaire 81/509.

20 - J.-C. Courtois, *Corpus céramique de Ras Shamra / Ugarit II*, Ugaritica, VII, 1979, p. 214 et fig. 6 : 22. Signalé par P. Lombard, *o.l.* p. 352.

21 - Paris, Louvre CA 822 ; E. Pottier, 1899, *Nouvelles acquisitions du Louvre*, Rev. Arch. 1, p. 7-8 et fig. 6 ; M. Clermont-Ganneau, 1899, *Une « éponge américaine » du VIe siècle avant notre ère*, Rev. Arch. 1, p. 323.

22 - Athènes 884 ; R. Zahn, 1899, *Zur Mitasvase aus Eleusis*, Ath. Mitt. 24, p. 339.

23 - H. Bulle, 1897, *Midas und Silen*, Ath. Mitt. 22, p. 387.

24 - D. M. Robinson, 1938, *CVA USA* 7, p. 12-14 et pl. 3.

25 - S. Reinach, 1899, *L'éponge américaine*, Rev. Arch. 2, p. 341.

26 - E. Langlotz, 1932, *Griechischen Vasen in Wurzburg*, Munich, n° 459.

27 - Clepsydre ABc 1 020 ; Ch. Blinkenberg et K. F. Johansen, sans date, *CVA Danemark* 3, pl. 120, 2.

28 - Musée Faina ; H. Philippart, 1932, *Collections de céramique grecque en Italie* II, Bruxelles, p. 103.

29 - P. V. C. Baur, 1922, *Catalogue of the Rebecca Darlington Stoddard Collection of Greek and Italian Vases in Yale University*, New Haven, Connecticut, n° 499.

30 - H. C. Butler, 1969, *Sardis* I. *The excavations*, Amsterdam, p. 119-120 et fig. 126.

ancienne, mais il fait preuve d'originalité en proposant immédiatement après, en I,8, une clepsydre double, avec la possibilité de faire couler de l'eau d'un côté, et du vin de l'autre, ou un mélange des deux dans les proportions que l'on veut (fig. 2).

L'appareil I,25 offre un dispositif merveilleux, qui permet de verser de l'eau dans un vase, et de tirer en même quantité du vin d'un autre vase (fig. 3). Sur un socle se trouvent deux vases : celui de droite contient de l'eau, tandis que l'autre, à gauche a du vin. Entre les deux vases, il y a un tube, muni d'un robinet, suspendu et rattaché par un système de poulies à un flotteur qui se trouve dans le vase à eau, avec équilibre entre le tube et le flotteur. De plus, le vase à vin, à gauche, est relié par un siphon recourbé au tube muni de son robinet. Le siphon est amorcé, et par suite du vin s'écoulera par le robinet du tube, jusqu'à ce que l'équilibre soit trouvé pour le niveau du vin dans le vase et dans le tube. Versons alors une certaine quantité d'eau dans le vase à eau, le flotteur remonte, ce qui fait baisser le tube : le siphon, qui est amorcé, joue son rôle, le vin vient dans le tube et sort par le robinet. Lorsque le niveau entre le vase à vin et le tube est établi à nouveau, le vin ne s'écoule plus. On peut recommencer l'opération en versant à nouveau de l'eau. Pour l'effet de surprise, il faut évidemment que le mécanisme soit dissimulé. Il y a ainsi plusieurs appareils à surprise dans les *Pneumatiques*.

L'appareil I,21 est un distributeur de liquide lorsqu'on met une pièce de monnaie dans un vase, pour obtenir de l'eau pour des ablutions, par exemple (fig. 4). On a un vase avec un col ouvert, avec à l'intérieur un autre vase ayant au fond un petit compartiment relié à l'extérieur par un robinet. Ce petit compartiment est surmonté d'un couvercle amovible, suspendu à une tringle, le tout en équilibre avec un petit plateau, à l'aplomb de l'ouverture du premier vase. Jetons une pièce dans le vase : elle tombe sur le petit plateau qui, alourdi, s'abaisse, ce qui a pour effet de soulever le couvercle de l'autre côté. Le liquide s'échappe par le robinet, mais pas pour longtemps, car la pièce glisse du petit plateau qui s'est incliné : le couvercle se plaque alors sur le petit compartiment, et l'écoulement cesse. Il reprendra si l'on met une nouvelle pièce dans le vase.

Héron propose également, en II,30 un autre distributeur de boisson plus perfectionné, avec des quantités de liquide que l'on peut choisir (fig. 5). Il s'agit d'un vase, avec un canal d'écoulement vers l'extérieur, et toujours un couvercle qui peut venir se plaquer sur ce canal. Sur l'anse, un support sert de pivot à un ensemble qui tient suspendu le couvercle, relié par ailleurs à une réglette horizontale, elle-même mobile sur un axe à la base du vase : d'un côté de cette réglette, l'extrémité extérieure du canal d'écoulement présente une petite plate-forme avec une coupe, et l'autre extrémité a un curseur mobile sur la réglette. On voit très bien le principe du fonctionnement. L'ensemble mobile reliant le couvercle, le curseur et la coupe, est solidaire et en équilibre au point 0 du curseur. Si l'on déplace le curseur vers la gauche, le poids du curseur va rompre l'équilibre, soulever le couvercle, le liquide s'écoulera et remplira la coupe. On pourra ainsi déterminer la quantité de liquide que l'on veut recueillir et faire des marques sur la réglette, pour 25 ou 50 cl (Héron parle de cotyle, le cotyle valant environ 25 cl). Une fois les marques faites sur la réglette pour des quantités précises, on pourra avoir ces quantités à volonté. En effet, lorsque la coupe s'est remplie, le système se remet en équilibre, ce qui a pour effet de plaquer le couvercle sur le canal d'écoulement ; le liquide alors ne coule plus, après livraison de la quantité prévue à l'avance.

Plusieurs lampes présentent aussi des dispositifs peu ordinaires. Tout d'abord, en I,34, une lampe est munie d'une mèche qui avance toute seule au fur et à mesure qu'elle se consume (fig. 6). A l'intérieur de la lampe, une tige métallique est enroulée autour de la mèche. De plus la lampe est munie d'un flotteur qui, en s'abaissant avec la consommation d'huile, entraîne les dents d'une roue, fixée contre la paroi de la lampe, dents qui elles-mêmes entraînent la tige métallique autour de la mèche. En théorie, le système doit fonctionner ; mais une lampe est un objet de petites dimensions, et le flotteur a-t-il suffisamment de poids et de force pour que le mouvement se produise ? Il est possible cependant que la lampe soit d'assez grandes dimensions, car on n'a aucune information sur sa taille. Dans ce cas, le mécanisme peut être efficace.

Une autre lampe est tout à fait étonnante, en II,24, puisqu'on l'alimente en huile en y versant de l'eau (fig. 7). La lampe est sur une base creuse et étanche, avec deux tubes. L'un sort au-dessus de la lampe avec un entonnoir et descend presque jusqu'au fond de la base. L'autre part du sommet de la base et débouche au fond de la lampe. Au départ, le tout est plein d'huile, base et lampe, et l'huile se trouve également dans les deux tubes. En brûlant, la lampe se vide de son huile. Pour rétablir le niveau dans la lampe, il suffit de verser de l'eau dans l'entonnoir. Cette eau descend au fond de la base, ce qui a pour effet de faire monter l'huile par le petit tube, pour remplir la lampe. Le propriétaire de la lampe peut alors provoquer l'admiration de son entourage et obtenir des effets dignes de Trimalcion !

D'autres appareils mettent en scène des oiseaux, notamment en I,15 où une mésange chante par intermittence (fig. 8). Sur un socle étanche et vide, on a un grand vase dont le fond est relié au socle par un tube. A côté du vase, une coupe remplie d'eau, avec un oiseau sur son bord. Un tube recourbé part du socle pour aboutir dans la coupe, juste sous l'eau. Remplissons d'eau le premier vase. Cette eau va pénétrer dans le socle, et l'air qui s'y trouve en sera chassée et passera par le tube recourbé pour aboutir dans l'eau de la coupe, provoquant un gargouillis à l'imitation du chant d'un oiseau. Héron précise que, selon le diamètre du tube et la longueur de sa partie immergée, on obtient des chants différents, selon les oiseaux qu'on veut imiter.

Mais dans le genre, on peut faire plus compliqué encore, comme en I,16, avec des oiseaux siffleurs qui s'arrêtent quand une chouette se tourne vers eux (fig. 9). On a le même dispositif que précédemment, avec une fontaine alimentant une vasque où se tiennent plusieurs oiseaux, dont deux ont une partie du corps, patte ou bec, qui plonge dans l'eau : c'est par là qu'aboutit le tube qui provoque le sifflement. Le socle est muni à sa base d'un siphon étranglé qui communique avec l'extérieur et qui s'amorce lorsque l'eau atteint son niveau. Le socle se vide alors par ce siphon, et naturellement, les oiseaux s'arrêtent alors de siffler, puisque, même si l'eau continue de s'écouler depuis la vasque, il n'y a plus d'air pour provoquer leurs gazouillis. En revanche, sous le socle, une cuve va se remplir. Cette cuve a un flotteur qui va s'élever et, par un système de poulie et de contrepoids, faire pivoter un axe supportant une chouette : elle va regarder les oiseaux, et on a l'impression que c'est son regard qui fait taire les oiseaux. Cette cuve est elle aussi munie d'un siphon étranglé à sa base qui, une fois amorcé, va vider la cuve. Le flotteur va alors redescendre, la chouette va à nouveau se détourner des oiseaux. Comme le socle se sera vidé de son eau, les oiseaux vont se remettre à chanter, puisque l'air du socle passera à nouveau par les oiseaux pour finir dans la vasque. Et l'opération recommencera. Seule la partie supérieure du dispositif doit être visible, pour que l'illusion soit parfaite.

Enfin, dernier exemple fascinant, en II,36, celui d'un animal dont on tranche la tête et qui boit ensuite tranquillement (fig. 10 et 11). Le texte est long et complexe, et de plus très corrompu. Il manque notamment toute la partie décrivant le bouvier qui pivote sur un axe. Mais l'essentiel se comprend bien : on coupe la tête d'un animal qui, malgré cette opération, conserve son intégrité, et se permet même de boire l'eau qu'on lui présente, grâce à un tube qui va du muffle au corps de l'animal. La partie délicate réside dans le passage du couteau censé trancher la tête, avec un montage bien décrit par Héron, qui fait intervenir deux disques munis d'entailles ou de dents agissant sur les crémaillères entourant un petit tube rendu ainsi mobile, pour permettre le passage du couteau lorsqu'il franchit le tube. La lame du couteau passe d'abord, du haut en bas, par un premier disque, mobile sur un axe, dont la partie extérieure est plus épaisse que la partie centrale, et qui a de larges échancrures. La lame du couteau descend donc par une échancrure et fait pivoter le disque ; la tête de l'animal reste solidaire du corps par le disque inférieur, au-dessous du tube central. On fait ensuite descendre la lame, qui par le jeu de la crémaillère va pousser le petit tube intérieur de façon à passer à travers le conduit principal. Pendant cette partie de l'opération, la tête est solidaire du corps par le disque supérieur. Puis la lame descend, agit à nouveau sur la crémaillère pour remettre le segment de tube en place, et ressort par le bas. L'animal n'a apparemment pas souffert et il peut boire l'eau qu'on lui offre. Le texte est mutilé, mais on voit bien en quoi consiste la mystification.

Ce sont là quelques appareils qui offrent un bon exemple de ce que présente Héron dans les *Pneumatiques*. On doit ajouter que le style d'Héron, malgré les difficultés des descriptions, est clair, avec des lettres renvoyant aux différentes parties d'un dessin qui accompagnait le texte dès l'origine. Héron a même parfois un esprit inventif en matière de vocabulaire. Ainsi, en I,14, il parle de deux vases, l'un vide, l'autre rempli de vin, et le vin ne peut s'écouler de ce dernier vase que si l'on verse de l'eau dans celui qui est vide. Il y a bien sûr tout un système qui déclenche cet écoulement, et il appelle ces vases les vases d'ὁμοινοίας. Ce mot ὁμοίνοια est inconnu. C'est une formation plaisante sur le modèle de ὁμόνοια, « la concorde ». Le jeu de mots est bien difficile à rendre en français, et dans notre traduction des *Pneumatiques*, J.-Y. Guillaumin et moi avons proposé de traduire ces deux cratères décrits par Héron par « cratères de convinialité », un néologisme suggéré par l'expression grecque.

Peut-on trouver une explication au désordre dans lequel Héron a présenté ses appareils dans ses *Pneumatiques* ? Il est vraisemblable que l'œuvre n'a pas été achevée : elle offre toutes les caractéristiques d'un stade intermédiaire, avec une partie cohérente dans le livre I, pour la préface et les premiers chapitres sur les siphons, puis un ensemble d'appareils décrits sans classement ordonné, d'ordinaire avec des lettres renvoyant à une figure accompagnant le texte, mais parfois avec un document bref, sans lettres de renvoi ni figure, simple résumé ou ébauche d'un texte à écrire sous sa forme définitive. Il est donc possible que nous ayons avec les *Pneumatiques* la dernière œuvre d'Héron, interrompue par la mort et restée inachevée. Autre question importante : Les appareils décrits ont-ils existé ou sont-ils purement théoriques, et, s'ils ont existé, quelle était leur taille ? On peut répondre sans craindre de trop se tromper que ces appareils ont existé, soit qu'Héron les tiennent de ses prédécesseurs, comme la pompe attribuée à Ctésibios ou les clepsydres, soit qu'il les ait vu fonctionner, ou qu'il les ait créés lui-même. D'ailleurs les fouilles archéologiques montrent que de nombreux dispositifs décrits par Héron étaient déjà connus bien avant lui. Tous ces appareils demeurent de petite taille, à base de vases, de lampes ou d'ustensiles de ce genre. Une fois, en I,10, l'auteur précise que la sphère utilisée doit avoir une contenance de six cotyles, soit un peu plus d'un litre et demi. L'autel de II,3 est en verre ou en corne, ce qui exclut un objet important. Tout suggère que les appareils proposés par Héron sont de petite taille, à caractère ludique.

Il n'en demeure pas moins que les *Pneumatiques* d'Héron d'Alexandrie ont connu un grand succès à la fin du Moyen Age, comme l'atteste le nombre très important des manuscrits de l'œuvre datés du XVe siècle. Ce succès continue à la Renaissance, et l'œuvre est traduite à partir du XVIe siècle, d'abord en latin, en Italie, *Heronis Alexandrini spiritalium liber, A Federico Commandino Urbinate, ex Græco, nuper in Latinum conversus*, traduction publiée en 1575, avec nouvelle édition à Paris en 1583, et à Amsterdam en 1680 ; cette édition est restée l'édition de base des *Pneumatiques*, jusqu'à l'édition de W. Schmidt en 1899. Il y eut ensuite une traduction en italien, en 1589, par Gio. Batista Aleotti d'Argenta, qui ne s'appuie pas sur le texte grec, mais sur le texte latin de l'édition de Commandino, traduction publiée à nouveau à Bologne en 1647 et à Paris en 1693. Puis il y eut une autre traduction italienne, les *Spiritali di Herone Alessandrino, ridotte in lingua volgare da Alessandro Giorgi*, publiée à Urbino en 1592, avec réédition à Venise en 1595 (Galilée possédait dans sa bibliothèque un exemplaire de cette traduction d'Alessandro Giorgi). En 1693, Thévenot publie à Paris le texte grec des *Pneumatiques* dans les *Veterum mathematicorum opera*, et en 1854, Th.-Henri Martin publie une étude générale sur Héron d'Alexndrie, *Recherches sur la vie et les ouvrages d'Héron d'Alexandrie, disciple de Ctésibios, et sur tous les ouvrages mathématiques grecs*, Mémoires présentés par divers savants à l'Académie des Inscriptions et Belles Lettres, 1e série, V, Paris, 1854. En 1882, A. de Rochas publie à Paris une traduction des *Pneumatiques* dans *La science des philosophes et l'art des thaumaturges dans l'Antiquité*, traduction intéressante, même si elle ne suit pas, et pour cause, le texte que W. Schmidt a publié en 1899. Enfin il faut signaler la traduction anglaise publiée par B. Woodcroft, *The Pneumatics of Hero of Alexandria from the Original Greek translated*, Londres, 1851, traduction republiée par M. Boas Hall, *The « Pneumatics » of Hero of Alexandria : A Facsimile of the 1851 Woodcroft Edition*, Londres, 1971[31].

31 - Pour toutes ces éditions des *Pneumatiques*, cf. M. BOAS, « Hero's *Pneumatica*. A Study of Its Transmission and Influence », *Isis* 40, 1949, 38-48.

Bibliographie succincte

Argoud G., « Héron d'Alexandrie, mathématicien et inventeur », dans G. Argoud éd., *Science et Vie intellectuelle à Alexandrie (Ie-IIIe s. ap. J.-C.)*, Mémoires XIV du Centre Jean-Palerne, Saint-Étienne, 1994, p. 53-65.

Argoud G., « Héron d'Alexandrie et la machine à vapeur », dans B. Jacquinod éd., *Actes du XXVIIIe Congrès A.P.L.A.E.S., Saint-Étienne, 19-21 mai 1995*, Centre Jean-Palerne, Saint-Étienne, 1995, p. 29-38.

Argoud G.et Guillaumin J.-Y., *Les Pneumatiques d'Héron d'Alexandrie*, Traduction et notes, Mémoires XV du Centre Jean-Palerne, Saint-Étienne, 1997.

Beaujeu J., « La littérature technique des Grecs et des Romains », *Actes du Congrès Guillaume Budé*, 1948, 21-88.

Bedini S., « The Role of Automata in the History of Technology », *Technology and Culture*, Chicago, 5, 1964, 24-41.

Boas M., « Hero's *Pneumatica*. A Study of Its Transmission and Influence », *Isis* 40, 1949, 38-48.

Boas Hall M. ed., *The « Pneumatics » of Hero of Alexandria : A Facsimile of the 1851 Woodcroft Edition*, Londres, 1971. (CR : Mayr O., *Isis*, 1972, vol. 63, n° 216, pp 116, en anglais. Keller A. G., *Ann. Sci.*, 1972, vol. 28, n° 3 pp 307, en anglais. Bruins E. M., *Janus*, 1971, vol. 58, n° 2, pp 149, en anglais. Bockstaele P., *Sci. Hist.*, 1972, vol. 14, n° 2, pp 64, en hollandais).

Brumbaugh R. S., *Ancient Greek Gadgets and Machines*, New York, 1966.

Brunet P. et Miéli A., *Histoire des sciences. Antiquité*, Paris, 1935.

Burstall A. F., *A History of Mechanical Engineering*, Londres-New York, 1963.

Camp L. S. de, *Ancient Engineers*, Londres, 1977.

Carra de Vaux B., « Les Mécaniques ou l'élévateur de Héron d'Alexandrie publiées pour la première fois sur la version arabe de Qostâ Ibn Lûqâ (IXe siècle), et traduites en français », *Journal asiatique*, IXe série, tome II, 1893, 152-289 et 420-514.

Caveing M. et Noil E., « D'Alexandrie à Byzance », *Le matin des mathématiciens. Entretiens sur l'histoire des mathématiques*, Paris, éd. Belin, 1985, 83-92.

Chapuis A. et Droz E., *Les Automates*, Neuchâtel, 1949.

Cohen M. R. et Drabkin I. E., *A Source Book in Greek Science*, Cambridge, Mass., 1958.

Daumas M., *Histoire générale des techniques*, Paris, 1962.

Drachmann A. G., « Heron and Ptolemaios », *Centaurus* 1, 1950, 117-131.

Drachmann A. G., *Ktesibios, Philon and Heron, A Study in Ancient Pneumatics*, Copenhague, 1948.

Drachmann A. G., *The mechanical technology of Greek and Roman Antiquity. A Study of the Literary Sources*, Copenhague, 1963.

Farrington B., La *Science dans l'Antiquité*, Paris, Payot, 1967.

Forbes R. J., « The Ancients and the Machine », *Archives internationales d'histoire des sciences* 28, 1949, 919-933.

Fraser P. M., *Ptolemaic Alexandria*, 3 vol., Oxford, 1972.

Gille B., « Histoire des Techniques », *Annuaire de l'École Pratique des Hautes Études, IV section, sciences historiques et philologiques*, 1974-75, 697-728.

Gille B., *Histoire des techniques*, Paris, 1978.

Gille B., *Les Mécaniciens grecs : la naissance de la technologie*, Paris, 1980.

Gille B., « Machines », in Singer ed. *History of Technology II*, Oxford, 1956, 629-658.

Hammer-Jensen I., « Die Druckwerke Herons von Alexandria », *Neue Jahrbucher für das klassiche Altertum* 25, 1910, 413-427 et 480-503.

Hammer-Jensen I., « Ptolemaios und Heron », *Hermes* 48, 224-235.

Hill D. R., *A History of Engineering in Classical and Medieval Times*, Londres, 1984.

Hodges H. W., *Technology in the Ancient World*, New York, 1970.

Hoppe E., « Heron von Alexandrien », *Hermès*, 62, 1927, 69-105.

Kretschmer F., *La technique romaine*, Bruxelles, 1966.

Landels J. G., *Engineering in the Ancient World*, Londres, 1978.

Lee D., « Science, Philosophy and Technology in the Greco-Roman World », *G&R* 20, 1973, 65-78 ; 180-193.

Letronne, *Recherche sur les fragments d'Héron*, Paris, 1852.

Lloyd G. E. R., *Greek Science after Aristotle*, Londres, 1973.

Loret C., « Recherches sur l'orgue hydraulique », *Rev. Archéologique*, 1890, p. 8 sq.

Martin Th.-Henri, *Recherches sur la vie et les ouvrages d'Héron d'Alexandrie, disciple de Ctésibios, et sur tous les ouvrages mathématiques grecs*, Mémoires présentés par divers savants à l'Académie des Inscriptions et Belles Lettres, 1e série, V, Paris, 1854.

Mayr O., *Philosophers and Machines*, Science History Publications, New York, 1976, vol. 26, 193 p.

Montauzan C. Germain de, *Essai sur la science et l'art de l'ingénieur*, Paris, 1909.

Neuburger A., *The Technical Arts and Sciences of the Ancients*, New York, 1930.

Neugebauer O., « Über eine Methode zur Distanzbestimmung Alexandria-Rom bei Heron », *Det Kgl. Danske Videnskabernes Selskab. Historisk-filologiske Meddelelser*, 1938, 26, 2.

Oleson J. P., *Greek and Roman Mechanical Water-Lifting Devices : The History of a Technology*, Toronto-Dordrecht (Hollande), 1984.

Orinsky K., Neugebauer O. et Drachmann A. G., « Philon (48) », *RE* XX 1, 1941, 53-54.

Payen J., « Trois publications à l'occasion du centenaire de l'Institut technico-industriel Aldini-Valierani », *Rev. d'Hist. des Sciences*, 1982, vol. 35, n° 2, 155-157.

Pellati F., « L'ingegneria idraulica ai tempi dell'impero romano », *La scienza e la tecnica ai tempi di Roma imperiale* 12, 1940.

Pleket H. W., « Technology and Society in the Graeco-Roman World », *Acta Historiae Neerlandica* 2, 1967, 1-25.

Pleket H. W., Technology in the Greco-Roman World : A General Report », *Talanta* 5, 1973, 6-47.

Prager F. D., *Philo of Byzantium : Pneumatica*, Wiesbaden, 1974.

Préaux C., « Grandeur et limites de la science hellénistique », *Chronique d'Égypte* 50, 1975, 215-238.

Price D. de Sola, « Automata and the Origins of Mechanism and Mechanistic Philosophy », *T&C* 5, 1962, 9-23.

Prou M., *Les théâtres d'automates en Grèce*, Paris, 1880.

Rey A., *L'Apogée de la science technique grecque*, 2 vol., Paris, 1946-1948.

Rochas A. de, *La science des philosophes et l'art des thaumaturges dans l'Antiquité*, Paris, 1882 ; 2e éd. Paris, 1912.

Rochas A. de, *Les origines de la science et ses premières applications*, Paris, 1884.

Rouse H. and Ince S., *History of Hydraulics*, New York 1957.

Rousseau P., *Histoire des techniques et des inventions*, Paris, 1958.

Ruelle C.-E., « Hydraulis », *Dar.-Sag.* III 1, 1900, 312-318.

Russo F., *Éléments de bibliographie de l'histoire des sciences et des techniques*, Paris, 1969.

Sablière J., *De l'automate à l'automatisation*, Paris, 1966.

Schmid W., *Automatologie*, Munich, 1952.

Schmidt W., *Heronis Alexandrini opera quae supersunt omnia*, vol I., *Pneumatica, Automata,* Leipzig, 1899 (édition Teubner. Au total 5 vol. : vol.

2, *Mecanica, Catoptrica*, éd. Schmidt ; vol. 3, *Metrica, Dioptre*, éd. Schöne ; vol. 4, *Définitions, Geometrica*, éd. Heiberg ; vol. 5, *Stereometrica, De mensuris*, éd. Heiberg).

Schmidt W. « Leonardo da Vinci und Heron von Alexandria », *Bibliotheca Mathematica* 3, 3, 1902, 180-187.

Singer Ch. ed., *An history of technology, tome 1, The Mediterranean Civilizations and the Middle Ages, c. 700 BC to c. AD 1500*, Oxford, 1956 (au total 7 vol., réimp. 1967, puis 1979).

Smith R. B., « The Alexandrian Scientific Tradition », *Akroterion* XXI 2, 1976, 14-21.

Sprague du Camp, *Die Ingenieur der Antike*, Düsseldorf, 1968.

Stahl W. H., *Roman Science*, Madison, 1962.

Tannery P., « Athénée sur Ctésibios et l'hydraulis », *REG*, IX, 1896.

Tannery P., « L'invention de l'hydraulis », *REG* 21, 1908, 326-340.

Tannery P., *Mémoires scientifiques. Sciences exactes dans l'antiquité*, 3 vol., Paris, 1912-1915. Notamment :

Vol. I– « Sur les fragments d'Héron d'Alexandrie conservés par Proclus », 156-157.

– « L'arithmétique des Grecs dans Héron d'Alexandrie », 181-212.

– « La stéréotomie d'Héron d'Alexandrie », 397-421.

– « Études héroniennes », 422-448.

Vol. II – « Questions héroniennes », 137-178.

– « Un fragment des *Métriques* d'Héron », 447-450.

– « Sur un fragment des *Métriques* d'Héron », 451-454.

Vol. III–« Heronis Alexandrini opera quae supersunt omnia », 131-157 (après la découverte, en 1896, des *Mécaniques*).

– « Notes critiques sur les *Metrica* d'Héron », 196-207.

Tittel C. R., « Heron (5) », *RE* VIII 1, 1912, 992-1080.

Usher A. P., *A History of Mechanical Inventions*, 2e éd. Cambridge, Mass., 1966.

White K. D., *Greek and Roman Technology*, 1986.

Woodcroft B., *The Pneumatics of Hero of Alexandria from the Original Greek translated and edited by ...*, Londres, 1851.

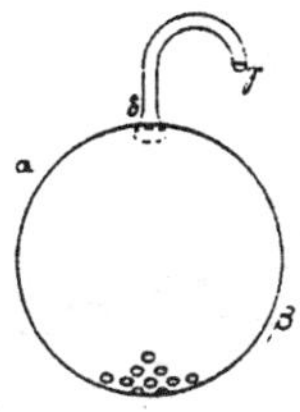

fig. 1, Clepsydre I,7
(Schmidt W., fig. 8).

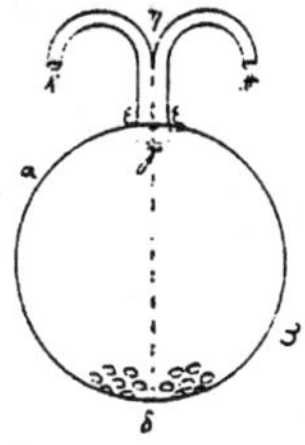

Fig. 2, Clepsydre I,8
(Schmidt W., fig. 9 a).

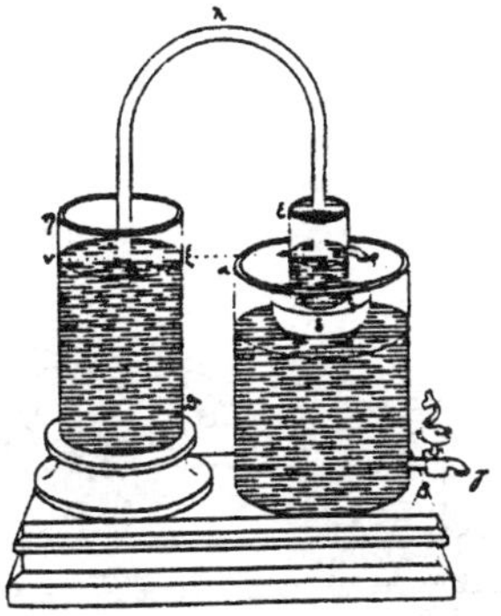

fig. 3, vase merveilleux I, 25 : un vase
fourni du vin quand on verse de l'eau
dans un autre vase (Schmidt W., fig. 26).

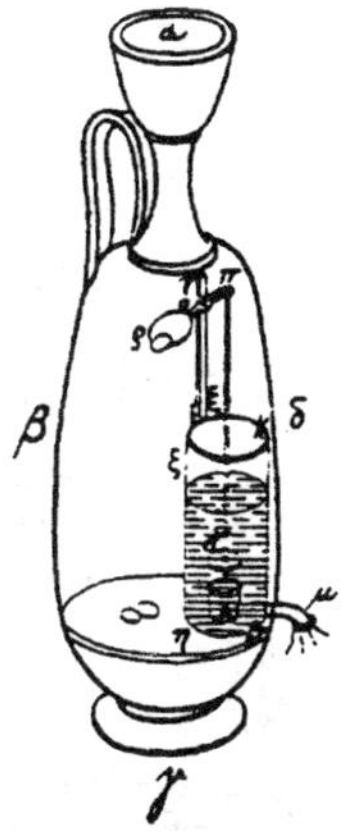

fig. 4, distributeur
de liquide I, 21.
(Schmidt W., fig. 22)

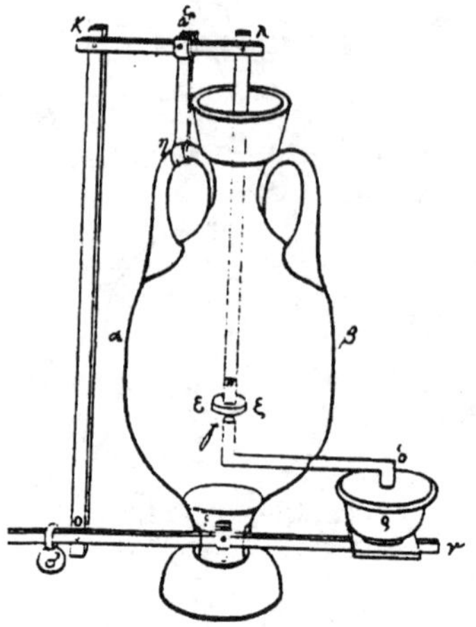

fig. 5, distributeur de liquide II,30
(Schmidt W., fig. 74).

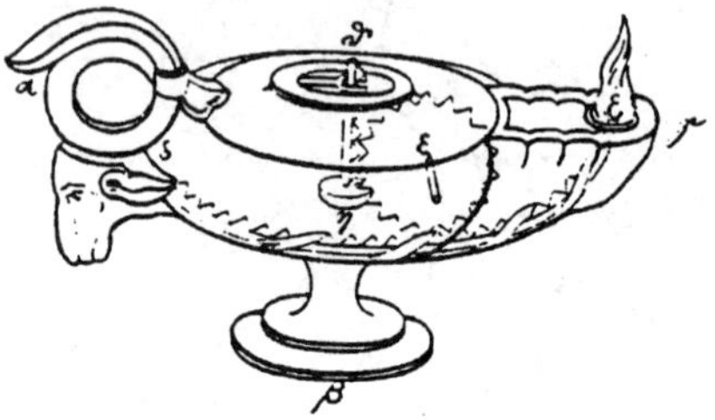

fig. 6, lampe dont la mèche avance toute seule quand elle se consume
(Schmidt W., fig. 35).

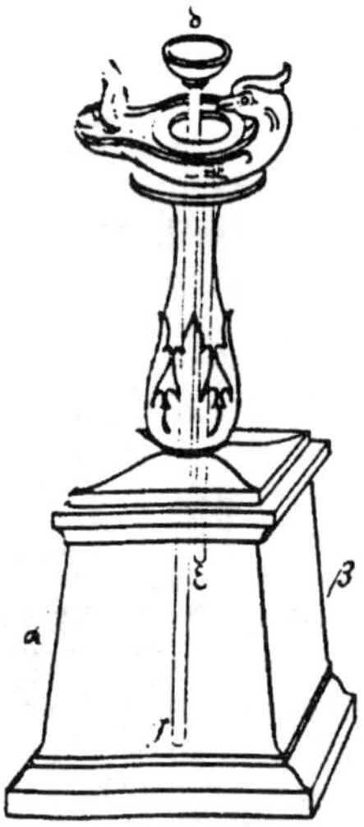

fig. 7, lampe II, 24 qu'on alimente en l'huile en y versant de l'eau
(Schmidt W., fig. 68).

fig. 8, Le chant de la mésange (I,15)
(Schmidt W., fig. 16).

fig. 9, les oiseaux et la chouette (I, 16)
(Schmidt W., fig. 17).

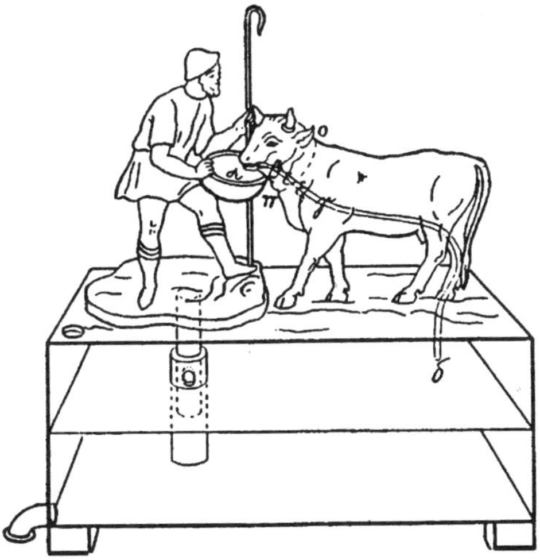

fig. 10, animal qui boit après avoir
eu la tête tranchée
(Schmidt W., fig. 80).

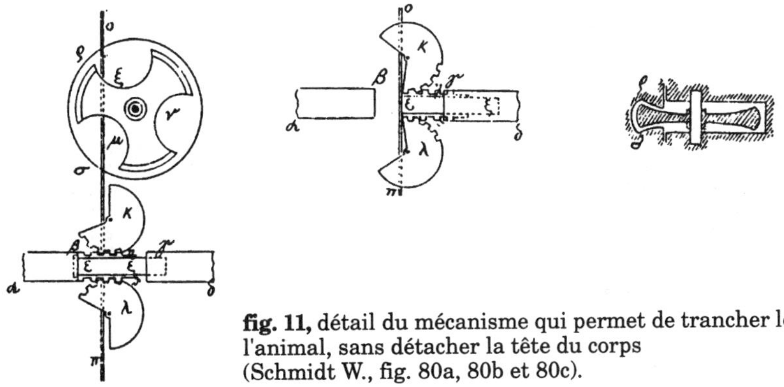

fig. 11, détail du mécanisme qui permet de trancher le cou de
l'animal, sans détacher la tête du corps
(Schmidt W., fig. 80a, 80b et 80c).

Heinrich VON STADEN

Andréas de Caryste et Philon de Byzance : médecine et mécanique à Alexandrie

Introduction

La technologie et la médecine sont deux des sciences qui ont connu une extraordinaire efflorescence au troisième siècle avant notre ère. L'histoire des rapports entre ces deux sciences demeure cependant obscure, bien que les fruits que pourrait porter une attention particulière aux interactions entre médecine et technologie aient déjà été illustrés il y a plus de cent ans par Hermann Diels dans son analyse controversée des affinités théoriques entre la pneumatique de Héron, la physiologie du médecin hellénistique Érasistrate, et la physique du péripatéticien Straton de Lampsacos[1]. Plus récemment, Iain Lonie, Mario Vegetti, et d'autres ont fait ressortir de nouveaux traits de la relation entre la médecine hellénistique, la philosophie et la technologie pneumatique, et dans deux contributions récentes j'ai essayé de préciser certaines des affinités frappantes entre la célèbre pompe à eau pneumatique de Ctésibios et le modèle physiologique du cœur humain proposé par Érasistrate[2] – affinités qui font partie du contexte de « mécanisation » des parties du corps humain au sein d'une approche téléologique globale.

1 - H. Diels, « Über das physikalische System des Strato », *Sitzungsberichte der Akademie der Wissenschaften*, Berlin, 1893, phil.-hist, Kl., p. 101-127 ; réimprimé dans H. Diels, *Kleine Schriften zur Geschichte der antiken Philosophie*, éd. par Walter Burkert, Hildesheim, 1969, p. 105-117.

2 - Voir, par exemple, I.M. Lonie, « The paradoxical text 'On the heart' », *Medical History*, 17 (1973), p. 1-15, 136-153 ; *id.*, « Erasistratus, the Erasistrateans and Aristotle », *Bulletin of the History of Medicine*, 38 (1964), p. 426-443 ; M. Vegetti, « I nervi dell'anima », dans : *Galen und das hellenistische Erbe*, éd. par J. Kollesch et D. Nickel (*Sudhoffs Archiv*, Beiheft 32, 1993), p. 63-77 (en particulier p. 72-74). Voir aussi Luciana Repici, *La natura e l'anima. Saggi su Stratone di Lampsaco*, Torino, 1988, particulièrement p. 85-90 (« Stratone e Erasistrato ») ; J.T. Vallance, *The Lost Theory of Asclepiades of Bithynia*, Oxford, 1990, p. 9-13, 45-49 ; David Furley, « Strato's theory of the void », dans *Aristoteles Werk und Wirkung, Paul Moraux gewidmet*, édité par Jürgen Wiesner, tome I, Berlin, 1985, p. 594-609 (réimprimé dans : Furley, *Cosmic Problems*, Cambridge, 1989, p. 149-160) ; H. von Staden, « Body and Machine : Interactions between Medicine, Mechanics, and Philosophy

Cependant, l'interaction entre technologie et médecine hellénistiques novatrices va bien au-delà des concepts et des principes théoriques ou des modèles d'explication : elle s'étend aussi à la culture matérielle. La contribution présente propose, comme étude de cas de l'interaction matérielle et conceptuelle entre la mécanique et la médecine, une exploration en trois étapes : I. une analyse des témoignages concernant la machine chirurgicale inventée par le médecin alexandrin Andréas au troisième siècle avant notre ère ; II. un examen des relations de cette machine tant avec la première mécanique hellénistique (notamment avec la *Mèchanikè syntaxis* de Philon de Byzance) qu'avec la technologie hippocratique, en prenant comme principal point de départ les rapports entre le langage utilisé pour décrire la machine d'Andréas et les termes utilisés par Philon pour désigner certaines inventions mécaniques ; III. sur la base de ces explorations, quelques observations générales sur les échanges linguistiques et matériels entre les sciences à Alexandrie.

Le choix d'Andréas et de Philon pour cette étude n'est pas arbitraire ; c'étaient des contemporains qui partageaient la même culture et des expériences semblables. Philon et Andréas semblent avoir tous deux vécu dans la seconde moitié du troisième siècle avant notre ère[3], et tous deux avaient des liens bien attestés avec Alexandrie (c'est là un point d'importance, car les cultures « alexandrine » et « hellénistique » sont loin d'être des phénomènes cœxtensifs, même si les termes « hellénistique » et « alexandrin » tendent à être employés comme des étiquettes interchangeables par de nombreux chercheurs modernes). Tous deux semblent également avoir été conscients de l'impor-

in Early Alexandria », dans *Alexandria and Alexandrianism*, The J. Paul Getty Museum, Santa Monica, 1996, p. 85-106 ; *id.*, « Teleology and Mechanism : Aristotelian Biology and Early Hellenistic Medicine », dans *Aristotelische Biologie : Intentionen, Methoden, Ergebnisse*, éd. par W. Kullmann et S. Föllinger (*Philosophie der Antike*, tome VI ; Stuttgart : F. Steiner Verlag, 1997 ; sous presse).

3 - Andréas est mort en 217 avant notre ère et a probablement vécu autour de 275/270 à 217 ; voir H. von Staden, *Herophilus. The Art of Medicine in Early Alexandria*, Cambridge, 1989 (réimpr. 1994), p. 472-473, avec de plus amples références. Sur les dates de Philon de Byzance, voir Gian Arturo Ferrari, « Mecanica 'allargata'», dans : *La scienza ellenistica*, éd. par Gabriele Giannantoni et Mario Vegetti, Naples, 1984, p. 225-296, particulièrement 275-277 ; Yvon Garlan, « Cités, armées et stratégie à l'époque hellénistique d'après l'œuvre de Philon de Byzance », dans *Historia*, 22 (1973), p. 16-33, qui situe également Philon, pour des raisons philologiques et stylistiques, près de la fin du troisième siècle avant notre ère ; *id.*, *Recherches de poliorcétique grecque*, Paris, 1974, p. 283-285 (l'acmè de Philon aux environs de 225 avant notre ère) ; E.W. Marsden, *Greek and Roman Artillery. Historical Development*, Oxford, 1969, p. 3 (vers 200 avant notre ère) ; Maximilian Arnim, *De Philonis Byzantii dicendi genere*, Greifswald, 1912, p. 164 ; K. Orinsky, O. Neugebauer, A.G. Drachmann, « Philon (48) », *Paulys Real-Encyclopädie der classischen Altertumswissenschaft*, 20.1, Stuttgart, 1941, col. 53-54. En particulier, les relations de Philon avec Ctésibios (voir note 4) ont entraîné la plupart des chercheurs à conclure qu'il vivait dans la deuxième moitié du troisième siècle avant notre ère — conclusion confirmée par l'analyse linguistique et stylistique d'Arnim. A.G. Drachmann se montre prudemment réservé sur les dates précises de Philon dans *Ktesibios, Philon and Heron. A study in ancient pneumatics*, Acta Historica Scientiarum Naturalium et Medicinalium, vol. IV, Copenhagen, 1948, p. 41.

tance du pouvoir royal pour perfectionner ou pratiquer leur τέχνη. De plus, chacun semble avoir disposé d'un accès direct à la technologie guerrière hellénistique, l'un comme expert en machines de guerre et en défense de siège, et l'autre comme médecin royal qui accompagnait le roi sur le champ de bataille et avait ainsi une connaissance de première main de la technologie de guerre. Les témoignages existants invitent aussi à une approche comparative : la machine d'Andréas est une des machines chirurgicales les mieux attestées du troisième siècle, et Philon est le mieux attesté des premiers mécaniciens hellénistiques[4].

1. Andréas

1.1 Le contexte alexandrin

Andréas pratiquait la médecine à Alexandrie, où il était le médecin de Ptolémée IV Philopator et peut-être l'élève du célèbre pionnier alexandrin de la dissection humaine systématique et scientifique, Hérophile de Chalcédon[5]. La date de la mort d'Andréas est attestée par un épisode rapporté par l'historien Polybe, qui est probablement né dans les dix années qui ont suivi la mort d'Andréas. En l'an 217 avant notre ère, selon Polybe[6], les armées de Ptolémée IV Philopator et d'Antiochos III, souverain de l'empire séleucide, se faisaient face près de Raphia (cité de la côte sud-ouest de la Palestine, entre Gaza et Rhinocoloura), disposées pour une bataille décisive entre les forces égyptiennes et syriennes. A la veille de la bataille, un traître étolien, Théodotos, s'étant familiarisé avec les habitudes de Ptolémée, essaya de le tuer à l'intérieur de son camp pour le compte d'Antiochos. Le roi fut sauvé, n'étant pas sous sa

4 - Ctésibios, contemporain de Philon plus âgé que lui, dont il cite le nom un certain nombre de fois, était aussi actif à Alexandrie, mais n'est connu que par une transmission indirecte ; et les restes des travaux de Biton, un autre des premiers mécaniciens hellénistiques, sont moins étendus et plus difficiles à dater. Sur Ctésibios, voir Drachmann, *Ktesibios, Philon and Heron*, p. 1-41 ; *id.*, *The mechanical technology of Greek and Roman antiquity. A study of the literary sources*, Copenhagen, 1963, p. 10, avec de plus amples références. Sur Biton, voir K.K. Müller, « Biton (5) » *Pauly's Real-Encyclopädie*, 3.1, Stuttgart, 1897, 545-546 ; A. Rehm et E. Schramm, *Bitons Bau von Belagerungsmaschinen und Geschützen. Griechisch und deutsch*, Abhandlungen der Bayerischen Akademie der Wissenschaften, philos.-hist. Abteilung, N.F. 2, München, 1929. Rehm et Schramm datent le traité de Biton des années 230 avant notre ère, prenant le roi Attalos auquel la première phrase du traité s'adresse pour Attalos I, roi de Pergame, alors que Drachmann, *Mechanical Technology*, p. 11, pense que le destinataire était soit Attalos II (qui fut roi de 159 à 138) soit Attalos III (138-133). Marsden (note 3 ci-dessus), p. 3, donne pour date au traité de Biton 240 avant notre ère.

5 - Celse, *Médecine* 5, prooem. 1 (*Corpus medicorum latinorum* [désormais noté *CML*], vol. I, p. 100 Marx), s'appuyant probablement sur une source qui décrivait les contributions des hérophiléens à la pharmacologie, mentionne Andréas en même temps que les hérophiléens Apollonios Mys et Zénon (opposant leur usage libéral des médicaments à l'emploi plus restreint des drogues par Asclépiade de Bithynie). Voir également Soranos, *Maladies des femmes*, 4.1.6 (*Corpus medicorum graecorum* [désormais noté *CMG*], IV, p. 131 Ilberg).

6 - Polybe, *Histoires*, 5.81.1-6.

tente lorsque Théodotos y fit irruption dans le dessein de le tuer, mais le médecin du roi, Andréas, qui était sous la tente royale, fut tué pendant l'attaque.

Pline l'Ancien fait également allusion à l'environnement alexandrin d'Andréas, en disant que, selon ce dernier, la seule raison pour laquelle on ne devient pas instantanément aveugle par la faute de l'opium « est parce qu'*à Alexandrie*, l'opium est frelaté »[7]. Même si Andréas était né à Caryste, comme l'indique Cassius le Iatrosophiste[8], le témoignage de Polybe, en particulier, rend tout à fait certain le fait qu'Andréas pratiquait à Alexandrie au troisième siècle et avait des liens étroits avec la cour ptolémaïque – et donc avec une culture de cour qui portait un grand intérêt aux sciences tant théoriques qu'appliquées.

1.2 La machine d'Andréas

Parmi la cinquantaine de témoignages anciens sur les théories et la pratique d'Andréas[9], huit, conservés par Celse, Galien et Oribase, nous fournissent des informations significatives, mais hélas fragmentaires, sur ses contributions à la technologie. La plus ancienne source qui nous demeure, Celse, est la moins informative, mais elle confirme du moins que Celse et les sources hellénistiques de sa *Medicina* (*Artes* VI-XIII) rangeaient déjà Andréas parmi les médecins renommés pour avoir inventé des *machinamenta*, instruments chirurgicaux, notamment une machine pour pratiquer une extension sur un fémur déboîté (*ad extendendum femur*) – état qui était considéré comme particulièrement difficile à traiter avec un succès durable[10].

Dans son commentaire sur le traité hippocratique *Des articulations*, Galien fait deux fois référence à la machine chirurgicale d'Andréas en nous fournissant des détails plus précis. Premièrement, selon Galien, la machine d'Andréas était un ὄργανον στάσιμον, c'est à dire construit pour pratiquer la réduction des luxations alors que le patient était maintenu debout[11] (en oppo-

---

7 - Pline l'ancien, *Histoires naturelle*, 20.76 200 ; voir aussi *id.*, livre I, sur les sources des livres XX-21, 23-28, 31, 33-35 : *ex auctoribus externis :... Andrea.*

8 - Cassius, *Problemata*, 58 (*Physici et medici Graeci minores*, éd. J.-L. Ideler, vol. I, Berlin, 1841, p. 161).

9 - Voir von Staden, *Herophilus* (note 3 ci-dessus), p. 475-477, pour une liste des témoignages et fragments.

10 - Celse, *Médecine* 8.20.4 (*CML* I, p. 407 Marx) : *magnum autem femori periculum est, ne uel difficulter reponatur, uel repositum rursus excidat. quidam iterum semper excidere contendunt :...neque tot genera machinamentorum quoque ad extendendum in hoc casu femur Hippocrates, Andreas, Nileus, Nymphodorus, Protarchus, Heraclides, quidam quoque faber repperissent, si id frustra esset.*

11 - Galien, *In Hippocratis De articulis 72. comment.* 4.47 (XVIII A, p. 747 Kühn) = Oribase, *Collections médicales*, 49.6 (*CMG* VI, 2,2 = vol. IV, p. 12 Raeder) : εἰ δ' ἄρα τις θέλοι καὶ ἄλλοις χρῆσθαι, πρὸς μὲν τὰς ὁδοιπορίας τὸ καλούμενον πολίσπαστον ἐπιτήδειον (Ἀρχιμήδους δ' αὐτό φασιν εὕρημα εἶναι), πρὸς δὲ τὰς ἐν πόλει χρείας στάσιμον μὲν ἄξιον λόγου τὸ τοῦ Τέκτονος καλούμενόν ἐστιν ἢ τὸ τοῦ Ἀνδρέου, ἐφέδρανον δὲ τουτὶ τὸ Ἱπποκράτους βάθρον. De même, Galien, *In Hippocratis De articulis 6. comment.* 1.18 (XVIII A, p. 338-339 Kühn) : ἐπιτιθέναι δὲ τοῦτο (sc. τὸ μηχανικὸν κλιμάκιον) καὶ τοῖς στασίμοις ὀργάνοις, οἷόν ἐστι τό τε τοῦ Ἀνδρέου καὶ τὸ τοῦ

sition à un instrument ἐφέδρανον, sur lequel le patient devait s'asseoir pendant qu'on le traitait[12]). Deuxièmement, comme le célèbre « banc d'Hippocrate » décrit dans les traités hippocratiques *Des fractures* et *Des articulations*[13], la machine d'Andréas était particulièrement appropriée, selon Galien, à l'emploi dans une pratique urbaine (πρὸς δὲ τὰς ἐν πόλει χρείας), c'est à dire dans le cabinet d'un médecin non itinérant, non rural, tandis que le « polyspaste » inventé par Archimède convenait aux voyages (voir le premier texte cité à la note 11). Galien, qui est habituellement enclin à transmettre à ses lecteurs tout ce qu'il sait (ou croit savoir), s'abstient ici malheureusement de décrire la structure de la machine d'Andréas. Toutefois, en expliquant son silence si peu caractéristique, il corrobore la popularité durable de cette machine hellénistique même sous l'empire romain, notant qu'« elle a été décrite par d'innombrables et plus récents spécialistes des machines dans leurs écrits sur les machines »[14].

Τέκτονος, ὧν οὐδενὸς ἀναγκαῖόν ἐστι λέγειν νῦν τὴν κατασκευήν. L'adjectif στάσιμος pourrait, bien sûr, vouloir dire « stationnaire » par opposition à « mobile », mais dans ce contexte, son antithèse n'est pas κινητός mais ἐφέδρανος : il décrit donc la position verticale ou « debout », par opposition à une position « assise » ou horizontale adoptée par le patient. L'identité de « Tecton » demeure controversée : « le menuisier », « le charpentier », « l'artisan » (selon Daremberg), *quidam faber* (selon Celse, n. 10 ci-dessus), ou un nom propre (selon Johannes Raeder), peut-être d'un technicien ou chirurgien de la même époque qu'Andréas, avec lequel il est assez souvent mentionné ? Markwart Michler, *Die alexandrinischen Chirurgen*, Wiesbaden, 1968, ne semble pas reconnaître « Tecton » en tant que chirurgien hellénistique.

12 ἐφέδρανον n'apparaît pas dans la Collection hippocratique, bien que les chirurgiens hippocratiques aient utilisé un ἕφεδρον (« siège, banc ») : *Fractures* 8 (III, p. 444.11 Littré [désormais noté Li.] = II, p. 59.11 Kühlewein [désormais noté Kw.]) ; voir aussi *Maladies* 2.47b (VII, p. 70.5 Li. = p. 181.18 Jouanna). ἐφέδρανον est également employé comme terme anatomique (« fesses ») au moins dès Aristote, *Histoire des animaux*, 1.13.493a23, et il continue à être employé dans ce sens dans le grec tardif : Rufus d'Ephèse, *Du nom des parties du corps*, 116 (p. 148 Daremberg/Ruelle), cité par Eustathius, *Comm. in Il.* (ad 8 340), 716.37-8 (II, p. 592 van der Valk) ; Pollux, 2 184 (I, p. 140.1 Bethe) ; Oribase, *Collections médicales*, 25.1.48 (*CMG* VI 2,1, p. 50.37 Raeder). Dans la littérature qui nous est parvenue, Galien (voir note 11 ci-dessus) semble être le premier à employer ἐφέδρανον pour se référer à un type de machine chirurgicale pour la réduction ; pour cet emploi, voir aussi Oribase, *Collections médicales*, 49.2.1, 49.2.7, 49.4.1, 49.5.10, 49.5.18, 49.5.20, 49.5.23, 49.20.3, 49.24.3, 49.24.17, (*CMG* VI 2,2, p. 4.23, 5.3, 6.8, 11.11, 11.33-34, 12.8, 12.15, 30.10, 37.2, 38.10 Raeder), qui explique qu'un patient pouvait soit s'asseoir, soit s'allonger sur un ἐφέδρανον.

13 - Hp., *Articulations*, 72 (IV, p. 296-300 Li. = II, p. 228-230 kW.) ; cf. *Fractures*, 13 (III, p. 466 Li. = II, p. 68 Kw.) ; *Mochlique*, 38 (IV, p. 386 Li. = II, p. 269 Kw.). Cette machine hippocratique, qui a retenu l'attention de Rufus d'Ephèse, Galien, Oribase et Paul d'Égine, permit de faire des extensions à la fois fortes et dosées, en combinant l'action de treuils et de leviers. Bien que la dénomination de « banc » (βάθρον) n'apparaisse pas dans la Collection hippocratique (sauf dans les marges de quelques manuscrits), elle était déjà connue vers la fin du Ier siècle de notre ère ; voir Rufus d'Ephèse chez Oribase, *Collections médicales*, 49.27.1 (*CMG* VI 2,2, p. 43 Raeder) : ὁ θαυμασιώτατος Ἱπποκράτης τὸ αὐτοῦ ὄργανον ἐν πολλοῖς συγγράμμασιν εἴρηκε ξύλον, ἐν δέ τισι σχεδίαν· οἱ δὲ μετ' ἐκεῖνον βάθρον αὐτὸ προσηγόρευσαν, ὑποπήξαντές <τε> αὐτῷ πόδας ὡς ὀργάνῳ καὶ ὡς βάθρῳ ἐχρήσαντο.

14 - Galien, *In Hippocratis De articulis 6. comment.* 1.18 (XVIII A, p. 339 Kühn) : εἴρηται γὰρ μυρίοις τῶν νεωτέρων ὀργανικῶν, ἐν οἷς γεγράφασι περὶ τῶν ὀργάνων. Voir note 44 ci-dessous. Il faudrait cependant se rendre compte du fait que Galien montre considérablement moins d'intérêt pour la technologie que nombre d'autres écrivains médicaux anciens, comme

Chez la troisième source, Oribase, médecin de l'empereur Julien, de nombreux détails techniques nouveaux sur la machine d'Andréas apparaissent, surtout là où Oribase ne se contente pas de citer Galien (comme il le fait dans le premier texte cité dans la note 11), mais s'appuie sur d'autres sources non identifiées. Dans le 49e livre de ses *Collections médicales*, par exemple, Oribase fait référence à des parties de la machine qui ne sont jamais mentionnées par Celse ou Galien. Ainsi dans la première de ses références à la machine, il remarque :

> Les coudes des machines sont faits pour des réductions par une extension vers le haut, comme on peut le voir sur l'instrument de Tecton [l'Artisan] ainsi que sur celui d'Andréas. Car, amenés vers le bas par la traverse supérieure, les coudes se tiennent sur la tortue, si bien que les réductions par une extension vers le haut ont lieu lorsque la tortue est forcée de monter. Les mécaniciens ont appelé les parties supérieures de ces coudes, qui sont larges et plates, « ailes » [plumages], et les parties inférieures, qui sont carrées, « talons ». Ils sont alors justement appelés « coudes », mais certaines personnes les appellent « spatules », par catachrèse. Ils ont été destinés à servir à la réduction. La « spatule » sur l'instrument de Tecton [l'Artisan] et d'Andréas est construite pour la réduction par extension dans les cas de cuisse luxée[15].

Parmi les parties de la machine d'Andréas identifiées dans ce passage figurent donc :

ἀγκῶνες (parfois appelées σπάθαι) : les coudes ou les bras de la machine ;

διάπηγμα : la traverse ;

χελώνη : la tortue ;

πτερώσεις : les ailes, c'est-à-dire les parties supérieures et aplaties des coudes ou des bras (τὰ ἄνω μέρη τῶν ἀγκώνων, τὰ πλατέα) ;

πτέρναι : les talons, c'est-à-dire les parties inférieures et carrées des coudes ou des bras (τὰ κάτω τετράγωνα μέρη τῶν ἀγκώνων).

σπάθη : la spatule.

De plus, ce passage fournit des informations plus détaillées à propos des buts, des emplois et des opérations de la machine d'Andréas. Premièrement,

---

Karl Deichgräber l'a fait observer à juste titre dans « Galen als Erforscher des menschlichen Pulses », *Sitzungsberichte der Deutschen Akademie der Wissenschaften zu Berlin*, Klasse für Sprache, Literatur und Kunst, J.-G. 1956.3, p. 3-41, à la p. 10 : «... auch sonst [läßt] der zur Spekulation geneigte Arzt [Galen] das schon von den alten Ioniern entwickelte technisch-mechanische Interesse vermissen ». De même aux p. 15-16 : « Wo wir hier die hellenistische Medizin heranziehen, wollen wir aber noch einmal betonen, daß Galen von ihr das technische Interesse eben nicht übernimmt ».

15 - Oribase, *Collections médicales*, 49.4.8-13 (*CMG* VI 2,2 = vol. IV, p. 6 Raeder) : οἱ δ' ἀγκῶνες ἐν τοῖς ὀργάνοις γεγόνασι πρὸς τοὺς κατ' ἀνάτασιν καταρτισμούς, ὥσπερ ἔστιν ἰδεῖν ἐπί τε τοῦ Τέκτονος καὶ τοῦ Ἀνδρέου ὀργάνου· διὰ γὰρ του ἄνω διαπήγματος κατενηνεγμένοι ἀγκῶνες ἐπιβεβήκασι τῇ χελώνῃ, ὡς τῆς χελώνης ἀναβιβαζομένης οἱ κατ' ἀνάτασιν γίνονται καταρτισμοί. κεκλήκασι δ' οἱ ὀργανικοὶ τὰ μὲν ἄνω μέρη τῶν ἀγκώνων τὰ πλατέα πτερώσεις, τὰ δὲ κάτω τετράγωνα πτέρνας. κυρίως μὲν οὖν ἀγκῶνες λέγονται, ἐν καταχρήσει δ' ὑπό τινων σπάθαι. ἐπενοήθησαν πρὸς μοχλείαν εἶναι χρήσιμοι. ἡ δ' ἐν τῷ Τέκτονος καὶ Ἀνδρέου σπάθη πρὸς τὴν κατ' ἐξελκυσμὸν μοχλείαν ἐπὶ τῆς ὀπίσω τοῦ μηροῦ διαφορᾶς τέτακται. Sur « Tecton » voir note 11 ci-dessus.

elle fait partie des machines pour opérer les réductions qui se font en tirant vers le haut (πρὸς τοὺς κατ᾽ἀνάτασιν καταρτισμούς). Deuxièmement, la réduction obtenue en tirant vers le haut se produit quand la partie de la machine appelée tortue (χελώνη) est poussée mécaniquement vers le haut. Troisièmement, la spatule (σπάθη) de la machine d'Andréas est destinée à produire, dans la luxation du fémur en arrière, la réduction par extension. Ces détails n'expliquent pourtant pas de nombreuses parties de la machine, ni la plupart de ses opérations.

D'autres particularités se dégagent cependant d'un autre passage d'Oribase :

> Les charnières ont été faites pour plusieurs usages, afin que soient mises en mouvement au moyen des charnières certaines parties immobiles, comme les jambes dans la machine d'Andréas. Dans cette machine, les jambes ont été sciées transversalement en deux et sont retenues ensemble par des charnières et des épingles, afin qu'elles puissent produire le mouvement de levier [dans la réduction d'une luxation] par un glissement rotatoire, en restant tour à tour unies et pliées par l'intervention des charnières. Cependant, dans un assemblage particulier de la machine d'Andréas, les parties du cadre-avant près de la base sont sciées en deux et de nouveau réunies par des charnières, afin de pouvoir former tantôt une machine droite et unie, pour le patient en position verticale, tantôt une machine à siège, déplacée à l'aide des charnières sur les jambes accessoires[16].

Ce passage nous permet d'ajouter à la liste des parties de la machine :

τὰ στροφώματα : les charnières ;

τὰ σκέλη : les jambes de la machine ;

αἱ περόναι : des broches, épingles, agrafes ou tringles ;

et, dans un certain montage (ἐν ποιᾷ δὲ κατασκευῇ) de la machine, également :

τὸ πλινθίον : le cadre-avant de la machine, ou son armature avant ;

τὰ παρασκέλια : les jambes accessoires de la machine.

Quant au fonctionnement de la machine, à sa finalité et à ses parties, le même passage fournit plusieurs détails : grâce aux charnières, les jambes peuvent produire la réduction par un glissement rotatoire (la fameuse περίσφαλσις[17]), en restant tour à tour « unies » (droites) ou recourbées au moyen de

16 - Oribase, *Collections médicales*, 49.4.19-20 (*CMG* VI 2, 2 = vol. IV, p. 7 Raeder) : τὰ δὲ στροφώματα γέγονε πρὸς τὰς πλείστας χρείας, ἵνα τινὰ τῶν ὀργάνων ἀκινητοῦντα δι᾽ αὐτῶν κινῆται, ὥσπερ τὰ σκέλη τοῦ Ἀνδρέου ὀργάνου, <οὗ> ἐπ᾽ ὀργάνου τὰ σκέλη πλάγια διαπέπρισται καὶ συνέχεται στροφώμασι καὶ περόναις, ἵνα ποτὲ μὲν ἡνωμένα, ποτὲ δὲ διὰ τῶν στροφωμάτων καμπτόμενα τὴν κατὰ περίσφαλσιν μοχλείαν ἐμποιῇ. ἐν ποιᾷ δὲ κατασκευῇ τοῦ Ἀνδρέου ὀργάνου τὰ τοῦ πλινθίου πλησίον τῆς βάσεως διαπέπρισται καὶ πάλιν τοῖς στροφώμασι συνέχεται, ἵνα ποτὲ μὲν [ᾖ] ὄρθιον ἡνωμένον ᾖ [τὸ] στάσιμον ὄργανον, <ποτὲ δὲ> διὰ τῶν στροφωμάτων ἐπὶ τὰ παρασκέλια κινῆται καὶ τὴν τοῦ ἐφεδράνου ὀργάνου χρείαν ἐπιτελῇ.

17 - Pour l'emploi hippocratique de περίσφαλσις, voir *Articulations*, 25 (vol. IV, p. 136.8 Li. = vol. II, p. 144.10-11 kW.) ; *Mochlique*, 15 (IV, p. 358.2 Li. = II, p. 253.23 kW.). Pour l'usage quelque peu différent de περισφάλλω voir aussi *Artic.*, 6 et 78 (IV, p. 88.11 et 316.7 Li. = p. 117.15-16 et 239.4 Kw.). Pour des emplois et des explications de περίσφαλσις après Andréas, voir aussi Apollonios de Citium, *In Hp. Artic. comm.* 1 (*CMG* XI, p. 16.3-18.4

charnières. De plus, dans un certain montage, la machine d'Andréas peut former tour à tour une machine perpendiculaire pour soigner le patient en position verticale et une machine à siège accomplissant les fonctions d'un ἐφέδρανον, sur lequel le patient est assis ou, comme l'explique Oribase, sur lequel le patient pourrait aussi s'allonger pendant l'opération[18].

Même si Galien et Oribase rangent la machine d'Andréas parmi les στάσιμα ὄργανα, Oribase reconnaît donc des adaptations diverses et souples de la machine, y compris non seulement celle qui permet sa conversion en une machine pour soigner le patient en position assise ou couchée, mais aussi une autre qui permet d'effectuer l'opération en faisant glisser l'os pour le remettre à sa place (περίσφαλσις), plutôt que de l'étirer vers le haut (ἀνάτασις, voir note 15 ci-dessus)[19].

Un autre passage d'Oribase apporte de nouveaux détails fondamentaux, en particulier à propos de la partie appelée « tortue ». Selon Oribase, les tortues, qui ressemblent à des traverses[20], « ont été conçues [inventées] pour une extension [traction] douce et sans lésion des corps dont les luxations sont réduites »[21]. Les tortues accomplissent cet étirement assez doux en se déplaçant lentement (βραδυπορεῖ), comme les animaux d'après lesquels elles sont nommées[22]. En outre, Oribase distingue ici deux tortues dans la machine d'Andréas : « La tortue ascendante amène l'élévation des coudes de la machine..., alors que la tortue descendante n'élève rien, mais n'existe que pour la traction (τάσις) »[23]. Par la suite, Oribase rapporte quatre autre détails

---

Kollesch/Kudlien) ; Galien, *In Hp. De artic. comment*. 1.7, 1.9, 4.45 (XVIII A, p. 322, 326-328, 743-744 Kühn) ; Oribase, *Collections médicales*, 49.11.9, 49.12.7, 49.15.6, 49.26 12, 49.31.7-8, 49.31.18, 49.35.4 (*CMG* VI 2,2, p. 22.6, 23.7, 27.13, 43.2-3, 47.32, 48.34-35, 52.17 Raeder) ; Paul d'Egine, 6 118.3 (*CMG* IX 2, p. 177.4 Heiberg). Voir Erotien, a.102 et fr. 77 (p. 23.7, 119.7-9 Nachmanson) : ἀμφισφάλλουσαι, περισφάλλουσαι, sur Hp., *Articulations*, 2 (IV, p. 82.15 Li. = II, p. 114.8 kW.). Cf. *Mochlique*, 5 (IV, p. 352.8 Li. = p. 250.23 kW.) ; *Artic.*, 71 (IV, p. 292.11 Li. = p. 226.19 kW.) pour ἀμφισφάλλω, ἀμφίσφαλσις ; E. Nachmanson, *Erotianstudien*, Upsala/Leipzig, 1917, p. 198-199. L'Hérophiléen Bacchéios de Tanagra (contemporain peut-être plus jeune d'Andréas) commenta ἀμφισφάλλουσι τὸν ἄρθρον dans son lexique hippocratique : voir von Staden (n. 3 ci-dessus), p. 498 (*Ba.* 55).

18 - Voir note 12 ci-dessus. Pour un développement comparable du « banc » d'Hippocrate voir note 13 ci-dessus (Rufus d'Ephèse).

19 - Il n'est pas absolument certain que le montage qui permettait la conversion de la machine, d'un στάσιμον ὄργανον en un ἐφέδρανον, puis à nouveau en un στάσιμον, remonte à Andréas lui-même ; toutefois dans ce même montage, qui n'est attribué à aucun autre médecin, elle demeure uniquement connue comme « la machine d'Andréas ».

20 - Oribase, *Collections médicales*, 49.4.47-48 (*CMG* VI 2, 2 = vol. IV, p. 9 Raeder) : τῶν δὲ χελωνῶν αἱ μὲν ἐοίκασι διαπήγματι, αἱ δ' ὑπομήκεις, ἄλλαι δὲ κυβοειδεῖς. διαπήγματι ἐοίκασι <αἱ> ἐν τῷ τοῦ Ἀνδρέου ὀργάνῳ...

21 - Oribase, *Collections médicales*, 49.4.46 (*CMG* VI 2,2 = vol. IV, p. 9 Raeder) : χελῶναι ἐν ὀργάνοις ἐπενοήθησαν πρὸς ἠρεμαίαν καὶ ἀσπάρακτον τάσιν τῶν καταρτιζομένων σωμάτων.

22 - *Ibid.* : ὥσπερ γὰρ τὰ ζῷα αἱ χελῶναι, οὕτως καὶ τὰ μηχανήματα αὐτοῖς ὡμοιωμένα βραδυπορεῖ.

23 - 49.4.50 (IV, p. 9 Raeder) : ἀγκῶνας ἀναβιβάζει ἡ ἀνωφερὴς χελώνη τοῦ Ἀνδρέου ὀργάνου ... οὐδὲν δ' ἀναβιβάζει, ἀλλὰ πρὸς μόνην τάσιν γέγονεν . . . ἡ κατωφερὴς χελώνη ἡ ἐν τῷ τοῦ Ἀνδρέου ὀργάνῳ.

significatifs sur le montage et les mouvements des tortues de la machine d'Andréas. Premièrement, les vis (κοχλίαι) des machines étaient construites pour déplacer d'autres parties mécaniques, par exemple les roues dentelées et les tortues[24]. Deuxièmement, parmi les vis, les unes étaient carrées (c'est à dire des vis à filets carrés), et les autres lenticulaires[25]. Troisièmement, les vis de la machine d'Andréas étaient de type carré[26] ; et quatrièmement, les vis carrées étaient inventées spécialement pour déplacer les tortues[27].

Peu après, Oribase décrit plus précisément le lien entre tortue et vis carrée, confirmant en même temps que la machine d'Andréas était construite avec plus d'une tortue. Selon Oribase, sur la machine du médecin ptolémaïque, chacune des tortues

> est percée d'un trou à travers lequel la vis est introduite. Et tout le long de l'intérieur de ce trou, une petite plaque de métal en fer ou en bronze est enfoncée dans la tortue. Cette petite plaque est appelée une « dent ». Cette dent de la tortue est entraînée par le filet [le pas] de la vis. Le reste suit, à savoir, qu'en fonction du sens dans lequel la vis est tournée, la petite plaque de métal – celle qu'on appelle « petite dent » – est enroulée autour de la vis, et étant contenue [engagée] dans le creux du filet [de la vis] même, fait bouger la tortue[28].

Oribase apporte ensuite un important détail supplémentaire qui clarifie, même si ce n'est qu'à un degré limité, les positions respectives des tortues dans la machine d'Andréas. Il s'agit, dit-il, d'une double vis carrée, c'est-à-dire d'une vis carrée creusée de deux pas de vis (de deux filets divergents), et qui met en mouvement deux tortues à la fois[29]. Selon Oribase, « la partie centrale de la barre entre les traverses est coupée par les filets [les pas] des vis opposées, de sorte que, selon le sens dans lequel la vis est tournée, soit les filets des vis font bouger les tortues du centre vers les traverses, soit les tortues se rencontrent en allant des traverses au centre »[30].

---

24 - 49.4.53 (IV, p. 9 Raeder) : κοχλίαι δὴ ἐν ὀργάνοις ἐτεχνάσθησαν πρὸς κίνησιν ἄλλων μηχανημάτων, ὡς τυμπάνων καὶ χελωνῶν, ἵνα ἀσπάρακτοι καὶ ἠρεμαῖαι αὐτῶν γένωνται αἱ τάσεις.

25 - 49.4.54 (IV, p. 9 Raeder) : τῶν δὲ κοχλιῶν οἱ μέν εἰσι τετράγωνοι, οἱ δὲ φακωτοί.

26 - 49.4.55 (IV, p. 9-10 Raeder) : τετράγωνός ἐστι κοχλίας ὁ τετραγώνους ἔχων τὰς ἕλικας, τὴν κοίλην ἕλικα καὶ τὴν ὑπερέχουσαν (τοιοῦτοι δ' εἰσὶν οἱ κοχλίαι τοῦ Ἀνδρέου ὀργάνου).

27 - 49.4.58 (IV, p. 10 Raeder) : οἱ μὲν γὰρ τετράγωνοι χελώνας κινοῦσιν, οἱ δὲ φακωτοὶ προηγουμένως μὲν τύμπανα.

28 - 49.5.1-2 (IV, p. 10 Raeder) : ἔστω οὕτως ἔχουσα ἡ κατασκευὴ ὥσπερ ἐν τῷ τοῦ Ἀνδρέου ὀργάνῳ χελῶναι· ἑκάστη δ' αὐτῶν τέτρηται, καὶ διὰ τοῦ τρήματος διενήνεκται ὁ κοχλίας, ἔνδοθεν δὲ κατὰ τὸ τρῆμα σιδηροῦν ἢ χαλκοῦν ἐλασμάτιον προσήλωται τῇ χελώνῃ. τὸ δ' ἐλασμάτιον τοῦτο κέκληται ὀδούς. οὗτος ἤδη ὁ τῆς χελώνης ὀδοὺς εἰς τὴν τοῦ κοχλίου ἕλικα κατακέκλεισται· λοιπὸν δὴ συμβαίνει τῇ ποιᾷ τοῦ κοχλίου συστροφῇ εἱλούμενον τὸ ἐλασμάτιον τὸ λεγόμενον ὀδοντάριον περὶ τὸν κοχλίαν ἐν αὐτῇ τῇ κοίλῃ ἕλικι συνεχόμενον κινεῖν τὴν χελώνην.

29 - 49.5.3-5 (IV, p. 10 Raeder) : αὐτῶν δὲ τούτων τῶν τετραγώνων οἱ μέν εἰσιν ἁπλοῖ, οἱ δὲ διπλοῖ. ἁπλοῦς ἐστι κοχλίας ὁ μιᾷ ἕλικι συντετμημένος καὶ μίαν κινῶν χελώνην· διπλοῦς δὲ τοιοῦτός ἐστι κοχλίας ὁ δυσὶν ἕλιξι διατετμημένος καὶ δύο κινῶν χελώνας. τοιοῦτος δ' ἐστὶ κοχλίας ἐν τῷ μεγάλῳ πλινθίῳ τῷ Ἀνδρέου ὀργάνῳ.

30 - 49.5.5 (IV, p. 10 Raeder) : ἀπὸ γὰρ τῆς μεσότητος τὸ ξύλον ἐκ τῶν διαπηγμάτων ἀντιθέτοις ἕλιξι τέτμηται, ὥστε κατὰ ποιὰν τοῦ κοχλίου συστροφὴν ἤτοι ἀπὸ τῆς μεσότητος ἐπὶ τὰ διαπήγματα ὁρμᾶν τὰς χελώνας ἢ ἀπὸ τῶν διαπηγμάτων εἰς τὸν μέσον τόπον συντρέχειν.

Malgré la richesse de ces détails fournis par Oribase, qui donnent envie d'en savoir plus, une reconstruction complète et satisfaisante de la machine d'Andréas semble demeurer hors de notre portée. Ces informations permettent néanmoins de proposer quelques observations (qui n'ont à ma connaissance encore jamais été faites) sur les relations entre la machine d'Andréas et la technologie mécanique de cette ère, et notamment la tradition mécanique représentée par Philon de Byzance.

2. Philon de Byzance, Andréas et les traditions antérieures

2.1 Philon et le contexte alexandrin

Dans l'une des remarques autobiographiques qui ne sont pas chose rare dans les traités scientifiques hellénistiques[31], Philon fait remarquer à Ariston, le destinataire inconnu du Livre IV de sa *Mechanikè syntaxis* :

> Je rappellerai pour toi comment je me suis moi-même assuré de [ces choses] tant à Alexandrie, où je me suis largement associé aux experts professionnels engagés dans de telles choses [c.-à-d. une artillerie efficace, βελοποιικά], qu'à Rhodes, où j'ai fait la connaissance d'un grand nombre de maîtres constructeurs auprès desquels j'ai découvert des machines particulièrement estimées qui se rapprochent nettement de la méthode que je vais te décrire[32].

Non seulement Philon confirme ici sa propre présence à Alexandrie, mais ailleurs aussi il mentionne Alexandrie en liant l'exceptionnel succès alexandrin dans la construction d'une artillerie efficace – succès dont il a personnellement été le témoin – au patronage ptolémaïque :

> Il se trouve que les experts d'Alexandrie sont les premiers à être parvenus à cela [c.-à-d. à déterminer le bon diamètre pour le cercle qui soutient le ressort dans les machines d'artillerie, détermination essentielle pour la construction d'artillerie], ayant obtenu d'importantes subventions grâce au fait qu'ils avaient des rois qui étaient ambitieux et grands amateurs de τέχνη[33].

De plus, Philon invoque explicitement l'environnement alexandrin de son célèbre prédécesseur Ctésibios [34], dont il cite le nom dans *Mèchanikè syntaxis* IV plus souvent que celui de n'importe quel autre précurseur[35].

31 - Voir, par exemple, les préfaces d'Archimède.

32 - Philon de Byzance, *Mèchanikè syntaxis*, 4.5 (=*Belopoiiká*, ch. 5), p. 51.15-23 Thevenot (= p. 10 Diels/Schramm = p. 108 Marsden) : ἱστορήσομεν οὖν σοι, καθότι καὶ αὐτοὶ παρειλήφαμεν ἔν τε Ἀλεξανδρείᾳ συσταθέντες ἐπὶ πλεῖον τοῖς περὶ τὰ τοιαῦτα καταγινομένοις τεχνίταις, καὶ ἐν Ῥόδῳ γνωσθέντες οὐκ ὀλίγοις ἀρχιτέκτοσι καὶ παρὰ τούτοις κατανοήσαντες τὰ μάλιστα τῶν ὀργάνων εὐδοκιμοῦντα σύνεγγυς πίπτοντα τῇ μελλούσῃ μεθόδῳ λέγεσθαι οὕτως.

33 - *Mèchanikè syntaxis*, 4.3, p. 50.37-40 Thev. (= p. 9 Diels/Schramm = p. 108 Marsden) : τοῦτο δὲ συμβαίνει ποιῆσαι τοὺς ἐν Ἀλεξανδρείᾳ τεχνίτας πρώτους μεγάλην ἐσχηκότας χορηγίαν διὰ τὸ φιλοδόξων καὶ φιλοτέχνων ἐπειλῆφθαι βασιλέων.

34 - *Mèch. synt.* 4.39, p. 67.43-45 Thev. (= p. 44 Diels/Schramm = p. 134 Marsden) : τοῦ δὲ χαλκοτόνου παρειλήφαμεν εὑρετὴν μέν, ὡς καὶ ἀνώτερόν σοι δεδήλωκαμεν, Κτησίβιον τὸν ἐν Ἀλεξανδρείᾳ γεγονότα.

35 - Voir la note précédente et *Mèch. synt.*, 4.14 et 4.49, p. 56.22, 72.37, 72.39, 77.16, 77.47 Thev. (= p. 20, 54, 65, 66 Diels/Schramm = p. 116, 144, 152 Marsden). Philon n'était pas dénué de critiques à l'égard de Ctésibios, mais il le considérait comme un grand inventeur, à qui la technologie d'artillerie devait énormément.

Philon présente ainsi son texte et son sujet – les principes mécaniques de la construction d'artillerie – comme inspirés et modelés par la culture et la politique alexandrine[36], c'est-à-dire par la cité dans laquelle la machine urbaine d'Andréas a, selon toute vraisemblance, elle aussi été inventée et employée.

2.2 Philon, Andréas et la tradition antérieure

Deux questions au moins découlent des observations que nous avons faites jusqu'ici : (1) Quelle relation y a-t-il entre la machine alexandrine d'Andréas et la technologie médicale employée par ses précurseurs grecs ? (2) Quelle relation y a-t-il entre la technologie d'Andréas et les traditions mécaniques rapportées par son contemporain Philon ?

Un examen du langage utilisé pour décrire la machine d'Andréas et, en particulier, pour en désigner les parties, révèle combien le milieu technologique du médecin alexandrin est éloigné de celui de la Collection hippocratique, même s'il est proche des hippocratiques en ce qui concerne ses principes et méthodes de traitement des luxations. Le Corpus hippocratique conserve la tradition chirurgicale pré-hellénistique de loin la mieux attestée, et le (ou les) auteur(s) hippocratique(s) des *Articulations*, *Fractures*, et *Mochlique* décrit des procédés et des instruments pour obtenir dans bien des cas les mêmes résultats que ceux auxquels Andréas vise avec sa machine. Cependant, comme la Table I (ci-dessous, colonnes a-c) l'illustre, il n'y a pas une seule partie de la machine d'Andréas identifiée dans les témoignages parvenus jusqu'à nous qui apparaisse, désignée par les mêmes mots et en tant que partie d'une machine, dans quelque traité hippocratique que ce soit. Je m'empresse de reconnaître que certains des mots énumérés à la Table I, colonne a, apparaissent dans la Collection hippocratique comme termes anatomiques – par exemple, ἀγκών, βάσις, ὀδούς, περόνη, πτέρνη, σκέλος, et σπάθη[37] – tandis que

36 - Il a été soutenu que Philon doit plus à l'environnement de sa cité d'origine, Byzance, qu'à Alexandrie. Selon Yvon Garlan (note 3 ci-dessus), par exemple, des détails botaniques, sociaux, politiques, et stratégiques du texte de Philon signalent l'influence d'une cité côtière entre Byzance et la côte syrienne. Mais Philon fait plus souvent référence à Alexandrie qu'à aucune autre ville, et le deuxième endroit le plus fréquemment nommé est Rhodes, alors qu'il fait à peine référence explicite à Byzance ou à la côte d'Asie Mineure. De plus, les critères employés pour l'assigner à Byzance ne produisent pas des résultats concluants (voir aussi Table II ci-dessous). Sur Alexandrie et les Alexandrins, voir Philon, *Mèch. synt.* 4.3, 4.5, 4.39, 4.51, le premier et le dernier faisant aussi allusion à Rhodes (p. 50.38, 51.17, 67.45, 73.33 Thev. = p. 9, 10, 44, 57 Diels/Schramm = p. 108 [bis], 134, 146 Marsden) ; sur les Égyptiens voir *Mèch. synt.*, 8.iv.75, p. 102.27 Thev. (= p. 79 Diels/Schramm = p. 324 Garlan).

37 - Pour l'emploi de βάσις comme terme anatomique, voir Hp., *Artic.*, 58 (IV, p. 250.8 Li. = II, p. 204.13 kW.), *Fract.*, 45 (III, p. 556.10 Li. = II, p. 107.16 kW.). Pour περόνη, voir par exemple, *Artic.*, 62 (IV, p. 264.13 Li. = II, p. 212.15 kW.) ; *Loc. Hom.*, 6 (IV, p. 286-288 Li. passim = p. 44-46 Joly). Pour σπάθη voir *Gland.*, 14.2 (VIII, p. 570.8 Li. = p. 121.2 Joly). Pour ἀγκών voir par exemple *Fract.*, 3 (III, p. 424.6 et 426.3-12 Li. = II, p. 49.4, 50.11-51,3 kW.) ; pour ὀδών/ὀδούς *Artic.*, 31-33 (IV, p. 146.4-14.8.10 Li. = II. p. 149.7-150,18 kW.) ; pour πτέρνη *Fract.*, 11 (III, p. 452.13 et 454.1-13 Li. = II, p. 63.11, 64.3-17 kW.) ; pour σκέλος *Fract.*, 14-16 (IV, p. 468-476 Li. = II, p. 70.10-73,13 kW.). Voir note 44 ci-dessous.

d'autres apparaissent comme termes zoologiques, par exemple κοχλίας et χελώνη, ou comme désignations géographiques ou topographiques, par exemple Πλινθίον[38] ; mais aucun des mots de la Table I n'est utilisé par les auteurs hippocratiques pour se référer à quelque partie de quelque machine chirurgicale ou autre que ce soit. À en juger par le langage il semble donc évident que les parties et la construction de la machine d'Andréas représentent une nouveauté significative, au moins vis à vis de la Collection hippocratique.

TABLE I

a. **Parties d'une machine**	b. **La technologie hippocratique**	c. **La machine d'Andréas**	d. **Philon de Byzance,** *Mèchanikè syntaxis IV (=Bélopoiika)*
ἀγκῶνες	0	voir nn. 15, 23 ci-dessus	p. 59.25, 68.31-46, 78.17-30 Thev., etc. (cf. Biton, pp. 49.12, 50.3-6, 66.3-5 Wescher)
βάσις	0	voir n.16 ci-dessus	pp. 61.47, 62.41, 68.4 Thev. (cf. Biton, p. 62.1-4 Wescher)
διαπήγματα	0	voir nn.15, 20, 30	pp. 54.19, 74.12 Thev.
ἐλασμάτιον χαλκοῦν	0	voir n.28	ἐλάσματα χαλκᾶ, p. 69.51 Thev.
κοχλίας[39]	0	voir nn. 24-30	(Cf. Biton, pp. 47.4, 49.10-11, 50.2-6, 51.2, 58.9 - 59.12, 60.11 Wescher)
ὀδοντάριον	0	voir n.28	
ὀδούς	0	voir n.28	(cf. Biton, p. 45.8-11, 46.7-12 Wescher)
παρασκέλια	0	voir n.16	
περόναι	0	voir n.16	pp. 66.43, 75.50, 76.3 Thev.
πλινθίον	0	voir n.16	pp. 57.25, 60.6, 62.1-42, 63.3-20, 66.10-37, 67.10, 68.8 Thev., etc. (cf. Biton, p.60.1-2 Wescher)
πτέρναι	0	voir n.15	pp. 59.30, 66.2, 68.35-37, 69.44, 70.24-25, 70.37-48, 78.18-27 Thev.
πτερώσεις	0	voir n.15	(ἐπτερωμένα, 73.44 ; cf. Aeneas Tacticus 31.27)
σκέλη	0	voir n.16	p. 54.17 Thev.
σπάθαι	0	voir n.15	(cf. Héron)
στροφώματα	0	voir n.16	(Voir n. 60 : IIIe siècle av. J.C.)
χελώνη	0	voir nn.15, 20-24, 27-30	cf. *Mèch. synt.* VII-VIII, pp. 85. 28, 94.6, 96.7, 97.27-32, 99.22, 99. 38, 100.45 Thev.

38 - Pour πλινθίον (ou πλίνθιον) comme terme géographique voir *Epid.*, 6.6.9 (V, p. 328.8 Li. = p. 134 Manetti/Roselli [voir aussi leur commentaire, p. 135, ad 9,2] = p. 264 Smith). Pour κοχλίας et χελώνη commme termes zoologiques voir Hp., *Fist.*, 9.1 (VI, p. 456.11 Li. = p. 143.2 Joly = p. 400 Potter) ; *Hum.*, 11 (V, p. 492.2 Li.) ; *Mul.*, 1.75, 1.78 (bis), 2 203 (VIII, p. 166.4, 172.14, 186.15, 388.6 Li.) ; dans la plupart de ces passages il s'agit d'un usage thérapeutique des parties de ces animaux.

39 - Dans ce sens technique κοχλίας semble d'abord apparaître au IIIe siècle, soit chez Biton (voir la colonne d), soit dans les descriptions de la machine d'Andréas, ou en référence au

Le contraste avec ce résultat est frappant lorsqu'on observe que la plupart des termes employés pour se référer aux parties de la machine d'Andréas reviennent dans un emploi similaire au Livre quatre de la *Mèchanikè syntaxis* de Philon, comme l'illustre la Table I, colonne d. Si une partie plus grande du traité de Philon subsistait – notamment si le livre des leviers, auquel Philon lui-même fait deux fois référence, l'appelant ses *Mochliká*[40], avait été conservé – on aurait probablement pu voir encore plus de correspondances.

Étant donné que Philon se décrit comme rendant compte d'avances technologiques récentes, en particulier alexandrines (même s'il connaît parfaitement la technologie plus ancienne), et vu qu'un certain nombre de termes de la Table I semblent faire leur première apparition (soit dans la littérature grecque existante[41] soit dans cet usage technique particulier[42]) justement dans la *Mèchanikè syntaxis* de Philon et dans les descriptions de la machine d'Andréas, il semble probable que la terminologie technique partagée par Andréas et Philon soit un produit de la culture technologique novatrice des débuts d'Alexandrie. Les machines d'artillerie dont les parties sont désignées

---

κοχλίας d'Archimède. Sur ce dernier, voir par exemple Diodore de Sicile, 1.34.1-2, 5.37.3 ; Moschion chez Athénée, *Deipnosophistes*, 5.208 f. Cf. Vitruve, 10.6.1-4, et le commentaire très utile de Louis Callebat et Philippe Fleury dans *Vitruve. De l'architecture, Livre X*, Paris : Les Belles Lettres, 1986, p. 153-161. Sur Vitruve voir aussi la note 44 ci-dessous.

40 - *Mech synt.*, 4.21 et 26 (p. 59.18-19 et 61.21-22 Thev. = p. 26, 30 Diels/Schramm = p. 122, 124 Marsden). Voir aussi Marsden, p. 156, n. 2 ; Garlan, *Recherches de poliorcétique grecque* (n. 3 ci-dessus), p. 281-283.

41 - Par exemple, διάπηγμα, ἔλασμα (ἐλασμάτιον), παρασκέλια, et στρόφωμα (mais voir la note 60 ci-dessous). παρασκέλια, « jambes accessoires » (voir la note 16 ci-dessus), pourrait bien avoir été forgé par Andréas, vu qu'il apparaît d'abord dans la description de la machine d'Andréas par Oribase (mais ni dans un fragment avec les *uerba ipsissima* d'Andréas, ni dans une source plus ancienne qu'Oribase ; il n'est donc pas absolument certain que ce mot remonte à Andréas). Les *Bélopoiiká* d'Héron d'Alexandrie et le Livre 49 des *Collections médicales* d'Oribase (sur les machines chirurgicales pour la réduction des luxations) partagent le même trait distinctif : ils emploient διάπηγμα plus souvent que n'importe quel autre traité grec qui nous est parvenu. Voir aussi Soranos, *Maladies des femmes* 2.ii.3.2 (*CMG* IV, p. 51.25 Ilberg) = 2.1.34 (II, p. 5 Burguière/Gourevitch/Malinas). ἐλασμάτιον fait des apparitions récurrentes dans d'autres contextes, par exemple, Dioscoride, *De materia medica*, 2 168 (I, p. 317.6 Wellmann) ; Galien, *Gloss. Hippocr.*, s.v. ὑπάλειπτρον (XIX, p. 148.10 K.) ; Oribase, *Coll. méd.*, 50.11.7-8 (*CMG* VI 2,2, p. 61-62 Raeder), sur le traitement des hernies ; cependant, la signification et la fonction qui lui sont assignées dans la description de la machine d'Andréas semblent uniques (mais voir la Table I, colonne d, ἔλασμα). Oribase est l'un des très rares auteurs anciens (après Andréas ?) — si ce n'est le seul — à employer παρασκέλιον, qu'il utilise soit pour « des jambes accessoires » soit pour « les pans de côté » d'un bandage : *Coll. méd.*, 48.58.3-6, 49.3.1, 49.5.18, 49.24.17 (*CMG* VI 2,1, p. 287-288 ; VI 2,2 p. 5, 11, 38 Raeder). Sur στρόφωμα, voir la note 60 ci-dessous.

42 - Par exemple, ἀγκών, ὀδών/ὀδούς et ὀδοντάριον (une roue à petites « dents »), πτέρνη, πτέρωσις, et σκέλος. ὀδοντάριον pourrait être une innovation d'Andréas, puisqu'il fait sa première apparition dans la description de sa machine ; mais la même prudence méthodologique que dans le cas de παρασκέλια doit lui être appliquée (voir la note 41 ci-dessus). Voir la Table I pour de plus amples références. πτέρωσις apparaît dès *Les Oiseaux* d'Aristophane (« plumage » 94, 97), mais le sens qui lui est attribué dans le contexte de la machine d'Andréas semble n'avoir pas connu de précédent. La terminologie technique employée pour décrire l'invention d'Andréas témoigne donc d'une innovation considérable.

par les termes de la Table I (colonne d) sont, à tout prendre, très différentes dans leurs buts et formes de la machine d'Andréas (table I, colonne c), et pourtant les éléments utilisés dans les deux types de machines – machines de guerre et machines chirurgicales – offrent souvent une ressemblance frappante, tout comme le langage employé pour les décrire.

Ces juxtapositions du langage d'Andréas et de celui des auteurs hippocratiques d'une part, et de celui de Philon d'autre part, suggèrent qu'Andréas était suffisamment au courant de la culture technologique de son siècle et de sa cité adoptive pour adapter nombre d'inventions, découvertes et principes de la technologie alexandrine, allant de très petites parties jusqu'à des principes plus généraux du mouvement mécanique, à ses dessins thérapeutiques. Andréas a ainsi accompli une adaptation transformatrice des innovations de la mécanique au troisième siècle pour ses besoins médicaux – adaptation et transformation qui, en mettant en œuvre les mêmes parties et principes que chez les mécaniciens, a pourtant produit des machines très différentes.

Une question centrale demeure : la machine novatrice d'Andréas a-t-elle représenté des progrès thérapeutiques par rapport à la tradition hippocratique admirée à juste titre ? On a souvent soutenu que les principes de la chirurgie orthopédique, notamment les principes sur lesquels est basée la réduction des luxations, ont été si bien établis à l'époque de la chirurgie hippocratique que peu de choses ont changé entre les hippocratiques et le début de la période moderne. Bien que cette opinion assez répandue ait grand besoin d'être mieux différenciée et nuancée, la machine d'Andréas, malgré tous ses traits novateurs, fournit une confirmation de la continuité à l'œuvre dans la thérapeutique. Car les procédures et les résultats que vise à obtenir la machine d'Andréas – à savoir l'extension, l'étirement, la traction, la pression, et finalement la réduction – sont à tout prendre les mêmes que ceux vers lesquels tendaient les auteurs hippocratiques au moyen de manipulations manuelles, d'échelles, du « banc d'Hippocrate », etc.

Cependant, même s'il y a une considérable continuité dans la procédure, ainsi que dans la finalité et l'efficacité thérapeutiques, les moyens inventés par Andréas pour atteindre ces buts témoignent d'une époque technologique différente. La machine urbaine et alexandrine d'Andréas est flexible et adaptable ; elle permet différents mouvements mécaniques simultanés, et sa précision n'entraîne que des augmentations minimales et assez douces de tension[43], évitant ainsi des mouvements violents et le danger de lésions iatrogé-

43 - Oribase souligne par deux fois que la machine d'Andréas permet des réductions par une traction (τάσις) qui est ἠρεμαῖος et ἀσπάρακτος (ce dernier terme semble également faire sa première apparition dans le contexte de la machine d'Andréas ; serait-ce un néologisme de son cru ?) : *Collections médicales*, 49.4.46 et 49.4.53 (*CMG* VI 2,2, p. 9 Raeder). À ma connaissance, ce sont là les deux seules occurences d'ἀσπάρακτος dans la littérature grecque antique non-chrétienne ; il est remarquable que toutes deux appartiennent au contexte de

niques. Les structures anatomiques, les fonctions physiologiques, et les prédispositions pathologiques des articulations humaines, des ligaments, tendons, muscles, etc. sont des constantes et en tant que telles, exigent que les principes thérapeutiques généraux qui sont au fondement de la machine d'Andréas demeurent les mêmes que ceux de la Collection hippocratique, mais les moyens deviennent avec Andréas plus raffinés, plus précis, moins violents.

Ce dernier point est décisif, parce qu'il suggère que la popularité et la remarquable longévité de la machine novatrice d'Andréas sont attribuables non seulement à sa virtuosité technique – virtuosité qui sans aucun doute séduisait une culture du paraître en résonance avec diverses formes d'ἐπίδειξις verbale, visuelle et technologique – mais également à sa capacité à raffiner grâce à la mécanique des procédés éprouvés, particulièrement si ces raffinements assuraient au malade non seulement un traitement plus doux mais aussi une plus faible probabilité de maux iatrogéniques[44].

3. Traversée des frontières : innovations et échanges linguistiques et matériels

Au moins depuis Démocrite[45], le phénomène des choses sans nom, des ἀνώνυμα, était reconnu comme un problème linguistique, même si le grec est exceptionnellement agile, apte et prompt à forger des néologismes en grand nombre pour s'adapter à de nouvelles formes de pensée, à de nouveaux champs de découvertes, et à des inventions techniques. Comment Andréas et les mécaniciens du troisième siècle avant notre ère ont-ils entrepris de nommer leurs inventions auparavant « sans nom » ?

Trois traits de la nomenclature technologique déployée par Andréas et Philon sont dignes d'être notés, bien qu'ils soient loin d'être des nouveautés. L'un d'entre eux est la représentation de la machine d'Andréas comme

l'introduction apparemment novatrice par Andréas de la vis (κοχλίας) dans les machines chirurgicales. Sur les progrès en technologie chirurgicale à l'époque hellénistique voir Markwart Michler, *Die alexandrinischen Chirurgen* (n. 11 ci-dessus), p. 6 : « Im technisch-handwerklichen Bereich trugen die neuen Kentnisse der Mechaniker nicht unerheblich zur Verfeinerung und Differenzierung der chirurgischen Instrumetnen bei ».

44 - Comme nous l'avons signalé plus haut (voir la note 14), Galien soutient que la structure de la machine d'Andréas avait été décrite « par des experts en machines innombrables et plus récents », et aussi bien Galien qu'Oribase la présentent comme un instrument fonctionnel et efficace. Elle a donc continué à être utilisée et à provoquer l'admiration et l'émulation au moins jusqu'au IVe siècle de notre ère. M. Ph. Fleury a eu la gentillesse de me signaler que des parties de la machines d'Andréas étaient bien connues de Vitruve aussi ; parmi les mots mécaniques employés pour décrire la machine d'Andréas qui ont des correspondants latins se trouvent ἀγκών (*ancon*, Vitruv. 3.5.14 ; 8.5.1 ; 10.8.1 ; 10.8.5), βάσις (*basis*, Vitr. 10.8.1 ; 10.10.4 ; 10.11.9 ; 10.13.2 ; 10.14.1-2 ; 10.15.2-3), κοχλίας (*cochlea*, Vitr. 5.12.4 ; 6.6.3 ; 10.3.9 ; 10.6.1), ὀδοντάριον (*denticulus*, Vitr. 9.8.5 ; 10.9.2 ; 10.9.4-6), ὀδούς (*dens*, Vitr. 10.2.2 ; 10.5.2 ; 10.9.2-3 ; 10.9.5-7), πλινθίον (*plinthium*, Vitr. 9.8.1 ; 10.8.3-4), σκέλη (*arrectaria*, Vitr. 10.15.2 et Ath. Méc. 21-26 ; cf. *scapus* et *scapula*), πτέρωσις (*pterygoma*, Vitr. 10.11.7), χελώνη (*chelonium*, Vitr. 10.2.2 ; 10.2.5 ; 10.2.8 ; 10.3.2 ; 10.11.8 ; 10.12.1 ; 10.15.4).

45 - 68B26 Diels/Kranz : ἀνώνυμον.

« humaine », équipée de coudes ou bras (ἀγκῶνες), de jambes (σκέλη), de talons (πτέρναι) et de dents (ὀδόντες). Les nomenclatures anatomiques et technologiques avaient une longue histoire d'emprunts réciproques : des éléments des machines étaient souvent nommés à partir de parties du corps, et des parties du corps d'après des artefacts. Nous ne nous étonnons donc pas que l'anatomie grecque ait utilisé le terme d'« épingle » (περόνη) pour désigner le radius (l'os du bras) ou la fibula (dans la jambe) ou les ligaments qui maintiennent en place les os et les articulations[46], de « spatules » (σπάθαι) pour les larges côtes[47], de « calame » ou « roseau pour écrire » (κάλαμος) pour désigner un sillon en bas du quatrième ventricule du cerveau[48], et de « semblable à des rets ou à un filet » (« réticulé », ἀμφιβληστροειδής) pour désigner la rétine[49]. Des emprunts semblables se trouvent, bien sûr, dans la cosmologie et dans d'autres domaines. Réciproquement, pour se référer à des éléments de machines d'artillerie, Philon de Byzance utilise des termes anatomiques comme le « ventre » (γαστήρ)[50], « le menton » ou « la barbe » (γένειον)[51], « le front » ou « la partie entre les yeux » (μέτωπον)[52], « la colonne vertébrale » (ῥαχίς)[53], et « le sourcil » (ὀφρῦς)[54], et Biton ajoute « le visage » (πρόσωπον) et des termes semblables au répertoire de « l'anatomie » des machines de guerre[55].

On peut trouver la trace d'un phénomène parallèle dans la physiologie : certaines fonctions physiologiques sont expliquées dans les mêmes termes que les opérations de certains artefacts, dont les machines, comme nous l'avons signalé plus haut. Dans le cas de la médecine hellénistique on peut en parti-

46 - Voir la note 37 ci-dessus, et Hp., *Oss.*, 3 (IX, p. 170.5-10 Li.). Galien, comme des écrivains médicaux plus tardifs (Melètios, Oribase, Palladios), fait un usage très extensif de περόνη comme terme anatomique ; voir, par exemple, *De usu partium*, 3.9 (III, p. 210 Kühn = I, p. 154.5 Helmreich). Xénophon emploie aussi περόνη pour un ligament sous le genou du cheval : *De re equestri*, 1.5. Voir Erotien, p. 37 (p. 71.18-21 Nachmanson), qui rapporte que Diagoras le Cypriote pensait qu'Hippocrate utilisait περόναι pour se référer aux « nerfs volontaires », c'est à dire aux nerfs moteurs.

47 - Voir la note 37 ci-dessus ; Rufus d'Ephèse, *Des os*, 10 et 25 (p. 188.2-4, 190.9-12 Daremberg/Ruelle) ; Pollux, *Onom.*, 2 181 (I, p. 139.11 Bethe) ; P. Mag. Par., 1.3 116 ; Paul d'Egine, 3.78.2 (*CMG* IX.1, p. 299.24 Heiberg) ; Oribase, *Collections médicales*, 25.1.36 (*CMG* VI, 2, 1 p. 50.18 Raeder). Galien ne semble jamais employer σπάθη comme un terme anatomique (bien que le mot soit courant dans ses écrits pharmacologiques pour « louche » ou « spatule » ou « cuiller » à remuer — usage bien attesté chez d'autres auteurs médicaux de Dioscoride à Paul d'Egine).

48 - Voir von Staden, *Herophilus*, p. 199 (fr. 79) et p. 158.

49 - Voir *ibid.*, p. 206 (fr. 89).

50 - Philon, *Mèch. synt.*, 4.58, p. 76.20 Thev. (=p. 63 Diels/Schramm = p. 150 Marsden).

51 - *Mèch. synt.*, 4.33, p. 65.7-11 Thev. (= p. 38 Diels/Schramm = p. 130 Marsden).

52 - *Mèch. synt.*, 4.31 et 4.32, p. 63.25-26, 64.22 Thev. (= p. 34, 37 Diels/Schramm = p. 128, 130 Marsden) ; voir aussi 7 (8). iii.11, p. 91.39 Thev. (= p. 54 Diels/Schramm = p. 308 Garlan).

53 - *Mèch. synt.*, 4.23 (p. 60.15 Thev. = p. 28 Diels/Schramm = p. 124 Marsden).

54 - *Mèch. synt.*, 4.16 (p. 57.7 Thev. = p. 21 Diels/Schramm = p. 118 Marsden).

55 - Par exemple, Biton, *La construction des machines de guerre et des catapultes*, 7 (p. 65.11, 66.3 Wescher = p. 26-27 Rehm/Schramm = p. 76 Marsden). Voir aussi la Table I, s. vv. ἀγκωνες, ὀδούς.

culier observer des similarités frappantes, y compris des affinités terminologiques, entre les descriptions de physiologie cardio-vasculaire et les comptes rendus des opérations de certaines machines utilisant la technologie pneumatique (voir notes 1-2). D'autres parties de la médecine inspirent également des emprunts de nomenclature et incitent les mécaniciens à employer des analogies : Philon compare ainsi certains éléments construits pour être employés dans des machines d'artillerie à des boîtes pour remèdes[56], et il emploie le terme θεραπεία pour se référer à l'amélioration ou la « guérison » d'une machine de guerre[57] et le verbe χειρουργέω pour se référer aussi bien à l'activité chirurgicale du médecin qu'à la construction par le mécanicien d'une machine de guerre[58]. Par la nomenclature, la machine de guerre est ainsi « humanisée », en même temps que le corps se voit « mécanisé ».

Un second trait étroitement associé à ces premières caractéristiques du langage utilisé pour décrire ces machines est « l'animalisation » de certains de leurs éléments. La machine d'Andréas a des « tortues » (χελῶναι), des « escargots » (κοχλίαι, des vis) et des « ailes » ou « plumages » (πτερώσεις), et la machine de Biton a aussi des « corbeaux » (κόρακες, des « crochets ») et des piédestaux « qui se tiennent comme des ânes » (κιλλίβαντες). Nous avons ici également affaire à un phénomène qui n'est pas inhabituel. En effet, employer des métaphores dérivées du règne animal ou végétal pour désigner des artefacts est un trait transculturel et trans-historique qui caractérise le processus de domination linguistique progressive des inventions technologiques (comme, par exemple, « l'arbre » à cames en « tête » ou la « grue » ou « la souris » de « la pomme » – « Apple » – qu'on utilise à présent dans le monde entier pour exécuter des opérations sur les ordinateurs).

Un troisième groupe de termes employés pour décrire la machine d'Andréas est constitué de néologismes dérivés d'une autre méthode traditionnelle, à savoir l'adjonction d'un suffixe à des verbes d'action technologique ou de production : διάπηγμα de πήγνυμι, ἔλασμα et ἐλασμάτιον de ἐλαύνω ; στρόφωμα de στρέφω. Dans la littérature grecque qui nous est parvenue, ces noms semblent faire leur première apparition dans la technologie du troisième siècle ; en effet, les deux premiers termes apparaissent pour la première fois dans la *Mèchanikè syntaxis IV* de Philon et dans les descriptions de la machine d'Andréas[59] ; et dans la littérature existante, στρόφωμα semble apparaître pour la première fois soit dans une inscription du troisième siècle avant notre ère

56 - *Mèch. synt.*, 4.60 (p. 77.28-29 Thev. = p. 65 Diels/Schramm = p. 152 Marsden) : ὅμοια πυξίσιν ἰατρικαῖς.
57 - *Mèch. synt.*, 4.23 (p. 60.22 Thev. = p. 28 Diels/Schramm = p. 124 Marsden).
58 - *Mèch. synt.*, 4.61 (p. 77.42-50 Thev. = p. 66 Diels/Schramm = p. 152 Marsden).
59 - Voir note 41 ci-dessus.

(mais dans un sens quelque peu différent)[60] soit dans les textes concernant la machine d'Andréas. Chacun de ces noms est un néologisme formé avec le suffixe traditionnel -μα (ἐλασμάτιον est, bien sûr, un diminutif dérivé d'ἔλασμα, désignant ici le produit d'un acte technologique[61]). La formation de néologismes par suffixation a été déjà reconnu formellement par Démocrite comme une manière de s'attaquer au problème des anonymes, ce qu'il appelait peut-être παρονομάζειν[62], et elle est demeurée une riche source de néologismes durant la période hellénistique. Composés de différentes prépositions (avec quelquefois jusqu'à trois prépositions en préfixation), ces mots forgés pouvaient à leur tour engendrer de nouveaux néologismes : διάπηγμα, ἐπίπηγμα.

Ailleurs dans les textes de Philon et Andréas émergent d'autres traits caractérisant la représentation verbale des innovations techniques. Mais les aspects mis en relief ici – expropriation figurative novatrice et réciproque d'un vocabulaire plus ancien, dérivation similaire de néologismes par suffixation ou par préfixation – illustrent le fait que les résonances entre médecine et mécanique vont au-delà des principes théoriques pour atteindre un langage scientifique commun et des stratégies de nomination semblables.

La traversée des frontières qui caractérise les rapports entre la mécanique et la médecine à Alexandrie n'inclut cependant pas seulement le langage mais également, comme l'ont fait apparaître les parties I et II, la culture matérielle. Les emprunts de culture matérielle, de plus, ne sont pas seulement constitués par les auteurs médicaux qui empruntent aux mécaniciens des produits de l'innovation technologique, mais également par les auteurs de technologie mécanique qui font des emprunts à la culture matérielle qui est le cœur traditionnel et historique de la médecine grecque : nourriture, médicaments et traitements pour les blessures.

Dans les extraits subsistants des Livres VII et VIII de la *Mèchanikè syntaxis* (le Livre VII porte sur les préparatifs pour la défense d'une cité, y com-

---

60 - *IG* 11 (2).287A102 (Délos), à propos du domaine du temple d'Apollon à Délos : χοινικίδας ποιῆσαι εἰς τὸ στρόφωμα τῶν θυρῶν τοῦ ναοῦ τοῦ Ἀπόλλωνος ὀγδοήκοντα ὀκτὼ ἠργολάβησεν Αἴθων... Ici στρόφωμα apparaît pourtant dans le sens du pivot ou gond ou de l'axe qui travaille dans les trous ou cavités (χοινικίς) en haut ou en bas d'une porte, sens pour lequel on réserve assez souvent στρόφιγξ (voir, par exemple, Théophraste, *Histoire des plantes*, 5.5.4). Un autre terme apparenté, στροφεύς, est aussi employé à la place de χοινικίς pour le trou dans lequel le pivot d'une porte tourne (par exemple, Aristophane, *Thesmophores* 487 ; Théophraste, *HP* 5.6.4). Sur χοινικίς et στρόφωμα dans l'inscription de Délos, voir les commentaires de Dürrbach ad loc., *IG* 11 (2), p. 142, col. 2. Voir aussi Héron, *Bel.*, 13 (89.2) ; *id.*, *Pneumat.* 1.11 (le diminutif στροφωμάτιον).

61 - Voir Raphael Kühner et Friedrich Blass, *Ausführliche Grammatik der griechischen Sprache*, 3e éd., tome I, Hannover, 1890, p. 272-273 (§329.30); Eduard Schwyzer, *Griechische Grammatik*, tome I, 4ème éd., Munich, 1968, p. 522-524 (III.29c).

62 - 68B26.23 Diels/Kranz.

pris la préparation civile, et le Livre VIII sur l'art du siège)[63], Philon décrit, par exemple, avec des détails considérables quelles nourritures et quels médicaments (φάρμακα) devraient être stockés, et où et comment les différents types de lieux de stockage devraient être construits, comment ils devraient être ventilés, quels matériaux de construction et quelles techniques de construction devraient être employés pour empêcher que les réserves de nourriture ne pourrissent ou ne deviennent infestées et ainsi de suite. Il décrit de même comment les mercenaires blessés devraient être traités[64], comment les machines de guerre devraient être construites pour éviter des blessures physiques à ceux qui les font fonctionner[65], et il prescrit la présence de médecins et de provisions de matériel médical spécifique pour les médecins :

> Il doit aussi y avoir les médecins les plus accomplis à l'intérieur [de la cité assiégée], expérimentés en fait de blessures et dans l'extraction des projectiles, équipés de médicaments et d'instruments appropriés. Et la cité devrait leur fournir des onguents de cire, du miel, des bandages, et des compresses de lin, afin que les soldats qui ont été blessés ne périssent pas, mais au contraire, guérissent rapidement et puissent être utiles ensuite dans des engagements hostiles, faisant [de nouveau] face au danger avec ardeur à cause du traitement médical qui a eu lieu et de l'abondante assistance donnée. Souvent ce sont aussi ces choses qui apportent le salut à la cité[66].

De nombreux autres commentaires sur la manière de préserver la santé de ses propres citoyens (lorsqu'ils sont assiégés) et sur la manière de nuire à

---

63 - Pour des éditions de ces extraits, voir H. Diels et E. Schramm, *Exzerpte aus Philons Mechanik B. VII und VIII (vulgo fünftes Buch). Griechisch und deutsch. Abhandlungen der Preussischen Akademie der Wissenschaften*, Jahrgang 1919, phil.-hist. Kl., Nr. 12, Berlin, 1920. Richard Schöne (éd.), *Philonis Mechanicae syntaxis libri quartus et quintus*, Berlin, 1893 ; le texte que Schöne et d'autres désignent comme « Livre V » a été prouvé par la suite être constitué d'extraits des Livres VII (παρασκευαστικά) et VIII (πολιορκητικά). Garlan, *Recherches de poliorcétique* (note 3 ci-dessus), p. 279-404 (édition, traduction et commentaire). La première partie du Livre VII (« V ») a aussi été éditée (avec une traduction et un commentaire) par Ch. Graux, *Revue de Philologie*, 3 (1879), p. 91-151.

64 - *Mèch. synt.*, 7 (8). iii.45-48 (p. 94.20-31 Thev. = p. 60-61 Diels/Schramm = p. 312 Garlan) : τοὺς δὲ γινομένους τραυματίας τῶν ξένων ἐπιμελῶς θεραπεύειν πάντα τὰ δέοντα παρασκευάζοντας, καὶ ὅσοι ἂν μὴ ἔχωσιν αὐτῶν τοὺς θεραπεύοντας, εἰς τὰς τῶν πολιτῶν οἰκίας διδόναι. Sur ce passage, voir Garlan, *Recherches* (note 3 ci-dessus), p. 386-387. Cf. *OGIS* 266.8-9 ; O. Jacob, « Les cités grecques et les blessés de guerre », *Mélanges Gustave Glotz*, Paris, 1932, tome 2, p. 461-481.

65 - Par exemple, *Mèch. synt.* 7 (8).i.9, i.20, i.32, iii.2, iii.63, iv.39, iv.66-68 (p. 80.14, 81.13, 82.11, 90.49-91.3, 95.32-36, 99.41-44, 101.31-39 Thev. = p. 19, 23, 25, 51-52, 64, 73, 77 Diels/Schramm = p. 292, 293, 295, 314, 320, 322-323 Garlan). Voir Garlan, *Recherches*, p. 376 (sur 7.iii.2), 391-392 (sur 8.iii.63). Philon est cependant tout aussi prompt à dispenser des conseils sur la manière de blesser, empoisonner, et affamer l'ennemi ; voir note 67 ci-dessous.

66 - *Mèch. synt.*, 7 (8). iii.72-73 (p.96.15-26 Thev. = p. 65-66 Diels/Schramm = p. 315 Garlan) : δεῖ δὲ καὶ ἰατροὺς χαριεστάτους ἔνδον εἶναι ἐμπείρους τραυμάτων καὶ βελῶν ἐξαιρέσεως, ἔχοντας φάρμακα καὶ ὄργανα τὰ προσήκοντα, καὶ τὴν πόλιν χορηγεῖν κηρωτὴν καὶ μέλι καὶ ἐπιδέσμους καὶ σπληνία, ἵνα μὴ παραπολλύωνται οἱ στρατιῶται τραυματίαι γενόμενοι, ἀλλὰ ταχὺ ὑγιαζόμενοι χρήσιμοι γίνωνται ἐν ταῖς ὕστερον γινομέναις συμβολαῖς προθύμως κινδυνεύοντες διὰ τὰς γενομένας θεραπείας αὐτοῖς καὶ χορηγίας· πολλάκις δὲ καὶ ταῦτα τῆς πόλεως ἐπὶ σωτηρίᾳ γίνεται.

la santé de ceux qui sont dans la ville ennemie (lorsqu'on est en train de l'assiéger[67]) confirment le puissant intérêt que le technologue hellénistique porte à la médecine et combien il est conscient du fait qu'aucune cité, serait-elle équipée de la technologie militaire la plus avancée, ne saurait survivre sans d'excellentes connaissances médicales.

Les vues de Philon sur les nourritures, les médicaments et les autres provisions médicales qui devraient être stockés en des réserves adéquates ou cultivés dans des jardins privés au sein de la cité (soit sur l'acropole soit dans des sanctuaires ou des jardins sacrés)[68], afin de permettre à la population de survivre en cas de siège, suggèrent que la longue tradition grecque de diététique et de pharmacologie lui était tout à fait familière. Presque chaque nourriture ou drogue mentionnée par Philon dans sa discussion détaillée sur les tactiques de survie des civils en ce qui concerne la nutrition (*Mèchanikè syntaxis VII*) apparaît déjà dans la Collection hippocratique, comme la Table II, colonne c, l'illustre[69]. La pharmacologie et la diététique hellénistiques ne survivent que par une transmission indirecte et très fragmentaire ; malgré ces témoignages très incomplets, la colonne d de la Table II[70] montre que la plupart des ingrédients, des nourritures, et des médicaments recommandés par Philon de Byzance étaient de même recommandés soit par les membres de l'école d'Hérophile, à laquelle Andréas semble avoir été associé[71], soit par Érasistrate ou par l'école des empiristes alexandrins. Philon importe ainsi dans sa *Mèchanikè syntaxis* non seulement la représentation anatomique des machines de guerre, mais également « les meilleurs médecins » et une sélection de la riche tradition grecque de diététique, de médicaments et d'autres provisions médicales.

---

67 - Par exemple *Mèch. synt.* (7) 8.iv.61-63 (p.101.11-24 Thev. = p. 76 Diels/Schramm = p. 322 Garlan). Voir aussi 7 (8).i.22, i.32, ii.53, iii.18, iv.91-92 (p. 81.25-27, 82.12, 90.14-24, 92.22-26, 103.30-33 Thev. = p. 24, 25, 49-50, 55-56, 81 Diels/Schramm = p. 294, 306, 309, 325 Garlan). Cf. Garlan, *Recherches*, p. 374.

68 - *Mèch. synt.* 7 (8). ii.48 (p.89.38-41 Thev. = p. 48 Diels/Schramm = p. 305 Garlan) : συμφέρει δὲ καὶ κηπία ἐν ταῖς ἰδίαις οἰκίαις καὶ ἐν τοῖς ἀκροπόλεσιν καὶ ἔν τε τοῖς <ἄλσεσι καὶ> τεμένεσι τῶν θεῶν κατασκευάζειν ὑγιείας ἕνεκεν καὶ ἐάν τις συμβαίνει πολιορκία.

69 - Dans la colonne c je ne cite qu'un seul exemple des occurrences de chaque mot dans la Collection hippocratique.

70 - Pour Héroph. (= Hérophile), *An.* (=Andréas), *Ma.* (Mantias), *Cr.* (Chrysermos), *AM.* (Apollonios Mys) et *DP.* (Démosthène Philalethès) voir von Staden, *Herophilus* (n. 3 ci-dessus), chapitres VIII, XI, XVIII, XX, XXIII et XXVIII. Pour Empir. (=les Empiristes) voir Karl Deichgräber, *Die griechische Empirikerschule*, 2eme éd., Berlin/Zurich, 1965. Pour Eras. (= Erasistrate) voir Ivan Garofalo (éd.), *Erasistrati fragmenta*, Pise, 1988. Dans la colonne d je ne cite qu'un exemple des occurrences de chaque mot dans la médecine ou biologie hellénistiques.

71 - Voir note 5 ci-dessus.

TABLE II

a.	b.	c.	d.
	Philon de Byzance	*Collection hippocratique*	*Les écoles médicales hellénistiques*
αἰγίλωψ, sorte d'avoine	p. 89.35 Thev.		*AM.* 46
ἀμοργός (ἀμόργη), lie d'olive, marc d'huile	p. 86.34, 86.45, 87.3	*Ulc.* 12	Empir. fr. 221
ἀμύγδαλον, amande	p. 88.45-46, 89.3	*Vict.* 2.55	*AM.* 18
ἄρακος, gesse sauvage	p. 86.32	Cf. Gal. XIX, p. 85,7K.	(Cf. Théophr., *HP.* 8.8.3)
ἄρον, arum	p. 89.44	*Ulc.* 16	*AM.* 28
ἄρτος, pain	p. 86.27, 89.24	*Aff.* 43	*An.* 41
βολβός, jacinthe (?) ; cf. Littré 7, 454 n. 5	p. 88.26, 89.16	*Epid.* 7.101	*AM.* 28
βούτυρον, beurre	p. 89.34	*Mul.* 1.44	*AM* 67
γίγαρτον, pépin de raisin	p. 89.27	*Mul.* 2.112	Eras. fr. 132 G.
ἐλαία, olive	p. 88.38	*Nat. Mul.* 103	*AM.* 16
ἔλαιον, huile (d'olive)	p. 88.44, 89.1, etc.	*Morb.* 2.13	*AM.* 11
ἐπίδεσμος, bandage	p. 96.19	*Off.* 9	*Ma.* 14 (ἐπίδεσις)
ἐρέβινθος, pois chiche	p. 86.24	*Vict.* 2.54	Empir. fr. 229
ζωμός, soupe, bouillon	p. 89.34	*Vict.* 3.75	*DP.* 12
ἧπαρ, foie (d'animaux)	p. 86.35, 88.7	*Mul.* 1.78	Héroph. fr. 260
θέρμος, lupin	p. 86.24	*Acut. (Sp.)* 18	*AM.* 12
θρίδαξ, laitue	p. 89.44	*Epid.* 7.82	Empir. fr. 162
ἱππάκη, (fromage de) lait de jument, une légumineuse	p. 86.25	*Aer.* 18 ; cf. *Morb.* 4.51	Cf. Thphr., *HP.* 9.13.2
κάχρυ<ς>, orge séché	p. 86.23	*Morb.* 2.67	Cf. Thphr., *HP.* 9.11.10

κέγχρος, millet	p. 86.26	*Acut.* 7	Cf. Thphr., *HP.* 1.11.2
κηρωτή, cérat, baume de cire	p. 96.18	*Fract.* 4	Héroph. fr. 257 (κηρός)
κολοκύνθη, courge, citrouille	p. 89.43	*Epid.* 6.5.15	*AM.* 11
κόνυζα, conyze, érigéron	p. 88.12	*Int.* 44	*AM.* 13
κράμβη, chou	p. 89.44	*Superf.* 29	Eras. fr. 281 G.
κρέας, viande	p. 86.28, 89.32	*VM* 8	
κριθή, orge	p. 86.39, 88.9	*Acut.* 3	*AM.* 44
κυκεών, posset, cycéon	p. 89.21	*Epid.* 6.6.3	Eras. fr. 114 G.
λάχανον, légume	p. 89.45	*Epid.* 7.76	Empir. fr. 162
μάραθ(ρ)ον, fenouil	p. 89.29	*Mul.* 1.78	*AM.* 28
μέλι, miel	p. 88.37, 88.43, 89.12-20, 96.16, etc.	*Haem.* 2	Héroph. fr. 260
μήκων, pavot, opium	p. 88.35	*Vict.* 2.45	Héroph. fr. 259 (μηκώνιον)
μολόχη (=μαλάχη), mauve	p. 89.10	*Acut. (Sp.)* 1 8	*AM.* 11
ὄξος, vinaigre	p. 86.49, 87.8, 90.11, 90.26, 99.26	*Liqu.* 4	Héroph. fr. 257
ὀρίγανος, origane, marjolaine	p. 88.12	*Vict.* 2.54	*AM.* 19
ὄροβος, vesce, ers, orobe	p. 86.25	*Morb.* 2.20	*Cr.* 6
ὀρόβινον ἄλευρον, farine de vesce	p. 89.18	*Int.* 12 (ἄλευρον ὀρόβων)	
ὄσπριον, graine légumineuse	p. 88.9, 88.14	*Acut.(Sp.)* 18	*DP.* 12
πυρός, blé, froment	p. 86.24, 86.40, 87.7, 88.9	*Vict* 3.82	Cf. Thphr., *HP.* 8.4.3
σήσαμον, sésame	p. 86.25, 88.38, 88.43-46, 89.3	*Salubr.* 4	*AM.* 12

σκίλλα, scille	p. 88.26, 88.32, 88.47-51,89.11-15	*Mul.* 2.134-5	*Cr.* 6
σπληνίον, compresse ou bandage de lin pour les plaies ou fractures	p. 96.19	*Fract.* 27	*Ma.* 10
σταῖς, pâte de farine	p. 89.25	*Artic.* 38	Cf. Thphr., *Od.* 51
σταφίς (=ἀσταφίς), raisin sec	p. 89.28	*Acut.* 17	*An.* 19
συκέα, figuier	p. 89.42	*Ulc.* 11	*AM.* 11
σῦκον, figue	p. 89.27	*Vict.* 2.45	*AM.* 19
τῆλις, fenugrec	p. 88.10	*Mul.* 2.194	*AM.* 11
τρυγία (τρύξ) οἰνηρά, lie de vin	p. 86.29	*Mul.* 2.190	*AM.* 11
φοινικικοὶ ἄρτοι, pain de dattes	p. 86.27[72]		
φοῖνιξ, dattier, palmier	p. 89.42, 91.4	*Artic.* 80	*AM.* 71

L'interaction entre la médecine alexandrine et la tradition mécanique hellénistique (à laquelle Alexandrie a apporté une contribution essentielle, comme Philon lui-même le souligne) a donc pris place à une multitude de niveaux différents. Elle incluait des échanges conceptuels, théoriques, linguistiques et matériels. Cette interaction a sans aucun doute été facilitée par le fait que la médecine et la mécanique – au moins sous les formes représentées par Andréas et Philon de Byzance – partageaient la même culture urbaine, que toutes deux avaient des liens essentiels avec la culture de cour alexandrine et avec la technologie de guerre ptolémaïque, et qu'une royauté ambitieuse attribuait une très grande valeur aux τέχναι et témoignait activement son intérêt tant pour la technologie que pour la médecine. De manière au moins aussi significative, les représentants majeurs des deux τέχναι étaient des personnes d'une culture étendue qui unissaient un engagement dans l'innovation technologique avec une conscience profonde de l'histoire en marche[73], gar-

72 - Le dattier était connu des Grecs dès *l'Odyssée* (par exemple, 6.163) et était largement diffusé dans la Méditerranée antique. Il serait donc imprudent de tirer des conclusions biographiques sur Philon à partir du fait qu'il mentionne des dattes et du pain de dattes dans son traité. Cf. colonne c, s.v. φοῖνιξ.

73 - Andréas, par exemple, a écrit sur l'obstétrique, la physiologie de la reproduction, les remèdes sous forme de drogues, les poisons animaux et leurs antidotes, la pathologie (y compris l'hydrophobie) et l'histoire médicale ; voir von Staden, *Herophilus*, p. 473-477.

dant leur attention tournée à la fois en arrière vers leurs précurseurs, et autour d'eux, vers leurs contemporains, alors même qu'ils étaient en train de franchir de nouvelles frontières[74].

74 - Je souhaite remercier Mme Claire Moisan et M. Brian Fuchs pour leur aide précieuse, ainsi que M. Gilbert Argoud et M. Jean-Yves Guillaumin qui ont rendu ma participation au colloque de Saint-Étienne possible. Je suis très reconnaissant à M. Christian Jacob, M. Philippe Fleury, Mme Amneris Roselli, Mme Armelle Debru et Mme Danielle Gourevitch pour leurs commentaires très utiles. Je dois au Seminar für klassische Philologie de la Freie Universität Berlin, et en particulier aux Professeurs Bernd Seidensticker et Widu-Wolfgang Ehlers, les plus chaleureux remerciements pour les généreuses conditions de travail qui m'ont permis d'écrire cette contribution pendant le printemps de 1996.

Bibliographie

Maximilian Arnim, *De Philonis Byzantii dicendi genere*, Diss. Greifswald, 1912.

Karl Deichgräber, *Die griechische Empirikerschule*, 2e éd., Berlin/Zurich, 1965.

H. Diels et E. Schramm, *Philons Belopoiika (viertes Buch der Mechanik). Griechisch und deutsch. Abhandlungen der Preussischen Akademie der Wissenschaften*, Jahrgang 1918, phil-hist. Kl., Nr. 16, Berlin, 1919.

H. Diels et E. Schramm, *Exzerpte aus Philons Mechanik B. VII und VIII (vulgo fünftes Buch). Griechisch und deutsch. Abhandlungen der Preussischen Akademie der Wissenschaften*, Jahrgang 1919, phil.-hist. Kl., Nr, 12, Berlin, 1920.

A.G. Drachmann, *Ktesibios, Philon and Heron. A study in ancient pneumatics*. Acta Historica Scientiarum Naturalium et Medicinalium, vol. IV, Copenhagen, 1948.

– *The mechanical technology of Greek and Roman antiquity. A study of the literary sources*, Copenhagen, 1963.

Gian Arturo Ferrari, « Mecanica 'allargata », dans : *La scienza ellenistica*, éd. par Gabriele Giannantoni et Mario Vegetti, Naples, 1984, p. 225-296.

Yvon Garlan, « Cités, armées et stratégie à l'époque hellénistique d'après l'œuvre de Philon de Byzance », *Historia*, 22 (1973), p. 16-33.

Yvon Garlan, *Recherches de poliorcétique grecque*, Paris, 1974.

Ch. Graux, « Philon de Byzance (*Fortifications*) », *Revue de Philologie*, 3 (1879), p. 91-151.

O. Jacob, « Les cités grecques et les blessés de guerre », *Mélanges Gustave Glotz*, Paris, 1932, tome II, p. 461-481.

E.W. Marsden, *Greek and Roman Artillery. Historical Development*, Oxford, 1969.

– *Greek and Roman Artillery. Technical Treatises*, Oxford, 1971 (édition, traduction, commentaire).

Markwart Michler, *Die alexandrinischen Chirurgen* (= *Die hellenistische Chirurgie, Teil I*), Wiesbaden, 1968.

K.K. Müller, « Biton (5) » *Pauly's Real-Encyclopädie*, 3.1, Stuttgart, 1897, 545-546.

K. Orinsky, O. Neugebauer, A.G. Drachmann, « Philon (48) », *Paulys Real-Encyclopädie der classischen Altertumswissenschaft*, 20.1, Stuttgart, 1941, col. 53-54.

A. Rehm et E. Schramm, *Bitons Bau von Belagerungsmaschinen und Geschützen. Griechisch und Deutsch. Abhandlungen der Bayerischen Akademie der Wissenschaften,* philos.-hist. Abteilung, N.F. 2, München, 1929.

Richard Schöne, éd., *Philonis Mechanicae syntaxis libri quartus et quintus*, Berlin, 1893.

M. Vegetti, « I nervi dell'anima », dans : *Galen und das hellenistische Erbe*, éd. par J. Kollesch et D. Nickel (*Sudhoffs Archiv*, Beiheft 32, 1993), p. 63-77.

H. von Staden, « Body and Machine : Interactions between Medicine, Mechanics, and Philosophy in Early Alexandria », dans *Alexandria and Alexandrianism*, The J. Paul Getty Museum, Santa Monica, 1996, p. 85-106.

– « Teleology and Mechanism : Aristotelian Biology and Early Hellenistic Medicine », dans *Aristotelische Biologie : Intentionen, Methoden, Ergebnisse*, éd. par W. Kullmann et S. Föllinger (*Philosophie der Antike*, tome VI ; Stuttgart : F. Steiner Verlag, 1997 ; sous presse).

– *Herophilus. The Art of Medicine in Early Alexandria*, Cambridge, 1989 (réimpr. 1994).

Fabio Stok

La fisiognomica fra teoria e pratica

I testi che formano il *corpus* degli *scriptores physiognomonici* pubblicato nel secolo scorso da Fœrster[1] delineano una tradizione dottrinale piuttosto compatta, nella sistemazione teorica e nell'organizzazione trattatistica. L'assunto centrale della dottrina (regolarità della corrispondenza tratti fisiognomici/carattere) è accompagnato, già nello pseudoaristotelico *physiogn.* (cfr. 1,805a 20-30), dall'indicazione di tre diversi « metodi » fisiognomici, che rivelano in parte le ascendenze culturali della dottrina stessa : quello zoologico (tratti fisiognomici che evocano figure animali), quello etnografico (caratteristiche somatiche tipiche di singoli popoli) e quello semiotico (espressioni e posture caratteristiche di determinati stati d'animo) ; questa distinzione è rilevabile nel trattato di Polemone e poi senz'altro ripresa dall'anonimo latino del IV sec. (cfr. *physiogn.* 9), senza rivelare tracce di elaborazioni ulteriori. Parimenti immutata, dal capostipite pseudoaristotelico alle testimonianze più tarde, è la configurazione dei trattati, fortemente orientata in direzione della pratica : elenchi di tratti fisiognomici e di corrispondenti tratti caratteriali, finalizzati evidentemente ad un uso manualistico.

In appendice ai testi in questione, Fœrster pubblicò anche una *sylloge locorum physiognomonicorum*[2], cioè una raccolta dei passi, di opere che spaziano dai pœmi omerici al V sec. d.C., nei quali è ravvisabile un qualche riferimento al rapporto fra il carattere di un personaggio e la sua apparenza esteriore. Per la parte più antica questo materiale evidenzierebbe una sorta di « physiogno-

1 - Cfr. *Scriptores Physiognomonici Graeci et Latini*, rec. R. Fœrster, 2 voll., Lipsiae 1893. L'ed. comprende : un testo composito, di ambiente peripatetico del sec. III a.C., attribuito dalla tradizione ad Aristotele (*physiogn.* : p. 805a-814b B.) ; una versione araba (con trad. lat.) del trattato di Palemone di Laodicea (sec. II d.C.) ; due epitomi bizantine della parafrasi del trattato di Palemone allestita nel sec. IV da Adamanzio ; un anonimo *De physiognomonia* in latino (attribuito nel secolo scorso ad Apuleio, ma in realtà del sec. IV d.C.) ; e qualche altro frammento apocrifo di tradizione araba o bizantina.

2 - Nel volume II dell'ed., a p. 233-336, *addenda* a p. 337-52. Ulteriori integrazioni vennero proposte qualche anno dopo da R. Asmus, « Vergessene Physiognomika », *Philologus* 65 (1906), p. 410-24.

mic consciousness »[3], precedente l'elaborazione della dottrina vera e propria ; per il resto, esso voleva documentare, nelle intenzioni di Fœrster, la grande fortuna incontrata dalla dottrina stessa, nell'intero arco temporale dell'Antichità (ed ancora oltre nei suoi epigoni moderni, fino al suo definitivo declassamento quale « pseudo-scienza »). Questo assunto di Fœrster venne ripreso successivamente dalla Evans, con una rilevazione sistematica degli echi della fisiognomica in generi ed autori diversi, dall'epigrammatica alla medicina, dal teatro alla storiografia[4].

Questa impostazione della ricerca, mai messa chiaramente in discussione dagli studi successivi[5], comporta una certa opacità nella definizione dello statuto da assegnare alla dottrina testimoniata dai testi in esame e più in generale della collocazione della fisiognomica nell'ambito della cultura antica.

3 - Così E.C.Evans, *Physiognomics in the Ancient World*, Philadelphia [Trans. of the Am. Philos. Soc. 59.5] 1969, p. 5.

4 - Cfr. la monografia cit. a n. 3 : raccoglie i risultati dei precedenti E.C. Evans, « Quomodo corpora voltusque hominum auctores Latini descripserint », *Harv. St. Class. Philol.* 41 (1930), p. 192-95 ; Ead., « Descriptions of Personal Appearance in Roman History and Biography », *Harv. St. Class. Philol.* 46 (1935), p. 43-84 ; Ead., « The Study of Physiognomy in the Second Century A.D. », *Trans. and Proc. of the Amer. Philolog. Ass.* 72 (1941), p. 96-108 ; Ead., « Galen the Physician as Physiognomist », *Trans. and Proc. of the Amer. Philolog. Ass.*, 76 (1945), p. 287-98 ; Ead., « Literary Portraiture in Ancient Epic », *Harv. St. Class. Philol.* 58-59 (1948), p. 189-217 ; Ead., « A Stoic aspect of Senecan Drama : Portraiture », *Trans. and Proc. of the Amer. Philolog. Ass.* 81 (1950), p. 160-84 ; Ead., « Physiognomists in the Roman Empire », *Class. Jour.* 45 (1950), p. 277-82.

5 - Più equilibrata era la v. « Physiognomik » di J. Schmidt, in Pauly-Wissowa, *Real-Encyclopädie* XX.1 [1941], c. 1064-74 ; una buona sintesi dei problemi è offerta ora da M.M. Sassi, « Fisiognomica », in *Lo spazio letterario della Grecia antica*, edd. G. Cambiano, L. Canfora, D. Lanza, v. I.2, Roma 1993, p. 431-48 (cfr. anche M.M. Sassi, *La scienza dell'uomo nella Grecia antica*, Torino 1988, p. 46-80). Sommari i contributi di A. MacC. Armstrong, « The Methods of the Greek Physiognomists », *Greece and Rome* 5 (1958), p. 52-56 ; R. Megow, « Antike Physiognomielehre », *Das Altertum* 9 (1963), p. 213-21 ; P. Magli, « Ancient Physiognomics », *VS* 50/51 (1988), p. 39-55 (cfr. anche P. Magli, *Il volto e l'anima*, Bologna 1995, su cui però cfr. i rilievi di A. Roselli, in *Belfagor* 51 [1996], p. 345-51) ; M.-H. Marganne, « De la physiognomonie dans l'Antiquité gréco-romaine », in *Rhétorique du corps*, éd. Ph. Duboys, Y. Winkin, Bruxelles 1988, p. 13-24 ; C. Crapis, « Momenti del paradigma semiotico nella cultura latina : segno metereologico e fisiognomica », *Aufidus* 13 (1991), p. 75-80 ; R. Herzog, « Mnemotechnik des Individuellen : Überlegungen zur Semiotik und Ästhetik der Physiognomie », in *Gedächtniskunst : Raum, Bild, Schrift*, hrsg. von A. Haverkamp u. R. Lachmann, Frankfurt a.M. 1991, p. 165-88 ; utili le introduzioni di J. André a Anonyme Latin, *Traité de physiognomonie*, éd. par J. A., Paris 1981, e di G. Raina a Pseudo Aristotele, *Fisiognomica*, a c. di G. R., Milano 1993 ; su aspetti specifici della fortuna della fisiognomica cfr. L. De Biasi, « I ritratti dei personaggi in Darete Frigio : raffronto con i testi fisiognomici », *Koinonia* 3 (1979), p. 53-112 (cfr. anche L. De Biasi, « Ditti Cretese e Darete Frigio (con cenni sul romanzo antico e sulla scienza fisiognomica) », in I. Lana, *La storiografia latina nel IV secolo d.C.*, Torino 1990, p. 210-19) ; G. Raina, « Il verisimile in Menandro e nella fisiognomica », in *Il meraviglioso e il verosimile*, a c. di D. Lanza e O. Longo, Firenze 1989, p. 172-85 ; è prevalentemente dedicato alla ritrattistica il lavoro di R. Winkes, « Physiognomonia : Probleme der Charakterinterpretation Römischer Porträts », in *Aufstieg und Niedergang der Römischen Welt*, v. I.4, Berlin/New York 1973, p. 899-926.

L'idea che ne emerge della fisiognomica è quella di una disciplina scientifica riconosciuta, autorevole e ben integrata nell'ambito della scienza antica[6].

E'emblematica, per questo aspetto, la ricostruzione che la Evans propone del rapporto fisiognomica/medicina, per cui « closely associated with the general field of physiognomy and explanatory of many of its principles is the theory of the humors »[7]. E'probabile che nell'elaborazione della dottrina fisiognomica confluissero anche contributi di carattere medico, del tipo di quelli testimoniati dall'ippocratico *epid.* 2,5-6 (V 128 sgg. L.), dove è rilevato il valore prognostico di tratti prettamente fisiognomici. Ma la fase più antica della riflessione fisiognomica appare piuttosto oscura, ed enigmatica resta anche la figura di Loxus, il medico-fisiognomo, di discussa datazione[8], che l'autore del latino *De physiognomonia* indica come propria fonte, accanto ad Aristotele e a Polemone (cfr. *physiogn.* 1)[9]. Nella versione che ce ne rimane, comunque, la dottrina fisiognomica non rivela tracce dirette dell'umoralismo ippocratico, al di là della preponderante mediazione costituita dalla zoologia aristotelica.

Analoghe obiezioni si possono rivolgere alla Evans per la sua identificazione di Galeno tout court quale « Physiognomist ». La consonanza di questo autore con la fisiognomica sarebbe tale da postulare un rapporto diretto di Galeno con Polemone : « from the fact that Polemo's handbook of physiognomy was quoted repeatedly in ancient times it would be difficult for us not to believe that Galen, though he dœs not refer to it specifically, became familiar with it during its stay in Smyrna »[10]. A sostegno di questa tesi la Evans cita il rinvio di *anim. mor. corp. temp.* 7 (IV 797-798 K. = p. 57,5-13 Helmreich) ad un perduto trattato aristotelico di fisiognomica e ad Ippocrate, qui definito il primo fra tutti i medici e i filosofi ad aver scoperto l'osservazione di tipo fisiognomico :

> ([...]ἐπὶ τὸν πάντων ἰατρῶν τε καὶ φιλοσόφων πρῶτον εὑρόντα τὴν θεωρίαν ταύτην ἀφικέσθαι μάρτυρα, τὸν θεῖον Ἱπποκράτην).

---

6 - Cfr. per es. Megow, *art. cit.*, p. 216-17 : « φυσιογνωμονική niemals Anspruch auf echte Wissenschaftlichkeit im moderner Sinne erheben kann, so ernsthaft und wissenschaftlich sie den Alter erschienen sein mag ».

7 - Cfr. Evans, *Physiognomics..., op. cit.*, p. 17.

8 - Cfr. R. Fœrster, « De Loxi Physiognomonia », *Rhein. Museum* 43 (1888), p. 505-11 (metà del sec. III a.C.) ; G. Misener, « Loxus, Physician and Physiognomist », *Class. Philol.* 18 (1923), p. 1-22 (prima metà del sec. IV a.C.).

9 - Sul valore convenzionale di questa terna di fonti a cui rinvia l'autore di *physiogn.* cfr. F. Stok, « Il Prologo del *De physiognomonia* », in *Prefazioni, prologhi, prœmi di opere tecnico-scientifiche latine*, a c. di C. Santini e N. Scivoletto, v. II, Roma 1992, p. 499-517.

10 - Cfr. Evans, « Galen... », *cit.*, p. 288 (cfr. anche Evans, *Physiognomics..., op. cit.*, p. 24). Una più documentata valutazione dei rapporti di Galeno con la cultura della sua epoca è in J. Kollesch, « Galen und die Zweite Sophistik », in *Galen : Problems and Prospects*, ed. V. Nutton, London 1981, p. 1-11.

Ma al di là della qualifica di εὑρετής della fisiognomica assegnata ad Ippocrate, Galeno fa riferimento specifico ad un'opera, il *De aëre aquis et locis*, che interessa la fisiognomica etnografica, un filone evocato (come abbiamo visto) dalla stessa trattatistica fisiognomica, ma che conservò una sua tradizione autonoma, da Erodoto a Posidonio ed oltre[11].. Proprio la fisiognomica etnografica, di tipo descrittivo e non predittivo, era peraltro quella più funzionale al discorso sviluppato da Galeno in *anim. mor. corp. temp.*, dove la tesi del condizionamento esercitato sull'anima dal corpo e dal temperamento (in polemica con l'intellettualismo stoico) è funzionale alla definizione delle competenze che spettano alla medicina nella terapia dell'anima[12]. Nell'opuscolo galenico, più in generale, non è rilevabile alcun riscontro specifico con la dottrina fisiognomica, nei termini in cui essa è testimoniata dalla tradizione trattatistica. Considerazioni analoghe si possono fare per i numerosi altri passi galenici citati già da Fœrster come attinenti alla fisiognomica[13] : si tratta per lo più trattazioni relative alla semeiotica, talora alla teoria dei temperamenti, che in Galeno è fortemente ancorata sulla teoria umoralistica. Proprio l'umoralismo costituisce l'elemento che potremmo considerare discriminante fra la dottrina fisiognomica e la tradizione medica (e per questo aspetto bisognerà considerarle modelli antagonisti, più che teorie integrate) : questa considerazione vale sia per i temperamenti galenici, fondati sulle qualità fondamentali (secco, umido ecc.), sia per la fortunata classificazione dei temperamenti definiti dalla prevalenza costituzionale di uno dei quattro umori fondamentali, a partire dalla sistemazione testimoniata dall'ippocratico *De natura hominis*. La dottrina fisiognomica (se si prescinde dal precedente di Loxus, che avrebbe individuato nell'elemento-sangue l'elemento causale della fisiognomica : cfr. *physiogn.* 2), restò estranea a questi sviluppi della caratteriologia medica[14], limitandosi a proporre una corrispondenza tratti fisiognomici/caratteri che era probabilmente più funzionale ad una pratica di tipo predittivo. Oltre che a fondarsi su un'esplicazione teorica « forte », qual'era la teoria degli umori (ma anche sull'astrologia, nella tradizione più tarda[15]), la classificazione dei temperamenti pseudoippocratici prevedeva, diversamente dalla fisiognomica, un numero limitato

11 - Un buon inquadramento è in M.M. Sassi, *La scienza..., op. cit.*, p. 96-127 (cfr. anche le puntualizzazioni di G.E.R. Lloyd, « The invention of nature », in *The concept of nature*, ed. J. Torrance, Oxford 1992, p. 16-18) ; per gli esiti in età ellenistica e romana cfr. F. Stok, « Paradigmi dell'etnografia antica », *Il piccolo Hans* 78 (estate 1993), p. 74-96.

12 - Cfr. G.E.R. Lloyd, « Scolarship, Autorship and Argument in Galen's *Quod animi mores* », in *Le opere psicologiche di Galeno. Atti del terzo colloquio galenico internazionale Pavia, 10-12 settembre 1986*, a c. di P. Manuli e M. Vegetti, Napoli 1988, p. 11-42.

13 - Cfr. Fœrster, *ed. cit.*, v. II, p. 283-99.

14 - Cfr. il quadro delineato da R. Joly, « La caractériologie antique jusqu'à Aristote », *Rev. Belge de Philol.* 40 (1962), p. 5-28.

15 - Cfr. il ben noto R. Klibansky, E. Panosky, F. Saxl, *Saturn and Melancholy*, London 1964.

di tipi morfologici (melancolico, flegmatico, bilioso e sanguigno) ; nella fisiognomica, anche limitandoci a quella di tipo zoologico, i tipi animali sono numerosi, e comunque non formano una tipologia definita. Il successo della classificazione pseudoippocratica, ben documentato a partire dal II sec. d.C. ma certamente precedente[16], contribuì probabilmente a circoscrivere l'area di utilizzazione e di diffusione della fisiognomica. E'peraltro significativo che fisiognomica e classificazione pseudoippocratica tendano a sovrapporsi ancora nella tradizione araba e medievale, nonostante il venir meno delle ragioni teoriche e pratiche dell'antagonismo.

La rilevata demarcazione medicina umorale/fisiognomica è significativamente segnalata dallo stesso Galeno a *temp.* 2,6 (I 624 K. = p. 72,14-19 Helmreich), dove è rilevato il disinteresse dei fisiognomi per ciò che spiega le corrispondenze fisiognomia/carattere (cioè, sostanzialmente, per la teoria umorale) :

> οὐδὲ γὰρ ὅτι λέοντι μὲν ἐμφερὴς τὰ στέρνα, τράγῳ δέ τὰ κατὰ μηροὺς ἐπειδὰν φῶσι [scil. οἱ φυσιογνωμονεῖν ἐπιχειροῦντες], τὴν πρώτην αἰτίαν ἐξευρήκασι. διὰ τί γὰρ ὁ μὲν λέων θυμικὸς, ὁ δὲ τράγος ἀφροδισιαστικὸς, ὁ λόγος ἐξευρεῖν ἐπιζητεῖ. μέχρι γὰρ τοῦδε τὸ μὲν γιγνόμενον εἰρήκασι, τὴν δ' αἰτίαν αὐτοῦ παραλελοίπασιν.

E'significativo, in questo passo, il riferimento alla fisiognomica di tipo zoologico, probabilmente quella più diffusa e praticata, e soprattutto il fatto che Galeno non faccia riferimento a singoli autori o trattati, bensì alla pratica degli fisiognomi (οἱ φυσιογνωμονεῖν ἐπιχειροῦντες), evidentemente diffusa nella sua epoca.

La testimonianza di Galeno conferma un dato suggerito dalla stessa configurazione manualistica dei trattati, e cioè lo statuto prevalente di *techne* mantenuto dalla fisiognomica anche dopo la sua sistematizzazione teorica in ambito peripatetico. Pratiche fisiognomiche, va precisato, sono attestate già in età arcaica : una mantica di tipo fisiognomico è ben documentata per l'area babilonese[17] ; un *fisiognomon* di nome Zopiro sarebbe stato attivo ad Atene nell'epoca di Socrate, secondo un aneddoto ripreso da varie fonti (cfr. Cic. *fat.* 10 e *Tusc.* 4,80 ; Alex. Phil. *fat.* 6), ed esso è forse identificabile nel mago siriaco che avrebbe predetto la morte dello stesso Socrate secondo la notizia ripresa in Diog. Laert. 2,45 ; di un φυσιογνώμων che riconduceva le espressioni umane o quelle di due o tre animali parla Aristotele a *gen. an.* 4,3 769b 20-22.

Sembra probabile che già nella fase più antica l'attività dei fisiognomi comprendesse sia la deduzione del carattere del personaggio osservato, sia la dedu-

16 - Cfr. F. Stok, « *Natura corporis*. Costituzioni e temperamenti in Celso e nella cultura dell'età imperiale », in *Lingue tecniche del latino e del greco* v. II, a c. di S. Sconocchia e L. Toneatto (in corso di stampa).

17 - Ancora valido il lavoro di F.R.Kraus, *Die physiognomonischen Omina der Babylonier*, Leipzig 1935 ; cfr. anche J. Bottéro, « Symptômes, signes, écritures en Mésopotamie ancienne », in J.P. Vernant et al., *Divination et rationalité*, Paris 1974, p. 70-197.

zione del suo futuro. La sistemazione pseudoaristotelica rivela per questo aspetto un preciso intento di delimitazione, escludendo dalla fisiognomica non solo attività di tipo mantico, ma anche la deduzione dei tratti acquisiti del carattere, cfr. Ps. Aristot. *physiogn.* 2 806a 23-26 :

> ἡ μὲν οὖν φυσιογνωμονία ἐστί, ... περὶ τὰ φυσικὰ παθήματα τῶν ἐν τῇ διανοίᾳ, καὶ τῶν ἐπικτήτων ὅσα παραγινόμενα μεθίστησι τῶν σημείων τῶν φυσιογνωμονουμένων.

Questa delimitazione dell'attività fisiognomica fu probabilmente contestuale alla sistemazione teorica testimoniata dalla trattatistica. La fase di formazione della teoria è peraltro ricostruibile solo con approssimazione. Riscontri significativi sono individuabili nell'opera aristotelica : per es. in *an. pr.* 2,27.70b5-7, dove è evidenziata la logica dell'inferenza carattere/fisiognomia che è presupposta dalla tradizione trattatistica[18] ; diffusamente in *hist. an.*, dove l'osservazione fisiognomica è parte rilevante dell'analisi della morfologia animale. Nel complesso la fisiognomica rivela uno sforzo di sistematizzazione su basi scientifiche di un tipo di esperienza che in parte appartiene alla vita quotidiana, in parte era quella oggetto delle citate pratiche di tipo mantico. L'operazione era analoga a quella che caratterizza in questa stessa epoca la definizione di altre *technai*, e cioè definire regole generalizzanti per una pratica che era di tipo intuitivo ed individualizzante[19].

Ma il tentativo di collocare la fisiognomica in un ambito teorico-scientifico « alto » sembra esaurito già all'altezza dei due trattati pseudoaristotelici confluiti nel testo trádito. Nella tradizione successiva riemergono, significativamente, accenni all'utilizzazione della fisiognomica a scopo mantico : l'accenno di Polem. 70 [v. I p. 290,16-20 F][20] trova per questo aspetto riscontro in *physiogn.* 133, che peraltro attribuisce questo tipo di sviluppo non solo a Polemone, ma già a Loxus :

> usque adeo Polemon et Loxus doctrinam hanc praeferunt ut etiam futurorum quaedam praedicere eam confirment.

E'possibile che i due tipi di pratica (deduzione del carattere e previsione del futuro) rimanessero almeno in parte distinti : Galeno, nel citato *temp.* 2,6, sembra riferirsi ad una pratica di tipo non mantico ; a due diverse pratiche fa forse riferimento Clemente Alessandrino a *strom.* 1,135,2 (p. 84,1-4 Stählin), dove sono citati fisiognomi medici e mantici (οἱ φυσιογνωμονοῦντες ἰατροί τε καὶ μάντεις). Ma nelle testimonianze di età imperiale l'attività fisiognomica pre-

---

18 - Cfr. M.F. Burnyeat, « The Origins of Non-Deductive Inference », in *Science and Speculation. Studies in Hellenistic Theory and Practice*, ed. J. Barnes et al., Cambridge/Paris 1982, p. 203.228-29.

19 - Cfr. Sassi, « Fisiognomica », *art. cit.*, p. 445.

20 - Su cui cfr. R.A. Pack, « Artemidorus and the Physiognomists », *Trans. and Proc. of the Amer. Philolog. Ass.* 72 (1941), p. 321-34.

valente sembra quella di tipo mantico[21] : di questo tipo erano certamente i φυσιογνωμονικοί con cui polemizza Artemidoro a *onir.* 2,69[22]; alla previsione del destino futuro dell'individuo si dedicavano i *metoposcopi* della tradizione latina (cfr. Plin. *nat.* 35,88 e Svet. *Tit.* 2,1 ; cfr. anche Petr. 126,3).

Questa configurazione assunta dalla pratica fisiognomica andrà tenuta presente nel valutare l'effettivo impatto della dottrina fisiognomica nella cultura ellenistica e romana, al di là delle numerose riprese di tematiche fisiognomiche censite da Fœrster e dalla Evans.

Il caso forse più eclatante della « fortuna » che è stata attribuita alla fisiognomica è quello relativo ai ritratti fisiognomici della tradizione biografica. Il riferimento riguarda prioritariamente i *Caesares* di Svetonio, in cui il ricorso alla descrizione fisiognomica dei biografati appare più ampio e sistematico (di Svetonio risente la tradizione tardoantica, rappresentata dall'*Historia Augusta* e da Ammiano Marcellino[23]) ; un interesse decisamente minore è riservato alla descrizione fisiognomica nell'altra grande raccolta di biografie che ci è rimasta, le *Vitae parallelae* di Plutarco.

Già Fœrster aveva sostenuto la dipendenza di Svetonio dalla dottrina fisiognomica, ipotizzando che gli conoscesse il testo pseudoaristotelico[24]. Formulando questa ipotesi, Fœrster prescindeva dal problema della tradizione in cui si colloca la biografia svetoniana, affrontato pochi anni dopo da Leo, nel suo noto lavoro sulla biografia greco-romana[25] : per Leo il ritratto fisiognomico (εἶδος) costituirebbe uno degli elementi peculiari del canone biografico ripreso da Svetonio, quello alessandrino (di tipo prevalentemente descrittivo) ; l'altro canone, quello peripatetico (di tipo prevalentemente etico-pragmatico), sarebbe quello ripreso in età imperiale da Plutarco. Negli stessi anni la tradizione dei ritratti fisiognomici (ma non specificamente della biografia) era stata messa in relazione da Fürst[26] con le descrizioni icastiche testimoniate in area egiziana da numerosi reperti papiracei : per lo più documenti commerciali e amministrativi, risalenti ad un arco temporale che va dall'età tolemaica al IV secolo d.C., in cui le descrizioni sono finalizzate

21 - Cfr. B.P. Reardon, *Courants littéraires grecs des IIe et IIIe siècles après J.-C.*, Paris 1971, p. 247-48.

22 - Ipotesi sulle motivazioni della polemica di Artemidoro (che prenderebbe di mira specificamente Polemone) sono state formulate da Pack, « Artemidorus... », *art. cit.*

23 - Cfr. G. Sabbah, *La méthode d'Ammien Marcellin*, Paris 1978, p. 421-22.

24 - Cfr. Fœrster, *ed. cit.*, v. I p. XV.

25 - Cfr. F. Leo, *Die griechisch-römische Biographie nach ihrer literarischen Form*, Leipzig 1901, p. 30-31.

26 - Cfr. J. Fürst, *Die literarische Portraitmanier im Bereich des griechisch-römischen Schrifttums*, Leipzig 1903, p. 374-440 (cfr. anche J. Fürst, « Untersuchungen zur Ephemeris des Diktys von Kreta », *Philologus* 61 [1902], p. 390-440).

all'identificazione degli interessati[27]. La tesi di Fürst venne ripresa dalla Misener[28], che contestò però la localizzazione egiziana dell'« iconistic portrait »[29], postulando una tradizione greco-romana che comprende anche i ritratti svetoniani (e che peraltro coincide sostanzialmente con la fortuna postulata per la fisiognomica da Fœrster).

Nella ricostruzione della Evans l'« iconistic portrait » di Fürst/Misener è senz'altro ascritto alla fortuna della fisiognomica. Per quel che riguarda la tradizione della biografia, la Evans lasciò cadere la tesi di Leo (facendo riferimento alle obiezioni che erano state rivolte a Leo da Stuart[30]) addebitando alla perdita dei testi, e non alla diversità dei modelli, il disinteresse per la descrizione esteriore che sembra caratterizzare parte della tradizione biografica (« photographic descriptions contained in Peripatetic biography are rarely preserved »[31]). Valorizzando alcuni passi delle *Vitae parallelae* (soprattutto *Alex.* 4,1-3e *Sull.* 2,1-2), la Evans poté così presentare anche Plutarco senz'altro quale « adherent of the doctrines of the physiognomical handbooks »[32]. Per quel che riguarda Svetonio, anche la Evans ipotizzò un interesse personale dell'autore per la fisiognomica, postulando (come nel caso di Galeno !) una sua diretta conoscenza di Polemone (« certainly the name of Polemo, if not the man himself, must have been known to Svetonius »[33]).

La tesi della dipendenza della biografia dalla dottrina fisiognomica appare in realtà del tutto insostenibile. Per quel che riguarda Plutarco, essa non ha mai trovato credito, anche per il carattere palesemente ecfrastico dei ritratti citati[34]. Maggior successo ha incontrato invece la tesi « fisiognomica » in riferimento a Svetonio, sostenuta oltre che dalla Evans anche da Couissin[35] e

---

27 - Dopo Fürst cfr. J. Hasebrœk, *Das Signalement in den Papyruskunden*, Berlin u. Leipzig 1921 ; A. Caldara, *I connotati personali nei documenti d'Egitto dell'età greca e romana*, Milano [St. Scuola Papir. V.2] 1924 ; K. Jax, *Zur literarischen und amtlichen Personenbeschreibung*, Klio 27 (1936), pp. 151-63.

28 - Cfr. G. Misener, « Iconistic Portraits », *Class. Philol.* 19 (1924), p. 97-123.

29 - Che la pratica testimoniata dai papiri non fosse in realtà circoscritta all'area egiziana, lo fa pensare l'accenno di Seneca agli *iconismi* in uso ad opera dei *publicani* (cfr. *epist.* 95,66 : il termine trova un significativo riscontro in Papyr. Oxyrrh. VII 1 022), evidentemente con le stesse finalità ipotizzabili per i papiri.

30 - Cfr. D.R. Stuart, *Epochs of Greek and Roman Biography*, New York 1928.

31 - Cfr. Evans, *Physiognomics...*, *op. cit.*, p. 51.

32 - Cfr. Evans, « Descriptions... », *art. cit.*, p. 57.

33 - Cfr. Evans, *Physiognomics...*, *op. cit.*, 51.

34 - Riserve sostanziali vennero avanzate da A.E. Wardman, « Description of Personal Appearance in Plutarch and Svetonius : The Use of Statues as Evidence », *Class. Quart.* 59 (1967), p. 414-22 (cfr. anche Id., *Plutarch's Lives*, London 1974, p. 140 sg.).

35 - Cfr. J. Couissin, « Suétone physiognomiste dans les Vies des XII Césars », *Rev. des Ét. Lat.* 31 (1953), p. 234-56 (sembra ignorare il contributo della Evans in *Harv. Stud. of Class. Philol.* 46 [1935], p. 80-84, in cui era già stato affrontato il problema dei ritratti svetoniani).

ripresa da numerosi studiosi[36]. Anche Couissin formulava l'ipotesi di una conoscenza diretta di Polemone da parte di Svetonio, postulando una corrispondenza fra i ritratti svetoniani e la fisiognomica di Polemone[37] : ma si tratta di un assunto non confermato dai testi, come ha dimostrato Gascou[38] (certamente non hanno nulla a che vedere con la fisiognomica di tipo zoologico né il *color aquilus* che Svetonio attribuisce ad Augusto, cfr. *Aug.* 79,2, né l'appellativo *capra* assegnato a Caligola, di cui riferisce Svetonio a *Cal.* 50,1).

Gascou, da parte sua, opta per l'altra interpretazione corrente dei ritratti svetoniani, quella « realistica » : Svetonio si sarebbe per questo aspetto ispirato alla tradizione figurativa, alternando tratti realistici ed interventi caricaturali[39]. Ma anche questa interpretazione, come ho rilevato in altra sede[40], appare poco verosimile, in considerazione della sistematicità e della regolarità che caratterizzano i ritratti fisiognomici svetoniani.

Svetonio adotta in realtà un sistema di descrizione fisiognomica, ma presuppone una concezione della fisiognomica diversa da quella postulata dalla trattatistica (per la quale, come abbiamo visto, il rapporto fisiognomia/carattere è di tipo deterministico, consentendo il riconoscimento del carattere da parte del fisiognomo). Nella concezione ripresa da Svetonio il comportamento e le scelte (morali) dell'individuo non solo non sono pre-determinate dalla configurazione somatica, ma in una certa misura interagiscono a loro volta sulla configurazione somatica.

Il caso più eclatante, nei *Caesares,* è quello dell'imperatore mancato Germanico, di cui Svetonio esalta l'eccellenza insieme somatica e del carattere, cfr. *Cal.* 3,1 :

> omnes Germanico corporis animique uirtutes, et quantas nemini cuiquam, contigisse satis constat : formam et fortitudinem egregiam, ingenium in utroque eloquentiae doctrinaeque genere praecellens, beniuolentiam singularem conciliandaeque hominum gratiae ac promerendi amoris mirum ac efficax studium. formae minus congruebat gracilitas crurum, sed ea quoque paulatim repleta assidua equi uectatione post cibum.

---

36 - Cfr. A. Dihle, *Studien zur griechischen Biographie*, Göttingen 1956 (1970²), p. 116 ; F. Della Corte, *Svetonio eques romanus*, Firenze 1967² (Milano/Varese 1958¹), p. 159-60 ; J. Alsina, « El arte del retrato en Suetonio », in *Roma en el siglo II. Trabajos de la Sección latina del II Symposio de la Sociedad española de Estudios Clásicos, sección de Barcelona*, Barcelona 1975, p. 59-62 ; E. Cizek, *Structures et idéologie dans « Les vies des douze Césars » de Suétone*, Bucuresti/Paris 1977, p. 139-41 ; B. Baldwin, *Suetonius*, Amsterdam 1983, p. 498-99.523.

37 - Analogamente Evans, *op. cit.*, p. 53 : « stricking parallelism ».

38 - Cfr. J. Gascou, *Suétone historien*, Rome 1984, p. 598-614.

39 - Cfr. Gascou, *op. cit.*, p. 614-16. In precedenza cfr. H.V. Canter, « Personal Appearance in the Biography of the Roman Emperors », *St. in Philol.* 25 (1928), p. 385-99 ; S. Mazzarino, *Il pensiero storico classico*, v. II.2, Bari 1968, p. 125-26 ; Wardman, *art. cit.*

40 - Cfr. F. Stok, « Ritratti fisiognomici in Svetonio », in *Biografia e autobiografia degli antichi e dei moderni*, a c. di I. Gallo e L. Nicastri, Napoli 1995, p. 109-35.

Il ritratto è apparentemente contraddittorio : l'attribuzione a Germanico di *omnes... corporis... uirtutes* sembra infatti smentita dalla successiva notazione sulla *gracilitas crurum*. Ma quello tracciato da Svetonio è un ritratto dinamico, non statico-deterministico (come avrebbe implicato invece la fisiognomica) : il giudizio iniziale tiene conto del fatto che Germanico è stato in grado di sopperire, con un'igiene adeguata (la *assidua equi uectatio post cibum*), all'handicap sofferto. La notazione è importante in quanto evidenzia una concezione decisamente non-deterministica del rapporto configurazione somatica/carattere : nel caso specifico è postulato anzi un determinismo inverso rispetto a quello della fisiognomica, per cui singoli tratti somatici sono almeno in parte determinati dal regime di vita dell'individuo, e quindi dalla sua volontà.

Un caso del tutto analogo a quello di Germanico, ma negativo nel tipo di determinazione rilevata, è quello di Domiziano, anche lui affetto da *crurum gracilitas* (*Dom.* 18,1), ma in conseguenza non di un handicap costituzionale ma del tipo di regime praticato :

> laboris impatiens, pedibus per urbem non temere ambulauit, in expeditione et agmine equo rarius, lectica assidue studio tenebatur (19).

Più frequentemente la variabile presa in considerazione da Svetonio è quella dell'alimentazione, registrata pressoché regolarmente nelle *Vitae Caesarum* (generalmente per la propensione o meno dei singoli imperatori agli eccessi alimentari e alcolici) ed anch'essa in rapporto di diretta determinazione con la configurazione somatica : cfr. per es. il caso di Vitelio, *erat in eo enormis proceritas, facies rubida plerumque ex uinolentia, uenter obesus* (*Vit.* 17,2), dove è evidente il rapporto causale fra gli stravizi a cui il personaggio era uso e i tratti fisiognomici evidenziati ; nei casi di Cesare e di Augusto, diversamente, ai ritratti somatici tracciati da Svetonio, decisamente positivi, corriponde la rilevazione della frugalità degli usi alimentari : Cesare sarebbe stato *uini parcissimus et circa uictum indifferens* (cfr. *Caes.* 53), Augusto *cibi minimi erat atque uulgaris fere... uini natura parcissimus* (cfr. *Aug.* 76,1.77). Assai significativo è anche il caso di Nerone, per il quale Svetonio rileva l'assenza della correlazione abituale, osservando come questo imperatore si fosse ammalato appena tre volte nonostante gli eccessi alimentari a cui era solito indulgere :

> nam qui luxuriae immoderatissimae esset, ter omnino per quattuordecim annos languit, atque ita ut neque uino neque consuetudine reliqua abstineret

(ma per altri aspetti il ritratto del personaggio rispecchia evidentemente questo tipo di vita, cfr. *Nero* 51 : corpore maculoso et fetido,... oculis caesis et hebetioribus, ceruice obesa, uentre proiecto, gracillimis cruribus).

La notazione, più che al modello presupposto dalla fisiognomica svetoniana, va ascritta alle esigenze di *variatio* rilevabili nei ritratti dei Cesari, che rivelano frequentemente la ricerca deliberata del paradosso. Per quel che ci interessa, comunque, essa conferma pienamente il tipo di correlazione fisiognomia/regime di vita presupposto da Svetonio.

Ovviamente non tutti i tratti fisiognomici rilevati da Svetonio sono correlabili con l'alimentazione e con il regime : caratteristiche quali la statura, il colore dei capelli ecc. sono di tipo costituzionale, e presuppongono peraltro un canone di tipo estetico, rilevabile per es. nel ritratto di Cesare, *fuisse traditur excelsa statura, colore candido, teretibus membris* (*Caes.* 45,1). Anche questi aspetti rivelano però un interesse di tipo medico-descrittivo, per la correlazione che essi presentano con la rilevazioni di disturbi congeniti e malattie costituzionali. La stessa concezione di una perfezione somatica, del tipo di quella attribuita da Svetonio ad Augusto, non è estranea alla tradizione medica, come rivela la definizione della costituzione ottimale proposta da Celso a 2,1,5 :

> corpus... habilissimum quadratum..., neque gracile neque obesum[41].

Non è probabilmente casuale il fatto che per il *corpus quadratum* la descrizione celsiana trovi un riscontro preciso nel ritratto svetoniano di Vespasiano, *statura... quadrata, compactis firmisque membris, uultu ueluti nitentis* (*Vesp.* 20). Anche per altri aspetti, infatti, la concezione rilevata in Svetonio sembra riecheggiare la medicina celsiana : alimentazione e regime hanno un ruolo predominante nella patologia e nell'igiene di Celso, con preciso riferimento ai costumi della Roma dell'epoca[42]. Le implicazioni moralistiche di questo tipo di posizione, evidenti nelle biografie svetoniane, sono rilevabili anche nel trattato celsiano e peraltro esplicitate dallo stesso Celso nel *prœmio* del *De medicina*, dove il peggioramento dello stato di salute dei contemporanei è senz'altro attribuito al venir meno dei *boni mores*, insidiati dalla *luxuria* e dalla *desidia* (cfr. *proœm.* 4)

La concezione evidenziata da Celso è corrente nella cultura della prima età imperiale, caratterizzata da un interesse per la medicina filtrato da suggestioni etico-filosofiche di derivazione soprattutto stoica[43]. Sintomatica di questo tipo di cultura è l'idea, rilevabile in Seneca, che « la plupart des maladies ne sont que la conséquence de la faiblesse de mœurs »[44]. Questa concezione « etica » della salute e delle malattie comportava un'idea del rapporto configurazione somatica/carattere del tipo di quella rilevata in Svetonio, per cui la scelta

41 - Su cui cfr. J. Pigeaud, « Homo quadratus. Variations sur la beauté et la santé dans la médecine antique », *Gesnerus* 42 (1985), p. 337-52.

42 - Cfr. Ph. Mudry, « Le 1er livre de *La médecine* de Celse : tradition et nouveauté », in *I testi di medicina latini antichi*, a c. di I. Mazzini e F. Fusco, Roma 1985, p. 141-50.

43 - Cfr. E. Romano, *Medici e filosofi. Letteratura medica e società altoimperiale*, Palermo 1991, p. 115-25.

44 - Così D. Gourevitch, « Le menu de l'homme libre. Recherches sur l'alimentation et la digestion dans les œuvres en prose de Sénèque le philosophe », in *Mélanges de philosophie, de littérature et d'histoire ancienne offerts à Pierre Boyancé*, Rome 1974, p. 312.

etica prevale nettamente sul condizionamento esercitato dalla configurazione somatica. Abbiamo visto, a questo proposito, il caso svetoniano di Germanico ; un caso analogo è quello del Clarano di cui parla Seneca ad *epist.* 66,1-2, nel quale il contrasto fra il carattere e l'aspetto esteriore assume toni paradossali : Seneca afferma di averlo trovato :

> uiridem animo ac uigentem et cum corpusculo suo conluctantem, ed osserva : fortasse uoluit [scil. natura] hoc ipsum nobis ostendere, posse ingenium fortissimum ac beatissimum sub qualibet cute latere.

Analogamente « paradossale » è il ritratto proposto da Svetonio per Otone : personaggio che avrebbe mostrato, nel morire, una dignità del tutto in contrasto con il tipo di vita condotta in precedenza, cfr. *Otho* 12,1 :

> *tanto Othonis animo nequaquam corpus aut habitus competit.* Questo parallelo *animus/corpus* è stato addotto da Couissin a riprova della sua tesi della dipendenza di Svetonio dalla dottrina fisiognomica di Polemone[45].

In realtà Svetonio riprendeva un giudizio già corrente nella storiografia, come rivela la presenza di un giudizio del tutto analogo in Tacito, cfr. *hist.* 1,22,1, *non erat Othonis mollis et corpori similis animus.* Nel contesto di Tacito il riferimento è chiaramente alla vita dissoluta condotta da Otone ; in Svetonio questo riferimento è parzialmente oscurato dall'immagine non negativa che Svetonio vuole proporre di Otone, che lo induce ad edulcorare il giudizio sulla dissolutezza dei costumi di questo imperatore[46]. La correlazione, comunque, riguarda anche in questo caso il tipo di vita adottato, e non una predeterminazione costituzionale del carattere.

L'idea sottesa ai casi citati, cioè che l'anima prescinda dal condizionamento del corpo, è di per sé un topos filosofico ben attestato : la possiamo trovare già in Democrito, nel cui frg. B 187 D.-K. (= B 36, *ap.* Stob. *flor.* 3,1,27) si legge che la perfezione dell'anima fa scomparire la deformità del corpo (ψυχῆς μὲν γὰρ τελεότης σκήνεος μοχθηρίη ὀρθοῖ), mentre la sola forza del copo non basta a migliorare l'anima. Quel che qui interessa, è valutare se tesi di questo tipo possano aver frenato il successo della fisiognomica o senz'altro aver favorito l'emergere di una posizione che potremmo definire « antifisiognomica ». L'interrogativo investe peraltro anche il già citato aneddoto socratico di cui è protagonista il fisiognomo Zopiro, nel quale è ravvisabile una posizione critica nei confronti della fisiognomica. La « diagnosi » di Zopiro è infatti smentita e messa in ridicolo dai discepoli di Socrate :

> Zopyrus, qui se naturam cuiusque ex forma perspicere profitebatur, derisus est a ceteris qui illa in Socrate uitia non agnoscerent.

45 - Cfr. Couissin, *art. cit.*, p. 237-38.

46 - Cfr. Stok, « Ritratti... », *art. cit.*, p. 117-20.

L'episodio avrebbe fornito a Socrate il pretesto per esporre la propria posizione, comunque in netto contrasto con l'assunto deterministico della fisiognomica :

> ab ipso autem Socrate subleuatus, cum illa sibi sic nata, sed ratione a se deiecta diceret (cfr. Cic. Tusc. 4,80).

Un'effettiva ripresa della fisiognomica è invece rilevabile in una diversa tradizione filosofica, quella pitagorica : l'aneddoto per cui Pitagora avrebbe giudicato gli aspiranti discepoli dal loro portamento esteriore (ἐφυσιογνωμόνει) è testimoniato già da Gell. 1,9,2 ; in Porph. *vita Pyth.* 13 Pitagora è presentato senz'altro quale iniziatore della disciplina

> (ταύτην γὰρ ἠκρίζου πρῶτον τὴν περὶ ἀνθρώπων ἐπιστήμην, ὁποῖος τὴν φύσιν ἕκαστος ἐκμανθάνων).

Se la fisiognomica poteva trovare una ricezione favorevole nell'esoterismo sapienziale dei Pitagorici, essa risultava certamente estranea all'etica stoicheggiante prevalente nella prima età imperiale. Seneca, come abbiamo visto, rivela un atteggiamento implicitamente estraneo al determinismo della fisiognomica ; un'aperta presa di posizione « antifisiognomica » è invece rilevabile in Plinio il Vecchio, che a *nat.* 11,273-76 contesta Pompeo Trogo, per la ripresa di brani di Aristot. *hist. an.*, e lo stesso Aristotele, che *non modo credidisse praescita uitae esse aliqua in corporibus ipsis, uerum etiam prodidisse* (11,273). Questo orientamento « antifisiognomico » è sostanzialmente ripreso da Svetonio e si prolunga nella Tarda Antichità, fornendo argomentazioni alle critiche rivolte alla fisiognomica dagli scrittori cristiani (oltre al cit. Clem. Alex. *strom.* 1,135,2 cfr. per es. Aug. *civ.* 12,6 e Orig. c. *Cels.* 1,33).

Lo stesso tipo di concezione del rapporto corpo/carattere è rilevabile anche in Plutarco, che presenta casi del tutto analoghi a quelli del Germanico di Svetonio. Di Giulio Cesare Plutarco esalta la resistenza alle fatiche fisiche dimostrata nel corso delle campagne militari, osservando come la costituzione di Cesare e le sue precarie condizioni di salute non lo rendessero affatto idoneo a sostenere questo tipo di sforzi :

> τὴν ἕξιν ὢν ἰσχνὸς καὶ τὴν σάρκα λευκὸς καὶ ἁπαλὸς καὶ τὴν κεφαλὴν νοσώδης καὶ τοῖς ἐπὶ τοῖς ἐπιληπτικοῖς ἔνοχος (*Caes.* 17,2).

La scelta di Cesare si configura, nel resoconto che ne dà Plutarco, quale adozione di un vero e proprio regime, con rafforzamento progressivo del corpo e dieta frugale :

> τούτου προσπεσόντος, οὐ μαλαχίας ἐποιήσατο τὴν ἀρρωστίαν πρόφασιν, ἀλλὰ θεραπείαν τῆς ἀρρωστίας τὴν στρατείαν, ταῖς ἀτρύτοις ὁδοιπορίαις καὶ ταῖς εὐτελέσι διαίταις καὶ τῷ θυραυλεῖν ἐνδελεχῶς καὶ ταλαιπωρεῖν ἀπομαχόμενος τῷ πάθει καὶ τὸ σῶμα τηρῶν δυσάλωτον (17,2-3).

Analoghe considerazioni sono proposte da Plutarco per Cicerone, che avrebbe migliorato la sua voce naturale, poco melodica, irrobustendo gradualmente il proprio corpo (cfr. *Cic.* 3,5.4,3) ; e per Catone il Censore, di cui descrive la corporatura sana e robusta, mettendola in relazione con l'abitudine al lavoro, con la frugalità e con il prolungato servizio militare prestato dal personaggio (cfr. *Cato mai.* 1,2). E'significativo che nel caso di Catone (come anche in quello di Cesare) Plutarco segnali anche alcuni tratti fisiognomici, colorito rossastro e occhi grigi (1,3 : ἦν δὲ τὸ εἶδος ὑπόπυρρος καὶ γλαυκός ; Cesare : pelle bianca e delicata), che nella semeiotica fisiognomica avrebbero comportato giudizi del tutto diversi in merito al carattere del personaggio[47]. La posizione di Plutarco, per questo aspetto, appare del tutto analoga a quella rilevata in Svetonio.

Questa convergenza Svetonio/Plutarco non cancella però la diversità di impostazione ed orientamento delle rispettive opere biografiche, e dei modelli da esse presupposti. Svetonio, come ho già rilevato, riserva alla descrizione fisiognomica uno spazio assai più ampio di quello di Plutarco, e più in generale propone una biografia di tipo descrittivo, articolata in moduli tematici (fisiognomia, carattere, salute/malattie ecc.). Proprio a partire dallo scarto macroscopico Svetonio/Plutarco Leo formulò la tesi citata dei due canoni biografici, peripatetico e alessandrino. La tesi di Leo è stata variamente contestata e ridimensionata[48], ma resta forse di una certa utilità proprio per la biografia « modulare » di Svetonio, che potrebbe effettivamente risalire (forse attraverso la mediazione di Varrone) alla tradizione della biografia grammaticale di ambiente alessandrino (anche se appare piuttosto forzata la definizione di « canone » proposta da Leo). Appare significativo, per questo aspetto, il fatto che il modello biografico utilizzato nei *Caesares* fosse già stato sperimentato da Svetonio nel *De pœtis*, come rivelano i frammenti residui relativi a Terenzio, Virgilio ed Orazio (gli autori di cui ci è rimasto il ritratto fisiognomico) ; anche in questi frammenti è rilevabile un preciso accostamento fra ritratto fisiognomico e rilevazione delle condizioni di salute dei singoli personaggi, in termini che rilevano una precisa apertura dell'interesse biografico-letterario nei confronti della medicina. E'piuttosto verosimile che il prototipo di questo tipo di biografia possa risalire all'ambiente grammaticale alessandrino, certamente

47 - Cfr. M.M. Sassi, « Plutarco antifisiognomico, ovvero : del dominio della passione », in *Plutarco e le scienze. Atti del IV Convegno plutarcheo Genova-Bocca di Magra, 22-25 aprile 1991*, a c. di I. Gallo, Genova 1992, p. 353-73 : oltre che alle *Vitae parallelae* fa riferimento anche ai *Moralia* (soprattutto al *De virtute morali*) e ricostrusce la tradizione filosofica (platonico-aristotelica e posidoniana) in cui si colloca la posizione di Plutarco.

48 - Recenti bilanci dei problemi in G. Brugnoli, s.v. « Biografi », in *Dizionario degli scrittori Greci e Latini*, dir. F. Della Corte, v. I, Milano 1988, p. 287-304 ; I. Gallo, *Problemi vecchi e nuovi della biografia greca*, Napoli 1990 ; Id. « Nascita e sviluppo della biografia greca : aspetti e problemi », in *Biografia e autobiografia*..., *op. cit.*, p. 7-22 ; G. Camassa, « La biografia », in *Lo spazio*..., *op. cit.*, v. I.3, Roma 1994, p. 303-32.

caratterizzato da interessi di tipo interdisciplinare. Questa ipotesi darebbe ragione della peculiarità dei ritratti svetoniani, che da una parte rivelano un'indubbia rilevanza accordata alla fisiognomica ; dall'altra, come abbiamo visto, non presentano alcuna relazione con la teoria fisiognomica testimoniata dello Pseudo-Aristotele o di Polemone : essi rivelerebbero una tradizione fisiognomica diversa da quella testimoniata dal trattato pseudoaristotelico, più vicina alla medicina di indirizzo umorale e forse influenzata dagli interessi fisiognomici evidenziato da parte della tradizione ippocratica.

Estranea agli sviluppi della scienza alessandrina restò certamente la teoria fisiognomica testimoniata dal testo pseudoaristotelico. L'impegno teoretico che aveva portato all'elaborazione della teoria si esaurì precocemente, come ho già rilevato, probabimente anche per il condizionamento esercitato dall'esercizio pratico della fisiognomica. La fortuna successiva della fisiognomica è assimilabile a quella dei saperi « deboli » di cui ha parlato Vegetti[49], rimasti estranei alla rifondazione epistemologica operata dalla scienza alessandrina, ma oggetto di ininterrotta e talora crescente fortuna in età imperiale e tardoantica. Nel caso della fisiognomica, le testimonianze fanno pensare ad una fase di notevole fortuna della dottrina nel sec. II d.C., in coincidenza con l'opera di Polemone, e poi ancora ad un rinnovato interesse nel sec. IV, epoca a cui risalgono la parafrasi di Adamanzio e l'anonimo trattato latino. Anche per l'età tardoantica converrà comunque circoscrivere con precisione l'ambito di questa fortuna, per il perdurare delle riserve e delle preclusioni « antifisiognomiche » maturate in ambiti importanti della cultura e dei saperi specialistici.

---

49 - Cfr. M. Vegetti, « La scienza ellenistica : problemi di epistemologia storica », in *La scienza ellenistica. Atti delle tre giornate di studio tenutesi a Pavia dal 14 al 16 aprile 1982*, a c. di G. Giannantoni e M. Vegetti, Napoli 1984, p. 457-60.

Alain TOUWAIDE

Le médicament en Alexandrie : de la pratique à l'épistémologie

1. Introduction

Dans les trop rares travaux consacrés à l'histoire de la pharmacologie, fût-elle antique ou récente[1] l'époque alexandrine est généralement identifiée à l'inventaire du patrimoine naturel, surtout végétal, rapporté de l'Orient et au-delà par l'expédition d'Alexandre, notamment celui utilisé à des fins thérapeutiques[2]. Dans cette perspective, elle est considérée comme une phase intermédiaire entre, d'une part, le moment fondateur qu'est le *Corpus hippocraticum*[3], et, de l'autre, l'apogée que sont le *De materia* medica de Dioscoride (Ier s. de notre ère)[4] et l'œuvre, notamment pharmacologique, de Galien

1 - A titre d'exemple, voir : J. Berendes, *Die Pharmazie bei den alten Culturvölkern. Historisch-kritische Studien,* Halle, 1891 (réimpression : Hildesheim, Zurich, New York, 1989), vol. 1, p. 171-308 ; vol. 2, p. 1-94 ; récemment, voir le classique qu'est déjà J. Buchi, *Die Entwicklung* der *Rezept - und Arzneibuchliteratur, 1.* Teil : Altertum und Mittelalter (= *Veröffentlichungen der schweizerischen Gesellschaft für Geschichte der Pharmazie* Band 1), Zurich, 1982, p. 32-64, et, dernièrement : W. -D. Müller-Jahncke & C. Friedrich, *Geschichte der Arzneimitteltherapie,* Stuttgart, 1996, p. 29 et 45 entre autres. Pour une analyse récente à portée générale, voir : G. Stille, *Der Veg der Arznei von der Materia Medica zur Pharmakologie. Der Veg Arzneimittelforschung und Arzneitherapie,* Karslruhe, 1994.

2 - Sur les recherches botaniques du périple alexandrin, voir : H. Bretzl, *Die botanische Forschungen des Alexander-Zuges*, Leipzig, 1903.

3 - Il manque à ce jour une évaluation précise de la pharmacologie hippocratique. A défaut, l'on peut consulter l'inventaire de la matière médicale hippocratique de J. H. Dierbach, *Oie Arzneimittel des Hippokrates oder Versuch einer systematischen Aufzählung der in allen hippokratischen Schriften vorkommenden Medikamente*, Leipzig, 1824 (réimpression : Hildesheim, 1969), ainsi que la récente liste de termes botaniques du *Corpus* établie par M. Moisan, *Lexique du vocabulaire botanique d'Hippocrate* (= Université Laval, Laboratoire de recherches hippocratiques, *Documents,* 7), Québec, 1990. Enfin, on signalera que le dernier colloque hippocratique, tenu à Pisa en septembre 1996, avait pour objet la thérapeutique dans le *Corpus.*

4 - Sur Dioscoride, voir en dernier lieu : J. M. Riddle, *Dioscorides on Pharmacy and Medicine* (= *History of Science Series,* N° 3), Austin, 1985, et, pour les renseignements autobiographiques contenus dans la préface, ainsi que pour les déclarations programmatiques de l'auteur quant à sa méthode de travail : J. Scarborough & V. Nutton, "The « Preface » of Dioscorides" « Materia Medica » : Introduction, Translation, and Commentary, *Transactions and Studies of the College of Physicians of Philadelphia*, Series, 5, N° 4 (1982), p. 187- 227, avec, pour une première étude du vocabulaire de cette préface : D. Fausti, "La prefazione

(129 - après 216 [?] de notre ère)[5], dans une perspective évolutioniste de type positiviste dont la linéarité ascendante n'est que trop suspecte.

Dans un nouvel examen de cette période de l'histoire de la thérapeutique médicamenteuse, je voudrais m'attacher ici à un aspect de la question qui a été négligé jusqu'ici, mais qui semble typique de l'activité alexandrine en ce secteur à tout le moins : la fondation d'une épistémologie médico-pharmaceutique, par l'apparition d'une réflexion théorique sur les conditions de validité des connaissances en la matière et des méthodes d'acquisition de ces connaissances elles-mêmes.

Pour ce faire, je prendrai en considération les théories de médecins de l'époque, Dioklês, Hérophile et Érasistratos, et de l'école empirique, pas attestées autrement que par des fragments épars dans la littérature médicale, notamment dans le *Traité sur les envenimements* attribué à Dioscoride[6]. Car c'est là un ouvrage dont le témoignage a été trop souvent omis, sans doute en raison de la qualité de la dernière édition en date jusqu'à il n'y a guère, celle donnée par K. Sprengel en 1830[7]. En effet, quoi qu'en ait eu son auteur qui prétend avoir restauré le texte dans son intégrité, elle est bien loin de répondre à cette présentation et donne du texte des deux traités de toxicologie attribués à Dioscoride une version qui en a obéré l'intelligence et qui, a tout le moins, n'en a pas favorisé la consultation dans l'examen des questions qui

---

al « De materia medica » di Dioscoride : vocabolario tecnico e retorica", in H. Serena Funghi (a cura di -), ΟΔΟΙ ΔΙΖΗΣΙΟΣ - *Le vie della ricerca*. Studi in onore di Francesco Adorno, Firenze, 1996, p. 194-200. Pour le texte du traité, voir l'édition de M. Wellmaan, Pedanii Dioscuridis Anzarbei, *De materia medica libri quinque*, 3 vol., Berlin, 1906-1914 (réimpression : Berlin, 1958).

5 - Sur la biographie de Galien, voir le travail désormais classique de P. Moraux, *Galien de Pergame. Souvenirs d'un Médecin*. Textes traduits du grec et présentés par - (= *Collection d'études anciennes*), Paris, 1985. Pour la trace la plus basse de Galien, voir, en dernier lieu et récemment : V. Nutton, "Galen ad multos annos~, *Dynamis*, 15 (1995), p. 25-39. Pour l'oeuvre pharmacologique, trop importante pour pouvoir être mentionnée ici, voir une première évaluation de certains aspects dans les actes du dernier congrès galénique dans : A. Debru (éd.), *La pharmacologie de Galien*. Actes du Ve Colloque Galénique international, Lille, mars 1995 (= *Studies in Ancient Medicine*), Leiden, sous presse.

6 - Sur ce traité et celui *sur les empoisonnements* qui l'accompagne dans les manuscrits, voir : A. Touwaide, « L'authenticité et l'origine des deux traités de toxicologie attribués à Dioscoride. I. Historique de la question. II. Apport de l'histoire du texte », *Janus*, 38 (1984), p. 1-53 ; Idem, "Les deux traités de toxicologie attribués à Dioscoride – Tradition manuscrite, établissement du texte et critique d'authenticité", dans A. Garzya (a cura di-), *Tradizione e ecdotica dei testi medici tardo-antichi e bizantini*. Atti del Convegno internazionale, Anacapri, 29-31ottore 1990 (= *Collectanea*, 5), Napoli, 1992, p. 291-339.

7 - Pedanii Dioscoridis Anazarbei, *De iis, quae virus eiaculantur, animalibus libellus in quo et de rabioso cane*, edidit K. Sprengel (= *Medicorum graecorum opera quae existant*, edidit K. G. Künh, vol. 26), Leipzig, 1830, p. 42-91.

nous intéressent ici[8]. Or, ce *Traité sur les envenimements* contient des fragments qui mettent singulièrement en lumière l'aspect que nous nous proposons d' étudier[9].

Par ailleurs, pour permettre de percevoir clairement la modification représentée par l'apparition, en Alexandrie, de l'examen que nous voulons faire apparaître ici, nous inscrirons la pharmacologie alexandrine dans le contexte qui fut le sien à la veille du bouleversement du monde antique provoqué par l'odyssée alexandrine, soit le niveau de savoir du Lycée.

2. La pharmacologie pré-alexandrine

Dans nos matières, nous possédons deux sources essentielles provenant de l'école du Stagyrite : les *Problêmata* et le livre IX de *l'Historia plantarum* de Théophraste (377/76 ou 376/75 - 288/878 ou 287/86 av. notre ère)[10].

D'une façon qui semblera peut-être contradictoire, mais qui s'expliquera par la suite, nous commencerons par l'ouvrage de Théophraste, dont le livre consi-

8 - Pour l'identification des sources de cette édition et une évaluation de sa méthode d'édition et de son apport, voir : A. Touwaide, "Botanique et philologie : l'édition de Dioscoride de Kurt Sprengel", dans D. Gourevitch (textes réunis et édités par ·), *Médecins érudits de Coray à Sigerist.* Actes du colloque de Saint-Julien-en-Beaujolais (juin 1994) (= Collection *De l'archéologie à l'histoire*), Paris, 1995, p. 25-44.

9 - Nouvelle édition du texte grec : A. Touwaide, *Les deux traités toxicologiques attribués à Dioscoride. La tradition manuscrite grecque. Édition critique du texte grec et traduction*, 5 vol., Louvain, thèse dactylographiée (voir le vol. 4 pour l'édition du texte grec, avec la traduction française). Cette édition est appelée à paraître dans le *Corpus Medicorum Graecorum* de Berlin. Puisque cette édition est inédite pour le moment, il convient de signaler que les reférences au texte du traité données dans l'édition et ici (pages et lignes) correspondent en partie à tout le moins à celles de Sprengel ; dans la présentation matérielle de notre édition, nous avons respecté en effet la pagination et la linéation de notre prédécesseur, à cette exception toutefois que nous avons numéroté les pages des deux traités de façon indépendante ; dès lors, les références au texte des deux traités sont précédées de l'abréviation Al. *ou Th.* (soit, respectivement *Alexipharmaka* et *Thêriaka* pour désigner le *Traité sur les empoisonnements* et celui sur les *envenimements*, respectivement), avec le numéro de la page de ce traité (en chiffre *arabe*) ; ce numéro lui-même est suivi, entre parenthèses, de son équivalent *dans* l'édition *de* Sprengel ; vient après le numéro de la ligne, qui correspond exactement à celui de l'édition de Sprengel ; de la sorte, il est possible de se référer à l'ensemble des passages dont nous ne citons ici que les brefs fragments.

10 - Pour la biographie de Théophraste, voir, outre le travail classique de O. Regenbogen, "Theophrastos", dans R.E., suppl. 10, Stuttgart, 1940, col. 1354-1562, l'édition des fragments biographiques dans : Theophrastus of Eresus, *Sources for this Life, Writings, Thought, and Influence.* Edited and translated by W. W. Forthenbaugh, P. M. Huby, R. W. Sharples, D. Gutas, Part one : Life, Writings, Various Reports, Logic, Physics, Metaphysics, Theology, Mathematics (= *Philosophia antiqua*, vol. LIV, 1), Leiden, New York, Köln, 1993, p. 19-103, et l'étude de la Vita composée par Diogène Laërce, dans : M. G. Sollenberger, "Diogenes Laertius 5. 36-57 : *The Vita Theophrasti*" dans : Theophrastus of Eresus, *On His Life and Work.* Edited by W W. Fortenbaugh together with P. M. Huby & A. A. Long (= *Rutgers University Studies in Classical Humanities, vol. II*), New Brunswick & Oxford, 1985, p. 1-62.

déré jusqu'ici comme le neuvième traité notamment des plantes médicinales[11]. D'authenticité mise en doute jusqu'à il n'y a guère[12], il est considéré à présent comme un ouvrage théophrastien authentique, qui fut sans doute indépendant à l'origine et fut ensuite assimilé indûment à *l'Historia plantarum*[13]. Il présente une *histoire* au sens aristotélicien du terme, soit une *recherche* [14], sur les plantes médicinales dans le cas d'espèce, recherche qui vise, conformément à la méthodologie du Lycée, à établir l'état des connaissances et représente la première phase d'une stratégie cognitive, en préalable à l'examen critique de la documentation ainsi rassemblée et à un apport original[15].

Or, cet apport sur la thérapeutique médicamenteuse, nous l'avons dans les *Problêmata.* Leur authenticité, discutée elle aussi pendant longtemps[16], semble devoir être admise désormais, pour autant que l'on considère ces *Problêmata* comme des notes prises au sein du Lycée, non seulement par Aristote lui-même, mais aussi par ses collègues, disciples et successeurs[17] ; dans cette perspective, l'ouvrage est à considérer comme des carnets de note qui reflètent le travail intellectuel de l'école, avec ses interrogations, ses propositions de solution, ses hésitations, reprises et répétitions de mêmes questions et toutes autres choses qui résultent non seulement de l'exercice d'une pensée en éveil, mais aussi la pratique collégiale du travail intellectuel.

En fait d'étude de la thérapeutique médicamenteuse, nous y voyons apparaître diverses questions qui portent sur l'action exercée par les substances

11 - Édition du texte grec (avec traduction anglaise) dans : Theophrastus, *Enquiry into plants*. With an English translation by A. Hort (= *Loeb Classical library*), vol. 2, London & Cambridge (Mass.), 1916, p. 215-321. Pour une étude de type pharmacologique, voir : J. Scarborough, "Theophrastus on Herbals and Herbal Remedies", *Journal of the History of Biology*, 11 (1978), p. 353-385.

12 - Voir, par exemple : Regenbogen, *Art. cit.* (note 10), col. 1 450-1 452.

13 - Sur l'ensemble de cette question, voir en dernier lieu et en attendant l'étude de S. Amigues annoncée dans Théophraste, *Recherches sur les plantes*. Texte établi et traduit par S. Amigues, Tome I : Livres I-II (*Collection des Universités de France*), Paris, 1988, p. XXXIV-XXXV : R. W. Sharples, *Theophrastus of Eresus. Sources for this Life, Writings, Thought and Influence*, Commentary Volume 5 : Sources on Biology (Human Physiology, Living Creatures, Botany : Texts 328-435) (= *Philosophia Antiqua, vol. LXIV*), Leiden, New York, Köln, 1995, p. 128-130, où il est fait état (p. 129) des résultats des travaux à paraître de S. Amigues.

14 - Pour cette interprétation du terme grec ἱστορία, voir : Amigues, *Op. cit.* (note 13), p. XVI-XVIII.

15 - Pour d'autres *recherches* procédant du même principe méthodologique, voir celle sur les animaux d'Aristote lui-même ou celle sur l'histoire de la médecine de Ménon, connue actuellement à travers *l'Anonymus Londinensis*.

16 - Voir, par exemple : P. Moraux, *Les listes anciennes des ouvrages d'Aristote* (= Collection *Aristote - Traductions et Études*), Louvain, 1951, p. 116-120.

17 - Pour cette conception de l'ouvrage, voir : P. Louis, Aristote, *Problèmes*, texte établi et traduit par -, Tome I : Sections I à X *(Collection des Universités de France*), Paris, 1991, p. XI -XXXV.

médicamenteuses sur l'organisme[18]. L'ensemble de ces interrogations et des réponses qui y sont apportées peut être ramené à deux lignes essentielles d'interprétation : d'une part, l'action thérapeutique, régie par une physique de la pesanteur (entendue au sens pondéral et non-newtonien du terme), procède par élimination globale de la cause pathogène (assimilée à une matière) hors du corps, sous la poussée de la matière médicale ; car, celle-ci est définie comme une substance non assimilée par l'organisme qui, par la pesanteur résultant de cette non assimilation, est soumise à un mouvement descendant et repousse ainsi devant elle tout ce qu'elle rencontre, provoquant par là l'évacuation des matières non-assimilées que sont les causes pathogènes. D'autre part, l'action thérapeutique est analysée en termes plus subtils de progressive fonte de la matière pathogène sous l'action du médicament, avec passage des matières dissoutes dans les liquides physiologiques et élimination par leur système. Soit, derrière ces deux explications, deux systèmes de pensée opposés, puisque, dans le premier, nous en avons un de type binaire de la présence et de l'absence, sans états intermédiaires (présence de la cause pathogène ou du médicament, avec absence de l'autre), tandis que, dans le second, nous voyons à l'œuvre une pensée qui est capable de rendre compte d'un changement progressif, avec, par conséquent, des états intermédiaires et la cœxistence possible de l'un et l'autre agent (la cause pathogène et la matière médicamenteuse).

3. De l'aporie à la spéculation rationaliste

Des deux contemporains Hérophile et Dioklês – l'époque du second, discutée pendant longtemps, est précisée ci-dessous[19] –, Hérophile (330/320-260/250 av. notre ère[20]) demande à être étudié ici en premier, en raison de la position qui lui est attribuée sur la question de la théorisation de l'action des médicaments[21].

18 - Pour une étude spécifique de cette problématique, voir : A. Touwaide, "L'école aristotélicienne et la naissance de la pharmacologie théorique", dans *La pharmacie au fil des siècles*, Bâle, 1996, p. 11-22.

19 - Voir ci-dessous les notes 25-31.

20 - Sur l'époque d'Hérophile, débattue pendant longtemps, voir, en dernier lieu et avec de fortes probabilités : H. von Staden, *Herophilus. The Art of Medicine in Early Alexandria*. Edition, translation and essays, Cambridge, 1989, p. 35-66, qui donne non seulement le texte grec, avec traduction anglaise, de tous les éléments textuels en présence, mais aussi une analyse serrée.

21 - Il faut relever qu'Hérophile aurait composé un ouvrage de thérapeutique (voir le fragment 231 von Staden, *Op. cit.* [note 20], p. 407-408, avec le commentaire p. 424 ; voir, en outre, les fragments 232-247, avec le commentaire du fragment 235 p. 424 et une analyse générale p. 398-403), ainsi qu'un autre de matière médicale (fragments 250-259, avec le commentaire des fragments 252, 257 et 259 aux p. 424-425). Sans entrer ici dans une discussion approfondie de la question, il faut relever que ce traité semble ne pas en avoir été un de matière médicale *stricto sensu*, mais avoir porté plutôt sur le traitement médicamenteux, incluant notamment des formules de composés (fragments 257-259), qui ne relèvent

Sur ce point, il eut cette très heureuse formule selon laquelle *les médicaments sont la main des dieux*[22]. Récemment encore, on a vu là l'expression d'une théorie sur l'action des médicaments, sans doute dans le sillage de l'interprétation qu'en a donné Galien[23]. Car, selon le médecin de Pergame, la formule présente deux sens : le premier est obvie et le second signifie que les substances à action thérapeutique nécessitent une préparation pour devenir des médicaments, passant, en quelque sorte, de l'état potentiel à la réalisation actuelle par l'art pharmaceutique. De quelque autorité qu'elle puisse être couverte, cette interprétation semble cependant être la projection sur la formule d'Hérophile des théories galéniques en matière de thérapeutique médicamenteuse. Car, à bien y regarder, la formule exprime plutôt que le pouvoir des médicaments est miraculeux, et l'attribue aux dieux, dont la main est comme tendue au-dessus de la tête des humains, en une expression dont le sens ne devait pas échapper à ses lecteurs et auditeurs[24]. Dès lors, plutôt que d'être une première expression de la spécificité de l'art pharmaceutique, défini comme celui de la transformation d'un produit en médicament par le passage de son état naturel à celui d'agent thérapeutique, elle vise plutôt à couvrir une certaine difficulté à conceptualiser l'action des médicaments, conçue comme une intervention divine, c'est-à-dire mystérieuse et inconnaissable.

Ce fut le mérite de Dioklês que de tenter le premier, s'il faut en juger par l'état de la documentation, de proposer une analyse théorique de l'action des médicaments. Avant de voir cela, il convient de s'arrêter sur la question de l'époque probable de vie du personnage, qui, nous l'avons signalé, a donné lieu à d'abondantes hésitations[25]. Or, on possède un point de repère qui, quoiqu'il soit connu anciennement, a cependant été omis dans le débat[26], alors qu'il per-

---

certes pas de la matière médicale, mais de la thérapeutique. A moins qu'il n'y ait eu plusieurs ouvrages, dont l'un aurait porté sur les simples et l'autre sur les composés. Quel qu'en fût l'objet, ce traité semble avoir été une description des propriétés des matières médicales, avec leurs indications thérapeutiques, dans une perspective d'inventaire, sans analyse théorique du fait même du médicament. On pourra voir une confirmation de cette interprétation dans le fragment 254, dans lequel l'affirmation selon laquelle *les propriétés de nombreuses plantes sont* (encore) *inconnues*, résonne comme une déclaration programmatique à rebours.

22 - Fragment 248 von Staden, *Op. cit.* (note 20).

23 - von Staden, *Op. cit.* (note 20), p. 400, avec, pour l'interprétation de Galien, le fragment 249.

24 - Sur cette image de *la main des dieux tendue sur la tête des humains* dans la littérature grecque, voir : J. Jouanna, "La main des dieux qui touche. Remarques sur l'emploi d'une maxime et sur le sens de ΣΥΝΑΠΤΕΣΘΑΙ dans la tragédie grecque : Eschyle, *Perses*, *v.* 742 et 724 ; Euripide, *Hélène*, *v.* 1444 ; Sophocle, Frag. 874 (Radt)", *Revue des Études Grecques*, *CVI* (1993), p 181-194.

25 - On trouvera un résumé de la question dans von Staden, *op. cit.* (note 20), p. 44-46, en raison du fait que la datation de Dioklês a été utilisée pour tenter d'élucider celle d'Hérophile.

26 - Pour une de ces *omissions*, voir, par exemple : M. Wellmann, 'Dioklês 53', dans R.E., V, 1, 1903, col. 802-812 ; voir spécialement col. 802, 1. 45-46, où l'auteur situe Dioklês durant le ler tiers du IVe siècle (= 400-360 av. notre ère approximativement), alors que, dans le même article (col. 807, 1. 41-42), il mentionne le traité à Pleistarchos.

met de mettre fin à toutes les discussions, même s'il ne fournit qu'une époque, et non des dates ou des années précises : c'est la dédicace à Pleistarchos du *Traité d'hygiène*[27]. Car, ce Pleistarchos est sans doute à identifier au frère de

---

27 - Aux fragments déjà connus qui attestent cette dédicace à Pleistarchos (Galien, *De alimentorum facultatibus*, I, 1 (= VI, 455, 7 k.) = fragment 112 éd. M. Wellmann, *Die Fragmente der sikelischen Arzte Akron, Philistion und des Dioklês von Karystos*, herausgegeben von - (= *Fragmentsammlung der griechischen Ärzte*, Band 1), Berlin, 1901, p. 162-163 ; Athénée, *Deipnosophiste*, VII, 320 d = fragment 135/1 Wellmann, p. 172), il faut ajouter le suivant, contenu dans le Pseudo-Dioscoride, *Thêriaka*, p. *Th.*, VII, 1. 4-5 Touwaide (= p. 48, 1. 4-5 Sprengel) (= fragment 145 Wellmann p. 187). Toutefois, il convient de l'éditer diversement de ce que fit Sprengel (p. 48) ; ainsi, au lieu de :

ἐν τῷ πρὸς Πλείσταρχον ὑπομνήματι λέγων ...

faut-il lire :

ἐν τῷ πρὸς Πλείσταρχον ὑγιεινῶν λόγῳ ...

En effet, en tête de la tradition manuscrite de ce traité, nous avons les trois manuscrits suivants :

– M = New York Pierpont Morgan Lirary, M 652 (Constantinople, Xe s.)
– A = *Athous Magnae Laurae*, W 75 (*Constantinople*, XIe s., 1re moitié)
– L = *Florentinus Laurentianus* 74, 23 (Constantinople, début XIVe s.)

avec le *stemma* suivant (pour ce *stemma*, de même que pour la bibliographie relative aux manuscrits, je me permettrai de renvoyer de façon globale aux articles signalés ci-dessus, note 6) :

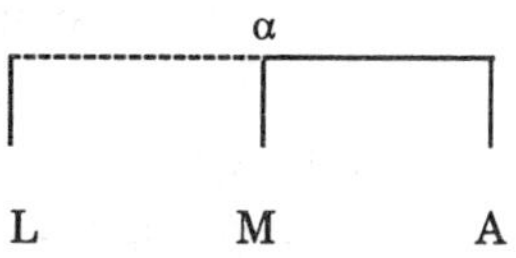

Or, leurs leçons en ce passage sont les suivantes :

– M : υϖεινω (sic) λέγων
– A : υϖομνήματι λέγων
– L : omisit

Il est évident que les leçons de A et de L sont, l'une, une paradiorthose de celle de M et l'autre une omission consécutive à celle, incompréhensible, de M. Or, celle-ci peut être corrigée aisément par le recours aux mécanismes de confusion de majuscules. En effet, si l'on écrit la leçon de M en majuscules, on obtient :

ΥΠΕΙΝΩ

qui est à décomposer de la sorte :

ΥΓΙΕΙΝΩ

en raison de la confusion, typique, entre Γ + Ι > Π. Par ailleurs, la finale -ΩΝ aura été abrégée en un -Ω surmonté du tiret d'abréviation. En outre, le λέγων de M et A peuvent s'expliquer en partie à tout le moins par ce même mécanisme d'abréviation de la finale (quoique ce soit en sens contraire, avec le passage de ΩΙ a ΩΝ probablement à la suite de la disparition du iota adscrit ou par une mélecture de celui-ci), avec, par la suite, une adaptation en conséquence, puisque la leçon ΛΟΓΩΝ ne se justifiait en aucune façon. Soit, au terme de ces corrections, le titre du *Traité d'hygiène*, dont il est ainsi confirmé qu'il fut dédié à Pleistarchos.

Kassandros[28], roi de Macédoine de 305 à 298/7. Or, si Kassandros vécut de 350 environ jusqu'à 298/7[29], Pleistarchos dut naître, lui, entre 350 et 340 et mourir vers 290, ayant peut-être fondé un royaume après 301[30]. Par conséquent, nous avons une situation chronologique du traité de Dioklês à la charnière des IVe et IIIe siècle[31]

Par ailleurs, l'appartenance philosophique de Dioklês a donné lieu, elle aussi, à des évaluations divergentes. Or, elle peut être identifiée désormais, précisément par l'examen de la problématique de laquelle nous nous occupons ici.

En préalable, il nous faut signaler que le fragment qui nous intéresse porte sur la conceptualisation de l'action toxique du venin animal, celui des serpents, scorpions et araignées essentiellement. Le fait peut sembler hors de propos. Il l'est cependant moins qu'il n'y paraîtra, mais appartient à une stratégie épistémique dont il convient de reconstituer les éléments, à défaut, semble-t-il, de les posséder explicitement. Selon une conjecture qui semble raisonnable et que confirme, en tout cas, la suite de l'histoire, on peut supposer que les venins et poisons ont été utilisés comme des instruments heuristiques pour clarifier la notion, moins aisément perceptible, de médicament. Dans ce cas, la stratégie cognitive est marquée par un raisonnement en plusieurs étapes dont la première est l'établissement du parallèle entre, d'une part, venins et poisons et, de l'autre, les médicaments ; la seconde porte sur la clarification de l'action des premiers de la façon que nous verrons ci-dessous ; et, la troisième est constituée par le transfert de l'explication ainsi mise au point de la toxicologie à la pharmacologie, explication qui fut transformée de la sorte en un paradigme productif.

Le nœud de cette construction est constitué par la deuxième étape, connue de façon explicite par un fragment de Dioklês. Il est conservé par la préface du traité des *Thêriaka* du Pseudo-Dioscoride et doit être édité comme suit[32] :

> ... αὐτῶν ἰδεῖν ἔνια ῥᾴδιον ἀλλὰ ϖαρά τινα τῶν ἀϖολειϖομένων αὐτοῖς θηρίων ὁϖηλίκον τι νομίζειν τὸ μέγεθος ...

---

28 - Dans ce sens, voir : W. Jaeger, *Diokles von Karystos. Die griechische Medizin und die Schule des Aristoteles* 2, Berlin, 1963, p. 12-14.

29 - Sur Kassandros, voir : H. Volknann, "Kassandros 2", dans *Der Kleine Pauly*, vol. 3, Stuttgart, 1969, col. 145-148.

30 - Sur Pleistarchos, voir : K. Kinzl, "Pleistarchos 2", dans *Der kleine Pauly*, vol. 4, Stuttgart, 1972, col. 923-924.

31 - Dans le même sens, mais au départ d'un argument différent, voir : G. Wöhrle, *Studien zur Theorie der antiken Gesundheitslehre* (= *Hermes, einzelschriften*, Heft 56), Stuttgart, 1990, p. 177, note 54.

32 - Voir p. *Th.* VII (= p. 48 Sprengel), 1. 9-11 Touwaide. Ce passage correspond au fragment 145 de Welmann.

Ce que l'on peut traduire de la sorte :

> [...] il est certes facile d'en voir certains ; mais, s'il fallait en juger par rapport à certains d'entre les animaux sauvages qui les dépassent et à partir de leur coup, quelle taille faudrait-il leur attribuer ? [...]

Soit un raisonnement qui se fonde sur une notion commune, de façon à arriver à une conclusion absurde. Cette notion est le rapport de proportionalité directe posé entre, d'une part, la grandeur (quantitative) des animaux considérés comme sauvages (félins, ours et autres de grande taille) et, d'autre part, l'importance (qualitative) des lésions qu'ils peuvent infliger. Soit le rapport suivant : grands animaux → grandes blessures. La proportion qu'implique ce rapport est ensuite transférée aux animaux venimeux par l'équation suivante, dans le second rapport de laquelle le premier terme (taille des animaux) a été remplacé par une inconnue (x) dont la valeur doit pouvoir être déterminée par l'importance des lésions provoquées :

$$\frac{\text{animaux sauvages}}{\text{grands effets}} = \frac{\text{x}}{\text{envenimement}}$$

De la sorte, la taille des animaux venimeux doit nécessairement être grande en raison du rapport de proportionalité directe dont la validité a été démontrée sur les animaux sauvages et puisque les suites des envenimements, généralement graves, étaient sans doute souvent léthales.

Or, continue, Dioklês, cette conclusion se heurte au fait que ces animaux sont petits et est donc absurde[33] :

> ... ἄδηλα καὶ μικρὰ τὸ γένος μεγάλων αἴτια κινδύνων καὶ ϖόνων γίνεται ...

> [...] quoiqu'ils soient d'un genre petit et invisible, ils sont à l'origine de grands dangers et de fortes souffrances...

Et il renchérit[34] :

> ... οὔτε γὰρ ἂν διαγνῶναι τὸ μέγεθος αὐτῶν δύναιτό τις διὰ τὸ ϖαντάϖασιν εἶναι μικρά.

> [...] on ne pourrait déterminer leur taille à partir du fait qu'ils sont très petits.

Dès lors, dit-il[35], il faut postuler que le venin inoculé lors du coup définit la taille réelle des animaux venimeux, pour autant, est-il dit un peu plus loin[36],

---

33 - = p. *Th.*, VII (= p. 48 Sprengel), 1. 8-9 Touwaide.
34 - = p. *Th.*, VII (= p. 48 Sprengel), 1. 16-17 Touwaide.
35 - = p. *Th.*, VII (= 48 Sprengel), 1. 11 et 14-16 Touwaide.
36 - = p, *Th.*, VIII (= 49 Sprengel), 1. 2-8 Touwaide.

qu'il soit conçu comme une δύναμις, c'est-à-dire comme un agent susceptible d'expansion mettant *en* marche *un* mouvement (dans le cas d'espèce une transformation)[37], puisque, de la petite quantité qu'il est au départ, il peut se confondre avec le corps entier de le victime, au fonctionnement normal duquel il nuit :

> ... τί νομίζειν τὸ μέγεθος ... ἢ τὸ διὰ τοῦ δήγματος ἐφιέμενον καὶ ὅλον τὸ σῶμα διαπονούμενον ; ...
>
> [...] que faut-il penser qu'est leur taille... si ce n'est ce qui est injecté dans le coup et qui met à mal le corps entier ?

De la sorte, le principe de proportionalité directe entre cause et effet est sauvegardé, puisque la cause, de petite qu'elle est au départ (en quantité), devient grande (en qualité : les effets de l'envenimement), par un transformationisme qui permet de résoudre la conclusion absurde à laquelle menait le raisonnement posé tel quel.

Nous ne nous arrêterons pas ici sur l'analyse de ce raisonnement[38], intéressant autant par la voie de solution qu'il propose que par les vices qu'il contient. Car, s'il permet bien de sortir de l'aporie à laquelle conduisait le principe de proportionalité directe posé entre cause et effet, il ne ruine cependant pas ce principe comme il eût pu le faire, mais cherche à le maintenir par ce qu'il faut bien considérer comme un stratagème épistémologique, une *ruse de l'intelligence* : en effet, il consiste à transformer la cause, par le passage de son état de petitesse physique à un état d'importance pathologique par l'octroi du statut de δύναμις, et non à mettre en crise le paradigme qui rend cette transformation nécessaire, sinon indispensable. En outre, il repose sur un glissement dans la mensuration de la cause, identifiée sinon à celle de son effet, du moins à celle de l'objet sur lequel elle agit, trahissant par là une impossibilité à concevoir réellement la causalité et à la traduire en un langage adéquat ; par là, il trahit le maintien de l'enracinement de ce raisonnement dans la pensée archaïque, peu susceptible de penser les transformations de façon autre qu'en termes de matérialité. Dès lors, alors qu'il aurait pu faire voler en éclats le principe de proportionalité directe entre cause et effet, Dioklês l'accepte, cherchant seulement à sauver les apparences, soit à résoudre l'aporie que causait l'application de ce principe par la distance qu'elle introduisait entre la mensuration hypothétique de la cause et celle, physique, des animaux qui sont causes.

37 - Sur la notion aristotélicienne de δύναμις, voir, de facon genérale : J. Stallmach, *Dynamis und Energeia. Untersuchungen am Werk des Aristoteles zur Problemgeschichte von Möglichkeit und Wirklichkeit* (= *Monographien zur Philosophischen Forschung*, Band XXI), Meisenhem am Glan, 1959.

38 - Nous avons préparé une étude sur la question, que nous espérons pouvoir publier dans un proche avenir.

Quoi qu'il en soit de ce point, Dioklês nous apparaît comme un aristotélicien, à tout le moins par l'emploi de la notion de δύναμις auquel il a recours, qui est conforme à la notion lycéenne non seulement du terme, mais aussi de la théorie générale du changement de la matière.

Une fois posé ce principe d'explication de l'action des venins, il suffisait, du point de vue logique s'entend, de le transférer du secteur de la toxicologie à celui de la pharmacologie, la seule différence entre les deux secteurs résidant dans la nature de l'action provoquée : toxique pour les venins et poisons ; thérapeutique pour les médicaments. La chose ne fut cependant pas immédiate, car le modèle théorique mis au point par Dioklês autant que l'heuristique épistémologique de laquelle il résulta furent soumis à la critique des Empiriques.

4. La critique empirique

Car, ceux-ci, relevant et critiquant l'intellectualisme de l'information ainsi obtenue autant – si pas plus – que de sa méthode, et créant, par conséquent, le concept d'école rationaliste ou dogmatique par l'opposition dans laquelle ils se plaçaient à son égard[39], explorèrent d'autres voies d'analyse du réel et, notamment, de l'action du médicament.

Notre principale source sur leur théorie en matière de perception de l'action des toxiques et des médicaments est le petit traité galénique *Sur les sectes*[40]. Avant d'en analyser le contenu sous le point de vue qui nous intéresse, il faut souligner d'entrée de jeu que les Empiriques reprirent aux Dogmatiques leur méthodologie, à savoir l'usage de la toxicologie pour clarifier les notions, transférant ensuite au champ du médicament les acquis gagnés de la sorte. Or, nous l'avons dit, c'est là une méthode spécifiquement rationaliste que de transforner venins et poisons en outils heuristiques pour explorer

39 - Sur les écoles (ou *sectes*) médicales antiques et le phénomène de leur création, voir : H. von Staden, "Hairesis and Heresy : The Case of the haireseis iatrikai", dans : B. F. Meyer & E. P. Sanders (edited by -), *Jewish and Christian Self Definition*, vol. 3 : *Self – Definition in the Graeco-Roman World*, London, 1982, p. 76-100 (texte) & 199-206 (notes) (voir spécialement p. 81-83, pour la confrontation rationalisme/empirisme). Par ailleurs, sur le positionnement des Empiriques à l'égard des rationalistes, voir : J. Allen, "Pyrrhonism and Medical Empiricism : Sextus Empericus on Evidence and Inference", dans : W. Haase (herausgegeben von -), *Aufstieg und Niedergang der römischer Welt*, vol. II, 37, 1, Berlin & New York, 1993, p. 646-690 (voir en particulier p. 647-652).

40 - Édition du texte grec : Galenus, *Scripta minora*, vol. 3, ex recognitione G. Helmreich (= *Bibliotheca Teubneriana*), Leipzig, 1893, p. 1-32) reproduite dans : N. Palmier, L'antica versione del « De Sectis » di Galeno (*Pal. lat.* 1090) [= *Testi e studi di cultura classica*, 7], Pisa, 1889, p. 64-128. Une nouvelle édition a été préparée par D. Béguin, qui devrait paraître dans la Collection des Universités de France. Par ailleurs, pour l'étude des théories empiriques, voir essentiellement : K. Deichgräber, *Die griechische Empirikerschule. Samnlung der Fragmente und Darstellung der Lehre 2*, Berlin & Zurich, 1965, *passim*.

le champ, moins directement perceptible, du médicament. Soit une habile stratégie épistémique – et polémique, soit dit en passant – des Empiriques, qui consistait à reprendre à l'adversaire ses outils et méthodes de démonstration, pour arriver, cependant, à des conclusions diamétralement opposées. Mais aussi, un signe de la transformation de la nature du débat depuis les Théophraste, Hérophile et autres Lycéens, puisque, du terrain strictement pharmacologique, l'on passait insensiblement à celui des moyens de la connaissance et de ses conditions.

Sans reprendre ici en détail toute l'argumentation des Empiriques, concentrons-nous sur la question de l'étiologie, car elle fut fondamentale dans le débat médical[41]. Les anti-rationalistes prenaient argument de la rage – *l'hydrophobie* comme elle était appelée jadis au départ d'un de ses symptômes spécifiques[42] – considéré alors et jusqu'il n'y a guère comme un envenimement[43]. Car ce pseudo-envenimement se caractérise par la période dite d'incubation, qui sépare d'une quarantaine de jours l'inoculation du prétendu venin rabique de la manifestation de ses effets. Ceci démontre, soutenaient les Empiriques, que les faits médicaux sont dépourvus de cause connaissable, dirent-ils dans un premier temps, et de cause tout court dans un second, de radicalisation et de nihilisme étiologique. Car, selon eux, la morsure du chien enragé n'était suivie d'aucun effet immédiat et la rage, lorsqu'elle survenait, n'était précédée d'aucune action à laquelle elle aurait pu être imputée. Ils en concluaient dès lors que la morsure n'était cause de rien, pas plus que la rage n'était l'effet de quoi que ce soit. Puis, élargissant le débat par transfert de ce cas spécifique à l'ensemble du secteur des faits pathologiques, ils en venaient à poser qu'ils étaient dépourvues de quelque type de cause que ce fût.

La faille du raisonnement n'est que trop apparente et est double : d'une part, elle est constituée par la notion sous-jacente de cause, qui pose un lien de proximité immédiate et nécessaire entre une cause et un effet, la première ne pouvant être cause que de ce qui suivait directement, dans le temps autant que dans l'espace ; de l'autre, l'extension de l'exception que constitue la rage à tous les faits pathogènes et sa transformation, par là même, en paradigme visant à une application générale, sinon universelle, relevait d'une généralisation abusive, justifiée par aucune représentativité statistique. N'empêche, la distension du rapport de proximité temporelle caractéristique de la rage semblait donner raison aux Empiriques.

---

41. - Voir, dans le *De sectis*, le chapitre VIII (= p. 18, 1. 3-19,1. 18 Helmreich), par exemple, avec le tableau sur le traitement différencié de la morsure de chien enragé, qui met bien en lumière et l'enjeu du débat et les approches divergentes des Empiriques et des Rationalistes.

42 - Pour une description antique de la rage, voir, par exemple : Pseudo-Dioscoride, *Thêriaka*, p. *Th.*, *XVI* (= p. 57 Sprengel), 1. 13-XVIII (= p. 59 Sprengel), 1. 10 Touwaide (avec le terme *d'hydrophobie à la* p. *Th.*, XVII (= p. 58 Sprengel, 1. 9).

43 - Pour l'histoire de la rage, voir : J. Theodorides, *Histoire de la rage – Cave canem*, Paris, 1986.

L'important dans la polémique qui se développait de la sorte était sans doute de mettre en crise moins les résultats spéculatifs des Dogmatiques que leur théorie de la connaissance, réfutée de façon globale, parce que, disaient les Empiriques, elle spéculait sur des réalités inconnues et, donc, inconnaissables, avec, une fois encore, un saut du statut de fait au statut ontologique.

5. La réplique rationaliste

Ce nihilisme épistémique et épistémologique provoqua une réaction rationaliste, qui, dans notre champ, fut formulée par Érasistratos (330-255/250 av. notre ère)[44]. Le texte de cette réponse apparaît dans le traité du Pseudo-Dioscoride déjà utilisé et commence de la sorte[45] :

... τῇ τε ϖερὶ αἰτιῶν γράφει ταῦτα κατὰ λέξιν ...

[...] dans le traité sur les causes, il écrit textuellement ceci...

Le fait significatif est que nous voyons Érasistratos consacrer à l'étiologie un traité spécifique, contrairement à ce qu'a voulu le dernier éditeur des fragments du médecin, pour lequel il n'y eut pas d'ouvrage spécialement dédié à cette question[46]. Ce qui revient à dire que, par la ruine de l'édifice rationa-

44 - Voir von Staden, *op. cit.* (note 20), p. 47.

45 - = p. *Th.*, VIII (= p. 49 Sprengel), 1. 16-IX (= p. 50 Sprengel), 1. 1 Touwaide. Ce passage constitue le fragment 35 d'Érasistratos dans l'édition de I. Garofalo, *Erasistrati fragmenta*. Collegit et digessit - (= *Bibliotheca di studi antichi*, 62), Pisa, 1988, p. 71-72. L'édition donnée ici diffère de celle proposée par Garofalo. En effet, les leçons en présence sont les suivantes (*pour* les sigles et identifications des manuscrits, voir ci-dessus, note 27) : τῇ A L] τήν M Garofalo – γράφει M Garofalo] γραφῇ A L - ταῦτα *conieci*] ταύτην M A Garofalo ταύτῃ L – κατὰ λέξιν *conieci*] τ' ἄλλαξιν M.ἀνταλλάξειν L διαλευκαίνων A τὴν λέξιν Garofalo. Il semble que la confusion ait pu naître dans ce passage à la suite d'une erreur de majuscule qui a transformé l'article THI en THN dans M, avec adaptation consécutive du ταῦτα en ταύτην dans M et A. De même, le passage de γράφει (M) à γραφῇ (A et L), quoiqu'il puisse être dû à une erreur d'orthographe, doit être imputé cependant, avec sans doute plus de vraisemblance, à une tentative de restitution, en raison de l'indépendance constante de A et L. Quant au κατὰ λέξιν, nous le conjecturons à partir de la leçon de M τ' ἄλλαξιν, dont celles des autres manuscrits se révèlent être des paradiorthoses ; dans L, l'intervention (ἀνταλλάξειν) a tenté de rester au plus près d'une leçon fautive qui dut être sans doute identique ou, à tout le moins, pas éloignée de celle de M, tandis que, dans A, le correcteur a été plus audacieux, s'écartant d'autant du texte qui a quelque chance d'avoir été l'original. Notre conjecture présente cet avantage de pouvoir expliquer l'apparition de la leçon de M, par suite de redoublements de lettres isographes en majuscules : en effet notre correction se lit KATA ΛΕΞΙΝ, ce qui peut avoir engendré des confusions du groupe A final et Λ initial et provoqué un redoublement, et d'autant plus que les deux premières lettres du KATA ont disparu ; le redoublement peut avoir été volontaire pour combler de la sorte une disparition évidente de lettres.

46 - Voir Garofalo, *op. cit.* (note 45), p. 29, note 203. Il est sans doute erroné d'affirmer, comme le fait l'auteur (p. 29), que l'étiologie d'Érasistratos apparaissait *certamente nell'opera sulle febbri. Un'ampia discussione era contenuta nella sua opera sui contravveleni*. Ou, du moins, s'il y avait ces discussions dans les traités en question (mais nous avons déjà montré ici que celle attribuée au traité de toxicologie n'y apparaissait pas, étant dans celui *sur*

liste qu'ils pensaient avoir causée, les Empiriques ont œuvré, au contraire, à la consolidation et à la réaffirmation de l'épistémologie dogmatique, l'aidant même à formuler de façon explicite les principes de sa théorie de la connaissance et à les asseoir sur des raisonnements en bonne et due forme[47]. Or – et c'est ici le fait réellement significatif – la réponse d'Érasistratos aux Empiriques dans ce *Traité sur les causes* inclut notre problématique des médicaments, prouvant par là l'importance qu'elle prit dans le champ épistémologique pour fonder non seulement une science du médicament, mais aussi, voire surtout, une théorie de la connaissance universellement valable. On peut même aller un peu plus loin : venins, poisons et médicaments, au lieu d'être éclairés par les principes de connaissance établis par ailleurs, contribuèrent, et sans doute singulièrement, à ériger la théorie épistémologique, par le fait de constituer un réel banc d'essai sur lequel des modèles cognitifs étaient mis au point et transférés ensuite à d'autres secteurs, acquérant par là le statut de paradigme et gagnant aussi de la sorte une validité visant a l'universalité.

La réponse opposée par Érasistratos aux Empiriques est présentée comme suit dans le traité du Pseudo-Dioscoride[48] :

> ... βεβαίως κατειλημμένη ἦν καὶ δι' ὧν Ἐρασίστρατος ἐϖισκώϖτων τὴν αὐθαδείαν τῶν Ἐμϖειρικῶν αἰτίαν τοῖς ἀναιτιολογήτοις ἀνέθηκεν, οὐ συγχώρων αὐτοῖς τὴν αἰτίαν τὴν ἐϖαναβεβηκυῖαν καὶ καθολικὴν ἄληϖτον ἐϖὶ τῇ νόσῳ ὑϖάρχειν ...[49]

> [...] *elle (la cause générale des envenimements, identifiée à une δύναμις) était clairement perçue par ce qu'a dit Érasistratos, qui, raillant la suffisance des Empiriques, a attribué une cause aux phénomènes qui en étaient dépourvu ; il ne leur a pas accordé que la cause suprême et générale est insaisissable dans le cas de la maladie...*

---

les causes), il y en avait aussi dans un *Traité sur les causes* qui a bel et bien existé, avec, le cas échéant, des renvois internes à l'intérieur de l'œuvre, des reprises de l'examen de questions déjà traitées, éventuellement avec un examen de type général dans le *Traité sur les causes*, et un autre de type appliqué à des secteurs (éventuellement dans celui *sur les fièvres*, étant donné que pour celui de toxicologie il n'y a pas d'autre fragment conservé actuellement connu que celui dont nous avons montré l'exacte provenance).

47 - Pour une affirmation explicite de l'existence d'une étiologie dans la pensée médicale d'Érasistratos, voir le fragment 32 Garofalo (= Pseudo-Galien, *Introductio, 5* [= XIV, 684, 11-15 Kühn]). Par ailleurs, pour une première présentation de cette étiologie, voir : Garofalo, *op. cit.* (*note 44*), p. 29-31, malgré les immanquables répercussions des problèmes d'ecdotique sur l'exégèse des textes. Il est à noter que H. von Staden prépare une édition critique des fragments d'Érasistratos, dont il est attendu qu'elle puisse éviter les problèmes d'exégèse consécutifs à ceux d'établissement du texte soulevés ici.

48 - = p, *Th.*, VIII (= p. 49 Sprengel), 1. 12-16 Touwaide.

49 - Les principales divergences entre manuscrits sont les suivantes (pour les sigles et identifications, voir note 27), y compris les divergences présentées par rapport à l'édition de Garafalo (citée note 45) : κατειλημμένη ἦν *conieci* / κατειλημμένην M L κατειλημμένης A Garafalo - καὶ δι' M L / διὸ καὶ A Garafalo - αἰτίαν A / ὅτι ἐν M L.

Une fois encore, il apparaît que ces divergences peuvent s'expliquer par des fautes de majuscules et des adaptations consécutives. En effet, κατειλημμένη ἦν écrit ΚΑΤΕΙΛΗΜΜΕΝΗ ΗΝ

Quelque difficile que soit son architecture, résultant probablement de la juxtaposition, sans réel assemblage, de fragments hétérogènes, le texte n'en est pas moins clair pour autant[50] : il contient trois arguments, relevant chacun de stratégies polémiques différentes. Le premier[51] porte sur une règle générale des Empiriques (la prescription de la thérapeutique établie par répétition[52]) et son application (les cas dans lesquels il faut procéder de la sorte), ceci permettant de faire apparaître une contradiction entre cette méthode (l'observation) et la finalité de la médecine (le traitement) ; en cause, l'abandon de la recherche étiologique, dont la nécessité était réaffirmée de la sorte, en bonne orthodoxie rationaliste.

Le deuxième argument[53] fait apparaître une contradiction dans le raisonnement, avec, d'une part, la prescription de thérapies par genres et, de l'autre, l'identification de l'agent pathogène qui ne se fait pas par genre mais de façon unitaire, quelle que soit l'approche de l'étiologie, puisque, pour les Empiriques, lorsqu'il y avait une cause, celle-ci était de type général, tandis que, pour les Dogmatiques, celle-ci était identique dans tous les cas, à savoir une δύναμις (et on notera au passage l'acceptation par Érasistratos du modèle dioklésien).

Quant au troisième argument[54], il procède par l'absurde et vise à détruire la théorie empirique de l'inférence par une mise en scène, dans laquelle un médecin empirique supposé transfère à une pathologie supposée (l'absorption

---

peut très bien être devenu ΚΑΤΕΙΛΗΜΜΕΝΗΣ par suite de la *scriptio continua*, puis de la confusion et de la simplification de ses trois dernières lettres -HHN, le mot ainsi transformé étant accordé par le génitif qui le précède. Par ailleurs, le διὸ καὶ de A est manifestement une tentative de correction consécutive à la transformation de la phrase par le transfert de ΚΑΤΕΙΛΗΜΜΕΝΗΣ dans la proposition précédente à la suite de son accord. Enfin, et pas moins important, il apparaît que Garafalo s'est rangé ici à tout le moins aux côtés de A, un manuscrit dont il est cependant démontré qu'il donna une réelle édition du texte des deux traités de toxicologie attribués à Dioscoride, ainsi que du traité authentique de l'auteur (sur ce point, voir une présentation des résultats de l'examen fait dans le travail mentionné ci-dessus, note 9, confrontés à ceux, convergents, effectués de façon indépendante par G. Christodoulou sur le *Traité de matière médicale* : A. Touwaide, "un manuscrit athonite du « Traité de matière médicale » de Dioscoride : l'Athous Magnae Laurae Ω 75", *Scriptorium*, 45 (1991), p. 122-127).

50 - Pseudo-Dioscoride, *Thêriaka,* p. *Th.*, VIII (= p. 49 Sprengel), 1. 16-*Th., X* (= p. 51 Sprengel), 1. 2 Touwaide.

51 - = p. *Th., IX* (= p. 50 Sprengel), 1. 1-5 Touwaide.

52 - Sur la théorie de la connaissance des Empiriques, voir, outre Deichgräber, *op. cit.* (note 39) : H. von Staden, "Experiment and experience in Hellenistic Medicine", *Bulletin of the Institute of the Classical Studies*, 22 (1975), p. 177-199 ; C. Marelli, "La medicina empirica e il suo sistema epistemologico" dans G. Giannantoni (a cura di -), *Lo scetticismo antico.* Atti del Convegno organizzato dal Centro di studi del pensiero antico del C.N.R., Roma 5-8 novemre 1980, vol. 2, Napoli, 1981, p. 657-676, et, en dernier lieu et spécifiquement sur le médicament : M. D. Grmek, *Il calderone di Medea – La sperimentazione sul vivente nell'Antichità* (= *Lezioni italiane*, 14), Roma & Bari, 1996, p. 73-76 (avec la bibliographie).

53 - = p. *Th., IX* (= p. 50 Sprengel), 1. 5-8 Touwaide.

54 - = p. *Th., IX* (= p. 50 Sprengel), 1. 9-15 Touwaide.

de sangsues, semble-t-il, ou à tout le moins une intoxication par voie interne) les traitements de pathologies aux effets apparemment semblables, mais résultant de causes différentes, selon la logique empirique du transfert ; toutefois, ces traitements, identifiés en fonction de ressemblances superficielles, sont tous administrés en voie externe et portent, à la fin, à l'amputation, dans l'idée fausse qu'ils pourraient s'opposer à l'action de l'agent pathogène, situé, en fait, à l'intérieur du corps.

Comme on le voit, la réponse dogmatique aux Empiriques ne visait pas seulement à chercher de réfuter une théorie au profit d'une autre, mais s'attaquait aux tenants cognitifs qui avaient permis l'affirmation de la théorie à réfuter. Avec une stratégie dialectique variée, qui s'en prenait autant à des résultats ponctuels qu'aux méthodes qui y avaient porté, et des arguments de toute nature, depuis la mise en évidence de contradictions logiques internes et du mauvais usage des modes de raisonnement, jusqu'aux procès d'intention et caricatures telles que ce tableau du médecin qui traque le mal là où il n'est pas, omettant de le faire là où il est, par suite d'une inadéquation méthodologique.

Or, au terme de cette réfutation, dont nous n'avons ici qu'un fragment – le seul du *Traité sur les causes* d'Érasistratos dans l'état actuel de nos connaissances, semble-t-il –, comment la cause des pathologies consécutives à l'inoculation des venins fut-elle analysée ? Elle fut définie comme une *matière nocive qui, entrée en* contact *avec le corps, le détruit progressivement*[55]. Soit le second type d'explication proposé par les *Problêmata* aristotélisants pour l'action des médicaments[56], avec, une nouvelle fois, un transfert entre toxicologie et pharmacologie, transfert dont nous constatons ici qu'il ne fonctionna pas seulement de la toxicologie à la pharmacologie, mais aussi de la seconde à la première.

6. Conclusions

Sans doute par un autre transfert dont nous n'avons aucune trace, semble-t-il, la notion ainsi élaborée fut appliquée au médicament, dont elle expliqua l'action. C'est ainsi que, au Ier siècle de notre ère, nous la voyons utilisée par Dioscoride, dans le *Traité de matière médicale* duquel elle sert à exprimer une gamme réellement infinie de propriétés, grâce à cette structure du grec qui permet de mettre une proposition infinitive entière en détermination d'un substantif, avec l'article τοῦ. Nous ne possédons aucun élément sur l'itinéraire cognitif qui a abouti à cette conception de l'action du médicament. Toutefois, au vu de ce qui précède, on peut supposer que ce fut par un nouveau transfert,

55 - = Pseudo-Dioscoride, *Thêriaka*, p. *VIII* (= p. 49 Sprengel), l. 6-8 Touwaide.
56 - Voir ci-dessus, p. 192-193.

de la toxicologie vers la pharmacologie, en raison de la similitude, sinon de l'identité des concepts. Ce transfert aura été d'autant plus aisé que la notion de δύναμις mise au point dès Dioklês et contestée par les Empiriques, sortit renforcée, en définitive, du débat sur l'action des venins, poisons et médicaments, et d'autant plus qu'il porta sur l'épistémologie qui avait conduit à affirmer ce statut de la δύναμις des venins, poisons et médicaments, contribuant par là à consolider sinon cette épistémologie elle-même, du moins ses résultats.

Quoique méthode et résultats furent mis en doute une fois encore avec la médecine méthodique à Rome aux débuts de notre ère[57], l'ensemble ne fut plus réellement contesté par la suite et constitua même un corps de donnés largement diffusé, puisqu'il fut véhiculé par le traité de toxicologie attribué à Dioscoride[58], qui, lui-même, bénéficia de l'exceptionnelle *fortuna* du *Traité de matière médicale* authentique du même auteur[59], et par le *Traité sur les sectes*

57 - Voir le Pseudo-Dioscoride, *Thêriaka,* p. *Th., X* (= p. 51 Sprengel), 1. 3 - XIV (= p. 55 Sprengel), 1. 6 Touwaide. Nous avons l'intention de préparer une étude sur ce passage qui semble avoir échappé jusqu'à présent dans la bibliographie, sans doute pour les mêmes raisons que ceux analysés ici (sur ce point, voir ci-dessus, p. 190-191, avec les notes 7-8), alors qu'il met bien en lumière la contestation épistémologique du méthodisme, avec une part de la panoplie d'arguments employés.

58 - Pour la tradition manuscrite de ce traité, voir : Touwaide, *op. cit.* (note 9), vol. 1-3. En attendant la publication de cette partie de notre travail, qui sera faite de façon indépendante par rapport à l'édition, qu'il suffise ici de signaler que nous possédons pas moins de quarante manuscrits du texte des deux traités.

59 - On ne possède pas à ce jour d'histoire du texte de l'ouvrage. A défaut, on pourra consulter les matériaux suivants qui, pour partiels qu'ils soient certes, n'en donnent pas moins pour autant une idée de l'importance du phénomène textuel et scientifique représenté. Ainsi, pour l'inventaire des manuscrits, voir : H. Diels, *Die Handschriften der antiken Ärzte*, II. Teil Die übrigen griechischen Ärzte ausser Hippokrates und Galenos. Herausgegeben von - (= *Abhandlungen der Königlich-Preussischen Akademie der Wissenschaften*, Philosophisch-historische Klasse, Jahre 1906, Abhandlung I), Berlin, 1906, p. 29-31 (réimpression dans un volume séparé sous le titre : Die Handschriften der *antiken Ärzte*. Griechische Abteilung. Im Aufrage der akademischen Kommission herausgegeben von H. Diels, Berlin, 1906). Corrections et additions dans : H. Diels, *Bericht über den Stand des interakademischen Corpus medicorum antoriquorum und Erster Nachtrag zu den in den Abhandlungen 1905 und 1906 veröffentlichten Katalogen : Die Handschriften der antiken Arzte, I. und II. Teil.* Zusammengestelt von- (= *Abhandlungen der Königlich-Preussischen Akademie der Wissenschaften*, Philosophisch-historische Klasse, Jahre 1907, Abhandlung II), Berlin, 1907, p. 58-59. Pour une première ébauche de l'histoire du texte grec, voir : M. Wellmann, *Praefatio*, dans Pedanii Dioscuridis Anazarbei, *op. cit.* (note 4), vol. 2, p. I-XXXV. Pour une vue d'ensemble de la tradition du traité, depuis l'Antiquité jusqu'à la Renaissance incluse, voir : J. M. Riddle, "Dioscorides", dans *Catalogus Translationum et Commentariorum : Mediaeval and Renaissance Latin Translations and Commentaries. Annotated Lists and Guides*, vol. 4, edited by F. A. Crantz, Washington, 1980, p. 1-143. Et, enfin, pour la tradition dans le monde tardo-antique et en Italie du Sud, voir : A. Touwaide, "Le « Traité de matière médicale » de Dioscoride en Italie du Sud. Essai de synthèse", dans *From Epidaurus to Salerno. Symposium held at the European University Centre for Cultural Heritage, Ravello, April, 1990.* Edited by A. Krug (= PACT, 34, 1992), Strasbourg & Rixensart, 1994, p. 275-305, et : G. Cavallo, "I libri di medicina : gli usi di un sapere", dans *Maladie et Societé à Byzance*, textes réunis et édités par E. Patlagean (= *Collectanea*, 3) Spoleto, 1993, p. 43- 56.

de Galien, qui connut une diffusion extraordinaire, notamment en raison de sa fonction propédeutique et de son inclusion à ce titre dans le *Canon alexandrin*[60]. Cette association de données et d'analyse des méthodes qui y avaient conduit, contribua à modeler l'image de la médecine et de la science antiques qu'eurent les cultures ultérieures, voire à définir la scientificité, caractérisée par une double articulation, avec la création d'un savoir et l'analyse de ses conditions épistémologiques, en un mode réflexif identifié à la science grecque, en une vision dont il est inutile de dire combien elle fut sinon idéalisante, du moins idéalisée.

Ceci sans compter le fait que l'itinéraire épistémique suivi, qui fut loin d'être rectiligne, œuvra à la continuité, voire à la consolidation des concepts aristotéliciens et aristotélisants en matière de médicament, et ce dans les méthodes d'analyse, par une spéculation que l'on pourrait qualifier de *régressive* en ce qu'elle remonte du connu vers l'inconnu, autant que dans les résultats. Le médicament fut dès lors conçu comme une action connue de façon empirique (et non expérimentale[61]) élucidée par le moyen de la spéculation, en une définition considérée comme d'autant plus juste que les voies d'y arriver avaient été soumises à une critique qui prétendait en vérifier la validité et qui, depuis lors, est incluse de façon indissociable dans son concept[62].

60 - Sur cette question, voir, par exemple : Palmieri, *op. cit.* (note 35), p. 5-27, pour une vision d'ensemble.

61 - Sans ouvrir ici le débat sur la question des expérimentations pharmacologiques dans l'Antiquité, relevons que des essais tels ceux attribués à Ktésias par Oribase, *Collectiones medicae*, VIII, 8 (= CMG VI, 1, 1, p. 261 Raeder) ou Thrasyas de Mantinée par Théophraste, H. P., IX, 16, 8 - 17, 3 (= vol. 2, p. 302-307 Hort) relevèrent sans doute moins d'une réelle expérimentation que d'une pratique pharmacologique destinée à permettre d'établir le dosage de l'administration de substances dont l'action était connue par ailleurs. Sur ces questions, voir notamment : H. D. Grmek & D. Gourevitch, "Les expériences pharmacologiques dans l'Antiquité", *Archives Internationales d'Histoire des Sciences*, 35 (1985), p. 3-27 (repris dans : M. D. Grmek, *La première révolution biologique*, Paris, 1990, p. 17-43) ; et, en dernier lieu et de façon générale pour l'Antiquité : Grmek, *op. cit.* (note 52), *passim* (avec la bibliographie).

62 - Cet aspect n'a pas été soulevé dans la synthèse, cependant extrêmement bien informée, de : A. C. Crombie, *Styles of Scientific Thinking in the European tradition. The history of argument and explanation especially in the mathematical and biomedical sciences and arts*, 3 vol., London, 1994, vol. 1, p. 183-228, le chapitre *Greek Medicine*.

Amal ABOUL ALY

Testing Women's milk

No attention has been before given to the tests conducted by Mnesitheus of Cyzicus and Soranus of Ephesus over women's milk[1]. Those tests were not made to verify some truth or to prove a hypothesis like those experiments which were known to have been conducted by Hippocrates, the Alexandrians and Galen in matters of physiology and anatomy, but to find out the true nature of the milk for human consumption[2]. The medical interest in such kind of testing perhaps indicates that the nutritional value of milk was more important than the therapeutic value for no testing has been assigned to the latter[3]. Its use for consumption compelled Mnesitheus and Soranus to examine milk itself, and not some other analogous materials as those which were known of a few Hippocratic experiments[4]. While Mnesitheus considered testing a

1 - Nothing is known of Mnesitheus of Cyzicus' life. For the closeness between one of his tests and the Hippocratic experiment recorded in *Airs Waters Places* (viii) I rather put him in the fourth century B.C., a time which corresponds with Deichgräber's opinion that Mnesitheus belongs to the Hellenistic period. He built his view on a study of Mnesitheus 'style and the fact that Oribasius quoted him. See Pauly-Wissowas Realencyclopädie der klassischen Altertumwissenschaft, vol. XV, col. 2284.

For Mnesitheus' acount see Oribasius, *Collectiones Medicae*, libri incerti, 15, in Bussemaker and Daremberg (ed.), *Œuvres d'Oribase*, Paris, vol. 3 ; For Soranus see Soranus, *Sorani Gynaeciorum libri IV*, edited by Johannes Ilberg, Leipzig, 1927 (CMG IV); *Maladies des femmes*, texte établi, traduit et commenté par Paul Bourgière, Danielle Gourevitch et Yves Malinas, Paris, Les Belles Lettres, vol. 2, 1990 ; *Soranus Gynecoloy*, translated by Owsei Temkin, Baltimore, 1956, repr. 1991.

2 - I do not claim here to prove that these tests are experiments in any sense of the word. Scholars disagree among each others on the nature of the so-called Graeco-Roman science and the role in which experimentation played. I take as my guide Lloyd's (1964 repr. 1991) emphasis on the need of studying separately and extensively particular points of interest in Greek science. Lloyd has been followed by Von Staden (1975) who studied a few experiments of the Hellenistic period ; by Gourevitch and Grmek who concentrated on pharmacology (1985) ; Grmek who worked on quantitative biological experiments (1990) ; and Armelle Debru who analyzed experimentation in Galen (1994). I hope by studying these milk tests to gain a better understanding of Graeco-Roman science.

3 - For a description of a few objects which might be used as breast-pumps and also some small vases in which human milk was kept for use see Gourevitch (1990).

4 - To give just an example there is the experiment in which the writer proves that the female body is looser and softer than that of the male and that it also absorbs water swifter than that of the male by soaking wool fabrics and some other fabrics as heavy as wool in water for two days and nights (Diseases of Women I, 1). However one should not over-

very likely method, Soranus assigned to it an inferior role, while Galen was completely silent about this possibility. I shall deal with the characteristics of each account separately then I shall be evaluating their contributions to Greek science.

Mnesitheus recommended conducting his tests to judge the nurse's milk before selection. This should take place after forty days of delivery, the best time Mnesitheus recommended for employing the nurse[5]. It is not clear who would conduct these tests, yet midwives or doctors or laymen were all possible candidates for Soranus intended readership[6]. According to Mnesitheus the best milk was medium in thickness πάχος, quantity πλῆθος, smell ὀσμή, colour χρόα, taste γεῦσις, and froth ἀφρός[7]. He seemed to differentiate between mere observation and conducting particular tests with the aid of artificial conditions and external materials, for he declared that the first method for milk examination was the judgment of senses while the second was through testing[8]. Ironically the two distinguished methods are entirely dependent on the judgment of the senses, and in particular sight, while touching is missing even when it concerns deciding the texture of milk[9]. Here is a translation of his four tests.

<u>His first test</u> : one drips from ten to fifteen drops of milk into boiled or filtered or very pure water in a container which is made of silver or white clear bronze with an adequate orifice for allowing liquids to pass in and out, and one watches the speed by which milk disperses. Neither swiftly nor slowly is good : the best is in the middle.

<u>His second test</u> : Useful milk shines on the nail. One drips milk on the nail of the big finger and watches how it moves off the nail. Either slowly or swiftly is not useful while that in the middle is useful.

<u>His third test</u> : One pours one eighth of a cotyle of milk into a glass or horn or a sea-shell, adds to it the same account of rennet, and breaks it with the fingers or leaves the mixture to coagulate by itself. One then watches, should the mixture appear less cheesy and more watery, it is useless in nourishment

---

look that there is also an experiment in which the proof that a small portion of liquid goes into the windpipe was made by vivissecting a living animal. (On the Heart, 2). For an analysis for these two experiments see (1929), p.235, 238.

5 - Orib. *ibid.*, 15,6.

6 - Temkin (1956), p. xxxviii.

7 - Orib., *ibid.*, 15,10.

8 - Αὕτη μὲν οὖν ἡ διὰ τῶν αἰσθήσεων δοκιμασία κρατίστη· δευτέρα δέ, εἰς ἀγγεῖον ἀργυροῦν ... κτλ. Orib. *ibid.*, 15,10.

9 - Orib. *ibid.*, 15,11,12,14. The Hippocratic writer of *Nature of Man*, 7 declares that by touching one will find phlegm the coldets of all humours. In diagnosing women the Hippocratic doctor practised or ordered others to practise vaginal examination except for the case of conception. Bourgey (1953), p. 177.

and most of it goes into urine, whereas that which appears more cheesy and less watery is hard to digest and work out. The best milk is medium cheesy and watery.

His fourth test : One conducts it especially in spring. One fills up a glass or horn or a sea-shell vessel with milk in the evening and puts in a clear (fine) place for the morning. One watches the crust or the scum; if it is great or small, neither is useful while the medium is the best.

Mnesitheus' tests are marked with vagueness for three of his four tests do not affirm the presence of specific qualities but merely state that will be three possibilities, out of which two are extreme and should be rejected, while the third is the mean and is commended, milk is therefore good or useful. Only in the third test does he declare that milk which appears less cheesy and more watery is useless in nourishing and most of it goes into urine whereas that which appears more cheesy and less watery is hard to digest and work out. The best milk is medium cheesy and watery. This is a case of mixing experience with testing. Moreover, neither any significance of the use of particular kinds of vessels is given nor is it possible to infer from the tests themselves. When it concerns the added materials to be used in his tests, no indication of their value is given. Perhaps boiled or filtered or very clear water helps watching the diffusion of milk into it; and rennet helps in milk coagulation. Mnesitheus specified its volume as one eighth of a cotyle in equal measure to the milk. In another test where water and milk were used, he measured milk as ten to fifteen drops but no amount of water was indicated. The fact that no volume of water was indicated makes indicating the amount of milk superfluous. In the third test, where both water and milk are used, measurement is missing.

Although these tests are not expressed in conditional terms, they are expected to be repeated with no variation in the results, whenever some one is in search for healthy milk nutrition.

To evaluate Mnesitheus' tests correctly one should compare his fourth test with a very similar Hippocratic test recorded in *Airs, Waters and Places* (viii, 52-68). This test is to prove that ice water is not healthy because its lightest and finest components evaporate while its heaviest and thickest parts remain. There are common features between the two tests : they both deal with liquids by exposing them to open air for the night till the following morning; some measurement is indicated; they are conducted in specific seasons; the Hippocratic in winter while Mnesitheus in spring; both water and milk are for human consumption. Yet differences between the two are great. As Senn has pointed out, the Hippocratic test is not to prove that there occurs a reduction in water volume but that there occurs evaporation of the thin and light parts of water while thick and heavy parts remain[10]. In other words it is qualitative

10 - (1929), p.241.

but not quantitative. In Mnesitheus' test milk is not analyzed either physically or theoretically. One can see that Mnesitheus minimised the effect of open air to create the crust of milk without hinting at any influence on either volume or properties. In other words Mnesitheus totally failed to put the influence of open air into wider perspective[11].

Soranus, on the other hand, linked milk qualities with the regimen the nurse follows. Hence he recommended examining the milk after the nurse had a bad regimen and also after a good one[12], presumably after two or three months of delivery for he recommended employing the nurse at this time[13]. Yet there are three possible ways by which milk could be judged : by looking at the nurse, by looking at her child and finally by examining the properties of the milk[14]. In the latter, testing appears as a minor element, for Soranus has just two tests to recognize γνωρισθήσεται the moderately thick milk μετριοπαγές[15]. It is as much interesting to investigate the reasons behind including these two tests as to inquire after his reluctance to include more tests. Soranus might have drawn his tests from an earlier source. His first test is very close to Mnesitheus' second test but has more details. While Mnesitheus recommended dripping the milk on the nail of the big finger. Soranus added alternatives such as a leaf of sweet bay or some other smooth surface so that the moderately thick milk spreads gently. Soranus has more details : moderately thick milk, even when it is shaken gently, remains the same in form, while the watery runs off immediately, whereas the thick looks like honey, rolls up and remains motionless. Mnesitheus' additional comment that the test should be conducted in day light is missing in Soranus. No indication of how many times the test should be repeated is given.

His second test is important as it recognizes the value of time in determining the milk quality. Soranus singled out relative lack of alteration with time ἡ ἐν χρόνῳ δυσμεταβλησία as a property of good milk[16]. In the test he let milk drips into twice the amount of water of an unspecified kind. Such an amount of water might help deciding the thickness of milk. Yet no specific vessel is recommended. He claimed that if the mixture remained white till the end it was good. If it dissolved immediately, it was watery; and if it dissolved into fibrous streaks like water into which meat was washed, it was raw (undigested). When milk remained for a long time without dispersing but sank

---

11 - For an assessement of the use of measurement in ancien dynamics, geophysics, astronomy, harmonics, optics and of course medicine see Lloyd (1987, repr. 1989), chapter 5.
12 - II, xviii, 23 (92).
13 - II, xii, 20 (89)
14 - II, xiii, 21 (91).
15 - II, xiii, 22 (91).
16 - *Ibid.*

down so that when the water was poured off, it was found cheesy in the bottom, it was thick and hard to digest. His reliance on observation is very evident[17]. It is clear that he links milk colour with structure, just as when, on another occasion he linked milk colours with its value, ruling that medium white was the best[18]. His interest indicates his large experience. Such experience reappears in his account concerning taste for he declares that milk was bad if it was slightly pungent or tasted like vinegar or was better or salty or harsh and when dropped into the eyes appeared somewhat pungent[19]. The last example is interesting for it recognizes the sensitivity of the eyes, the use of human milk in eye ailments, and most of all, the value of testing in recognizing milk properties.

Galen who experimented on humans and animals in biological and physiological matters was satisfied with general statements concerning women's milk. His account comes close to Mnesitheus in highlighting the role of tasting, seeing and smelling in recognizing the best human milk which should be sweet in taste and smell; white, homogenous and medium in humidity and thickness[20]. He comes close to Soranus in his estimation of the value of time for deciding the milk qualities : bad milk turns swiftly sharp[21].

Yet Galen's originality is conspicuous. He elaborated on the link between milk and blood which had already been established. In declaring that both were from the same matter, he ruled :

> if milk decreases (diminishes), one looks at blood for blood might have diminished in size or deteriorated in quality[22].

On another occasion he declared that :

> blood becomes either full of bitter bile πικρόχολος or melancholic or phlegmatic or mixed with any serous or watery liquid[23].

In other words, he explains a change in milk quality by a blood change in either quality or quantity. Yet the question arises : how could one diagnose such a kind of change in the blood? It seems that Galen submitted blood to the

17 - Soranus, in diagnosing, recommends physical examination of the woman to observe any certain sign that precedes imminent normal parturition II, i. He touches when he examines the inflammation of the uterus or mole or soft swelling or some other uterinal ailments or even difficult labour. III, vii, ix, xv; IV, i.

18 - II, xiii, 22 (91).

19 - *Ibid.*

20 - Orib. *ibid.*, 16,1; Galen, *De Sanitate tuenda*, I, 9; idem., ed. Kühn, XV 394. On another occasion he insists that it should be well-humoured. VI 685.

21 - Orib. *ibid.*, 16,1.

22 - Orib., ibid., 16, 3-4.

23 - The best milk is produced when blood is at its best when exercises are moderate, food is with good juices and at proper season and at due measure, drinks are also in season and measure. *De Sanitate tuenda*, I.9.

judgment of the senses in a way similar to women's milk. He affirmed that :

> the most hygienic milk, just like blood, clear, pure, has no share in bitterness. Sharpness, pungency, saltness, ill smelling, but sweet smelling or without smell or had little of sweet smelling. It is evident by tasting that it has insignificant sweetness just as the hygienic blood form which it arises[24].

Yet a note of caution is needed here; there is no evidence that Galen tested or experimented on either blood or milk, as might be expected. Futhermore, Galen, on another occasion, seemed to avoid elaborating on women's milk, preferring to discuss the constituents of blood instead of concentrating on the constituents of milk[25]. Such a link between blood and milk obliges the reader to look for another link between blood and urine to observe the similarities and differences between the two. Both urine and milk are human products which are closely linked with blood. Both could be kept and submitted to examination. Both are useful in their own right. Both Hippocrates and Galen recognized the value of time in deciding the quality of urine, a point which has already been illustrated concerning milk[26].

Galen asserted that digestion of blood affects the state of urine :

> if it is digested, urine has smooth, even and white sediments, in large quantity[27].

Urine is examined in illness to decide the possible recovery or longevity of the disease[28]. Qualities are attributed to it on both health and sickness[29]. In colour it could be either clear or reddish or yellowish red or black. In texture it could be either thin or watery or thick or crude. As for smell it could be just fetid. Urine might contain sediments of various qualities : white or smooth or even or reddish or like coarse meal or flaky or thick or like bran. It might have clouds : white or black or fatty substances like spiders' webs setting on the surface.

The knowledge of these qualities reflect Hippocratic influence, keen observation and a wide experience with no indication of conducting any testing. In comparison with the qualities given to women's milk, it seems that women's milk had an inferior status in Galen's thought to that given by him to urine.

---

24 - XII, 264.

25 - I 496. However there are occasions where he elaborates on the constituents of milk VI, 691, 766; XI 677, XVII A 457.

26 - Hippocrates rules that the best urine, in case of illness, is white, has smooth homogenous sediments all the time. *Prognosticon*, Xii... Galen has contended that urine which becomes turbid after a while is not concoted. IX, 595. As for milk Galen contends that the best milk does not turn swiftly sharp. Orib., ibid., 16,1. For Soranus see II, xii, 22 (91).

27 - IX, 599.

28 - Hipp. *Prognosticon*, XII. The same is attributed several times by Galen to Hippocrates in V 141; xvi 176; XVII B 397; XVIII B 146; XIX 609.

29 - In health IX, 594; XIX 595, 616.

Yet both were submitted to no testing.

It is interesting that as early as Mnesitheus the value of testing women's milk for consumption was recognized. Yet his tests rely solely on the judgment of sight, but lack quantification, the awareness of the value of the use of specific vessels, the recognition of quantitative or qualitative effect of weather, and, most of all, they do not prove the presence of specific milk properties. This goes in accordance with the view that the deterioration in milk quality necessitates rectifying the nurse's diet while a decrease in milk quantity compels one to change the nurse[30]. Soranus, on the other hand, though he showed an ambivalent attitude towards examination, took a step forward. His two tests were made in search for a specific milk quality. Yet his reluctance to add more testing is difficult to explain. His methodist affinity is a possibility. Yet Soranus, as Lloyd has pointed out, is critical and cautious towards his predecessors and towards the adherents of his school, the Methodists. He is not a typical Methodist in his attitude, for example, towards dissection[31]. Or perhaps their influence in this particular issue was too great to avoid. While the Hippocratic writings had a positive influence on Mnesitheus, the Methodists influenced Soranus negatively.

Moreover Galen who was not definitely a Methodist ignored the method. He clearly acknowledged the value of women's milk in both therapy and nutrition[32]. As it has already been seen he linked milk with blood and discussed its constituents but assigned no testing to it. It is possible to argue that Alexandria with its focus on the anatomy and the physiology of the human body influenced Greek doctors and kept them away from testing or experimenting on a very important human product, women's milk. It is important to finally add the nursing documents which come from Roman Egypt do not mention any sort of milk testing. The nurse's milk in those documents was simply qualified as clean and pure[33], while in others it is mentioned without further qualification[34]. No evidence could be collected that women were exposed to the recommended testing, nor that any contract was annulled because of milk having been spoiled. So it seems reasonable at the end to qualify these tests as commendable but not put into practice. People seemed to depend on looking at the nurse her child for selecting the best nurse. This method, as already indicated, was considered by Soranus as a possibility.

30 - Orib., ibid., 15,10.
31 - (1983), repr. (1986) pp. 182-200.
32 - XII 263 ff.
33 - BGU 1106, 11; 1107, 7; 1108, 7; 1109, 6-7.
34 - BGU 1110, 8; P. Rein II 103, 8; 104, 8-9; P. Cairo Preis, 31, V 18; P. Bour. 14,9.

Bibliography

Louis Bourgey, *Observation et expérience chez les médecins de la collection Hippocratique*, Paris, 1953.

Armelle Debru, « L'expérimentation chez Galien », in W. Haase (ed.), *ANRW*, 37, 2, (1994), p. 1718-1756.

Marie-Paule Duminil, *Le sang, les vaisseaux, le cœur dans la collection Hippocratique : Anatomie et physiologie*, Paris, 1983.

Mirko D. Grmek, Danielle Gourevitch, « Les expériences pharmacologiques dans l'antiquité », *Archives internationales d'histoire des sciences*, 35, (1985), p. 3-27.

Mirko D. Grmek, « L'Expérimentation biologique quantitative dans l'antiquité » in idem, *La première révolution biologique : Réflexions sur la physiologie et la médecine du XVII*e *siècle*, Paris, 1990, p. 17-43.

Danielle Gourevitch, « Les tire-lait antiques et la consommation médicale du lait humain », *Histoire des Sciences Médicales*, XXIV, I, (1990), p. 93-98.

Danielle Gourevitch, « Le sang dans la médecine antique », *La Recherche*, 24, (1993), p. 510-517.

J.-R. Hankinson, « Galen on the foundations of science », in J.A. Lopez Férez (ed.), *Galeno : Obra, Pensamento y Influencia*, Madrid, 1991, p. 15-29.

J.-R. Hankinson, « Doing without hypotheses : the nature of ancient medecine », in J.A. Lopez Férez, (ed.), *Tractados Hippocraticos (Estudios acerca de su contenido, forma y influencia)*, Madrid, 1992, p. 55-67.

William Arthur Heidel, *Hippocratic medicine : its spirit and method*, New York, 1941.

D.S. Hutchinson, « Doctrines of the Mean and the debate concerning skills in fourth-century medicine, rhetoric and ethics », in R.J. Hankinson, (ed.), *Method, medecine and metaphysics* (*Apeiron* 21,2), Edmonton, 1988, p. 17-52.

Sir Desmond Lee, « Science, philosophy, and technology in the Graeco-Roman world » : I, II, *Greece & Rome*, 20, (1973), p. 65-78, 180-193.

G.E.R. Lloyd, *Science, Folklore and ideology : Studies in the life sciences in ancient Greece*, Cambridge, 1983, repr. 1986.

G.E.R. Lloyd, *The revolutions of wisdom : Studies in the claims and practice of ancient Greek science*, Berkeley, 1987, repr. 1989.

G.E.R. Lloyd, « Experiments in early Greek philosophy and medicine » in idem,

Methods and problems in Greek science, Cambridge, 1991, p. 70-99.

Michael R. McVaugh, Seymour H. Mauskopf, « A Galenic model for quantitative physiological reasoning : A further note », *Bulletin of the History of medicine*, 45, (1971), p. 179-180.

G. Senn, Über Herkunft und Stil der Bescreibungen von Experimenten im Corpus Hippocraticum, *Sudhoffs Archiv fur Geschichte der Medizin*, 22, 3, (1929), p. 217-289.

Henrich von Staden, Experiment and experience in Hellenistic medicine, *Bulletin of the Institute of Classical studies*, 22, (1975), p. 178-199.

Owsei Temkin, « A Galenic model for quantitative physiological reasoning? », *Bulletin of the History of medicine*, 35, (1961), p. 470-475.

J.-P. Vernant, « Remarques sur les formes et les limites de la pensée technique chez les Grecs », *Revue d'Histoire des sciences et de leur applications*, 10, (1957), p. 205-225.

Amneris ROSELLI

Tra pratica medica e filologia ippocratica : il caso della περὶ ἄρθρων πραγματεία di Apollonio di Cizio

La περὶ ἄρθρων πραγματεία di Apollonio di Cizio tramandata dal ms. Laur. gr. 74.7, è nota per il fatto di essere accompagnata da illustrazioni[1] che hanno affascinato già gli umanisti[2] e poi, più recentemente, oltre agli storici della scienza, gli storici dell'arte[3]. Alle illustrazioni forse il περὶ ἄρθρων di Apollonio deve anche la peculiarità di essere uno dei rarissimi testi di argomento medico integralmente conservati tra i molti che furono scritti in greco nell'arco di almeno tre secoli.

In occasione di questo colloquio, destinato a riflettere sui diversi aspetti della scienza alessandrina, mi propongo di richiamare l'attenzione su di esso proprio perché il περὶ ἄρθρων di Apollonio è un documento straordinario per chi voglia ragionare sul metodo della trasmissione del sapere tecnico in età ellenistica. Nel περὶ ἄρθρων strumenti figurativi e linguistici, figure e parole,

1 - L'edizione di riferimento è quella curata per il *Corpus Medicorum Graecorum* (*CMG*) : *Apollonii Citiensis In Hippocratis De articulis commentarius*, ediderunt J. Kollesch et F. Kudlien, in linguam germanicam transtulerunt J. Kollesch et D. Nickel, *CMG* XI 1,1, Berolini 1965. Il volume è accompagnato da un fascicolo con le riproduzioni delle illustrazioni.

2 - Il manoscritto laurenziano (ff. 180v-225r) è la fonte di tutti gli altri testimoni, tra i quali il ms. Par. gr. 2247 e il Par. gr. 2248 che fu illustrato da Giovanni Santorinos (XVI sec.). In questi mss. le illustrazioni, di stile rinascimentale, conservano l'iconografia del laurenziano ma aboliscono le inquadrature architettoniche di tipo bizantino che nel laurenziano contornano le figure. Queste stesse illustrazioni (tranne pochissime), ancora con l'inquadratura architettonica, si trovano anche nel ms. Bonon. 3632 (XV sec.) ed illustrano il testo di Paolo Egineta. Alcune riproduzioni a colori delle illustrazioni dei manoscritti che abbiamo citato si trovano, a corredo degli articoli di M. Bernabò, « La rinascenza macedone e l'arte dei bendaggi », *Kos,* 1 (1984), pp. 45-47, e di M.D. Grmek, « Vestigia della chirurgia greca : il Codice di Niceta e i suoi discendenti », *ibid.*, pp. 52-60. Per le 'migrazioni'di illustrazioni da un testo ad un altro K. Weitzmann, *Illustrations in Roll and Codex. A Study of the Origin and Method of Text Illustration,* « Studies in Manuscript Illumination » 2, Princeton 1970, pp. 136-137, segnala il caso delle illustrazioni del περὶ ἐπιδέσμων di Sorano che accompagnano il testo di Muscione nel ms. Brussellensis 3714.

3 - Cfr. K. Weitzmann, *Ancient Book Illumination*, Harvard Univ. Press 1959, p. 21 e *Studies in Classical and Byzantine Manuscript Illustration*, Chicago and London 1971, p. 145 e 195 ; Grmek, *cit.*

concorrono a produrre un testo nuovo che ha finalità essenzialmente pratiche e che si configura come una manipolazione, un *remake*, di uno dei più autorevoli testi ippocratici, il trattato *Sulla riduzione delle articolazioni* (περὶ ἄρθρων ἐμβολῆς)[4] : questo è dunque un trattato *Sulla riduzione delle articolazioni secondo Ippocrate* (cfr. 62,1 οὐ κατ᾽ ἄλλον τινὰ τῶν ἰατρῶν, ἀλλὰ καθ᾽ Ἱπποκράτην, 36,6 τὸν ... καταρτισμόν, ὃν τρόπον δεῖ ποιεῖσθαι κατὰ τὸν ἰατρόν).

Per il suo contenuto questa πραγματεία va posta a pieno titolo tra gli scritti propriamente medici e solo per aspetti marginali tra quelli di erudizione filologica. Come intendo dimostrare, Apollonio ha intenso fare operazione di tecnico della terapia e si è servito delle tecniche della 'filologia' solo in maniera del tutto strumentale allo svolgimento del suo discorso.

1. Un Ippocrate illustrato

Punto di partenza di Apollonio è la selezione di ampi brani del περὶ ἄρθρων ἐμβολῆς ippocratico[5], che egli ripropone legandoli con interventi di raccordo, in qualche caso brevissimi[6], talvolta più elaborati. Gli estratti seguono l'ordine del testo ippocratico[7]. Dal περὶ ἄρθρων di Ippocrate Apollonio estrae le parti (non tutte) relative alle operazioni e agli strumenti di riduzione (cfr. 10,5 τὰ περὶ ὀργάνων ... ἐπινενοημένα) e alcune parti di diagnostica, e omette sistematicamente tutto il resto, cioè anatomia, terapia postoperatoria, bendaggio[8]. Al criterio della selezione Apollonio si attiene con coerenza. Ma, rispetto allo scritto

---

4 - Secondo la testimonianza di Galeno *In Hipp. De articulis* XVIII A 731,8 K la dottrina del περὶ ἄρθρων ἐμβολῆς ippocratico fu criticata già da Ctesia di Cnido ; il trattato ippocratico è stato poi 'imitato'da Diocle (fr. 188 Wellmann, trasmesso proprio dal nostro Apollonio, p. 48,18 ss.) ; questo è uno dei pochi testi ippocratici di cui non si sono mai perse le tracce.

5 - Ad esso Apollonio si riferisce con la perifrasi τὰ περὶ ἐξαρθρήσεων αὐτῷ συγγραφέντα (10,7). Ma a 12,6, dove comincia a riportarne i brani, Apollonio parla, in forma più tecnica, del περὶ ἄρθρων βιβλίον. Per tutto ciò che riguarda la qualità del testo ippocratico, cfr. J. Blomqvist, *Der Hippokratestext des Apollonios von Kition*, « Scripta Minora Regiae Societatis Humaniorum Litterarum Lundensis », 1973-1974, n. 1, Lund 1974.

6 - Cfr. 18,17 ἔπειτεν περὶ τοὺς.... ἑξῆς φησιν ; 12,9 ἑξῆς δὲ ἐπὶ ποσὸν περί τινων διελθὼν οὕτως διασαφεῖ ; 76,25 ἐχομένως ; 58,15 ἑπομένως ; 34,16 εἶτεν μετά τινας ἀριθμούς ; ecc.

7 - Gli estratti dalla sezione sulle lussazioni della testa del femore, che occupano gran parte del III libro, non corrispondono alla successione dei capitoli ippocratici che conosciamo dalla tradizione manoscritta medievale e sembrano contraddire questa regola. Nella recensione all'edizione di H. Schöne (cfr. *infra* n. 10), J. Ilberg, *Berl. phil. Wochenschr.*, 17 (1897), col. 5, avanzò l'ipotesi che Apollonio avesse alterato l'ordine dei capitoli, ma ora Blomqvist, *op. cit*, p. 62 ss., ha mostrato che il diverso ordine doveva essere nel modello di cui si è servito Apollonio, un modello che a Blomqvist sembra anche probabilmente quello corretto.

8 - Nei libri di Apollonio il materiale ippocratico è diviso in tre grandi sezioni : il I libro contiene la *semeiosis* e i metodi di riduzione delle lussazioni della spalla, il II quelli del gomito, della mano e delle vertebre (in realtà anche della mandibola, non menzionata nel proemio né nella ripresa all'inizio del III libro), il III quelli del femore, del ginocchio e della caviglia. All'inizio di ogni libro Apollonio annuncia il contenuto del libro stesso e, a partire dal II, richiama il contenuto di quello precedente ; alla fine di ciascun libro riepiloga il contenuto ; il piano dell'opera non viene mai perso di vista : un altro indizio della finalità pratica e dell'autonomia di questo testo dal testo ippocratico che pure ne costituisce gran parte.

terio della selezione Apollonio si attiene con coerenza. Ma, rispetto allo scritto di Ippocrate, almeno a quanto ne sappiamo, Apollonio introduce una significativa innovazione. Ciò che è peculiare del περὶ ἄρθρων di Apollonio sono infatti le illustrazioni che accompagnano il testo di Ippocrate (non quello di Apollonio) ; esse sono parte integrante del nuovo testo e vengono sistematicamente annunciate con formule varie ma simili tra loro, che contengono spesso il termine tecnico ὑπόδειγμα e verbi composti con ὑπο- : ὑπογράφω, ὑποτάττω, προσυποτάττω ; ὑποδείκνυμι ; ὑπόκειται ; προσυπόκειται[9]. Le illustrazioni sono, come cercherò di mostrare, il necessario complemento del testo ippocratico che Apollonio ha selezionato e la ragione ultima dell'operazione testuale che egli ha compiuto[10].

κατὰ μέρος ἐξαρθρήσεων παραγωγῆς τε τῶν ἄρθρων ὀφθαλμοφανῶς τὴν θέαν αὐτῶν παρασχησόμεθά σοι (fig. 1) ; 18,3 τὴν δὲ δευτέραν ἐμβολὴν, ὃν τρόπον ὑπογέγραπται, μεθοδευτέον (fig. 2) ; 20,5 ὃν τρόπον μὲν οὖν δεῖ τὸν καταρτισμὸν τοῦ ἄρθρου πτέρνῃ ποιεῖσθαι, προσυποτετάχαμεν (fig. 3) ; 20,21 δεῖ δὲ τὸν καταρτισμὸν οὕτως ποιεῖσθαι... καθάπερ ὑπογεγράφαμεν (fig. 4) ; 22,20 ὡς δ' ἄν τις χρῷτο τῷ καταρτισμῷ ..., ὑπόκειται (fig. 5) ; 26, 1 <...ὡς> δὲ χρηστέον ἐστὶ τῇ ὑποπιπτούσῃ μεθόδῳ, προσυπόκειται (fig. 6) ; 28,18 ἡ δ' ἐμβολὴ γένοιτ' ἂν οὕτως (fig. 7) ; 30,22 ἡ δὲ ἐμβολὴ γένοιτ' ἂν οὕτως (fig. 8) ; 32,11 καταρτίζεται δὲ ... τὸν τρόπον τοῦτον (fig. 9) ; 42,19 ὁ δὲ τῆς ἐμβολῆς τρόπος οὕτως ἂν δι' ὑποδείγματος γένοιτο (fig. 10) ; 44,5 διὸ καταρτίζοιτ' ἂν οὕτως (fig. 11) ; 46,5 χρηστέον δὲ τῷ τοιούτῳ τρόπῳ πρότερον (fig. 12) ; 46, 9... χρωμένους τούτῳ τῷ τρόπῳ (fig. 13) ; dopo 50,11 si trova la fig. 14 che non è annunciata, il testo tuttavia in questa zona è sfigurato da una lacuna. Le prime due righe di testo che nel manoscritto laurenziano seguono immediatamente l'illustrazione si riferiscono a un intervento che veniva illustrato nel testo caduto in lacuna, e giustificano proprio la mancanza di illustrazioni : τῶν ὑποδειγμάτων οὐκ ἐπιτήδειον εἶναι διέλαβον ὑπογραφὴν ποιήσασθαι ; 54,9 ἡ διὰ τῆς ὑποδεδειγμένης [διὰ τῆς] κλίμακος ... κατάτασις ἐκ τούτου ἂν τοῦ τρόπου γίνοιτο (fig.15) ; 54,26 τὴν ... κατάσεισιν οὕτως χρὴ ποιεῖσθαι (fig. 16) ; 58,12 ὃν τρόπον δὲ δεῖ ποιεῖσθαι, οὕτως ὑποτέτακται (fig. 17) ; 58,19 οὗτος δὲ ὁ τρόπος οὕτως ἂν ἐπιτελοῖτο (fig.18) ; 60,23 ἡ δὲ ... κατάτασις...τοῦτο, ἂν τόν τρόπον γένοιτο (fig. 19) ; 70,10 δεῖ δὲ τὸν ... καταρτισμὸν, καθάπερ ἔχει τὸ ὑποδεδειγμένον ὑπόδειγμα, τὸν τρόπον τοῦτον ποιεῖσθαι (fig. 20) ; 72, 9 ὃν τρόπον δ' ἄν τις χρήσαιτο τῇ... ἐνθέσει, τὸ ὑποτεταγμένον ὑπόδειγμα περιέχει (fig. 21) ; 72,18 < τοῦτον > τὸν τρόπον δὲ δεῖ .... ποιεῖσθαι (fig. 22) ; 74,1 δεῖ δὲ.... οὕτως καταρτίζεσθαι (fig. 23) ; 76,17 ἡ δὲ τοῦ ὀργάνου κατασκευὴ τὸν ὑποδεδειγμένον τρόπον ἔχει (fig. 24) ; 94,5 τὴν ... ἐμβολὴν ... τὸν ὑποτεταγμένον διὰ τοῦ ὑποδείγματος τρόπον χρὴ ποιεῖσθαι (fig. 25) ; 98,6 ὅ γε καταρτισμὸς... οὕτως ἂν διὰ τοῦ ὑποδείγματος ἐπιτελοῖτο (fig. 26) ; 100,20 δεῖ δὲ τὴν ... ἀποκατάστασιν τὸν τρόπον τοῦτον ποιεῖσθαι (fig. 27) ; 102,3 τὸ ὑπόδειγμα τοῦτο < ν > ἂν ἔχοι τὸν τρόπον (fig. 28) ; 104,5 δεῖ δὲ διὰ τοῦ ὑποκειμένου ὑποδείγματος... οὕτως ἐντιθέναι (fig. 29) ; 104,19 ὁ δὲ καταρτισμὸς.... οὕτως < ἂν > ἐπιτελοῖτο (fig. 30). Per confronti si vedano : il papiro Ayer (I-II sec.), un trattato di misurazione edito da Preisendantz in *Am. Journ. of Philol.*, 19 (1898), p. 25, in cui il disegno è accompagnato dalle parole τὸ δὲ σχῆμα ἔσται τοιοῦτο ; e le indicazioni che quasi regolarmente accompagnano la cinquantina di illustrazioni nel trattato di poliorcetica di Apollodoro di Damasco, ed. R. Schneider, « Griechische Poliorketiker, mit den handschriftlichen Bildner herausgegeben und übersetzt », *Abh. könig̣. Gesellschaft der Wissenschaften zu Göttinge* » X 1, Berlin 1908 : cfr. p. es. ἔστι δὲ τὰ ὑπογεγραμμένα σχήματα (p. 143,3).

10 - Molto opportunamente H. Schöne ha voluto sottolineare l'importanza delle illustrazioni anche nel titolo che ha dato allo scritto di Apollonio nella sua edizione : *Illustrierter Kommentar zu der hippokratischen Schrift Περὶ ἄρθρον* (Leipzig 1896), e, correttamente, sia Schöne sia gli editori del *Corpus Medicorum Graecorum,* hanno segnalato nel testo il punto in cui le illustrazioni, pubblicate a parte, devono essere inserite corrispondentemente alla disposizione del Laurenziano. Un'edizione che alternasse testo e figure renderebbe comunque meglio comprensibile il carattere del testo di Apollonio. Una proposta di ricostruzione dell'aspetto del rotolo papiraceo di Apollonio si trova in Weitzmann, *Illustrations in Roll and Codex, cit.*, p. 108.

L'opera è costituita da tre libri di lunghezza diseguale : i primi due occupano rispettivamente 13 e 12 pagine dell'edizione Kollesch-Kudlien, mentre il terzo libro, di 24 pagine, ha un'estensione quasi doppia rispetto ai due precedenti. Questo calcolo è necessariamente approssimativo perché non tiene conto dello spazio occupato dalle illustrazioni, che potevano influire sensibilmente sull'organizzazione del rotolo di papiro. Ed inoltre il secondo libro è interessato da due lacune : una è dovuta alla caduta di un foglio nel ms. Laurenziano (p. 58,5) e dunque è piuttosto ampia[11], l'altra, individuata da Kollesch e Kudlien a 50,14 (dopo la fig. 15), potrebbe essere a sua volta di dimensioni considerevoli visto che il testo ippocratico citato da Apollonio prima della lacuna, sulla lussazione della mandibola, si riferisce ad *Art.* 30 (148,19-149,6 Kw.) e quello dopo la lacuna, sulle vertebre, ad *Art.* 42 (167,7 ss. Kw.) ; sono tralasciate le lussazioni del naso e dell'orecchio[12]. La distribuzione delle 30 illustrazioni conservate nei tre libri è invece equilibrata (rispettivamente 9,10 e 11). La lunghezza anomala del terzo libro non dipende infatti da un maggior numero di operazioni di riduzione descritte, ma è dovuta alla presenza di una lunga digressione e di una ricapitolazione finale degli argomenti del testo ippocratico[13].

Come ha recentemente ribadito Paul Potter[14], lo scritto περὶ ἄρθρων di Apollonio non è un commento al trattato di Ippocrate περὶ ἄρθρων ἐμβολῆς. In questo modo, esso perde il primato che gli veniva dall'essere ritenuto il più antico rappresentante, conservato nella sua integrità, del fortunato genere dei commenti (ippocratici e non)[15].

11 - La quantità di testo mancante è difficilmente calcolabile ; è probabile infatti che nella lacuna vi fosse un'illustrazione. Il testo ippocratico citato prima della lacuna, e in parte caduto in lacuna, appartiene a *Art.* 47 e arriva a 178,11 Kw., quello dopo la lacuna appartiene allo stesso capitolo e comincia a 179,4 Kw. ; si può supporre che Apollonio abbia estrapolato il testo ippocratico fino a 179,4 Kw. e che alla citazione facesse seguire qualche sua integrazione e l'illustrazione ; ciò spiegherebbe bene l'inizio della pagina successiva del ms.: μετὰ δὲ τὰ προκεί[νου]μενα οὕτως ἐπιλέγει, cfr. Schöne, p. VII s.

12 - Le parole < > δεῖ δὲ τὴν τῶν ὑποδειγμάτων οὐκ ἐπιτήδειον εἶναι διέλαβον ὑπογραφὴν ποιήσασθαι, che secondo l'edizione Kollesch-Kudlien appaiono come introduttive della sezione περὶ σπονδύλων, sono in realtà un relitto del testo caduto in lacuna e non si riferiscono alle vertebre. Apollonio dice infatti, riferendosi agli interventi precedentemente descritti, che non ha ritenuto necessario corredarli di illustrazioni : il che potrebbe adattarsi alle operazioni che interessano il naso e l'orecchio (la stessa osservazione anche a 12,26 ss. ταύτην μὲν οὖν τὴν ἐμβολὴν οὐκ ἀναγκαῖον ἐνόμιζον εἶναι διὰ ζωγραφίας ὑποδεικνύναι ὃν τρόπον γίνοιτο κτλ e 43,29, τὴν μὲν οὖν εἰς τοὐπίσω τοῦ ἀγκῶνος ἐξάρθρησιν οὐκ ἀναγκαῖον διὰ τῶν ὑποδειγμάταν ὑπογράφειν.

13 - Sulla natura dell' ἀνακεφαλαίωσις cfr. Blomqvist, *op. cit.*, p. 66 ss.

14 - P. Potter, « Apollonios and Galen on Joints », in J. Kollesch-D. Nickel (hrsg.), *Galen und das hellenistische Erbe*, Stuttgart 1993, pp. 117-123 ; in part. pp. 117-119. Una sintetica e corretta presentazione del testo di Apollonio si trova già in W. Smith, *Hippocratic Tradition*, Ithaca 1979, p. 212.

15 - Qualcosa di analogo si può dire per il 'commento' di Ipparco ai *Fenomeni* di Arato, anteriore al nostro scritto di circa un secolo, come osserva J. Martin, *Histoire du texte des Phénomènes d'Aratos*, Paris 1956, p. 28 : « ainsi l'ouvrage d'Hipparque est presque le contraire d'un commentaire. Il n'a pas pour but d'expliquer ce que le poète a voulu dire, mais seulement de ruiner son autorité en lui opposant une vérité mieux établie ».

Ma, se non è un commento, qual è la natura di questa *pragmateia* ? In essa, come avviene nei commenti, brani ippocratici si alternano con parole di Apollonio[16] ; il quale, come i commentatori, fa spazio all'erudizione, dedicando sezioni non piccole alla discussione del significato di alcuni termini ippocratici e facendo ricorso, polemicamente, alla tradizione esegetica rappresentata del lessicografo Bacchio (e, indirettamente, da Aristofane di Bisanzio), e polemizza con Hegetor erofileo. Ma tutto questo non basta per fare un commento. Del commento il περὶ ἄρθρων di Apollonio non ha infatti lo scopo specifico, che è quello di spiegare ciò che è oscuro[17].

Quanto ho detto vale per quel che riguarda il testo, la parola scritta. Ma, con le illustrazioni, Apollonio realizza un compito assimilabile in una certa misura a quello dei commentatori, perché attraverso di esse rende chiari ed evidenti i diversi metodi di riduzione : a 14,9, all'inizio del I libro, poco prima della prima illustrazione, Apollonio dichiara : ὀφθαλμο**φανῶς** τὴν θέαν παρασχησόμεθα e a 112,9, a conclusione dell'intera opera, διὰ τῶν ὑποδειγμάτων **ἐμφανῆ** κατεστήσαμεν. E ancora nel II proemio (38,16) annuncia : καθ' ὅσον ἂν ᾖ δυνατόν, διὰ τούτων **σαφῆ** σοι κατασταθήσεται, e nel secondo epilogo (62,1) conclude : διὰ τῶν ὑποδειγμάτων πεποίηκά σοι **φανερόν** ; e infine nel III libro (108,16) afferma : **φανερά<ς>** σοι καθεστήκαμεν (*sc.* τὰς ἐμβολάς). Le ultime parole del trattato, epilogo del III libro (112,10), fanno riferimento ad un possibile residuo di ἀσαφὲς nella λέξις di Ippocrate, oscurità che, se capisco bene, Apollonio dice che potrà eliminare in un successivo ulteriore scritto[18].

Questa nuova edizione ridotta, adattata ed illustrata del περὶ ἄρθρων di Ippocrate, questo nuovo scritto περὶ ἄρθρων, è dunque l'opera di un esperto della disciplina[19] che ripropone la dottrina ippocratica, ancora perfettamente

16 - Un calcolo molto approssimativo fatto sui primi due libri, che sono i più omogenei, mostra che Ippocrate occupa più del 50% della totalità del testo.

17 - Vedi su questa tematica D. Manetti-A. Roselli, « Galeno commentatore di Ippocrate », *Aufstieg und Niedergang der Römischen Welt*, vol. 37, 2, Berlin - New York 1994, pp. 1531 s. ; 1536 ; 1541 ecc.

18 - Il passo conclusivo del trattato 112,9 ss. ἐάν τινα τῶν κατακεχωρισμένων ἐπιζητῇς διὰ τὸ τῆς Ἱπποκράτους λέξεω<ς> ἀσαφές, τῆς ἐνδεχομένης διαστολῆς τεύξεται, assomiglia al passo conclusivo del I libro in cui si annuncia l'argomento del II, cfr. 36, 6 ἐὰν δὲ καὶ τὸν ... καταρτισμὸν ... προιαρῇ μεταλαμβάνειν, καὶ τὸ ... ὄργανον εἰδῆσαι σπεύδῃς, μετὰ τῆς ἐνδεχομένης ἀκριβείας ἀναγραφὲν δοθήσεταί σοι.

19 - Nel proemio del I libro Apollonio : a) rivendica di essere nel solco dell'autentica tradizione ippocratica, che è garantita da Zopiro, il suo maestro, la cui fedeltà ad Ippocrate può essere testimoniata dal suo condiscepolo Posidonio (ben noto al re Tolomeo dedicatario dello scritto) ; con ciò Apollonio rivendica la legittimità dell'operazione testuale che egli compie, e b) afferma di aver egli stesso sperimentato (αὐτὸς κατήρτικα) alcuni dei metodi di riduzione insegnati da Ippocrate (12,1-5), e dunque con ciò afferma che il suo scritto ha utilità pratica. Per Zopiro cfr. K. Deichgräber, *Die griechische Empirikerschule*, Berlin 1930, pp. 21 ; 205 s. ; 261 s. Per l'identificazione di Posidonio cfr. F. Kudlien, « Poseidonios und die Ärzteschule der Pneumatiker », *Hermes*, 90 (1962), p. 427 s. Per Tolomeo, cfr. *infra* n. 36.

valida, selezionandone alcune parti ed accompagnandole con illustrazioni. Il riferimento così forte ad Ippocrate (qui forse per la prima volta è attestata l'espressione ὁ θειότατος Ἱπποκράτης) serve probabilmente a restituire alla pratica della riduzione delle lussazioni la consapevolezza e l'autorevolezza che forse le mancavano nell'esperienza quotidiana (per esempio nella pratica delle palestre) o che comunque non erano sufficientemente esplicitate, come mi pare che si ricavi, pur con tutte le incertezze dovute alla cattiva tradizione testuale, dal proemio al I libro (10,10 ss.)[20].

Le illustrazioni, sono il vero centro di gravità di tutto lo scritto e ne fanno un testo autonomo costruito sulla falsariga del trattato ippocratico. Quasi tutti gli interventi di riduzione selezionati da Apollonio sono anche illustrati ; Apollonio precisa tuttavia che non ci saranno disegni :

a) per illustrare i metodi di riduzione semplici come l'autoriduzione della lussazione della spalla (12,26), la riduzione del ginocchio e della caviglia (104,24), le riduzioni che si praticano con metodi analoghi ad altri già illustrati (30,14 ; 100,29 ss. dove rimanda ad illustrazioni del II libro) e quelle che si possono descrivere con parole senza che vi siano rischi di fraintendimento (42,29 ss.) ;

b) i procedimenti troppo complessi per poter essere rappresentati graficamente in maniera perspicua (62,5 ;).

Tutto quello che sta tra i due estremi dell'assolutamente semplice e del troppo complesso, come dice nella dichiarazione programmatica di p. 14,9, Apollonio lo renderà visibile agli occhi (ὀφθαλμοφανῶς τὴν θέαν παρασχησόμεθα), con le parole (δι' ὑπομνημάτων[21]) e con i disegni (διὰ ζωγραφικῆς σκιαγραφίας)[22].

Ripeto, in questo testo si alternano parole di Ippocrate e parole di Apollonio. Le parole di Apollonio sono per lo più destinate a fornire i raccordi che legano gli estratti ippocratici e a dare notizie sulla struttura del testo di partenza. Apollonio dà anche ragione della brevità dei suoi interventi: in particolare egli vuole evitare la pratica ecolalica, parafrastica, che consiste nell'esporre con altre parole il testo dell'autore di riferimento (« nessuno pensi che per una sorta di pigrizia io cerchi di sottrarmi all'esposizione che dovrebbe seguire la menzione della λέξις » [20,3-6]) ; nei circoli dei medici la parafrasi è evidentemente una pratica corrente di rielaborazione dei testi ippocratici. Apollonio, del resto, è convinto che il testo ippocratico sia più che sufficiente-

20 - È interessante l'espressione ἡ διὰ τῆς ὀργανικῆς ὕλης ἔντεχνος ἁρμονία che a 10,13 definisce la riduzione delle lussazioni per mezzo degli strumenti e secondo le regole dell'arte ; una pratica trascurata da alcuni medici che neppure si occupano della dottrina delle lussazioni.

21 - Questa è l'unica attestazione del termine ὑπόμνημα in Apollonio.

22 - Si dovrebbe trattare dunque di illustrazioni a colori, cfr. Schöne, *op. cit.*, p. XXIX. L'espressione corrisponde a διὰ ζωγραφίας di 12,27.

mente chiaro (σαφέστερον ... <ἐφέστα>κε) e che dunque si debbano evitare inutili ripetizioni (διλογεῖν)[23]. Nel proemio al II libro (38,11), Apollonio dice esplicitamente che l'esposizione della dottrina chirurgica viene realizzata meglio attraverso il duplice strumento del testo e delle illustrazioni, proprio perché le parole, per quanto chiare, non permettono di far comprendere con sufficiente evidenza le operazioni che si compiono manualmente (ἃ διὰ χειρουργίας ἐνεργούμενα δυσκόλως διὰ λόγου[24] καταλαμβάνεσθαι δύναται). L'illustrazione è dunque il rimedio all'insufficienza delle parole. L'insufficienza delle parole (scritte) nell'insegnamento della pratica chirurgica era forse un *topos*, infatti la troviamo già segnalata da Ippocrate, *Art.* 33 (151,1 ss. Kw.) : ἀλλὰ γὰρ οὐ ῥηίδιον χειρουργίην πᾶσαν ἐν γραφῇ διηγεῖσθαι, ἀλλὰ καὶ αὐτὸν ὑποτυπεῖσθαι χρὴ ἐκ τῶν γεγραμμένων. E del resto anche per Apollonio neppure le illustrazioni, che pure aiutano, garantiscono il completo successo della trasmissione di un sapere tecnico, cfr. nel II proemio, 38,12 ss. : ὅθεν, ἐάν τινα μὴ σαφῆ σοι γίνηται, μὴ ἡμᾶς, ἀλλὰ τὴν τοῦ πράγματος αἰτιῶ φύσιν[25].

Se quello che ho delineato è il programma di Apollonio non stupisce che tutti e tre i proemi contenessero un riferimento esplicito alle figure; uso l'imperfetto perché una grave corruttela ci priva del riferimento alle figure nel primo proemio, proprio là dove non dovrebbe mancare. E tuttavia la struttura dell'argomentazione nel I proemio è tale che la necessità di integrare questo riferimento mi appare stringente, come credo di poter dimostrare con una breve digressione di filologia testuale. Si confrontino dunque i tre proemi :

prohom. I :

(10,16 ss.) :

πρότερον τὰς τοῦ Ἱπποκράτους λέξεις ἐκθήσομαι ἑτοιμοτέρους τοὺς τρόπους τῶν ἐμβολέων ὑποταξάμεν<ος>, οἷόν τινα ἔραν<ον> ἀπ' αὐτῶν τῶν ἔργων, <αἳ> διὰ τῆς τῶν συμπαραλαμβανομένων ἀνδρῶν ὑπηρεσίας γίνονται.

1 ἐκθήσωμαι L : 2 *ante* ἑτοιμοτ. *lacunam indic.* Schöne ἐμβολαιων L : ὑποταξάμενος *scr.* Cocchi : ὑποταξαμεν L : ὑποτάξομεν Schöne : ὑπετάξαμεν Dietz 3 εραν L : *suppl.* Cocchi αἳ *dubitanter add.* Schöne 4 συμπεριλ - L : *corr.* Schöne

prohom. II :

(38,6 ss.) :

πρότερον δὲ τὰς λέξεις αὐτοῦ καταχωριῶ, εἶτ' εἰρομένως τὸν τῶν ἐμβολῶν τρόπον δι' αὐτῶν τῶν ὑποδειγμάτων ὑποτάξω.

23 - Si tratta di un *topos* dell'esegesi. Anche Galeno, più tardi eviterà di spiegare nei suoi commenti quello che è stato detto chiaramente da Ippocrate ; ma in quel caso semplicemente egli omette di trascrivere – e di commentare – alcune sezioni del testo ; il testo ippocratico compare solo in quanto deve essere commentato. Qui invece le parole di Apollonio si limitano ad integrarlo, se qualcosa non è detto, o semplicemente non è esplicitato.

24 - Kollesch-Nickel traducono « theoretisch », credo non cogliendo perfettamente il senso di questo passo.

25 - Il testo che segue (38,14-15) mi risulta di difficile comprensione.

prohom. III :

(64,6 ss.)

ἐν δὲ τῷ πρὸ τούτου παραπλησίως διὰ τῶν ὑποδειγμάτων <σοι> ἐκτέθειται ... ἐν δὲ τούτῳ διὰ τῶν ὑποδει<γ>μάτων παραπλησίως τοῖς εἰρημένοις ἐκθήσομαι (64,16 ss.) προκαταχωρίζων δὲ τὰς Ἱπποκράτους λέξεις ἀκολούθως τοῖς πρότερον οὕτως τὰς διὰ τῶν ὑποδειγμάτων ἐμβολὰς ὑποτάξω.

Il passo in cui ritengo che fossero menzionati i disegni nel I proemio è sfigurato da numerose corruttele, come risulta dall'esame del testo stabilito da Kollesch e Kudlien e del relativo apparato critico[26]. Per emendarlo i due editori si sono avvalsi dei suggerimenti degli editori precedenti (Cocchi, Dietz e Schöne), ma il testo che hanno restituito rimane insoddisfacente e, temo, irrimediabilmente danneggiato. Qualche progresso nella ricostruzione tuttavia è ancora possibile. Sono certa infatti che la lezione ἑτοιμοτέρους del manoscritto laurenziano (L), che non è mai stata ritenuta sospetta, nasconda εἶτ' εἰρομένως, il nesso è tipico di Apollonio, compare infatti anche nel proemio al II libro (38,6[27]), in un contesto assolutamente equivalente a quello del I libro, e a 88,28[28]. Subito dopo segue una forma del verbo ὑποτάττω che deve essere di diatesi attiva, come nelle altre due occorrenze nei proemi (rispettivamente a 38,8 e 64,19) dove compare insieme alla menzione dei disegni : διὰ (αὐτῶν) τῶν ὑποδειγμάτων ὑποτάξω ; le altre occorrenze del verbo[29] mostrano che la forma corrotta υποταξαμεν di L non può essere sanata ricostruendo la forma media ὑποταξάμεν<ος>, come aveva supposto Cocchi, seguito da Dietz (in apparato) e da Kollesch e Kudlien che hanno accolto la sua proposta nel testo. Il confronto con i due passi paralleli dei proemi II e III induce a proporre la restituzione del futuro : ὑποτάξω, come negli altri due proemi, o, con facile correzione, ὑποτάξομεν, già proposto da Schöne; la prima persona plurale ricorre infatti anche a 14,8

26 - Tento qui una traduzione appoggiandomi alla traduzione tedesca di Kollesch e Nickel : «Dapprima riporterò le parole di Ippocrate - in un certo senso come un assaggio che risulta dai fatti stessi (als einen Beitrag, der sich aus der eigentlichen Aufgabe ergibt) - per rendere più accessibili (leichter zugänglich) i modi delle riduzioni, che si realizzano con l'aiuto degli assistenti».

27 - Dove è correzione sicura di Schöne della lezione ειθ ερρωμενως di L.

28 - Nel proemio al III libro (64,16), in un contesto analogo compare invece ἀκολούθως. Il solo εἰρομένως, non preceduto da εἶτα torna anche a 106,20.

29 - Nell'intera opera il verbo torna altre 10 volte ; cfr. 14,8 : ὁ δὲ κατὰ μέρος χειρισμός, ὃν τρόπον ὑποτετάχαμεν, οὕτως ἂν ἐπιτελοῖτο ; 22,2 ἀσφαλέστερον δὲ τὸ διὰ τοῦ κλιμακίου γινόμενον διὰ τούτων ὑποτέταχεν ; 30,11 οἷον εὐθέως ὑποτέταχεν ἐπὶ τοῦ κλιμακίου λέγων ; 50,16 ἃ δὲ ἐχομένως ... διασαφεῖ, διὰ τούτων ὑποτάξω ; 104,13 ἀναγκαῖον ἂν εἴη καὶ ταύτην τὴν ἐμβολὴν ὑποτάξαι 106,20 ἀναγκαῖον εἶναι νομίζομεν ἅπερ ... κατακεχώρικεν, εἰρομένως ὑποτάξαι ; e al passivo : 58,12 ὃν τρόπον δὲ δεῖ ποιεῖσθαι, οὕτως ὑποτέτακται ; 78,26 οὕτως ἐμέμνητο τὰ ὑποτεταγμένα διασαφῶν ; 72,10 ὃν τρόπον δ' ἄν τις χρήσαιτο ... τὸ ὑποτεταγμένον ὑπόδειγμα περιέχει ; 94,7 τὴν δὲ ... ἐμβολὴν ... <κατὰ> (*addidi*) τὸν ὑποτεταγμένον διὰ τοῦ ὑποδείγματος τρόπον χρὴ ποιεῖσθαι. A queste si aggiunga la forma προσυποτετάχαμεν di 20,6. Tutte le occorrenze mostrano che Apollonio usa questo verbo per riferirsi all'esposizione del testo ippocratico e ai disegni ; in questi contesti si segnalano inoltre gli avverbi εἰρομένως e ἐχομένως.

e a 20,6 ([προσ]υποτετάχαμεν), qui fa solo un po' di difficoltà venendo subito dopo ἐκθήσομαι. Con il nesso εἶτ' εἰρομένως e col verbo ὑποτάττω si deve supporre che fossero menzionati i disegni[30] ; in questa direzione credo che si debba tentare di sanare la sequenza di lettere οιον τινα εραν che si legge nel laurenziano dopo la forma corrotta υποταξαμεν. Già August Brinkmann, come risulta dall'apparato di Schöne, aveva proposto di colmare con le parole εἶτα δι' ὑποδειγμάτων la lacuna che Schöne proponeva prima di ἑτοιμοτέρους. Una proposta felice, sia per l'avverbio εἶτα, che introduce il secondo elemento dell'esposizione, sia per il riferimento ai disegni (δι' ὑποδειγμάτων), che è stata lasciata completamente cadere dagli ultimi editori : riprendo dunque la sostanza dell'ipotesi di Brinkmann, recuperando nella tradizione manoscritta una traccia del nesso εἶτ' εἰρομένως e postulando che il riferimento ai disegni si trovasse nelle lettere prive di senso che seguono il verbo ὑποτάσσω (comunque coniugato).

Per l'esatta comprensione di questo passo proemiale si deve inoltre segnalare che prima di αὐτῶν τῶν ἔργων nel manoscritto si legge ὑπ' e non ἀπ', come lasciano intendere gli editori : ἀπ' è passato da Cocchi (che integrava ἔρανον) ai successivi editori, a Dietz[31], a Schöne[32] e a Kollesch-Kudlien che lo danno, evidentemente per una svista, come lezione del manoscritto. Data la lacunosità del contesto non c'è ragione per non conservare il tradito ὑπ'. A me pare infatti ragionevole postulare una lacuna prima di ὑπ' αὐτῶν τῶν ἔργων. Già Schöne aveva indicato una lacuna (la seconda in questo breve spazio) dopo τῶν ἔργων e in apparato aveva proposto dubitativamente di colmarla con αἵ, proposta poi accolta da Kollesch-Kudlien ; io credo però che la lacuna debba essere di dimensioni sufficientemente ampie per contenere una sintetica tipologia dei metodi di riduzione, forse distinti secondo la progressione che va dai più semplici a quelli che richiedono l'uso di strumenti e l'aiuto di assistenti. La frase, così come è stata fino ad ora edita, non ha gran senso, soprattutto se si considera che si tratta di un testo proemiale, che espone il piano dell'opera e dove ci si aspetta che Apollonio giustifichi i criteri con cui ha selezionato i suoi estratti dal testo ippocratico. Il testo del I proemio andrà perciò così costituito :

30 - Il riferimento ai disegni ritorna anche negli epiloghi del II e del III libro, cfr. 62, 5, τοὺς δ' ἔτι λειπομένους τῶν ἐμβολῶν τρόπους ... κατ' ἰδίαν παραπλησίως καταγράψας, ἐφ' ὧν ὑπόδειγμα[των] δυνατόν, ἐκδώσω σοι (dove, diversamente da Kollesch-Kudlien, correggerei il testo del laurenziano inserendo διὰ τῶν, oppure δι', prima di ὑποδειγμάτων, come a 64, 9 ἐφ' ὧν δυνατόν, *διὰ τῶν ὑποδει<γ>μάτων* ... ἐκθήσομαι, a 38, 16 καθ' ὅσον ἂν ᾖ δυνατόν, *διὰ τούτων* (*sc.* i disegni) σαφῆ σοι κατασταθήσεται e a 60,27 καθ' ὅσον ᾖ δυνατόν, *διὰ τῶν ὑποδειγμάτων* πεποίηκά σοι φανερόν) e 112, 9 *διὰ τῶν ὑποδειγμάτων* ἐμφανῆ κατεστήσαμεν.

31 - Nel testo, ma non nella proposta di correzione che egli ha avanzato in apparato.

32 - Nel testo, ma non nel lemma in apparato, dove si legge : ἐραν ὑπ' : ὑποταξάμενος οἷόν τινα ἔρανον ἀπ' αὐτῶν τῶν ἔργων ὡς διὰ Cocchi.

prohom. I :

(10,16 ss.) :

πρότερον τὰς τοῦ Ἱπποκράτους λέξεις ἐκθήσομαι εἶτ᾽ εἰρομένως τοὺς τρόπους τῶν ἐμβολέων ὑποτάξω †οιον τινα εραν† <....> ὑπ᾽αὐτῶν τῶν ἔργων διὰ τῆς τῶν συμπαραλαμβανομένων ἀνδρῶν ὑπηρεσίας γίνονται.

1 ἐκθήσωμαι L *corr.* Dietz, *post* ἐκθήσομαι *distinxit* Schöne 1-2 εἶτ᾽εἰρομένως *scripsi* : ἑτοιμοτέρους L : *ante* ἑτοιμοτέρους *lac. indic.* Schöne, εἶτα δι᾽ ὑποδειγμάτων *ante* ἑτοιμοτέρους *scribendum putavit* Brinkmann 2 ἐμβολαιων L *corr.* Schöne ὑποτάξω *scripsi* : ὑποταξαμεν L : ὑποτάξομεν Schöne : ὑπετάξαμεν Dietz : ὑποταξάμενος Kollesch-Kudlien *Cocchium secuti* 2-3 οιον τινα εραν *uncis inclusi et post* εραν *lacunam statui, fortasse* ἐφ᾽ὅσον δυνατόν, δι᾽ὑποδειγμάτων <...> *scribendum* : οἷόν τινα ἔραν<ον> Cocchi *et cett. edd.* 3 ὑπ᾽ L : ἀπ᾽ *edd.* αἳ *ante* διὰ *add.* Kollesch-Kudlien *Schöne secuti* : ὡς *add.* Cocchi 4 συμπεριλ - L : *corr.* Schöne

In conclusione. Per avere notizie sul ruolo delle illustrazioni nei libri antichi, e soprattutto in quelli di argomento tecnico, si fa spesso riferimento, come è giusto, alla testimonianza dei pochi papiri che ne conservano tracce, ad alcune testimonianze di tradizione indiretta, p. es. Plinio *N.H.* XXV 8[33], e ad alcuni manoscritti tardoantichi e medievali che riproducono le illustrazioni dei loro modelli antichi. Naturalmente non è sempre facile stabilire se le illustrazioni siano state curate dall'autore o eseguite sotto il suo controllo (come potrebbe essere accaduto per certi testi di botanica o di zoologia) o se siano state aggiunte in seguito, nel corso della sua tradizione[34]. Ma almeno nel caso di Apollonio le cose sono chiare. E tuttavia, benché già Schöne, studiando l'iconografia, abbia dimostrato che le illustrazioni del laurenziano sono adattamenti bizantini di modelli ellenistici, e sebbene questa opinione sia generalmente accolta, capita ancora di leggere che le illustrazioni al testo di Apollonio furono « aggiunte » già in età ellenistica, « probabilmente poco dopo la redazione del testo stesso » [35], un'ipotesi che è chiaramente inutile formulare. Il fatto che Apollonio sottolinei il ruolo che egli attribuisce alle illustrazioni, ma non la loro eccezionalità, lascia supporre che libri illustrati fossero abbastanza diffusi. In questo caso, tuttavia, va ancora sottolineato che le illustrazioni sono piuttosto complesse ; in esse vengono rappresentati, oltre al paziente e agli strumenti usati per la riduzione, anche altre due, tre, talora quattro figure, colui che opera e gli assistenti. Il libro di Apollonio poteva essere un prodotto par-

33 - *Pinxere (sc. Crateuas, Dionysius, Metrodorus) namque effigies herbarum atque ita subscripsere effectus...*

34 - Cfr. N. Horsfall, « The Origins of the Illustrated Book », *Aegyptus*, 63 (1983), pp. 199-216.

35 - Così Weitzmann, *Illustrations in Roll and Codex, cit.*, p. 108.

ticolarmente prezioso ; induce a crederlo anche il riferimento al re Tolomeo[36] che torna in tutti e tre i proemi e in tutti e tre gli epiloghi ; più che con un omaggio convenzionale sembra che si abbia a che fare con un vero e proprio destinatario. Apollonio ha dunque confezionato un prezioso dono per un sovrano interessato a questo genere di prodotto? Comunque sia, il ms. laurenziano ci permette ancora oggi di avere un'idea dei gesti dei medici ippocratici antichi così come Apollonio li ha fissati alla data del I secolo a.C.

2. La grammatica al servizio della pratica medica

E ora la filologia. Qual è la funzione del trattamento 'filologico' a cui Apollonio sottopone il testo ippocratico? Per rispondere a questa domanda non va dimenticato che nel I sec. a.C. un medico che si richiama alla tradizione ippocratica[37] non può prescindere dal molto lavoro filologico che a quella data è già stato compiuto sul testo di Ippocrate[38]. Nell'età di Apollonio non è pensabile una lettura 'ingenua' di Ippocrate ; sui testi ippocratici si è già fatto un intenso lavoro di interpretazione e dunque neppure l'autore di un'opera tecnica può sottrarsi al dovere di discutere alcune delle interpretazioni che sono state date del testo ippocratico ; ma il fine della discussione 'filologica' resta sempre quello dell'utilità pratica : « Il mio proposito (σπουδή) (di trattare di cose tecniche) – si giustifica Apollonio – non potrà impedirmi di segnalare l'inesperienza (ἀπειρίαν) di alcuni in fatto di strumenti (περὶ τὰ ὄργανα), e soprattutto, l'incapacità manuale (ἀχειρίαν) degli erofilei ; loro che, trascurando l'esercizio nella pratica (τὴν ἐπὶ τῶν πραγμάτων γυμνασίαν) e tenendosi alle nude parole (ψιλῶς δ' αὐτῷ τῷ λόγῳ προσέχοντες), sono incorsi in errori » (16,3). Questa dichiarazione, che accompagna la discussione del significato di ἀμφισφάλλουσαι, si trova verso l'inizio del I libro e ha valore programmatico.

Ed ecco alcuni esempi di ciò che Apollonio ritiene meritevole di discussione. Il participio ἀμφισφάλλουσαι in *Art.* 3 (114,8) è stato inteso da Bacchio come

---

36 - L'identificazione del re Tolomeo, cui è dedicato lo scritto resta incerta. Si presume che la redazione di questo scritto sia avvenuta a Cipro, patria di Apollonio, e non ad Alessandria dove Apollonio dice di aver frequentato le lezioni di Zopiro, e dunque che il dedicatario sia il Tolomeo fratello di Tolomeo Aulete che regnava a Cipro tra l'80 e il 58 a.C., cfr. F.R. Dietz, *Scholia in Hippocratem et Galenum*, Königsberg 1834, p. VI, che riprende A. Cocchi, *Graecorum chirurgicorum libri*, Florentiae 1754, p. 12 ; P.M. Fraser, *Ptolemaic Alexandria*, Oxford 1972, I, p. 362 e II p. 536 è più propenso a ritenere che si tratti di Tolomeo Aulete.

37 - Le poche testimonianze su Apollonio sono state raccolte da Deichgräber, *Empirikerschule*, *cit.*, pp. 206-209 e da M. Michler, *Die alexandrinischen Chirurgen*, Wiesbaden 1868, pp. 71 e 114 s.

38 - Specialmente dagli erofilei. Sulla filologia degli erofilei si vedano i fondamentali contributi di H. von Staden, *Herophilus. The Art of Medicine in Early Alexandria*, Cambridge 1989, pp. 453 ss. ; 484 ss. ; e inoltre « Lexicography in the Third Century B.C. Bacchius of Tanagra, Erotian, and Hippocrates », in : J.A. López Férez (ed.), *Tratados Hipocráticos*, Actas del VII Colloque international hippocratique (Madrid 1990), Madrid 1992, pp. 549-569.

equivalente di περιβάλλουσαι (16,6 ss.). Ora, dice Apollonio, se non c'è dubbio sul fatto che in Ippocrate ἀμφί è equivalente di περί, non è vero che περιβάλλω sia equivalente di περισφάλλω. Bacchio non ha colto il senso tecnico del verbo περισφάλλω. Il verbo, dice Apollonio, si usa anche nel linguaggio tecnico della palestra, ed è noto a chi della medicina conosce le cose e non solo le parole. Per Apollonio non è legittimo discutere e interpretare testi tecnici senza avere competenza della lingua tecnica in questione e se la si pone sullo stesso piano della lingua letteraria[39]. E del resto, aggiunge Apollonio, sarebbe bastato ricordare che Ippocrate menziona una ἐμβολὴ ἐκ περισφάλσιος (*Art.* 25 p. 144,10 Kw. = *Mochl.* 15 p. 253,22 Kw.[40]) e che usa sia il verbo περισφάλλεσθαι (*Art.* 4 p.117,15 Kw.) sia il sostantivo ἀμφίσφαλσις (*Art.* 71 p. 226,20 Kw.)[41]. Adducendo questi μαρτύρια[42] Apollonio semplicemente applica il metodo, evidentemente già usuale, di spiegare Ippocrate con Ippocrate[43] per conseguire un risultato che ha valore tecnico-pratico e, indirettamente, critica l'esegesi che si avvale di testimonianze a tutto campo mentre ignora le testimonianze specifiche della lingua ippocratica.

Ancora nel I libro (28,1 ss.) Apollonio, dopo aver illustrato il metodo di riduzione della lussazione della testa dell'omero con l'ἄμβη, torna a polemizzare con Bacchio, e questa volta in maniera più esplicita. Anche in questo caso l'interesse linguistico di Bacchio è irrilevante per il medico. Non importa sapere che cosa sia l'ἄμβων per i Rodiesi, né in che senso abbiano usato il termine Democrito (di Abdera) o Aristofane (di Atene) : μαρτύρια εὐήθη, testimonianze

39 - Apollonio pone il problema della pertinenza dei testi che possono essere addotti per spiegare il significato di parole difficili ; un problema che evidentemente non era sentito da Bacchio, come non lo è più tardi in Erotiano e in Galeno che sono i ricettori di una tradizione esegetica ormai consolidata ; su questo tema cfr. von Staden, « Lexicography », *cit.*, p. 566 s.

40 - Il testo del περὶ ἄρθρων ippocratico letto da Apollonio corrisponde a quello dei manoscritti ippocratici medievali ; a quanto si evince dal suo commento Galeno invece non leggeva i capp.17-29, sulle lesioni e la riduzione delle lussazioni del gomito e della mano, che corrispondono a *Mochlikon* 7-19, cfr. J. Blomqvist, *op. cit.*, p. 79 ss.

41 - Si tratta di un movimento rotatorio dell'articolazione superiore dell'omero e del femore.

42 - Il termine è di Apollonio che lo usa a 28,10.

43 - La spiegazione è rigorosamente lessicale, Apollonio trae da Ippocrate dei veri paralleli lessicali, non si limita a derivare il significato del termine dal contesto come accade spesso nell'esegesi antica (cfr. R. Tosi, « La lessicografia e la paremiografia in età ellenistica e il suo sviluppo successivo » in F. Montanari (ed.), *La philologie grecque à l'époque hellénistique et romaine*, Entretiens Hardt XL, Vandœuvres-Genève 1994, p. 153, n. 19). La questione del valore di ἀμφισφάλλουσαι non è stata definitivamente risolta da Apollonio e continua a riproporsi nella letteratura esegetica ippocratica. Erotiano (A 102 p. 23,7 Nachmanson) glossa ἀμφισφάλλουσαι con περισφάλλουσαι, come vuole Apollonio, ma la glossa di Bacchio riemerge sia nella tradizione diretta ippocratica, che oscilla tra la variante ἀμφιβάλλουσαι di MV e ἀμφισφαλουσαι di B (περισφαλουσαι in margine), sia nel lemma del commento di Galeno (XVIII A p. 328) dove il ms. L (lo stesso laurenziano 74.7) ha il lemma ἀμφιβάλλουσαι, mentre l'altro testimone, il Par. gr. 1849 (P) ha ἀμφισφάλλουσαι. Galeno (XVIII A p. 326) glossa con περικύλισις che confermerebbe la lezione del lemma ἀμφισφάλλουσαι attestata da P.

di nessun valore[44] ; meglio sarebbe stato spiegare che gli abitanti di Cos chiamano i gradini della scala ἀμβῶνας. Apollonio non rifiuta le spiegazioni linguistiche basate sugli usi locali, che hanno tanta parte nella lessicografia ellenistica, ma vuole che ci si limiti a quelle che sono pertinenti all'analisi del testo in questione, in questo caso gli usi della lingua di Cos. I due casi di polemica con Bacchio vanno dunque nel senso della richiesta di maggior rigore nella selezione dei μαρτύρια : Apollonio esige una lessicografia tecnica, specialistica e, se così si può dire, non generalista.

Una preoccupazione pratica lo guida ancora più chiaramente nella scelta tra due interpretazioni divergenti del termine ippocratico κλιμάκιον (24,11 ss.). Secondo alcuni si tratterebbe di uno strumento di riduzione appositamente costruito, mentre altri pensano che sia una comune scaletta[45]. La seconda ipotesi sembra ad Apollonio quella giusta per motivi di ordine interno al testo ippocratico. In questa parte del testo Ippocrate suggerisce di adoperare oggetti di uso comune, che si possono avere a portata di mano in ogni circostanza, e che, con piccoli accorgimenti, possono essere usati come strumenti di riduzione : la logica espositiva del testo ippocratico, che va dal metodo più semplice a quello più complesso, – dalle riduzioni che si fanno con la sola forza del paziente del medico e dei suoi aiutanti fino a quelle che richiedono l'impegno del μοχλοειδὲς ξύλον (28,2) dotato di ἄμβη di cui si è detto – , richiede che qui si intenda κλιμάκιον come « semplice e comune scaletta ». La scaletta, oltre a poter essere usata da sola (fig. 6), può essere associata al μοχλοειδὲς ξύλον (in quel caso Ippocrate usa la parola κλιμακτήρ). Invece della scaletta si possono utilizzare altri oggetti che sono a portata di mano, come la spalliera di una grande sedia di tipo tessalico (fig. 8) o il battente di una porta (fig. 9). L'idea che Ippocrate organizzi la presentazione dei metodi di riduzione dal più semplice e capace di esercitare meno forza al più complesso e che esercita più forza è costantemente ribadita da Apollonio ; ciò corrisponde ad un criterio che è proprio dell'etica terapeutica ippocratica e che consiste nella rinuncia alla spettacolarità e all'uso di metodi di intervento violenti : la terapia chirurgica ippocratica si presenta come una terapia semplice, che ha bisogno di pochissimi strumenti. Apollonio è perfettamente nella linea ippocratica. Forse sta prendendo posizione in una polemica con gli ὀργανικοί ?

Dunque, è vero che Apollonio si misura con la tradizione dell'esegesi ippocratica, che utilizza i metodi esegetici che essa ha elaborato, e che ne contesta gli usi e gli esiti impropri. Ma il suo impegno esegetico è rigorosamente limitato ai casi in cui ciò sia rilevante dal punto di vista pratico. Tale può essere considerato anche il caso della digressione (παρέκβασις) sulla possibilità di riduzione della lussazione del femore (78,24- 90,23) che occupa quasi un terzo del III libro. Questo, come si evince da Apollonio, e come testimonia

44 - Che Bacchio ha derivato da Aristofane di Bisanzio.

45 - Secondo la tecnica dei commentatori Apollonio introduce le due opinioni con le espressioni οἱ μὲν οἴονται... οἱ δὲ..... εἰρῆσθαί φασιν.

Galeno nel suo commento ad *Articolazioni*, si avviava a diventare, o era già diventato, un vero 'problema' rispetto al quale il medico pratico *doveva* prendere posizione[46].

Limiterò le mie osservazioni al modo in cui Apollonio affronta la discussione. Comincia dunque citando un lungo passo di Hegetor (78,26-80,14) che nega la possibilità di riduzione del femore e commenta : « qui Hegetor non solo si inganna (πεπλάνηται), ma anche induce in errore (διέστρεφεν) per quanto dipende da lui, coloro che hanno interesse per la medicina (τοὺς φιλοιατροῦντας). E, inoltre, egli non possiede, per averla compresa (οὐδαμῶς κεκράτηκεν), la dottrina esposta da Ippocrate nel trattato sulle *Articolazioni* » (80,14-17). Apollonio prosegue poi confutando Hegetor e facendo riferimento all'esperienza di altri medici ma soprattutto appoggiandosi su molti passi di Ippocrate[47]. Il III libro risulta così fortemente squilibrato per lunghezza rispetto agli altri due.

Il lessico che Apollonio utilizza nella polemica con Hegetor in gran parte coincide con quello usato da Ipparco (seconda metà del II sec. a.C.) nella polemica col matematico Attalo di Rodi, un suo contemporaneo che aveva espresso un totale consenso (fr. 1 : συνεπιγράφεται) con le teorie esposte da Arato nei *Fenomeni*. Anche Ipparco[48] ritiene che Attalo si inganni (πλανᾶσθαι : frr. 15, rigo 18 ; 16, rigo 8 ; 25, rigo 35), che non domini (οὐ κρατεῖν : frr. 17, rigo 47 ; 25, rigo 14) la dottrina di Arato, che tradisca chi è (autenticamente) interessato alla disciplina (φιλομαθεῖν : fr. 22, rigo 18)[49].

Vale anche per noi la pena fare una breve παρέκβασις per seguire questo segmento della tradizione antica di Arato. Attalo, che conosciamo solo indirettamente attraverso Ipparco, è un matematico ed astronomo, che aveva riprodotto un suo Arato corretto e interpretato ; sembra che in questo testo i versi di Arato si alternasero alle parole di Attalo che lo correggeva là dove, a suo giudizio, Arato non era in accordo con i φαινόμενα. Anche in quel caso non

46 - Sulle discussioni relative a questo problema nella letteratura medica anteriore a Galeno, e a partire dalla testimonianza di Galeno, cfr. Potter, *art. cit.*, p. 120 ss.

47 - In questa parte del testo è documentato per la prima volta, almeno per noi, il mito di Ippocrate φιλαλήθης. Qui abbiamo la più antica ripresa della frase di *Art*. 47 (182, 3-5 Kw.) relativa ad uno scacco terapeutico (ἔγραψα ἐπίτηδες τοῦτο. καλὰ γὰρ ταῦτα τὰ μαθήματά ἐστι, ἃ πειρηθέτα ἀπορηθέντα ἐφάνη καὶ διὰ τί ἐπορήθε) che poi diventa uno dei pilastri per la rappresentazione dell'onestà scientifica di Ippocrate. Sul tema dell'amore della verità di Ippocrate cfr. anche 92,26 (δεόντως καὶ φιλαλήθως... διεσταλμένος) e 96,10 dove Apollonio ribadisce che Ippocrate non avrebbe nascosto nulla poiché ha descritto le difficoltà nelle quali si è imbattuto (γραφικῶς σφόδρα [ἤ] αὐτῆς τῆς ἀληθείας τὰς ἀπορίας ὑπογεγραφώς).

48 - I 28 *fragmenta Aratea* di Attalo tramandati da Ipparco sono raccolti in E. Maass, *Commentariorum in Arato reliquiae*, collegit recensuit prolegomenis indicibusque instruxit E.M., Berlin 1898, pp. 1-24.

49 - Il verbo φιλομαθεῖν è usato da Apollonio a 16,11 nel contesto della polemica contro Bacchio, altrimenti Apollonio usa il più specifico φιλοιατρεύειν (38,11 ; 80,15).

siamo di fronte a un vero commento, come si è creduto[50], ma ad un testo di Arato aggiornato, in cui Attalo dà ragione delle correzioni che egli apporta alla lettera e al senso del testo che costituisce l'*auctoritas*. E Ipparco, a sua volta, non può che inserirsi in questa *lignée*, distinguendosi tuttavia per il fatto di essere fortemente critico nei confronti di Arato[51].

La vicenda del περὶ ἄρθρων, da Ippocrate ad Apollonio, e dei *Fenomeni*, da Arato ad Ipparco, illustrano una modalità di trasmissione del sapere tecnico che ha tratti comuni. Un testo rappresenta l'autorità, nel suo complesso indiscussa, e tuttavia bisognosa di aggiornamenti e di correzioni dal punto di vista della dottrina, a volte anche in maniera molto pesante. Poiché si parte da un testo-autorità l'incremento e il rinnovamento del sapere si produce intorno ad esso e si realizza nella produzione di un nuovo testo che ha qualcosa del commento pur senza essere un commento.

In presenza di un paradigma scientifico stabile, come quello della tecnica delle riduzione delle lussazioni, è accaduto che nella stesura di *pragmateiai* originali si sia imposto il modello 'filologico' della esegesi : i testi antichi restano come portatori del nucleo originale del sapere che si tramanda e come garanti della sua qualità.

50 - Cfr. E. Maass, *op. cit.*, p. XII, ripreso dall'estensore della voce della RE, Suppl. I (1903), col. 224 s. Recentemente J. Mansfeld, *Prolegomena. Questions to be Settled Before the Study of an Author, or a Text*, Leiden-New York-Köln 1994, p. 138, ha definito lo scritto di Attalo su Arato come « *editio correctior* and commentary ». Tutti si basano sul frammento tratto dal proemio (fr. 1 Maass) nel quale Attalo dice di inviare ad un destinatario che per noi resta ignoto il libro di Arato διορθώμενον ὑφ' ἡμῶν καὶ τὴν ἐξήγησιν αὐτοῦ.

51 - Sul valore dello scritto di Ipparco nella storia dell'astronomia antica cfr. F.F. Repellini, « Ipparco e la tradizione astronomica », in G. Giannantoni - M. Vegetti (edd.), *La scienza ellenistica*, Atti delle tre giornate di studio tenutesi a Pavia dal 14 al 16 aprile 1982, Napoli 1984, pp. 191-223.

Françoise GAIDE

Le témoignage des textes médicaux latins sur les médecins alexandrins

1. En prenant comme objet d'étude « Le témoignage des textes médicaux latins sur les médecins alexandrins » mon but n'est évidemment pas de récolter ce témoignage : le travail a déjà été fait dans les beaux recueils – gréco-latin – de K. Deichgräber[1], pour l'Ecole empirique, de M. Michler[2], pour les chirurgiens alexandrins, et surtout de H. von Staden[3], pour Hérophile et les Hérophiléens. Ce que je souhaite, c'est examiner à part ce témoignage, pour en dégager l'originalité et les caractéristiques.

Mon corpus de textes latins se composera tout naturellement du *De medicina* de Celse, des *Compositiones* de Scribonius Largus, des livres médicaux de Pline l'Ancien, et des *Acutae passiones* et *Chronicae passiones* de Caelius Aurelianus. Ce dernier auteur est bien sûr le traducteur – ou plus vraisemblablement l'adaptateur – de Soranos[4], mais son témoignage est ici important, puisque les ouvrages correspondants du médecin d'Ephèse sont perdus ; j'ai par contre négligé les *Gynaecia*, puisque nous possédons encore le traité de Soranos.

Il est plus difficile de dresser une liste des « médecins alexandrins ». Je ne fais pas seulement allusion aux questions de chronologie et d'homonymie, pour lesquelles j'ai utilisé les bons recueils cités précédemment. Le problème est qu'on pourrait choisir de confondre « médecine alexandrine » et « médecine hellénistique », dans la mesure où Alexandrie fut un extraordinaire centre de rayonnement. Dans l'obligation de limiter de toute façon un matériel assez abondant, j'ai préféré m'en tenir aux médecins et chirurgiens qui ont sûrement ou vraisemblablement pratiqué à Alexandrie, sous la dynastie des Ptolémées[5]. Brillèrent assurément à Alexandrie Hérophile, sans doute dans la

1 - *Die griechische Empirikerschule*, Berlin/Zürich, Weidmannsche Verlagsbuchhandlung, 1965[2] (1930[1]).

2 - *Die alexandrinischen Chirurgen*, Wiesbaden, Franz Steiner Verlag GMBH, 1968.

3 - *Herophilus, The Art of Medicine in Early Alexandria*, Cambridge University Press, 1988.

4 - Pour cette théorie, cf. J. Pigeaud, notamment dans son article « Pro Caelio Aureliano », in *Mémoires du Centre Jean-Palerne* (Université de Saint-Étienne), 3 (1982), p. 105-117.

5 - J'ai pris comme guides les ouvrages cités précédemment dans les notes 1, 2 et 3, ainsi que P. M. Fraser, *Ptolemaic Alexandria* I, Oxford, At the Clarendon Press, 1972, p. 336-376.

première moitié du IIIe siècle avant J.-C., et les Hérophiléens Andréas, médecin personnel de Ptolémée IV Philopator, tué à la place du roi lors de la guerre contre Antiochos III en 217 avant J.-C. ; Callimachos, sans doute à la fin du IIIe siècle avant J.-C. ; Apollonios Mys, dans la seconde moitié du Ier siècle avant J.-C. et peut-être au début du Ier siècle après J.-C. Ont de même dû résider à Alexandrie les Hérophiléens Bacchios, au IIIe siècle avant J.-C. ; Démétrios d'Apamée, entre la fin du IIIe siècle et le début du Ier siècle avant J.-C. ; Zénon, dans la première moitié du IIe siècle avant J.-C. ; Chrysermos, au milieu du Ier siècle avant J.-C. C'est d'autre part à Alexandrie que l'Ecole empirique naquit et associa, comme les Hérophiléens, médecine et philologie : se succédèrent Philinos de Cos, élève d'Hérophile, au milieu du IIIe siècle avant J.-C. ; Sérapion d'Alexandrie, à la charnière des IIIe et IIe siècles avant J.-C., puis Glaucias de Tarente ; Héraclide de Tarente, sans doute dans la première moitié du Ier siècle avant J.-C. ; Zopyros d'Alexandrie et son élève Apollonios de Citium, auteur du seul traité médical hellénistique qui nous soit parvenu, un Commentaire en trois livres du Περὶ ἄρθρων du Corpus hippocratique, au Ier siècle avant J.-C. Si dans cette revue ont été négligés quelques médecins alexandrins, pourtant bien identifiés, c'est qu'ils sont absents des textes médicaux latins ; le seul cas remarquable est d'ailleurs celui de Mantias, maître d'Héraclide de Tarente, et, selon Galien[6], premier spécialiste des médicaments composés. Pour ce qui est du grand Erasistrate et des Erasistratéens, le problème est évidemment différent : bien qu'il soit difficile de soutenir qu'Erasistrate n'a jamais travaillé à Alexandrie, il semble qu'il ait surtout été actif à Antioche ; de plus aucun Erasistratéen n'a été localisé à Alexandrie[7]. Mais j'ajouterai les chirurgiens alexandrins cités par Celse, sans référence à une Ecole, dans la Préface du livre VII (3) :

> Deinde posteaquam (medicinae pars quae manu curat) diducta ab aliis habere professores suos coepit, in Aegypto quoque Philoxeno maxime increuit auctore... Gorgias quoque et Sostratus et Heron et Apollonii duo et Hammonius Alexandrini multique alii celebres uiri singuli quaedam reperierunt,

ou plus exactement cinq d'entre eux, car une identification certaine des *Apollonii duo* est impossible[8]. On peut sans doute situer Philoxène au IIe siècle avant J.-C. ; Gorgias, Sostrate et Héron dans la première moitié du Ier siècle avant J.-C. ; Ammonios dans la seconde moitié.

---

6 - XIII 13 K.

7 - Sur l'absence ou la présence d'Erasistrate à Alexandrie, cf. surtout P. M. Fraser, « The career of Erasistatus of Ceos », *Rendiconti dell'Istituto lombardo*, Classe di Lettere..., 103 (1969), p. 518-537 ; G. E. R. Lloyd, « A note on Erasistratus of Ceos », *Journal of Hellenic Studies*, 95 (1975), p. 172-175. - Pour une édition des fragments d'Erasistrate, cf. I. Garofalo, *Erasistrati fragmenta*, Pisa, Giardini, 1988.

8 - Cf. M. Michler, *op. cit.* note 2, p. 119-122.

Nos auteurs médicaux latins ont-ils directement connu les textes des médecins alexandrins qu'ils mentionnent ? On songera à la fois au premier incendie de la Bibliothèque lors de la prise d'Alexandrie par Jules César (si cet incendie a bien eu lieu)[9] et à l'importance de la littérature doxographique ou, plus généralement, à la possibilité de sources intermédiaires ; il est par exemple aujourd'hui admis que les très riches *Indices auctorum* fournis par Pline recensent non seulement ses sources, mais aussi les auteurs cités par ses sources[10]. La question est d'ailleurs ici plus complexe que pour Rufus d'Ephèse ou Galien, puisque le changement de langue interdisait toute citation textuelle. Inversement, à côté des sources proclamées, il y a bien sûr les sources passées sous silence ; c'est ainsi qu'un ouvrage aussi précis que le *De medicina* de Celse comporte pourtant très peu de références.

2. Comme l'on sait, la médecine alexandrine, fut, au IIIe siècle, par au moins l'une de ses orientations, proprement révolutionnaire. Alors que les médecins hippocratiques et Aristote n'avaient disséqué que des animaux, les premiers, rarement[11], et le second, fréquemment[12], des textes grecs[13] et la nature même des découvertes anatomiques d'Hérophile prouvent que le médecin alexandrin, à la faveur d'un climat très libre et très novateur, a pratiqué la dissection humaine, brisant ainsi, mais pas pour toujours, un tabou séculaire ; Rufus d'Ephèse, vers 100 après J.-C., se plaindra que la dissection de cadavres humains ne soit plus possible[14], et Galien, dans la seconde moitié du IIe siècle après J.-C., distinguera le cas d'Alexandrie, où on utilisait du moins, semble-t-il, pour l'enseignement des squelettes humains[15]. Mais Celse apporte dans la Préface du *De medicina* un élément supplémentaire : Hérophile – et Erasistrate – auraient pratiqué la vivisection humaine (23) :

> ii qui rationalem medicinam profitentur arbitrantur... necessarium esse incidere corpora mortuorum eorumque uiscera atque intestina scrutari. Longeque optime fecisse Herophilum et Erasistratum qui nocentes homines a regibus ex carcere acceptos uiuos inciderint.

---

9 - Cf. P. M. Fraser, *op. cit.* note 5, p. 334-335. - *Contra*, cf. L. Canfora, *La véritable histoire de la bibliothèque d'Alexandrie*, Paris, Desjonquères, 1986, p. 83-84. - A. Bernand, *Alexandrie des Ptolémées*, Paris, Éditions du CNRS, 1995, p. 100-101, fait un exposé de la question.

10 - Cf., par exemple, H. von Staden, *op. cit.* note 3, p. 87-88.

11 - Cf. *Morb. Sacr.* 11 ; *Int.* 23.

12 - Cf., par exemple, *HA* 496a et 497a. - Pour le fait qu'Aristote n'a pas envisagé de disséquer le corps humain, cf. *HA* 494b.

13 - Cf. surtout Gal. II 895 K.

14 - *Onom.* 10, p. 134 D et R.

15 - Cf. II 220 K.

S'il est probable que Celse suit une source empirique[16], hostile aux « dogmatiques », l'affirmation (limitée à Hérophile) se retrouve cependant dans le *De anima*[17] de Tertullien, un ouvrage tributaire du Περὶ ψυχῆς de Soranos[18]. Celse a d'ailleurs rendu parfaitement vraisemblable l'expérimentation d'Hérophile en explicitant son but explorer des corps non marqués par la mort ; cf. 25, la critique de l'anatomie traumatique :

> [...] cum per uulnus alicuius uiscera patefacta sunt, eum qui sanae cuiusque colorem partis ignoret nescire quid integrum, quid corruptum sit,

et aussi, 41, la réponse des Empiriques :

> Nam colorem, leuorem, mollitiem, duritiem similiaque omnia non esse talia inciso corpore qualia integro fuerint quia, cum, corporibus inuiolatis, haec tamen metu, dolore, inedia, cruditate, lassitudine, mille aliis mediocribus affectibus saepe mutentur, multo magis uerisimile esse interiora, quibus maior mollities, lux ipsa noua sit, sub grauissimis uulneribus et ipsa trucidatione mutari.

et en précisant les circonstances (les rois, jouant en quelque sorte le rôle de mécènes de la recherche scientifique, livraient ainsi les criminels ; cf. 23, texte cité *supra*). Notre encyclopédiste latin apporte donc un témoignage solide, malgré le silence de Galien. Peut-être nous est-il même permis de supposer que la vivisection humaine, considérée à la fois comme un châtiment mérité par les criminels et comme une aide à l'humanité souffrante (cf. 26) :

> Neque esse crudele... hominum nocentium, et horum quoque paucorum, suppliciis remedia populis innocentibus saeculorum omnium quaeri,

a précédé et favorisé la pratique de la dissection humaine ; de fait il ne nous est pas signifié qu'Hérophile et Erasistrate passèrent de la dissection à la vivisection, mais que, seuls de tous les « dogmatiques », ils pratiquèrent la vivisection.

Les disciples d'Hérophile ne poursuivirent pas les recherches anatomiques et les Empiriques en contestèrent l'utilité. Mais Hérophile, qui écrivit un traité d'anatomie, fit de nombreuses découvertes : il identifia par exemple les ovaires (δίδυμοι)[19] ; les trompes, dites aujourd'hui « de Fallope »[20] ; le δωδεκαδάκτυλος ou partie initiale de l'intestin grêle faisant suite au pylore, d'une longueur estimée à douze travers de doigt[21] ; le κάλαμος ou cavité, semblable à la gorge d'une plume, du quatrième ventricule cérébral[22] ; le ληνός ou confluent

16 - Cf., par exemple, P. Mudry, *La Préface du De medicina de Celse*, Texte, traduction et commentaire, Lausanne, Imprimerie des Arts et Métiers, 1982 (notamment p. 83 et suiv.).

17 - 10, 4.

18 - Cf. J. H. Waszink, p. 22-44 de l'Introduction de son édition (*Quinti Septimi Florentis Tertulliani De anima*, Amsterdam, J. M. Meulenhoff, 1947).

19 - Cf. Gal. IV 596 K et IV 193 K.

20 - Cf. Gal. IV 597 K.

21 - Cf. Gal. II 572 K et VIII 396 K.

22 - Cf. Gal. II 731 K.

des sinus crâniens[23] ; ou bien encore il fut sans doute le premier à décrire les quatre membranes de l'œil, comparant l'une à un filet (ἀμφίβληστρον)[24]. Les ouvrages de nos auteurs latins ont trait à la pathologie et à la thérapeutique. On n'en sent pas moins chez Celse un intérêt pour l'anatomie post-hippocratique, à en juger par exemple par la présentation de l'anatomie des organes internes au chapitre I du livre IV ou par la digression sur la structure de l'œil en 7, 7, 13, avant la thérapeutique de la cataracte[25]. Mais les découvertes d'Hérophile sont souvent négligées : ainsi au début du livre IV on ne trouve mention ni du δωδεκαδάκτυλος, ni des ovaires, ni des trompes de Fallope[26]. Les créations terminologiques, souvent métaphoriques, du médecin alexandrin sont absentes des textes médicaux latins, comme le confirme la consultation du *Vocabulaire latin de l'anatomie* de J. André[27]. Les termes de *duodenum*[28], *calamus scriptorius* ou *torcular Herophili*, en usage aujourd'hui, me paraissent devoir être attribués à des traductions latines de Galien, avec éventuellement un intermédiaire arabe ou un double intermédiaire syriaque et arabe. Celse mentionne une seule fois un terme d'Hérophile, à savoir *arachnoides* en 7, 7, 13 B « *[...] tenuissima tunica, quam Herophilus arachnoidem nominauit* ». Ce texte n'est pas vraiment en contradiction avec celui où Rufus dit que cette membrane de l'œil, d'abord appelée ἀραχνοειδής, a ensuite pris le nom d'ἀμφιβληστροειδής, à cause de la comparaison d'Hérophile[29], mais *retina* n'appartient pas au latin classique.

3. Dans le domaine de la physiologie, autre science fondamentale, l'attitude d'Hérophile fut beaucoup moins neuve. Il reprit la théorie hippocratique des humeurs, comme le confirme un passage de Celse (proem. 15 : *[...] si in umidis omne uitium est, ut Herophilo uisum est*[30]).

23 - Cf. Gal. II 712 K et III 708 K.

24 - Cf. Ruf., *Onom.* 153, p. 154 D et R.

25 - Sur l'anatomie de Celse, cf. D. Manetti et A. Roselli, « Il ruolo della tradizione nei libri chirurgici di Celso », in *La médecine de Celse...*, éd. G. Sabbah et P. Mudry, Publications de l'Université de Saint-Étienne (= *Mémoires du Centre Jean-Palerne* 13), 1994, p. 103-121 (p. 116-117).

26 - Sur la question précise du corps féminin dans le *De medicina* de Celse, cf. H. von Staden, « Apud nos foediora uerba : Celsus'reluctant construction of the female body », in *Le latin médical...*, éd. G. Sabbah, Publications de l'Université de Saint-Étienne (= *Mémoires du Centre jean-Palerne* 10), 1991, p. 271-296.

27 - Paris, Belles Lettres, 1991.

28 - Sur *duodenum*, cf. E. Benveniste, « Termes gréco-latins d'anatomie », *Revue de Philologie*, 39 (1965), p. 7-13 (9-11).

29 - *Onom.* 153, p. 154 D et R. : Ὁ δὲ τρίτος (χιτὼν τοῦ ὀφθαλμοῦ) περιέχει μὲν ὑαλοειδὲς ὑγρόν· καλεῖται δὲ ἀρχαῖον ὄνομα ἀραχνοειδὴς διὰ λεπτότητα. Ἐπειδὴ δὲ Ἡρόφιλος εἰκάζει αὐτὸν ἀμφιβλήστρῳ ἀνασπωμένῳ, ἔνιοι καὶ ἀμφιβληστροειδῆ καλοῦσιν.

30 - Pour l'interprétation du passage, cf. H. von Staden, *op. cit.* note 3, p. 245-246. - P. Mudry (*op. cit.* note 16) et G. Serbat (Celse, *De la médecine*, tome I, Paris, Belles Lettres, CUF, 1995) ont tous les deux traduit *umidis* par « humeurs ».

Il fut cependant, pour reprendre l'expression de J. Pigeaud[31], le « vrai découvreur du pouls » et rédigea un traité de sphygmologie. Comme l'attestent de nombreux textes grecs, surtout de Galien et de Rufus ou du Pseudo-Rufus, il en avait compris la valeur diagnostive, et l'avait décrit, usant notamment d'analogies avec la prosodie et la métrique. C'est ainsi qu'il avait distingué la diastole et la systole, assimilées respectivement à l'ἄρσις et à la θέσις. Il avait de plus établi un rythme naturel du pouls selon les âges : chez le nouveau-né la diastole et la systole, toutes les deux brèves, formaient un pyrrhique ; chez les sujets plus âgés, elles formaient un trochée, la diastole ayant deux temps ; chez les adultes, un spondée ; chez les vieillards, un iambe. Cette rencontre de la médecine et de la poésie a retenu l'attention de Pline – curieux de *mirabilia* –, qui l'a rappelée en 11, 219 et 29, 6, qualifiant même Hérophile, dans le premier pasage, de *medicinae uates* ; mais l'encyclopédiste latin, qui a pour idéal une médecine essentiellement domestique, a chaque fois évoqué la difficulté et le caractère érudit de cette théorie, d'ailleurs responsables selon lui de sa disparition et peut-être même de l'affaiblissement de la secte (11, 219) :

> Arteriarum pulsus..., index fere morborum, in modulos certos legesque metricas per aetates, stabilis aut citatus aut tardus, discriptus ab Herophilo medicinae uate miranda arte nimiam propter suptilitatem desertus... ;

(29, 6) :

> [...] omnes eas (scholas) damnauit Herophilus, in musicos pedes uenarum pulsu discripto per aetatum gradus. Deserta deinde et haec secta est, quoniam necesse erat in ea litteras scire.

Nous savons que des Hérophiléens comme Bacchios, Zénon, Chrysermos continuèrent à étudier le pouls, mais sans référence, semble-t-il, aux différents mètres, s'interrogeant plutôt sur sa cause. Dans la mesure où le pouls ressortissait autant à la pathophysiologie qu'à la physiologie, un Empirique comme Héraclide de Tarente s'y intéressa aussi, mais en se contentant de descriptions empiriques, sans même les concepts de diastole et de systole[32]. Les textes latins sont ici muets.

4. Pour ce qui est de la pathologie et de la sémiologie, Pline nous apprend au livre XXVI qu'Hérophile avait entrepris de scruter les causes des maladies (14) :

> *[...] quoniam causas morborum scrutari prius Herophilus instituerat.*

---

31 - « Du rythme dans le corps. Quelques notes sur l'interprétation du pouls par le médecin Hérophile », *Bulletin de l'Association Guillaume Budé*, 1978, p. 258-267 (p. 258).

32 - Cf. H. von Staden, *op. cit.* note 3, p. 446-448.

Mais le matériel nous est ici fourni, comme pour les autres médecins, par les *Acutae passiones* et les *Chronicae passiones* de Caelius Aurelianus, alors que les témoignages grecs sont presque inexistants. Hérophile avait attribué pour cause à la « maladie cardiaque » la mauvaise digestion et la corruption des aliments (acut. 2, 39, 225) ; pour cause possible à la mort une extraction dentaire (chron. 2, 4, 84) ; pour cause à une mort subite et mystérieuse une paralysie du cœur (chron. 2, 1, 15) ; pour cause à la pneumonie et à la pleurésie une atteinte du poumon entier (acut. 2, 28, 147 et 2, 16, 96) ; il avait décrit la *phrenitis* (acut. 1, praef. 4), et évoqué les symptômes de la paralysie (chron. 2, 1, 49), ainsi que les symptômes et l'évolution du « tétanos » (acut. 3, 8, 83). Andréas avait traité de la rage, qu'il avait appelée *cynolyssos* (acut. 3, 9, 98). Démétrios d'Apamée avait écrit un ouvrage de sémiologie et un ouvrage sur les maladies en au moins douze livres. Il y avait défini le priapisme (chron. 5, 9, 89 ; cf. aussi acut. 3, 18, 179) ; la *phrenitis* (acut. praef. 4) ; les différentes sortes d'« hydropisies » (chron. 3, 9, 98) ; la pneumonie, distinguée de la pleurésie, où n'est enflammée qu'une partie du poumon (acut. 2, 25, 141) ; l'apoplexie et la paralysie (acut. 3, 5, 55) ; le diabète (chron. 3, 8, 102) ; la « léthargie » (acut. 2, 1, 4) ; le spasme, le tremblement et le *saltus*, c'est-à-dire peut-être le tic (acut. 3, 7, 71-72) ; le « spasme cynique » (chron. 2, 2, 64). Il avait aussi décrit la « maladie cardiaque » (acut. 2, 33, 173) et affirmé que la rage pouvait être une maladie chronique (acut. 3, 11, 106). Pour Apollonios Mys la pneumonie était une atteinte des veines et des artères pulmonaires (acut. 2, 28, 147).

On notera, dans les maladies précédemment citées, des entités nosologiques entièrement nouvelles, comme le priapisme, le diabète[33], le « spasme cynique ».

5. Les Alexandrins avaient écrit des traités de thérapeutique, évoqués essentiellement par Caelius Aurelianus. Bien qu'il fût l'auteur d'un traité en au moins deux livres, Hérophile avait malheureusement omis le traitement de nombreuses maladies comme la *phrenitis* (acut. 1, 12, 100), le *cholera* (acut. 3, 21, 215), etc. Avaient été plus complets les empiriques Sérapion et surtout Héraclide de Tarente, lequel avait, semble-t-il, étroitement imbriqué pathologie et thérapeutique, dans deux ouvrages. L'un s'appelait Τῶν ἐκτὸς θεραπευτικά, selon le témoignage de Galien[34] ; le second, sans doute Τῶν ἐντὸς θεραπευτικά, si l'on réunit divers titres mentionnés par Caelius Aurelianus : *Curationes de internis passionibus* (acut. 1, 17, 166), *Interiores curationes*

33 - Dans les textes grecs le diabète est décrit et nommé à partir du IIe siècle après J.-C. : cf. F. Skoda, « Le diabète dans la médecine grecque antique », in *Mélanges François Kerlouégan*, éd. D. Conso, N. Fick et B. Poulle, Belles Lettres, 1994, p. 603-610.

34 - XVIII, 1 735 K.

(chron. 1, 4, 139), *Internae passiones* (chron. 3, 8, 98), etc. Dans ce dernier – ou ces derniers ouvrages – figuraient la « léthargie » (acut. 2, 9, 53) ; la *phrenitis* (acut. 1, 17, 166) ; le « tétanos » (acut. 3, 8, 88) ; l'épilepsie (chron. 1, 4, 139) ; l'œdème de tout le corps, *catasarca*, distingué de celui du ventre, *ascites* ou *tympanites* (chron. 3, 8, 98 99) ; l'angine (acut. 3, 4, 41) ; l'occlusion intestinale (acut. 3, 17, 142) ; les embarras intestinaux (acut. 3, 17, 169) ; le *cholera* (acut. 3, 21, 216). L'ancien élève de l'Hérophiléen Mantias y expliquait parfois la maladie à l'aide de la théorie humorale ; il proposait une thérapeutique qui rassemblait, outre une matière médicale, des pratiques hippocratiques comme le lavement ou la saignée. Apollonios de Cition avait lui aussi écrit des Θεραπευτικά, selon Caelius Aurelianus (chron. 1, 4, 140).

Les insuffisances d'Hérophile, rappelées plus haut, étaient peut-être dues à ce qu'il s'était plus précisément intéressé à la pharmacologie. Il est évident que l'expédition d'Alexandre, puis les contacts commerciaux établis par Alexandrie, avaient attiré l'attention sur la matière médicale. Selon Scribonius Largus (praef. 1) :

> Inter maximos quondam habitus medicos Herophilus, Cai Iuli Calliste, fertur dixisse medicamenta diuum manus esse, et non sine ratione, ut mea fert opinio : prorsus enim quod tactus diuinus efficere potest, id praestant medicamenta usu experientiaque probata,

et d'ailleurs aussi Galien[35], Hérophile qualifiait les médicaments de « mains des dieux ». Rien n'interdit de voir dans cette formule un hommage à la providence divine[36] ; Pline rappelle la confiance illimitée d'Hérophile dans les plantes, plantes qu'il suffit parfois de fouler aux pieds pour être guéri (25, 15) :

> [...] plerosque... uideo existimare nihil non herbarum ui effici posse, sed plurimarum uires esse incognitas, quorum in numero fuit Herophilus clarus medicina, a quo ferunt dictum, quasdam fortassis etiam calcatas prodesse,

et son admiration pour l'hellébore, qu'il comparait à un « vaillant capitaine » (25, 58) :

> [...] claro Herophili praeconio, qui helleborum fortissimi ducis similitudini aequabat ; concitatis enim intus omnibus ipsum in primis exire.

Notre encyclopédiste latin cite aussi comme sources et mentionne à propos de tel ou tel produit végétal ou animal Andréas (source 20 à 28 et 31-32 ; 20, 200 ; 22, 102 ; 32, 87), Callimachos (source 21 à 27 ; 21, 12 ; 25, 168), Chrysermos (source 22 ; 22, 71), Philinos de Cos (source 20 à 27 ; 20, 247), Glaucias de Tarente (source 20 à 27 ; 20, 263 ; 21, 174 ; 22, 98 ; 24, 142). Apollonios Mys, auteur d'un traité populaire Εὐπόριστα, figure comme source

35 - XII 966 K.

36 - Pour une discussion, cf. A. Touwaide, « Stratégies thérapeutiques : les médicaments », in *Histoire de la pensée médicale en Occident* (dir. M. D. Grmek), tome I : *Antiquité et Moyen Âge*, Paris, Éditions du Seuil, 1995, p. 227-237 (p. 230-231).

du livre XXVIII ; on peut sans doute lui attribuer, malgré l'absence du surnom, la recette du § 7, consistant à scarifier les gencives avec une dent d'un homme qui a péri de mort violente. Pour ce qui est des médicaments composés, Celse nous en a transmis trois d'Andréas (5, 18, 7 ; 5, 18, 14 A ; 6, 6, 16 A-B), où l'on remarquera le nombre parfois élevé des ingrédients minéraux ou végétaux, l'importance des drogues orientales, souvent nouvelles, comme le *bdellium* ou la gomme dite ammoniaque, et enfin la précision des quantités ; un de Sérapion (5, 28, 17 C) ; un d'Héralide de Tarente (5, 25, 10) ; et enfin un antidote de Zopyros, nommé *ambrosia* (5, 23, 2). Le même Celse a introduit son livre V en associant aux Empiriques, dans un même éloge, Hérophile et ses sectateurs Zénon, Andréas, Apollonios Mys (5 proem. 1) :

> His (medicamentis) multum antiqui auctores tribuerunt, et... et ii, qui se empiricos nominarunt, praecipue tamen Herophilus deductique ab illo uiro, adeo ut nullum morbi genus sine his curarent. Multaque etiam de facultatibus medicamentorum memoriae prodiderunt, qualia sunt uel Zenonis uel Andriae uel Apolloni, qui Mys cognominatus est.

6. La chirurgie fit assurément d'importants progrès à Alexandrie, d'abord grâce aux découvertes anatomiques, même si Hérophile ne semble pas avoir pratiqué lui-même la chirurgie, et aussi grâce à la mise au point de nouveaux instruments. Alors que la chirurgie hippocratique avait privilégié les blessures, les fractures et les luxations, à Alexandrie la chirurgie devint nettement opératoire. Héraclide de Tarente est cité par Celse, de façon très critique d'ailleurs, pour la résection d'une paupière adhérant au blanc de l'œil (7, 7, 6 B-C). Ammonios est mentionné pour une opération plus sanglante, qui lui valut le surnom de *lithotomos*, et qui consistait à écraser avec un instrument spécial un calcul dans la vessie incisée (7, 26, 3 B). En fait beaucoup des interventions décrites par Celse dans le livre VII sont sans doute nées à Alexandrie, comme l'amputation des membres gangrénés (7, 33), l'amygdalectomie (7, 12, 2), ou encore les interventions concernant les varices (7, 31, 1-3), ou des maladies oculaires[37], nouvellement diagnostiquées, telles que la lagophtalmie (7, 7, 9) ou l'*ectropion* (7, 7, 10). Nous avons parfois une source papyrologique, antérieure à Celse, qui appuie l'hypothèse d'une initiative alexandrine plutôt que romaine. C'est ainsi que l'intervention de chirurgie plastique visant à remplacer des *curta* ou pertes de substance siégeant aux oreilles, au nez ou aux lèvres (Celse 7, 8, 4 et 7, 9) peut être rapprochée de l'opération d'un κολόβωμα, c'est-à-dire d'une « mutilation », siègeant à une commissure, exposée par un papyrus du Ier siècle avant J.-C. trouvé dans le Fayoum[38]. Pour ce qui est de

37 - Pour l'ophtalmo-chirurgie à l'époque alexandrine, cf. M.- H. Marganne, *L'ophtalmologie dans l'Égypte gréco-romaine d'après les papyrus littéraires grecs*, Leyde, Brill, 1994.

38 - Cf. M.- H. Marganne, « Un témoignage antérieur à Celse sur l'opération du coloboma : P. bibl. univ. Giss. IV, 44 », *Chronique d'Égypte,* 66 (1991), p. 226-236.

l'opération de la hernie ombilicale, il est également légitime de la situer à Alexandrie, puisque, avant les techniques opératoires, sont évoquées (7, 14, 1 et 2) les opinions des chirurgiens Sostrate, Gorgias et Héron sur les différentes causes de cette lésion. L'opération de la cataracte (Celse 7, 7, 14) est, elle, mentionnée pour la première fois par le stoïcien Chrysippe[39]. Le témoignage de Celse, même s'il est pauvre en références, est d'autant plus précieux que Galien dans son œuvre a accordé peu d'importance à la chirurgie. Quant aux autres témoins grecs, Oribase, Aetius d'Amida, Paul d'Egine, ils sont vraiment tardifs.

Si le livre VII de Celse n'est guère hippocratique, il en va différemment du livre VIII, qui passe en revue les lésions osseuses. Mais on remarquera des corrections : par exemple, pour le traitement de la luxation de la mâchoire, selon Celse (8, 12, 2) le malade doit être assis, et non plus couché[40]. D'autre part, forts des découvertes de la mécanique, les chirurgiens ont pu disposer d'un nouveau matériel orthopédique ; Celse, qui écrit une encyclopédie, et non pas un ouvrage consacré à la chirurgie orthopédique de pointe, ne nous renseigne guère, mais rappelle cependant, en 8, 20, 4, les machines construites par Andréas et par un Héraclide qui doit être Héraclide de Tarente (clairement nommé quelques lignes plus haut).

7. Grâce à la célèbre bibliothèque fondée par les premiers Ptolémées, il y eut aussi, malgré la diversité des disciplines, des écoles, et des hommes, une dimension collective du travail alexandrin, qui fit que chacun apporta ses prolongements à l'œuvre d'un prédécesseur[41]. C'est ainsi que les médecins alexandrins, Hérophiléens mais aussi Empiriques, se livrèrent à un travail intense de commentaire, d'édition et de lexicographie hippocratiques. Nos auteurs latins, qui ne s'engagèrent évidemment jamais dans cette voie, sont ici restés à peu près muets, et n'ont par exemple même pas mentionné le fameux lexique (Λέξεις) de Bacchios. Caelius Aurelianus, qui a pour source Soranos, dit cependant clairement qu'Hérophile avait écrit un Commentaire sur le *Pronostic* d'Hippocrate (chron. 4, 8, 113) :

Herophilus... libro, quem ad Hippocratis Prognosticum scripsit...[42].

L'activité doxographique des Alexandrins n'a guère été mieux rappelée par les Latins. Caelius Aurelianus a cependant évoqué le Περὶ τῆς Ἡροφίλου

39 Cf. M.- H. Marganne, « Glaucome ou cataracte... », *History and Philosophy of the Life Sciences* 1, II (1979), p. 199-214 (p. 204).

40 - Cf. *Art.* 30.

41 - Cf. C. Jacob et F. de Polignac, « Le mirage alexandrin », in *Alexandrie IIIe siècle avant J.- C.* (dir. Jacob et Polignac), Paris, Autrement, 1992, p. 15-21 (p. 19).

42 - Pour une discussion de ce passage, cf. H. von Staden, *op. cit.* note 3, p. 74-75.

αἱρέσεως d'Apollonios Mys (acut. 2, 13, 88) et est le seul à avoir transmis le souvenir du Πρὸς τὰς αἱρέσεις de Sérapion (acut. 2, 6, 32) :

[...] Serapion Empiricus in primo libro, quem Ad sectas scribit...,

dans lequel étaient sans doute attaqués les médecins « dogmatiques ». Mais ces maigres témoignages sont largement contrebalancées par la Préface de Celse, dont la source est sans doute empirique. Comme l'on sait, ce texte extraordinaire offre à la fois un exposé de la doctrine de l'école « dogmatique », création artificielle de l'empirisme qui a regroupé sous une même dénomination les doctrines les plus diverses, et un exposé de la doctrine empirique. Antérieure de plus d'un siècle à la *Subfiguratio empirica* de Galien, un ouvrage conservé par la traduction médiévale latine de Niccolò da Reggio, cette présentation de l'Ecole empirique a passionné les Modernes, qui en ont véritablement fait l'exégèse[43]. Par exemple la désignation de Sérapion comme fondateur de l'école (10) et le silence sur Philinos de Cos pourraient venir de ce que les attaques de Sérapion contre les médecins « dogmatiques » avaient éclipsé le rôle joué par Philinos[44]. Ou bien encore la fonction attribuée à la cause évidente (27) est probablement imputable à un courant qui, depuis Héraclide de Tarente, faisait dans l'empirisme une part au raisonnement, éloignant nettement l'école du nihilisme de Philinos de Cos[45].

8. Le témoignage de nos auteurs latins est donc loin d'être négligeable et est même parfois très important. Il varie selon les auteurs.

Je n'ai cité qu'une fois Scribonius Largus, à propos d'Hérophile et des « mains des dieux ». Bien que l'auteur des *Compositiones* soit évidemment, comme d'ailleurs Celse dans ses livres V et VI, l'héritier des Alexandrins, il a emprunté ses médicaments composés à des médecins plus proches de lui, comme par exemple ses professeurs Apuleius Celsus et Tryphon ; il avait cependant fait une exception pour l'antidote de Zopyros, mais les manuscrits présentent ici (169) une lacune.

Pline l'Ancien atteste plus largement l'intérêt des Alexandrins pour la pharmacologie, et avait été, lui aussi, frappé par la forte personnalité d'Hérophile.

Caelius Aurelianus nous apprend beaucoup sur la pathologie, la sémiologie et la thérapeutique ; son témoignage sur Démétrios d'Apamée et sur Héraclide de Tarente est unique.

43 - Cf. notamment P. Mudry, *op. cit.* note 16 ; *id.*, « Le scepticisme des médecins empiriques dans le traité De la médecine de Celse : modèles et modalités », in *Le scepticisme antique...*, Actes du Colloque international... (Université de Lausanne 1-3 juin 1988), éd. A.- J. Vœlke, Genève, 1990 = (*Cahiers de la revue de théologie et de philosophie* 15), p. 85-96 ; F. Stok, « Celso e gli Empirici », in *op. cit.* note 25, p. 63-75.

44 - Cf. P. Mudry, *op. cit.* note 16, p. 70-71.

45 - Cf. *ibid.*, p. 115.

Mais l'auteur le plus intéressant est Celse, qu'il s'agisse de la *Préface* ou du corps du *De medicina*, même si certains livres sont assez hippocratiques. J'ajouterai qu'alors que Galien, par sa célébrité, a contribué à faire oublier l'œuvre d'un Hérophile tout autant qu'à en conserver le souvenir, notre encyclopédiste latin a, lui, le mérite de l'innocence !

Orientations bibliographiques

A. Bernand, *Alexandrie des Ptolémées*, Paris, Éditions du CNRS, 1995.

L. Canfora, *La véritable histoire de la bibliothèque d'Alexandrie*, Paris, Desjonquères, 1986.

K. Deichgräber, *Die griechische Empirikerschule*, Berlin/Zürich, Weidmannsche Verlagsbuchhandlung, 1965² (1930¹).

P. M. Fraser, « The career of Erasistratus of Ceos », *Rendiconti dell'Istituto lombardo* (Classe di Lettere...), 103 (1969), P. 518-537.

P. M. Fraser, *Ptolemaic Alexandria* I, Oxford, At the Clarendon Press, 1972.

C. Jacob et F. de Polignac, « Le mirage alexandrin », in *Alexandrie IIIe siècle avant J.-C.* (dir. Jacob et Polignac), Paris, Autrement, 1992, p. 15-21.

G. E. R. Lloyd, « A note on Erasistratus of Ceos », *Journal of Hellenic Studies*, 95 (1975), p. 172-175.

D. Manetti et A. Roselli, « Il ruolo della tradizione nei libri chirurgici di Celso », in *La médecine de Celse...*, éd. G. Sabbah et P. Mudry, Publications de l'Université de Saint-Étienne (= Mémoires du Centre Jean-Palerne 13), 1994, p. 103-121.

M.- H. Marganne, « Glaucome ou cataracte ?... », *History and Philosophy of the Life Sciences*, 1, II (1979), p. 199-214.

M.- H. Marganne, « Un témoignage antérieur à Celse sur l'opération du coloboma : P. bibl. univ. Giss. IV, 44 », *Chronique d'Égypte*, 66 (1991), p. 226-236.

M.- H. Marganne, *L'ophtalmologie dans l'Égypte gréco-romaine d'après les papyrus littéraires grecs*, Leyde, Brill, 1994.

M. Michler, *Die alexandrinischen Chirurgen*, Wiesbaden, Franz Steiner Verlag GMBH, 1968.

P. Mudry, *La Préface du De medicina de Celse*, Texte, traduction et Commentaire, Lausanne, Imprimerie des Arts et Métiers, 1982.

P. Mudry, « Le scepticisme des médecins empiriques dans le traité De la médecine de Celse : modèles et modalités », in *Le scepticisme antique...*, Actes du Colloque international... (Université de Lausanne 1-3 juin 1988), éd. par A.- J. Vœlke, Genève, 1990 (= *Cahiers de la revue de théologie et de philosophie*, 15), p. 85-96.

J. Pigeaud, « Du rythme dans le corps. Quelques notes sur l'interprétation du pouls par le médecin Hérophile », *Bulletin de l'Association Guillaume Budé*, 1978, p. 258-267.

H. von Staden, *Herophilus, The Art of Medicine in Early Alexandria*, Cambridge University Press, 1988.

H. von Staden, « Apud nos foediora uerba : Celsus'reluctant construction of the female body », in *Le latin medical...*, éd. G. Sabbah, Publications de l'Université de Saint-Étienne (= Mémoires du Centre Jean-Palerne 10), 1991, p. 271-296.

F. Stok, « Celso e gli Empirici », in *La médecine de Celse...*, éd. G. Sabbah et P. Mudry, Publications de l'Université de Saint-Étienne (= Mémoires du Centre Jean-Palerne 13), 1994, p. 63-75.

A. Touwaide, « Stratégies thérapeutiques : les médicaments », in *Histoire de la pensée médicale en Occident* (dir. M. D. Grmek), tome I : *Antiquité et Moyen Âge*, Paris, Éditions du Seuil, 1995, p. 227-237.

Germaine Aujac

Eratosthène et la géographie physique

Il n'est guère besoin de présenter Eratosthène, ce savant universel, l'un des plus brillants esprits qui firent la gloire d'Alexandrie. Né à Cyrène vers 280, il passa quelques années à Athènes (c. 260-245) au contact des diverses écoles philosophiques qu'il fréquentait sans exclusive. Arcésilas de Pitanè (c. 315-240), qui fut dans sa ville le disciple du mathématicien Autolycos[1] et suivit à Athènes l'enseignement de Théophraste, venait de prendre la direction de l'Académie, lui donnant un tour volontiers sceptique ; parmi ses auditeurs figurait Chrysippe, arrivé de Soles vers 260, qui ne tarda pas à rejoindre Cléanthe, chef de l'école stoïcienne (de 263 à 232), puis lui succéda[2] ; le Lycée était aux mains de Lycon, désigné pour prendre à sa mort la tête de l'École par Straton de Lampsaque (c. 335-269), qui, après avoir été à Alexandrie le précepteur de Ptolémée Philadelphe (308-246), avait succédé à Théophraste en 288. Eratosthène, durant son séjour à Athènes, montra beaucoup d'admiration pour Arcésilas ; il appréciait fort aussi Ariston de Chio[3], un stoïcien dissident – ce que lui reproche vivement Strabon –, ne manifestant que peu de sympathie pour l'enseignement plus orthodoxe représenté alors par Cléanthe ; s'il a probablement connu dès ce moment les théories du Physicien Straton de Lampsaque, il se montre très réservé sur la doctrine d'Aristote, un auteur qu'il ne cite guère.

---

1 - Autolycos de Pitanè est l'auteur du premier traité scientifique conservé des Grecs, *La Sphère en mouvement*, une approche de l'astronomie par la géométrie sphérique. Son élève Arcésilas fut à la tête de l'Académie de 268 (mort de Cratès) à 240.

2 - Chrysippe (c. 280-207), après avoir suivi les leçons d'Arcésilas, probablement en même temps qu'Eratosthène, devint par la suite un de ses plus farouches adversaires.

3 - Ariston de Chios (c. 320-250), après avoir été l'élève de Zénon de Citium, fonda une branche indépendante de l'école stoïcienne ; il enseignait dans le Kynosarge, ancien fief des Cyniques ; ses polémiques avec Arcésilas ou avec Cléanthe animaient la vie intellectuelle athénienne. Eratosthène cite également parmi les personnages qui faisaient la réputation d'Athènes à son époque le philosophe Bion de Borysthène (c. 325-255), un ancien esclave affranchi par son maître qui lui légua sa fortune : Bion avait reçu une formation très éclectique, suivant tour à tour les leçons de Théophraste (Lycée) et de Xénocrate (Académie), se laissant influencer aussi par Cratès le Cynique et Théodore l'athée ; il fut le premier, au dire d'Eratosthène, « à broder de fleurs la philosophie » (*in* Strabon, I, 2,2).

A Alexandrie, où il se rendit à la demande de Ptolémée III Evergète qui voulait lui confier l'éducation de son fils, le futur Philopator, et la direction de la Bibliothèque (qu'il assura jusqu'à sa mort, vers 200), Eratosthène put donner libre cours à son génie dans des domaines variés[4]. Auteur du premier traité de *Géographie* (c'est lui qui inventa le terme), il aborda peu ou prou tous les sujets touchant à la mesure, à la description, ou à la représentation de la terre et du monde habité. Bornons-nous ici à considérer son apport en matière de géographie physique, un domaine entièrement négligé, quatre siècles plus tard, par Ptolémée dont la *Géographie* (conservée) n'est qu'un pur manuel de cartographie. Le traité d'Eratosthène est perdu, mais nous pouvons en connaître approximativement la teneur grâce à la critique qu'en a faite Strabon, deux siècles et demi plus tard, dans son propre traité de *Géographie*, en se servant du *Contre Eratosthène* (perdu) composé par Hipparque[5]. C'est dans le premier tome de sa *Géographie* qui en comptait trois qu'Eratosthène traitait des problèmes de géographie physique qui vont retenir notre attention, et qu'il esquissait, à la suite d'autres, une histoire géologique du bassin Méditerranéen.

1. Les points de départ

L'observation avait montré depuis longtemps que les contours des terres émergées, les tracés des fleuves, la configuration des divers pays n'étaient pas restés immuables au cours des temps, et l'on s'était posé des questions. Eratosthène s'inscrit en la matière dans une longue tradition de recherches, dont il semble privilégier un ou deux acteurs seulement (si du moins l'on doit se fier sur ce point à Strabon).

a) les restes marins à l'intérieur des terres

– En Égypte :

> Ce qui, de l'avis d'Eratosthène, offre le champ le plus vaste à l'investigation est le problème suivant : comment se fait-il qu'à 2 000 ou 3 000 stades (*sc.* plus de 300 km) de la mer, vers l'intérieur des terres, on constate en beaucoup d'endroits

4 - Eratosthène fut tout à la fois philosophe, philologue, chronographe, poète, mathématicien (son « crible » est resté célèbre), astronome, géomètre, géographe, [...]. Bref c'était un esprit universel, comme il y en eut quelques-uns dans l'Antiquité grecque (cf. Vitruve, *De Architectura*, I, 1,16).

5 - L'astronome Hipparque de Nicée (c. 190-120), qui observa surtout à Rhodes, est également l'auteur d'un *Commentaire aux Phénomènes d'Eudoxe et d'Aratos*, le seul ouvrage conservé de lui, dans lequel il dénonce les erreurs contenues dans le traité d'Eudoxe de Cnide et dans le poème à succès composé par Aratos de Soles, vers 270, à la demande d'Antigonos Gonatas pour mettre à la portée de tous l'enseignement d'Eudoxe. Strabon (II, 5,34-43) transmet quelques bribes d'un tableau (théorique) des climats, où il indiquait les principaux phénomènes astronomiques (position des étoiles, longueur du plus long jour, etc.) pour tous les parallèles de latitude distants d'un degré de méridien, de 0 à 90°, pour l'hémisphère nord.

la présence d'une grande quantité de coquillages, d'écailles d'huîtres, de valves, d'eaux saumâtres, comme c'est le cas, dit-il, aux entours du temple d'Ammon et sur la route qui y mène et qui a quelque 3 000 stades de long (Strabon, I, 3,4).

Le temple d'Ammon, qu'était allé visiter Alexandre après avoir jeté les bases d'Alexandrie, était situé dans l'actuelle oasis de Siwah : on y trouvait, outre les masses de coquillages marins déjà signalés, des blocs de sel, des jets d'eau salée, et aussi des épaves de navires de haute mer[6].

Ces observations, Eratosthène a pu les faire lui-même : l'oasis d'Ammon, entre Cyrène et Alexandrie, était très fréquentée à cause de son temple et de son oracle qu'on venait consulter de très loin. Mais il est probable aussi qu'il a trouvé dans les ressources de la Bibliothèque bien d'autres descriptions de terres étranges et des essais d'explication[7].

– En Asie mineure : Il cite en effet Xanthos, un historien de la Lydie, né vers 500, qui avait observé en Asie mineure des phénomènes semblables à ceux que l'on constatait à l'oasis de Siwah. En Arménie, en Matiène (qui est une fraction de la Médie), en Basse Phrygie, soit, en gros, du Sud-Ouest de la mer Caspienne au cœur de l'Asie mineure, Xanthos signalait la présence de pétrifications en forme de coquillages, d'empreintes de valves, d'eaux saumâtres ; on y trouvait aussi un chapelet de lacs plus ou moins salés, dont le fameux lac Tatta qui a la spécialité de recouvrir de sel tous les objets qui y sont immergés (Strabon, XII, 5,4).

Bref, en Égypte comme en Asie mineure, on pouvait penser que les plaines où l'on constatait de tels phénomènes avaient jadis été occupées par la mer. Mais quelle pouvait être la cause d'une telle mutation ?

Témoin d'une sécheresse exceptionnellement sévère qui, sous le règne d'Artaxerxès (regn. 464-424), avait tari fleuves, lacs et puits, Xanthos en concluait que le retrait des mers pouvait s'expliquer par de profonds et durables changements climatiques, survenus au cours des temps. Allant plus loin, Aristote dans les *Météorologiques* (I, 14, 351ab-352a) imaginait une succession quasi régulière de longues périodes de sécheresse suivies de longues

---

6 - En XVII, 1,35, au cours de la description de l'Égypte, Strabon ajoute que « de nombreux indices font supposer que le temple d'Ammon fut jadis sur le bord de mer », ce qui expliquerait la notoriété de son oracle.

7 - On sait que l'école d'Aristote qui, par l'intermédiaire de Démétrios de Phalère, a présidé aux destinées de la Bibliothèque, aimait réunir toutes sortes de phénomènes analogues, en faire l'inventaire et les répertorier. Il a pu y avoir dans la Bibliothèque une liste de tous les pays où l'on constatait la présence de sédiments marins ; cela pouvait faire partie d'un recueil de *Mirabilia*. Strabon lui-même présente une collection de bouleversements physiques, par tremblements de terre ou raz de marée (I, 3,16), et ce, juste après avoir longuement discuté du problème soulevé par Eratosthène.

périodes de pluies[8]. Mais Eratosthène ne fait aucune référence au philosophe, attribuant cette explication climatique, dont il fait l'éloge, au seul Xanthos de Lydie.

b) les atterrissements.

Des mers auraient donc reculé, au cours des temps, par suite d'une variation climatique ; d'autres avaient pu aussi, comme on le constatait tous les jours, voir leurs rivages se modifier du fait des fleuves qui s'y jettent, apportant non seulement des quantités d'eau douce susceptibles d'élever le niveau de la mer (et d'en diminuer la salinité), mais charriant aussi des masses d'alluvions qui s'accumulent sur le sol marin, à des distances plus ou moins grandes de l'embouchure, et augmentent l'étendue de la terre ferme.

---

8 - Dans les *Météorologiques*, Aristote semble emboîter le pas de Xanthos, mais pour élargir la réflexion du Lydien. « Les mêmes régions de la terre ne sont pas toujours humides ou sèches, mais elles changent, de même que des cours d'eau se forment ou disparaissent. C'est pourquoi des échanges se produisent entre le continent et la mer, et les mêmes lieux ne restent pas tout le temps terre ou mer : on trouve une mer là où était la terre ferme, et là où se trouve maintenant la mer, il y aura de nouveau la terre.

Il faut admettre que ces changements se produisent selon un certain ordre et une certaine périodicité. Le principe et la cause de ces phénomènes, c'est que l'intérieur de la terre, comme le corps des plantes et des animaux, a sa maturité et sa vieillesse. A cette différence près que, dans ce dernier cas, les changements ne se font pas parties par parties, mais c'est le tout, d'un bloc, qui arrive à maturité puis dépérit, nécessairement. Pour la Terre au contraire ces changements se produisent parties par parties, sous l'action du froid ou de la chaleur. Ceux-ci augmentent ou diminuent du fait du soleil et de sa révolution ; par suite, les diverses parties de la terre prennent des propriétés différentes, avec pour conséquence qu'elles peuvent demeurer humides pendant un certain temps, puis se dessécher et tomber dans la vieillesse, tandis que d'autres endroits retrouvent vie et deviennent humides à leur tour. Il est fatal que, dans les régions qui se dessèchent, les sources tarissent, à la suite de quoi les fleuves, de grands qu'ils étaient, deviennent petits puis finissent par s'assécher ; quand les fleuves se modifient, disparaissant ici pour exister ailleurs sous une forme analogue, la mer change elle aussi. En effet là où, gonflée par les eaux des fleuves, elle était au plein, en se retirant, elle laisse nécessairement la terre à sec ; là où, remplie par l'abondance des alluvions fluviales, elle s'est asséchée, il reste des lacs à la place.

Mais comme toute l'évolution naturelle de la Terre se fait lentement et durant des périodes de temps extrêmement longues comparées à notre propre existence, ces phénomènes passent inaperçus, et des nations entières disparaissent et périssent avant d'avoir pu conserver le souvenir de ces transformations depuis leur origine jusqu'à leur terme...

Il faut savoir que nous ignorons tout de l'époque où se sont faits les premiers établissements des peuples, dans des lieux en perpétuelle mutation, qui, de marécageux et humides, deviennent secs. C'est qu'en effet là aussi la mutation se fait petit à petit, sur un long temps, au point qu'on ne se rappelle plus qui furent les premiers arrivants, ni quand, ni comment était le pays à leur arrivée...

Il ne faut pas croire que la cause de ces phénomènes est le devenir du monde : il serait plaisant que des changements si minces et microscopiques fassent bouger le grand Tout ! La masse et le volume de la Terre ne sont rien en comparaison du ciel entier. En réalité la cause qu'il faut assigner à tous ces faits, c'est que, à intervalles déterminés, de même que, dans les saisons, il y a chaque année un hiver, de même dans quelque longue période de temps, il y a un grand hiver et une surabondance de pluies » (*Météor*. I, 14, 351ab-352a). Pour Aristote, les modifications de l'écorce terrestre sont insignifiantes au regard du mouvement perpétuel des astres qui entraîne le monde dans son inexorable « devenir ».

Le delta du Nil, celui de l'Istros-Danube, ou encore celui du Méandre en Asie mineure sont autant de preuves flagrantes de l'avancée des rivages par l'effet de l'alluvionnement. Les discussions des grammairiens autour de l'île de Pharos, qualifiée par Homère d'île de haute mer alors qu'elle était déjà, à l'époque alexandrine, fort près du rivage, reliée à lui par un môle, illustrent la conviction générale que des îles peuvent être rattachées au rivage par alluvionnement[9], ou à l'inverse que des pans de terre ferme peuvent être subitement séparés du continent sous l'effet de secousses sismiques accompagnées d'effondrements ou de fractures ; le processus est lent dans le premier cas, rapide dans le second.

La possibilité, pour des mers aussi connues et célèbres que la mer Noire, de disparaître un jour pour laisser place à la terre ferme est envisagée par beaucoup de savants grecs comme un processus naturel[10]. Straton, dont Eratosthène loue les vues audacieuses, déclare possible :

> Que le Pont soit un jour entièrement comblé, si les apports des fleuves restent aussi considérables ; déjà, à l'heure actuelle – remarque-t-il –, des hauts fonds occupent toute la partie gauche du Pont, du côté de Salmydessos (aujourd'hui Midjeh) et de ces régions que les marins appellent 'poitrines', vers l'Istros et les déserts Scythes. (Strabon, I, 3,4)

Si, dans la mer Méditerranée, comme l'avaient montré les sondages, les fonds sous-marins les plus importants se situaient dans les mers de Crète, de Sicile et de Sardaigne, c'est que les plus grands fleuves se déversaient dans la partie orientale de la mer ; la rive occidentale de la mer Noire, la mer Égée, le golfe à l'est du détroit de Gibraltar, hauts fonds actuellement, seront donc peut-être un jour comblés par des alluvions :

> Il est acceptable de penser que la mer tout entière puisse être comblée par les alluvions, à partir du rivage, si l'apport des fleuves y est continu (Strabon, I, 3,9).

c. les secousses sismiques

Autre facteur de transformation des rivages, les secousses sismiques. Les Grecs des bords de la mer Égée ont été de tous temps les témoins d'une activité volcanique et sismique considérable, qui modifiait profondément parfois la physionomie d'une région. Le violent tremblement de terre qui, en 373, avait détruit en Achaïe les villes de Boura et d'Héliké, restait gravé dans toutes les mémoires, de même que la déchirure qui, cinquante ans plus tôt,

9 - Strabon fait une longue description des lois de l'alluvionnement (I, 3,7), en s'inspirant probablement de Straton, cité par Eratosthène.

10 - Polybe (c. 200-120), dans un long développement probablement inspiré d'Eratosthène, admet lui aussi que le Pont Euxin « finira par être un jour, comme le sera aussi le Palus Méotide, entièrement comblé, à moins que les conditions géographiques ne se soient d'ici là modifiées et que ne cessent d'agir les causes de ce phénomène » (*Histoire*, IV, 40).

en 426, avait coupé en deux l'île d'Atalanta, proche de l'Eubée, y ouvrant un passage assez large, disait-on[11], pour la circulation des navires.

Les exemples ne manquaient pas non plus de phénomènes volcaniques imprévus, d'îles qui surgissaient soudainement du fond des mers, de terres qui étaient séparées du continent par des failles subites. Il est probable que Strabon s'inspire directement d'Eratosthène (cité immédiatement après) quand il déclare :

> La Sicile par exemple peut tout aussi bien être considérée comme un morceau arraché à l'Italie que comme le résultat d'une poussée des profondeurs sous l'action du feu de l'Etna ; et il en est de même pour les îles Lipari et les Pithécusses. (Strabon, I, 3,10)

2. Hypothèse sur la formation du bassin méditerranéen

Fort de ces observations et de ces réflexions, Eratosthène va tenter de reconstituer l'histoire du bassin Méditerranéen, en s'inspirant largement des hypothèses formulées par Straton, dont il vante la pertinence. Saluant au passage la suggestion de Xanthos de Lydie, que de longues périodes de sécheresse avaient pu faire baisser le niveau des eaux de la mer et découvrir de larges pans de sols sous-marins, Eratosthène s'intéresse surtout à l'histoire à rebondissements imaginée par Straton pour expliquer la formation actuelle du bassin Méditerranéen.

a. l'hypothèse de Straton – la théorie des déversoirs

Une fois admis en effet que loin dans l'intérieur des terres, il y a pu y avoir des étendues marines qui se sont ensuite retirées, laissant des traces de leur présence, reste à trouver pourquoi, dans le bassin Méditerranéen, s'est produite une telle fluctuation des eaux. La théorie développée par Straton[12] et qu'adopte Eratosthène admet que la mer d'Azov (lac Méotis), la mer Noire (Pont-Euxin) et la mer Méditerranée ont été dans des temps très lointains de simples lacs, sans communication entre eux ni avec l'Océan Extérieur (on sait qu'Eratosthène

11 - Strabon, « pour augmenter notre résistance à l'étonnement », dresse une liste impressionnante de ces phénomènes qui ont pu bouleverser des régions entières (I, 3,16-19) et termine en citant Démétrios de Callatis (fl. 200), auteur d'un traité (perdu) en vingt livres sur l'Asie et l'Europe, qui aurait notamment « passé en revue les tremblements de terre intervenus sur tout le territoire de l'Hellade au cours du temps » (Strabon, I, 3,20).

12 - La digression océanographique, déjà citée, de Polybe (IV, 2, 39-42) s'inspire largement des théories de Straton, sans d'ailleurs que l'historien fasse référence au Physicien. Il ne le nomme qu'en XII, 11, 25c, dans un autre contexte, mais pour lui lancer un coup de griffe : « Quand il entreprend d'analyser et de réfuter les idées des autres, il nous impressionne vivement, mais, lorsqu'il avance une théorie qui lui appartient et qu'il expose ses propres conceptions, il apparaît aux savants comme un esprit simpliste et borné, et cela, bien plus qu'il ne l'est en réalité ».

– et beaucoup d'autres avant lui – tenait le monde habité connu pour une île en forme de chlamyde, entourée de tous côtés par l'Océan).

Comme la mer d'Azov reçoit, d'Asie et d'Europe, quantité de grands fleuves (entre autres le Tanaïs-Don souvent considéré comme la limite entre l'Europe et l'Asie) qui charrient du limon et de l'eau, le niveau de ce qui était un lac s'est mis à monter jusqu'au moment où, trouvant une ouverture, le trop plein a pu s'écouler dans la mer Noire. Le même processus s'est produit pour la mer Noire qui, de même, reçoit sur sa rive occidentale de très grands fleuves limoneux (spécialement le Danube-Istros et le Dniepr-Borysthène). Le niveau de l'eau s'est donc élevé jusqu'à ce que, trouvant un passage, le trop-plein puisse se déverser dans la Propontide d'abord, la mer Égée ensuite. Un tel apport, joint à l'action des fleuves qui se jettent dans la Méditerranée, a également fait s'élever le niveau de cette mer qui se répandit largement au delà des rives actuelles, inondant partie de l'Égypte jusqu'à l'oasis d'Ammon et au mont Casios, de même que la mer Noire avait pu s'étendre, dans sa période de hautes eaux, jusque vers la dépression située au cœur de l'Asie mineure. Quand le détroit de Gibraltar permit au trop plein de s'écouler, la Méditerranée reflua, comme l'avait fait la mer Noire, laissant à découvert beaucoup de terres jadis inondées[13].

Le schéma d'évolution dressé par Straton est cohérent et semble pertinent ; mais il laisse au moins une question en suspens (du moins dans la relation tronquée qu'en donne Strabon) : comment les eaux se sont-elles frayé un passage à travers les détroits, du Bosphore Cimmérien, de Byzance ou de Gibraltar ? Deux possibilités semblent envisagées :

1) des gorges existaient déjà, ne demandant qu'à être utilisées le jour où les eaux seraient assez hautes pour les atteindre, ce qui est suggéré par Strabon :

13 - « Allant nettement plus loin (*sc.* que Xanthos) dans la recherche des causes, Straton est d'avis que le Pont-Euxin, autrefois, n'avait pas de goulet à Byzance : les fleuves qui s'y jetaient l'avaient forcé à trouver une issue, et l'eau s'était ainsi déversée dans la Propontide et l'Hellespont. Le même processus se serait déroulé dans notre mer : là, c'est au chenal des Colonnes d'Héraklès que se produisit la déchirure, une fois la mer remplie par les fleuves ; l'écoulement des eaux a donc découvert ce qui auparavant était marécage à fleur d'eau : il en donne pour preuve - *aitia* - d'abord que la mer Extérieure et la mer Intérieure ont des lits de niveau différent, ensuite que, de tout temps et de son temps encore, un banc de sable sous-marin a relié l'Europe à la Libye, comme si précédemment la mer Extérieure et la mer Intérieure n'avaient pas été une mer unique » (Strabon, I, 3,4). Eratosthène en tire la conclusion qui s'impose : « Après avoir parlé d'Ammon et de l'Égypte, il ajoute que le mont Casios a dû jadis être baigné par la mer et que toute la région aujourd'hui appelée Gerrha a dû être couverte de basses eaux qui touchaient au golfe de la mer Erythrée, et puis découverte après la jonction des mers » (I, 3,13). En fait l'idée que la Méditerranée « s'écoulait en fonction de la profondeur du sol et de la quantité de fleuves qu'elle reçoit » avait déjà été formulée par Aristote (*Météorologiques*, II, 1, 344a) qui assurait que « le palus Méotide se déverse dans le Pont et celui-ci dans la mer Égée » (*Météor.* II, 2, 354a), mais ne prenait pas parti à propos du courant dans le détroit des Colonnes, sauf à dire que « les zones situées en dehors des Colonnes sont peu profondes en raison de la vase, et elles sont à l'abri des vents, car cette mer est située dans une espèce de cuvette » (*ibid.*).

> Il n'est pas invraisemblable d'après ces auteurs (sc. Straton et Eratosthène), même dans le cas où notre mer entière aurait été précédemment un lac, qu'une fois remplie par les fleuves, elle ait débordé et, se frayant un passage à travers les gorges de la région des Colonnes d'Héraklès, elle se soit déversée à l'extérieur. (I, 3,7).

2) la pression des eaux d'un côté s'exerçant sans contre partie de l'autre aurait « forcé » le passage, solution que semble préférer Strabon, mais sans préciser comment les choses ont pu se passer :

> Est-ce que la surface de l'eau dans le Pont et dans la Propontide ne se comportait pas de telle manière que, jusqu'à identité de niveau, les eaux ne cherchaient pas à forcer un écoulement vers l'extérieur, vu l'égalité de résistance et de pression, mais que, lorsque les eaux intérieures se mirent à dépasser les eaux extérieures, elles ont forcé le passage pour évacuer le trop-plein ? (I, 3,6).

Le problème sera à nouveau posé à propos du courant des détroits.

b. les déchirures

Une autre hypothèse, traditionnelle elle aussi, qui justifierait l'apparition de ces détroits permettant à l'eau de se déverser au dehors, fait intervenir la sismicité. Strabon parle à maintes reprises de « déchirures »[14] qui se seraient produites soit aux Colonnes d'Héraklès soit à Byzance ; le recours à des séismes ou à des fractures subites pour expliquer la création de failles mettant en communication les mers est probablement à mettre au compte d'Eratosthène (à moins qu'il n'ait déjà été le fait de Straton).

Eratosthène admettait en tout cas qu'avant l'ouverture du détroit de Gibraltar, la Méditerranée occupait non seulement le littoral de l'Égypte jusqu'au temple d'Ammon (oasis de Siwah) et au lac Moeris (le Fayoum), mais aussi pour partie l'isthme de Suez ; elle communiquait presque avec la mer Rouge qui peut-être fut à l'origine un lac sans ouverture sur l'Océan Extérieur. Comme témoin de cet envahissement par les eaux, il resterait le lac Sirbonis, au delà de Peluse vers le mont Casios. « Ainsi l'Égypte dans les temps anciens aurait été baignée par la mer jusqu'aux marais proches de Péluse et jusqu'au mont Casios et au lac Sirbonis. D'ailleurs maintenant encore en Égypte il suffit de creuser les sols salins pour trouver des trous naturels à fond de sable, à forme de coquillage, comme si la région avait été jadis couverte par la mer et que tout le pays vers le mont Casios et la région qu'on appelle Gerrha ait été un marécage à fleur d'eau, touchant au golfe de la mer Erythrée ; quand la mer se retira, elle découvrit ces régions, mais il resta le lac Sirbonis ; une déchirure se produisit ensuite qui le réduisit à l'état de marais. Les rives du

14 - Le verbe *ekrègnunai* (déchirer) ou le substantif correspondant *ekrègma* sont fréquents dans les développements où Strabon reproduit plus ou moins fidèlement, et puis discute avec souvent beaucoup de mauvaise foi ou d'incompréhension, les hypothèses de Straton et d'Eratosthène.

lac Moeris[15], de même, ressemblent plus à celles d'une mer que d'un fleuve » (Strabon, I, 3,4).

Mais à quel moment se produisit cette déchirure qui, aux Colonnes d'Héraklès, mit en communication la Méditerranée avec l'Océan Atlantique, provoquant le retrait de la mer ? Strabon en parle à propos du voyage de Ménélas, à qui Homère fait dire :

> Vagabondant à Chypre, en Phénicie, en Égypte,
> Je vins chez les Éthiopiens, les Sidoniens, les Erembes
> Et jusqu'en Libye.
> Od. IV, 83-85

D'après certains commentateurs, Ménélas serait allé d'Égypte en Éthiopie (plus ou moins confondue avec l'Inde) par mer en traversant l'isthme Arabique, alors navigable. Or pour Strabon, au moment de la guerre de Troie,

> l'isthme n'était pas navigable, et Eratosthène a tort de l'imaginer tel. Il considère en effet que la déchirure ne s'était pas encore produite aux Colonnes d'Héraklès ; et donc de ce côté-ci, la mer Extérieure touchait à la mer Intérieure et recouvrait l'isthme, car elle était d'un niveau plus élevé ; quand la déchirure se produisit, la mer s'abaissa et découvrit toute la région voisine du mont Casios et de Péluse jusqu'à la mer Erythrée. Mais quelle information - proteste Strabon - possédons-nous sur cette déchirure, nous indiquant qu'avant la guerre de Troie elle n'existait pas encore ? (Strabon, I, 2,31).

A en croire Strabon, Eratosthène suggérait donc que la communication de la Méditerranée avec l'Atlantique se produisit après la fin de la guerre de Troie, donc dans des temps historiques. Mais comme cette interprétation se trouve dans le passage très polémique où Strabon veut défendre Homère contre les attaques portées par Eratosthène contre la poésie, qui servirait à divertir, non à instruire, il n'est pas sûr qu'il faille prendre au pied de la lettre les reproches adressés au savant d'Alexandrie : peut-être ce dernier maniait-il l'ironie, ou faisait-il des suppositions gratuites pour montrer la vanité de toute tentative d'explication rationnelle des vers d'Homère. Il n'en est pas moins vrai que, même si Eratosthène, cet expert en chronologie, n'a pas daté les divers événements géologiques qui ont donné au monde connu sa forme actuelle, il plaçait très probablement plus près de nous l'ouverture du détroit de Gibraltar qui se fit, disent les modernes, vers la fin du Messénien. Quant à l'hypothèse générale qu'il y avait jadis un isthme reliant l'Afrique du Nord à l'Espagne (témoin le banc de sable déjà repéré par les Grecs vers la mer d'Alboran), elle est bien celle que formulent aussi les modernes. Seulement on admet aujourd'hui que c'est l'Océan qui déverse ses eaux dans la Méditerranée et non l'inverse.

---

15 - Mêmes indications à propos du lac Moeris, « dont les dimensions l'apparentent à la haute mer, et qui en a la couleur », dans la description de l'Égypte (Strabon, XVII, 1,35).

3. Les courants des Détroits

Les hypothèses sur la formation du bassin Méditerranéen sont inséparables de la théorie des courants des détroits. Il est significatif que ce soit au cours des développements consacrés à l'histoire géologique du bassin Méditerranéen que Strabon évoque la fine analyse faite par Eratosthène du cas le plus simple, celui des courants qui traversent le détroit de Messine.

De plus, pour un peuple de marins, il était particulièrement important d'expliquer la présence de ces tourbillons aux abords des détroits, que l'imagination populaire ou la fable poétique avaient transformés en monstres effrayants ; les roches Cyanées ou Symplégades[16], qui, au sortir du détroit de Byzance, défendent l'entrée dans le Pont-Euxin, et qu'eurent à affronter les Argonautes, les fameux monstres de Charybde[17] et Scylla aux abords du détroit de Messine, qui mirent en danger le navire d'Ulysse, autant de symboles qui illustraient, par une intensification tragique, ces courants violents que redoutaient tant les marins, aux entours des détroits.

L'Euripe de Chalcis, si proche d'Athènes, avait déjà exercé la sagacité d'Aristote qui, d'après la légende, s'y serait noyé de désespoir devant son incapacité à trouver l'explication de courants qui changent de sens sept fois par jour[18]. Eratosthène, lui, s'en tient au cas plus classique du détroit de Messine

16 - Apollonios de Rhodes, le prédécesseur d'Eratosthène à la tête de la Bibliothèque d'Alexandrie, décrit par la bouche du prophète Phinée les périls que font encourir aux marins les roches Cyanées (*Argonautiques*, II, 317-344) ; mais les Argonautes, avec l'aide d'Athéna, réussiront à franchir le périlleux passage (*id.* II, 549-610).

17 - Quand Homère parle de Charybde « qui trois fois se soulève et trois fois engloutit » (*Odyssée*, XII, 105), Strabon voit dans ce vers « la mise en œuvre poétique de ce qui se passait, racontait-on, dans le détroit de Sicile ; si donc, tandis que l'inversion de courant se produit deux fois en l'espace d'un jour et d'une nuit, Homère a parlé de trois fois, [...] ce n'est pas par ignorance de l'information véritable qu'il dit cela, mais par goût du tragique et à cause de l'effet de terreur que veut produire Circé pour dissuader Ulysse de mettre son projet à exécution » (I, 2,36).

18 - « Au sujet des courants inverses de l'Euripe, il suffit de dire qu'il se produit sept changements de sens en l'espace d'un jour et d'une nuit » déclare Strabon (IX, 2,8). Aristote avait évoqué le problème dans les *Météorologiques* et tenté un début d'explication : « Il semble que la mer ait du courant dans les détroits, quand les rivages qui la bordent resserrent en un espace réduit une vaste étendue d'eau ; l'eau est alors agitée de nombreux balancements en sens contraires ; comme rien de tel n'apparaît en haute mer, il s'ensuit que c'est nécessairement le resserrement du rivage en un étroit espace qui amplifie considérablement le balancement qui, en haute mer, est minime » (II, 1, 354a). E. de Martonne, dans son *Traité de géographie physique*, t. I, p. 410, décrit le phénomène de manière légèrement différente, et l'explique par l'existence de seiches liées aux courants de marée : « Le courant change quatre fois de direction à Négroponte à la syzygie, onze à quatorze fois à la quadrature. Il s'agit donc de courants produits par le débordement d'une vague stationnaire en rapport avec la dénivellation que produit la marée ». Il se peut que les manifestations du courant aient changé avec le temps : l'Euripe qui actuellement a quarante mètres de large en avait trente dans l'Antiquité ; il était aussi moins profond ; ses rives ont pu se modifier par érosion ou alluvionnement ; le courant qui le traversait était sans doute plus violent, peut-être différemment rythmé (cf. J. Rouch, *La Méditerranée*, Paris, 1946, p. 114).

où le courant ne change de sens que deux fois par jour (et non trois fois, comme le suggérait, par amplification poétique, Homère, dans l'*Odyssée*, XII, 105). Les minces bribes transmises par Strabon permettent de penser que la description fournie par Eratosthène s'inscrivait dans un cadre plus général, envisageant toutes les sortes de courants de détroits, et notamment ceux qui se produisent quand les détroits mettent en relation deux mers différentes, comme à Byzance, ou une mer et l'Océan extérieur, comme à Gibraltar.

a. les courants de marée.

Dans sa description des courants inverses à Messine, Eratosthène eut le grand mérite de montrer clairement le lien entre l'inversion du courant et le phénomène de la marée océanique.

Parlant du détroit de Sicile, il le dit

> Animé d'un régime semblable à celui du flux et du reflux de l'Océan : en effet le courant y change de sens deux fois en l'espace d'un jour et d'une nuit, tout comme l'Océan avance et se retire deux fois. Au flux, il faut assimiler le courant qui va de la mer Tyrrhénienne vers la mer de Sicile, entraînant les eaux comme au sortir d'une surface plus élevée ; on l'appelle courant descendant ; on l'assimile au flux car il commence et finit en même temps ; il commence vers le lever de la lune et vers son coucher ; il s'arrête à son passage au méridien de chaque côté soit au dessus de la terre soit au dessous. Au reflux correspond le courant inverse qu'on nomme courant de sortie ; il commence au moment du passage de la lune à l'un ou l'autre méridien, comme le reflux, et il cesse lorsque l'astre parvient aux points de son lever ou de son coucher. (I, 3,11).

Cette analyse si précise des courants de marée dans le détroit de Messine est confortée par ce qu'en dit E. de Martonne dans son grand *Traité de Géographie physique* (t. I, Paris, 1934, p. 410) :

> Les courants de marée, assez importants dans les Syrtes, étaient la terreur des navigateurs anciens. C'est surtout dans les détroits qu'ils se font sentir. Les célèbres Charybde et Scylla sont des remous de courants de marée parcourant le détroit de Messine, en rapport avec la différence de niveau qui existe entre la mer Tyrrhénienne et la mer Ionienne, l'heure de la marée étant de six heures en avance sur la côte orientale de Sicile (Catane 2) par rapport à la côte septentrionale. (Lipari 8).

Or Strabon part en guerre contre cette interprétation d'Eratosthène, se moquant d'un mathématicien assez ignare pour se mettre en contradiction avec le principe d'Archimède (déjà démontré par Aristote[19], mais personne n'en dit rien)

> Que la surface de tout liquide en équilibre et au repos est sphérique, cette sphère ayant même centre que la terre. (Strabon, I, 3,11).

19 - Cf. Aristote, *De Caelo*, II, 4, 287b, qui, figure à l'appui, démontre que « la surface de l'eau est sphérique ».

Et il disserte gravement et longuement sur cette soi-disant inconséquence d'Eratosthène ; mais la discussion qui s'ensuit et les preuves alléguées montrent bien que le savant Alexandrin avait pleinement conscience du scepticisme que risquait de rencontrer sa théorie auprès des riverains de la Méditerranée, pour qui le phénomène des marées n'était perceptible que dans des cas très rares, au fond de golfes comme celui de l'Adriatique (que l'on connaissait mal) ou dans les détroits.

A l'appui de sa thèse qu'il peut exister des différences dans le niveau de l'eau (dues à la marée, ce que veut ignorer Strabon) de part et d'autre d'un détroit ou d'un isthme, Eratosthène invoquait le témoignage des ingénieurs (*architectones*) chargés par Démétrios Poliorcète (336-282) d'étudier un projet de percement de l'isthme de Corinthe ; ceux-ci, « mesures prises, avaient affirmé que le niveau de la mer dans le golfe de Corinthe était plus élevé que du côté de Cenchrées » (Strabon, *ibid.*). Et Strabon de s'esbaudir de voir Eratosthène se fier à des ingénieurs « alors que les mathématiciens font du savoir de l'ingénieur une branche des mathématiques ». Avec autant de mauvaise foi ou d'incompréhension qu'il en avait usé envers Straton, accusé d'assimiler la mer à un fleuve qui coulerait dans le sens de la pente, Strabon proteste que la cause des courants inverses dans les détroits « ne saurait être celle que signale Eratosthène », que « la mer de chaque côté est d'un niveau différent. Ce ne serait même pas possible dans le cas des fleuves, à moins de cataractes ; et dans ce cas il n'existe pas de courant en sens inverse » (I, 3,12).

Il est significatif qu'Eratosthène n'ait pas essayé (sinon, Strabon en aurait probablement parlé) d'expliquer le système si complexe des courants qui traversent l'Euripe de Chalcis, changeant de sens sept fois par jour : comme il voulait traiter le problème d'ensemble, il a préféré s'en tenir aux faits les plus simples et les plus manifestes, sans aller sur les brisées d'Aristote. Mais il a dû certainement évoquer, après Straton, les courants dans les détroits de Byzance et de Gibraltar.

b. les courants de décharge.

A Byzance en effet, tous les témoins s'accordent pour déclarer que le courant ne change pas de sens, s'écoulant toujours de la mer Noire vers la mer Égée, comme il est normal puisque, d'après l'hypothèse de Straton, la mer Noire se déverse dans la mer Égée. Hipparque signale de plus (Strabon, I, 3,12) que, sans changer de sens, le courant marque une pause à l'occasion.

Strabon, avec son outrecuidance habituelle, se gausse de Straton, qui aurait expliqué le sens du courant à Byzance par la différence de niveau du sol marin, de part et d'autre du détroit, l'eau coulant suivant la pente :

> Straton, considérant que ce qui arrive aux fleuves se produit aussi pour la mer, adopte l'idée que l'eau qui s'écoule descend des hauteurs ; sinon il n'aurait pas

invoqué le niveau du sol comme cause du courant dans le détroit de Byzance[20] ; il dit en effet que le sol du Pont-Euxin est plus élevé que celui de la Propontide et de la mer qui lui fait suite, et en donne la raison que le limon charrié par les fleuves comble la cuvette et la rend moins profonde, forçant ainsi l'eau à s'écouler vers l'extérieur. Il transpose ce raisonnement en l'appliquant à l'ensemble de notre mer par rapport à la mer Extérieure : pour elle aussi le sol sous-marin s'élevait par rapport à celui de l'océan Atlantique, car elle est également remplie par bon nombre de fleuves et reçoit des dépôts de limon de manière tout à fait comparable. (Strabon, I, 3,5).

L'insistance même de Strabon suggère que l'interprétation qu'il donne de la théorie de Straton lui est personnelle. Polybe, qui s'inspire pourtant, lui aussi, de Straton, ne parle nulle part de la pente du sol sous-marin comme facteur important d'explication ; peut-être donc Strabon, de propos délibéré ou par incompétence, a-t-il mal compris le raisonnement du Physicien, et, par hostilité envers une telle « recherche des causes » (I, 3,10), a-t-il profité de l'occasion pour briller (à ce qu'il croyait) aux dépens de ce lointain héritier d'Aristote. Il est bien dommage que le texte même de Straton ne nous soit pas parvenu !

Sur ce qui se passe à Gibraltar, Strabon est peu explicite ; il admet, d'après Straton (suivi probablement par Eratosthène), que le courant va de l'intérieur vers l'extérieur, puisque la mer Méditerranée est censée déverser son trop-plein dans l'Océan Atlantique. Or l'observation avait montré (et Pythéas l'avait probablement noté dans son Sur l'*Océan*) qu'en surface le courant va en sens inverse, de l'Océan vers la Méditerranée, ce qui pouvait s'expliquer (et sans doute Eratosthène, ou Pythéas, l'avaient-ils proposé) par la présence en surface de courants de marée. L'énoncé plein d'embarras de Strabon est significatif. Rappelant que Straton fait se déverser la mer Méditerranée dans l'Océan, comme la mer Noire dans la Méditerranée, il le conteste :

> Il faudrait dans ces conditions que le courant aux Colonnes d'Héraklès soit de même sens qu'à Byzance ! Mais laissons ce point, car on pourra toujours prétendre que c'est bien ce qui se passe, mais que le phénomène est contrarié par le mouvement de flux et de reflux et passe inaperçu. (I, 3,5).

C'est assez dire qu'on avait remarqué que le courant de surface va de l'Océan vers la Méditerranée et c'est pourquoi, pour rester fidèle à leur thèse, Straton peut-être, mais plus sûrement Eratosthène, évoquaient les courants de marée.

Il est de fait qu'à Gibraltar le courant de surface va de l'Océan vers la Méditerranée, tandis que l'eau lourde de la Méditerranée s'écoule vers l'Océan par le fond ; seulement, contrairement à ce que croyaient les Anciens, les

20 - Dans le passage des *Météorologiques* cité plus haut (II, 2, 354a), Aristote semble aussi donner comme raison au courant univoque dans les deux détroits séparant le lac Méotis du Pont et le Pont de la mer Égée l'inégale profondeur des sols marins : « Le Pont est plus profond que le lac Méotis, la mer Égée que le Pont, la mer de Sicile que l'Égée ; la mer de Sardaigne et la mer Tyrrhénienne sont les plus profondes de toutes ».

échanges se font globalement au profit de la mer Méditerranée qui, loin de se déverser dans l'Océan Atlantique, reçoit des eaux aussi bien de la mer Noire que de l'Océan.

Conclusion

Ainsi, à partir d'observations simples, que chacun pouvait faire facilement, en Égypte ou en Asie Mineure, les Grecs avaient pris conscience que l'écorce terrestre n'était pas immuable dans son aspect extérieur ; mers et terres peuvent échanger leur place, comme Aristote l'avait suggéré dans les *Météorologiques*. Le physicien Straton de Lampsaque avait formulé une hypothèse hardie sur la formation du bassin Méditerranéen, succession de lacs devenus mers par la création de communications avec des étendues d'eau chaque fois plus grandes (de la mer d'Azov vers la mer Noire, de la mer Noire vers la Méditerranée, de celle-ci vers l'Océan Atlantique). Outre la confluence et le nivellement des eaux, il se produit une véritable mutation des lacs en mers par intervention de ce que Straton appelle l'effet de domination (*epikrateia* Strabon, I, 3,6-7) : les eaux du Pont, vu l'apport des fleuves, restent les plus douces (Strabon, I, 3,4), celles de la Méditerranée, de par leur communication directe avec l'Océan, le sont moins. Il est curieux de constater que personne n'ait invoqué l'évaporation, sous l'effet de la chaleur, pour expliquer la salinité des mers.

En revanche l'analyse des courants des détroits et de leurs rapports avec la marée océanique montre qu'Eratosthène en avait parfaitement compris le mécanisme, et avait mis en rapport avec beaucoup de pertinence l'alternance du flux et du reflux avec les phases de la lune. Était-il original dans ces analyses ? Probablement pas. Il ne semble pas avoir beaucoup voyagé, en dehors du triangle Cyrène-Athènes-Alexandrie, mais il avait à sa disposition une riche Bibliothèque qui a dû lui fournir les renseignements dont il avait besoin pour élaborer sa théorie des courants de marée. Dicéarque, originaire de Messine, le Sicilien Archimède, avec qui il était en correspondance, ont pu lui fournir des descriptions précises de ces courants qui paraissaient si mystérieux aux marins ; sans doute aussi trouvait-il de bonnes descriptions de la marée océanique dans le Sur l'*Océan* de Pythéas le Massaliote, qui avait séjourné à Gadès-Cadix avant de se lancer dans son périple autour de l'Europe Nord-occidentale. Et l'on sait qu'Eratosthène avait grande confiance dans le témoignage de l'explorateur, dont se défiait au plus haut point Strabon.

Ainsi, même si l'immensité des ères géologiques a probablement échappé aux géographes grecs, ils n'en ont pas moins, et Eratosthène tout le premier, tenté de reconstituer, avec les moyens rudimentaires dont ils disposaient, une histoire du monde Méditerranéen qui ne manquait ni de logique ni de vraisemblance.

Bibliographie sommaire

Auteurs anciens :

Aristote, *Meteorologica*, with an english translation by H.D.P. Lee, Londres, 1952, repr. 1978.

Eratosthène, *Die geographischen Fragmente des Eratosthenes*, coll. H. Berger, Leipzig, 1880 ; The Fragments of Eratosthenes, coll. R.M. Bentham (thèse), Londres, 1948.

Hipparque, *The geographical fragments*, coll. D.R. Dicks, Londres, 1960.

Polybe, Histoire, texte traduit par D. Roussel, Paris, 1970.

Pythéas, *Die Fragmente*, coll. H.J. Mette, Berlin, 1952.

Strabon, *Géographie, l. I et II*, éd. et trad. G. Aujac, Paris, CUF, 1969.

Straton von Lampsakos, *Fragmenta*, coll. F. Wehrli, Bâle, 1969 (Die Schüle des Aristoteles, vol. V, 2e ed.).

Auteurs modernes :

F. Ellenberger, *Histoire de la géologie*, Paris, 1988.

H. et J. Termier, *Histoire de la Terre*, Paris, 1979.

P.M. Fraser, *Ptolemaïc Alexandria*, Oxford, 1972 (3 vol.).

M. Gatzemeïer, *Die Naturphilosophie des Straton von Lampsakos*, Heisenheim am Glan, 1970.

M.T. Davis, *Alexandria, the golden city*, Evenston, 1957 (2 vol.).

G. Rodier, *La Physique de Straton de Lampsaque*, Paris, 1890.

Didier MARCOTTE

La climatologie d'Ératosthène à Poséidonios : genèse d'une science humaine

Les études géographiques ont eu de bonne heure leur place au Musée d'Alexandrie. Avec son *Catalogue des Vaisseaux*, le chant B de l'*Iliade* offrait aux philologues un morceau de choix qui permettait de conjuguer critique des textes, topographie historique, archéologie des institutions, voire étymologie. A la fin du IIIe s., Ératosthène ajouta l'objet Terre à ses travaux d'historien et d'homérologue et forgea, d'après la tradition, le terme même de géographie, entendu comme science de la mesure et de la description géodésique du corps céleste qu'est la sphère terrestre.

Le savant cyrénéen avait contracté un double héritage auprès des écoles platonicienne et aristotélicienne. La première avait compté parmi ses aînés le mathématicien et astronome Eudoxe de Cnide (390-337 av. n. ère), qui avait établi combien le monde des étoiles proposait dans leur permanence les repères dont l'homme manquait pour fixer sa place sur la terre. De son côté, le Péripatos avait ouvert de nouvelles voies de recherche avec les *Météorologiques* d'Aristote, publiés vers 335, et les travaux de Dicéarque de Messine sur les montagnes du Péloponnèse[1]. La géographie humaine était à l'honneur dans cette école, et le Βίος Ἑλλάδος du même Dicéarque devait offrir un intéressant mélange, inédit jusque là, de descriptions paysagères et d'observations sociologiques[2].

Parmi les notions empruntées par les Alexandrins à l'enseignement d'Eudoxe figure celle de κλίμα, qui deviendra un des concepts clés de la cartographie antique jusqu'à Ptolémée. Mais d'Ératosthène à la fin de la période hellénistique, le terme va connaître un élargissement sémantique considérable, dont témoignent ses quarante-neuf occurrences chez Strabon[3]. Or ce dernier opère, comme on sait, la synthèse des contributions de ses plus illustres devanciers à la science et à la méthodologie géographiques : Eudoxe, Pythéas, Éra-

1 - Fr. 105-107 Wehrli (*Die Schule des Aristoteles,* 2e éd., I, Bâle-Stuttgart, 1967).

2 - Fr. 47-66 Wehrli.

3 - On trouvera en annexe une liste exhaustive des 20 occurrences aux livres III-XVII. Pour les 29 emplois du terme dans les Prolégomènes (livres I et II), on se reportera à l'index de G. Aujac, éd. de *Strabon. Géographie. Livre II,* p. 186 (où il faut ajouter *bis* après I, 1, 20 et corriger *quat.* en *quin.* après II, 1, 20).

tosthène, Hipparque, Poséidonios sont également convoqués dans ses développements historiques, sans que toutefois leurs positions respectives soient toujours clairement marquées. Les pages qui suivent invitent à une nouvelle lecture des passages du Géographe les plus problématiques à cet égard ; il s'agit ici, non d'esquisser une histoire de la climatologie ancienne, mais de poser quelques jalons pour une histoire du concept qui en est un des fondements.

*

Originellement, κλίμα est une notion géométrique. Au sens premier et selon la définition d'Eudoxe, le *climat*, du verbe κλίνω, est l'inclinaison de l'axe du monde au-dessus de l'horizon. Il s'agit donc d'une notion relative au lieu d'observation et, comme l'a compris Eudoxe, significative de ce que nous appelons la latitude : en effet, la hauteur de l'étoile polaire au-dessus de l'horizon d'un lieu, calculée à la dioptre, est égale à l'angle formé par la verticale de ce lieu avec le plan de l'équateur. Dans l'acception primitive, on devait parler du *climat d'un lieu*, qui était celui de tous les lieux d'un même parallèle ; mais l'observateur se déplaçait-il en latitude qu'il changeait aussi de climat[4].

On prête à l'astronome de Cnide d'avoir déterminé un grand nombre de *climats*. La tâche était pourtant ingrate ; elle était nécessairement celle d'un expert voué au voyage et qui devait opérer par nuit claire. Mais la contribution d'Eudoxe aux sciences de la Terre allait être décisive : les climats des lieux les plus fameux étaient appelés à fournir les parallèles de référence de la future carte du monde dont le milieu alexandrin autorisera la réalisation.

Le promoteur de cette nouvelle carte, Ératosthène, admettait un second sens pour *climat*, dérivé directement du premier : il s'agissait cette fois d'un écart en latitude dans les limites duquel le jour le plus long a la même durée, au solstice d'été, à un quart d'heure ou à une demi-heure près. Les climats devenaient dès lors des bandes horaires parallèles, qui allaient en se resserrant vers le pôle. Il est vraisemblable que les observations de Pythéas de Marseille au cours de son long voyage vers Thulé aient été décisives dans cette nouvelle définition[5] ; moins précis, mais d'une évaluation moins contraignante que le climat astronomique, le climat qu'on pourrait appeler « horaire » présentait aussi l'avantage d'être plus éloquent pour l'homme d'action. La marge d'approximation qui le caractérisait a toutefois déterminé Hipparque de Nicée, entre 160 et 130 av. J.-C., à lui préférer un climat strictement mathématique,

---

4 - Les fragments de l'œuvre géographique d'Eudoxe ont été rassemblés et traduits (en allemand) par Fr. Lasserre, *Die Fragmente des Eudoxos von Knidos,* Berlin, 1966.

5 - Cf. G. Aujac, *Strabon et la science de son temps,* p. 40-48 et 168-170.

d'une largeur constante d'un 360e de cercle, soit, d'après le calcul de la circonférence terrestre sur lequel le savant se fondait, sept cents stades[6].

Les sens de « latitude » et de « bande parallèle à l'équateur », largement utilisés durant la période hellénistique, constituent l'essentiel des attestations du mot κλίμα chez Strabon. On relève cependant chez celui-ci quelques emplois *a priori* irréductibles aux sens qu'on vient d'évoquer. En X, 2, 12 (454-455 C.), par exemple, où l'expression τὰ τέσσαρα κλίματα semble désigner les quatre points cardinaux[7]. Les directions étant souvent exprimées par les vents, il n'est pas étonnant de trouver, dans un même ordre d'idées, des formules associant κλίμα et ἄνεμος. C'est d'une exposition favorable au soleil, ou à un vent, d'après-midi qu'il est question à propos de la ville béotienne d'Asplédon, qui a vu changer son nom en Eudeiélos[8] :

> τάχα τι ἰδίωμα προσφερομένη ἐκ τοῦ δειλινοῦ κλίματος οἰκεῖον τοῖς κατοικοῦσι καὶ μάλιστα τὸ εὐχείμερον.

> peut-être parce que son exposition au soleil de l'après-midi procurait à ses habitants un avantage particulier, notamment la douceur des hivers (trad. R. Baladié).

Dans cette acception, κλίμα peut clairement rejoindre d'autres termes comme ἀέρες, litt. « airs », c'est-à-dire « conditions atmosphériques », voire κρᾶσις, « température », ou entrer en association avec eux[9]. Ainsi le régime des brumes permanentes de la Cimmérie se fait qualifier de κλίμα...ζοφῶδες[10]. On comprend sans mal comment le passage s'est effectué de la notion de « latitude » à celle de « conditions atmosphériques qui règnent durablement à une latitude donnée », comment, en d'autres termes, s'est constituée la notion moderne de « climat ». Ce passage ne s'est pas opéré d'un coup ; il résulte de la confluence, à date hellénistique, de la science géométrique du *climat* et

---

6 - Strabon, II, 5, 34, 132 C. = Hipparque, fr. 39, 16-21 Dicks.

7 - Les « quatre vents », qui sont l'Euros, le Notos, le Zéphyr et le Borée, comme dans l'*Odyssée*, V, 295-296, sont aussi, chez Poséidonios d'Apamée, des catégories génériques, chacun d'eux assimilant les deux vents qui l'encadrent dans la rose de Timosthène ; voir à ce propos G. Aujac, *Strabon et la science de son temps*, p. 262-263.

8 - Strabon, IX, 2, 41, 415 C. Sur le sens de l'adjectif εὐδείελος, voir R. Baladié, éd. de *Strabon. Géographie. Livre IX*, p. 208. Eudeiélos est aussi l'épithète d'Ithaque dans l'*Odyssée*, IX, 21 (au chant IV, la vulgate a ἱππήλατος) ; voir Strabon, X, 2, 12, 454-455 C.

9 - Dans son tableau encomiastique de l'Italie, en VI, 4, 1, 286 C., Strabon vante l'heureuse situation du pays, son exposition favorable, son air tempéré, la variété de ses paysages et le fait qu'il est soumis « à des conditions très variées de climat et de température (trad. Fr. Lasserre) » : τὸ πολλαῖς ὑποπεπτωκέναι διαφοραῖς ἀέρων τε καὶ κράσεων. On a des considérations similaires, qui tiennent en bonne part du topos littéraire (voir les textes rassemblés par B. Kytzler, *Laudes Italiae. Lob Italiens*, Stuttgart, Reclam, 1988), chez Varron, *Res rust.*, I, 2, 3-7, sans que le terme même de *climat* apparaisse davantage. Sur le texte de Varron, voir en particulier P. Fedeli, *La natura violata*, p. 19-22.

10 - Id., I, 1, 10, 6 C., à propos d'Homère, *Od.*, XI, 15-16 et 19.

d'une véritable science du milieu qui s'était développée dans les cercles médicaux.

Le traité hippocratique *Airs, eaux, lieux,* datable de l'époque d'Hérodote, est conçu comme un manuel à l'usage du périodeute, ou médecin itinérant appelé à exercer son art à l'extérieur du bassin de l'Égée[11]. Dans son étude des rapports de l'homme à son environnement, l'auteur allie étroitement analyse *physique* (au sens ancien de ce terme) et analyse ethnographique et, par le jeu d'oppositions binaires entre des notions sensibles comme chaud/froid, sec/humide, propose un véritable quadrillage du monde habité. La relation est constante entre lieu (ou emplacement, θέσις[12]) et ἀήρ (en l'occurrence ἠήρ), entre conditions atmosphériques et santé humaine et même entre milieu et organisation politique[13].

Le savoir professé dans *Airs, eaux, lieux* est pratique au premier chef et ne s'appuie sur aucune mesure ; on reste dans un « monde des qualités », pour reprendre une belle formule de Pietro Janni[14]. Mais on n'en voit pas moins à l'œuvre une certaine systématique : dans la classification des types humains et des affections qui les frappent, le recours est méthodique à une orientation géographique (directions cardinales, ou vents) ou astronomique (levant et couchant d'été ou d'hiver). Si le terme même de κλίμα fait toujours défaut, — on ne relève d'ailleurs aucune allusion à la sphéricité de la Terre, — on est en présence d'un texte où le climat commence d'être pensé[15], mais qui ne procède pas encore d'une climatologie comme science constituée. Les tours qu'il faut bien, dans une traduction moderne, rendre par « climat » sont variés, quelquefois périphrastiques ; il s'agit normalement de tournures neutres, adjectives (p. ex. τὸ εὔκρητον, « climat tempéré »[16]) ou participiales (τὸ μεταβαλλόμενον, « climat changeant »[17]). Il manque encore à l'auteur un concept, celui de latitude, et un instrument de mesure.

---

11 - Voir l'ample notice de J. Jouanna, éd. de *Hippocrate. Airs, eaux, lieux,* p. 10-15 (destination du traité) et 54-71 (sur sa portée ethnographique).

12 - *Airs, eaux, lieux,* I, 3 : « Lorsqu'un médecin arrive dans une cité dont il n'a pas l'expérience, il doit en examiner avec soin la position, la façon dont elle est située par rapport aux vents et par rapport aux levers du soleil (trad. J. Jouanna). » A noter que le mot τόπος est absent du traité, le titre lui-même n'étant pas authentique.

13 - L'auteur du traité met en évidence les causes atmosphériques qui expliqueraient selon lui la différence de tempérament entre les Européens et les Asiatiques, dont il souligne par ailleurs l'antagonisme atavique ; voir J. Jouanna, « Les causes de la défaite des Barbares chez Eschyle, Hérodote et Hippocrate », *Ktéma,* 6 (1981), p. 3-15.

14 - P. Janni, « Il mondo delle qualità. Appunti per un capitolo di storia del pensiero geografico », *Annali dell'Istituto orientale di Napoli*, 33 (1973), p. 445-500 ; 35 (1975), p. 145-178.

15 - Voir les remarques de J.-Fr. Staszak, *La géographie d'avant la géographie,* p. 204-205.

16 - *Airs, eaux, lieux,* XXIV, 5 et 6.

17 - *Id.*, XXIII, 3.

Rien ne suggère qu'Eudoxe lui-même aurait pu soupçonner la possibilité d'une synthèse des travaux hippocratiques et des siens propres. Les maigres fragments qu'on a conservés de son œuvre géographique n'autorisent d'une façon générale que fort peu d'hypothèses. Dans la seconde moitié du IVe s., on assiste bien à quelques essais, dont les recueils paradoxographiques ont gardé la trace, pour expliquer des faits humains par des phénomènes météorologiques, notamment à propos des populations indigènes riveraines de l'Adriatique[18], mais, semble-t-il, en dehors de toute théorisation. Aristote avait lui-même, dans la foulée de l'auteur d'*Airs, eaux, lieux,* justifié le caractère des Grecs par leur situation médiane entre l'Europe et l'Asie[19], consacrant ainsi le succès d'une ethnographie environnementaliste, qui ne se démentira jamais jusqu'à la fin de l'antiquité[20]. Mais on peut affirmer qu' il n'y eut pas de mise en relation raisonnée et systématique de la latitude, des conditions atmosphériques et de la vie humaine, animale ou végétale, qu'il n'y eut en définitive aucune climatologie au sens strict du terme, avant l'exploitation scientifique, par les Alexandrins, de la découverte du monde indien.

Les premiers témoins oculaires de cette découverte figurent régulièrement parmi les sources de Strabon, mais le rapport de leurs aventures orientales avait été déjà, pour Ératosthène, l'occasion de revoir, de manière radicale, le tracé des masses continentales du quart sud-est de sa carte. Onésicrite d'Astypalaia, un des truchements les plus autorisés de l'expédition d'Alexandre, Aristobule de Cassandreia et Néarque de Crète resteront jusqu'à Arrien des références incontestées ; leurs investigations se sont pourtant limitées aux confins occidentaux de l'Inde et n'ont guère porté au delà du fleuve Indus[21].

Il a fallu attendre le règne de Séleucos Ier, qui avait reçu la Babylonie en partage à la mort d'Alexandre, pour voir progresser de façon décisive la connaissance du sous-continent. Séleucos avait étendu sa domination jusqu'à l'Indus quand il chercha à établir des relations diplomatiques avec Chandragupta (en grec Sandrakottos), fondateur de l'empire maurya, dont la capitale était à Pataliputra (l'actuelle Patna, dans le Bihar)[22]. Dans cette intention, il dépêcha Mégasthène auprès du souverain indien. Différentes ambassades s'échelon-

18 - Voir, par exemple, Ps.-Aristote, *Mirab. Ausc.*, 80 et 128 Giannini (fécondité remarquable des femmes chez les Ombriens ; cas fréquents de gémellité chez les Illyriens).

19 - Aristote, *Politique,* VII, 1 327 b 23-33.

20 - Voir, pour la littérature latine, les textes rassemblés et commentés par P. Fedeli, *La natura violata*, p. 17-30.

21 - Voir P. Pédech, *Historiens compagnons d'Alexandre,* Paris, 1984, p. 71-157 (Onésicrite) ; 159-214 (Néarque).

22 - Voir F. F. Schwarz, « Mauryas und Seleukiden », *Innsbr. Beiträge zur Kulturwissensch.*, 14 (1968), p. 223-230. Sur la chronologie des faits et la cession à Chandragupta des plus lointaines satrapies orientales de Séleucos, voir Éd. Will, *Histoire politique du monde hellénistique,* 2e éd., I, Nancy, 1979, p. 263-267.

nèrent entre 303 et 292 ; la route qu'elles durent emprunter les faisait passer par Peschawar et Amritsar, dans le Pendjab, avant de les faire déboucher dans la plaine du Gange. Sur le chemin parcouru, sur la géographie du pays maurya, sur la capitale de l'empire, son architecture et sa cour, sur la structure de la société indienne, le témoignage de Mégasthène était explicite, diversifié, coloré et il s'est imposé aux historiens et aux ethnographes comme des plus crédibles[23]. Ératosthène en a consacré l'autorité dans sa nouvelle carte : les avancées de Pythéas vers l'occident et le grand nord, la trouée des armées macédoniennes en Sogdiane et en Bactriane, la reconnaissance du bassin indo-gangétique avaient, en trois ou quatre décennies, bouleversé l'image qu'on se faisait de l'œkoumène.

Le meilleur des observations de Mégasthène et des historiens qui avaient accompagné Alexandre se trouve chez Strabon, au livre XV, et chez Pline l'Ancien, en son livre VI[24]. La lecture des passages de la *Géographie* et de la *Naturalis historia* où sont invoqués ces témoins clés fait voir que l'Inde était, par eux, régulièrement comparée à l'Égypte et à l'Éthiopie : mêmes produits de la terre, même faune aquatique, – le problème de l'hippopotame est toutefois posé[25], – même régime de crue pour les grandes plaines alluviales[26]. Cette dernière caractéristique a fait l'objet d'une attention particulière : en Inde comme en Égypte, à en croire Strabon, les villes se transformeraient en îles lors des hautes eaux[27]. Constat d'un intérêt mineur, il faut l'avouer, qui met en évidence une similitude urbanistique davantage que météorologique, mais qui reste significatif du souci constant, chez le Géographe et ses mentors, de ménager un parallèle entre des contrées que leur éloignement inviterait autrement à ne pas comparer.

Si les crues sont un phénomène commun aux fleuves de l'Inde et au Nil, la différence des causes n'en apparaissait pas moins de façon évidente : comme l'admet Aristobule, le Nil traverse un écart considérable en latitude et il est alimenté par des pluies du Sud, alors que le Gange et l'Indus étirent leur cours en longitude et que, prenant leur source dans le massif de l'Imaos (l'act. Himalaya), ils sont par excellence des fleuves du septentrion[28]. Mais précisé-

23 - Cf. P. Pédech, *La géographie des Grecs,* p. 83-84. Annexée au savoir, l'Inde deviendra aussi, après Alexandre et Mégasthène, ce que Chr. Jacob a appelé « le théâtre d'un surcroît d'histoire » (« L'Inde imaginaire des géographes alexandrins », dans *Inde. Grèce ancienne. Regards croisés en anthropologie de l'espace,* éd. J.-Cl. Carrière et al., Paris, 1995, p. 72).

24 - Voir A. Dihle, « The Conception of India in Hellenistic and Roman Literature », *Proceed. of the Cambridge Philological Soc.,* 10 (1964), p. 15-23 ; J. André - J. Filliozat, éd. de *Pline l'Ancien. Histoire Naturelle. Livre VI, 2e partie,* Paris, C.U.F., 1980, p. 143-165.

25 - Strabon, XV, 1, 13, 690 C.

26 - Id., XV, 1, 25, 696 C.

27 - Id., XV, 1, 18, 692 C.

28 - Id., XV, 1, 19, 692-3 C.; 1, 23, 695 C.

ment, là encore, on croit devoir définir leur orientation par rapport à celle du Nil. La même mise en relation prévaut sur d'autres questions, comme celle de l'influence sur la maturation des fruits de la qualité des airs et des eaux, associés par la géographie alexandrine comme ils l'étaient dans le traité hippocratique déjà évoqué : en Inde, où le régime des moussons est compris dans son développement et identifié comme une singularité, la conjugaison des effets de la chaleur et de l'humidité ambiante provoquerait selon Ératosthène une *coction* des fruits, alors qu'on parle simplement de maturité ailleurs[29]. Les mêmes facteurs atmosphériques sont invoqués pour éclairer deux points de géographie humaine : la fécondité exceptionnelle des femmes, d'abord, comparable, à en croire Strabon, en Inde et dans la vallée du Nil[30], et la commune présence, sur le Haut-Nil comme au sud du Deccan, de populations noires dont la morphologie tranche sur celle des populations du nord. La seule différence notable que signale Strabon tient au fait que le Noir dravidien, contrairement à son homologue éthiopien, n'a pas les cheveux crépus, un trait qui se laisserait expliquer par une hygrométrie plus importante du côté indien[31].

Si l'Inde et les terres nilotiques sont ainsi présentées comme en regard, c'est parce qu'elles sont logées approximativement sous une même latitude. L'idée s'était en effet imposée que le cap Comorin, face à Ceylan, la Taprobane des anciens, serait à peine sous le climat de Méroé, aux confins de la Nubie[32]. Mais les rapports qu'il avait lus sur l'Inde, s'ils suggéraient à Ératosthène une comparaison de celle-ci avec l'Égypte et l'Éthiopie, deux contrées familières à un Cyrénéen professant à Alexandrie, lui faisaient aussi sentir ce que ce pays nouveau scientifiquement avait de singulier, d'irréductible à un quelconque modèle géographique. Pour ce savant attaché à définir, à rapprocher pour mieux distinguer, la spécificité de l'Inde était patente sur le plan humain comme sur le plan physique; en manière de consécration, il l'a littéralement *figurée* sur sa carte de l'œkoumène.

La carte d'Ératosthène était construite autour d'un axe ouest-est, correspondant à peu près au parallèle 36° N., qui aurait joint les Colonnes d'Héraclès à Rhodes et qui, vers l'est, aurait suivi le tracé des chaînes montagneuses du Taurus, de l'Hindou Kouch et de l'Himalaya, considérées comme offrant une véritable épine dorsale à l'Asie et désignées génériquement du nom de Tauros dans la cartographie alexandrine[33]. Cet axe coupait l'οἰκουμένη en deux parties inégalement reconnues – le quart nord-est, par exemple,

29 - Id., XV, 1, 20, 693 C.

30 - Id., XV, 1, 22, 695 C., qui se fonde aussi sur Aristote.

31 - Id., XV, 1, 13, 690 C.

32 - Id., II, 1, 2, 68 C.; 1, 20, 76 C.

33 - Voir Strabon, II, 1, 1, 67 C., et sur l'appellation « Tauros », e. a. XI, 7, 8, 510 C. Le tronçon oriental de cette chaîne avait été dénommé Caucase (indien) par les historiens macédoniens; cf. Strabon, XI, 5, 5, 505 C.

restait une zone quasi indéfinissable. L'œkoumène des Grecs était tout entier cantonné dans une moitié d'hémisphère; on en rendait une forme oblongue, qu'Ératosthène proposait d'insérer dans un parallélogramme. Celui-ci était à son tour traversé de parallèles remarquables, – les climats les plus significatifs, en partie hérités d'Eudoxe, – et, perpendiculairement aux premiers, d'un méridien origine, celui d'Alexandrie[34].

Le diagramme ainsi obtenu, avec son réseau élémentaire, constituait ce que le Géographe appelle le κάθολον σχῆμα[35]. Dans celui-ci devaient s'inscrire, comme autant de pièces d'une marqueterie, des formes géométriques simples, carrés, rectangles ou losanges, toujours déterminées par des parallèles et figurant des sous-ensembles géographiques, qu'Ératosthène, soucieux d'introduire de l'ordre dans la morphologie sinueuse des continents, qualifiait également de σχήματα, mais auxquelles il réservait aussi le nom plus précis de σφραγῖδες. Ce dernier terme, emprunté au lexique du cadastre de l'Égypte ptolémaïque, désignait normalement une surface arpentable, un lot de terre[36]; appliqué à de vastes territoires, il suggérait que ceux-ci avaient vocation, dans l'esprit du cartographe, à être soumis au même type de mesure et qu'en définitive le monde habité pouvait être pensé comme un ensemble articulé de parcelles à jalonner.

Ératosthène donnait le détail des sphragides au livre III de ses *Géographiques*. Strabon n'en a conservé, à titre d'exemple sans doute, que les quatre premières. Comme son prédécesseur menait ses descriptions en suivant le sens trigonométrique et entamait son exposé chorographique par le quart sud-est de l'œkoumène, c'est par l'Inde, terre récemment annexée au savoir, qu'il ouvre lui-même la série[37].

Le σχῆμα tient ici du losange, ou rhombe, mais la vérité exigerait plutôt que l'on parlât d'une forme trapézoïdale. La limite nord de la sphragide coïncide avec le tracé de la chaîne montagneuse du Tauros dans son tronçon extrême-oriental; le côté ouest correspond au cours de l'Indus, alors que les flancs est et sud sont baignés par les mers. La figure est dans ce cas géométriquement satisfaisante : définir ainsi l'Inde sur sa carte, c'était, pour Ératosthène isoler l'unité qu'elle constituait à ses yeux, unité humaine, unité physique, unité géométrique.

Or un σχῆμα présentant ces caractéristiques pouvait être qualifié de κλίμα et l'Inde, qui faisait se conjuguer si parfaitement idéal de géométrisation et unité géographique, devenait sans doute un des climats les plus représen-

34 - Sur la construction de la carte d'Ératosthène, l'exposé le plus clair est chez G. Aujac, *La géographie dans le monde antique,* p. 70-78.

35 - Strabon, II, 5, 16, 120 C.

36 - Voir p. ex. P. *Tebt.* 105, 13 (IIe s. av. n. ère).

37 - Strabon, II, 1, 22, 78 C. = Ératosthène, fr. III B 5 Berger.

tatifs des théories cartographiques d'Ératosthène. C'est l'équivalence possible des termes σχῆμα et κλίμα[38] qui permet d'éclairer l'emploi du second dans quelques passages de Strabon où on ne saurait prêter au mot aucune des acceptions que nous avons dégagées jusqu'à présent.

Dans ce qu'on est convenu d'appeler sa « seconde introduction », au livre II, après la critique raisonnée et détaillée de ses prédécesseurs, le Géographe établit les principes qui doivent présider à l'élaboration de sa carte. Après avoir présenté le κάθολον σχῆμα, c'est-à-dire le « parallélogramme » dans lequel on inscrit, sous la forme rudimentaire d'une chlamyde, la terre habitée, il pose les lignes maîtresses du réseau des parallèles et des méridiens ; grâce à celui-ci, affirme-t-il alors, « les différents *climats* apparaîtront mieux, qu'ils soient du levant ou du couchant, aussi bien que du sud ou du nord »[39] :

> καὶ τὰ κλίματα ἀποδηλωθήσεται βέλτιον, τά τε ἑωθινὰ καὶ τὰ ἑσπέρια, ὡς δ' αὔτως τὰ νότια καὶ τὰ βόρεια.

La théorie climatique héritée d'Eudoxe et de Pythéas ne peut rendre compte de la signification d'un climat occidental ou oriental, puisque seul l'axe nord-sud est pertinent dans la notion du climat astronomique. Le fait que les « climats » soient ici évoqués à propos du tracé d'un maillage de lignes (γραμμαί) à but cartographique suffit déjà à suggérer qu'il s'agit en l'espèce d'une forme particulière de σχήματα.

On en a une confirmation quand, une fois achevé son rapide tableau du nord-est asiatique, Strabon s'arrête un instant, en XI, 12, 1, à la signification de la ligne du Tauros pour l'organisation d'une *périégèse* de l'Asie majeure et, plus particulièrement, à l'importance d'un point sur cette ligne : les Portes Caspiennes, localisables au défilé du Serdere, à 60 km au sud-est de Téhéran, sur le contrefort méridional du massif du Demavend. Au nord du Tauros s'étend ce que les Grecs appellent l'Asie cistaurique, – la matière du livre XI de la *Géographie*, – mais celle-ci ne saurait être traitée uniment, avertit Strabon, parce que les peuples situés en deçà et au-delà des Portes Caspiennes ne sont pas également fameux ; alors que les pays à l'ouest des Portes offrent une réelle εὐπορία τοῦ λέγειν, ceux dont il vient de donner une description peuvent ne faire l'objet que d'un exposé sommaire « en raison de leur sauvagerie » et parce qu'« il importe peu, au fond, qu'ils soient portés sur tel climat plutôt que sur tel autre » :

38 - Les deux termes sont étroitement associés par Strabon lui-même à propos d'Eudoxe, en IX, 1, 2, 390-391 C. = Eudoxe, fr. 350 Lasserre : Εὐδόξου (...) σχημάτων ἐμπείρου καὶ κλιμάτων. La même coordination se retrouve chez le Ps.-Scymnos, 112-114, où Ératosthène se voit prêter la même excellence.

39 - Strabon, II, 5, 16, 120 C.

ἁπλουστέραν ἔχει τὴν περιήγησιν διὰ τὴν ἀγριότητα, οὐ πολύ τε ἂν διαφέροι τοῦδε ἢ τοῦδε τοῦ κλίματος συγκαταλεχθέντα.

Si on comprend bien ce passage, l'indistinction des peuples en question rend vain le recours à la règle graduée qu'est autrement le Tauros : difficulté de dégager des ensembles ethniques, impossibilité de géométriser l'espace occupé par ceux-ci, rien, en définitive, qui autorise la définition d'un *climat*.

C'est au livre VI, à propos de la Sicile, que Strabon livre la preuve la plus explicite que, dans la terminologie géographique dont il hérite, κλίμα et σχῆμα peuvent revêtir un sens connexe. Le passage, qui met expressément en cause Poséidonios, n'est pourtant pas peu confus, malgré le double supplément de D. Coray et de Fr. Lasserre[40] :

Ποσειδώνιός τε τοῖς κλίμασιν ἀφορίζων τὴν νῆσον (la Sicile), πρὸς ἄρκτον μὲν τὴν Πελωριάδα, καὶ πρὸς νότον δὲ Λιλύβαιον, πρὸς ἕω δὲ τὸν Πάχυνον τίθησιν· ἀνάγκη δέ, τῶν κλιμάτων ἐν παραλληλογράμμῳ σχήματι διαστελλομένων, τὰ ἐγγραφόμενα τρίγωνα, καὶ μάλιστα ὅσα σκαληνὰ καὶ ὧν οὐδεμία πλευρὰ ‹οὐδεμιᾷ πλευρᾷ› τῶν τοῦ παραλληλογράμμου ἐφαρμόττει, ἀναρμόστως ἔχειν πρὸς τὰ κλίματα διὰ τὴν λόξωσιν.

Poséidonios, quand il définit la position de l'île d'après les climats, place au nord le cap Pélorias, au sud le cap Lilybée, à l'est le cap Pachynos. Comme les climats sont déterminés par des figures du type parallélogramme, il est fatal qu'un triangle inscrit, surtout s'il s'agit d'un triangle scalène ou d'un triangle dont aucun côté ne coïncide avec l'un des côtés du parallélogramme, ne présente pas de coïncidence avec les climats en raison de son obliquité.

Le détail du raisonnement de Poséidonios qu'incriminent ces mots nous échappe totalement, mais je n'exclurais pas que le savant d'Apamée ait voulu faire de la Sicile un *climat*, de simple figure idéale qu'elle était au départ, et que Strabon ait épinglé la difficulté qu'il y a à faire coïncider (ἁρμόττω), ne fût-ce que pour un de leurs côtés, un triangle et la forme normale du climat, le parallélogramme. En tout cas, le sens du terme *climat* doit, dans cette citation polémique, s'apparenter étroitement à celui que la « seconde introduction » et le passage relatif aux Portes Caspiennes ont permis d'isoler. Ces trois occurrences, auxquelles on pourrait ajouter, avec moins d'assurance, quelques autres passages repris ci-dessous en annexe, font poser ainsi la genèse de cette nouvelle notion de « climat » : dans les ceintures parallèles définies, sur la sphère terrestre, par les climats de type eudoxien, des figures géométriques, idéalement des parallélogrammes, sont dégagées, dans lesquelles s'inscrivent des territoires présentant une certaine unité physique, ethnique, voire climatique au sens moderne de ce terme.

Dans l'émergence de cette définition nouvelle, Ératosthène a joué un

40 - Strabon, VI, 2, 1, 266 C. = Poséidonios, fr. 249 Edelstein-Kidd.

rôle certain avec ses sphragides, dont on a souligné déjà la signification originellement cadastrale[41]. Le cas de l'Inde a dû servir de modèle, mais il est probable qu'il était aussi un des seuls à ne pas alimenter de critiques. Strabon fait comprendre, en effet, que les frontières des trois autres sphragides qu'il discute ont été récusées âprement, par Hipparque notamment; ainsi l'Ariane, deuxième sphragide dans le système ératosthénien, offrait-elle une limite occidentale des plus floues[42], alors que la troisième, dont la *Géographie* n'a pas gardé le nom, se voyait arbitrairement contenue, vers le sud, par une ligne qui aurait joint Babylone et les « confins de la Perse et de la Carmanie[43] ».

Mais Poséidonios n'a pas moins contribué à faire évoluer la notion de climat. Comme l'a bien montré Fr. Lasserre, le passage déjà analysé de Strabon, XI, 12, 1, porte la marque stylistique et méthodologique de l'historien continuateur de Polybe[44]. En d'autres endroits, Strabon fait voir que Poséidonios est sans conteste celui qui est allé le plus loin dans une mise en relation systématique de la latitude, de la fertilité relative du sol et des traits physiques des êtres vivants; l'ambition affichée était considérable : mettre en évidence, en fonction des parallèles à l'équateur « les différences de répartition des êtres animés, des plantes et des conditions atmosphériques, suivant qu'on se rapproche de la zone glaciale ou de la zone torride (trad. G. Aujac) »[45]. Peut-être motivé par ses idées stoïciennes, Poséidonios était au reste de ceux qui préconisaient de faire intervenir le facteur humain (τὰ ἀνθρώπεια) en géographie; ainsi proposait-il de distinguer, sur la sphère terrestre, cinq zones utiles « du point de vue des phénomènes célestes » (πρὸς τὰ οὐράνια) et sept « du point de vue des phénomènes humains » (πρὸς τὰ ἀνθρώπεια)[46]. Si on suit Strabon, qui le critique sans ménagement, il s'efforçait même de justifier la constitution des corps, le comportement de l'homme en société et jusqu'aux régimes politiques en fonction des climats[47]; il pouvait aussi, en invoquant une différence *climatique*, justifier une différenciation d'ethniques, comme dans le cas des Arménioi, Aramaioi et Aramboi, dont les noms, dans leur affinité, s'expliqueraient par la contiguïté des *climats* respectifs de ces peuples[48].

Il y a des chances que Poséidonios ne faisait qu'opérer la jonction entre

41 - G. Aujac (o. l. n. 7, p. 168 et n. 2) a déjà souligné la signification particulière du terme « climat » dans la citation de Poséidonios et suggéré, à ce propos, que les sphragides d'Ératosthène étaient peut-être des fragments de climats de type eudoxien.

42 - Strabon, II, 1, 34, 84 C.

43 - Id., II, 1, 25, 80 C.; 31, 84-85 C.

44 - Fr. Lasserre, éd. de *Strabon. Géographie. Livre XI*, p. 21-22 et 104, n. 1.

45 - Strabon, II, 3, 7, 102 C. Sur ces lignes, voir K. Reinhardt, *Poseidonios,* Munich, p. 74-75.

46 - Id., II, 2, 3, 95 C.

47 - Id., II, 3, 7, 103 C.

48 - Id., XVI, 4, 27, 784 C.

la théorie ératosthénienne du *climat* et la science du milieu héritée de la médecine hippocratique. La thèse selon laquelle le lieu et l'environnement exerceraient une influence déterminante sur l'organisation sociale des hommes, tout excessive qu'elle paraissait au Géographe, était formulée déjà en termes explicites dans *Airs, eaux, lieux*. L'originalité de Poséidonios a été de lui donner un cadre rigoureusement géométrique ; avec lui, le climat était désormais une région définie en latitude, un fragment de zone géométrisable sur une carte et caractérisé par des facteurs spécifiques : conditions atmosphériques, hydrographie, orographie, production du sol, flore, faune, peuplement humain.

L'extension spatiale était chez lui essentielle au concept, comme elle le sera d'ailleurs dans le mot français jusqu'au XVIIIe s[49]. Mais si les climats restaient pour lui des notions fondamentalement géométriques, il était clair qu'avec lui la climatologie devenait, à outrance peut-être, une science humaine.

49 - Voir, à ce propos, A. Rey, *Dictionnaire historique de la langue française,* Paris, 1992, I, p. 434, s.v. *climat*.

Annexe

Attestations du mot κλίμα
dans la *Géographie* de Strabon, III-XVII (cf. supra n. 3)

(1) Simple indication de latitude :

– VII, 2, 4, 294 C. : les Germains, sur le *climat* du Borysthène.

– XI, 2, 2, 493 C. : sur les sources du Tanaïs.

(2) Latitude et conditions atmosphériques :

– XI, 5, 7, 506 C. : quand on descend au pied du Caucase, le climat se fait plus nordique, mais il est aussi plus clément.

– XV, 1, 23, 695 C. (*bis*) : (le Nil) μεταβάλλει πολλὰ κλίματα καὶ πολλοὺς ἀέρας, alors que l'Indus s'attarde longtemps aux mêmes *climats.*

– XVI, 1, 13, 742 C. : ἡ δὲ χιὼν οὐ τοῖς ὕψεσι κρίνεται μόνον, ἀλλὰ καὶ τοῖς κλίμασι.

– XVII, 3, 10, 830 C. (d'après Poséidonios) : latitude, environnement, hygrométrie, conditions atmosphériques, *climats* septentrionaux et méridionaux.

(3) Indication de direction - association aux vents :

– X, 2, 12, 455 C. (*ter*) : τὰ τέσσαρα κλίματα.

(4) Exposition (au soleil, au vent) :

– IX, 2, 41, 415 C. : Asplédon de Béotie

(5) Κλίματα - σχήματα : figures cartographiques :

– III, 2, 5, 144 C. (d'après Poséidonios), à propos du commerce maritime entre la Turdétanie et l'Italie, d'après Poséidonios : διὰ γὰρ εὐδίου κλίματος οἱ δρόμοι συντελοῦνται, καὶ μάλιστα τῷ πελαγίζοντι.

– VI, 2, 1, 266 C. (*ter*) : non-coïncidence du triangle de la Sicile à un *climat.*

– IX, 1, 2, 390-1 C. : Eudoxe, spécialiste des *climats* et des *figures.*

– XI, 12, 1, 520 C. : à propos des peuples de Cistaurique.

– XI, 12, 5, 522 C. : à propos de la Médie, qui se trouve coupée en deux sur la carte d'Ératosthène, puisque celui-ci fait passer par les Portes Caspiennes la limite entre sphragides septentrionales et sphragides méridionales : ὅριον ἀποφαίνει τῶν κλιμάτων ἀμφοῖν τὰς Κασπίους πύλας.

(6) Association de (1), (2) et (5) :

– XVI, 4, 27, 784 C. (d'après Poséidonios) : Arménioi, Aramaioi et Aramboi distingués par les *climats*.

– XVII, 1, 51, 818 C. : πῶς ταὐτὸ κλίμα οἰκοῦντες τῇ Ἰουδαίᾳ καὶ ὅμοροι οἱ περὶ τὸ Δέλτα καὶ τὴν Ἀλεξάνδρειαν, τοσοῦτον διαλλάττουσιν.

Bibliographie

G. Aujac, *Strabon et la science de son temps*, Paris, Les Belles Lettres, 1966.

Ead., *La géographie dans le monde antique*, Paris, P.U.F. (« Que sais-je? », 1598), 1975.

Ead., éd. de *Strabon. Géographie. Livres I-II,* Paris, C.U.F., 1969.

R. Baladié, éd. de *Strabon. Géographie. Livre IX*, Paris, C.U.F., 1996.

H. Berger, *Geschichte der wissenschaftlichen Erdkunde der Griechen*, 2e éd., Leipzig, 1903.

Id., *Die geographischen Fragmente des Eratosthenes,* Leipzig, 1880.

D. R. Dicks, *The Geographical Fragments of Hipparchus,* Londres, 1960.

Id., « The *κλίματα* in Greek Geography », *Classical Quaterly,* 49 (1955), p. 248-255.

L. Edelstein – I. G. Kidd, *Posidonius. The Fragments,* I-II, Cambridge, 1972-1988.

P. Fedeli, *La natura violata. Ecologia e mondo romano,* Palerme, Sellerio, 1990.

J.B. Harley – D. Woodward éd., *The History of Cartography*, I, Chicago University Press, 1987.

E. Honigmann, *Die sieben Klimata und die* πόλεις ἐπίσημοι, Heidelberg, 1929.

J. Jouanna, éd. de *Hippocrate. Airs, eaux, lieux,* Paris, C.U.F., 1996.

F. Lasserre, *Die Fragmente des Eudoxos von Knidos,* Berlin, 1966.

Id., éd. de *Strabon. Géographie. Livres V-VI,* Paris, C.U.F., 1967 ; *Livre XI*, 1975.

P. Pédech, *La géographie des Grecs*, Paris, P.U.F., 1976.

F. Prontera éd., *Geografia e geografi nel mondo antico*, Bari, Laterza, 1983.

J.-F. Staszak, *La géographie d'avant la géographie. Le climat chez Aristote et Hippocrate,* Paris, L'Harmattan, 1995.

André HURST

Géographes et poètes : le cas d'Apollonios de Rhodes

On pourrait convoquer autour d'Apollonios de Rhodes les divers savoirs qu'il a mis en œuvre, tout comme on l'a fait naguère autour de Saint-John Perse[1], tant la présence du savoir s'affiche, chez l'un comme chez l'autre, en qualité d'élément constitutif du parler poétique. Les lecteurs des *Argonautiques* n'ont d'ailleurs pas manqué de le remarquer, et Hans Herter, dans son mémorable *Bursian's Jahresbericht* de 1956 sur Apollonios[2], pouvait noter que l'ouverture de compas manifestée par les intérêts scientifiques de ce poète englobait la zoologie, l'iologie, la physiologie, l'astronomie, l'histoire des techniques maritimes (301-302) ; cependant, au premier des rangs des savoirs indispensables pour affronter dans un esprit scientifique positif un récit de voyage, on trouve tout naturellement la géographie. On dira même que chez Apollonios, qui se conforme ici aux habitudes grecques, la géographie n'est pas conçue sans une composante d'ethnographie.

Comme l'a souligné Christian Jacob, la géographie d'Apollonios est très largement livresque, elle comporte de ce fait les archaïsmes et les incohérences que l'on peut attendre de ce mode d'acquisition du savoir[3]. On dira davantage encore : s'exprimant sur le mode de l'épopée homérique, modèle dans lequel il inclut des acquis littéraires en provenance d'autres genres comme la tragédie ou la poésie lyrique[4], Apollonios participe d'un véritable courant poétique dans lequel l'imaginaire se nourrit de l'évocation du monde. Dire le monde dans sa

1 - *Espaces de Saint-John Perse*, Aix-en-Provence, 1-2, 1979.

2 - Hans Herter « Hellenistische Dichtung seit 1921 II Teil : Apollonios von Rhodos » dans Jahresberichte über die Fortschritte der klassischen Altertumswissenschaft, Band 285, Göttingen 1956, 213-410.

3 - Christian Jacob, « Un athlète du savoir : Eratosthène » dans Alexandrie au IIIe siècle av. J.- C. Tous les savoirs du monde ou le rêve d'universalité des Ptolémées, Paris 1992, 120.

4 - Pour la tragédie, il suffit de rappeler les personnages de Médée ou d'Hypsipyle et leur rapport avec les héroïne d'Euripide, ou encore la tentative de Stœssl de récupérer des tragédies perdues à partir de l'épopée d'Apollonios (F. Stœssl, Apollonios Rhodios, Bern-Leipzig 1941) ; pour la poésie lyrique, on songe à Pindare et à sa quatrième Pythique, mais des éléments plus fugaces apparaissent : e.g. 4.363 et le fr.90 Calame d'Alcman.

configuration, dans ses étrangetés, provoquer la délectation de l'auditeur en déroulant devant lui les espaces lointains de régions présentées comme difficiles d'accès est l'un des ingrédients du parler poétique. Que l'on songe à l'*Odyssée*, dont le modèle est justement une vieille épopée des Argonautes s'il faut en croire Meuli[5], que l'on songe aux errements d'Iô dans le *Prométhée enchaîné*.

Par conséquent, rien de surprenant à ce que la lecture des *Argonautiques* nous place devant un certain savoir géographique dont on peut dire tout à la fois qu'il est consubstantiel de la nature de ce récit particulier, et qu'il est charrié par le langage du récit poétique lui-même comme l'un de ses éléments quasiment obligés.

Dans le contexte de l'Alexandrie des Ptolémées, il est évident que l'élargissement de la conscience du monde provoquée chez les Grecs par les conquêtes macédoniennes va jouer un rôle déterminant. A l'extrême de cette tendance, et quelques siècles plus tard, on trouvera le poème de Denys le Périégète, Alexandrin de l'époque d'Hadrien, comme il nous l'apprend lui-même dans des acrostiches qui rappellent Aratos[6], et qui considérera que la matière nue d'une description du monde suffit pour donner un poème. Aux premiers temps de la culture hellénistique, les contemporains d'Apollonios sont moins radicaux.

Pour ne prendre que quelques exemples, Callimaque énumère certes des lieux géographiques dans son *Hymne à Artémis* (183 sqq), mais cette énumération doit être mise en relation avec une intention du texte lui-même : il s'agit à la fois d'attester le pouvoir d'Artémis, de remplir le « programme » annoncé dans les premiers vers, et d'accrocher à l'occasion, comme autant de poèmes brefs, des explications étiologiques (225 sqq). De même, dans l'*Hymne à Zeus*, on a l'impression de suivre, au début (15 sqq), les travaux de Callimaque auteur d'un traité de géographie περὶ ποταμῶν, mais on découvre que ce savoir géographique est mis au service d'une vision poétique d'un monde qui aurait précédé le règne de Zeus, un monde dont la sécheresse est soulignée par l'absence des fleuves que le poète se plaît à énumérer ; il peut alors créer l'impression que les eaux font irruption dans le monde au moment où Rhéa frappe le roc d'où elles jaillissent pour qu'on puisse donner son bain à l'enfant divin (31 sqq).

Dans l'*Alexandra* de Lycophron, la barrière qui sépare les deux continents opposés de l'Europe et de l'Asie (*Alexandra* 1283-1290) offre au poète l'occasion d'un traitement chargé de sens : les continents sont d'abord nommés

5 - Karl Meuli, Odyssee und Argonautika, Berlin 1921.

6 - Voir G. Leue, « Zeit und heimath des periegeten Dionysios », Philologus 42, 1884, 175-178 pour Denys, et J.-M. Jacques, « Sur un acrostiche d'Aratos », REA 62, 1960, 48-61 pour Aratos.

par des références mythologiques (la « mère de Prométhée » pour l'Asie, la « nourrice de Sarpédon » pour l'Europe), ils existent donc moins comme des surfaces géographiques que comme des personnes capables de s'affronter, puis le poète, par la bouche de l'énigmatique Cassandre-Alexandra, suit la frontière des continents du Sud au Nord, un déplacement le long duquel on passe d'un monde peuplé de grandes références légendaires (Hellé, les Symplégades) à des confins nordiques désignables seulement par l'image pitoyable d'un habitant du Palus Méotide qui se lamente sur ses engelures aux pieds. C'est manifestement un enjeu de civilisation qui est au centre de ces choix ethnico-géographiques : quitter le monde grec, c'est s'aventurer loin du monde des héros pour rejoindre des parages où des êtres sans nom souffrent des douleurs sans gloire.

Pour la géographie d'Apollonios, le lecteur bénéficie du livre désormais classique d'E. Delage[7], auquel viennent s'ajouter les notes et les cartes de l'édition très soignée que Francis Vian nous a donnée du texte d'Apollonios (avec la traduction française du même Émile Delage)[8]. On aborde ainsi la question de la géographie muni d'instruments solides. Hans Herter, en son temps, avait rendu compte des travaux portant sur la question, dont celui de Delage, et avait consacré un segment très intéressant de son rapport à la géographie d'Apollonios[9].

Munis que nous sommes de ces études, notre propos n'est donc en aucune façon d'apporter une nouveauté sur la question des sources auxquelles Apollonios aurait puisé son savoir géographique, mais bien de tenter d'éclairer les procédés dont le poète des *Argonautiques* se sert pour intégrer cet aspect important des intérêts scientifiques des Alexandrins dans le tissu de son épopée.

On dira tout d'abord l'essentiel : au niveau du μῦθος, cette âme du récit pour Aristote, la légende des Argonautes, par le simple fait que le déplacement est un élément constitutif de son récit, peut être tenue pour une récitation des connaissances géographiques du moment. Nous n'avons plus l'épopée archaïque à laquelle le poète de l'*Odyssée* fait allusion dans le vers célèbre Ἀργὼ πᾶσι μέλουσα παρ' Αἰήταο πλέουσα (12.70), mais on gagera que si l'on pouvait comparer ce texte à celui d'Apollonios de Rhodes, la première différence qui sauterait aux yeux serait la modification du parcours des héros, et son adaptation par Apollonios à l'état des connaissances géographiques dont il

7 - Émile Delage, La géographie dans les Argonautiques d'Apollonios de Rhodes, Bordeaux 1930.

8 - Apollonios de Rhodes, Les Argonautiques, texte établi et commenté par Francis Vian et traduit par Émile Delage. Paris, t. I 1974, t. II 1980, t. III 1981.

9 - Loc. cit. (n.2), pp. 302-306.

pouvait disposer au Musée. Il s'agit là d'une banalité, mais on voit que l'esprit qui préside à ce type de modification rendue nécessaire par l'évolution de l'image du monde est le même que celui qui conduira, plus tard, à la révision constante du poème géographique de Denys le Périégète[10]. Il n'a donc que peu de rapport avec le sentiment poétique lui-même, sinon dans la mesure où le lecteur attend d'un poème un certain degré de précision scientifique, – ce qui semble bien avoir été le cas d'une partie des lecteurs alexandrins.

On tombe sur un cas plus intéressant de mise en œuvre de la géographie si l'on quitte le niveau profond du μῦθος pour se tourner vers les réalisations de détail. Or, dès les premiers vers, Apollonios affiche son usage de la géographie dans la partie de son poème qui fut l'objet des critiques les plus dures : le catalogue des Argonautes. Ce n'est pas ici le lieu de faire l'inventaire des jugements négatifs portés sur ce segment initial du texte. Mais si l'on se souvient que le modèle auquel Apollonios se réfère, en admirateur d'« Homère », est certainement le catalogue des vaisseaux de l'*Iliade*, on sera particulièrement attentif à l'aspect géographique, fondamental également dans ce texte archaïque. Apollonios commence par se distinguer de son modèle par le lieu d'insertion du catalogue dans le poème : au début, et non en cours de récit, alors que cette seconde solution aurait sans doute permis de mieux intégrer un élément en lui-même plutôt statique et de nature à retenir le sentiment de l'écoulement du récit (c'est la solution du poète de l'*Iliade*, faut-il le rappeler). Évidemment, il y a l'astuce qui consiste à montrer les Argonautes *en train de venir* rejoindre Jason : Kaibel a remarqué cette habileté d'Apollonios[11]. Mais on peut également dire que l'auditeur attentif au déroulement de la « carte de Grèce » impliquée dans cette énumération va immédiatement effectuer un parcours imaginaire dessinant une sorte de « périple »[12] parcouru dans le sens anti-horaire (deux exceptions seulement : Milet, d'où vient Erginos, et Samos, patrie d'Ankaios, placés à la suite du Cap Ténare, qui fonctionne comme point extrême de rupture, promontoire dans le texte comme dans la réalité). D'une certaine manière, et peut-être jusque dans le choix d'une direction qui est contraire de celle que suivra l'expédition des Argonautes, la géographie du catalogue sert de signal indicateur : elle rend l'auditeur attentif au fait que le poème ne va pas dérouler son récit du monde dans le désordre ; les lieux doivent être pris comme des indices de lecture, et non seulement comme des éléments d'érudition attachés à un récit traditionnel.

10 - Révisions que l'on peut suivre jusqu'au XVIIIe siècle, cf. e.g. M.L.West, Textual Criticism and Editorial Technique, Stuttgart 1973, p. 17.

11 - G. Kaibel, « Sententiarum liber quartus », Hermes 22 1887, 511 : non enim qui adfuerint narrat, sed qui convenerint, non quasi narretur, sed quasi agatur res.

12 - Le mot est de H. Herter, loc. cit. (n.2), 340.

On peut par conséquent supposer que c'est un auditeur averti qui aborde l'un et l'autre des deux segments que l'on voudrait ici donner en exemple du traitement différencié qu'Apollonios fait subir à la donnée géographique dans le corps de son récit.

2.899-1 029

Commençons par un segment qui pourrait avoir l'air d'un simple compte rendu ethnographique et géographique de pays lointains, et dans lequel l'enchaînement des parties du texte serait conditionné nécessairement par le trajet de la nef Argô : il s'agit d'une partie du second chant dans laquelle on voit l'expédition des Argonautes suivre la côte méridionale du Pont Euxin (2. 899-1 029). Bien défini en son début par un retour thématique qui referme sur lui-même le segment précédent[13], le récit de navigation dans lequel on pénètre entraîne l'auditeur dans un univers qui s'annonce immédiatement comme marqué par une dominante : la géographie (on évoque les fleuves Achéron et Callichoros) ; le premier usage qui en sera fait consiste dans une exploitation des rapports entre géographie et sphère du divin. En effet, la mention du Callichoros est l'occasion d'un αἴτιον : Dionysos a établi au bord de ce fleuve un culte lors de son retour de l'Inde, dans le courant du voyage qui devait le faire aboutir à Thèbes. Très populaire en milieu alexandrin parce qu'il préfigurait les conquêtes d'Alexandre, le voyage de Dionysos permet un appel discret à la sensibilité géographique de l'auditeur telle qu'elle est modelée par le récent élargissement de la conscience grecque du monde. Ce n'est qu'un début, et d'autres éléments combinant également ces thématiques vont suivre. Cela débute par la vision du tombeau de Sthénélos (911-929) ; ce passage introduit, à côté de l'élément religieux, une composante miraculeuse qui s'adresse à la capacité d'étonnement : θάμβησαν dit le poète pour décrire la réaction qui est celle des Argonautes devant l'apparition du héros Sthénélos lui-même sur sa tombe (2. 922).

En quelques vers, le poète combine avec la géographie les thèmes du monde religieux et de l'étonnement. Si l'on se transporte à la fin du segment qui nous occupe, nettement délimité par le passage du climat ethnographique et géographique à la reprise des récits d'aventure (les Argonautes sont attaqués par l'un des oiseaux de l'île d'Arès : 2.1030 sqq.), on s'aperçoit qu'il s'achève sur une évocation de paradoxes : les mœurs des Chalybes, des Tibaréniens, des Mossynèques (2.1000-1029) constituent des renversements du monde éthique des Grecs représenté en ces lointaines contrées par la présence des Argonautes. L'étonnement des auditeurs doit prendre ici le relais de celui, implicite, des héros.

---

13 - 720-721 : Ἦμος δὲ τρίτατον φάος ἤλυθε, δὴ τότ᾽ ἔπειτα / ἀκραεῖ ζεφύρωι νῆσον λίπον αἰπήεσσαν.
899-900 : Ἠῶιοι δἤπειτα δυωδεκάτωι ἐπέβαινον / ἤματι· δὴ γάρ σφιν ζεφύρου μέγας οὖρος ἄητο.

Revenant alors sur le déroulement du segment, on constate que les éléments qui accompagnent le savoir géographique dans les premiers vers considérés vont se retrouver combinés dans l'ensemble du segment : insistance sur la sphère religieuse, notamment liée à la notion d'αἴτιον, effet d'étonnement devant le paradoxe. Sans entrer dans le détail, on distingue une première partie où domine la notion du religieux : cérémonie propitiatoire pour Sthénélos, construction d'un autel en l'honneur d'Apollon, évocation d'Artémis à propos du fleuve Parthénios, récit de la ruse de Sinope à propos de la région où se situe la ville qui porte son nom; parmi les soupirants victimes de la ruse de cette belle, fille d'un fleuve de Béotie, on trouve à côté de Zeus et d'Apollon un autre fleuve, qui est cette fois-ci de la région : l'Halys.

Dans une deuxième partie, la coloration du paradoxe va prendre le dessus pour culminer dans l'évocation des mœurs étranges par lesquelles se clôt le segment : en effet, dès que les Argonautes rencontrent les compagnons qui laissèrent Héraklès durant l'expédition contre les Amazones (955 sqq), la présence des Amazones va constituer un élément récurrent du récit : Apollonios va rappeler la ruse d'Héraklès pour s'emparer de la ceinture d'Hippolyte en échange de Mélanippe que ce dernier avait capturée dans une embuscade (2.965-969), le Thermodon coule à partir d'une source unique située dans les « Monts Amazoniens » (2.977), enfin les Argonautes échappent à une confrontation avec les Amazones (985-995). Les Amazones sont évidemment perçues comme une des manifestation du « monde renversé » dans la sensibilité de ceux qui se voient représentés dans le récit de l'aventure des Argonautes par les Argonautes eux-mêmes. On peut même dire qu'elles sont à tel point l'inverse des Argonautes que le poète désigne du doigt le fait en soulignant l'absence de tout contact entre eux : aux vers 2.985-995, il évoque la possibilité d'une rencontre guerrière (avec un verbe ambigu, ἔμιξαν, qui peut également traduire la rencontre amoureuse) qu'un coup de vent, voulu par Zeus, écarte définitivement. Le paradoxe de l'existence même des Amazones s'accompagne, au niveau du paysage et de la géographie, de l'étonnante embouchure multiple du fleuve Thermodon, qui s'écoule à partir des Monts Amazoniens.

On constate par conséquent que le savoir géographique est comme inséré dans un tissu dont les colorations sont organisées autour de deux thèmes annoncés dans le début du segment, puis conjugués dans le reste du passage, avec un accent mis sur le monde des dieux dans la première partie, sur le paradoxe et l'étrangeté dans la seconde.

Il existe cependant un élément unificateur supplémentaire qui permet à cette partie « géographique » du poème de ne pas se présenter comme la versification d'un volume érudit. Artémis, Sinope, les Amazones, indiquent bien évidemment la direction des rapports homme-femme au travers d'une thématique du refus des rapports sexuels. Ce premier versant se trouve compensé dans la suite du segment. Il y a tout d'abord, comme à la charnière, ce verbe équivoque ἔμιξαν (985) pour évoquer la rencontre manquée des Argonautes et des Amazones. Puis, de manière tout à fait explicite, il y a le récit de la naissance des Amazones : elles doivent la vie à l'union amoureuse d'Arès et d'Harmonie. Les mœurs étranges par lesquelles s'achève le segment mentionne explicitement des renversements liés à la sexualité et à la fécondité : les Tibaréniens jouent le rôle de leurs femmes au moment de l'accouchement (2.1011-1014), les Mossynèques s'unissent publiquement à leurs épouses (2.1023-1025). On a donc l'impression que, de part et d'autre de la rencontre manquée des Argonautes et des Amazones, le poète évoque des cas d'attitudes diversifiées dans le comportement des sexes : refus irrévocable d'un côté, sexualité normale et comportements aberrants de l'autre. Or, à ce point du récit, l'auditeur sait que l'on se rapproche de la Colchide. La prophétie de Phinée avait annoncé que la déesse de l'amour aurait un rôle à jouer dans le succès de l'expédition (2.423-424) : en faisant planer sur l'exposé de la géographie pontique des attitudes amoureuses dont certaines sont remarquables par leur étrangeté, Apollonios réussit à nous faire appréhender l'approche de la Colchide non seulement sur le plan du déplacement le long d'une côte maritime, mais également comme l'approche du pays de Médée, comme une annonce en filigrane de l'aventure amoureuse avec, peut-être, le frisson qui pourrait provenir de mœurs étranges.

Insérée dans une thématique choisie, la donnée géographique nous apparaît donc comme liée aussi, sur le plan de la perception globale du poème, au μῦθος lui-même. Un deuxième exemple, choisi dans la partie qui narre le retour après la conquête de la toison, peut servir de contre-épreuve à ces observations.

4.492-658

Au quatrième chant, le passage des Argonautes par un cheminement très particulier pour passer de l'Adriatique à la mer Tyrrhénienne à travers le Pô, les « lacs celtiques » et le Rhône[14] donne lieu à un segment du récit qui s'ouvre par une discussion clairement orientée vers la question de l'itinéraire (4.492). Le passage à dominante géographique qui s'ensuit aboutit très nettement au moment où les Argonautes vont se retrouver chez Circé, moment où un nouvel épisode de l'action va s'ouvrir qui ne comporte pas de déplacement (4.659 sqq). Cet épisode de relation sur des *terrae incognitae* se trouve traité

---

14 - Sur ce système transcontinental, cf. Hermann Fränkel, Noten zu den Argonautika des Apollonios, München 1968, 507-509.

très différemment de l'épisode de navigation le long des côtes méridionales du Pont Euxin.

La première différence qui saute aux yeux est le climat d'insécurité quant à la suite de l'itinéraire qui marque le récit. Autant les lieux se succédaient au deuxième chant dans un ordre qui était livré à l'auditeur comme un donné de nature, autant, dans notre épisode, tout semble suspendu à des interrogations. Le départ des Argonautes, qui fait l'objet du conseil qui les réunit, est problématique : les Colques qui les poursuivent les laisseront-ils continuer leur route? Cette question une fois réglée favorablement grâce à l'intervention d'Héra, la suite du voyage, après l'épisode chez les Hylléens, est trouble pour le poète lui-même, qui intervient pour interroger les Muses (4. 552) : il constate des traces du passage de la nef Argô, mais avoue son embarras; il aimerait savoir quelle nécessité a porté les héros vers de tels détours. On voit les Argonautes partir vers le Sud, puis subir un demi-tour incompréhensible. Il ne faut pas moins qu'une prise de parole de la poutre d'Argô provenant du chêne de Dodone pour que les Argonautes apprennent la raison de ce détour : ils doivent se rendre chez Circé pour être purifiés du meurtre d'Apsyrtos. Relayant un peu plus loin l'ignorance du poète, ce sont les Argonautes qui s'égarent : ils s'engagent par erreur dans la direction de l'Océan, entraînés par un bras du Rhône (qui n'est sans doute autre que le Rhin); Héra doit pousser le cri qui les fait revenir en arrière dans la bonne direction, celle de la mer « Ausonienne », où ils déboucheront près des îles Stoichades (les îles d'Hyère) avant de retrouver une navigation sans histoire jusque chez Circé. Errances et hésitations du poète et de ses personnages font perdre à l'auditeur toute impression de netteté dans le parcours. Les interventions divines modèlent un voyage qui semble, le temps d'un segment, livré au chaos.

Une deuxième observation porte sur les êtres qui peuplent ces régions : les Hylléens, les Héliades qui pleurent Phaéthon, les Celtes et les Ligures.

Avec les Hylléens, l'auditeur est ramené au point de départ de l'expédition : ils reçoivent en effet des Argonautes l'un des deux trépieds qu'Apollon avait confiés à Jason lorsqu'il était venu le consulter à Delphes avant le départ d'Argô. Cette mise en perspective donne la vision globale qui permet de percevoir les Hylléens dans la texture du récit qui présente leur entrée en scène : on peut en effet s'apercevoir qu'ils sont présentés comme l'exacte figure renversée des Colques. En effet, au moment où ces derniers sont contraints par Héra d'abandonner la poursuite des Argonautes, ils abandonnent la cause d'Aiétès, quittant un roi cruel dont ils craignent la vengeance, et s'établissent dans les îles qui prennent le nom d'îles d'Apsyrtos; inversement, les Hylléens, qui comme les Colques ont perdu leur chef, avaient quitté un roi bienveillant, Nausithoos, pour aller s'établir eux aussi dans des îles.

C'est une permutation du même type, mais plus complexe, que nous propose l'évocation des Héliades : elles pleurent la mort de Phaéthon, tombé du char du Soleil (4. 598). Or, l'auditeur ne peut pas oublier, à ce point du récit, qu'Apsyrtos porte lui aussi le nom de Phaéthon (3. 245, 1. 236) et qu'Apollonios nous le présente tenant les rênes du char de son père (3.1237 ; 4. 224, où il est précisé que les chevaux qui tirent le char sont un cadeau du Soleil lui-même !). La mort d'Apsyrtos reçoit ainsi, comme en surimpression, la marque de la mort de son homonyme Phaéthon, mais avec une insistance sur les lamentations des Héliades (rattachées à l'αἴτιον de l'origine de l'ambre) qui fait ressortir la transformation du rôle de la sœur à l'intérieur de cette lignée : à la sœur assassine de Phaéthon qu'est Médée répondent les pleurs que versent les Héliades sœurs de Phaéthon ; or Médée, comme les Héliades, descend du Soleil. C'est un peu comme si l'on rencontrait en route une version métamorphosée de la mort d'Apsyrtos.

Restent les Celtes et les Ligures. Les Celtes sont déjà posés dans leur altérité lors de l'exposé de l'αἴτιον de l'ambre : ils s'en tiennent à une explication différente (4. 611-618), qui met en jeu non pas les Héliades, mais une version particulièrement étrange de la présence d'Apollon chez les Hyperboréens, liée à la colère de Zeus au moment de la naissance d'Asclépios. Cette étrangeté sera accentuée lorsque l'on verra les Celtes, au côté des Ligures, présentés comme des peuples à la fois nombreux et féroces, qui vont contraindre Héra à jouer l'un des rôles que lui assigne l'exégèse allégorique : répandre une nuée (4. 646 Ἥρης ...4. 648 ἠέρα...) qui fait disparaître Argô et la dissimule avec son équipage à la vue de ces populations.

Chaos de la perception géographique du monde, renversements dans le statut des peuples, prise de parole par une poutre du bateau, métamorphose et permutations du récit de la mort d'Apsyrtos-Phaéthon, disparition d'Argô dans une nuée, sauvagerie des populations créent un climat où géographie et ethnologie sont présentées comme dominées par les caractéristiques d'un monde qui préfigure celui de Circé, avec son état d'inachèvement, de férocité, d'indétermination et de métamorphoses possibles (voir 4. 665-682, l'évocation de son univers étrange qui provoque le θάμβος des héros).

On le constate : la contre-épreuve est concluante : géographie et ethnologie se trouvent fortement agencées sur le μῦθος et non livrées en pâture au seul appétit de connaissances qui pourrait être tenu pour le moteur de l'érudition en poésie. Le premier échantillon montrait dans leur usage une manière subtile de préluder à l'entrée de Médée dans l'espace du poème, le second montre qu'il n'en va pas autrement de Circé. Il y a cependant une variation : le rôle de Médée se trouvait en quelque sorte circonscrit par anticipation au travers des cas extrêmes qu'Apollonios évoquait, prélude à ce que serait l'amour de Médée, un amour évoqué par la mention de cas pouvant jusqu'à un certain point lui servir de repoussoir. Au contraire, la présence de Circé est rendue sensible à l'auditeur par ce qui forme justement l'ensemble des caractéristiques fondamentales de son univers magique.

Ainsi, le signal avertisseur que avons entendu dans la géographie du catalogue des Argonautes nous indiquait bien une piste à ne pas perdre de vue : si la géographie se trouve au cœur du μῦθος des Argonautes, elle peut en même temps accéder à une fonction poétique en se voyant attribuer un rôle préfigurateur au niveau de la perception que l'auditeur aura de ce μῦθος.

Ἀμάρτυρον οὐδὲν ἀείδω dit Callimaque dans un fragment célèbre (612 Pfeiffer), où l'on veut parfois lire une sorte de manifeste en faveur de la présence d'éléments « scientifiques » dans la poésie alexandrine. Certes, on peut avec raison insister sur tout ce que cette poésie tente de drainer de bien attesté, sur tout ce qu'elle assume et qui relève de la connaissance démontrée ; mais on n'oubliera pas que l'on se trouve également en face de poètes. Et s'il est bon d'explorer dans la production poétique alexandrine ce qui peut illustrer les mots ἀμάρτυρον οὐδέν de la formule, on voit qu'il n'est pas impossible, par quelques coups de sonde dans le savoir géographique présent chez Apollonios, de contribuer à donner un contenu au verbe principal de cette formule : ἀείδω, *je chante.*

Béatrice BAKHOUCHE

L'héritage alexandrin (IIIe a.c.- Ier p.c.) dans les textes latins d'astronomie

Les textes latins d'astronomie se rattachent – explicitement ou implicitement – à la science alexandrine. Mais que faut-il entendre par « textes latins d'astronomie » ?

Ce sont généralement des écrits qui ressortissent à la tradition encyclopédique ou à la tradition scolaire.

L'esprit encyclopédique, initié à Rome par Varron et ses *Disciplinarum libri*, a été perpétué par Pline et son *magnum opus*, l'*Histoire Naturelle*, dont les 32 livres excèdent de loin le cadre beaucoup plus étroit des neuf *disciplinae* varroniennes. L'œuvre commence réellement au livre II, par l'étude du cosmos et de ses quatre éléments constitutifs – le feu, l'air, l'eau et la terre.

Mais l'esprit de l'encyclopédisme, du savoir pour le savoir, se perd rapidement : on le voit s'atrophier, se scléroser dans le cadre étroit de l'école. C'est en effet un certain appauvrissement de la matière qu'on peut déplorer chez Martianus Capella : son œuvre allégorique, les *Noces de Philologie et Mercure*, à travers une mise en scène somptueuse et un style qui rattache encore l'œuvre à Varron par l'utilisation du *prosimetrum* des *Satires Ménippées*, mime le parcours initiatique de Philologie... à travers le cursus scolaire ! Dans un tel cadre, l'astronomie trouve sa place au huitième livre.

C'est encore à l'école que renvoient le *Commentaire au Timée* de Calcidius et celui au *Songe de Scipion* de Macrobe, fin IVe-début Ve siècle. A l'école en effet, car ces commentateurs, après avoir systématiquement traité des quatre disciplines scientifiques, abordent l'exégèse proprement philosophique : la science sert ici de prolégomène à la philosophie. Les quatre disciplines de ce que Boèce appellera le *quadrivium* constituent une propédeutique indispensable, sur le chemin qui mène à la sagesse. Il s'agit donc d'un enseignement supérieur qui s'adresse soit à un jeune, l'*Eustachus filius* de Macrobe[1], soit à un homme sans doute encore assez jeune, l'*Osius* de Calcidius[2], désireux l'un et l'autre

1 - Cf. *In Somn.*, I, 1.
2 - Cf. *Epistula ad Osium*.

d'apprendre. Dans ces deux commentaires, les développements consacrés à l'astronomie constituent un tout, parfois rattaché de façon très lâche, voire artificielle au texte commenté[3].

Résumons-nous : la plupart des textes d'astronomie ressortissent au genre didactique, entendu au sens large et compris aussi comme le résultat d'un affaiblissement, d'un abâtardissement de l'esprit encyclopédique.

Aucun de ces auteurs n'est spécialiste d'astronomie. Ce sont des amateurs, ce sont surtout des écrivains soucieux au moins autant de littérature que de science. Il n'empêche que dans un Empire romain inexistant pour les historiens des sciences, le goût pour les astres ne se manifeste pas seulement à travers l'astrologie. Vitruve, par exemple, dans son traité sur l'*Architecture*, consacre à l'astronomie une bonne partie du livre IX dédié en principe à la gnomonique. Une fois de plus, l'exposé déborde largement le cadre d'une simple introduction, avant la partie proprement technique sur la construction des appareils à mesurer le temps.

Voilà donc les textes qui nous intéressent ici.

A travers ces écrits, nous nous attacherons d'abord aux références explicites aux astronomes alexandrins ; puis nous essaierons d'évaluer l'héritage réel de l'astronomie alexandrine à Rome, et d'en fixer les limites.

L'héritage revendiqué

Martianus Capella place son *De Astronomia* sous le triple patronage des grands astronomes : Eratosthène, Ptolémée et Hipparque. Uranie en effet s'écrie dès le début de ce livre VIII :

> Puisque, dans mon errance, j'en suis venue bon gré mal gré à être connue en Grèce, tout ce qui a été divulgué par Eratosthène, Ptolémée, Hipparque et les autres devrait suffire, pour m'éviter le désagrément d'être obligée de parler davantage[4].

Cette mise en exergue est emblématique : ce sont en effet les trois noms qui reviennent le plus souvent. Compte tenu du cadre géographique et chronologique dans lequel nous nous plaçons, nous ne retiendrons qu'Eratosthène et Hipparque, auxquels nous adjoindrons Aristarque de Samos dont Vitruve est cependant le seul à parler.

Aristarque, Eratosthène et Hipparque. A ces trois noms, les historiens associent trois démarches originales : le nom d'Aristarque reste en effet lié à l'hypothèse d'un système héliocentrique pour rendre compte des mouvements

3 - Cf. *In Tim.*, c. 56-118 ; *In Somn.*, I, 14,21-II, 9.

4 - *De Nuptiis*, VIII, 813 : « *Quoniam utcumque in Graiam notitiam errabunda perueni, sufficere oportuit quicquid ab Eratosthene Ptolemaeo Hipparcho ceterisque uulgatum, ne me ultra loquendi necessitas ingrauaret* ».

irréguliers des planètes ; celui d'Eratosthène est indissociable de l'évaluation de la circonférence terrestre. Quant à Hipparque, il est celui qui a découvert le mouvement de précession des équinoxes. L'image de ces grandes figures de l'astronomie grecque, telle qu'elle est renvoyée par les textes latins, est-elle fidèle ?

Aristarque de Samos est cité par Vitruve pour avoir imaginé une « théorie des phases lunaires » qui, en fait, n'avait rien d'original même au IIIe siècle : la Lune en effet n'a pas de lumière propre, mais réfléchit celle du Soleil ; ses différents aspects s'expliquent précisément par la position de l'astre des nuits par rapport à celui du jour[5]. Le mécanisme des phases lunaires était en effet bien connu depuis le second quart du Ve siècle a.c., soit 200 ans avant Aristarque[6].

Plus loin (8,1), son nom est lié à l'invention d'un cadran solaire.

Dans les deux cas, les références de Vitruve concernent des éléments mineurs, voire inexacts, de l'activité de l'astronome de Samos.

Quant à *Eratosthène*, c'était sans doute une *opinio communis* à Rome que d'associer son nom à l'évaluation de la circonférence terrestre : Pline a retenu le résultat du calcul et le nom de son auteur, mais n'évoque pas la manière dont il a procédé. Martianus en revanche est beaucoup plus prolixe au livre VI sur la Géo-métrie (à entendre au sens de « mesure de la Terre »), mais ses explications sont plutôt confuses :

> La circonférence de la Terre est de 252 000 stades, comme cela a été vérifié au moyen du calcul gnomonique par le très savant Eratosthène. On appelle « scaphes » des vases ronds en bronze qui marquent le tracé des heures grâce à la hauteur du style placé dans le creux, au milieu. Le style s'appelle « gnomon » : la longueur de son ombre, à l'équinoxe, a donné [...] la mesure du cercle partagé en deux, si la valeur mesurée était multipliée par 24. Eratosthène, en étant sûr du nombre de stades entre Syène et Méroé par les arpenteurs royaux de Ptolémée, attentif à la valeur de la portion de la Terre, et en la multipliant proportionnellement au nombre de degrés, a trouvé sans hésitation la valeur du cercle, la mesure de la Terre, le nombre de milliers de stades de sa circonférence[7].

La confusion dans les explications de Martianus ne doit pas être imputée uniquement à la lacune de quelques mots relevée par les éditeurs dans

---

5 - *De arch.*, IX, 2, 3-4.

6 - Cf. *R.E.*, XVI.1, s.v. *Mond*, col. 76-105 ; sur les phases, col. 98-101 [W. Gundel].

7 - *De Nuptiis*, VI, 596-598 : « *Circulus quidem terrae ducentis quinquaginta duobus milibus stadiorum, ut ab Eratosthene doctissimo gnomonica supputatione discussum. Quippe scaphia dicuntur rotunda ex aere uasa, quae horarum ductus stili in medio fundo siti proceritate discriminant, qui stilus gnomon appellatur, cuius umbrae prolixitas aequinoctio centri sui aestimatione dimensa uicies quater complicata circuli duplicis modum [...] reddidit. Eratosthenes uero, ab Syene ad Meroen per mensores regios Ptolomaei certus de stadiorum numero redditus, quotaque portio telluris esset aduertens, multiplicansque pro partium ratione, circulum mensuramque terrae incunctanter, quot milibus stadiorum ambiretur, absoluit* ».

l'avant-dernière phrase. Il semble qu'elle soit due également à une confusion tout aussi grande dans l'esprit de son auteur. Le développement s'articule en deux temps : d'abord est évaluée une grandeur angulaire (180/24 = 7,5°). Ensuite celle-ci est convertie en grandeur linéaire. Ce sont en effet les deux étapes du raisonnement d'Eratosthène ; mais les explications de Martianus sont insuffisantes pour que le lecteur comprenne.

Cléomède, dont la démonstration géométrique est très élaborée[8], permet de suppléer aux obscurités de l'exposé latin : la valeur angulaire trouvée pour la « longueur de l'ombre » correspond en fait à la différence de latitude entre les deux villes. S'agit-il de Syène et Méroé ? Cléomède parle de Syène et d'Alexandrie, choix de villes beaucoup plus intéressant et historiquement exact : en effet, Syène étant située sous le tropique du Cancer, l'ombre projetée par le style d'un gnomon le jour du solstice d'été (et non de l'équinoxe) est nulle quand le Soleil passe au méridien, alors qu'à la même heure, à Alexandrie, plus au nord (mais pratiquement sous le même méridien), l'ombre du Soleil se projette plus obliquement. Quand on connaît – par les arpenteurs de Ptolémée, nouvel argument pour privilégier Alexandrie comme ville de référence – la distance entre les deux villes, une simple règle de trois permet de passer de l'écart angulaire[9] à la circonférence terrestre. Appelons x en effet la distance entre les deux villes correspondant à 7°30 ; la circonférence terrestre (P_T) sera la longueur correspondant à 360°. On peut donc écrire :

Si x = 7,5°, $P_T = (x/7,5) * 360$.

Pour que le résultat soit égal à 252 000 stades[10], il faut que x soit égal à (252 000 * 7,5) /360 = 5 250 stades.

La comparaison entre Cléomède et Capella, la supériorité du premier dans ses démonstrations mathématiques sur l'exposé assez confus du second permettent de penser, même en l'absence d'autres témoignages, que le Grec est plus fidèle à Eratosthène que le Latin.

Bien pis, au livre VIII et en complète contradiction avec le passage du livre VI précédemment cité, le même Capella crédite l'astronome de Cyrène, associé d'ailleurs à Archimède, d'une estimation de la circonférence terrestre égale à 406 010 stades. S'agissant en effet de calculer les distances entre les planètes ou, ce qui revient au même, la grandeur de leurs orbites, il est écrit :

> Pour que nous les mesurions toutes sous le rapport de leur grandeur, ce que les astronomes n'ont pas voulu d'un accès facile, il faut commencer par la seule hypothèse de la géométrie, qu'elle fournit maintenant d'elle-même et qui a été démontrée par Eratosthène et Archimède : la circonférence de la Terre est de

8 - *Théorie élémentaire*, I, 10, 3-4.

9 - Pour Cléomède, l'écart angulaire est de 1/50 du cercle, soit 360/50 = 7,2°.

10 - Cléomède donne 250 000 stades (I, 10, 4,22) : du coup, pour lui, x = (250 000 * 7,2)/360 = 5 000 stades.

> 406 010 stades, de même qu'il a été démontré par celui-ci par des preuves irréfutables que le cercle de la Lune est cent fois plus grand « que la Terre », cercle qu'on trouve 600 fois supérieur à la Lune elle-même[11].

Considéré comme un *locus desperatus* par A. Le Bœuffle, ce chiffre a été interprété comme le résultat de plusieurs altérations de nature différente : il est corrigé en 356 000 ou 396 000, cette dernière valeur présentant l'avantage d'être divisible par 360, la première pouvant être analysée comme venant de la conversion de 252 000 stades égyptiens en stades philétairiens[12].

J'ai pour ma part proposé une autre analyse de cette « erreur »[13]: elle peut venir de la conversion soit de 240 000 stades (évaluation posidonienne), soit – mieux – de 300 000 stades (évaluation d'Archimède) en stades plus longs (soit delphiques, soit ptolémaïques). Mais je serais plutôt encline à penser que cette valeur barbare est à mettre en relation avec l'orbite de la Lune jugée cent fois plus grande que la circonférence terrestre : il faudrait donc partir de 40 601 000 (406 010 *100) pour expliquer 406 010. Du reste, à partir de ce dernier nombre, le diamètre terrestre présente l'avantage d'être égal à un nombre entier (129 185 stades), si nous calculons comme les Anciens : $P_{cercle} = 22/7 * D$.

Heureusement que Martianus Capella n'est pas notre seule référence, car les historiens auraient attribué à Eratosthène des explications et des évaluations qui lui sont, en réalité, tout à fait étrangères.

En revanche, quand Macrobe cite le fameux géographe :

> Voici ce que dit Eratosthène dans ses livres sur les dimensions : *la mesure de la Terre, multipliée par 27, donnera la mesure du Soleil*[14],

la plus grande circonspection s'impose, car c'est la seule référence que nous ayons à cet ouvrage d'Eratosthène et à ce rapport de grandeur entre la Terre et le Soleil.

Enfin Calcidius attribue à l'astronome de Cyrène, dans la pure tradition pythagoricienne, une théorie de l'harmonie des sphères selon laquelle les distances entre les planètes obéissent aux règles musicales :

> Eratosthène est d'accord pour dire que le mouvement des astres produit des sons harmonieux, mais il ajoute que leur ordre de placement n'est pas le même

11 - *De Nuptiis*, VIII, 858 : « *[...] quos omnes ut suis amplitudinibus metiamur, quod non facile astrologi uoluere, ab uno Geometriae concesso assertio est inchoanda, quod et ipsa suggerit in praesenti et ab Eratosthene Archimedeque persuasum, in circuitu terrae esse CCCCVI milia stadiorum et X stadia, ita ut ab hoc ergo indubitatis rationibus approbatur Lunae circulum centies esse maiorem* ».

12 - « Un *locus desperatus* chez Martianus Capella (8 858) », *Rev. de Philol.*, 58 (1984), p. 235-238.

13 - *Les textes latins d'astronomie, un maillon dans la chaîne du savoir*, Louvain, 1996, p. 238-240.

14 - *In Somn.*, I, 20,9 : *Eratosthenes in libris dimensionum sic ait : « mensura terrae septies et uicies multiplicata mensuram solis efficiet ».*

> [*scil.* que celui des Pythagoriciens]. De fait, aussitôt après la Lune, c'est au Soleil qu'il donne la seconde position à partir de la Terre, en racontant à l'aide d'un mythe que Mercure, juste après avoir inventé la lyre, comme il montait au ciel, passa d'abord par des corps que le mouvement des planètes faisait retentir d'une manière mélodieuse, et s'étonnant de ce que, semblable à la lyre qu'il avait inventée, l'image de son invention se retrouvât aussi au ciel, recherche l'origine de cette consonance dans la position des astres : il passa d'abord de la Terre à la sphère de la Lune ; après quoi il s'éleva jusqu'à celle du Soleil, de là à celle de Mercure-Stilbon et à toutes les autres planètes avec, la dernière et la plus élevée, la sphère des fixes[15].

Difficile, une fois de plus, de mesurer la crédibilité d'une telle assertion qui n'est ni confirmée ni infirmée par d'autres témoignages. Il est vrai qu'Eratosthène s'est intéressé à l'harmonie. Est-ce suffisant pour justifier ce panachage, de la part d'un scientifique, d'éléments musicaux et astronomiques ?

Hipparque, enfin, jouit en astronomie d'un prestige incontesté. L'importance de son œuvre a été d'emblée reconnue dans l'Antiquité latine. Vitruve, Pline, Calcidius et Martianus Capella le citent en termes souvent élogieux. Le Naturaliste se montre à son égard volontiers louangeur :

> Hipparque dont nous avons déjà parlé et qu'on ne saurait jamais assez louer, car nul plus que lui n'a fait voir l'affinité de l'homme avec les astres et que nos âmes sont une partie du ciel...[16],

tout comme Martianus :

> mon Hipparque qui a embrassé la vérité dans ses écrits...[17].

Cependant, de l'immense activité scientifique de l'astronome de Nicée, les Latins ne retiennent finalement que des éléments mineurs, voire discordants.

Vitruve nomme Hipparque parmi d'autres astronomes réputés pour leur savoir dans l'établissement d'un parapegme :

> [...] Eudoxe, Euctemon, Callippe, Meton, Philippe, Hipparque, Aratos et d'autres, utilisant leur science des parapegmes – dérivée de l'astronomie –, ont découvert la prédiction des levers et couchers des astres, ainsi que les indices météorologiques ; cette science, ils l'ont transmise, clairement établie, à la postérité[18].

---

15 - *In Tim.*, c. 73 : « *Eratosthenes motu quidem stellarum sonos musicos edi consentit, sed ordinem collocationis non eundem esse dicit. Statim quippe post lunam secundam altitudinem a terra soli dat memorans fabulose Mercurium commenta recens a se lyra, cum caelum ascenderet, primitus transeuntem per ea quae motu planetum ad organicum modum personabant, a se inuentae lyrae similem miratum, quod imago a se inuenti operis in caelo quoque reperiretur stellarum collocatione, quae causa esset concinentiae recensere. Primum se a terra transmisisse lunae globum, post quem superasse solis, dehinc Mercurii Stilbontis et ceterorum cum aplani summa et excelsa* ».

16 - *N.H.*, II, 95 : « *Idem Hipparchus numquam satis laudatus, ut quo nemo magis adprobauerit cognationem cum homine siderum animasque nostras partem esse caeli...* ».

17 - *De Nuptiis*, 824 : « *[...] Hipparchus meus scriptorum ueritate complexus...* ».

18 - *De Arch.*, IX, 6,3 : « *[...] Eudoxus, Euctemon, Callippus, Meto, Philippus, Hipparchus, Aratus ceterique ex astrologia parapegmatorum disciplinis inuenerunt, et eas posteris explicatas reliquerunt* ».

Discordantes, d'autre part, sont les évaluations que Calcidius et Martianus Capella attribuent à Hipparque pour l'amplitude du mouvement en latitude de la Lune.

Pour le premier, elle serait de 10° :

> On trouve à la Lune, comme l'affirme Hipparque, un écart total de 10° des deux côtés[19],

pour le second de 12 :

> La Lune, courant tantôt vers le nord, avance sur les douze degrés [du Zodiaque], tantôt revenant vers le sud, descend sur les douze [autres] degrés, les parcourant dans les deux sens, comme Hipparque l'accorde aussi[20].

Qui a raison ? qui a tort ? Impossible à déterminer.

Pline enfin, se référant à l'ouvrage d'Hipparque *Contre la géographie d'Eratosthène*, est le seul à lui attribuer une évaluation, pour la circonférence terrestre, supérieure d'environ 10 % au chiffre de l'astronome de Cyrène :

> Pour la circonférence totale du globe, Eratosthène... a donné le nombre de 252 000 stades... Hipparque, aussi admirable dans sa critique d'Eratosthène que dans toutes ses autres recherches, ajoute à cette mesure un peu moins de 26 000 stades[21].

Quel crédit accorder au Naturaliste qui est le seul à attribuer à l'astronome de Nicée une évaluation égale à 278 000 stades pour la circonférence terrestre ?

Par ailleurs, à propos des éclipses, il est fort possible, comme on le lit au § 53, que les prédictions d'Hipparque aient été calculées pour 600 ans. En revanche, son allusion aux catalogues d'étoiles est pour le moins inexact :

> Hipparque... découvrit une étoile nouvelle, différente des comètes, née de son temps ; constatant que le point où elle brillait se déplaçait, il fut amené à se demander si cela ne se produisait pas fréquemment et si les étoiles que nous croyons fixes n'étaient pas elles aussi mobiles ; en conséquence, il osa..., audace extraordinaire même pour un dieu, compter les étoiles pour la postérité et pointer le catalogue des astres... : il donnait ainsi le moyen de reconnaître aisément, non seulement si les étoiles mouraient ou naissaient, mais si telle ou telle, sans omission possible, traversait le ciel ou se déplaçait, croissait ou diminuait, laissant le ciel en héritage à tout le monde, pour le cas où il se trouverait un homme capable de recueillir la succession ![22].

---

19 - *In Tim.*, c. 88 : « *Luna, ut asseuerat Hipparchus, decem utrimque momentis deuia reperitur* ».

20 - *De Nuptiis*, 867 : « *Luna... per omnes duodecim currens nunc in aquilonem prouehitur, nunc in austrum deueniens infimatur, utrimque momentis excurrens, sic ut Hipparchus quoque consentit* ».

21 - *N.H.*, II, 247 : « *Vniuersum autem circuitum Eratosthenes... CCLII milium stadiorum prodidit... Hipparchus, et in coarguendo eo et in reliqua omni diligentia mirus, adicit stadiorum minus XXVI* ».

22 - *N.H.*, II, 95 : « *Hipparchus... nouam stellam et aliam in aeuo suo genitam deprehendit eiusque motu, qua fulsit, ad dubitationem est adductus, anne hoc saepius fieret mouerentur et eae, quas putamus adfixas, ideoque ausus rem etiam deo inprobam, adnumerare poste-*

Le Naturaliste fait manifestement allusion ici au fameux Catalogue d'étoiles dressé en 130 a.c., et comptant plus de mille astres. Sur cette référence se greffent, me semble-t-il, deux remarques de nature différente. D'abord la découverte d'une Nova, d'une nouvelle étoile, ce qui témoigne de l'acribie des observations de l'astronome. Ensuite l'idée que les étoiles se déplacent : mais, à ce niveau, l'exposé de Pline est confus. Si en effet l'étoile se déplace de façon perceptible pour un observateur terrestre, il y a peu de chances que ce soit une étoile. L'hypothèse, qui aurait été formulée par l'astronome, d'un mouvement des « fixes » a été expliquée par J. Beaujeu par une variation d'intensité des étoiles[23]. Voire. Elle paraît pourtant renvoyer plutôt à la fameuse découverte d'Hipparque du mouvement de précession des équinoxes. Mais cette découverte ne pouvait se faire en observant le ciel de son temps, mais en le comparant à celui d'autrefois : c'est d'ailleurs ce qu'avait fait Hipparque.

Ainsi les renseignements précieux que nous livre Pline sont noyés dans un développement assez embrouillé et sujet à confusion.

Au terme de cette rapide revue des citations latines d'astronomes alexandrins, quelle image, sur ces seuls témoignages, pourrions-nous nous faire de ces grandes figures de la science grecque ?

Une image bien inexacte, bien déformée. Deux tendances apparaissent clairement : au mieux, les textes latins reflètent les lieux communs de la tradition scientifique ; c'est le cas, par exemple des fameux 252 000 stades de la circonférence terrestre. Au pire, ils défigurent – involontairement certes – l'héritage des astronomes : les références nominatives aux autorités grecques ne sont guère une garantie d'authenticité. On se rend compte au contraire qu'elles sont, la plupart du temps, fort peu fiables.

Pourquoi ?

L'héritage réel

L'image des grandes figures de l'astronomie serait fidèle, si les auteurs latins puisaient directement aux écrits scientifiques grecs.

Or J. Beaujeu l'a, depuis longtemps, signalé à propos de Pline :

> Pline a rarement recours au texte authentique du savant ou du philosophe qui a découvert ou mis au point une idée, un système ; il le prend chez un disciple, chez le disciple d'un disciple, fidèle ou hétérodoxe, chez un adaptateur ou un

---

ris stellas ac sidera ad nomen expungere..., ut facile discerni posset ex eo non modo an obirent ac nascerentur, sed an omnino aliquae transirent mouerenturque, item an crescerent minuerenturque, caelo in hereditate cunctis relicto, si quisquam, qui cretionem eam caperet, inuentus esset ».

23 - *N.H.* II, *commentaire ad* § 95, p. 180 n. 2.

abréviateur. Ainsi avant de venir entre ses mains maladroites, les théories et les idées ont déjà subi des déformations et des transformations[24].

Cette analyse se vérifie tout aussi bien pour les autres auteurs latins. Nous en avons eu une preuve patente quand ont été découvertes les convergences entre le texte de Calcidius et celui de Théon de Smyrne. Celui-ci, au IIe siècle de notre ère, avait en effet regroupé, à propos des quatre sciences, toutes les « connaissances utiles à la lecture de Platon »[25]. Or les chapitres 56-91 de Calcidius suivent de près les développements de Théon sur l'astronomie.

Ce dernier donne même des précisions qu'omet le commentateur du *Timée*. C'est ainsi que Théon explique les différentes évaluations pour le mouvement en latitude de la Lune : la valeur égale à 10° correspond bien aux calculs d'Hipparque, alors que le chiffre de 12° est une hypothèse des « mathématiciens » qu'il avait définis auparavant comme les « anciens astronomes »[26]. Ces précisions infirment donc indirectement les dires de Martianus Capella.

Les données latines viennent donc d'ouvrages de vulgarisation, de doxographies, d'où des inexactitudes inévitables, voire un certain gauchissement des données initiales. Les textes latins se font donc l'écho d'une transmission indirecte de la science astronomique. A juste titre au demeurant, puisque, je l'ai dit, les auteurs ne sont pas des scientifiques, mais des « honnêtes hommes », des amateurs éclairés qui s'adressent à des individus désireux simplement d'apprendre.

C'est, en dernière analyse, un savoir vulgarisé qui apparaît dans les textes. Vulgarisé, anonyme, quel est donc cet héritage ? ou, plus exactement, qu'y a-t-il, dans cet héritage, de proprement alexandrin, de sûrement alexandrin ?

Nous nous intéresserons à ce qui est au cœur de tous les systèmes astronomiques : le mouvement des planètes. L'explication de leurs errances apparentes est longtemps restée le problème le plus difficile à résoudre : comment rendre compte en effet des irrégularités dans les courses d'astres qui se déplacent tantôt dans le sens direct – c'est-à-dire d'ouest en est –, tantôt s'arrêtent avant de rétrograder, mouvement au terme duquel, après une nouvelle station, la planète reprend sa marche directe ? Ce mouvement, qui peut être grossièrement représenté sous forme de boucle ou de zig-zag, a provoqué l'émergence des différents systèmes, depuis les sphères homocentriques d'Eudoxe et Callippe jusqu'aux épicycles ou excentriques fixes ou mobiles de Ptolémée. Toutes les hypothèses devaient en outre obéir au présupposé platonicien selon lequel les astres, êtres divins, ne pouvaient se déplacer qu'en cercle – figure parfaite –,

---

24 - *N.H.* II, notice p. XIV.

25 - *Expositio doctrinarum mathematicarum ad legendum Platonem utilium*, E. Hiller, Leipzig, 1878 ; trad. J. Dupuis, Paris, 1892.

26 - Cf. *Expositio*, Hiller, 135 = Dupuis, 223, et Hiller, 194 = Dupuis, 314.

et selon un mouvement uniforme, c'est-à-dire sans accélération ou ralentissement.

Or, même pour les deux luminaires, le Soleil et la Lune, dont les mouvements apparents se font toujours dans le sens direct, les variations dans leur diamètre apparent, de même que, pour le Soleil, l'inégalité des saisons constituaient deux « phénomènes » difficilement conciliables avec l'hypothèse d'une rotation autour de la Terre. Ce sont ces anomalies qui furent très probablement à l'origine de l'hypothèse des excentriques, c'est-à-dire d'orbites planétaires circulaires, mais n'ayant pas la Terre pour centre.

Quant au système des épicycles, un peu plus compliqué, il consistait à faire tourner la planète sur un petit cercle, l'épicycle, dont le centre, à son tour, se déplaçait sur un grand cercle, le déférent, concentrique à la Terre.
Ces deux systèmes, probablement imaginés par les dernières écoles pythagoriciennes de Grande Grèce, allaient être développés par l'école alexandrine. Et on s'accorde à penser que ce fut Apollonius de Perge (dont le *floruit* se situe vers 205) qui démontra géométriquement la stricte équivalence de ces deux systèmes : il revient au même en effet de faire circuler une planète sur un cercle excentrique ou de la faire se mouvoir sur un épicycle tournant sur un déférent[27].

Ce sont donc les hypothèses planétaires dont hérite Hipparque et pour lesquelles il manifeste un grand intérêt. Selon Théon, sa préférence serait allée au système des épicycles :

> Hipparque... vante l'hypothèse de l'épicycle comme sienne propre et dit qu'il est probable que tous les corps célestes soient uniformément placés par rapport au centre du monde et qu'ils lui sont semblablement unis[28].

Ce témoignage est néanmoins sujet à caution si on se réfère à ce que dit Ptolémée dans sa *Syntaxe mathématique* : selon lui en effet, l'astronome de Nicée était constamment attentif au fait qu'on obtient les mêmes résultats par l'une ou l'autre hypothèse[29]. Il était donc plus soucieux, comme Apollonius de Perge, de l'équivalence entre ces deux systèmes que d'en privilégier un.

Le travail approfondi d'observation et de calcul que l'astronome de Nicée consacre au Soleil lui permet de déterminer l'excentricité de l'orbite solaire et le lieu de l'apogée. Ces travaux seront repris sans modification par Ptolémée. Pour la Lune en revanche, le système du Bithynien sera amélioré par l'astronome de Péluse ; quant aux planètes, Hipparque n'a sans doute laissé que des tables.

27 - Cf. P. Duhem, *Le système du monde,* Paris, 1958, I, p. 434-441.

28 - Dupuis, 305 = Hiller, 188, 15-19 : ὁ Ἵππαρχος ἐπαινεῖ τὴν κατ᾽ ἐπίκυκλον ὑπόθεσιν ὡς οὖσαν ἑαυτοῦ, πιθανώτερον εἶναι λέγων πρὸς τὸ τους κόσμου μέσον πάντα τὰ οὐράνια ἰσορρόπως κεῖσθαι καὶ ὁμοίως συναρηρότα.

29 - Cf., par exemple, pour le calcul de l'anomalie lunaire, IV, 11, Heiberg I, p. 338.

Il semble donc que l'astronome de Nicée a exposé de façon très complète sa théorie du Soleil, en recourant sans doute aux hypothèses de l'excentrique et de l'épicycle[30].

Or Calcidius, à propos du Soleil précisément, consacre les chapitres 79 à 82 de son *Commentaire au Timée* à rendre compte de la stricte équivalence entre ces deux hypothèses, pour ce qui est de « sauver les apparences ».

Que cette démonstration soit d'origine hipparchéenne, deux éléments le prouvent. D'abord la durée des saisons : au chapitre 80, la division de l'écliptique en « parties » correspond à la durée de chacune des quatre saisons : 94 jours 1/2 pour le printemps, 92 1/2 pour l'été, 88 1/8 pour l'automne et 90 1/8 pour l'hiver. Ce sont là les évaluations d'Hipparque[31].

Ensuite Calcidius, dans cette partie de son commentaire, est largement tributaire de Théon qui ajoute le rapport de l'excentricité de l'orbite solaire égale « au rapport de 1 à 24 »[32]: c'est encore l'estimation d'Hipparque.

Autre mouvement important qui affecte aussi bien les planètes que les « fixes » : celui de précession des équinoxes. Cette découverte fondamentale est passée presque totalement inaperçue dans le monde latin[33].

En dehors du passage confus de Pline dont il a déjà été question, un seul témoignage, celui de Macrobe, en fait explicitement état :

> A cela il faut ajouter qu'en dehors des deux luminaires et des cinq astres appelés *errants*, pour toutes les autres étoiles, les uns ont dit qu'elles étaient fixées au ciel et ne se mouvaient qu'avec lui ; les autres, dont les propos sont plus proches de la vérité, ont dit qu'elles avançaient elles aussi selon leur mouvement propre, en plus de celui de rotation du monde, mais qu'en raison de l'immensité de la sphère extérieure, elles mettaient un nombre incroyable de siècles à accomplir une seule de ces révolutions et que, pour cela, leur mouvement n'était pas senti par l'homme, puisque la durée d'une vie humaine ne suffisait pas à saisir un petit point d'une si lente marche[34].

Par « les autres » – auxquels Macrobe se rallie –, il faut entendre d'abord Hipparque. Les explications du commentateur cicéronien sont claires, bien qu'incomplètes : ce mouvement, dont il n'est pas précisé que c'est un mouve-

---

30 - Dont on a sans doute un écho au livre III de la *Syntaxe mathématique* de Ptolémée.

31 - Cf. A. Le Bœuffle, *Astronomie, astrologie – lexique latin*, Paris, 1987, p. 258.

32 - Hiller, 165, 12-166, 3 [165, 14-15] = Dupuis, 267-268.

33 - Cf. *Les textes...*, p. 177-180.

34 - *In Somn.*, I, 17, 16 : « *His illud adiciendum est, quod praeter duo lumina et stellas quinque quae appellantur uagae, reliquas omnes alii infixas caelo nec nisi cum caelo moueri, alii, quorum adsertio uero propior est, has quoque dixerunt suo motu praeter quod cum caeli conuersione feruntur accedere, sed propter immensitatem extimi globi excedentia credibilem numerum saecula in una eas cursus sui ambitione consumere et ideo nullum earum motum ab homine sentiri, cum non sufficiat humanae uitae spatium ad breue saltem punctum tam tardae accessionis deprehendendum* ».

35 - Il s'agit en effet d'une très lente rotation des pôles célestes autour du pôle de l'écliptique, l'angle de rotation étant donc égal à l'obliquité de l'écliptique, soit, en valeur arrondie, à 23° 1/2.

ment rétrograde, affecte la sphère des étoiles fixes[35], en plus du mouvement du monde, c'est-à-dire du mouvement diurne d'est en ouest. Sa périodicité est si grande que ce mouvement est imperceptible pour un observateur terrestre[36].

A partir donc d'un héritage à peu près commun à tous, les textes latins ne reflètent pas tous la même vulgate.

Les limites de cet héritage

En dernière analyse, bien peu de développements peuvent être nettement rattachés à Hipparque.

D'autre part, s'il était naturel qu'un Vitruve ou un Pline ne pussent se référer qu'à Hipparque, on aurait cependant pu attendre un écho de la *Syntaxe mathématique* ou des *Hypothèses planétaires* de Ptolémée dans des textes qui lui sont postérieurs de deux ou trois siècles. Or il n'en est rien.

Il est remarquable de constater au contraire que la tradition latine reflète un état des connaissances astronomiques sinon obsolète, du moins assez ancien, dans la mesure où les observations et les calculs de l'astronome de Péluse auraient pu corriger un certain nombre d'erreurs, par exemple pour les rapports de grandeur entre le Soleil et la Terre, dont les évaluations des textes latins, toutes différentes entre elles, sont ridiculement faibles.

Bien plus, propos des mouvements des planètes inférieures – Mercure et Vénus –, nos textes de référence font à peu près tous état d'un système qui ne doit rien à Ptolémée, ni à son prédécesseur, Hipparque[37]. Certes, celui-ci n'a pas eu le temps de proposer de théorie pour les planètes, mais s'il en avait envisagé une très différente de celle de Ptolémée qui combine excentriques mobiles et épicycles, celui-ci, à tout le moins, en aurait parlé.

Le problème spécifique de ces planètes est le suivant : comment rendre compte des mouvements de planètes constamment voisines du Soleil ? La réponse des textes latins est unanime : en les rendant solidaires de l'astre du jour. Seules, les modalités de cette dépendance varient d'un auteur à l'autre. Les uns en effet font tourner Mercure et Vénus sur le rayon-vecteur Terre-Soleil, d'autres autour de l'épicycle solaire, d'autres encore autour du Soleil, c'est-à-dire que, dans ce dernier cas, ils en font des satellites du Soleil.

Cette dernière hypothèse est celle de Vitruve qui est, là-dessus, très net :

> Quant à Mercure et Vénus, autour des rayons du Soleil qui leur sert de centre et qu'elles couronnent dans leurs déplacements, elles sont soumises à des rétrogradations et des ralentissements...[38].

36 - Pour Hipparque, la précession des points équinoxiaux n'est pas inférieure à un degré par siècle (elle est en réalité égale à 1° 23' 30" par siècle).

37 - Cf. *Les textes...*, p. 266-280.

38 - *De Arch.*, IX, 1,6 : « *Mercurii autem et Veneris stellae, circa solis radios uti [per] centrum, cum itineribus coronantes regressus retrorsus et retardationes faciunt...* ».

L'Architecte présente sans ambiguïté ces astres comme des satellites du Soleil. Martianus Capella sera encore plus précis :

> [...] Quoique Vénus et Mercure présentent des levers et couchers quotidiens, leurs cercles cependant ne tournent absolument pas autour de la Terre, mais enveloppent le Soleil en un circuit assez lâche. Elles placent enfin le centre de leurs cercles dans le Soleil, de telle sorte qu'elles sont emportées parfois au-dessus de lui, le plus souvent au-dessous, plus près de la Terre[39].

Ailleurs, de façon plus ou moins précise, les orbites de ces planètes sont conçues comme concentriques à l'orbite solaire. Écoutons Macrobe :

> Le cercle sur lequel se meut le Soleil est entouré par celui de Mercure, car il est au-dessous ; mais le cercle de Vénus, au-dessus, entoure à son tour celui de Mercure, et ainsi il se trouve que ces deux planètes, quand elles parcourent les parties supérieures de leurs cercles, sont placées – on le comprend – au-dessus du Soleil, mais, quand elles parcourent le bas de leurs cercles, c'est le Soleil qui paraît au-dessus[40].

Malgré le flou des explications, il faut comprendre « au-dessus » et « au-dessous » du Soleil par rapport à la Terre, c'est-à-dire que ces positions suggèrent tantôt l'ordre T/S/planète, tantôt l'ordre T/planète/S. Pour cela, il faut que l'orbite solaire épouse nécessairement, même si ce n'est pas précisé, la forme d'un épicycle. Dans cette hypothèse, deux cas de figure se présentent : soit les trois cercles n'ont pas même centre, soit ils ont un centre commun. Cette dernière précision est le plus souvent négligée dans les textes.

L'hypothèse de Vitruve et celle de Macrobe seront reprises par Calcidius qui attribue la première nommément à Héraclide du Pont[41].
Mais le commentateur platonicien en ajoute une troisième dans des termes assez confus :

> Certains en effet pensent que ce mouvement contraire [des planètes inférieures] vient de ce que le Soleil, en se portant toujours, conformément à sa nature, d'est en ouest, dans le même sens que l'univers, accomplit cependant son épicycle en l'espace d'une année, épicycle dont la révolution est de sens contraire à celui de la révolution de l'univers, tandis que Lucifer et Mercure accomplissent toujours des mouvements contraires au mouvement circulaire de l'univers[42].

---

39 - *De Nuptiis*, VIII, 857 : « *[...] Venus Mercuriusque licet ortus occasusque cotidianos ostendant, tamen eorum circuli terras omnino non ambiunt, sed circa Solem laxiore ambitu circulantur. Denique circulorum suorum centron in Sole constituunt, ita ut supra ipsum aliquando, infra plerumque propinquiores terris ferantur* ».

40 - *In Somn.*, I, 19,6 : « *Circulus per quem sol discurrit a Mercurii circulo ut inferior ambitur, illum quoque superior circulus Veneris includit, atque ita ut hae duae stellae cum per inferiora commeant circulorum, sol eis superior aestimetur* ».

41 - *In Tim.*, c. 110.

42 - *In Tim.*, c. 109 : « *Quidam enim contrarietatem hanc nasci putant ex eo quod sol quidem, cum naturaliter ab eois ad occidua semper feratur, perinde ut omnis mundus mouetur, epicyclum tamen suum peragat anni spatio, cuius epicycli contraria est conuersio mundi conuersioni, Lucifer uero et Mercurius contrarios semper motus exerant mundi circumactioni* ».

L'explication de Calcidius est insuffisante : supposer, pour les épicycles de Mercure et Vénus, un sens de rotation opposé à celui de l'épicycle solaire ne permet pas de rendre compte du constant voisinage des trois planètes. Il faut ajouter que les centres de leurs épicycles doivent se trouver alignés sur l'axe Terre/Soleil.

C'est à cette interprétation que je rattacherais volontiers le paragraphe très confus de Pline sur le mouvement des planètes inférieures[43].

Il valait la peine de s'arrêter sur ces différents témoignages, car, par delà des divergences de détail, tous les auteurs se font les échos d'un même système, étranger à l'astronomie d'Hipparque et qui remonterait vraisemblablement à l'époque d'Héraclide du Pont.

En dernière analyse, malgré quelques emprunts à la tradition hipparchéenne, les développements latins sur les mouvements planétaires paraissent refléter un état de l'astronomie antérieur à Hipparque.

Peu scientifique, en outre, est la méthode des auteurs latins, qui se contentent le plus souvent de présenter une astronomie descriptive, sans jamais entrer dans les calculs, dans les détails des démonstrations, en un mot sans aucun développement normatif.

Répétons-le, nos auteurs ne sont pas des scientifiques, mais plutôt des amateurs de savoir ou de sagesse. Ce qui pourrait passer pour un détail secondaire a pourtant son importance ici : certains a priori paraissent en effet en avoir entraîné plus d'un à censurer des découvertes jugées sans doute déstabilisantes.

C'est le cas du fameux mouvement de précession des équinoxes découvert par Hipparque : on pourrait penser qu'ils ne le connaissaient pas. Et pourtant, la façon dont un Calcidius insiste sur l'immuabilité du spectacle céleste peut paraître suspecte :

> Ainsi donc, les étoiles fixes, qui n'errent pas, et les pôles également sont emportés en un seul et unique mouvement avec la sphère la plus grande, appelée *aplanes*, qui contient tout de sa propre étreinte : enchaînés dans le mouvement circulaire qui est le sien, les étoiles occupent toujours une même et unique position, conservent leur ordre en un cours immuable, sans jamais admettre de changement dans leur disposition, leur lever, leur grandeur ou même leur couleur[44].

---

43 - *N.H.*, II, 72 ; cf. *Les textes...*, p. 267-269.

44 - *In Tim.*, c. 69 : « *Igitur fixae quidem stellae nec errantes et item poli cum maxima cunctaque amplexu proprio continente sphaera, quae aplanes uocatur, circumferuntur una simplicique circa illam agitatione adhaerentes ei quaque circumegerit circumactae, unam et eandem semper positionem obtinentes ordinemque immutabili tenore seruantes neque umquam uel in conformatione uel in ortu uel in quantitate uel etiam in colore admittentes ullam mutationem* ». Cf. *Les textes...*, p. 178-180.

Cette longue phrase, avec l'accumulation de mots désignant la stabilité, l'absence de changement, ne peut-elle être perçue comme une condamnation tacite de l'idée aberrante d'attribuer un quelconque mouvement à ce qui, par définition, est fixe ?

En définitive, ce mouvement, en introduisant le changement dans le monde supra-lunaire, monde divin étranger par définition aux mutations, était difficilement acceptable pour les Romains.

Comment apparaissent donc les Latins face à l'astronomie alexandrine ?

Admiratifs certes. Il n'en est pas un qui ne se sente obligé de citer les noms de grands astronomes. Ces références néanmoins ne doivent pas leurrer le lecteur : l'auteur n'a jamais sous les yeux leurs écrits. Leur nom sert en quelque sorte de passeport pour assurer au texte latin une certaine crédibilité. Ce sont des garants destinés à asseoir, à poser les bases de développements auxquels il faut ajouter foi.

Si les citations fonctionnent donc comme un leurre qui ne saurait abuser le lecteur, celui-ci cependant a parfois quelque difficulté à exercer son esprit critique, en l'absence d'éléments de comparaison, pour mesurer les insuffisances des exposés latins.

Pour l'historien des sciences, il est facile de mesurer, à travers ces textes, à quel point la transmission des découvertes astronomiques n'a pas été linéaire : nos auteurs tirent leur information de sources très anciennes, négligeant les plus récentes.

Ces limites sont, en définitive, la conséquence du genre littéraire de ces textes : réservées à l'enseignement ou conçues comme une propédeutique à la philosophie, ces œuvres de vulgarisation scientifique n'ont pas pour vocation d'entrer dans les détails. Du coup, si certains de ces détails gênent, on les censure en douceur, on les oublie.

Josèphe-Henriette ABRY

Les *anaphorai* des signes du zodiaque dans les écrits astrologiques

Le temps que mettent les signes du zodiaque[1] à se lever au-dessus de l'horizon peut sembler une question bien austère et de peu d'importance. Qui, en effet, peut s'intéresser à ce genre de problème et pour quelle fin?

La question concerne les astronomes, c'est évident, mais aussi chaque homme en particulier.

Elle concerne les astronomes qui ont pour tâche de mesurer avec la plus grande précision la position des corps célestes et de définir mathématiquement le mouvement du monde : la détermination exacte de l'arc de l'écliptique ou du degré qui se lève sur l'horizon à un moment donné est de la première importance pour établir la synchronie dans les mouvements des corps célestes. Mais elle intéresse aussi chaque individu car elle est liée à la mesure du temps variable selon les saisons et selon les latitudes, même si le commun des mortels, lorsqu'il cherche à lire l'heure à la grande horloge céleste, n'a pas une conscience bien claire du problème mathématique : alors que, chaque jour, uniformément, six signes, c'est-à-dire six dodécatémories zodiacales, six douzièmes de l'écliptique, montent sur l'horizon entre le lever du soleil et son coucher et autant entre le coucher du soleil et son lever, comment expliquer que ces arcs égaux aient des durées inégales d'ascension?

Au IIe s. av. J.-C., la question n'est pas neuve : elle a déjà été posée et résolue à Alexandrie par Euclide en recourant à la géométrie[2] et, auparavant, à

1 - Les *ascensions*, ἀναφοραὶ, sont les durées de lever des signes du zodiaque, c'est-à-dire le temps que mettent les douze arcs de l'écliptique à monter à l'horizon d'un lieu donné; elles sont mesurées en degrés équatoriaux; définition et présentation du problème : Neugebauer, O.-Van Hoesen, H.B., *Greek Horoscopes*, The American Philosophical Society, Philadelphia 1959, Introduction, pp. 1-5 (*clima*) et p. 11 (*rising times*); il est toujours utile de se reporter à Bouché-Leclercq, A., *L'astrologie Grecque*, Paris 1899[1], Bruxelles 1963[2], pp. 259-269.

2 - *Phénomènes*, 9 : « Des demi-cercles pris sur le cercle du zodiaque qui n'ont pas leur point de départ sur un même cercle parallèle mettent à se lever des temps inégaux; y met le maximum de temps le demi-cercle qui part du Cancer; y mettent le moins de temps les demi-cercles qui suivent; y met le minimum de temps le demi-cercle qui part du Capricorne »; dans cet écrit, Euclide (*ca.* 300 av.) discutait, notamment, en six théorèmes les levers et les couchers des signes zodiacaux, v. l'article de P. Chiron, Euclide : les Phénomènes, *L'Astronomie dans l'Antiquité Classique*, Actes du Colloque tenu à Toulouse-Le Mirail, 1977, Paris, 1979, pp. 83-87; et O. Neugebauer, *A History of Ancient Mathematical Astronomy = (HAMA)*, Berlin-Heidelberg-New York, 1975, p. 764.

Babylone, dans la phase finale de l'astronomie babylonienne, les astronomes ont défini les variations de la durée du jour au fil des saisons et établi des tables d'ascensions pour cette latitude grâce à l'arithmétique[3]. Mais on constate que le problème devient particulièrement important pour l'astronomie au cours du second siècle : Hipparque consacrait un traité (perdu) à cette question qu'il évoque dans son *Commentaire à Aratos* [4], et on peut supposer que ce traité avait un lien peut-être direct avec l'*Anaphorikos*, petit écrit, mutilé dans sa forme actuelle, rédigé par Hypsiclès, une cinquantaine d'années avant[5].

Dans le même temps aussi, les premiers écrits astrologiques se constituent à Alexandrie avec, notamment, le « Manuel » mis sous les noms fabuleux de Nécepso et de Pétosiris[6], dans lequel figurait sans doute l'indication des *anaphorai*. Même si l'indication tardive donnée par Vettius Valens selon laquelle *le Roi n'a enseigné les ascensions que pour le premier climat* est à interpréter

3 - Multiples références dans *Hama*, l'exposé le plus complet se trouve dans la section IV D 1, The Development of Spherical Astronomy, pp. 706-736. Sur les méthodes et les résultats obtenus par les astronomes babyloniens, v. O. Neugebauer, The rising times in Babylonian astronomy, *JCS*, 7, 1953, pp. 100-102.

4 - Pappus (Collectio VI, Hultsch ed., 600, II, 10-11) mentionne un ouvrage d'Hipparque intitulé Ἐν τῷ περὶ τῆς τῶν ιβ' ζῳδίων ἀναφορᾶς ; Hipparque lui-même, dans le *Commentaire*, II, 1, 4-16, lorsqu'il critique Attale, souligne la difficulté de cette question pour les astronomes. Plus loin, au moment où il se propose de « dresser un tableau général de toutes les constellations fixes, en indiquant pour chacune... le degré de signe avec lequel elle commence son coucher et celui avec lequel elle le finit, et de même pour son coucher, en Grèce et partout où le jour le plus long dure 14 h 1/2 », il fait allusion à un autre ouvrage dans lequel il avait rassemblé ses démonstrations « en les organisant de manière que, dans pratiquement tout lieu du monde habité, l'on puisse suivre les variations dans les levers et les couchers simultanés », II, 4, 1-2, trad. G. Aujac, *Claude Ptolémée astronome, astrologue, géographe*, Paris, 1993, p. 53. Tout le livre II du *Commentaire* repose sur la détermination précise des degrés de l'écliptique avec lesquels les constellations fixes effectuent leur lever, leur coucher, leur culmination supérieure et inférieure ; présentation très claire de la question par G. Aujac, Hipparque et les levers simultanés, in *L'Astronomie dans l'Antiquité Classique*, Paris, 1979, pp. 107-124.

5 - Hypsikles, *Die Aufgangszeiten der Gestirne*, ed. De Falco-Krause-Neugebauer, Abh. d. Akad. d. Wissenschaften in Göttingen, Phil.-Hist. Klasse Dritte Folge 62, 1966 ; sur ce savant, mathématicien et astronome (180-150 av.), v. l'article de I. Bulmer-Thomas, Hypsicles of Alexandria, *Dictionary of Scientific Biography*, VI (1972), pp. 616-617 ; *Hama*, p. 306 n. 34 et 728 ; A. Szabò-E. Maula, *Les débuts de l'astronomie, de la géographie et de la trigonométrie chez les Grecs*, traduit de l'allemand par M. Federspiel, Paris, 1986, pp. 142-148. Hypsiclès serait le premier à avoir introduit la division de l'écliptique en 360° : « Le cercle du zodiaque étant divisé en 360 parties égales, appelées degrés d'espace, et le temps que met le zodiaque pour revenir à son point de départ étant divisé en 360 durées égales, appelées degrés de temps, nous démontrerons que, dans un lieu donné, si l'on connaît le rapport entre le plus long jour et le plus court, on connaîtra en combien de degrés de temps se lève chaque signe du zodiaque », *Anaphorikos*, 4. Le texte est trop bref et mutilé pour que l'on puisse se faire une opinion sur le but scientifique que visait Hypsiclès en rédigeant ce traité.

6 - Nechepsonis et Petosiridis *Fragmenta magica*, ed. E. Riess, *Phil. Suppl.* 1891-1893, pp. 327-394 ; sur la date (ca. 150 av. J.-C.) et le contenu de ces écrits, v. W. & H.-G. Gundel, *Astrologumena, Die astrologische Literatur in der Antike und ihre Geschichte*, Wiesbaden, 1966, pp. 27-36.

avec prudence[7], elle comporte certainement une part de vérité : les temps que mettent les signes du zodiaque à monter sur l'horizon est une question capitale pour un astrologue qui doit connaître précisément le signe (appelé Horoscope ou Ascendant) et même le degré qui pointe à l'horizon au moment d'une naissance car la disposition de la géniture en dépend. À ce point est, en effet, liée la détermination des deux axes qui orientent le cercle de géniture ; de plus, le signe Ascendant détermine les aptitudes diverses, les mœurs futures du nouveau-né, mais aussi la durée de vie qui lui est allouée, en un mot sa destinée. Or nous n'avons plus que des fragments des écrits astrologiques attribués à Nécepso et Pétosiris, pur produit du milieu intellectuel d'Alexandrie au milieu du IIe siècle avant J.-C. ; les *Astronomiques* de Manilius (Rome, 14 ap.)[8] sont donc le premier texte cohérent qui permette de reprendre à son origine la question des *anaphorai*, où astrologie et astronomie sont inséparables.

1. Les *anaphorai* des astrologues : Hypsiclès et l'héritage babylonien

Pour un astrologue, la détermination du signe ascendant est en effet une opération fondamentale[9]. Comment procéder ? La nuit, l'observation directe pourrait suffire à condition... que le guetteur soit bien éveillé, que le ciel soit clair et l'horizon dégagé [10] ! Le jour, il n'en va pas de même : l'éclat du soleil oblige à recourir à la théorie. On peut, certes, se contenter de notions sommaires ; il suffit de savoir que, en quelque saison que ce soit, pour n'importe quel lieu, six dodécatémories, soit 180 degrés de l'écliptique montent sur l'horizon pendant le jour et autant pendant la nuit : Aratos l'a parfaitement formulé[11] ; que le premier signe qui s'élève est celui dans lequel se trouve le soleil dans son parcours annuel ; or, comme la durée des jours et des nuits varie au fil des saisons,

---

7 - Vettius Valens (IIe s. ap.), *Anthologiae*, III, 13, ed. D. Pingree, Teubner 1986, p. 149 : Ἐπεὶ δὲ αἱ ἀναφοραὶ τῶν ζῳδίων κατὰ τὸν Ὑψικλέους Ἀναφορικὸν πταίουσιν ἐὰν παρὰ ἐνιαυτόν ἢ διετίαν συνδράμῃ ὁ χρόνος, <...> ὁ γὰρ βασιλεὺς τοῦ α' κλίματος μόνου τὰς ἀναφορὰς ἐδήλωσεν. Indication corroborée par Pline l'Ancien (v. *infra* n. 45) et Porphyre, *Introductio in Tetrabiblum Ptolemaei*, § 41, *C.C.A.G.*, V, 4, pp. 211-214.

8 - Manilius, *Astronomica*, ed. G.P. Goold, Teubner 1985.

9 - Difficulté que souligne Manilius III, 207-210, comme la plupart des astrologues, ainsi Ptolémée, *Tétrabible*, II, 3, voir dans l'édition italienne : Claudio Tolomeo, *Le previsioni astrologiche*, *Tetrabiblos*, a cura di S. Feraboli, coll. L. Valla, 1985, les notes pp. 419-421.

10 - Les difficultés d'établir cet instant de façon précise sont l'un des arguments le plus souvent invoqués par les adversaires de l'astrologie, Sextus Empiricus, *Adversus Mathematicos*, V, 27, 52, 65-70 ; Hippolyte, *Refutatio omnium haeresium*, IV, 4.

11 - Aratos, *Les Phénomènes*, 554-558 : « Toutes les nuits/Six douzièmes du cercle se couchent/Autant se lèvent ; chaque nuit dure le temps/Qu'il faut au demi-cercle, dès la tombée du soir/Pour s'élever au-dessus de la terre » (trad. J. Martin) ; mais Aratos semble croire que les signes mettent le même temps à se lever, ce que critiquent Hipparque, *Commentaire*, II, 1, 4 et Geminos, *Introduction aux Phénomènes*, VII, 10-12 et 33-34. Voir G. Aujac, Hipparque et les levers..., art. cité *supra*, pp. 114-115.

on peut aisément conclure que les signes ont des vitesses d'ascension, des *anaphorai* inégales, les uns montant plus rapidement, les autres plus lentement[12]. On peut, ce n'est pas interdit, avoir des curiosités plus poussées sur le mécanisme de l'univers et des notions sur les différents éléments en jeu : la sphéricité de la terre qui se pressent aux variations des apparences célestes, la définition de l'horizon, l'équateur et l'axe des pôles dont l'inclinaison, ou plutôt l'élévation sur l'horizon est fonction de la latitude ; de la latitude aussi dépend l'angle que forme l'écliptique sur l'horizon... Mais la plupart des astrologues n'ont que faire de cosmographie : professionnels soucieux de pratique, ils doivent répondre aux questions de leurs clients et calculer rapidement la disposition de leur thème de naissance, ou inculquer leur science aux élèves pour lesquels ils composent des manuels ; ils se contentent donc de consigner des tables d'*anaphorai* sans aucune explication. Deux exceptions notables : Manilius et Ptolémée...

1.1. Manilius est en effet le premier auteur qui donne une table des ascensions (III, 275-300) et la première exception car il l'accompagne de longues explications sur lesquelles il faudra revenir.

Consignée en stades et en heures (et en hexamètres !) cette table est identique à celles que l'on trouve dans beaucoup de textes en degrés :

	degrés	**stades**	**heures**	**degrés**
Ari-Psc	20°	40	1 h 20	21°40'
Tau-Aqr	24°	48	1 h 36	25°
Gem-Cap	28°	56	1 h 52	28°20'
Cnc-Srg	32°	64	2 h 08	31°40'
Leo-Sco	36°	72	2 h 24	35°
Vir-Lib	40°	80	2 h 40	38°20'
pas	4°		16'	3°20'

La colonne 1 (*anaphorai* exprimées en degrés de temps pour la latitude de Babylone) est donnée à l'identique par Vettius Valens (2e s. ap.)[13] et par

12 - Ce sont les signes πολυανάφορα et ὀλιγοανάφορα, W. Hübner, *Die Eigenschaften der Tierkreiszeichen in der Antike*, Wiesbaden, 1982, références et schémas, pp. 56-59.

13 - *Anthologiae*, I, 7, sans indication de latitude ; texte cité dans l'annexe. Les variations de la durée du jour, donc des heures saisonnières, aux latitudes autres que l'équateur, supposent de prendre une mesure constante ; cette mesure invariable est fournie par la division en 24 heures correspondant à la rotation des 360° de l'équateur, rotation qui s'opère selon un mouvement uniforme. 24 heures (appelées aussi *équinoxiales*) correspondent à 360° équatoriaux (appelés aussi *degrés de temps*), 1h = 15°, 1° = 4 minutes ; sur ces notions, v. *HAMA*, p. 40 et 367.

Firmicus Maternus (4e s. ap.)[14]. Cette table, qui deviendra canonique parce qu'elle suit une progression arithmétiquement simple, aura une longévité et une diffusion exemplaire : on la retrouve, déformée mais reconnaissable, jusque dans le traité de Sphujidhvaja (Inde, 269/270 ap.)[15] ;

les colonnes 2 et 3 résument les chiffres donnés par Manilius, III, 275-300 ; les valeurs de la colonne 4, données par Paul d'Alexandrie (378 ap. J.-C.), Porphyre (3e s. ap.) et, incidemment, par Héphestion (4e s. ap.)[16], ne sont autre chose que la table par laquelle Hypsiclès récapitulait, pour la latitude d'Alexandrie, les résultats de la démonstration qu'il venait de donner[17].

Les astrologues se bornent donc à reporter dans des unités de mesure différentes les résultats obtenus grâce à la méthode formulée par Hypsiclès, auquel remontent, en dernier ressort, toutes les tables consignées. Il n'est donc pas inutile de résumer brièvement sa démonstration.

1. 2. Pour expliquer comment calculer le temps que mettent les arcs de l'écliptique à se lever, l'*Anaphorikos* emprunte la démarche caractéristique des mathématiques babyloniennes ; les levers des signes se laissent représenter dans une série arithmétique en forme de progression linéaire :

a) le jour de l'équinoxe, la durée diurne (12 heures de temps équinoxial = 180 degrés équatoriaux) voit le lever de 180 degrés de l'écliptique, du Bélier à la Balance ; on peut donc poser la fonction :

$$\alpha_1 + \alpha_2 (\alpha_1 + d) + \alpha_3 (\alpha_1 + 2d) + \alpha_4 (\alpha_1 + 3d) + \alpha_5 (\alpha_1 + 4d) + \alpha_6 (\alpha_1 + 5d) = 6 \alpha + 15 d = 180°;$$

b) au solstice d'été, où le jour dure 14 heures à Alexandrie (= 210 degrés équatoriaux), six signes se lèvent, du Cancer au Capricorne :

$$\alpha_4 (\alpha_1 + 3d) + \alpha_5 (\alpha_1 + 4d) + \alpha_6 (\alpha_1 + 5d) + \alpha_7 (\alpha_1 + 5d) + \alpha 8 (\alpha_1 + 4d) + \alpha_9 (\alpha_1 + 3d) = 6 \alpha + 24d = 210°;$$

la différence entre les deux fonctions : 30° = 9 d permet de calculer le pas, l'augmentation de chaque signe sur le précédent, soit une constante de 3°20' résultat valable dans le système A (point vernal, Ari 10°, voir note 21). Cette méthode est purement et simplement l'adaptation pour la latitude d'Alexandrie du modèle établi pour Babylone (durée du jour le plus long : 14 h 24 = 216 degrés équatoriaux, la progression étant alors de 4°)[18].

14 - *Mathesis*, II, 11, éd. P. Monat, t. 1, Paris, CUF, 1992 (pour les latitudes d'Alexandrie <u>et</u> de Babylone !) ; texte cité dans l'annexe.

15 - *The Yavanajataka*, I 68-69, ed. D. Pingree, Harvard Oriental Series 48, 1978, commentaire, t. II, p. 228.

16 - Paulus Alexandrinus, *Elementa Apotelesmatica*, 2, ed. Æ. Boer, Teubner, 1958 ; Porphyre, référence *supra*, n. 7 ; Hesphaestio Thebanus, *Apotelesmatica*, ed. D. Pingree, Teubner, 1973, p. 115, 25.

17 - *Anaphorikos*, 104-110.

18 - Ceci ne fait que reprendre l'introduction détaillée d'O. Neugebauer à l'*Anaphorikos*, pp. 7-9 notamment.

Une fois rappelé le principe des fonctions linéaires, Hypsiclès établit, à partir de l'exemple d'Alexandrie, la méthode applicable pour toutes les latitudes ; bien préférable aux tables, cette méthode universelle permet à tout un chacun de calculer facilement le signe ascendant pour n'importe quel « climat »[19] : à partir du moment où l'on connaît la durée, exprimée en degrés de temps, des demi-cercles qui représentent le jour du solstice d'hiver et le solstice d'été, il suffit de diviser par trois les quarts de cercle que l'on a isolés par commodité pour obtenir respectivement le lever du Taureau d'une part, et celui du Lion d'autre part[20] et, puisque l'on connaît déjà la progression (3°20' Alexandrie), on peut dresser instantanément la table. Deux auteurs seulement exposent cette méthode, Vettius Valens très sommairement et Manilius, longuement et précisément (III, 385-442).

1.3. En effet, à la différence des astrologues qui se contentent, pour la plupart, d'indiquer rapidement et sans aucune explication la table canonique à connaître et à appliquer, Manilius traite longuement la question des *anaphorai*, chapitre essentiel du chant III (203-509) : après une rapide introduction sur l'importance de ce point, le poète s'élève contre la méthode vulgaire qui attribue uniformément deux heures au lever de chaque signe : elle revient à ignorer que les signes du zodiaque ont des *anaphorai* inégales et que le temps varie en fonction des saisons et des latitudes (218-246). Il convient donc de prendre une mesure de temps invariable, l'heure équinoxiale (247-274), avec laquelle on exprime le rapport du jour le plus long au jour le plus court. Suit la table canonique (275-300); mais celle-ci n'est valable que pour une seule latitude, alors que la durée du jour et de la nuit varie partout à la surface de la terre, des régions équatoriales au pôle (301-384); il faut donc posséder une méthode universelle qui puisse s'adapter à toutes les latitudes (385-442). On doit connaître aussi le rythme selon lequel, à une latitude donnée, les jours croissent ou diminuent, d'un solstice à l'autre (443-482). Le chapitre se termine

---

19 - *Anaphorikos*, 63-103, introduction, pp. 15-16.

20 - Pour Alexandrie, 10 heures au solstice d'hiver correspondent à 150° ; si on les divise par 2, on obtient 75°, le tiers de cette somme (25°) représente le lever du Taureau ; 14 heures (solstice d'été) = 210° : 2 = 105° dont le tiers correspond au lever du Lion (35°) ; pour Babylone, 9 h 36 = 144° : 2 = 72°, lever du Taureau : 24° ; 14 h 24 = 216° : 2 = 108, lever du Lion : 36°, progression 4°. Même méthode décrite de façon passablement obscure par Vettius Valens, I, 7 : « La différence des zones et leur progression peuvent se reconnaître ainsi : puisque dans la première zone (comprendre le premier climat, Alexandrie), les ascensions se montent, du Cancer au Sagittaire, à 210°, le sixième sera de 35°, dans lequel on trouve l'ascension du Lion. De même, selon la méthode fixée, si on en soustrait les 25° du Verseau (même anaphora que le Taureau), et si on prend le tiers du restant, on trouve les ascensions des signes », traduction française : J.-F. Bara, *Anthologies, Livre I*, EPRO 111, 1989, pp. 113-115. Pour sa part, O. Neugebauer (*HAMA*, p. 718) donne la formule mathématique qui résume les v. 385-442 des *Astronomiques* :

$$\rho_2 = \frac{m}{6},\ \rho_5 = \frac{M}{6},\ d = 1/3\,(\rho_5 - \rho_2).$$

avec l'indication d'une autre méthode pour calculer l'horoscope (483-509). Le chant III des *Astronomiques* est donc l'un des exposés les plus riches, l'un des documents les plus précieux sur la question des ascensions, à la fois par la volonté de faire œuvre scientifique, exacte et complète, et aussi par les multiples confusions que l'on y lit.

L'exactitude avec laquelle l'auteur s'efforce de traduire sa ou ses sources est des plus instructives : comme la plupart des auteurs d'écrits astrologiques, il compile consciencieusement, mais des erreurs grossières trahissent un travail hâtif, des sources obscures ou diverses et contradictoires dont le poète n'a pas compris les contradictions; les bourdes s'enchaînent et Manilius attribue à la latitude de Delta (v. 271-274) en le rapportant au « climat » de Rhodes (v. 258-263) le tableau des *anaphorai* valable pour Babylone, persuadé, de plus, d'appliquer le système dans lequel les points tropiques sont placés au huitième degré des signes (v. 256-257, système B), alors que le résultat consigné ne vaut que dans le système A[21] ! Autre curiosité : Manilius est le seul auteur à porter la table des ascensions en stades, sans indiquer la nature de cette unité de mesure[22]. Plus de trois siècles après, Firmicus sera tout aussi confus en regroupant Alexandrie et Babylone sous le même *clima* dans une table rédigée en *années* (au lieu de *degrés*, avec, sans doute, un contresens sur

21 - L'astronomie babylonienne de la période séleucide utilisait deux méthodes différentes pour la description du mouvement du soleil et des autres corps célestes. Ces deux systèmes, A et B, survivent dans l'astronomie hellénistique, avec les caractéristiques suivantes : le point vernal est placé à la longitude solaire de 10° (Bélier) dans le système A, 8° dans le système B (dans l'*Almageste*, Ptolémée le place à Ari 0°). Les ascensions des signes du zodiaque sont, dans les deux systèmes, calculées à l'aide de simples progressions arithmétiques mais, dans le système A, la différence d a une valeur constante, les α croissent et décroissent avec des différences constantes; dans le système B, la différence est doublée au milieu de la croissance et de la décroissance. Le système A, plus simple, est incontestablement plus primitif que le système B, plus complexe et supérieur. À Babylone, les deux systèmes coexistent dans les éphémérides durant toute la période qui va de 250 à 50 av. J.-C., mais le système B est celui qui laisse le plus de traces dans les écrits astrologiques jusqu'au Moyen Age. Ces définitions rapides sont empruntées à O. Neugebauer, *Greek Horoscopes*, p. 12; id., *The Exact Sciences in Antiquity*, New York 1957, trad. française *Les sciences exactes dans l'Antiquité*, Actes Sud, 1990, pp. 149 et 200-201. Manilius, qui donne la table canonique des *anaphorai* pour Babylone dans le système A, est, par ailleurs, le premier auteur à utiliser (en dehors du domaine mésopotamien) le système B dans la table du rythme d'accroissement des jours (III, 443-482, table établie, sans que cela soit précisé, pour la latitude de 15 heures : Rome, sans doute), O. Neugebauer, *Hama*, p. 722; tout cela trahit, au point de départ, des sources multiples que l'auteur des *Astronomiques* a peut être trouvées déjà fondues dans une rédaction unique, qu'il suit sans voir la portée de ce *conglomérat de règles incomplètement comprises et, par là même, contradictoires*, O. Neugebauer, *Hama*, p. 718.

22 - Le stade auquel se réfère Manilius équivaut à 2 minutes, soit un demi-degré équatorial, unité qui n'est attestée nulle part ailleurs dans l'astronomie antique. Sur l'inscription de Keskinto (Rhodes, 2e s. av.), on lit que « le cercle (contient) 360° (μοιρῶν), 720 points (στιγμῶν) du cercle. Un degré (contient) [2] points », *Hama*, p. 699. Dans les *Astronomiques* comme dans l'inscription de Keskinto, l'emploi de cette unité de mesure ne s'explique pas, mais une origine babylonienne semble improbable, O. Neugebauer, *Hama*, p. 719. Je tiens, par ailleurs, à remercier vivement S. Feraboli pour les remarques qu'elle m'a faites sur ce point.

le terme χρόνος), et sans avoir compris que la somme des *anaphorai*, du Bélier à la Balance, est toujours de 180 degrés...

1.4. Comment Hipparque avait-il résolu la question ? Pappus mentionne des « méthodes arithmétiques » ; il est donc possible qu'il ait fait appel à des schémas dérivant, comme ceux d'Hypsiclès, des prototypes babyloniens puisque, selon O. Neugebauer, il ne connaissait pas la trigonométrie sphérique au sens mathématique du terme ; il est possible aussi que, s'il avait une projection stéréographique à sa disposition, il soit parvenu à une solution très proche de celle de Ptolémée[23]. Si les débuts de la trigonométrie sphérique restent incertains, Ptolémée est le premier à l'appliquer : dans la *Tétrabible*, il ne cite guère les *anaphorai* que pour critiquer les données antérieures auxquelles il oppose implicitement ses propres tables déjà publiées dans la *Syntaxe mathématique*[24]. Le second livre de la *Syntaxe* en particulier, où sont développées les définitions fondamentales de la géographie mathématique, fait appel aux ascensions, données essentielles dans la définition des latitudes et, au chapitre VIII, Ptolémée récapitule les *anaphorai* des signes calculées en arcs de 10° pour onze parallèles fondamentaux, depuis l'équateur (12 heures) jusqu'à l'embouchure du Tanaïs (17 heures) en appliquant les lois de la trigonométrie sphérique qu'il a exposées au chapitre précédent. Selon le cas, les résultats sont affinés (35°36' au lieu de 35° pour le lever du Lion), soit modifiés très sensiblement (34°47' au lieu de 38°20' pour la Vierge)[25]. Les astrologues restent, pour leur part, obstinément fidèles aux tables héritées du « Manuel » [...].

La question des *anaphorai* illustre donc, d'abord, un aspect important du rôle joué par Alexandrie, la transmission et l'adaptation de méthodes mathématiques en provenance de Babylone. Leur introduction correspond à une étape du développement scientifique, dans la première moitié du second siècle,

23 - *Hama*, p. 301 et p. 715. Sur cette question on peut aussi se reporter à l'ouvrage d'A. Szabò-E. Maula, cité *supra*, n. 5, p. 18-19.

24 - Ptolémée (100-180), *Syntaxis mathematica*, II, 6, 8, 12, ed. J. L. Heiberg, Leipzig 1898 ; sur la chronologie des œuvres de Ptolémée, v. G. Aujac, *Claude Ptolémée*, p. 10.

25 - Sur l'analyse mathématique des méthodes et des résultats des astronomes anciens, il est intéressant de se reporter à l'article de Brunet, J.-P. et Nadal, R. : Durées de lever et de coucher des signes du zodiaque, *Journal for the History of Astronomy*, XII, 1981, pp. 178-194 ; la comparaison entre les résultats obtenus par Hypsiclès, grâce aux progressions arithmétiques, et par Ptolémée, grâce à la trigonométrie, donne le tableau suivant établi par O. Neugebauer, *Anaphorikos*, introduction, p. 10 :

		***Syntaxe* II, 8**	**Hypsiclès**
$a_1 = a_{12}$	Ari = Psc	20°53'	21°40'
$a_2 = a_{11}$	Tau = Aqr	24°12'	25°
$a_3 = a_{10}$	Gem = Cap	29°55'	28°20'
$a_4 = a_9$	Cnc = Sgr	34°37'	31°40'
$a_5 = a_8$	Leo = Sco	35°36'	35°
$a_6 = a_7$	Vir = Lib	34°47'	38°20'

avant que leurs insuffisances et leurs limites ne poussent très vite les astronomes à rechercher de nouvelles méthodes. L'astrologie, elle, est le conservatoire d'un mode de calcul archaïque, rapidement dépassé qu'elle transmettra à l'Occident (Martianus Capella[26]) comme à l'Orient (Sphujidvaja), assurant une diffusion et une longévité extraordinaire à une méthode obsolète.

2. *Anaphorai* et *climata*

Les *anaphorai* sont donc liées aux latitudes : la vitesse d'ascension des signes dépend de l'obliquité de l'angle que forme l'écliptique avec l'horizon ; très ouvert dans les régions équatoriales ou tropicales, cet angle devient de plus en plus aigu à mesure que l'on passe dans des régions tempérées ou polaires et que l'apparence du ciel bascule insensiblement. Du même coup les arcs de l'écliptique qui s'élèvent presque à la verticale, dans des temps très proches les uns des autres, dans la *sphaera recta*, voient leur vitesse d'ascension se modifier sensiblement à mesure que l'on change de latitude, en même temps que leur différence d'amplitude devient de plus en plus marquée : le Bélier, qui effectue son lever en 24°20' à Méroé, ne met plus que 11°19' à l'embouchure du Tanaïs ; le Lion qui monte en 32°44' à Méroé met, lui, 44°22' à s'élever au-dessus des régions situées à l'embouchure du Tanaïs[27].

Ces calculs complexes ne sont possibles que si l'on connaît la latitude, c'est-à-dire la durée du jour le plus long pour un lieu donné. Bien avant des critères terrestres, climatiques au sens moderne du terme, c'est le rapport mathématique du jour le plus long à la nuit la plus courte (M/m) qui définit la latitude géographique dans l'Antiquité, avec, notion inséparable, la hauteur ou, plus exactement, l'inclinaison du pôle sur l'horizon qui donne son nom aux *climata*[28]. Ces concepts, qui ont fait leur apparition au début de la science alexandrine[29] et qui forment les prémices de l'astronomie sphérique, sont suffisamment connus pour qu'il ne soit pas nécessaire de s'y arrêter.

---

26 - Martianus Capella (*ca.* 420), *De nuptiis Philologiae et Mercurii*, VIII, 844-845, ed. A. Dick, Teubner 1975². La table que donne Martianus n'appartient ni au système A ni au système B, car la progression est irrégulière : 5°, 3°45', 2°30', 3°45', 5°. L'analyse mathématique fait apparaître que l'auteur à l'origine de la table visait sans doute Alexandrie dans le système B et qu'il a cherché à modifier les données pour les faire correspondre à la latitude horaire de Carthage (14 h 10), patrie de Martianus, *HAMA*, p. 724.

27 - Voir la table complète dressée par Ptolémée, *Syntaxe*, II, 8, trad. K. Manitius, pp. 94-97.

28 - À la longueur des jours et à l'élévation du pôle sur l'horizon il faut ajouter les deux autres données qui définissent la latitude : la hauteur du soleil au solstice et la position du cercle arctique ; sur ces notions v. G. Aujac, *La géographie dans le monde antique*, Que sais-je, PUF, 1975, p. 50 ; sur l'étymologie du mot climat, E. Honigmann : *Die sieben Klimata und die* ΠΟΛΕΙΣ ΕΠΙΣΗΜΟΙ, Heidelberg, 1929, 247 p. ; O. Neugebauer, *HAMA*, p. 725.

29 - à partir des renseignements transmis par Pythéas notamment, v. G. Aujac, *Strabon et la science de son temps*, Paris, 1966, pp. 44-45.

2.1. Si l'astronomie est inséparable de la géographie pour les *anaphorai*, les applications importent aussi aux astrologues qui peuvent avoir à exercer leur profession en différentes parties de la terre habitée ou à satisfaire la curiosité de clients venus d'ailleurs. Les *mathematici* doivent donc maîtriser aussi le problème des latitudes; en fait, ils en restent, là encore, à la même théorie sommaire et dépassée. Trois d'entre eux, Vettius Valens, l'auteur du traité astrologique contenu dans le papyrus Michigan 149 et Firmicus Maternus[30] signalent sept *climata* sous lesquels s'étage la terre habitée.

L'étude mathématique des tableaux que l'on peut dresser à partir des rédactions très rapides (textes donnés en annexe) révèle d'abord la persistance et la diffusion des méthodes babyloniennes adaptées par Hypsiclès : les tables d'*anaphorai* transmises pour un ensemble de « climats » dérivent toutes de la même matrice en définissant la latitude par la durée du plus long jour exprimée en degrés de temps, avec une progression de 4° en 4° (de 16' en 16') conforme à la tradition numérique babylonienne. La séquence que donne succinctement Vettius Valens est manifestement l'application la plus proche de la théorie énoncée dans l'*Anaphorikos*, en prenant Alexandrie pour point de départ (climat I, 210° = 14 heures). Elle illustre d'emblée les limites du système : le schéma mathématique sert à définir les latitudes du monde habité sans comporter aucun nom de villes ou de pays de référence. Or les données empiriques ne se plient pas nécessairement aux chiffres; si l'on reconnaît Rhodes (218° = 14 h 32, avec une petite approximation car la latitude est généralement identifiée à 14 h 30), Rome ou l'Hellespont (226° = 15 h 04), cette grille horaire exclut l'autre ville-référence, Babylone, qui n'a pas sa place dans la progression et les latitudes de 14 h 16, 14 h 48 et 15 h 20 n'évoquent pas de villes, de régions faciles à identifier, elles ne parlent guère à l'esprit si elles ne correspondent pas à des zones de peuplement.

À l'inverse, le tableau centré sur Babylone que donne le papyrus Michigan 149 (dans le système B) exclut Alexandrie et intègre avec les plus grandes difficultés Rhodes à 14 h 40 et Rome à 15 h 28! Quant à Firmicus, il recompose une table mixte où entrent les sept latitudes qui peuvent intéresser un astrologue romain et qui relèvent tantôt de l'une, tantôt de l'autre progression. À l'épreuve du réel, le système manifeste clairement son origine (Alexandrie ou Babylone) et, surtout, son archaïsme : l'image du monde qui se lit dans les textes des astrologues du IIe et encore du IVe s. ap. J.-C. n'a pas grand-chose

30 - Vettius Valens, I, 7; Papyrus Michigan 149, XI, 38-47, *Michigan Papyri* vol. III, Ann Arbor, Univ. of Mich. Press. 1936, pp. 62-117, avec l'article complémentaire d'E. Honigmann, *Die Anaphorai der alten Astrologen, ibid.*, pp. 301-321; Firmicus, *Mathesis*, II, 11; tous ces textes, difficiles à réunir, sont cités dans l'annexe avec, pour chacun, le tableau qui résume les données mathématiques.

à voir avec les réalités politiques ou géographiques contemporaines de l'Empire ; enfermer le monde habité dans les limites horaires de 14 heures à 15 h 36 (Vettius Valens), de 14 h 08 à 15 h 44 (papyrus Michigan) est un cadre sensiblement inadapté.

Or cette représentation du monde, dictée par des nécessités pédagogiques (apprendre facilement les tables d'*anaphorai* pour les appliquer lors des consultations) a, d'emblée, connu une fortune plus large, comme en témoigne la table des sept latitudes que donne Pline l'Ancien[31] : issue de la même origine, la construction repose sur les mêmes bases mathématiques, mais Pline (ou sa source) se sert du schéma horaire archaïque pour résumer en un memento commode les réalités terrestres autant que symboliques de l'oecumène vue depuis Rome et dans lequel il fait entrer les métropoles et les charnières géographiques. D'où un tableau mixte, où figurent Alexandrie (14 heures = 210°), Babylone (14 h 2/5 = 14 h 24 = 216°), Rhodes (14 h 32 = 218°), Athènes (14 h 2/3 = 14 h 40 = 220°), l'Hellespont (15 heures = 225°), Rome (15 h 1/9 = 15 h 06 [?] ou 15 h 1/5 = 15 h 12 = 228°), le Borysthène et l'Italie du Nord à 15 h 3/5 = 15 h 36 = 234°. Tableau hybride, où se reconnaît tantôt la première progression à partir d'Alexandrie (210°, 218°, 234°), tantôt celle qui inclut Babylone (216°, 220°, 228°), tantôt une indication astronomique purement grecque (15 heures = 225°) qui n'appartient ni à l'une ni à l'autre progression, tantôt une indication surprenante : Rome, située d'abord à 15 h 1/9, est proche de la réalité astronomique mais est mathématiquement curieux[32] ; la seconde possibilité que signale Pline (15 h 1/5 = 15 h 12) révèle clairement un détail important : Nigidius Figulus, source au moins partielle du texte, connaissait le schéma horaire centré sur Babylone...[33]

2. 2. Les sept « climats » que donnent nos trois astrologues ainsi que Pline ont suscité bien des questions[34]. Il est clair que cette doctrine a été élaborée à Alexandrie : les latitudes citées appartiennent à l'échelle du monde dressée par les géographes alexandrins[35]. Il est tentant de penser qu'elle s'inscrit dans les spéculations numérologiques autour du chiffre 7. Toutefois un lien précis avec l'astrologie est difficile à établir : aucun texte, semble-t-il, ne met explicitement les sept « climats » en relation avec les sept planètes[36]. Cependant la fin pratique est évidente : fournir aux *mathematici* des tables d'ascensions qu'ils puissent retenir facilement, comme on apprenait des tables

31 - Pline l'Ancien, *Histoire Naturelle*, VI, 211-219, ed. H. Rackham, Loeb, 1961[3].

32 - La division ne se termine pas = 15h06'06" [...] Texte corrompu ?

33 - Sur les sources de Pline pour ces chapitres, v. E. Honigmann, *op. cit. supra* n. 28, pp. 31-50, en particulier Nigidius, p. 46 et Sérapion d'Alexandrie, p. 49.

34 - E. Honigmann, *op. cit.*, p. 7 et suivantes.

35 - O. Neugebauer, *HAMA* p. 725-727.

36 - A l'exception d'une référence tardive, *HAMA*, p. 727, n. 22.

plications avant l'ordinateur… C'est peut-être cette simplicité et une fin aussi pratique que vise, en géographie, Ptolémée lorsqu'il résume dans la *Syntaxe*, II, 13, la table des angles et des arcs que forment les segments de l'écliptique avec le méridien de sept *climata* échelonnés depuis Méroé (13 heures) jusqu'à l'embouchure du Borysthène (16 heures). Carte sommaire, résumé commode des autres tableaux des latitudes mais sensiblement plus large que les « climats » des astrologues, forgés sur une représentation du monde plus archaïque. Le principe est identique : ce n'est rien d'autre que l'échelle précise du monde connu, limitée à la partie habitée de l'oecumène qui est naturellement enfermée dans un nombre restreint de latitudes horaires[37]. Avant de se prêter à des spéculations symboliques, la théorie des sept « climats » est d'abord le cadre horaire dans lequel s'inscrit la terre habitée.

À quel moment ce goupement est-il apparu ? Il n'est pas exclu qu'Hipparque n'ait pas connu une telle répartition[38] et le fait que Manilius n'en parle pas ne signifie pas que la doctrine a été élaborée au cours des cinquante années qui séparent les *Astronomiques* de la rédaction de l'*Histoire Naturelle* : son silence prouve simplement que ce point ne figurait pas dans sa ou ses sources ; sinon, il l'aurait mentionné presque à coup sûr, lui qui insiste sur les sept bras que forme le Nil au delta (III, 274). Mais le fait que Pline, première autorité sur la question, donne une synthèse résultant d'un amalgame entre les deux systèmes (Alexandrie et Babylone) prouve qu'ils ont déjà voyagé, que l'on déjà discuté et critiqué les données de l'un et de l'autre et la mention de Nigidius peut laisser penser que les premières notions étaient connues à Rome au milieu du Ier siècle avant notre ère…

2.3. La survivance des méthodes babyloniennes dans les écrits astrologiques apparaît encore plus singulière lorsqu'on la compare avec les progrès que l'astronomie mathématique apporte à la géographie dès Hipparque : faisant appel aux heures équinoxiales divisées en 60 minutes pour exprimer la durée du plus long jour, il avait donné une description précise des diverses « sphères locales » dans son ouvrage consacré à la *Critique de la Géographie d'Eratosthène*. De l'équateur au pôle, degré après degré, il relevait les différences notables, tentant « de préciser les phénomènes célestes en chaque point »[39], la durée du jour le plus long, les étoiles situées sur le cercle toujours visible et

37 - Voir encore les *Phaseis*, où les latitudes ne sont plus que cinq, et les huit « climats » de Martianus Capella, § 877 : ils dérivent vraisemblablement du tableau donné dans la *Syntaxe*, II, 13 ; les fautes s'expliquent essentiellement par l'omission des demi-heures, le doublet Rome-Hellespont et l'addition des Monts Riphées.

38 - O. Neugebauer, *HAMA*, p. 335.

39 - Strabon, *Géographie*, II, 5, 34 et suivants ; à partir des indications de Strabon, G. Aujac a donné une reconstitution partielle du tableau théorique des « climats » dressé par Hipparque, dans son édition de Strabon, *Géographie*, tome I2, CUF, Paris, 1969, pp. 195-197 ; sur le rôle de la géométrisation et de la sphéropée pour démontrer ce qui échappe à l'observation, *ead.*, L'astronomie grecque, dans *L'Astronomie dans l'Antiquité Classique*, Paris, 1979, pp. 47-50 ; enfin, *ead.*, *Claude Ptolémée*, pp. 52-54.

sans doute aussi les villes et les pays traversés par certains parallèles. À sa suite, Ptolémée, dans les versions successives et complémentaires de la *Syntaxe* II, 6 et 13, de la *Géographie* I, 23 et des *Phaseis*, revient sur la question : dans le tableau le plus complet[40], il décrit trente-neuf parallèles, de l'équateur au pôle, avec leurs caractéristiques principales ; les latitudes se suivent selon une progression de 15' en 15' ou de 30' en 30' et chacune est identifiée par un lieu de référence pris soit sur le méridien de Rhodes, soit souvenir des voyages ou expéditions en direction du Sud-Est ou du Nord-Ouest, mais les villes célèbres, Alexandrie, Babylone, Athènes ou Rome en sont exclues : c'est l'échelle mathématique de la terre et rien d'autre...

2. 4. S'il ne dit rien des sept « climats », Manilius n'ignore pas le lien entre les *anaphorai* et la question géographique des latitudes : entre la table des ascensions et l'exposé de la méthode par laquelle on les calcule, l'auteur des *Astronomiques* insère ce qui peut paraître un long *excursus* (83 vers)[41]. Le sens en est évident : la table des ascensions ne vaut que pour une latitude alors que la durée du jour et de la nuit varie partout à la surface de la terre : à l'équateur, le temps est immobile, les jours et les nuits comportent uniformément douze heures et aucune différence ne marque les saisons ; l'axe du monde est dans l'horizon et les étoiles, toutes visibles, s'élèvent d'un mouvement presque droit. Dès que l'on quitte les régions équatoriales pour aller en direction du Nord, l'axe s'élève sur l'horizon, le lever des constellations devient de plus en plus oblique, certaines d'entre elles disparaissent entièrement à la vue, tandis que la durée des jours et des nuits se modifie selon les saisons. Au pôle enfin, l'axe est vertical, il n'y a plus qu'un jour et qu'une nuit de six mois chacun et seules les étoiles de l'hémisphère nord sont visibles. Il est clair qu'il s'agit d'un *excursus* : le calcul de l'horoscope ne concerne que les latitudes du monde connu (les sept climats) et, si l'on ne peut exclure qu'il y ait des terres habitées (donc des naissances !) sous l'équateur, le cas n'est guère envisageable pour le pôle ! Manilius a donc introduit délibérément un développement de géographie mathématique qui prend place entre la table des parallèles qu'avait dressée Hipparque et l'échelle des *climata* qu'établira Ptolémée et qui provient de la même source que les paragraphes que Cléomède consacre aux variations des apparences célestes selon les latitudes[42].

---

40 - *Syntaxe*, II, 6 ; traduction française, G. Aujac, *Claude Ptolémée*, pp. 243-257 ; analyse mathématique, O. Neugebauer, *HAMA*, pp. 43-45. Dans la *Géographie*, I, 23, le tableau ne comporte plus que 21 parallèles, entre Taprobane (12 h 15) et Thulè (20 heures).

41 - *Astr*. III, 301-384.

42 - *De motu circulari corporum caelestium*, *Théorie élémentaire*, texte présenté, traduit et commenté par R. Goulet, Paris, 1980 ; les similitudes sont particulièrement nettes entre les vers III, 304-322 (aspect du ciel à l'équateur) et Cléomède I, 5, 3 et I, 7, 2 ; entre III, 323-343 et Cléomède I, 5, 1 (inclinaison progressive du ciel lorsque l'on quitte les régions équatoriales). La datation de la *Théorie élémentaire* reste un objet de controverse : 150 -200 ap. J.-C (G. Aujac, *Strabon*, p. 320), 370 ap. (O. Neugebauer, *Hama*, p. 943)

Reflet des travaux fondamentaux des astronomes, les manuels ou abrégés de cosmologie comme ceux auxquels puise Manilius ou que rédige Cléomède préservent l'essentiel : le rappel des notions élémentaires traduit la fascination pour des régions que l'homme explore par la raison et par le calcul autant que par l'imagination. Rompant avec les préoccupations utilitaires, s'évadant du cadre étroit de l'oecumène dans laquelle l'astrologue peut espérer exercer ses talents, le poète Manilius témoigne de la même curiosité intellectuelle qui conduisait Hipparque à calculer les apparences célestes pour des terres extrêmes dont l'existence même est incertaine, pour des régions inaccessibles dont seule la rigueur mathématique peut définir les caractéristiques[43]. Adoptant la même attitude que Ptolémée entre la *Syntaxe* et la *Tétrabible*, il sent la nécessité de replacer la pratique astrologique dans son véritable cadre : la connaissance scientifique du monde.

3. *Anaphorai* et durées de vie

La seconde application relève de la seule astrologie : des *anaphorai* se déduit le temps que chacun a pour vivre. Non seulement parce que l'instant de notre naissance marque notre premier pas vers la tombe : *nascentes morimur...* (*Astr.*, IV, 16), nous le savons tous; mais surtout parce que la disposition des signes du zodiaque qui interviennent à cet instant précis vaut à chaque individu un « crédit » d'années et de mois. Les astrologues savent le calculer mais ils ne consignent pas toujours ce point : il faut reconnaître que c'est terriblement délicat et risqué ! Heureusement les textes se complètent d'une façon suffisamment cohérente pour qu'il soit possible de reconnaître les grands traits de la doctrine qui, là encore, remonte vraisemblablement au « Manuel » de Nécepso.

3.1. Manilius, d'abord : dans le chapitre qui suit le calcul de l'horoscope (III, 510-617), il expose quels éléments de la géniture gouvernent les fractions du temps, puis le nombre d'années accordées par les signes du zodiaque (v. 560-580) sans donner la moindre indication sur les conditions dans les-

43 - C'est précisément la critique que formule Strabon, II, 5, 43 : ces connaissances sont trop précises et inutiles au géographe.

quelles les signes dispensent ces durées[44]. Or cette nouvelle table n'est autre que le premier tableau des *anaphorai* divisées par 4. Pourquoi cette division ? Pourquoi faut-il ajouter chaque fois 8 mois, c'est-à-dire 40 minutes ? Mystère ! Toutefois Héphestion confirme ce détail [45]. Quelles que soient les obscurités, le lien avec le chapitre antérieur sur les anaphores est évident.

44 - La comparaison entre les données fournies par les vv. III, 560-580 et les *anaphorai* indiquées aux vv. 275-300 donne le tableau suivant dans lequel 1 an = 2° = 4 stades :

	III, 275-300			III, 560-580
	degrés	stades	heures	années
Ari-Psc	20	40	1 h 20	10 ans 2/3
Tau-Aqr	24°	48	1 h 36	12 ans 2/3
Gem-Cap	28°	56	1 h 52	14 ans 2/3
Cnc-Sgr	32°	64	2 h 08	16 ans 2/3
Leo-Sco	36°	72	2 h 24	18 ans 2/3
Vir-Lib	40°	80	2 h 40	20 ans 2/3

Pour quelles raisons Manilius opère-t-il cette division par 2 de la table canonique en degrés, ou par 4 de l'unité qu'il avait choisie, le stade ? Sans apporter de réponse sur ce point l'analyse mathématique fournit des remarques intéressantes : si on laisse de côté les 2/3 qui s'ajoutent, on observe que les douze signes dispensent tous ensemble un total de 180 années ; de plus la somme des signes en opposition est toujours de 30 ans, tout comme la somme des signes équidistants, deux à deux, des solstices. Ces remarques conduisent S. Feraboli à observer que l'on obtient chaque fois une moyenne de 15 ans pour chaque signe, moyenne qui évoque les 15° de l'heure équinoxiale. À l'appui de cette observation on peut ajouter que la dernière méthode (fausse) indiquée pour calculer l'Ascendant (vv. 483-509) repose aussi sur une multiplication par 15. Une partie des anomalies du texte semble donc liée à des erreurs dans le maniement des heures équinoxiales à la base du système.

45 - *Apotelesmatica*, II, 10, p. 115 : ἔστω τὸν Κριὸν ἀνατέλλειν μοίραις κα̅ μ̅ κατὰ τοὺς παλαιούς, οἳ γίγνονται ἐνιαυτοὶ κα̅ καὶ μῆνες ὀκτώ. La fraction de 40', deux tiers d'un degré, soit 8 mois, revient assez fréquemment dans les temps d'ascensions, mais pourquoi en avoir fait un augment général ? S. Feraboli observe que le chiffre de 112 ans, donné par Epigène comme l'espérance de vie la plus longue, correspond à deux fois 56 ans, durée prophétisée par Scipion l'Africain et produit des deux nombres parfaits 7x8 (Cicéron, *Somn. Scip.*, 12). Divisé par 3, le nombre 56 donne 18 ans 8 mois, durée accordée par le Lion demeure du Soleil dans le système de Manilius. Ce rapprochement peut suggérer que d'autres spéculations arithmologiques se cachent dans le texte, s'il ne s'agit pas de confusions pures et simples. Je tiens à remercier très vivement Simonetta Feraboli qui, avec beaucoup de générosité et de confiance, m'a communiqué les notes qu'elle a établies sur ces vers pour l'édition de Manilius en cours de publication dans la collection L. Valla.

3.2. D'explication, point ; il faut la demander à Pline[46] et à Censorinus[47] qui dérivent d'une même source : l'addition des trois signes les plus lents, ce que l'on appelle un *tétartémorion*, indique la durée maximum que l'on peut espérer vivre : 112, 116, 120 ou 124 ans, selon la latitude à laquelle on naît, selon *l'inclinaison du ciel sur l'horizon dans chaque pays*, précise Censorinus. De fait, le chiffre de 112 ans, calculé par Epigène, aux dires de Pline et de Censorinus, n'est rien d'autre que la somme des *anaphorai* des signes les plus lents (Lion, Vierge et Balance ou Vierge, Balance et Scorpion) pour le « climat » d'Alexandrie, celui de 116 correspond aux ascensions les plus lentes pour Babylone. En additionnant les *anaphorai* pour le climat V (Rome, sans doute, dans le système A) on obtient 120°40' à rapprocher des 120 ans mentionnés par Censorinus, sans indication d'autorité. Enfin les 124 ans que peuvent espérer certains habitants de l'Italie selon Pline correspondent à la somme des anaphores lentes pour le « climat » VI (232° = 15 h 36, Ancône).

3.3. En vertu de quels facteurs peut-on espérer atteindre l'âge de Nestor ou de Jeanne Calment ? La méthode apparaît à travers les exemples d'horoscopes donnés par Vettius Valens dans ses *Anthologies* : ce n'est pas l'addition systématique du signe ascendant et de ses acolytes, mais l'examen attentif de la géniture montre les planètes qui jouent un rôle déterminant et, du même coup, les sommes qu'il faut ajouter à l'ascension du signe horoscope. Pour ne pas décevoir l'attente du lecteur curieux des méthodes des astrologues anciens sur une question aussi grave, voici la traduction d'un horoscope calculé pour le 9 juillet 82 ap. J.-C. : « Prenons le Soleil, Vénus et Mercure dans le Cancer, la Lune dans le Taureau, Saturne dans les Poissons, Jupiter et Mars dans le Lion, l'Asc. dans la Vierge. Dans le premier *clima*, l'anaphore de la Vierge est de 38 1/3 ; et comme Mercure, dans le Cancer, est le Maître dans le Bon Démon

---

46 - *N.H.* VII, 160 : « Epigène a prétendu que la vie ne pouvait pas atteindre 112 ans ; Bérose, qu'elle ne pouvait pas dépasser 116 ans. Aujourd'hui encore, subsiste la théorie enseignée par Pétosiris et Néchepsos, (on l'appelle *tétartémorion*, d'après la division du zodiaque en portions de trois signes) qui établit la possibilité de vivre 124 ans pour toute la région de l'Italie. Ses auteurs soutiennent que, jamais, personne ne peut dépasser à partir de son signe natal, la mesure de 90 degrés (c'est-à-dire une anaphore dans leur langage) et que cette anaphore même peut être interrompue par la rencontre d'astres malfaisants ou simplement par leurs rayons et ceux du soleil », texte établi, traduit et commenté par R. Schilling, CUF, Paris, 1977.

47 - « Chez les astronomes eux-mêmes, qui recherchent la vérité dans l'organisation des étoiles et des constellations, il n'y a pas davantage d'accord. Épigène a établi que la plus grande durée de la vie humaine était de cent douze ans, Bérose de cent seize ; d'autres ont cru qu'elle pouvait aller jusqu'à cent vingt ans, certains plus loin encore. Des auteurs ont pensé qu'il ne fallait pas la considérer partout de la même façon, mais différemment selon les régions, en fonction de l'inclinaison du ciel sur l'horizon dans chaque pays », Censorinus, *Le jour natal*, 17, 4, traduction annotée par G. Rocca-Serra, Paris, 1980.

(= maison 11), il a fourni l'anaphore de 31 2/3. Total, 70 ; c'est ce qu'il a vécu »[48]. C.Q.F.D...

Les autorités (Epigène et Bérose) que mentionnent Pline et Censorinus laissent croire que la question des *anaphorai* et les spéculations sur les durées de vie qui leur sont liées seraient entrées dans le monde grec bien avant le « Manuel » de Nécepso, tout comme la définition des latitudes géographiques est antérieure au IIe s. Mais il est certain que l'ensemble prend corps, qu'il s'organise en un ensemble de doctrines à Alexandrie dans un laps de temps assez réduit. En astronomie, le recours aux fonctions linéaires donne provisoirement une solution simple à un problème infiniment complexe ; satisfaits de cette solution, avatar des mathématiques babyloniennes, cautionnée par les noms fabuleux de Nécepso et de Pétosiris, les astrologues assureront pendant longtemps la survie et la diffusion de schémas arithmétiques très vite périmés, malgré l'autorité de Ptolémée et la consécration qu'il donne à la trigonométrie.

Dans la tradition astrologique, les *Astronomiques* de Manilius occupent une place marginale, consignant des doctrines qui parfois semblent isolées. C'est pourtant le premier texte cohérent qui émane directement de l'ambiance intellectuelle d'Alexandrie ; qu'il s'agisse de la table des *anaphorai*, de la méthode pour les calculer, de la détermination des durées de vie, les *Astronomiques* reflètent avec un mélange singulier d'exactitude et d'inepties la vulgate astrologique qui s'est élaborée un siècle et demi avant, dans la volonté d'enfermer le destin dans des chiffres ou des rapports géométriques. Mais le grand mérite de l'auteur est de refléter tout autant l'autre face de la médaille, la recherche, les progrès constants que les astronomes et les mathématiciens impriment à leur science, lorsque le poète interrompt son exposé astrologique au profit d'un *excursus* purement scientifique sur les latitudes que seule la rigueur mathématique permet d'explorer. Enfin, parce qu'il est poète, l'auteur des *Astronomiques* dégage dans l'épilogue le sens du chant III : la ronde des saisons avec les occupations humaines qui les accompagnent clôt sereinement une réflexion ardue sur la relativité du temps cosmique et sur l'inégalité du temps personnel de la vie de chacun. Ce que les astronomes formulent en équations fournit au poète Manilius une méditation, austère et dense, sur le temps.

48 - *Anthologiae*, III, 13 (ed. D. Pingree, p. 149), trois exemples d'horoscopes traduits et commentés dans les *Greek Horoscopes*, respectivement p. 92 et 100. Il existe naturellement d'autres méthodes tout aussi savantes, cf. *C.C.A.G.* V, 4 p. 232, extrait d'un traité de Balbillus *sur le mois où une personne mourra*, commentaire : *Hama*, p. 709.

Annexe

Vettius Valens, *Anthologies*, I, 7, traduction : J.-F. Bara (*EPRO*, 111, 1989), tableau mathématique, O. Neugebauer, *HAMA*, p. 728 :

Comme il y a 7 zones, à la septième à partir du Cancer, les ascensions atteignent 234°, desquels on déduira les 210° de la première zone : il restera 24° de différence. On divise ces 24° par 6, puisque ce chiffre représente la différence d'ascensions de 6 zones, et on obtient 4°. C'est la progression de chaque zone, elle fixera le chiffre de l'ascension.

Ainsi dans la première zone, les ascensions, du Cancer au Sagittaire, sont de 210°. Dans la seconde : 214°. Dans la troisième : 218°. Dans la quatrième : 222°. Dans la cinquième : 226°. Dans la sixième : 230°. Dans la septième : 234°.

	I	**II**	**III**	**IV**	**V**	**VI**	**VII**
M	210°	214°	218°	222°	226°	230°	234°
	= 14h	= 14 h 16	= 14 h 32	= 14 h 48	= 15 h 04	= 15 h 20	= 15 h 36
M/m	7/5	107/73	109/71	37/23	113/67	23/13	13/7
d	3°20	3°46'40	4°13'20	4°40'	5°6'40	5°33'20	6°

P. Mich. 149, XI, 38-47, XII, 1-11 ; tableau, *HAMA*, p. 730 :

The signs, because of the obliquity of the circle, do not ascend in equal periods, but vary in seven different regions or climes.

For in the Ethiopic clime Aries ascends in twenty-two periods and Libra in thirty-eight, in which the amount to be added is 2 2/3 ;

in the Syrian clime Aries ascends in twenty-one and Libra in thirty-nine periods, and the amount to be added or subtracted is 3.

In the Rhodian clime [Aries ascends] in twenty and Libra in forty periods, and the amount added or subtracted is 3 1/3 ;

in the clime of Asia and Ionia Aries ascends in nineteen and Libra in forty-one, wherein the amount added or subtracted is 3 2/3 ;

in the clime of Argos [col. XII] Aries ascends in eighteen [and Libra in forty-two, and the amount] added [is 4] ;

in the clime of Rome and Italy and maritime Gaul Aries ascends [in seventeen and] Libra in forty-three, and the amount added or subtracted is 4 1/3 ;

in..., Germany and [Britain] Aries ascends [in sixteen] and Libra in forty-four, and the amount added or subtracted is 4 2/3.

Now in every clime Cancer and Capricornus ascend in thirty periods ; fifteen periods equal one equinoctial hour, and the period is of primary importance with reference to life.

	II	**III**	**IV**	**V**	**VI**	**VII**	**VII**
	Ari 22°	Ari 21°	Ari 20°	Ari 19°	Ari 18°	Ari 17°	Ari 16°
M	212°	216°	220°	224°	228°	232°	236°
	= 14 h 08	= 14 h 24	= 14 h 40	= 14 h 56	= 15 h 12	= 15 h 28	= 15 h 44
M/m	53/37	3/2	11/7	28/17	19/11	29/16	59/31
d	2°40'	3°	3°20'	3°40'	4°	4°20'	4°40'
	Éthiopie	Syrie	Rhodes	Asie Ionie	Argos	Rome Italie Gaule mar	Germanie

Firmicus Maternus, *Mathesis*, II, 11 (trad. P. Monat, CUF), tableau, *HAMA*, p. 730 :

Or [les signes] se lèvent à des moments et en des jours divers, et en fonction des climats ; c'est pourquoi nous montrons, dans la liste ci-dessous, à quels moments se lèvent les divers signes sous les différents climats.

– Sous le premier climat, c'est-à-dire celui d'Alexandrie, et sous le second, qui est celui de Babylone, ainsi que dans toutes les régions qui sont placées sous ces climats, les signes se lèvent selon le calendrier suivant : Bélier la 20e année, Taureau, la 24e ; Gémeaux, la 28e ; Cancer, la 32e ; Lion, la 36e ; Vierge, la 40e...

– Sous le climat de Rhodes et dans les autres régions qui sont placées sous le climat, le Bélier se lève la 19e année ; le Taureau, la 23e ; les Gémeaux, la 27e ; le Cancer, la 32e ; le Lion, la 36e ; la Vierge, la 40e...

– Sous le climat de l'Hellespont et dans les autres régions qui sont sous ce climat, le Bélier se lève la 17e année ; le Taureau, la 22e ; les Gémeaux, la 27e ; le Cancer, la 32e ; le Lion, la 37e ; la Vierge, la 42e...

– Sous le climat d'Athènes et dans les autres régions qui sont sous ce climat, le Bélier se lève la 18e année ; le Taureau, la 23e ; les Gémeaux, la 27e ; le Cancer, la 32e ; le Lion, la 36e ; la Vierge, la 41e...

– Sous le climat d'Ancône et dans les autres régions qui sont sous ce climat, le Bélier se lève la 15e année ; le Taureau, la 21e ; les Gémeaux, la 27e ; le Cancer, la 32e ; le Lion, la 38e ; la Vierge, la 44e...

– Sous le climat de Rome et dans les autres régions qui sont sous ce climat, le Bélier se lève la 17e année ; le Taureau, la 22e ; les Gémeaux, la 27e ; le Cancer, la 32e ; le Lion, la 37e ; la Vierge, la 42e...

	I	II	III	IV	V	VI	VII
	Ari 20	Ari 20	Ari 19	Ari 17	Ari 18	Ari 15	Ari 17
M		216°	218°	224°	220°	232°	(226°)
		(= 14 h 24)	(= 14 h 32)	(= 14 h 56)	(= 14 h 40)	(= 15 h 28)	(= 15 h 04)
M/m		3/2	109/71	28/17	11/7	29/16	113/67
d		4°	4°13'20"	4°53'20"	4°26'40"	5°46'40"	5°6'40
	Alexandrie	Babylone	Rhodes	Hellespont	Athènes	Ancône	Rome

Pline l'Ancien, *Histoire Naturelle*, VI, 211-219, ed. H. Rackham, Loeb ; tableau, *HAMA*, p. 730 :

§ 212 Plura sunt autem segmenta mundi quae nostri circulos appellavere, Graeci parallelos.

Principium habet Indiae pars versa ad austrum... Continentur... Alexandria... ; noctis vero dieique longissima spatia XIV horas aequinoctiales habent, brevissima ex contrario X.

§ 213 Sequens circulus... amplectitur Babylonem... ; dies autem noxque maxima XIV horarum aequinoctialium est accendente bis quinta parte unius horae.

§ 214 Tertius circulus... tendit per... Rhodum... Longissimus dies est aequinoctialium horarum XIV atque dimidiae cum tricesima unius horae.

§ 215 Quarto subiacent circulo... Athenae... Longissimus dies habet aequinoctiales horas XIV et tertias duas unius horae.

§ 216 Quinto continentur segmento... Hellespontus... Magnitudo diei summa horarum aequinoctialium XV.

§ 217 Sexta comprehensio, qua continetur urbs Roma... Longissima diei spatia horarum aequinoctialium XV addita IX parte unius horae aut, ut Nigidio placuit, quinta.

§ 218 Septima divisio... vadit super... Borysthenen... Anconam... Amplissima diei spatia horarum aequinoctialium XV et quintarum partium horae trium.

	I	II	III	IV	V	VI	VI	VII
M	14h	14 h 24	14 h 32	14 h 40	15h	15 h 06	15 h 12	15 h 36
	(= 210°)	(= 216°)	(= 218°)	(= 220°)	(= 225°)		(= 228°)	(= 234°)
M/m	7/5	3/2	109/71	11/7	28/17		19/11	13/7
d	3°20'	4°	4°13'20"	4°26'403			5°20'	6°
	Alexandrie	Babylone	Rhodes	Athènes	Hellespont	Rome	Rome	Ancône

Wolfgang HÜBNER

Astrologie et mythologie dans la Tétrabible de Ptolémée d'Alexandrie

Ptolémée d'Alexandrie a écrit non seulement l'œuvre canonique de l'astronomie, la Σύνταξις μαθηματική, dite aussi ἡ μεγίστη Σύνταξις (d'où le titre arabisant d'« Almageste »), mais aussi l'œuvre classique de l'astrologie intitulée plus tard la « Tétrabible » parce qu'elle comprend quatre livres, c'est-à-dire un nombre de livres assez restreint par rapport aux œuvres semblables composées par Vettius Valens son contemporain ou bien par Firmicus Maternus au quatrième siècle. Plus tard, on a opposé la « Tétrabible » de Ptolémée à la « Pentabible » de Dorothéos de Sidon, poète de l'époque néronienne, qui décrit dans son dernier livre, par une sorte de surabondance, la doctrine spéciale des « commencements d'actions » (καταρχαί), tout comme Manilius, poète tardif de l'époque d'Auguste, avait décrit, dans son cinquième et dernier livre, les effets drôles et outrés causés par les constellations extrazodiacales, les παρανατέλλοντα, qui renforcent les effets des signes zodiacaux[1].

Si l'on recherche les éléments mythiques dans l'œuvre de Ptolémée[2], on se tourne naturellement vers ce dernier traité astrologique, car astrologie et mythologie se caractérisent par la même manière de penser, voire de concevoir le monde, manière qui a été qualifiée à juste titre de « mythique » et dont le philosophe allemand Ernst Cassirer a décrit le fonctionnement[3].

Mais ce n'est pas dans ce sens général que je voudrais relever ici la parenté entre astrologie et mythologie, je m'attacherai seulement à regarder

---

1 - Sur Dorotheos, V. Stegemann, Astrologie und Universalgeschichte. Studien und Interpretationen zu den Dionysiaka des Nonnos von Panopolis, Leipzig-Berlin 1930 (Stoicheia 9), 12sq., Id. Dorotheus von Sidon. Ein Bericht über die Rekonstruktionsmöglichkeiten seines astrologischen Werkes, Rheinisches Museum 91 (1942), 326-349, notamment 332, sur Manilius W. Hübner, Manilius als Astrologe und Dichter, ANRW II 32.1 (1984), 126-320, spécialement 254-268.

2 - Le jugement de M. Riley, Science and tradition in the *Tetrabiblos*, PAPhS 132 (1988), 67-84, notamment 78-81, qui définit les deux premiers livres comme physiques et les deux derniers comme mythiques, n'est pas soutenable.

3 - E. Cassirer, Philosophie der symbolischen Formen II : Das mythische Denken, Berlin 1925 (6 Darmstadt 1973), traduction française : La philosophie des formes symboliques, Paris 1972.

quelques détails de la doctrine. En premier lieu il faut constater que le savant d'Alexandrie témoigne d'une certaine distance face à la mythologie[4] : il ne tire pas d'horoscopes fictifs pour des personnages mythiques, comme l'avait fait le poète Manéthon au premier siècle de notre ère pour Œdipe[5], bien que Ptolémée connaisse aussi la prédiction de l'inceste entre mère et fils[6], et comme le fera plus tard Firmicus Maternus non seulement pour Œdipe, mais aussi pour Paris-Alexandre ou l'affreux Thersite[7]. Il ne recourt pas non plus aux catastérismes racontés par Eratosthène et sa riche descendance, comme l'avait fait Manilius au début du premier siècle de notre ère dans ses *Astronomica*, qui culminent dans l'épyllion sur Andromède sauvée par Persée[8], qui n'est pas du tout, comme l'a prétendu Alfred Edward Housman[9], « purpurae non sane splendidissimae adsutus pannus », mais qui a une signification astrologique fondamentale.

A plus forte raison Ptolémée n'adresse pas non plus de prières aux divinités planétaires, comme Manéthon ou le huitième hymne dit « homérique », qui s'adressent à la planète de Mars[10], ou Vettius Valens et Firmicus et d'autres encore[11] qui invoquent les divinités planétaires en général.

Mais d'un autre côté, puisant dans ses sources astrologiques, Ptolémée était forcé cependant de recourir à la mythologie, même s'il ne le dit pas expressément[12]. Je me bornerai aux données les plus connues du système astrologique : les planètes et les constellations des étoiles fixes.

---

4 - M. Riley (voir n. 2) souligne à juste titre la différence entre la Tétrabible de Ptolémée et les autres auteurs d'œuvres astrologiques comme Dorothéos, Vettius Valens, Héphestion de Thèbes ou Firmicus Maternus.

5 - Maneth. 5(6), 203sq. 6(3),160-171.

6 - Ptol. apotel. 4,5,12. Cf. apotel. 2,3,24sq. pour les pays orientaux gouvernés par le deuxième trigone (Taureau – Vierge – Capricorne) sous la tutelle de Vénus et Saturne.

7 - Firm. math. 6,30,1. 6,30,11sq. 6,31,37. Thersite a le soleil et Saturne dans le Capricorne, signe laid par excellence. D'après la géographie astrologique de Ptol. apotel. 2,3,28, le Capricorne et son maître, Saturne, appartiennent à l'ἄμορφον, ἀκάθαρτον, θηριῶδες. Dans le même chapitre le Cancer, signe central du quatrième triangle, et sa tutrice, la lune, produisent les Amazones (apotel. 2,3,40) : διὰ τὸ τῆς σελήνης ἀνατολικὸν καὶ ἠρρενωμένον σχῆμα (toutes les planètes se masculinisent à l'orient et se féminisent à l'occident : apotel. 1,6,2). Une autre coïncidence qui n'est pas explicite : le quatrième trigone est gouverné aussi par Arès, le père de la reine des Amazones, Penthesiléa.

8 - Manil. 5,540-618. Voir n. 111.

9 - M. Manilii astronomicon liber quintus, rec. A.E. Housman, London 1930 (réimpr. 1972 ; ^{2}1937), ad 5,540-618 d'après Hor. ars 15sq.

10 - Maneth. 1(5),139-152. Hom. hymn. nr. 8, cf. M.L. West : The eighth Homeric hymn and Proclus, CQ 20 (1970), 300-304.

11 - Firm. math. 1,10,14. Vett. Val. 7 pr., cf. CCAG VII (1908), 4 (ined.) : προσευχαὶ τῶν ἑπτὰ πλανήτων. VIII 2 (1911), 154-159. Picatrix p. 213,5- 237,12 Ritter. Anon. apud D. Pingree, Al-Tabarī on the Prayers to the Planets, Bull Et. Or. 44 (1992), 105-117.

12 - Les mots μῦθος ou τὸ μυθῶδες ne figurent pas dans le texte.

1. Les planètes extérieures et inférieures

Commençons par les planètes que les Babyloniens ont dénommées d'après leurs dieux. Les noms ont été adoptés et adaptés par les Grecs et ensuite par les Romains, et, malgré les nombreuses tentatives pour les supplanter par une terminologie plus scientifique[13] ou bien idéologique[14], ils se sont maintenus jusqu'à nos jours et mieux encore, ils ont été augmentés par les noms d'Uranus, Neptune et Pluton, sans parler des noms mythiques sans nombre qui désignent les satellites et les planétoïdes[15].

Bien qu'il soit contraint d'employer pour les planètes leurs noms mythiques traditionnels, Ptolémée marque une certaine différence entre les corps célestes et les dieux gouverneurs parce qu'il emploie pour les cinq vraies planètes une périphrase avec le génitif comme ὁ τοῦ Κρόνου ἀστήρ : « l'étoile de Saturne », plus rapide ὁ τοῦ Κρόνου : « celle de Saturne », périphrase qui devient encore plus embarrassante au génitif absolu (construction chère à Ptolémée) : τοῦ τοῦ Κρόνου ...[16] ; Héphestion de Thèbes, qui, en principe, copie presque mot à mot le texte de Ptolémée, supprimera cette réserve de son prédécesseur en disant comme les autres astrologues tout simplement Κρόνος : « Saturne ». Il identifie donc le dieu au corps céleste[17].

Face aux deux luminaires (le soleil et la lune) qui signifient des divinités pour les Grecs aussi bien que pour les Romains, Ptolémée évite lui aussi le génitif en disant simplement ὁ ἥλιος ou ἡ σελήνη (ce n'est que par erreur que nous lisons dans un des manuscrits par surgénéralisation l'expression ὁ τῆς σελήνης)[18]. Mais même pour les cinq vraies planètes notre auteur ne parvient pas à maintenir sa rigueur, car vers la fin de son œuvre (à partir du chapitre III, 5) il lui échappe des identifications comme Ἄρης μὲν - Κρόνος δὲ[19].

13 - F. Cumont, Les noms des planètes et l'astrolâtrie chez les Grecs, AC 4 (1935), 5-43. W. et H.G. Gundel, RE XX 2 (1950), 2017-2185 s.v. Planeten, notamment 2027-2031. A. Le Bœuffle, Les noms latins d'astres et de constellations, Paris 1977, 250-252. Les poètes Dorotheos et Manéthon oscillent entre les deux nomenclatures. Les noms plus scientifiques pénètrent aussi dans la tradition manuscrite de Ptolémée, voir l'apparat critique de l'édition Boll-Boer pour apotel. 1,4 p. 18,13. 18,19.

14 - W. Hübner, Zodiacus Christianus. Jüdisch-christliche Adaptationen des Tierkreises von der Antike bis zur Gegenwart, Königstein 1983 (Beiträge zur Klassischen Philologie. 144), 144-147.

15 - Cf. W. Hübner, Antike in der Astrologie der Gegenwart, in : Die Antike in der europäischen Gegenwart, éd. W. Ludwig, Göttingen 1993 (Veröffentlichung der Joachim Jungius-Gesellschaft der Wissenschaften Hamburg. 72), 103-124 et 179.

16 - Ce qui cause des confusions dans la tradition manuscrite, cf. notre édition future ad Ptol. apotel. 3,11,10 (p. 133,5 Boll-Boer).

17 - Cela arrive aussi à certains copistes dans la première moitié : Ptol. apotel. 1,19,1 p. 41,6.

18 - Ptol. apotel. 1,19,7 p. 43,1.

19 - A partir de apotel. 3,5,4. Ici aussi, quelques manuscrits emploient le génitif : apotel. 4,5,3 p. 185,9 etc., 4,7,7 p. 195,16 etc.

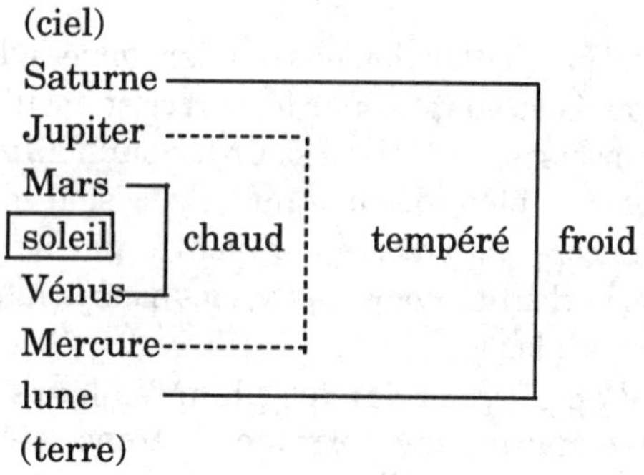

fig. 1 : Le système des planètes de Ptolémée

Les dieux des trois planètes supérieures (Saturne, Jupiter et Mars : voir fig. 1) appartiennent à trois générations successives : grand-père, père et fils[20], série qui a été prolongée à l'époque moderne jusqu'à l'arrière-grand-père Uranus, et c'est ainsi que dans cette triade la planète la plus lente (Saturne) concerne la vieillesse et la planète la plus rapide (Mars) la jeunesse, selon la distinction qui a été établie déjà par Aristote dans sa Rhétorique[21] qui dit des vieillards : δειλοὶ καὶ πάντα προφοβητικοί· ἐναντίως γὰρ διάκεινται τοῖς νέοις· κατεψυγμένοι γάρ εἰσιν, οἱ δὲ θερμοί « ils sont timides, craignant toute chose. Car leur tempérament est contraire à celui des jeunes : car ils sont frileux, tandis que les jeunes sont chaleureux ». Ou bien Saturne concerne les maladies secrètes appelées « chroniques » (selon l'étymologie Κρόνος, « Saturne » et Χρόνος, « le temps »), et Mars les maladies aiguës accompagnées de chaleur et de fièvre[22]. C'est la jeunesse avec son emportement plein d'énergie qui se situe de part et d'autre du soleil central, Mars du côté extérieur et Vénus du côté intérieur (aujourd'hui encore leurs symboles servent à distinguer les deux sexes). Le mythe fameux de leurs amours clandestines est, bien sûr, responsable pour le pronostic des adultères (μοιχοί)[23], mais ni Ptolémée ni les autres manuels

---

20 - Le premier témoignage est fourni par Sudines : W. Hübner, Zum Plenetenfragment des Sudines (Pap. Gen. Inv. 203), ZPE 73 (1988), 33-42. Le poète Manéthon 5(6),249 nomme le vieux Saturne πρέσβυς.

21 - Aristot. rhet. 2,13 p. 1389b29.

22 - Ptol. apotel. 4,9,3-5.

23 - Maneth. 3(2) 330. 4,305. 5(6) 282sq. Vett. Val. 2,38,44. Plotin. Enn. 2,3,6. Rhetorios CCAG I (1898), p. 149,1-3, voir aussi Firm. math. 6,32,32.

d'astrologie ne font allusion à ce mythe homérique. Seul le poète Manéthon y recourt[24] :

ἢν Παφίην εὕρῃς περιπλεξαμένην τὸν Ἄρηα,

μοίχοὺς καὶ λάγνους καὶ παντοπαθεῖς ἐποίησεν.

Si tu trouves la déesse de Paphos embrassant Mars [c'est-à-dire Vénus en conjonction avec Mars], elle produit des hommes adultères et lascifs et qui sont disposés à tout souffrir [25].

2. Les triplés : planètes, décans et *Sphaera barbarica*

Aux trois planètes masculines et extérieures correspondent les trois planètes dites féminines et inférieures : Vénus, la lune et Mercure, le dernier étant féminisé par esprit de géométrie. On déduisait son tempérament androgyne[26] du mythe de l'hermaphrodite, et ce sont justement Mercure et Vénus qui engendrent l'hermaphroditisme[27], bien que Ptolémée connaisse aussi une telle prédiction sans qu'intervienne Mercure.[28]

Les deux triades des planètes extérieures et inférieures entrent en jeu dans un chapitre étrange sur les jumeaux (Περὶ διδυμογόνων)[29]. Au début ce sont les quatre signes zodiacaux appellés δίσωμα : « avec deux corps »[30], qui en sont responsables : Gémeaux, Vierge, Sagittaire et Poissons. Ensuite, Ptolémée parle aussi des naissances de triplés, et c'est précisément ici qu'il laisse tomber, pour désigner les planètes, la construction lourde avec génitif. Le tableau numéro 2 montre qu'il y a quatre possibilités dans la répartition des

---

24 - Maneth. 5(6), 282sq.

25 - Autre exemple : Maximus περὶ καταρχῶν (ca. 350 p. Chr. n.) 491-496 : Quand la lune se trouve dans la Vierge, il ne convient pas de planter des vignes à cause du mythe d'Erigone, cf. l'épitomé CCAG XI (1932) p. 166,11 φυτεύειν παντοῖα φυτὰ πλὴν ἀμπέλου, voir A. Rosokoki, Die Erigone des Eratosthenes. Eine kommentierte Ausgabe der Fragmente, Heidelberg 1995 (Bibliothek der Klassischen Altertumswissenschaften. II 94), 32 : Testimonium 34.

26 - Ptol. apotel 1,6,1. al., cf. A. Bouché-Leclercq, L'astrologie grecque, Paris 1899 (réimpr. Bruxelles 1963 et Aalen 1979), 103sq. W. Hübner, Religion und Wissenschaft in der antiken Astrologie, in : Zwischen Wahn, Glaube und Wissenschaft, ed. J.-F. Bergier, Zürich 1988, 9-50, notamment 16. On disait d'ailleurs la même chose de Vénus : Lyd. mens, 2,11 p. 32,12-14 ὡς καὶ αὐτὴ Ἀφροδίτη τὴν τοῦ ἄρρενος τὴν τε τοῦ θήλεος ἔχουσα φύσιν καὶ διὰ τοῦτο παρὰ τοῖς θεολόγοις ἀρρενόθηλυς καλουμένη.

27 - Firm. math. 3,6,22 ~ Rhetorios CCAG VIII 4 (1921), p. 169,14.

28 - Ptol. apotel. 3,9,4.

29 - Ptol. apotel. 3,8. Vgl. F. Boll, Sphaera. Neue griechische Texte und Untersuchungen zur Geschichte der Sternbilder, Leipzig 1903 (réimpr. Hildesheim 1967), 2721 « in dem etwas mysteriösen Kapitel über Zwillings - und Drillingsgeburten ». S. Feraboli, Claudio Tolomeo, Le Previsioni astrologiche (Tetrabiblos), 2 Vicenza 1989, 426 exagère en prétendant que c'est la seule concession que fait Ptolémée à la mythologie.

30 - Voir W. Hübner, Die Eigenschaften der Tierkreiszeichen in der Antike. Ihre Darstellung und Verwendung unter besonderer Berücksichtigung des Manilius, Wiesbaden 1982 (Sudhoffs Archiv, Beiheft. 22), 74sq. 104-110.

deux sexes : trois garçons, trois filles, deux garçons et une fille ou deux filles et un garçon :

M M M	Saturne, Jupiter, Mars
F F F	Vénus, lune, Mercure (τεθηλυσμένος)
M M F	Saturne, Jupiter, Vénus
F F M	Vénus, lune, Mars

schéma 2 : Le sexe des triplés

Trois garçons sont engendrés par la triade extérieure, trois filles par la triade inférieure. S'il y a une fille parmi deux mâles, Mars, la planète la plus basse des trois mâles, est remplacé par Vénus, la plus féminine ; si au contraire il y a un mâle parmi deux femelles, c'est Mercure, l'androgyne, qui est remplacé par Mars, le partenaire de Vénus de l'autre côté du soleil.

Voilà la symétrie parfaite de la construction. Mais Ptolémée fait ici une concession ultérieure à la mythologie en essayant de dénommer les différentes combinaisons des planètes[31]. Il appelle les trois mâles Ἀνάκτορες, « gouverneurs » (terme qui n'a pas encore été éclairci définitivement)[32], les trois filles Χάριτες, « Grâces », les deux mâles Διοσκοῦροι, frères jumeaux d'Hélène (qui complète comme troisième élément féminin), et les deux filles, faute d'un nom compréhensif, Δημήτηρ et Κόρη. Ici le complément masculin est moins clair. Quelques manuscrits donnent l'interpolation de Dionysos, mais Pluton qui a enlevé la fille de Cérès, ou bien Triptolemos, fils de Cérès et inventeur de l'agriculture ou de la charrue, représenté avec les deux déesses sur le fameux relief à trois figures d'Eleusis, conviendrait peut-être mieux.

Pour les deux alternatives « pures » (trois mâles ou trois filles) nous rencontrons un parallèle dans la prétendue *Sphaera barbarica* de Teucros de Babylone qui a vécu probablement au premier siècle avant notre ère.[33] Celui-ci connaît pour la fin du deuxième décan (tiers de signe comportant 10 degrés) du Cancer la constellation dite Τρεῖς Χάριτες, « les trois Grâces »[34] :

31 - Ptol. apotel. 3,8,3.

32 - Il n'est pas clair s'il y a un lien avec les *Anac(t)es* nommés par Cic. nat. deor. 3,53, voir A.S. Pease ad loc.

33 - On le date généralement du au premier ou second siècle après J.-C. au plus tard, mais déjà Manilius, au début de notre ère, puise dans sa *Sphaera barbarica* : W. Hübner, Manilio e Teucro di Babilonia, in : Manilio fra poesia e scienza. Atti del convegno Lecce 14-16 maggio 1992, ed. D. Liuzzi, Galatina 1993, 21-40, notamment 21. Le nom Βαβυλώνιος désigne probablement le Babylon égyptien et non pas la Mésopotamie.

34 - Teucros dans la compilation de l'Anonymus *De stellis fixis*, ed. W. Hübner, Grade und Gradbezirke der Tierkreiszeichen, Stuttgart-Leipzig 1995 (Sammlung wissenschaftlicher Commentare), I 4,8 p. 114sq. : Cancer 18ϒ-20ϒ.

αἱ Τρεῖς Χάριτες ἀνδρείαν, φρόνησιν, σωφροσύνην - κάλλος, πλοῦτον, φωνὴν [sc. δηλοῦσιν].

ab octavo decimo usque ad vicesimum [sc. *gradum*] *oriuntur Tres Gratiae : faciunt fortitudinem, prudentiam, temperantiam ; pulchritudinem, divitias, vocem.*

Les trois Grâces indiquent fortitude, discernement et modération voire beauté, richesse et éloquence.

A l'endroit tétragonal (c'est-à-dire à une distance de 90ϒ), au deuxième décan de la Balance, apparaît la constellation appelée Πορθμεύς τὰ Τρία Μειράκια : « les Trois garçons ». Les textes parallèles varient légèrement mais ils utilisent aussi le nombre trois[35] :

οἱ Τρεῖς Ἥρωες οἱ καὶ Βαλλισταὶ φιλοσοφίαν, ἐργασίαν [sc. δηλοῦσιν].

a sexto decimo usque ad octavum decimum gradum oriuntur Tres Herœs, qui vocantur Ballistae : significat exercitium, philosophiam, clementiam.

Les Trois Héros, appellés aussi les Tireurs, indiquent philosophie et activité.

Nous en trouvons une trace déjà chez le poète Manilius[36], quand il situe la constellation de la Flèche au huitième degré de la Balance, c'est-à-dire au degré qui marquait à ce temps-là le point automnal, où le grand astronome Hipparque avait observé la précession des équinoxes[37], et par conséquent l'endroit qui favorise le pointage, la visée, ce que Manilius démontre justement par l'exemple mythique de trois tireurs à l'arc : Teucros (le frère du petit Ajax), Philoctète (en possession du célèbre arc d'Hercule) et Alcon (une espèce de Guillaume Tell ancien qui, par un magistral tir à l'arc, a sauvé la vie de son fils menacé par un serpent rampant sur son visage). Ainsi le poète anime l'expression abstraite de Teucros le Babylonien, « Trois Héros nommés aussi 'Les Tireurs' ».

La double triade de planètes, nous la retrouvons aussi dans la répartition planétaire des décans[38] et dans les prédictions qu'elles inspirent à Teucros (voir fig. 3) :

35 - Teucros ibid. I 7,6-7 p. 118sq. Sur la signification de Βαλλισταί, discutée par F. Boll et W. Gundel, ibid. au commentaire II 56.

36 - Manil. 5,293-310 : la Flèche se levant avec le 8ème degré de la Balance, voir W. Hübner, Manilius als Astrologe und Dichter, ANRW II 32.1 (1984), 126-320, notamment 182-187.

37 - Ptol. synt. 7,2.

38 - Firm. math. 2,4,3, voir l'ouvrage de W. Gundel, Dekane und Dekansternbilder. Ein Beitrag zur Geschichte der Sternbilder der Kulturvölker, deuxième édition par H.G. Gundel, Darmstadt 1969, 81 et 243-256.

	I	II	III
Cancer	**Vénus**	**Mercure**	**lune**
Lion	Saturne	Jupiter	Mars
Vierge	soleil	Vénus	Mercure
Balance	lune	**Saturne**	**Jupiter**
Scorpion	**Mars**	soleil	Vénus

fig. 3 : Décans zodiacaux à partir du Cancer jusqu'au Scorpion

Aux Trois Grâces du Cancer correspondent les déesses des trois décans : Vénus, Mercure et la lune – voilà la triade féminine de Ptolémée. Et aux Trois Héros tireurs correspondent – avec un décalage d'une unité – les deux derniers décans de la Balance (Saturne et Jupiter) et le premier du Scorpion (Mars).

S'y ajoutent les prédictions toujours triples des constellations. Les Trois Grâces ont un effet double : premièrement elles accordent trois vertus comme ἀνδρείαν, φρόνησιν, σωφροσύνην, qui correspondent peut-être aux trois planètes extérieures : Mars (ἀνδρείαν), Jupiter (φρόνησιν), Saturne (σωφροσύνην). En outre, elles accordent κάλλος, πλοῦτον, φωνήν, « beauté, richesse et voix », dont la beauté pourrait être un don de Vénus et la voix un don de Mercure, de l'Hermès λόγιος[39], tandis que la richesse n'est pas toujours (sauf dans de rares cas) un présent de la lune[40] (autrement elle est plutôt donnée par Jupiter, Vénus ou Mercure).

39 - Dans l'astrologie, la φωνή est étroitement liée au λόγος : W. Hübner, Ζῴδια φωνήεντα. Die 'stimmhaften' Tierkreiszeichen, Maia 28 (1976), 121-124. Id. (voir. n. 30), 165-169. Id., Varros *instrumentum vocale* im Kontext der antiken Fachwissenschaften, Wiesbaden 1984 (AAWM 1984/8).

40 - Avec d'autres influences : Firm. math. 2,19,9. 3,13,7. D'après Ptolémée ce sont Jupiter et le soleil (apotel. 2,3,34), Vénus (apotel. 2,3,36) ou Jupiter seul (apotel. 3,13,19[10]).

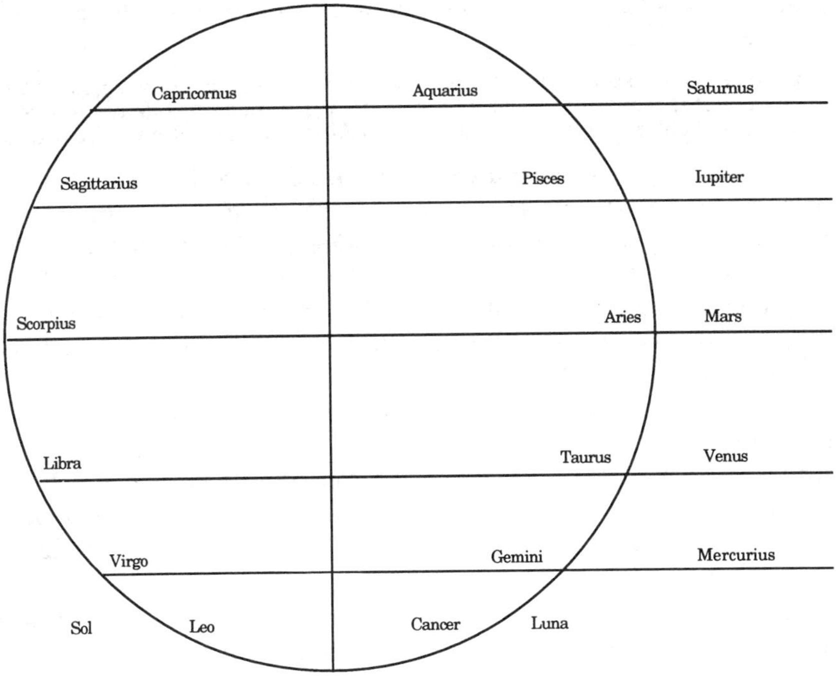

fig. 4 : Les douze maisons des sept planètes en ordre descendant

Cette distribution des trois prédictions entre trois planètes devient plus convaincante, si l'on compare l'explication que donne Servius à des vers très célèbres des *Géorgiques* de Virgile[41]. L'épithète *ardens / Scorpius* l'étonne parce que le Scorpion correspond à novembre, c'est-à-dire à la saison froide. Il recourt donc à un autre système, celui des douze maisons des sept planètes (voir le schéma 4)[42]. Vu que le chiffre douze et le chiffre sept ne sont pas compatibles, on s'est tiré d'affaire en donnant aux luminaires (le soleil et la lune) une seule maison, le Lion et le Cancer (au bas de la figure). Restent dix signes qui pouvaient être répartis, deux par deux, entre les cinq vraies planètes. Ainsi on a combiné un système circulaire (le zodiaque) et un système linéaire (l'ordre descendant des cinq planètes) en partant du Capricorne et du Verseau, c'est-à-dire du solstice d'hiver. La partie gauche appartient au jour (le Lion étant dominé par le soleil), et la partie droite à la nuit (le Cancer étant dominé par la lune). Dans la partie gauche et diurne le Capricorne appartient à Saturne, le Sagittaire à Jupiter et le Scorpion à Mars – voilà comment Servius explique

41 - Verg. georg. 1,33-35, cf. W. Hübner, Das Sternbild der Waage bei den römischen Dichtern, Antike und Abendland 23 (1977), 50-63.
42 - Voir A. Bouché-Leclercq (n. 26), 182-192.

l'épithète *ardens*. Ensuite, il recourt aux vertus que donnent les planètes en disant[43] :

> unde per haec loca siderum Augustum et fortem propter Scorpium, id est Martis domicilium, et iustum propter Libram [ici il n'indique pas de planète] et prudentem propter vicinam Virginem, id est Mercurii domicilium, fore significat.

Voilà trois vertus planétaires comme dans le texte de Teucros, dont deux sont dérivées des maisons des planètes : la fortitude est garantie par Mars (voire par le Scorpion), et la prudence par Mercure (voire par la Vierge). Reste la justice de la Balance qui ne peut pas être déduite de sa tutrice (Vénus), mais plutôt de Jupiter qui n'entre pas en jeu ici[44]. Ce n'est que la figure de la Balance elle-même, remplacée par une périphrase[45], qui pourrait justifier ici la justice de l'empereur. Nous trouvons ici un élément de la pensée mythique qui, pour établir partout des systèmes cohérents, ramasse les éléments les plus divers. N'importe quelle association est bienvenue pour justifier les correspondances entre ciel et terre. De toute façon, Servius aussi connaît la triade de trois vertus centrée autour de la Balance, deux sont mises en relation avec les planètes, tandis que toutes les trois dépendent d'un quart de cercle zodiacal : de la Vierge, de la Balance et du Scorpion.

Les deux activités des Trois Héros (φιλοσοφίαν, ἐργασίαν) constituent la fameuse distinction entre vie active et vie contemplative, qui pourrait correspondre à l'opposition que forment Mars par son ὑπερβολή d'énergie et Saturne par son ἔλλειψις d'énergie. Mars serait donc la planète de la vie active et Saturne celle de la vie contemplative. La dernière attribution aura beaucoup de succès à la Renaissance, où Saturne joue un si grand rôle comme planète de la mélancolie[46]. L'attribution de la vie active à Mars est cependant moins nette[47] parce que nous possédons un autre témoignage de Macrobe qui attribue l'opposition entre vie active et vie contemplative aux deux planètes les plus lointaines de la terre, Saturne régissant toujours la vie contemplative, et – au lieu de Mars – Jupiter gouvernant la vie active[48] :

> in Saturni ratiocinationem et intellegentiam, quod *λογιστικόν* et *θεωρητικόν* vocant, in Iovis vim agendi, quod *πρακτικόν* dicitur.

---

43 - Serv. georg. 1,33.

44 - La déesse Vénus protège l'empereur seulement comme mère d'Enée et de la *gens Iulia*.

45 - G. Klause, Die Periphrase der Nomina propria bei Vergil, Frankfurt. al. 1993 (Studien zur klassischen Philologie. 76), 133-138.

46 - E. Panofsky - F. Saxl : Dürers « Melencolia.I ». Eine quellen - und typengeschichtliche Untersuchung, Leipzig - Berlin 1923 (Studien der Bibliothek Warburg. 2). R. Klibanski - E. Panofsky - F. Saxl : Saturn and Melancholy. Studies in the History of Natural Philosophy, Religion and Art, London 1964 (réimpr. Nendeln/Liechtenstein 1979). Ptolémée cependant recourt à d'autres planètes : apotel. 3,13,6[15] p.152,13 Mars, 4,9,7 p.201,4 Mercure.

47 - D'après Ptol. apotel. 4,4,2 les trois vraies planètes inférieures, Mars, Vénus et Mercure, sont également responsables pour toute sorte de πρᾶξις.

48 - Macr. comm. 1,12,14.

Cette attribution semble être faite selon la descendance des âges du monde, car Saturne gouverne l'âge d'or dépourvu de toute fatigue pour gagner sa vie, et Jupiter, dans l'âge d'argent, selon la philosophie optimiste des stoïciens, a introduit le labeur et la peine pour inciter les hommes à développer la civilisation.

Mais dans le fragment grec il manque un pronostic qui pourrait correspondre à Jupiter, le dieu équilibré, situé au milieu des deux autres. Dans une compilation tardive rédigée en latin, qui remonte au plus tard au douzième siècle, nous trouvons justement ce troisième pronostic qui manque à l'épitomé tiré de Teucros (voir le texte p. 333, à droite) : *exercitium, philosophiam, clementiam.* La troisième prédiction, *clementiam* « la clémence » ou encore « la douceur », s'accorde bien avec le naturel équilibré de Jupiter, maître aussi du tempérament sanguin, uniquement désigné par un terme latin parce qu'il désigne l'état idéal au lieu d'une maladie comme les autres termes de langue grecque : « colérique », « mélancolique » et « phlegmatique »[49]. La triade des vertus est donc complète, ce qui était probablement la doctrine originale de Teucros. Tout cela nous conduit à conclure que Ptolémée dépend ici de la « Sphère barbare » de Teucros de Babylone, dont il a oublié d'effacer les traces.

3. Le tempérament des étoiles fixes

Dans un autre chapitre assez fameux[50] Ptolémée réduit le tempérament des signes zodiacaux et de toutes les constellations (soit entières, soit de certaines parties, soit des étoiles principales) à la nature des planètes. Dans la plupart des cas ce sont deux planètes qui déterminent la nature des constellations. Le chercheur allemand Franz Boll[51] a prouvé que cette doctrine remonte aux Babyloniens et que ce sont surtout les couleurs des astres qui sont comparées à celles des planètes, comme en témoigne par exemple le nom de l'étoile principale du Scorpion, de couleur rougeâtre, « Antarès », c'est-à-dire « semblable à Mars »[52]. Mais même F. Boll s'est vu contraint d'avouer que certaines influences de la mythologie ou de la religion ne sont pas à exclure définitive-

49 - E. Panofski - F. Saxl (voir n. 46), 15, en général E. Schöner, Das Viererschema in der antiken Humoralpathologie, Wiesbaden 1964 (Sudhoffs Archiv, Beihefte. 4).

50 - Ptol. apotel. 1,9, d'où dérive Héphestion de Thèbes 1,3-5. Ces corrélations entre les étoiles fixes et les planètes sont encore prises en considération par l'astrologie moderne : V. E. Robson, The fixed stars and constellations in Astrology, London 1923. al., traduction allemande d'après l'édition de 1979 par J. Leopold: Fixsterne. Bedeutung und Konstellationen im Horoskop, München 1990.

51 - F. Boll, Antike Beobachtungen farbiger Sterne, München 1916 (Abhandlungen der Königlich Bayerischen Akademie der Wissenschaften, philosophisch-philologische und historische Klasse. 30/1). Boll y a présenté aussi une édition préalable du chapitre.

52 - Le préfixe ἀντί- ne désigne donc pas l'opposition, mais la ressemblance, comme par exemple dans ἀντίγραφος pour le modèle de l'ἀπόγραφος.

ment, car les étoiles Régulus (la première du Lion) et Spica (la première de la Vierge à son côté) sont dites martiales[53], bien qu'elles ne soient pas du tout rougeâtres[54] et un changement de couleur depuis l'antiquité jusqu'à nos jours paraît invraisemblable.

Voici trois exemples, où la mythologie se cache aussi dans ce chapitre si sobre et scientifique, dont le premier regarde Jupiter, le second Vénus et le troisième Mercure. Selon Ptolémée l'Aigle, ou plutôt son étoile principale nommée Altaïr, a le tempérament de Mars et de Jupiter[55] :

οἱ δὲ περὶ τὸν Ἀετὸν [sc. τὴν ὁμοίαν ἔχουσι ποιότητα] τῷ τοῦ Ἄρεως καὶ τῷ τοῦ Διός :

Les étoiles autour de l'Aigle ont une qualité semblable à la planète d'Arès et à celle de Jupiter.

Le tempérament de Mars s'explique, bien sûr, par sa couleur rougeâtre attestée aussi par Eratosthène[56], qui se réfère expressément à la couleur en disant de la planète de Mars :

ὁ δὲ τρίτος Ἄρεως [...] τὸ χρῶμα ὅμοιος τῷ ἐν τῷ Ἀετῷ

La troisième planète est celle de Mars, dont la couleur est semblable à l'étoile qui se trouve dans l'Aigle.

Mais dans un chapitre antérieur il a dit que c'est Jupiter qui a obtenu cet oiseau[57] :

οὗτός [sc. ὁ Ἀετός] ἐστιν ὁ Γανιμήδην ἀνακομίσας εἰς οὐρανὸν τῷ Διί

Celui-ci est l'Aigle qui a emporté Ganymède au ciel pour Jupiter,

et un peu plus loin :

τοῦτον ἔλαχεν ὁ Ζεύς

C'est celui-ci qu'a reçu Jupiter.

53 - Ptol. apotel. 1,9,6 (Régulus) et 1,9,7 (Spica, mais seulement en second lieu : ἠρέμα).

54 - F. Boll (voir n. 51), 53, cf. 86 à cause de la Lyre que Mercure a donnée à son frère Apollon : « Man sieht, wie sich hier der griechische Mythus [...] bequem dem Vergleich mit den Planeten einfügt ; naiven Gemütern mag es unbenommen bleiben, hier einen primären Zusammenhang anzunehmen. » Les étoiles des têtes des deux Gémeaux sont identifiées à Apollon = Mercure et Héraclès = Mars : apotel. 1,9,4 et W. Hübner (voir n. 34), II 17 ad Teucr. I 3,2.

55 - Ptol. apotel. 1,9,18.

56 - Eratosth. catast. 43, cf. W. Hübner, Nachlese zu Hygin, Hermes 113 (1985), 208-224, notamment 221.

57 - Eratosth. catast. 30.

Il aurait pu se référer à l'Iliade, où Priam adresse une prière au dieu Zeus en disant[58] :

πέμψον δ' οἰωνόν, ταχὺν ἄγγελον, ὅς τε σοὶ αὐτῷ

φίλτατος οἰωνῶν κτλ.

Envoie l'oiseau, le messager rapide, qui est pour toi le plus cher[59] de tous les oiseaux.

L'aigle sert à Zeus non seulement de moyen de transport pour ses éclairs ou pour le beau Ganymède, mais selon Ovide et deux poèmes de l'*Anthologie Palatine* le dieu suprême s'est métamorphosé lui-même en cet oiseau[60]. Dans le ciel étoilé, l'Aigle est une constellation voisine du Verseau, interprétée aussi comme Ganymède (et à Rome les jeunes *aquarioli* prêtaient aussi des services ganymédiens). Le poète Manilius profite de ce voisinage pour former une jolie image poétique[61] :

nunc Aquilae sidus referam, quae parte sinistra
rorantis iuvenis, quem terris sustulit ipsa,
fertur et extentis praedam circumvolat alis.

Maintenant je parlerai de la constellation de l'Aigle, qui se lève à la gauche[62] du jeune homme qui épanche son liquide (le Verseau), qu'il a enlevé de la terre lui-même, tournoyant autour de sa proie, les ailes déployées.

Plus tard à l'époque de Ptolémée, ce sera précisément dans le voisinage de cet Aigle que l'on découvrira le catastérisme d'Antinoüs, le mignon d'Hadrien noyé dans le fleuve du Nil[63].

---

58 - Hom. Il. 24,310 sq., cf. Manil. 1,343 *Iovis ales*. Une édition antique des Φαινόμενα d'Aratos montrait en frontispice un aigle portant Zeus comme dieu universel auquel se dirige dans l'esprit stoïcien, la fameuse préface du poème : J. Martin, Histoire du texte des Phénomènes d'Aratos, Paris 1956 (Études et commentaires. 22), 126. Une trace est conservée par le cod. Bonon. 188 fol. 20v, reproduit dans G. Thiele, Antike Himmelsbilder. Mit Forschungen zu Hipparchos, Aratos und seinen Fortsetzern und Beiträgen zur Kunstgeschichte des Sternhimmels, Berlin 1898, 90.

59 - Il faut bien tenir compte du fait que l'adjectif φίλος ne marquait pas, à l'origine, l'amitié, mais l'appartenance ou l'affinité : W. Burkert, Platon oder Pythagoras ? Zum Ursprung des Wortes « Philosophie », Hermes 88 (1960), 159-177, notamment 172sq. « fast ... Possessivpronomen ». M. Landfester, Das griechische Nomen « philos » und seine Ableitungen [diss. Tübingen 1963/64], Hildesheim 1966 (Spudasmata. XI).

60 - Alcée de Messène AP 12,64. Meleager AP 12,65. Ov. met. 10,155-161.

61 - Manil. 5,486-488. Sur le Verseau identifié à Ganymède F. Boll - W. Gundel, Sternbilder, Sternglaube und Sternsymbolik, in : Ausführliches Lexikon der griechischen und römischen Mythologie von W.H. Roscher, VI (1924-1937), 867-1072 (réimpr. Hildesheim 1965, et Hildesheim 1977), 976sq.

62 - La localisation *parte sinistra* est erronée, car l'Aigle se trouve au nord, donc à la droite et non pas à la gauche du Verseau : W. Hübner (voir n. 36), 148, cf. eundem (voir n. 30), 530 ad Manil. 5,37.

63 - Ptol. synt. 7,5 p. 74,9. Cf. la mention contemporaine d'une constellation de Ganymède dans le Papyrus Michigan (saec. II), ed. F.E. Robbins, Papyri in the University of Michigan collection III (1936), Nr. 149 col. VI 24.

Quand Ptolémée ajoute à la planète de Mars celle de Jupiter (que nous rencontrons assez rarement d'ailleurs)[64], il semble suivre le mythe de ce catastérisme. Plus tard, l'astrologue Rhetorios[65] renversera l'ordre en nommant Jupiter le premier, ensuite un texte pseudépigraphe de Ptolémée intitulé *De triginta stellis* supprimera Mars, de sorte que c'est la planète Jupiter qui reste seule responsable[66] :

τῇ ις' [sc. μοίρᾳ τοῦ Αἰγοκέρωτος ἀνατέλλει] ὁ ἐπὶ τοῦ Ἀετοῦ [...] κράσεως Διός

Au dix-septième degré du Capricorne se lève l'étoile dans l'Aigle [...], ayant le tempérament de Jupiter.

Seul reste donc Jupiter qui, chez Ptolémée, n'était qu'une indication secondaire. C'est finalement la mythologie qui l'a emporté sur l'observation empirique.

Ce n'est pas par hasard que l'Aigle, un oiseau comme le Cygne voisin, se trouve dans l'hémisphère boréal qui nous paraît, à nous observateurs de notre latitude géographique septentrionale, être situé en haut[67], tandis que l'hémisphère austral nous paraît être la partie basse du ciel, dont les étoiles ne se lèvent pas très haut sur l'horizon, et pour les navigateurs, elles ne sortent pas beaucoup de l'eau, regardée comme l'élément le plus bas et le plus lourd. Voilà pourquoi nous rencontrons dans cet hémisphère inférieur tant d'êtres aquatiques[68] : dans le zodiaque c'est le quadrant d'hiver à partir de la queue de poisson du Capricorne et le Verseau jusqu'aux deux Poissons, et parmi les constellations extrazodiacales ce sont le navire Argo, le fleuve Eridan, l'Hydre qui porte sur son dos la Coupe, la Baleine et surtout le Grand Poisson, dit aussi Poisson austral, avec son étoile principale dite Fomalhaut située dans la gueule. Celle-ci est définie par les planètes Vénus et Mercure[69] :

ὁ μὲν ἐν τῷ στόματι τοῦ Νοτίου Ἰχθύος λαμπρὸς ὁμοίαν ἔχει τὴν ἐνέργειαν τῷ τε τῆς Ἀφροδίτης καὶ τῷ τοῦ Ἑρμοῦ

L'étoile brillante dans la gueule du Poisson Austral est douée de la même énergie que la planète de Vénus et celle de Mercure.

---

64 - Probablement à cause de son tempérament idéal et équilibré qui n'est que l'absence des aberrations en tous sens, cf. W. Hübner (voir n. 36), 215.

65 - Rhetorios, CCAG VIII 4 (1921), p. 177,10. Sur les changements de Rhetorios par rapport à Ptolémée, W. Hübner (voir n. 34), I 228sq.

66 - Ps.Ptol. *De triginta stellis*, ed. F. Boll (voir n. 51), p. 82,5, Ἀετοῦ est une émendation sûre faite par F. Boll du texte transmis οιοστοῦ.

67 - Autres constellations 'volantes' : la Flèche, Pégase ailé et le Dauphin qui quitte son élément natal : W. Hübner (voir n. 36), 185sq. S'y ajoutent les Pléiades interprétées comme des colombes : H. Gundel, RE XXI,2 (1952), 2485-2523 s.v. Pleiaden, notamment 2490 et 2496.

68 - Cf. G. Thiele (voir n. 58), 5. F. Boll - W. Gundel (voir n. 61), 1006,39. J.-H. Abry, La constellation du Fleuve dans le ciel gréco-romain, in : *Le fleuve et ses métamorphoses*. Textes présentés et édités par F. Piquet. Actes du Colloque international tenu à l'Université de Lyon 3 - Jean Moulin les 13, 14, et 15 mai 1992, Paris 1994, 103-110, notamment 107.

69 - Ptol. apotel. 1,9,20.

La détermination par la planète Vénus est due au mythe célèbre, selon lequel la déesse (soit Dercéto la syrienne, soit Isis l'égyptienne, soit Vénus la gréco-romaine), menacée par le monstre Typhon, aurait été sauvée par ce Poisson[70], comme nous le dit expressément l'auteur anonyme du *De stellis fixis* [71] :

> in decimo gradu et minutis viginti sex [sc. Aquarii] oritur Meridionalis Piscis, qui salvam fecit Venerem in pelago vili, naturae Mercurii et Veneri.

> Au dixième degré du Verseau et vingt-six minutes se lève le Poisson Austral qui a sauvé la déesse Vénus dans la mer mauvaise, constellation douée de la nature de Mercure et de Vénus.

La détermination *qui salvam fecit Venerem* se réfère à la planète déterminante, nommée en dernier lieu : *Veneris*.

Le troisième exemple concerne la planète Mercure, si minuscule que l'on n'en peut guère distinguer la couleur, comme c'est le cas pour toutes les étoiles faibles à partir de la troisième grandeur. Cependant Mercure est nommé par Ptolémée le plus souvent comme planète secondaire : on ne compte pas moins de 25 exemples (devant Mars avec 17 exemples seulement).

Etant donné que Mercure est aussi la planète la plus difficile à découvrir à l'œil nu, elle est devenue la planète énigmatique par excellence. C'est pour cela qu'elle détermine uniquement (c'est-à-dire sans planète secondaire à côté) le tempérament de deux constellations étranges : premièrement celle de l'Agenouillé (ὁ 'Εγγόνασιν)[72] décrit par Aratos avec « un embarras affecté »[73]. Cette constellation est restée sans nom propre fixe dans toute l'antiquité, nous ne connaissons pas moins de dix identifications différentes[74] : Prométhée, Salmonée, Sisiphe, Thamyris, Orphée, Thésée, Tantale, Héraclès, Ixion, Cétée, dans la *Sphaera barbarica* de Teucros[75] ce sont peut-être aussi Persée, Atlas,

---

70 - Cf. Eratosth. catast. 38 (Derceto, la fille de Vénus). al. et F. Cumont, RE IV,2 (1901), 2241 s.v. Dea Syria. (adde CCAG IV (1903) p. 123,6 note. F. Boll (voir n. 29), 324sq. : Vénus devient elle-même le Poisson. A. E. Housman ad Manil. 4,579-582. 800. F. Boll - W. Gundel (voir n. 61), 1020. F. Bömer ad Ov. fast. 2,458 (adde met. 5,331).

71 - Anon. *De stellis fixis* (voir n. 34), VII 11,2 p. 248.

72 - Ptol. apotel. 1,9,16, cf. F. Boll (voir n. 51), 41.

73 - Arat. 64 εἴδωλον· τὸ μὲν οὔτις ἐπίσταται ἀμφανδὸν εἰπεῖν. 270 ἀπευθέος εἰδώλοιο. 616 τοῦτον ἄϊστον ὑπουρανίων εἰδώλων, cf. Hyg. astr. 2,6,1 *etsi qui sit hic negat Aratus quemquam posse demonstrare,* voir A. Rehm, RE V,2 (1905), 2564,17 s.v. Engonasin (« in affektierter Ratlosigkeit »). A. E. Housman (voir n. 9) ad Manil. 5,646 *cui nulla fides sub origine constat.* W. Hübner (voir n. 30), 624 eodem.

74 - Schol. Arat. 65 p.102,3-5. 69 p.103,21-104,6. Cétée : Hyg. astr. 2,1,6 et 2,6,2.

75 - F. Boll (voir n. 29) : 108 Persée (cf. W. Hübner [n. 36], 194-201). 261 Atlas. 262 Chiron (?). 263sq. Uranoscopus (cf. W. Hübner, *Uranoscopus*. Der verstirnte Sterngucker, Rheinisches Museum NF 133 [1990], 264-274). 268sq. Marsyas. 278sq. Talos (cf. eundem, Endymion als Sternbild, Archiv für Religionswissenschaft 20 [1921], 479-481, notamment 480). L'identification avec le Christ, avancée par D. Weber, « et nuper Avienus ». Religiöse Tendenzen in Aviens « Phainomena » - Übersetzung, Eos 74 (1986), 325-335, notamment 327-329, est erronée, les gnostiques ont interprété Engonasin comme Adam, le premier homme, et c'est le Serpentaire opposé qui est le Christ : Hippol. ref. haer. 4,47,4sq., cf. W. Hübner, Die

l'*Uranoscopus*, Marsyas, Talos et Chiron le centaure. A l'époque moderne on a pensé aussi à Lycaon, le père de Callisto (la Grande Ourse)[76], ou bien, dans la christianisation de la Contre-Réforme, aux Trois Rois Mages à proximité de la Lyre (devenue la Crèche du Christ)[77] ou, selon l'Ancien Testament, à l'archange Michel combattant le Dragon boréal[78], et même, dans une adaptation sécularisée, à la Croix gammée[79]. Ce n'est que relativement tard dans l'antiquité que s'est imposé le nom d'Hercule luttant contre le Dragon boréal imaginé, cette fois-ci, comme gardien des pommes des Hespérides[80].

L'autre constellation énigmatique est formée par un signe géométrique : le Triangle, en grec Τρίγωνον ou Δελτωτόν, lui aussi interprété d'une manière différente tantôt comme la lettre Delta tantôt comme une planche à écrire[81]. Ici aussi, la preuve nous est fournie par Eratosthène qui nous dit précisément que ce signe (soit comme la lettre Δ, soit comme planche à écrire) aurait été affiché sur la voûte céleste par Mercure, dieu des scribes[82] :

> [sc.λέγεται] εὔσημον δὲ τὸ γράμμα ἐπ' αὐτοῦ κεῖσθαι ἀπὸ Διὸς τὸ πρῶτον (τοῦ ὀνόματος) Ἑρμοῦ ἀναθέντος
>
> On dit que ce caractère se trouve bien visible au-dessu de lui [le Bélier obscur] d'après la première lettre du nom de Zeus, et c'est le dieu Mercure qui l'a voué (c'est-à-dire mis au ciel).

Ici, l'obscurité de la planète d'une part et le caractère énigmatique du dieu égyptien de l'autre coïncident parfaitement en vue d'une détermination des constellations des étoiles fixes d'après la nature des planètes.

4. Les *paranatellonta* et la mort

En dehors du chapitre sur les tempéraments des étoiles fixes ce n'est qu'au chapitre sur la mort violente, sur les βιοθάνατοι[83], que Ptolémée recourt à des constellations extrazodiacales. Nous y rencontrons trois exemples : le navire Argo, la Gorgone et Andromède.

Rezeption des astrologischen Lehrgedichts des Manilius in der italienischen Renaissance, in : Humanismus und Naturwissenschaften, ed. R. Schmitz et F. Krafft, Boppard 1980, (Beiträge zur Humanismusforschung. VI), 39-67, notamment 42 avec n. 13.

76 - J. Schiller, Coelum stellatum christianum [...] sociali opera Johannis Bayeri [...], Augsburg 1627.

77 - J. Schiller (voir note précédente), 10.42. Callisto et la Grande Ourse : F. Boll - W. Gundel (voir n. 61), 874sq.

78 - A. Drews, Der Sternhimmel in der Dichtung und Religion der alten Völker und des Christentums. Eine Einführung in die Astralmythologie, Jena 1923, 82.

79 - A. Drews (ibid.), 42.

80 - Eratosth. catast. 4 et F. Boll - W. Gundel (voir n. 61), 900sq.

81 - F. Boll - W. Gundel (ibid.), 933sq.

82 - Eratosth. catast. 20.

83 - Ptol. apotel. 4,9. Sur la forme vulgaire de βιοθάνατοι au lieu de βιαιοθάνατοι et son interprétation chrétienne G. Polara, Biothanatus, Koinonia 4 (1980), 93-99.

Le pronostic pour une mort au cours d'un naufrage commence ainsi[84] :

ἐν Παρθένῳ δὲ καὶ Ἰχθύσιν ἢ τοῖς καθύγροις ζῳδίοις τῆς σελήνης συσχηματισθείσης [sc. ὁ τοῦ Κρόνου ποιεῖ] ὑποβρυχίους καὶ ἐν ὕδασιν ἀποπνιγομένους

Mais si la lune se trouve dans la Vierge et les Poissons (deux signes diamétraux)[85] ou bien dans des signes humides (καθύγροις) en l'aspectant, la planète Saturne fait naître des individus qui se noient et s'étouffent dans l'eau.

Voilà une accumulation considérable d'humidité : Saturne est une planète humide parce qu'il est loin du soleil central (voir fig. 1)[86], les Poissons zodiacaux appartiennent aux signes dits « humides » (κάθυγροι)[87]. Mais Ptolémée ajoute encore un supplément d'humidité : le navire Argo, le premier qui ait existé, renforce la prédiction, bien qu' il n'ait jamais subi de naufrage :

περὶ δὲ τὴν Ἀργὼ καὶ ναυαγίοις περιπίπτοντας

Si cela se passe autour du navire Argo, elle (la planète de Saturne) engendre aussi des hommes qui subissent des naufrages.

Le navire Argo fait partie de ce groupe de constellations aquatiques de l'hémisphère austral dont j'ai parlé.

Un tel renforcement de l'humidité par une constellation extrazodiacale nous fait sentir de nouveau l'esprit de Teucros de Babylone, qui a influencé aussi le cinquième livre du poète Manilius sur les *paranatellonta*, où le même procédé apparaît. Comme il a supprimé les planètes[88], Manilius dispose d'une donnée de moins en partant des signes zodiacaux. Avec le Capricorne à queue de poisson il combine le Dauphin (le seul être aquatique dans l'hémisphère boréal). Quand le Capricorne et le Dauphin se lèvent ensemble, ils engendrent des nageurs[89]. Firmicus Maternus, qui a puisé dans la même source que Manilius, indique ici précisément le huitième degré du Capricorne, c'est-à-

84 - Ptol. apotel. 4,9,11.

85 - Tous deux regardés comme ailés : cf. Manil. 2,414sq. *Pisces et Virginis astra / adversi volitant* et W. Hübner (voir n. 30), 125sq.

86 - D'après Ptol. apotel. 3,12,3 il n'est humide que quand il se lève, mais selon bien d'autres astrologues il est humide en général : Maneth. 1(5),83-88. Antiochos CCAG VIII 3 (1912), p. 111,7. Vett. Val. 1,1,13. Hippol. ref. haer. 5,16,2sq. et 5, cf. A. Bouché-Leclercq (voir n. 26), 96. W. Kroll, Die Kosmologie des Plinius, Breslau 1930 (Abhandlungen der Schlesischen Gesellschaft für vaterländische Cultur, Geisteswissenschaftliche Reihe. 3), 29. A. Olivieri, Melotesia planetaria greca, Memorie della reale Accademia di archeologia, lettere ed arti 15/2, Neapel 1936, 19-58, notamment 26. W. Hübner, (voir n. 36), 140 et n. 56.

87 - W. Hübner (ibid.), 171-178.

88 - W. Hübner (voir n. 36), 245-247.

89 - Manil. 5,416-430.

dire le degré exact du solstice d'hiver qui valait depuis la réforme de Sosigène et César[90], en disant[91] :

> in parte VIII. Capricorni oritur Delfinus. quicumque hoc sidere oriente natus fuerit, habebit natandi studium
>
> Au huitième degré du Capricorne se lève le Dauphin. Quiconque naît quand cette constellation se lève, aura l'activité de nager.

C'est le même texte de Firmicus qui nous a conservé aussi, dans la modification suivante, la planète supprimée par Manilius :

> sed cum Saturni testimonio urinator erit
>
> Mais avec le témoignage de Saturne il sera un plongeur.

Les plongeurs ont encore plus d'affinité avec l'eau que les nageurs[92].

Le poète Manilius fait de cette humidité surabondante un joli polyptote en disant[93] :

> illis in ponto iucundum est quaerere pontum,
> corporaque immergunt undis ipsumque sub antris
> Nerea et aequoreas conantur visere Nymphas.
>
> Pour ces gens il est agréable de chercher la mer dans la mer et ils plongent leurs corps dans les ondes en tâchant de rendre visite, dans les cavernes sous-marines, au dieu Nérée et aux Nymphes de la mer.

Il semble que le poète a substitué ici à la planète Saturne le dieu de la mer Nérée (un vieillard lui aussi)[94], car c'est justement la nature aquatique de la planète qui entre en jeu ici.

Deuxième exemple : la Gorgone, la deuxième étoile de Persée, dite aujourd'hui d'après la langue arabe « Algol », le spectre[95]. Pour les décapités ce sont principalement les signes mutilés, les μελοκοπούμενα, qui en sont responsables[96] :

---

90 - Vitruv. 9,3,1. Manil. 3,257 (cf. 3,680-682). Plin. nat. 2,81. 18,221. al., cf. A. Bouché-Leclercq (voir n. 26), 129. W. Kroll (voir n. 86), 5. O. Neugebauer, A History of Ancient Mathematical Astronomy II, Berlin - Heidelberg -New York 1975, 594-598. Le huitième degré est déjà attesté par Eudoxe frg. 144sq. Lasserre, voir F. Boll (n. 29), 641 et 247. De cette manière, le Dauphin représente le rebond du soleil au point tournant de la *bruma*, cf. W. Hübner (voir n. 36), 185f.

91 - Firm. math. 8,15,2.

92 - Pour l'adaptation de cette idée à 'l'homme-poisson' Cola Pesce dans l'*Urania* de Pontano, W. Hübner, Perseus, Eridanus und Cola Piscis unter den Sternbildern in Pontanos *Urania*, Humanistica Lovaniensia 28 (1979), 139-166, spécialement 156-166.

93 - Manil. 5,431-433.

94 - Les dieux marins masculins sont âgés comme Saturne : A. Lesky, Thalatta. Der Weg der Griechen zum Meer, Wien 1947 (réimpr. 1973), 107-114, cf. W. Hübner, Nereide oder Nereus in der 'Sphaera barbarica' ?, Wiener Studien 109 (1996), 119-131, notamment 128f.

95 - P. Kunitzsch, Arabische Sternnamen in Europa, Wiesbaden 1959, 115sq. nr. 24.

96 - Ptol. apotel. 4,9,12. Sur les signes mutilés et incomplets W. Hübner (voir n. 30), 110-114.

ἐπὶ δὲ τῶν μελοκοπουμένων καὶ ἀτελῶν ζῳδίων [...] ἀποκεφαλιζομένους ἢ μελοκοπουμένους [sc. ποιεῖ ὁ τοῦ Ἄρεως]

Dans les signes mutilés et inachevés la planète Mars engendre des décapités ou des mutilés.

A Mars, la planète de la violence, et aux signes zodiacaux mutilés s'ajoute comme troisième élément farouche l'étoile extrazodiacale de la tête de la Gorgone tranchée par Persée :

ἢ κατὰ τὸ Γοργόνιον τοῦ Περσέως[97].

Ici aussi, on pourrait comparer Manilius et Firmicus. Comme la chaleur de Mars s'oppose à l'humidité de Saturne, cet exemple se trouve précisément à la place opposée dans l'année solaire. Il ne s'agit plus du solstice d'hiver, mais du solstice d'été. Le signe zodiacal le plus énergétique[98], c'est le Lion : il est non seulement un signe de chaleur estivale, mais il abrite aussi l'étoile la plus brillante de l'écliptique, nommée aujourd'hui Régulus d'après le grec Βασιλίσκος[99]. La « canicule » du Lion est renforcée par la constellation extrazodiacale de *Canicula*, qui, elle, contient l'étoile la plus brillante de toutes, Sirius[100]. Voilà la version en prose de Firmicus[101] :

in I. parte Leonis oritur Canicula, quae a Graecis Sirios dicitur. quicumque hoc sidere oriente nati fuerint, effrenatos animos ad omne studium praeposteri facinoris applicabunt

Au premier degré du Lion se lève la Chienne, qui est nommée par les Grecs *Sirios*. Quiconque naît quand cette étoile se lève, livrera son âme effrénée à toute sorte de méfait abominable.

Au paragraphe 3 il ajoute le renforcement effectué par la planète Mars :

sed si hunc locum Mars viderit, fortius haec quae diximus convalescunt

Mais si Mars regarde cet endroit, ce que nous venons de dire sera renforcé d'une manière plus intense.

Manilius supprime de nouveau la planète, mais comme il ne voulait pas se passer de l'effet poétique de cette accumulation de chaleur, il la remplace de

97 - Que l'origine se trouve aussi chez Teucros est attesté par l'Anonymus, *De stellis fixis* (voir n. 34) I 1,4 p. 108 avec commentaire. Plus tard, ce pronostic apparaît comme chapitre 73 du Καρπός du Ps.Ptolémée, cf. W. Hübner (voir n. 92), 147sq. sur son emploi chez Pontano.

98 - Sur la hiérarchie des signes zodiacaux W. Hübner (voir n. 36), 149-174.

99 - Voir A. Le Bœuffle (voir n. 13), 164.

100 - Manil. 5,206-233, cf. W. Hübner (voir n. 30), 556-559.

101 - Firm. math. 8,10,1-3.

nouveau par une autre divinité. Cette fois-ci c'est *Bacchus*, qui sert ici de métonymie[102] pour le vin[103] :

> Bacchus et in flammam saevas exsuscitat iras.

> Et le vin attise les fureurs sauvages qu'il suscite.

Le choix du dieu Dionysos est d'autant plus justifié que la constellation suivante est, chez Manilius aussi bien que chez Firmicus, la Coupe interprétée plus tard comme celle de Bacchus[104], qui jouera un rôle remarquable dans l'explication néoplatonisante de Macrobe[105]. Chez Ptolémée, c'est la Gorgone qui augmente la chaleur, chez Manilius, le dieu Bacchus au lieu de la planète Mars de Teucros.

Troisième exemple : Andromède sauvée par Persée. C'est toujours la planète Mars qui intervient la première pour déterminer la mort violente : d'abord, c'est sa position dans la culmination supérieure ou inférieure[106] :

> ἐπὶ δὲ τοῦ μεσουρανήματος ἢ ἀντιμεσουρανήματος σταυροῖς ἀνορθουμένους [sc. ποιεῖ ὁ τοῦ Ἄρεως]

> Dans la culmination supérieure ou inférieure la planète Mars engendre des individus qui sont crucifiés.

Cette opposition des deux culminations rappelle les deux formes de crucifixion pratiquées à ce temps-là : debout la tête en haut, ou à l'envers, la tête en bas ; c'est bien cette dernière forme que saint Pierre – d'après les apocryphes – aurait préférée pour enchérir sur la position droite du Christ[107].

En dernier lieu Ptolémée ajoute, avec la formule καὶ μάλιστα « et notamment » deux constellations extrazodiacales, Céphée et sa fille Andromède[108] : καὶ μάλιστα περὶ τὸν Κηφέα καὶ τὴν Ἀνδρομέδαν, selon le mythe bien connu d'Andromède enchaînée à la falaise au bord de la Mer Rouge en proie au monstre qui est la Baleine (autre constellation aquatique du ciel austral). Cette histoire, qui était alors très célèbre à cause de la tragédie homonyme

---

102 - Préparée par Manil. 5,211 *languetque suis Neptunus in undis*. Ptolémée emploie, lui-aussi, la métonymie (apotel. 4,4,6) ἀπὸ μούσης, où F. Cumont, L'Égypte des astrologues, Bruxelles 1937 (réimpr. 1982), 823 a voulu changer le texte en μουσ<ικ>ῆς en comparant Heph. 2,19,14 ἀπὸ μουσικῶν et Rhetorios CCAG VIII 4 (1921) p. 213,10 ἀπὸ μουσικῆς, mais le parallèle 4,7,8 μοῦσαν (ici aussi Heph. 2,23,7 μουσικὴν) et Maneth. 1(5),60. 63 μούσης, 3(2),350 παντοίης μούσης déconseillent tout changement de texte.

103 - Manil. 5,227.

104 - Eratost. apud Hyg. astr. 2,40 l. 1305 Viré : Icarios.

105 - Macr. somn. 1,12,8 *Crater Liberi* en interprétant Plat. Phaed. 79C.

106 - Ptol. apotel. 4,9,13.

107 - Martyrium Petri 8sq., ed. R.A. Lipsius, Acta apostolorum apocrypha I, Leipzig 1891 (réimpr. 1959), 92-96, cf. R. Reitzenstein, Poimandres, Leipzig 1904 (réimpr. 1966), 242-244.

108 - Ptol. apotel. 4,9,13 suite.

d'Euripide (malheureusement perdue)[109], est longuement racontée par Ovide[110] et par Manilius[111], qui la met en relation avec la victoire du printemps sur l'hiver et leurs éléments correspondants : c'est finalement l'air léger du printemps (le domaine du Persée volant) qui l'emporte sur l'eau lourde de l'hiver (le domaine de la Baleine qui nage).

Ici aussi, les traces remontent à Teucros de Babylone, selon lequel Andromède se lève avec le milieu du Bélier (précisément avec Aries 13♈-15♈)[112] et qui dit du treizième degré[113] :

> crucifixos facit propter Andromedam

> Il engendre des crucifiés à cause d'Andromède.

Une fois de plus Ptolémée a recouru, dans l'œuvre de sa vieillesse, à la doctrine étrange de la *Sphaera barbarica* et à son individuation outrée.

Constatons donc, pour conclure, que la mythologie est liée si étroitement à l'astrologie que même le sobre Ptolémée ne pouvait pas s'en passer. Bien au contraire : on pourrait dire que sa « Tétrabible » est forcément pénétrée de mythologie parce qu'elle réside au cœur même de la doctrine. Il y a donc un paradoxe semblable à celui de Manilius, qui, tout en déclinant la mythologie en faveur d'une science rationaliste[114], est tout de même imprégné de mythologie[115], et qui, pour exprimer l'affirmation que la raison rend superflus et anéantit tous les mythes, reste attaché au polythéisme grec en employant précisément une image mythique[116] :

> Et la raison a arraché aux mains de Jupiter l'éclair et les forces du tonnerre.

> eripuitque Iovi fulmen viresque tonandi.

---

109 - Une nouvelle édition a été présentée par F. Bubel, Euripides, Andromeda, Stuttgart 1991 (Palingenesia. 34).

110 - Ov. met. 4,669-764.

111 - Voir n. 8 et W. Hübner (n. 36), 193-201.

112 - Teucros apud Anon. *De stellis fixis* (voir n. 34), I 1,6 p.108sq., un élément d' un système spéculatif étendu qui recouvre plus de la moitié du signe : voir le commentaire, II 3.

113 - Teucros ibid. I 1,7 p. 139 et commentaire II 107 avec renvoi à Firm. math. 6,31,59.

114 - Manil. 2,37sq.

115 - On a longtemps sous-estimé les mythes de Manilius comme étiologiques ou purement ornementaux : F.-F. Lühr, Ratio und Fatum, Dichtung und Lehre bei Manilius, diss. Frankfurt 1969, 110sq. B. Effe, Dichtung und Lehre. Untersuchungen zur Typologie des antiken Lehrgedichts, München 1977 (Zetemata. 69), 124. E. Romano, Struttura degli *Astronomica* di Manilio, Palermo 1979 (Accademia di scienze lettere e arti di Palermo. Classe di scienze morali e filologiche, Memorie. 2), 53 et 62. C. Salemme, Introduzione agli Astronomica di Manilio, Neapel 1983,77-106. Une valorisation plus positive se lit chez M. Scarsi, Metafora e ideologia negli *Astronomica* di Manilio, in : Analysis I : Didascalia a cura di T. Mantero, Genova 1987, 93-126, notamment 114-121.

116 - Manil. 1,104. Même dépourvu de ses éclairs Jupiter reste un dieu du polythéisme, à moins qu'il ne soit réduit au λόγος universel des stoïciens.

Simonetta FERABOLI

Astrotesie celesti in antichi cataloghi stellari

Tra le prime voci critiche che si levarono nel campo degli studi astronomici antichi, o per lo meno tra le testimonianze a noi disponibili che manifestarono l'esigenza di obiettività scientifica attraverso una minuziosa opera di rettifica di convinzioni diffuse, non si può ignorare l'opera dell'astronomo Ipparco. Nel trattato che ci è pervenuto integro, il commento ai *Fenomeni* di Arato[1], l'esegesi della versificazione del poeta è uno strumento indiretto che l'astronomo impiega per esporre i risultati delle proprie osservazioni e quindi per correggere o rettificare dati presenti in Arato. Scrupoli di obiettività scientifica muovono Ipparco, convinto che nella divulgazione dei *Fenomeni* di Arato si nasconda un pericolo reale : la grazia e la bellezza del poema infatti sembrano conferire ai contenuti un'autorità scientifica che in realtà ai *Fenomeni* manca; ne è prova, a detta di Ipparco, il fatto che tutti i commentatori del poeta si lasciano convincere dalle sue parole[2].

Non un'esegesi letteraria dunque, ma un commento scientifico[3]. Ipparco interviene nelle descrizioni di Arato : ora ne rettifica i rapporti, precisa definizioni generiche, ritocca semplici sviste, ora (e si tratta dei casi più numerosi) corregge con durezza e con disinvolta taccia di ignoranza le descrizioni di Arato, un povero poeta poco esperto di astronomia, col torto di essere rimasto affascinato dalla novità di una materia che trovava esposta in un trattato pro-

1 - *Hipparchi in Arati et Eudoxi Phaenomena Commentariorum libri tres* ad codicum fidem recensuit germanica interpretatione et commentariis instruxit C. Manitius, Lipsiae, 1894.

2 - Hipparch. I 1,7. I corposi elenchi dei commentatori di Arato sono stati pubblicati da J. Martin, *Histoire du texte des Phénomènes d'Aratos*, Paris, 1956, pp. 182-191; in proposito v. anche J. Boehme, « Ueber Eratosthenes Katasterismen », *Rheinisches Museum* 42 (1887), pp. 286-309.

3 - Rari i passi in cui si discute di varianti nella tradizione manoscritta, ad eccezione di due momenti in cui la polemica con Attalo, uno dei numerosi e più autorevoli commentatori di Arato, scaturisce dal confronto della tradizione manoscritta del testo che Ipparco aveva a disposizione con quello commentato da Attalo; anche in questi passi comunque Ipparco dimostra che la critica filologica è funzionale al contenuto scientifico, perché non la questione filologica viene posta in discussione, ma il diverso oggetto scientifico (I 9,1; II 3,32).

sastico di paternità eudossea[4]. La critica di Ipparco investe dunque la poesia aratea, ma il vero bersaglio dell'astronomo è Eudosso, responsabile della divulgazione di errori, oltre che nelle descrizioni, anche e più gravemente nei presupposti astronomici.

Limitiamoci all'esame delle astrotesie : Ipparco dunque si colloca in posizione critica nei confronti di Eudosso, con una mappa celeste sovente differente, rettificata nei rapporti di distanza, ma spesso e soprattutto con sagome diverse delle costellazioni.

E'ovvio che l'evolversi degli studi scientifici, protratti nel corso degli anni con l'osservazione del cielo e con la registrazione dei movimenti della volta stellata, produsse un progressivo arricchimento della mappa celeste. Dall'esame di numerose testimonianze antiche sembra tuttavia di poter arguire, almeno per alcuni secoli, che questi studi rimasero per lo più indipendenti uno dall'altro : è vero che nel primo capitolo del VII libro della *Syntaxis* Tolomeo dichiara che Ipparco poté fruire delle osservazioni di Aristillo e di Timocari, ma lo stesso Tolomeo è costretto a individuare in queste ultime una patina di indeterminatezza e di imprecisione, e a riconoscere per contro a Ipparco competenza e scientificità nell'osservazione celeste. Sempre da Tolomeo ricaviamo un altro importante lemma a proposito degli studi dei suoi predecessori : quando infatti Tolomeo giustifica il proprio uso di astrotesie – talora innovatorie - differenti da quelle degli astronomi che lo hanno preceduto, in nome di una auspicabile armonia nelle sagome celesti delle costellazioni e in conformità alle reali posizioni stellari, si pone in diretto confronto con Ipparco a proposito di alcune stelle della Vergine : le stelle che Ipparco assegna alle spalle secondo Tolomeo ne indicano i fianchi, perché la distanza fra esse e il capo è superiore alla distanza registrata dal capo alle mani[5]. In nome di proporzioni armoniche della costellazione della Vergine Tolomeo dunque ne riduce la lunghezza del busto, forse senza rendersi conto di contrarre notevolmente la lunghezza di tutta la costellazione, e quindi la sua estensione complessiva nel cielo nel senso della longitudine, rispetto alle misurazioni di Ipparco. Elencando le stelle dell'Ariete, Tolomeo precisa che la stella segnalata da Ipparco sul muso dell'animale secondo la propria astrotesia risulta esterna alla figura ed è situata al di sopra della testa dell'Ariete stesso. Giustificando dunque il proprio occasionale impiego di astrotesie differenti da quelle che lo hanno preceduto, Tolomeo ci

4 - Riserve sulla paternità eudossea del testo che fu fonte di Arato e oggetto delle critiche di Ipparco furono comunque avanzate da M. Erren, *Die Phainomena des Aratus von Soloi. Untersuchungen zum Sach- und Sinnverständnis* (Hermes Einzelschriften, Heft 19), Wiesbaden, 1967, p. 192 s. ; sull'impostazione del catalogo stellare di Eudosso v. J.-H. Abry, « Les catalogues d'étoiles : de l'Astronomie descriptive à la République céleste », in *Actes du XXVIIIe congrès A.P.L.A.E.S. Saint-Etienne, 19 au 21 mai 1995*, Saint-Étienne, 1996, pp. 77-98.

5 - Ptol., *Synt.* VII 4.

informa che anche gli astronomi a lui precedenti molto spesso hanno modificato una tradizione esistente in nome di un aggiornamento scientifico e sulla scorta di osservazioni personali[6].

Ma quali sono i cataloghi stellari che hanno preceduto Ipparco? E in quali elementi le astrotesie di Ipparco si differenziano da quelle dei suoi predecessori? Se escludiamo gli studi di Eudosso, contenuti nelle due opere *I Fenomeni* e *Lo Specchio*, di cui per altro conosciamo la traduzione poetica di Arato (che probabilmente ne è anche un compendio), ma ben pochi frammenti, trasmessi quasi nella loro interezza da Ipparco stesso, ci rimane molto poco del materiale che Ipparco aveva a propria disposizione o degli studi che hanno preceduto Ipparco ma a lui sconosciuti in materia di astrotesie. Qualcosa comunque trapela all'interno del commento ad Arato; vediamo di analizzarne alcuni lemmi.

L'esistenza di astrotesie diverse (o alternative) è testimoniata dallo stesso Ipparco per alcune costellazioni circumpolari. Un esempio è fornito da Cefeo : nell'esposizione di Ipparco la sagoma celeste della costellazione presenta differenze rimarchevoli rispetto alla trattazione che ne fornirà Tolomeo e che resterà canonizzata per parecchi secoli. Non sono profondamente distanti soltanto i valori di longitudine e di latitudine di numerose stelle di Cefeo (ossia la collocazione generale della costellazione nel cielo), ma la maggior parte dei rapporti di distanza tra le stelle stesse, nonché, per alcune porzioni della figura, l'orientamento stesso rispetto al polo. L'anomalia comunque può essere spiegata : poiché è impensabile un radicale cambiamento della sagoma della costellazione nel breve tempo che separa i due astronomi, è evidente che le divergenze dipendono da un'ottica diversa. Le due descrizioni infatti hanno in comune le poche stelle più luminose che costituiscono il nucleo primario di Cefeo, ma differiscono a proposito delle stelle esterne. L'analisi delle stelle considerate da Ipparco – seppure incompleta, perché costretta a limitarsi alle stelle citate in maniera non sistematica nel commento ad Arato – sembra dimostrare che la sua astrotesia è più estesa[7]. L'aporia presente fra la descrizione di Ipparco e quella di Tolomeo comunque rispecchia l'esistenza di astrotesie diverse esistenti nell'antichità a proposito di Cefeo : da un esplicito lemma di Ipparco si apprende infatti che le stelle luminose delle spalle di Cefeo secondo

6 - Ptol., *Synt.* VII 4.

7 - Il braccio destro di Cefeo infatti si mostra prolungato rispetto alle indicazioni di Tolomeo, con la segnalazione di una stella che ne denota l'estremità della mano (Hipparch. III 4, 6) a una distanza di una decina di gradi dall'attuale η, il gomito secondo Tolomeo, la spalla invece secondo Ipparco; nel catalogo tolemaico η è la prima stella di Cefeo nel senso della longitudine. Anche sul lato sinistro la sagoma ipparchea sembra più estesa, perché la stella assegnata da Tolomeo al braccio sinistro di Cefeo sembra definirne la spalla secondo le indicazioni di Ipparco; l'identificazione della stella pare certa sulla scorta di rapporti longitudinali fra più indicazioni.

altri astronomi ne segnano le mani[8], e lo stesso Ipparco nomina la stessa stella luminosa indicandola una volta come spalla sinistra[9] e un'altra come mano sinistra, pur affrettandosi a precisare che secondo altri astronomi essa segnala la spalla[10], e non sussiste dubbio che si tratti della stessa stella grazie alla presenza di valori longitudinali[11].

Un secondo lemma ipparcheo fornisce una preziosa testimonianza dell'evoluzione degli studi astronomici, delle incertezze ancora presenti in tali ricerche e della sostanziale indipendenza dei risultati raggiunti dagli astronomi nelle osservazioni. A proposito dell'Orsa Maggiore Ipparco dichiara che tutti gli antichi vi distinguevano soltanto sette stelle[12] : quattro delimitavano gli angoli del quadrato e tre seguivano la posizione della coda. Delle due stelle anteriori del quadrato la settentrionale individuava la testa e la meridionale le zampe anteriori dell'animale; delle due stelle posteriori la meridionale denotava le zampe posteriori dell'Orsa, mentre la settentrionale l'attaccatura della coda. Ipparco dichiara inoltre che Eudosso, Arato e Attalo seguivano ancora questa rappresentazione. Nel III secolo a.C., al tempo di Ipparco, l'imponente costellazione boreale si era arricchita di numerose altre stelle e presentava una sagoma mutata : Ipparco registra infatti che α, la settentrionale delle due stelle anteriori del quadrato, e quindi la testa dell' Orsa secondo gli antichi, secondo la rappresentazione più recente denota le spalle o il dorso dell'animale[13], e che davanti a β, la meridionale delle due stelle anteriori del quadrato, e quindi le zampe anteriori dell'animale della vecchia raffigurazione, è visibile una stella luminosa che ai suoi tempi segna le gambe dell'Orsa[14].

Nel passo che analizza le rappresentazioni dell'Orsa e ne definisce alcuni valori longitudinali[15], Ipparco si colloca in polemica dichiarata con Eudosso

---

8 - Hipparch. I 7, 21.

9 - Hipparch. II 6, 3.

10 - Hipparch. I 11,16.

11 - Nel primo caso 23° Acquario e nel secondo 25° Acquario (e nel testo di Ipparco, come ben si sa, una divergenza di due o tre gradi per una stessa stella è la norma e non l'eccezione, vuoi per responsabilità della tradizione manoscritta o per le incertezze della trasmissione stessa). Risulta inaccettabile una distanza di soli due gradi fra la spalla e la mano di una costellazione che occupa una discreta porzione del cielo e per di più tradizionalmente rappresentata con le due braccia allargate; non per nulla la postura celeste di Cefeo, con le gambe allargate e le braccia protese in avanti, ha suggerito - astrologicamente parlando - l'associazione della costellazione con l'attore tragico : ved. Manil. V 477-485.

12 - Hipparch. I 5,6.

13 - Hipparch. III 2,11.

14 - Hipparch. I 5, 6; per la stella nel corso dell'opera viene fornita una più precisa specificazione, ossia il ginocchio anteriore (II 6, 8; III 2, 8); l'indicazione del ginocchio sinistro resterà poi canonica col catalogo tolemaico.

15 - Ipparco precisa le posizioni di α (3°Leone : I 5,4), γ (25°Leone : I 5,9), δ (1°Vergine : I 5,11), ossia di tre stelle che formano il quadrato, e di η (4°Bilancia : I 5,10; III 2,13), l'ultima stella dell'Orsa Maggiore che ne segna l'estremità della coda. Il quadrato dell'Orsa secondo Ipparco viene dunque situato sulla longitudine del Leone, e l'estremità della coda in Bilancia.

(e col suo versificatore Arato), che colloca la testa dell'Orsa sui Gemelli, il centro dell'animale sul Cancro e le zampe posteriori sul Leone : se α, la prima stella del quadrato, e quindi la testa dell'Orsa secondo gli antichi, è situata sui primi gradi del Leone, la costellazione si deve snodare sopra il Leone e parte della Vergine. Ipparco non perde l'occasione per contrapporre, ancora una volta, il proprio rigore matematico alle imprecisioni di Eudosso. Anche tenendo conto della rettifica dei punti cardinali[16] e senza volere tediare con un noioso elenco di numeri, è evidente che non si tratta di un errore di Eudosso, ma di un fraintendimento di Ipparco : delle due rappresentazioni dell'Orsa Eudosso doveva già conoscere quella ampliata, in cui la testa dell'Orsa è spostata di circa 45 gradi rispetto ad α, la testa dell'Orsa secondo gli antichi. L'analisi di alcuni frammenti della sua opera conservati dallo stesso Ipparco (basti citare la descrizione delle costellazioni toccate dal coluro solstiziale[17]) guida a concludere che soltanto la conoscenza dell'astrotesia ampliata permette ad Eudosso, ingiustamente criticato da Ipparco, di collocare l'Orsa nel cielo con la testa sui Gemelli, il centro sul Cancro e le zampe posteriori sul Leone[18].

In materia di astrotesie possiamo fruire anche di una preziosa testimonianza di studi e osservazioni astronomiche grazie ad un testo che meriterebbe ancora una certa attenzione da parte della critica moderna : mi riferisco all'opera dalla quale provengono, epitomatosi, elaborati, variamente interpolati, gli attuali *Catasterismi* di Eratostene. Non è mia intenzione addentrarmi nell'intricata problematica suscitata dal testo che noi conosciamo, scaturito da un'opera più antica al pari di altri testi ad esso paralleli : gli scoli di

16 - Le misurazioni di Ipparco naturalmente tengono conto della rettifica dei punti cardinali e della correzione precessionale che colloca equinozi e solstizi all'inizio dei segni corrispondenti. Accettando ancora la posizione dei punti cardinali al centro dei segni, Eudosso considerava una divisione zodiacale che risulta avanzata di 15° gradi rispetto a quella di Ipparco; sulla scorta di tale ripartizione le longitudini dell'Orsa Maggiore si presentano maggiorate di 15 gradi, col risultato che α, la testa, si troverebbe a 18°Leone e δ, l'attaccatura della coda, a 16°Vergine (ved. Hipparch. I 5,11-13). Dai lemmi di Ipparco si ricava dunque una posizione eudossea dell'Orsa posticipata nel senso della longitudine rispetto alle indicazioni di Eudosso che situano la testa dell'Orsa sui Gemelli, il centro dell'animale sul Cancro e le zampe posteriori sul Leone.

17 - in Hipparch. I 11,9. Inoltre, quando Eudosso situa il circolo polare sotto le zampe anteriori dell'Orsa, è evidente che non intende β, la stella anteriore del quadrato, bensì le stelle che ne segnano le zampe nella rappresentazione estesa (in Hipparch. I 11,1); quando colloca l'Auriga di fronte alla testa dell'Orsa Maggiore (in Hipparch. I 2,10), è ovvio che non si riferisce ad α, la stella anteriore del quadrato, ma alla stella che denota il muso nella sagoma ampliata : dell'Auriga infatti vengono nominate le spalle di fronte alla testa dell'Orsa, e la posizione inclinata sui Gemelli; nella rappresentazione ampliata infatti la testa dell'Orsa è spostata di circa 45 gradi rispetto ad α, la testa degli antichi, e il quadrato risulta sui lombi dell'animale.

18 - Per le diverse astrotesie dell'Orsa v. A. Le Boeuffle, « Histoire de la grande Ourse ou les Métamorphoses d'une constellation », *Vita latina* 100 (1985), pp.15-20; S. Feraboli, « Vaghe stelle dell'Orsa », *Maia* 42 (1990), p. 235.

Germanico, l'opera battezzata da Maass *Aratus latinus*[19], l'*Astronomia* di Igino[20]; il confronto delle testimonianze comparate di tali opere permette di individuare un'elaborata e complessa attività di interpolazione, di rettifica, di fase epitomatosa o compendiaria su un testo di un autore che per comodità chiamo Eratostene, per esimermi dall'affrontare il tema della contestata paternità eratostenica dell'opera[21].

Gli attuali *Catasterismi*, al pari dell'opera di Ipparco, si presentano come commento ad Arato, e sono articolati in due sezioni : la prima, mitologica, completa, integra o rettifica le espressioni di Arato, la seconda, astronomica, fornisce una sorta di catalogo stellare segnalando, se pure in modo informe e impreciso, le stelle che formano ciascuna costellazione. Tale sezione astronomica merita alcune considerazioni : a differenza della maggior parte dei commentatori dei *Fenomeni* di Arato e in linea con Ipparco, i dati in essa contenuti testimoniano una conoscenza scientifica indipendente dai *Fenomeni* stessi, perché l'elenco delle stelle contiene una nutrita serie di indicazioni che fanno capo a un preciso catalogo stellare conosciuto e utilizzato dall'autore. L'analisi di alcuni dati contenuti nell'opera consente di localizzare tale catalogo nell'arco di tempo in cui visse Eratostene, di poco anteriore ad Ipparco. Il catalogo tuttavia sembra sconosciuto ad Ipparco stesso, se vogliamo interpretare qualsiasi mancanza di riferimento o di citazione come mancata conoscenza dell'opera.

Vediamo di riassumere qualche indicazione dei *Catasterismi* per ricavare informazioni sullo scenario dal quale proviene questo catalogo.

19 - Gli scoli di Germanico furono editi da A. Breysig, *Germanici Caesaris Aratea cum scholiis*, Berlin, 1867, p. 114, 116, 118 con la sigla G e poi da E. Maass, *Commentariorum in Aratum reliquiae*, Berlin, 1898, pp. 173-306, in apparato all'*Aratus latinus*.

20 - Le ultime edizioni da segnalare sono *Hygin. L'Astronomie*, texte établi et traduit par A. Le Boeuffle, Paris, 1983 e *Hygini. De astronomia*, edidit G. Viré, Stuttgart-Leipzig, 1992.

21 - Tra le numerose ipotesi e gli studi in proposito sia sufficiente ricordare C. Robert, *Eratosthenis Catasterismorum reliquiae*, Berlin, 1878; E. Maass, *op. cit.*, p. 134 s. (ristampa degli « Aratea », *Philologische Untersuchungen* XII (1892), p. 377 s.); J. Boehme, *art. cit.*; E. Bethe, « Aratillustrationen », *Rheinisches Museum* 48 (1893), pp. 91-109; A. Rehm, « Zu Hipparch und Eratosthenes », *Hermes* 34 (1899), pp. 251-279; G. Knaak, in *RE* VI, 1 (1907), coll. 358-389, s. *v. Eratosthenes* 4, e più recentemente J. Martin, *op. cit.*, p. 59 s. e O. Neugebauer, *A History of ancient mathematical Astronomy*, Berlin-Heidelberg-New York, 1975, pp. 577-578.

In primo luogo una serie di riferimenti alla perenne visibilità di alcune stelle di Boote[22] e di Cefeo[23] localizzano i dati a latitudini più basse rispetto alla Grecia e invitano ad individuare il punto di osservazione alla latitudine di Alessandria. Assieme a tale dato astronomico, che sottintende un circolo polare, o circolo sempre visibile, più basso di quello registrato in Grecia, altri dati portano a localizzare l'elaborazione dei *Catasterismi* in un punto meridionale del Mediterraneo : mi riferisco a passi che trattano di costellazioni dell'emisfero celeste australe, usate dai naviganti come punti di riferimento negli spostamenti notturni, secondo le parole dei *Catasterismi* : Argo[24] e la Nave del Sagittario, ossia il cerchio di stelle da noi conosciuto come Corona Australe[25]. Tali punti di riferimento nella navigazione notturna sembrano dunque confermare una provenienza più meridionale rispetto alla Grecia. In linea con tale analisi, ma probabilmente non probante perché diventato luogo comune della letteratura astronomica è la citazione di Canopo, la stella del timone di Argo, bassa sull'orizzonte e visibile ad Alessandria, ma non a Rodi, se non in luoghi elevati[26]. E'comunque significativo il secondo nome che Eratostene accorda a Canopo, Περίγειος, con esplicito riferimento alla posizione della stella, bassa sull'orizzonte, tanto da sembrare prossima alla terra[27].

22 - Generando un cambiamento di prospettiva nella volta celeste, le variazioni della latitudine geografica determinano uno spostamento nella visibilità della calotta celeste circostante il polo : le costellazioni che non tramontano mai, ossia quelle che trascinate dal movimento diurno non toccano mai l'orizzonte, sono comprese da un circolo polare (o circolo sempre visibile) che varia col variare della latitudine. Boote è raffigurato in cielo con una mano sollevata : secondo i *Catasterismi* la costellazione presenta nella mano sollevata quattro stelle che non tramontano mai (8); il dato differisce dalle osservazioni di Eudosso, che situava sul circolo sempre visibile la spalla corrispondente di Boote (in Hipparch. I 11,1). In proposito fruiamo di un preciso lemma ipparcheo che colloca la spalla sinistra di Boote a circa 4° a sud del circolo sempre visibile, e precisamente a 41° 15'dal polo (= 48° N 45'), calcolando un circolo sempre visibile alla latitudine di Atene a una distanza di 37° dal polo (= 53° N). Se dunque ad Atene la spalla di Boote rimane poco al di sotto del circolo sempre visibile, ne deriva che tutto il braccio e la mano di Boote non tramontano mai.

23 - La costellazione è raffigurata con una posizione celeste rovesciata, con la testa in basso e i piedi rivolti verso il polo; secondo i *Catasterismi* Cefeo è compreso nel circolo artico dai piedi sino al petto (15). Secondo tale dato quindi (coincidente tra l'altro con le osservazioni di Eudosso, in Hipparch. I 11,1), la costellazione tramonta dalla testa fino al petto. Polemizzando con Eudosso, Ipparco precisa invece che alle latitudini greche di Cefeo tramonta solo la testa e che le spalle e il petto sono sempre visibili (II 2,59; cfr. I 7, 20).

24 -*Catast.* 35.

25 -*Catast.* 28. La Nave del Sagittario, conosciuta anche dalle testimonianze della *sphaera barbarica* (Teucr. 9; TR 9, in F. Boll, *Sphaera. Neue griechische Texte und Untersuchungen zur Geschichte der Sternbilder,* Leipzig, 1903, p. 19-20; Antioch. 9, *ib.* p. 58; Herm. Trism, *de dec.* XXV 9,7; Firm. VIII 27,12) sembra derivare da un'astrotesia egiziana, filtrata attraverso i nomi dei decani : v. J.-H. Abry, « Les noms des décanes chez Firmicus Maternus (*Mathesis* IV, 11) », *Revue de philologie* 67 (1993), pp. 197-228 (in particolare p. 226).

26 - Cfr. Hipparch. I 11, 8; Gem. III 15; Cleom. I 7; Da Eudosso Canopo è definita ὁ ἐξ Αἰγύπτου ὁρώμενος ἀστήρ (in Hipparch. I 11,6).

27 - *Catast.* 37.

Altre considerazioni esortano tuttavia a non circoscrivere soltanto all'osservazione astronomica il nucleo primario confluito nel testo degli attuali *Catasterismi*. Anche la componente mitologica contiene spunti che tradiscono la provenienza : alla comune identificazione in Eridano del fiume celeste che scaturisce dal piede sinistro di Orione (seguita anche da Arato), l'autore preferisce l'identificazione col Nilo, in ragione delle sue sorgenti meridionali, al pari del fiume celeste ; l'identificazione pare sorretta, secondo l'autore, dalla ingenua considerazione che le sue ultime stelle sono definite 'foce del Nilo'[28]. Non sarà un caso che tali definizioni alternative appartengono soprattutto a stelle e costellazioni dell'emisfero australe, meglio visibili a latitudini più basse rispetto alla Grecia.

Un'ulteriore considerazione invita a localizzare nella parte meridionale del Mediterraneo, e probabilmente ad Alessandria, l'elaborazione dei dati compresi nel testo originario, fonte degli attuali *Catasterismi*. Indicazioni di latitudine celeste vengono fornite per una sola costellazione, Cefeo, quando viene sottolineato che la fascia artica contiene Cefeo dai piedi sino al petto e che il resto della costellazione è compreso fra il circolo artico e il tropico estivo[29]. Con tutta probabilità il testo originario estendeva a ogni capitolo tali indicazioni, con la localizzazione delle costellazioni nelle fasce celesti, come d'altronde risulta dall'*Astronomia* di Igino, testo per molti aspetti parallelo ai *Catasterismi* e scaturito dalla stessa fonte. L'analisi di tali indicazioni nel testo di Igino obbliga ad individuare una serie di rettifiche rispetto alla descrizione delle costellazioni toccate dal circolo artico tracciata da Eudosso[30] : le differenze trovano una spiegazione se si ipotizza che la latitudine del punto di osservazione terrestre dei dati trasmessi da Igino sia minore. Il fatto che Igino, a proposito di Boote, parla delle stelle della mano sempre visibili[31] (e non della spalla, come voleva Eudosso[32]) depone a favore della fonte alessandrina. Stessa considerazione per l'ala destra del Cigno, tagliata all'estremità dal circolo artico secondo Eudosso[33] e Ipparco[34], ma nemmeno sfiorata secondo il testo di Igino[35].

28 - *Catast.* 37. Si può ricordare anche l'identificazione del Triangolo con l'Egitto, grazie alla somiglianza della sagoma costituita dalla costellazione con la forma geografica dell'Egitto (20).

29 - *Catast.* 15.

30 - in Hipparch. I 11,1.

31 - Hyg., *Astron.* III 3 ; cfr. IV 3,2.

32 - in Hipparch. I 11,1.

33 - in Hipparch. I 11,1.

34 - Hipparch. I 11,4.

35 - Hyg., *Astron.* III 7 ; cfr. IV 6,2.

Con l'identificazione locale, qualche precisazione cronologica : alcuni dati numerici, trasmessi solo per le due Orse e per il Serpente Boreale[36], ma di certo estesi a tutte le costellazioni alla fonte, riconducono le osservazioni celesti almeno al tempo di Ipparco, pur presentando una curiosa situazione di vicinanza, ma non di identità con i valori ipparchei; il che invita a dedurre che essi provengono da osservazioni stellari diverse da quelle ipparchee, ossia da un precedente catalogo.

Che non si tratta di studi astronomici personali dell'autore, ma di un preciso catalogo cui l'autore dei *Catasterismi* fa riferimento, è dimostrato da due passi all'esordio della trattazione di Cefeo e della Lira, definiti rispettivamente quarto e nona nell'ordine[37]. Nei *Catasterismi* Cefeo occupa invece il quindicesimo posto e la Lira il ventiquattresimo perché nell'opera viene seguita la successione stellare di Arato, che a sua volta ripete l'ordine di Eudosso[38].

Vediamo ora se è possibile classificare con maggior precisione il catalogo stellare che costituisce la fonte degli attuali *Catasterismi*. Alcune convergenze con i dati testimoniati in Eudosso sono indiscutibili : per esempio l'erronea identificazione del polo con una precisa stella, identificazione già impugnata da Pitea di Marsiglia come precisa Ipparco[39]. Ciò nonostante nei *Catasterismi*

---

36 - I dati sono conservati dall'*Aratus latinus* e dagli *scholia Sangermaniensia* di Germanico, che altro non sono che un rimaneggiamento dell'*Aratus latinus*. Si tratta di ostici passi tecnici legati al catalogo delle stelle, che Martin (*op. cit.*, p. 68) ha eccellentemente dimostrato appartenere alla struttura originaria dei *Catasterismi*, preservati per sole tre costellazioni, ma di certo estesi a tutte alla fonte. Nonostante lo stato corrotto della trasmissione, dal testo si ricavano alcuni dati che riconducono le osservazioni celesti almeno al tempo di Ipparco. Per l'ultima stella dell'Orsa Minore viene fornita la longitudine 17° Pesci; la posizione è confermata a 18° Pesci, ossia con lo scarto di un grado, dal catalogo stellare contenuto nel terzo capitolo dell'ermetico *de decanis* (III 10), le cui longitudini risalgono ad osservazioni e rettifiche di un'epoca databile per lo più al II secolo a. C (v. *Hermetis Trismegisti De triginta sex decanis*, cura et studio S. Feraboli, Turnholt, 1994, p. xvi-xvii). La posizione è testimoniata anche da un preciso passo ipparcheo che segnala la localizzazione della stella sulla longitudine 18° Pesci, che corrisponde a 3° Ariete secondo la suddivisione zodiacale seguita da Eudosso (I 6, 4). Oltre che per la conferma della posizione di α Ursae Minoris, il lemma ipparcheo si rivela particolarmente prezioso per un altro elemento : indirettamente esso esclude una dipendenza da Eudosso (il cui zodiaco è avanzato di 15° per la collocazione di solstizi e equinozi a metà dei segni corrispondenti) per il catalogo stellare utilizzato dall'autore dei *Catasterismi*. Per l'esame di altri dati v. O. Neugebauer, *op. cit.*, p. 288-291e S. Feraboli, « Sulle tracce di un catalogo stellare preipparcheo », in *Mosaico*. Studi in onore di U. Albini, Genova, 1993 (Pubblicazioni del Darficlet, n.s. n. 148), pp. 75-82.

37 - *Catast.* 15, 24.

38 - La sequenza stellare che vede Cefeo quarto e la Lira nona è testimoniata in un testo tramandato in redazione sia greca che latina; il testo greco è edito da E. Maass, *op. cit.*, pp. 134-139 e da A. Rehm, *art. cit.*, p. 258, la redazione latina da M. Manitius, « Lateinische Uebersetzungen aus der Aratusliteratur », *Rheinisches Museum* 52 (1897), pp. 305-332 e in particolare alle pp. 318-319; i testi sono analizzati e commentati, oltre che dagli editori, da J. Martin, *op. cit.*, pp. 104-110.

39 - Hipparch. I 4,1. ved. Eud. fr. F 11 Lasserre; *Catast.* 2; cfr. Hyg., *Astron.* III 2,1; in proposito v. J. Boehme, *art. cit*, pp. 286-298; A. Scherer, *Gestirnnamen bei den indogermanischen Völkern*, Heidelberg, 1953, p. 120; F. Lasserre, *Die Fragmente des Eudoxos von*

si registra una corposa serie di innovazioni che invitano a escludere una dipendenza o una stretta parentela con Eudosso : la diversa successione stellare, la collocazione di solstizi e equinozi all'inizio e non al centro dei segni cardinali, parecchi particolari divergenti nella raffigurazione delle costellazioni. Le convergenze maggiori si trovano nel catalogo ipparcheo ; di particolare rilievo sono alcuni elementi, identici o simili, nei *Catasterismi* e in Ipparco, destinati ad essere modificati nel catalogo tolemaico del VII libro della *Syntaxis*[40]. Tuttavia, nonostante l'indiscutibile convergenza di molti dati con il catalogo ipparcheo, altrettanto rilevanti sono i dati discordanti che obbligano ad escluderne una dipendenza. Indicazioni stellari come quelle dei *Catasterismi*, così generiche e imprecise, sono impensabili in un'epoca successiva al catalogo ipparcheo impostato, almeno nel commento ad Arato, su un preciso sistema di definizione misto eclittica-meridiano.

Esistono inoltre nel catalogo alcuni dati che permettono di individuare astrotesie diverse da quelle divenute poi canoniche, testimoniate da Ipparco e accettate da Tolomeo[41] ; inoltre all'interno delle stesse costellazioni sono operate ripartizioni diverse rispetto ad Ipparco e a Tolomeo : basti citare i gruppi stellari di Andromeda e di Boote.

Un secondo dato di divergenza (se non va ascritto alla tradizione manoscritta) è la terminologia : nella maggior parte dei codici dei *Catasterismi* nei titoli dei capitoli alcune costellazioni sono nominate con una terminologia non abituale : il Cigno normalmente chiamato col generico Ὄρνις (uccello), è definito Cigno, Sagitta prende il nome di Arco, ad Eridano ci si riferisce col suo nome, mentre abitualmente la costellazione è indicata col termine generico Fiume ; il Centauro è chiamato esplicitamente Chirone. La presenza della ter-

---

Knidos, Berlin, 1966, p. 187 ; M. Erren, *op. cit.*, p. 117 ; A. Le Boeuffle, *Les noms latins d'astres et de constellations*, Paris, 1977, pp. 92-93.

40 - Sia sufficiente osservare la localizzazione di alcune stelle nella sagoma delle costellazioni : α Ursae Maioris, indicata sulle spalle dell'Orsa nei *Catasterismi* (1) e da Ipparco (III 2, 11) verrà situata da Tolomeo sul dorso ; β Ursae Maioris sul petto secondo i *Catasterismi* (1) e Ipparco (III 3, 5) nella rappresentazione tolemaica indica i lombi. I *Catasterismi* e Ipparco denotano le due spalle della Vergine con due stelle identificabili in γ e δ di terza grandezza (*Catast.* 9 ; Hipparch. II 5, 5 ; III 2, 9 ; 2, 12 ; 4, 12 ; 5, 5) ; in Tolomeo mancano indicazioni delle spalle e γ e δ sono situate rispettivamente nell'ala sinistra e sotto la cintura in prossimità del gluteo destro. L'ammasso stellare nebuloso di Perseo, che Tolomeo assegna alla mano destra, per Ipparco appartiene alla spada (II 6, 1 ; III 1, 1b ; 4, 8), come pure risulta dai *Catasterismi* (22). Nell'Acquario Tolomeo non cita i piedi della costellazione, mentre i *Catasterismi* e Ipparco segnano con una stella il piede destro (*Catast.* 26 ; Hipparch. III 3, 8 ; 3, 12) ; come estremità inferiori di Orione Tolomeo nomina il piede sinistro e il ginocchio destro, ma i *Catasterismi* e Ipparco citano una stella su entrambi i piedi (*Catast.* 32 ; Hipparch. III 1, 9). Per l'esame di tali divergenze v. S. Feraboli, « Sulle tracce, *cit.* »

41 - Per esempio i *Catasterismi* pongono una stella su entrambe le mani e su entrambi i gomiti della Vergine (9) ; né Ipparco né Tolomeo conoscono le stelle del gomito e della mano destra ; lo stesso vale per le due stelle sulle mammelle del primo Gemello (10), per la mano di Cassiopea (16).

minologia non abituale, derivata probabilmente dal contenuto dei capitoli stessi, testimonia che i nomi delle costellazioni non sono ancora canonizzati nella forma poi diventata tradizionale.

Estranei ai binari tradizionali degli studi astronomici, o per lo meno rimasti isolati con la testimonianza dei *Catasterismi*, sono gli appellativi delle Pleiadi definite ἑπτάστερος[42] e di Canopo definita Περίγειος[43]. Alla stella sopra la mano destra di Eracle viene dato il nome Ῥόπαλον (clava) e vengono citate quattro stelle sulla pelle del leone nella mano dell'eroe[44]; tuttavia la rappresentazione di Eracle con la clava, se pur comune all'iconografia medievale e ai dati della *sphaera barbarica*[45], è sconosciuta a Ipparco e a Tolomeo. A proposito della Vergine viene ricordata una astrotesia alternativa, quando l'autore cita l'identificazione con Tyche, identificazione corroborata dalla constatazione che la costellazione è rappresentata anche acefala[46].

Appurato che gli informi e imprecisi elenchi di stelle dei *Catasterismi* attingono a un preciso catalogo stellare preipparcheo, rimane aperta una questione : se questo catalogo stellare appartiene al nucleo originario da cui derivano gli attuali *Catasterismi,* o se esso proviene da quell'opera che circolava nell'antichità sotto il nome di Eratostene, confluita in parte nell'epitome dei *Catasterismi*. In entrambi i casi nulla sembra vietare, se non un *argumentum ex silentio*, di ascrivere il catalogo stellare al matematico e astronomo Eratostene.

Eudosso, Eratostene, Ipparco dunque : tre diversi cataloghi stellari, frutto ciascuno delle osservazioni astronomiche precedenti e di osservazioni e rettifiche personali, testimonianza di una fioritura di studi e di ricerche di una materia che sembra richiedere anzitutto una precisa e completa descrizione della volta stellare e di quegli ammassi di stelle più o meno vicine che la fantasia umana da tempo immemorabile ha voluto raggruppare in sagome precise di oggetti o di personaggi mitologici. Se tuttavia a proposito di Eudosso e di Eratostene possiamo affermare poco, grazie allo stato frammentario e indiretto con cui conosciamo le loro opere (e ciò vale anche per altri astronomi antichi, come Euctemone, Callippo, Aristillo, Timocari, Metrodoro e molti altri), di Ipparco si deve rilevare, assieme al prezioso contributo personale,

42 - *Catast.* 14, 23.

43 - *Catast.* 37.

44 - *Catast.* 4.

45 - Teucr. 3 ; Val. I 2,25 ; Anonymus Baroccianus, in F. Boll, *op. cit.* p. 366 ; TR 4, *ib.*, p. 17 ; Kamat. 482 ; l'immagine vale per Eracle, uno dei due Gemelli, non per Eracle-Engonasin ; per l'interpretazione dei testi v. F. Boll, *op. cit.*, p. 466 ; A. Rehm, *RE* V, 2 (1905), col. 2565, s. *v. Engonasin* ; W. Gundel, *Neue astrologische Texte des Hermes Trismegistos. Funde und Forschungen auf dem Gebiet der antiken Astronomie und Astrologie*, (Abhandl. Bayer. Akad. Wiss. 12), München, 1936, pp. 253-254 ; S. Feraboli, « Ricerche sulle *monomoiriai* di Firmico », *St. ital. filol. class.* 7 (1989), p. 218.

46 - *Catast.* 9.

grazie ai riferimenti interni all'opera, la conoscenza più o meno approfondita di altri studi che lo hanno preceduto. La conoscenza scientifica, accompagnata e sorretta da uno spirito critico, necessaria ed indispensabile al progresso degli studi, trapela naturalmente da altri testi ; sia sufficiente ricordare il catalogo stellare contenuto nel terzo capitolo del florilegio ermetico *de decanis* : la terminologia impiegata e le indicazioni corrispondono generalmente a dati presenti in Ipparco, ma con essi coesistono tracce di astrotesie diverse. Per ora mi interessa indirizzare l'attenzione su un passo del catalogo che testimonia una convergenza di studi : elencando le stelle più luminose dei Gemelli, e soffermandosi sulle stelle delle ginocchia, l'ignoto redattore segnala infatti che una di esse, nell'astrotesia seguita da altri astronomi, denota la mano del secondo Gemello[47].

Dai dati sinora analizzati emerge dunque all'interno delle testimonianze antiche una pluralità di studi in materia di osservazioni stellari ; la codificazione – e quindi l'unitarietà – sarà merito di Tolomeo, al quale faranno capo, per parecchi secoli successivi, molti cataloghi stellari. Ne sono prova i numerosi cataloghi pervenuti, redatti nel corso dei secoli, che riprendono e ripetono le definizioni stellari della *Syntaxis* di Tolomeo, e si limitano ad aggiornare le longitudini delle stelle applicando costanti correzioni precessionali sulle longitudini del catalogo tolemaico : basti pensare al catalogo del cosiddetto astrologo del 379[48], al catalogo contenuto nel 25° capitolo dell'opuscolo ermetico *de decanis* con longitudini corrette all'anno 480[49], al capitolo 58 di Retorio con posizioni databili verso il 505[50], al catalogo di Teofilo di Edessa localizzabile verso il 770[51], ai cosiddetti *Excerpta Parisina* rettificati per l'anno 887[52], al catalogo trasmesso da un poeta bizantino del XII secolo, Giovanni Camatero, che contiene longitudini stellari corrette per l'anno 929[53], sino alla testimonianza del *Marcianus* 335 con posizioni stellari del XV secolo, età in cui il codice fu trascritto, e che non applica più i parametri precessionali tolemaici, bensì parametri moderni[54].

47 - Herm. Trism., *de dec.* III 25.

48 - Edito da F. Cumont, *CCAG* V, 1, pp. 196-206.

49 - Edito da W. Gundel, *op. cit.*, pp. 50-73 ; S. Feraboli, *Hermetis Trismegisti, cit.*, pp. 79-132 ; W. Hübner, *Grade und Gradbezirke der Tierkreiszeichen* I, Stuttgart-Leipzig, 1995, pp. 242-250.

50 - Edito da F. Cumont, *CCAG* VIII, 4, pp. 174-184 e, limitatamente alle posizioni stellari, da W. Hübner, *Grade, cit.*, I, pp. 243-251 ; le longitudini stellari del capitolo corrispondono con quelle dell'*excerptum* di Retorio edito da F. Boll, *CCAG* VII, pp. 194-213 ; in proposito v. O. Neugebauer, *op. cit.* I, p. 258 n. 14 ; D. Pingree, « *Antiochus and Rhetorius* », *Class. Phil.* 72 (1977), pp. 203-223 (in particolare p. 211).

51 - Edito da F. Cumont, *CCAG* V, 1, pp. 214-217.

52 - Editi da F. Cumont, *CCAG* V, 1, pp. 217-219 e parzialmente da F. Boll, *op. cit.*, p. 479.

53 - Edito da L. Weigl, *Johannes Kamateros. εἰσαγωγὴ ἀστρονομίας. Ein Kompendium griechischer Astronomie und Astrologie, Meteorologie und Ethnographie in politischen Versen*, Leipzig-Berlin, 1908, vv. 2430-2503. Per un'analisi del catalogo di Camatero v. S. Feraboli, « L'evoluzione di un catalogo stellare », *Maia* 45 (1993), pp. 269-273.

54 - v. *CCAG* II, pp. 37-70.

Carlo SANTINI

Sulle tracce dei catasterismi di Eratostene a Roma

La figura di Eratostene di Cirene quale raccoglitore e inventore di miti astrali trova conferma in Suida, cfr. ἔγραψε ... Ἀστρονομίαν ἢ Καταστηριγμούς ; questa ultima risulta essere forse la forma che meglio rispecchia [1] la formazione da στηρίζω, 'make fast, prop, fix', come forse già si intende in Omero, cfr. *Λ* 28 ἐν νέφει στήριξε [*scil.* ἴριδας] e poi καταστηρίζω, 'establish', che assume la valenza di terminus technicus[2]. Il significato di questa notizia va inquadrato alla luce della triplice documentazione in merito. Si tratta innanzitutto di tener presente che sono arrivati fino a noi, per citazione e anche sotto forma di frammenti di papiro[3], alcuni versi di due poemetti in esametri di Eratostene, Ἑρμῆς e Ἠριγόνη, la cui trama prevede in entrambi i casi l'ascensione in cielo[4] dei protagonisti. Il passo di Suida lascia intendere che Eratostene avrebbe composto un'opera a sé stante, verisimilmente in prosa, sui catasterismi; l'esistenza di questo trattato, in cui i catasterismi delle costellazioni (e anche dei pianeti) erano organicamente esposti, viene confermata dalle testimonianze di molte fonti astronomiche, come il *De astronomia* di Igino e il corpus di scoli a Germanico, che citano sovente la versione di un mito astrale, attribuendone la paternità ad Eratostene ; tali testimonianze sono state raccolte e poste a confronto da K. Robert con i quarantaquattro lemmi di un opuscolo conservato da vari manoscritti e intitolato ἀστροθεσίαι ζῳδίων, ma pubblicato già nel 1672 a Oxford da J. Fell sotto il titolo di Ἐρατοσθένους καταστερισμοί, che Robert ritiene essere un'epitome di una raccolta di catasterismi risalente appunto a questa presumibile opera di Eratostene[5].

1 - Cfr. A. Rosokoki, *Die Erigone des Eratosthenes*, Heidelberg, 1995, p. 74.

2 - Cfr. A. Bartalucci, Il lessico dei catasterismi nel *De astronomia* di Igino e nei testi omologhi, *Studi Classici e Orientali*, 38 (1988), pp. 353-372.

3 - Come il POxy 3000 dall'*Hermes*, riportato nel *Supplementum Hellenisticum*, Berlin - New York, 1983, nn. 396-97.

4 - T.B.L. Webster, *Hellenistic Poetry and Art*, London, 1964 suppone che il catasterismo dovesse anche servire a rendere credibile la diegesi dell' *Erigone* e quindi ad accreditare l'assunzione in ambito alessandrino di una festa di origine attica, cfr. p. 138 «the story was made more credible by finding Erigone in the stars».

5 - Cfr. A. Knaack, *s.u.* 'Eratosthenes', RE, Stuttgart, 1907, c. 378.

L'opera di Eratostene avrebbe dovuto intitolarsi, almeno sulla base di una citazione negli scoli all'*Iliade* [6], Κατάλογοι e in essa lo scrittore avrebbe raccolto le leggende relative alle costellazioni desumendole con spirito classificatore e antiquario dal corpus poetico della grecità e corredandole al tempo stesso con il riferimento al numero di stelle corrispondenti a ogni singola costellazione; sulla base di un'evidente discrepanza tra la successione dei lemmi e quanto si dice nel testo dell'*Epitome*, Robert ritiene tuttavia che l'originario ordine di elencazione seguito da Eratostene prevedesse la successione in base ad una serie di circonferenze concentriche a partire dall'Orsa Maggiore, ma che tale ordine venne poi modificato nelle successive rielaborazioni sulla base di quello seguito da Arato nei Φαινόμενα. E questa sarebbe la prima delle intersezioni tra Eratostene e Arato.

La possibilità del ripristino in qualche misura dell'opera perduta di Eratostene è stato oggetto di un vivace dibattito alla fine del secolo scorso; i termini della questione, che sono riassunti da Jean Martin[7], non possono in ogni modo prescindere dal dato che la frequenza di richiami a Eratostene come ad un'autorità per la mitologia astrale sembra indicare «a tradition that an original work by him on this general theme had existed»[8] ; del resto la composizione di un trattato sui miti astrali risulta conforme alla tradizione culturale alessandrina delle sinossi, dei πίνακες e dei cataloghi, con i quali classificare l'imponente patrimonio mitico della grecità arcaica e provvedere alla costituzione di un background di tradizioni eziologiche per la storia culturale di un centro di origine recente come Alessandria. Appare tuttavia chiaro che la versatilità, la πολυμαθία e l'erudizione di Eratostene implicano il confronto tra questo tipo di opere e la produzione specificatamente scientifica nel campo della geografia matematica, di cui l'opera di Eratostene costituisce un capitolo non irrilevante[9]. Spiegare con leggende astrali le forme di tutte le costellazioni della sfera celeste rappresenta infatti una significativa prestazione che presuppone metodo e capacità di gestire alcuni racconti convogliandoli verso un'esegesi filosofica ; varrà quindi la pena richiamare qui il termine 'filo-

6 - Cfr. Eratosthenis *Catasterismorum* reliquiae. Recensuit C. Robert, Berolini, 1863, p. 34.

7 - J. Martin, *Histoire du texte des Phénomènes d'Aratos*, Paris, 1956, pp. 58-62.

8 - P. M. Fraser, *Ptolemaic Alexandria*, (II : Notes), Oxford, 1972, p. 597. Si veda anche dello stesso autore Eratosthenes of Cyrene, *Proceedings of British Academy*, 56 (1970), pp. 175-207.

9 - G. Aujac, Eratosthène, premier éditeur des textes scientifiques ?, *Pallas*, 24 (1977), pp. 3-24, avanza addirittura l'ipotesi che Eratostene, in qualità di direttore della Biblioteca, abbia fatto redigere le edizioni dei grandi trattati scientifici ellenistici proprio per impedirne la scomparsa in seguito alla concorrenza dei poemi didascalici della sua età, come nel caso di Eudosso, offuscato da Arato.

logo' con il quale Eratostene per primo definì la sua attività di scienziato e di scrittore, cioè come di « colui che espone molte cose e insieme le spiega »[10].

Nessuna ragione di cronologia, di opportunità scientifica oppure letteraria esclude quindi l'attribuzione a Eratostene della paternità del trattato, ora perduto, che circolava sotto il suo nome nel mondo antico[11]. Martin considera quello di Eratostene « un manuel d'astronomie élémentaire et *littéraire* », anche se la pubblicazione dell'opera, piuttosto che facilitare la lettura dei *Fenomeni* di Arato, veniva a porsi in concorrenza con questi ; l'influenza di Arato si riscontra del resto, come abbiamo già detto, nella successione dei lemmi dell'*Epitome*, che non è quella originaria proposta da Eratostene. Se questo quadro preliminare è esatto, appare allora abbastanza sconcertante che non sia stato finora adeguatamente affrontato il problema del rapporto intercorso all'interno del III secolo tra Arato e Eratostene, che è più giovane di un paio di generazioni[12] - si pensa infatti a collocare la nascita di Eratostene all'incirca nel periodo di pubblicazione dei Φαινόμενα. Si tratta infatti di due scrittori operanti in centri culturali concorrenti, il primo presso la corte macedone di Antigono Gonata, e forse quella siriaca di Antioco I, mentre Tolomeo Evergete chiamò Eratostene da Atene come precettore per la sua famiglia e poi come direttore della Biblioteca di Alessandria ; anche dal punto di vista filosofico si riscontra una divergenza tra i due, rimarcata dall'adesione allo stoicismo di Arato, rispetto al culto per il pensiero di Platone di Eratostene. Se solo per Eratostene si può parlare di produzione autenticamente scientifica[13], bisognerà tuttavia allegare al dossier del confronto tra i due il corollario che entrambi hanno riferito differenti miti astrali per una stessa costellazione.

Il tentativo di delineare la forma del perduto trattato di Eratostene sulla base delle citazioni di Igino appare arduo. Se si prendono in esame le *historiae signorum* che formano il secondo libro del *De astronomia* di Igino, vi si rilevano non meno di 19 espliciti riferimenti a Eratostene, anche se, come è stato osservato dal Martin, è verisimile che l'utilizzazione del manuale presumibilmente

10 - A. Lesky, *Storia della letteratura greca* [trad. : *Geschichte der griechischen Literatur*], III, Milano, 1965, p. 967.

11 - J. Martin, *op. cit.* p. 124.

12 - Sulla questione della data di nascita di Eratostene cfr. G. Dragoni, *Eratostene e l'apogeo della scienza greca*, Bologna, 1979, pp. 13-15.

13 - Arato non fu certamente uno scienziato, ma al più un cultore di astronomia ; si discute infatti se il testo guida di Arato sia stata l'opera astronomica di Eudosso da Cnido, oppure un manuale più semplice di ναυτικὴ ἀστρολογία di uso corrente. Per Cicerone *De orat.* 1, 69 Arato va considerato *ignarus astrologiae* e nella *Vita di Arato* di Achille *grammaticus* si accenna alla tradizione che voleva che Arato e Nicandro avessero rispettivamente scambiato le loro competenze scientifiche nel comporre i loro rispettivi poemi, cfr. 78, 14 sgg. Maass ; come rileva B. Effe, Arat - ein medizinischer Lehrdichter ? , *Hermes*, 100 (1972), p. 502, « die Legende hat sich aus der Tradition heraus entwickelt, die beiden Dichter besässen in den von ihnen behandelten Stoffen selbst keine Sachkenntnis ».

ascritto a Eratostene risultasse di gran lunga maggiore. E' senza dubbio arrischiato pretendere di definire sulla base di siffatte citazioni un profilo generale dell'approccio di Eratostene alla mitologia astrale; rileveremo soltanto che sono privilegiati gli accostamenti diegetici tra le singole costellazioni, come nel caso del Dragone e dell'Engonasi, oppure nella saga di Erigone (la costellazione della Vergine), del padre Icario o Icaro (identificato con quello che altrimenti è noto come 'il guardiano dell'orsa', Ἀρκτοφύλαξ, oppure 'il Bovaro', Βοώτης) e della fedele cagna Μαῖρα (la costellazione del Cane); nella diegesi della stessa storia Eratostene inserisce anche un riferimento alla costellazione del Cratere che nell'esegesi rappresenterebbe l'emblema astrale di uno strumento cultuale del rito bacchico, cfr. II 40,4 :

nonnulli cum Eratosthene dicunt eum cratera esse quo Icarus sit usus, cum hominibus ostenderet uinum.

Analoghe motivazioni per la storia culturale dei miti astrali sono rinvenibili in quello della costellazione della Lira, fabbricata da Hermes fanciullo, cfr. II 7,1 :

Lyra inter sidera constituta est hac, ut Eratosthenes ait, de causa, quod initio a Mercurio facta de testudine, Orpheo est tradita,

in quello dell'Auriga, identificato con Erittonio, re di Atene inventore della quadriga, cfr. II 13 : *hunc ... nomine Erichthonium, ut Eratosthenes monstrat*, e in quello dell'Ofiuco, identificato con Asclepio, cfr. II 14,5 : *complures etiam astrologi hunc Aesculapium finxerunt*; qui a sua volta compare la menzione dell'intervento di Asclepio nella resurrezione di Ippolito, cfr. *nisi etiam mortuos reuocaret* [scil. *Aesculapius*] *ad uitam, nouissime fertur Hippolytum ... ita uti Eratosthenes dicit.* Un rapporto diegetico è per altro verisimile anche tra questo racconto e quello relativo alla costellazione della Freccia, cfr. I 15,6 :

ut Eratosthenes autem de Sagitta demonstrat, hac Apollo Cyclopas interfecit, qui fulmen Ioui fecerunt, quo Aesculapium interfectum complures dixerunt.

Al gusto acuto e arguto delle eziologie di marca alessandrina ci riportano la spiegazione della scarsa luminosità dell'Ariete, cfr. II 20,1 :

Eratosthenes ait arietem ipsum sibi pellem auream detraxisse et Phrixo memoriae causa dedisse, ipsum ad sidera peruenisse, quare, ut supra diximus, obscurius uideatur,

il ruolo di consigliere amoroso del Delfino, cfr. II 17,1, e l'aiuto prestato a Zeus nella guerra contro i Giganti dagli *Aselli* (ovvero *Asini*) della costellazione del Cancro, cfr. II 23,3 :

ad eos obpugnandos ... uenisse Liberum patrem, Vulcanum, Satyros, Silenos asellis uectos. qui cum non longe ab hostibus abessent, dicuntur aselli pertimuisse, et ita pro se quisque magnum clamorem et inauditum Gigantibus fecisse, ut omnes hostes eorum clamore in fugam se coniecerint et ita sint superati.

Questo racconto (*alia historia*) che Igino ascrive a Eratostene (*ut ait Eratosthenes*) potrebbe aver suggerito a Ovidio il farsesco episodio[14] del tentativo di stupro messo in atto da Priapo, ma poi impedito dal raglio dell'asino che si legge nei *Fasti*; lo scrittore latino lo racconta tanto nella prima che nella seconda rielaborazione dell'opera, nel primo libro a vv. 433-34 *ecce, rudens rauco Sileni uector asellus / intempestiuos edidit ore sonos* (Lotide) e nel sesto a vv. 342-44 *intempestiuo cum rudit ille sono. / territa uoce graui surgit dea, conuolat omnis / turba, per infestas effugit ille manus* (Vesta). Inoltre anche la cosiddetta terminologia 'laica' dei pianeti, che piaceva alla cultura alessandrina «par son rationalisme tout apparent»[15] (ὁ Φαίνων, ὁ Φαέθων, ὁ Πυρόεις, ὁ Φωσφόρος, ὁ Στίλβων) viene comunque correlata, almeno secondo le citazioni da Eratostene in Igino, a vicende mitiche degli dei, cfr. II 42 *passim*. Non manca infine nel catalogo di Igino la menzione del catasterismo dinastico di Berenice, dove naturalmente Eratostene si muove sulle tracce di Callimaco, cfr. II 24,1-2 ; l'attendibilità del racconto, che proverrebbe quindi effettivamente da Eratostene, viene confermata da un dettaglio storico, riguardante le provvidenze erogate in favore delle fanciulle di Lesbo, che si inquadra nelle scelte politiche dell' evergetismo dei Tolomei[16].

Il quadro che emerge da questa prima disamina contribuisce ad evidenziare l'erudizione e la significanza ideologica di alcune *historiae* al fine di delineare i tratti di una sorta di storia 'culturale' dell'umanità[17], in tal modo vengono quindi garantiti entrambi gli scopi che Igino propone all'inizio del suo secondo libro: *quae* [scil. *historiae*] *certe utilitatem ad scientiam, aut iucunditatem ad delectationem adferent lectori*; sono parole che ricordano per altro proprio la distinzione tra ψυχαγωγία e διδασκαλία, ascritta da Strabone ad Eratostene.

Un esempio abbastanza clamoroso di divergenza tra Eratostene e Arato è rappresentato dal caso della costellazione del Personaggio Inginocchiato. Dalle tavole sinottiche proposte da Robert risulta che sia Igino (*De astr.* II 3,1 e II 6,1), sia gli scoli a Germanico (p. 60-61 Breysig) confermano il dato dell'*Epitome*, per la quale Eratostene avrebbe adottato la versione che identifica la costellazione dell'Engonasi con Ercole, colto nell'atto di schiacciare con sforzo con il piede il capo del serpente custode dei pomi delle Esperidi (οὗτός φασιν Ἡρακλῆς ἐστὶν ὁ ἐπὶ τοῦ Ὄφεως βεβηκώς : *hunc Eratosthenes Herculem*

14 - C. Santini Toni e strutture nella rappresentazione delle divinità nei *Fasti*, *Giornale Italiano di Filologia*, 25, (1973), p. 58.

15 - Cfr. A. Le Boeuffle *Les noms d'astres et de constellations*, Paris, 1977, p. 252.

16 - Cfr. N. Marinone, Berenice e le fanciulle di Lesbo, *Paideia*, 45 (1990), pp. 293-299.

17 - Un'ulteriore prova degli «strong philosophical interests» di Eratostene scrittore emerge anche da A.S. Hollis, A New Fragment of Eratosthenes' Erigone ?, *Zeitschrift für Papyrologie und Epigraphik*, 89 (1991), p. 29, dove si ipotizza che il sacrificio del caprone da parte di Icario sia stato il primo in assoluto della storia umana.

dicit, supra Draconem conlocatum) ; il serpente a sua volta corrisponde alla costellazione del Dragone (*ut Eratosthenes monstrat*). Tale versione era stata raccolta da Eratostene da una fonte del VI-V secolo, forse dal logografo Ferecide di Atene[18], forse dagli Ἡράκλεια di Paniassi, così come ci informano sia gli scoli di Germanico (*ut refert Panuasis*), sia Igino (*de hoc etiam Panyasis in Heraclea dicit*) ; a queste ultime due occorrenze vanno a loro volta accostati i versi di Avieno, cfr. *Arat.* 175-176 *Panyasi sed nota tamen* [scil. *causa laboris*], *cui longior aetas / eruit excussis arcana exordia rebus*.

Tale identificazione sarebbe quindi il frutto annoso delle ricerche di un ormai vecchio Paniassi. L'idea di ascrivere all'età senile la scoperta della verità è un topos che la dice lunga sul fatto che l'identificazione con Eracle è da intendersi come soluzione ardua di un difficile interrogativo[19] ; ciò sembra del resto confermato proprio dalla glossa aratea, che enumera una serie di celebri personaggi del mito, tutti ugualmente sofferenti nelle raffigurazioni mitiche e al pari concorrenti per questo stesso posto in cielo, cfr. *Schol. Arat.* p.102 Martin :

> οἱ δὲ τὰς ἀστρομυθίας ἐπιγραφόμενοι ἱστοροῦσι Προμηθέα ἢ Σαλμωνέα ἢ Σίσυφον ἢ Θάμυριν ἢ Ὀρφέα ἢ Θησέα τὸν ἐπειγείραντα τὴν πέτραν. οἱ δὲ εἰς Τάνταλον καὶ Ἡρακλέα διεσκεύασαν.

Arato aveva invece ribadito in modo assai insistito l'impossibilità di identificare con sicurezza chi sia il personaggio che si scorge appeso in cielo, cfr. vv. 63-66 :

> Τῇδ' αὐτοῦ μογέοντι κυλίνδεται ἀνδρὶ ἐοικὸς / εἴδωλον. τὸ μὲν οὔτις ἐπίσταται ἀμφαδὸν εἰπεῖν, / οὐδ' ὅτινι κρέμαται κεῖνος πόνῳ, ἀλλά μιν αὔτως / ΕΓΓΟΝΑΣΙΝ καλέουσι ;

i versi, che forse riecheggiano in un idillio di Teocrito[20], se pure confermano un motivo probabilmente tradizionale, quello dell'ardua ricerca per identificare chi sia l'Inginocchiato, acquisiscono il valore di una dichiarazione perentoria che doveva servire a scoraggiare chicchessia dall'affrontare di nuovo questa questione: Eratostene invece lo ha fatto. Secondo la versione dell'*Epitome* entrambe le identificazioni (Dragone : serpente delle Esperid i; Engonasi : Eracle) sembrano sostenersi l'una con l'altra, vista la contiguità tra le due costellazioni ; il serpente risulta quindi essere una sorta di spoglia di quel combattimento (ὑπόμνημα τοῦ ἀγῶνος) che Zeus volle fosse collocato in cielo (ἄξιον ὁ Ζεὺς κρίνας τὸν ἆθλον μνήμης) ; le considerazioni dell'*Epitome* sono anche in Igino, cfr. 2, 6, 1 *horum igitur pugnam Iuppiter admiratus inter astra constituit*, ma che tale versione non fosse mai stata unanimemente accolta, proprio per quanto aveva invece dichiarato Arato, risulta percepibile dal tentativo di giustificarne il tenore in base alla verisimiglianza iconica, cfr. II 3,2 :

---

18 - Cfr. *Schol. Apoll. Rhod.* 4, 1396 = 3. frg. 16a Jacoby.

19 - Cfr. A. Le Boeuffle, *op. cit.*, p. 193.

20 - *Id.* 1, 40-42 ; cfr. M. Pendergraft, Aratean Echoes in Theocritus, *Quaderni Urbinati di Cultura Classica*, 53 (1986), p. 49.

quare cuiuis licet intellegere hunc maxime draconem dici e II 6,1 *etsi qui sit hic negat Aratus quemquam posse demonstrare, tamen conabimur ut aliquid uerisimile dicamus.*

Il serpente delle Esperidi ha anche un nome : si chiama Ladone, che è anche il nome di un fiume ; l'indicazione sta unicamente in Apollonio Rodio, là dove accenna all'arrivo degli Argonauti proprio nel momento in cui Eracle ha portato a compimento l'impresa, cfr. 4, 1396-1398 :

> ἷξον δ᾽ἱερὸν πέδον, ᾧ ἔνι Λάδων / εἰσέτι που χθιζὸν παγχρύσεα ῥύετο μῆλα / χώρῳ ἐν Ἄτλαντος, χθόνιος ὄφις.

In effetti non sembra possibile stabilire se questa sia la prima occorrenza del nome del serpente delle Esperidi ; anche se Wilamowitz si dichiara convinto dell'antichità di questo « mythischer Name », la cui duplice valenza come fiume e come serpente attesterebbe la sovrapposizione di racconti delle Heraklessagen[21], non abbiamo specifiche prove in proposito[22]. Resta tuttavia il fatto che l'informazione sul nome del serpente delle Esperidi ricorre anche in due passi del *Commento* alle *Georgiche* attribuito a Probo[23], cfr. p. 358 H (a *Georg*. 1, 205 spiegazione del virgiliano *lucidus Anguis*) :

> *Draco existimatur La<don> Hesperidum pomarii custos, relatus inter sidera inter<seca>re duo Septentriones, quae omnia genera stellarum tempestatem significabant*

e a p.361 H (a *Georg*. 1, 244-246) : spiegazione del virgiliano *maximus Anguis*) :

> *Quidam draconem, cuius sidus inter duas ursas, hoc est duos Septentriones, existimant esse Lad<o>na, qui custodierit Hesperidum mala.*

I dati in nostro possesso configurano a questo punto una sorta di triangolo che ha in un vertice Eratostene, che avrebbe selezionato la versione del catasterismo di Eracle, uccisore del serpente delle Esperidi, come l'Inginocchiato, nell'altro sta Apollonio Rodio che accenna a questo mito aggiungendo il dettaglio del nome del serpente, ma tacendo del catasterismo, e infine al terzo punto abbiamo il *Commento* attribuito a Probo, dove si uniscono insieme nome mitico e catasterismo in una testimonianza indubbiamente significativa[24], ma che dipende dall'anodino *quidam*; del resto anche la glossa serviana usa una formula analoga, cfr. ad *Georg*. 1,244 *alii hunc esse quem Hercules custodientem mala aurea Hesperidum occidit.*

21 - Cfr. Euripides *Herakles*, erklärt von U.v. Wilamowitz-Moellendorf, Berlin, 1895, p. 96.

22 - Cfr. E. Lieben, *s.u.* 'Ladon' RE, Stuttgart, 1924, c. 386.

23 - Si ammette un originario nucleo dovuto a Probo, con successive aggiunte e modificazioni, cfr. L. Lehnus *s.u.* 'Probo', *Enciclopedia Virgiliana*, IV, Roma, 1988.

24 - Nella prima occorrenza *Ladon* (di Egnatius) è una delle « emendazioni degne di attenzione » del Keil, cfr. M. Gioseffi, *Studi sul commento a Virgilio dello Pseudo-Probo*, Firenze, 1991, p. 37 e n. 89.

Se si intendesse chiudere il perimetro del triangolo ammettendo che Eratostene avesse riferito anche il nome del serpente custode, un qualche collegamento tra fiume terrestre, serpente mitico e costellazione potrebbe anche essere ipotizzato in base alla circostanza che i grammatici ci informano dell'occorrere della forma Λάδωνος nella opera di Eratostene ; questa voce, che è stata menzionata come esempio di declinazione da Teodosio di Alessandria [fr. 6 Powell] è anche negli estratti del Περὶ κλίσεως ὀνομάτων di Erodiano, curati da Giorgio Cherobosco, cfr. Hiller 729, 15 sgg. Sia Lübbert[25] che Hiller ritengono che l'emistichio riportato Λάδωνος περὶ χεῦμα provenga dal poemetto Ἑρμῆς « quia quae prima poematis parte Eratosthenes narravit in Arcadia aguntur »[26], dove il termine si inserirebbe, come vero idronimo, nel contesto geografico. Inutile aggiungere in ogni modo che il percorso sinuoso della costellazione del Dragone tra le due Orse appare sovente immaginato con quello di un fiume, cfr. Arat. 45 οἵη ποταμοῖο ἀπορρώξ, Verg. *Georg.* 245 *in morem fluminis* ; Germ. 48 *abrupti fluminis instar* ; Avien. 139 *ceu circumflexo sinuantur flumina lapsu.*

Nel testo dell' Ἑρμῆς si accennava, in base a quanto riferisce Igino, all'origine della Via Lattea, cfr. II 43 :

> *Eratosthenes enim in Mercurio dicit infanti puero insciam Iunonem dedisse lac, sed postquam rescierit eum Maiae filium esse, reiecisse eum a se ; ita lactis profusi splendorem inter sidera apparere.*

Questo passo non compare nella raccolta di Powell, che tuttavia ammette la presenza di un tale tema nel poema di Eratostene, quando al fr. 14 riporta la traduzione latina di Aucher della versione armena del relativo passo del *De Prouidentia* di Filone. Il testo greco sembrerebbe prevedere un'epressione di meraviglia da parte del dio, come « θαυμάζω δὲ ποδῶν Διὸς ἴχνεσιν ἱροῖς εἰ πελάσω *uel similia* ». E' legittimo chiedersi cosa motivi tale atteggiamento di meraviglia.

L'ascesa in cielo di Hermes, che contempla il moto e la forma degli astri[27], se si può considerare un catasterismo in senso lato, è anche una sorta di ritorno in cielo, e di scoperta. Nel delineare la trama del poema, Hiller suppone infatti che Hermes avrebbe appreso con grande stupore di essere stato lui la causa dello splendore della Via Lattea ; analogamente avviene per la lira, che è lui ad inventare, salvo poi a riscontrarne l'identità di toni con i suoni prodotti dal movimento delle sfere. Il riscontro tra eventi terreni e le sfere celesti parrebbe introdurre un tema specificamente platonico ; da un punto di vista struttu-

25 - E. Lübbert, Zur Charakteristik des Krates von Mallos, *Rheinisches Museum*, 11, (1857), p. 442

26 - Cfr. *Eratosthenis carminum reliquiae.* Disposuit et explicavit E. Hiller, Lipsiae, 1872, p. 15.

27 - Cfr. E. Hiller, *op. cit.*, p. 40.

rale la mitologia astrale convive con un nucleo filosofico-scientifico, quasi che con questo poema Eratostene avesse inteso divulgare alcuni principi fisici e astronomici, prescindendo al tempo stesso da una seria indagine scientifica, che compete invece all'insegnamento e alla ricerca, come riferisce appunto Strabone quando ne riporta il pensiero in merito alla distinzione tra ψυχαγωγία e διδασκαλία, cfr. 1, 2, 3 :

ἐχρῆν οὕτως εἰπεῖν, ὅτι ποιητὴς πᾶς τὰ μὲν ψυχαγωγίας χάριν μόνον ἐκφέρει, τὰ δὲ διδασκαλίας· ὁ δ᾽ἐπήνεγκεν, ὅτι ψυχαγωγίας μόνον, διδασκαλίας δ᾽οὔ.

Un riesame della formazione filosofica che verisimilmente avrà in qualche modo influenzato l'attività di Eratostene letterato e poeta appare a questo punto assai opportuno. Solmsen[28] ha giustamente insistito sulla formazione platonica attestata dal soprannome di νέος Πλάτων e ha conseguentemente accennato alla possibilità che vari argomenti del *Timeo* platonico siano stati recepiti nei suoi poemetti. Apprendiamo al riguarda da Diogene Laerzio che il maestro di Eratostene, Aristone di Chio, era solito paragonare il saggio ad un bravo attore che per l'attitudine ad assumere vicendevolmente la maschera di Tersite e quella di Agamennone riesce a rappresentare in modo idoneo tutte e due le parti (ἑκάτερον ὑποκρίνεται προσηκόντως) e che Erillo di Calcedonia[29], anche lui come Aristone uno dei filosofi διενεχθέντες che avevano preso le distanze dallo stoicismo di Zenone, pur sostenendo che il fine primario (τέλος) è la scienza, ammetteva tuttavia l'esistenza di un fine secondario (ὑποτελίς), al quale il saggio non poteva mirare a differenza dei non saggi. Qualche interesse dovrebbe suscitare in proposito anche la notizia, mai a quanto pare presa in considerazione, che tra i libri composti da Erillo c'è anche un Ἑρμῆς, intorno al quale tuttavia non possiamo dire nulla.

Sia Teone di Smirne sia Calcidio riferiscono, seppure in sintesi, il contenuto dell' Ἑρμῆς di Eratostene [fr. 15 Hiller; 13 Powell] ; qui il punto di articolazione tra diegesi e investigazione filosofica sembra stia proprio nella meraviglia (θαυμάσειε, *miratum*) del dio, quando scopre che i toni della lira da lui inventata corrispondono esattamente a quelli che il sole, la luna e i cinque pianeti producono con il loro moto ; Calcidio aggiunge tuttavia come ulteriore considerazione, che la forma della lira corrisponde a quella suggerita dalla disposizione di un gruppo di stelle in cielo, *quod imago a se inuenti operis in caelo quoque reperiretur stellarum conlocatione* [scil. *miratum*]. La prospettiva sembra a questo punto allargarsi notevolmente, perché da un lato si conferma l'idea della ascesa in cielo come il ritorno delle anima alla divinità in consonanza con la archittettura astrale del *Timeo* e con la dottrina dell'anam-

28 - Cfr. F. Solmsen, Eratosthenes as Platonist and Poet, *Transactions and Proceedings of American Philological Association*, 73 (1942), pp. 192-213.

29 - E non di Cartagine, cfr. in proposito P. Von der Mühll, Zwei alte Stoiker : Zuname und Herkunft, *Museum Helveticum*, 20, (1963), pp. 6-9.

nesi, mentre, dal punto di vista più propriamente narrativo, il catasterismo non sta ad indicare una vera e propria metamorfosi in costellazione[30], ma si rivela piuttosto come una sorta di invito a identificare un gruppo di stelle, specificamente all'uopo disposte, con una figura e un evento mitico. E' questo del resto il problema che si è posto Solmsen quando si chiede quale correlazione potesse mai sussistere tra la filosofia platonica, di cui Eratostene era imbevuto, e le sue ricerche nel censire e catalogare i catasterismi, giunte fino alla composizione di un'opera a sé stante ; a differenza da quanto risulta dal *Timeo* il catasterismo infatti in genere « is not the soul which is transferred to the sky but rather a person of such and such shape or an animal or even an inanimate object »[31].

Una risposta sembra giungere per Solmsen dall'altro componimento astrale di Eratostene, l' Ἠριγώνη ; bisognerà però subito riconoscere che il tentativo di ricostruzione proposto da Solmsen dipende da quello che considera come l'intertesto dell' Ἠριγώνη, ovvero la riedizione del mito nelle *Storie di Dioniso* di Nonno. A partire dal v. 246 del libro XLVII Nonno espone infatti il catasterismo vero e proprio di Erigone (ἐν ἀστερόεντι δὲ κύκλῳ ... στήριξε), del padre Icario (εἰς πόλον ἀστερόφοιτον ἄγων) e del Cane (Κύνα μαρμαίροντα ... ἔμπυρον ἄστρον ἔθηκεν) ; il testo qui prodotto accredita l'idea che il catasterismo sia una vera e propria metamorfosi di un corpo in costellazione, ma subito dopo Nonno aggiunge che questo non è altro che un racconto, dove il vero appare mescolato al falso, cfr. v. 256 sg. καὶ τὰ μὲν ἔπλασε μῦθος Ἀχαιικὸς ἠθάδα πειθῷ ψεύδει συγκεράσας, perché in realtà (τὸ δ' ἐτήτυμον) Zeus avrebbe collocato in cielo tra le stelle delle corrispondenti costellazioni l'anima dei tre protagonisti del racconto. Sia nel caso di Erigone sia in quello di Icario, l'esplicita menzione della ψυχή prevede infatti l'associazione a costellazioni già esistenti, cfr. vv. 258-259 ψυχὴν Ἠριγόνης σταχυώδεος ἀστέρι Κούρης οὐρανίης ἐπένειμεν ὁμόζυγον (« assegnò come corrispondente ») e vv. 261-262 Ἰκαρίου δὲ ψυχὴν ἠερόφοιτον ἐπεξύνωσε (« associò ») Βοώτῃ, mentre nel caso del Cane, pur restando la situazione identica, il riferimento all'anima è evitato, cfr. v.260 ἄγχι Κυνὸς κύνα θῆκεν ὁμοίον εἴδει μορφῆς.

A giudizio di Solmsen dunque questa altra versione rappresenterebbe una sorta di espediente, « the device »[32], del quale Eratostene si sarebbe avvalso per suggerire la concezione platonica dell'ascesa in cielo dell'anima nell'ambito della sua riedizione di un racconto attico, probabilmente antico e abbastanza

30 - Il problema che attiene invece ai catasterismi cosiddetti dinastici, nati per finalità sostanzialmente propagandistiche e per veicolare messaggi politici, è stato da me esaminato in Divinité des astres et catastérisme dynastique, in *Les Astres*. Études rassemblées par B. Bakhouche, A. Moreau et J.-C. Turpin, I, Montpellier, 1996, p. 101 ss.

31 - Cfr. F. Solmsen, Eratosthenes' Erigone, *Transactions and Proceedings of American Philological Association*, 78 (1947), p. 253.

32 - Cfr. F. Solmsen, *Eratosthenes' Erigone* ... cit., pp. 255-256.

diffuso, mirante a spiegare il rituale della festività degli Αἰώρα[33]. Se le cose stanno effettivamente come proposto da Solmsen, emergerebbe anche in questa circostanza il carattere stratificato della mitologia astrale di Eratostene, nella quale si individuerebbero a diversi livelli un nucleo filosofico, un αἴτιον e la trama di un racconto, che sarebbe il catasterismo vero e proprio ; bisogna però riconoscere che le altre fonti considerano l'evento mitico alla stregua di un classico catasterismo, cioè lo descrivono come una metamorfosi dei protagonisti in costellazioni. Così negli *scholia* aratei (p. 127, 17 Martin) si nota appunto che Ἐρατοσθένης δὲ αὐτήν φησιν εἶναι τὴν Ἠριγόνην τοῦ Ἰκαρίου, e in questo commento si percepisce una volta di più la non-omogenità tra Arato e Eratostene, resa palese dalla discrepanza con l'affabulazione mitica della Παρθένος nei Φαινόμενα, mentre nel *De astronomia* di Igino si legge a II 4,4 che *quorum casum Iuppiter miseratus, in astris corpora eorum deformauit* (e quindi è evidente il riferimento alla forma della costellazione[34]) ; anche Servio Danielino glossa a *Georg.* 1,33 :

> *sane haec Erigone Icari filia fuit, tantae pietatis in patrem, ut cum eum uidisset mortuum, omni se luctu ac maerore conficeret, ob quam rem misericordia deorum inter signa locum Virginis sub iustitiae uocabulo iussa est obtinere* [scil. *Erigone*].

Nel *Commento* attribuito a Probo si accenna infine, dopoché è stata riferita la versione aratea di *Iustitia, Astraei filia*, alla versione di Eratostene, cfr. :

> *Erigone autem Icari fuit filia, pastoris Attici, quae relata est in numerum siderum, non signorum. Sidera enim extra signiferum circulum sunt, signa tantum duodecim placet esse astrologis.*

Tale intenzionale discriminazione tra *sidera* e *signa* suscita tuttavia non poche perplessità perché non corrisponde affatto allo status semantico proposto per le due occorrenze dall'anonimo compilatore del *Commento* probiano che pare ignorare come la differenza tra costellazioni zodiacali e extrazodiacali qui non abbia senso, visto che nel testo virgiliano sia *Erigo* sia *Chelae* (*Libra*) sia *Scorpius* sono tutte costellazioni (*signa* come in Servio Danielino) dello Zodiaco.

---

33 - Cfr. A. Rosokoki, *Die Erigone des Eratosthenes* ... cit., p. 21.

34 - Sul significato del termine *deformatio* in Igino cfr. C. Santini, Il trattato astronomico di Igino tra didattica e iconografia, in *L'astronomia a Roma nell'età augustea*, Galatina, 1989, pp. 109-120.

Joëlle DELATTRE

Théon de Smyrne : modèles mécaniques en astronomie

Théon de Smyrne est un auteur grec du début du IIe siècle après J. C. : c'est avouer qu'il déborde très légèrement de la période choisie pour ce colloque. On pense que c'est lui que Théon d'Alexandrie, en commentant Ptolémée[1], appelle « Théon l'ancien », à propos de deux ou trois observations de Vénus et de Mercure, correspondant aux années 129 et 130. On n'a pas d'autre renseignement sur cet auteur, qui pourrait bien avoir connu et fréquenté Plutarque[2], et que la tradition manuscrite considère comme philosophe platonicien. Néanmoins, il existe au Musée du Capitole, salle des philosophes, sous le numéro vingt-cinq, un buste de l'époque d'Hadrien, hommage d'un fils prêtre à son père Théon, philosophe platonicien, qui a toutes chances d'être le portrait de Théon de Smyrne.

Le traité ou « l'*Exposition* », comme ont traduit en latin, ou du latin, les éditeurs du XIXe siècle[3] : « *Des connaissances utiles à la lecture de Platon du point de vue scientifique* » nous est parvenu grâce à une double tradition manuscrite.

– **La branche A** : remonte à un parchemin des XIe ou XIIe siècle contenant les parties I et II sur l'arithmétique et sur la musique ; c'est I. Bouillau le premier qui les édita et traduisit en latin à Paris en 1644 ; J.-J. de Gelder n'a réédité que la première partie sur l'arithmétique, à Lyon en 1827 ;

– **La branche B** : se réfère à un papier grand format du XIVe ou XVe siècle contenant la partie III sur l'astronomie, celle que Th. H. Martin a éditée et traduite en latin en 1849 en lui apportant de très nombreuses corrections.

---

1 - Cf. Ptolémée, *Syntaxe mathématique* (ou *Almageste*), IX 1, X 1 et 2.

2 - Les spécialistes de Plutarque s'interrogent sur l'identité du ou des personnages nommés Théon et que Plutarque met en scène dans plusieurs de ses œuvres. Peut-être le Théon du *Visage qu'on voit dans le disque de la Lune* a-t-il à voir avec Théon de Smyrne ? Cf. sur ce point R. Flacelière, *Plutarque, Œuvres morales*, VI pp. 42-43, et J. Boulogne, *Plutarque et l'épicurisme* (Paris 1986), note 2 pp. 53-54.

3 - Voir en particulier, pour la partie III, Th. H. Martin, éd. et trad. latine, Paris (1849, rééd. 1971) ; E. Hiller, éd. du traité complet, Leipzig (1878) ; J. Dupuis, éd. et trad. fr. du traité complet, Paris 1892.

L'ensemble du texte a été relu et réédité par E. Hiller à Leipzig en 1878 pour les Editions Teubner, et se trouve déjà sur CDRom[4]. Enfin, la réédition du texte avec une traduction française a été donnée par J. Dupuis à Paris en 1892 ; et une réimpression de ce dernier travail a été réalisée à Bruxelles en 1966[5]. Il existe aussi une traduction anglaise de la traduction française[6].

Le texte est long (deux cent cinq pages dans l'édition Teubner), et comporte assez peu de lacunes. Il est documenté de nombreuses et parfois longues citations d'Eratosthène, le bibliothécaire d'Alexandrie ami d'Archimède, d'Aristoxène le musicien disciple d'Aristote, de Platon, bien évidemment, et des pythagoriciens, Hippase et Lasos d'Hermionè, Philolaos et Archytas, et Alexandre d'Etolie le poète, bibliothécaire lui aussi à Alexandrie et ami du poète astronome Aratos, d'Adraste, le commentateur d'Aristote, d'Hipparque le grand astronome grec, de Thrasylle et de Dercyllide, les commentateurs médio-platoniciens de Platon. Tantôt il enchaîne ces citations bout à bout, comme il le fait dans le début du premier chapitre avec des extraits de la *République* et de l'*Epinomis*, tantôt il les commente et les critique. Certaines répétitions fastidieuses à première lecture, certaines erreurs apparemment grossières, du point de vue astronomique en particulier, ont fait que Théon de Smyrne a été catalogué comme un compilateur peu soucieux de la cohérence d'ensemble de son livre.

Nous sommes en train d'essayer de montrer[7] que Théon de Smyrne doit être au contraire considéré comme un penseur plus original qu'on le croit, et qu'une exigence indéniable de cohérence guide sa lecture, pour le moins éclectique, des penseurs et savants qui l'ont précédé, et pour lesquels il est souvent un très précieux témoignage.

Modèles mécaniques des mouvements planétaires

L'idée de modèle mécanique s'est imposée à nous à la lecture attentive de la partie III sur l'astronomie. Théon propose d'y utiliser, comme support de l'initiation scientifique et philosophique à la connaissance et à la compréhension des mouvements astronomiques, des « sphères mécaniques platoniciennes » dont il vante[8] l'intérêt pédagogique, conformément au voeux émis par Platon

---

4 - TLG1724.

5 - *Exposition des connaissances mathématiques utiles pour la lecture de Platon*, éd. et trad. J. Dupuis, Culture et civilisation, Brussels, 1966.

6 - *Mathematics Useful for Understanding Plato*, tr. of french by Lawlor, Wizards Booksheft, San Diego 1979.

7 - Dans un travail de recherche à l'Université de Paris X-Nanterre, co-dirigé par A. Charles-Saget et L. Brisson.

8 - III 16, éd. Hiller p. 146 li. 6-8.

lui-même dans le *Timée* : « expliquer tout cela, ce serait peine perdue, si on n'avait pas sous les yeux une représentation mécanique des mouvements considérés »[9].

Après un long chapitre d'exercices de théorie géométrique[10] dans lequel Théon développe en ordre, à propos du Soleil, les propriétés de la solution des excentriques et de celle des épicycles, puis avec brio, l'équivalence réversible des deux hypothèses, on le voit couper court rapidement à une tentative géométrique similaire pour rendre compte du mouvement planétaire, et délibérément s'engager dans l'explication plus « physique »[11] du déplacement des astres errants. Or, ce que finalement il nous propose aux chapitres trente-et-un à trente-trois, c'est une sorte de « solution technique » qui s'efforce de concilier les hypothèses des cercles épicycles, et des cercles excentriques, tout en tirant parti aussi de celles des sphères homocentriques, comme on le verra plus loin.

Nous avouons avoir quelque difficulté à comprendre la raison pour laquelle les historiens déprécient ou dévalorisent tant ce résultat vanté par Théon. Voici par exemple ce qu'écrit T. Heath :

> La prétention que le livre contient des choses utiles à la lecture de Platon ne doit pas être prise trop au sérieux[12] ;

en effet, on y trouve la description d'un système dans lequel des sphères portantes appelées creuses ont entre elles des sphères solides qui, par leur propre mouvement, entraînent ces sphères portantes dans la direction contraire du fait de leur contact avec elles.

> Ces sphères solides (qui portent la planète fixée en un point de leur surface) jouent pratiquement le même rôle que des épicycles.

Or, dans les deux hypothèses concernant la disposition et le mouvement de Vénus et de Mercure par rapport au soleil, « *on reconnaît, par comparaison avec Calcidius, (après avoir éliminé les épicycles importés par erreur dans les*

9 - Cf. *Timée* 40 d, trad. L. Brisson p. 132.

10 - Concernant ce long chapitre vingt-six, nous avons émis plusieurs hypothèses, que nous ne pouvons développer ici. Ou bien il s'agit d'une série d'exercices systématiques, proposés au lecteur avec les sphères mécaniques comme support, ou bien c'est une démarche d'analyse « logique » systématique de toutes les solutions possibles qui est mise en œuvre, et en particulier l'examen concerne surtout les sens de rotation et de révolution, ou bien on est en présence des deux à la fois.

11 - Le terme grec *phusikós* signifie plutôt « naturel » ; il est associé par Théon à la maîtrise suffisante de la *phusiología*, « étude de la nature » consistant en particulier, dit-il, à savoir distinguer avec exactitude le mouvement vrai « selon l'ordre naturel » (***katà phúsin***) et le mouvement apparent par conséquence coïncidente (***katà sumbebēkòs***).

12 - Cf. T. Heath, *Greek Astronomy* II, p. 239.

deux systèmes) les hypothèses de Platon et d'Héraclide respectivement ».[13] Ceci n'est donc pas si contradictoire avec l'idée de nous introduire à la lecture de Platon.

P. Duhem parle d'Adraste et de Théon comme d'habiles artisans pour qui la possibilité de réaliser en bois ou en métal, « *avec des sphères solides, convenablement emboîtées, un mécanisme qui représentât les mouvements célestes* », suffisait pour reconnaître la conformité d'une hypothèse astronomique avec la nature des choses[14]. Et G. Schiaparelli de son côté, constate que « *le système de la sphère solide est une dérivation du système homocentrique* », système complètement abandonné à partir du moment où l'on admet un seul mouvement excentrique par rapport au centre du monde. Et donc, « *les sphères solides, plus qu'une filiation des doctrines d'Eudoxe, sont un travestissement de la doctrine des épicycles* »[15]. Nous pourrions allonger encore la liste des appréciations peu élogieuses du travail de Théon de Smyrne que certains n'ont pas hésité à comparer à un méli-mélo[16] sans grande valeur. Nous ne pouvons que constater la convergence de jugements négatifs, assez difficile à comprendre.

En effet, à la fin du passage où les dispositifs de sphères homocentriques d'Eudoxe, de Callippe, revus par Aristote sont présentés[17], Théon décrit en quelques lignes les rouages complexes d'une machine céleste avec cylindres, tambours, et roues dentées[18] qui fait penser aux fameux différentiels du calendrier astronomique d'Anticythère décrit par Derek de Solla Price[19]. Quand on réalise la complexité technique de l'appareil reconstitué par les chercheurs, on conçoit que Théon ne soit pas peu fier de son travail, et cherche à faire partager à d'autres le plaisir qu'il a eu à le construire ou à le faire construire. C'est la raison pour laquelle, au chapitre suivant, il nous en propose une figure « mode d'emploi »[20], sur laquelle il invite le lecteur à suivre la suite de son

13 - *Ibidem*, p. 244.

14 - Cf. P. Duhem, *Système du monde* II pp. 81-82.

15 - Cf. G. Schiaparelli, « Le sfere omocentriche di Eudosso, di Callippo e di Aristotele », Milano 1875, p. 52.

16 - Cf. I. Thomas, *Greek mathematical Works* II p. 403 : « Theon's work... is a curious hotch-potch, containing little of real value to the study of Plato ».

17 - III 31, Hiller p. 180 li. 18-22.

18 - *Ibidem*, ch. 31 : « *De même que dans des sphères artificielles, les tympans roulant autour de leurs axes peuvent de leur propre mouvement, et à l'aide de dents faire mouvoir et rouler en sens contraire des corps adjacents et en contact.* » (trad. J. Dupuis, p. 290).

19 - Derek de Solla Price, « Gears from the Greeks », *American Philosophical Society*, vol. 64 part 7, 1974. Ce travail de recherche archéologique portant sur une sorte d'horloge astronomique, découverte dans une épave au large d'Anticythère, donne une preuve de l'habileté des artisans grecs à réaliser des systèmes mécaniques complexes d'engrenages d'une grande précision, au premier siècle avant notre ère.

20 - Voir figure 1 conforme à celle des manuscrits.

exposé. Cette figure est présentée projetée dans le plan, mais elle correspond à un dispositif dans l'espace que nous avons essayé de visualiser par un schéma[21].

FIG. 1

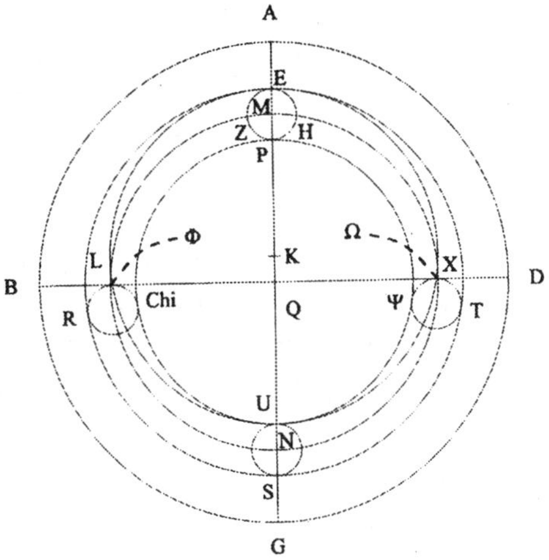

Figure nécessaire aux systèmes de sphères mécaniques (éd. Hiller p. 181 li. 11)

FIG. 2

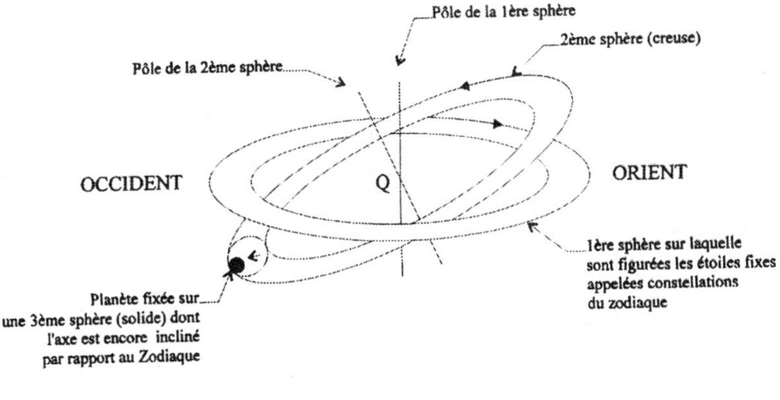

Schéma en perspective du dispositif apparemment décrit

21 - Voir figure 2, réalisation O. Delattre.

Les sphères mécaniques platoniciennes, en réalisant matériellement le dispositif de combinaisons de mouvements, permettent de différencier les trajectoires circulaires sur ou dans les sphères supports. Elles montrent aussi clairement comment les pôles de chacune des sphères sont à la fois fixés dans une certaine inclinaison, et entraînés dans leur mouvement régulier, grâce aux tiges sans doute métalliques qui matérialisent leurs axes, comme l'explique P. Duhem[22]. Nous avons d'abord pensé que ces sphères creuses étaient peut-être une machine à tracer les trajectoires des planètes, que la ceinture zodiacale soit assimilée à un tambour ou bien qu'elle reste sphérique.

On peut imaginer[23] en effet qu'un cylindre (ou un tore) tangent intérieurement aux sphères creuses, (ou même un cylindre sécant), équipé d'un stylet, pouvait matérialiser la trajectoire décrite sur lui par la sphère planétaire dont il accompagnait les déplacements. Les Grecs étaient, semble-t-il, amateurs de ce genre d'objets techniques, dont Vitruve et Héron nous ont conservé des exemples.

FIG. 3 et 4 : Quelle machine à tracer les trajectoires ?

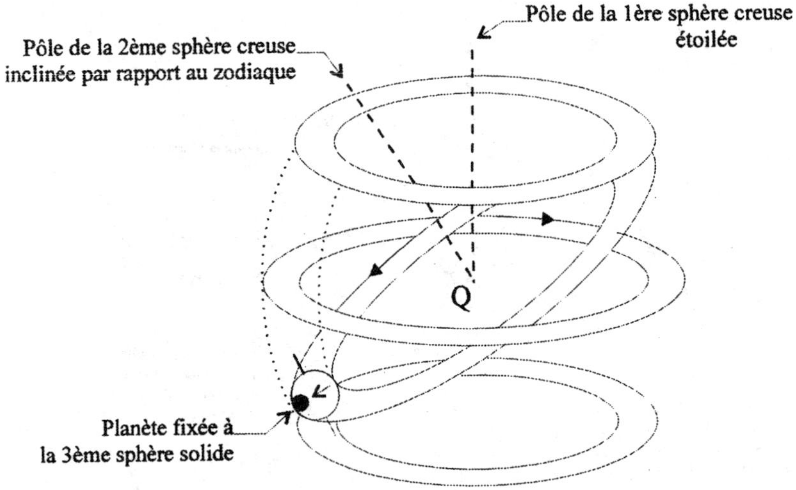

22 - Cf. *Système du monde* II pp. 81-82.

23 - Voir figures 3 et 4, réalisation O. Delattre.

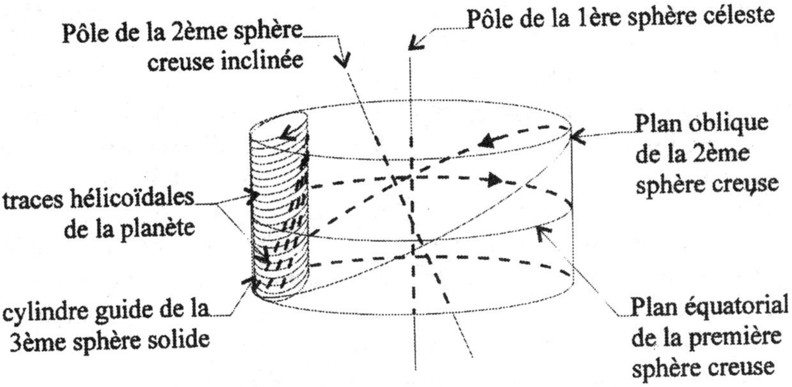

A moins que le dispositif de sphères mécaniques n'ait été de beaucoup plus grande dimension, en sorte qu'on ait pu s'installer à l'intérieur, en position d'observateur terrestre, pour vérifier que ce que la machine montrait était bien conforme à ce qu'on pouvait observer dans le ciel. Ce sont les Romains, cette fois, qui semble-t-il, ont été très amateurs de ces dispositifs astronomiques monumentaux.

Mais, dans l'avant-dernier chapitre du traité[24], il nous est précisé que la considération d'hélices, décrites plus ou moins perpendiculairement aux cercles tropicaux et équatorial par les planètes à travers la zone zodiacale, ne doit pas nous cacher « une autre hélice », parallèle aux cercles célestes, et correspondant à la course sans fin des astres selon l'obliquité du zodiaque, montant et descendant d'un tropique à l'autre indéfiniment.

> Puisque, en effet, écrit Théon de Smyrne, c'est éternellement que [les planètes] se déplacent d'un [cercle] parallèle à l'autre[25], et de nouveau de ce dernier au même, et que cela se produit de leur fait sans interruption et sans fin, nous concevrons que les [cercles] parallèles sont des droites prolongées à l'infini, et nous trouverons que les astres errants cheminant entre elles dans le même sens, tantôt selon le trajet d'hiver, tantôt selon le trajet d'été, décrivent à l'infini une hélice. Et, vu le caractère incessant et éternel de leur cheminement autour de la sphère entre les [cercles] parallèles, la route pour eux est semblable à la route entre les droites prolongées à l'infini, comme le montrent les figures ci-dessous.

Les figures qui accompagnaient ce texte ont disparu. Mais l'autre hélice a intrigué quelques historiens des sciences qui se sont passionnés à la fin du siècle dernier et au début de ce siècle pour y reconnaître ou non la fameuse « hip-

24 - III 43, Hiller pp. 203 li. 15-204 li. 21.

25 - Il s'agit des cercles des tropiques.

popède » d'Eudoxe[26]. Les arguments de G. Schiaparelli qui exclut magistralement une telle interprétation[27] nous semblent assez convaincants, d'autant que Théon fait lui-même allusion à une telle courbe ailleurs dans le traité, en la plaçant sur le même plan que les épicycles, les excentriques, ou les hélices, comme une sorte de trajectoire parmi les autres propositions des géomètres[28]. De fait, il s'agit dans le texte que nous venons de lire d'une autre hélice qu'on nous invite à « concevoir » et à « découvrir »[29] par un effort d'imagination tout intellectuel, certes soutenu par des représentations géométriques, et sans nul doute aussi par le dispositif de sphères mécaniques, actionné avec habileté. Quelque chose est à penser, quelque chose est à trouver qui ne peut se livrer à notre observation directe, et qui ne se pense ni ne se trouve qu'au terme d'une démarche théorique menée avec soin et rigueur.

Aussi l'hypothèse avancée par le savant italien d'une simple « divagation de philosophe » ne nous semble pas non plus pertinente. Il nous semble plutôt que nous sommes en présence d'une tentative épistémologique originale, qui consiste à chercher à rendre compte scientifiquement d'une intuition de philosophe de la nature, car il est vrai que la course hélicoïdale du Soleil a été évoquée par plusieurs savants présocratiques et stoïciens[30]. Mais le texte que nous avons cité témoigne aussi d'un certain usage technique de la projection, un peu avant les écrits théoriques et l'effort de systématisation de Ptolémée, et l'on peut aller jusqu'à prétendre que « l'autre hélice » est conçue comme résultat d'une transformation par projection.

Malheureusement, les figures qui accompagnaient le texte sont perdues ; dans nos multiples essais pour tenter de les reconstituer, nous avons rencontré diverses courbes, de la lemniscate sphérique à l'hypocycloïde[31].

26 - Courbe en huit, en forme d'entrave de cheval, obtenue par l'intersection d'un cylindre et d'une sphère construits sur deux cercles tangents intérieurement, et appelée parfois lemniscate sphérique. Il semble que les trajectoires obtenues pour chaque planète par Eudoxe, à partir de dispositifs de sphères homocentriques emboîtées, mues en sens contraire les unes des autres, à des vitesses différentes, et diversement inclinées les unes par rapport aux autres, aient correspondu à ce genre de courbe.

27 - Cf. G. Schiaparelli, *o. c.* p. 24-35.

28 - Voir ch. 41 où il est question de « lignes semblables à la course sinueuse d'un cheval » (trad. J. Dupuis, p. 325).

29 - Cf. Théon, *o. c.*, ch. 43, p. 330.

30 - Voir en particulier Anaxagore et Démocrite, ainsi que le stoïcien Cléanthe.

31 - Voir notre étude détaillée du chapitre 43 : « Du mouvement hélicoïdal à l'infini des astres... », *Histoire d'infini*, Actes du colloque interIREM d'épistémologie et d'histoire des mathématiques de 1992, publiés par l'IREM de Brest en 1994.

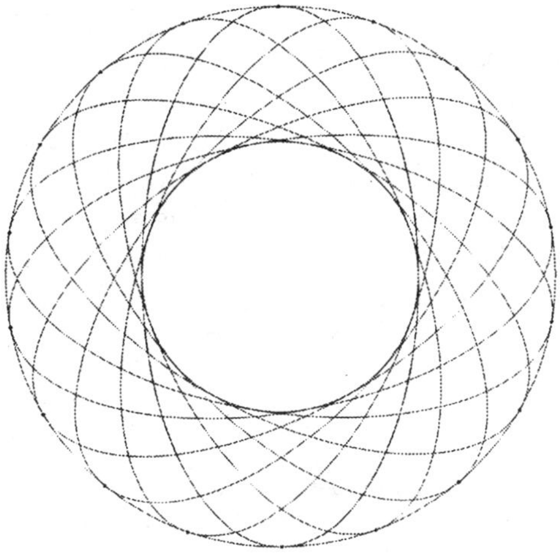

Projection dans le plan de l'équateur

En fait, la projection sur une surface zodiacale développée (assimilée à celle d'un cylindre) donnerait logiquement une espèce de sinusoïde ; toutefois, si l'on conçoit en volume l'enroulement de la trajectoire planétaire entre le « développement » rectiligne des cercles parallèles, la projection dans un plan médian donnera plutôt une cycloïde[32] ; mais peut-être doit-on imaginer une projection dans le plan de l'équateur ? En ce cas, l'ordinateur peut nous aider à nous représenter[33] le glissement sans fin d'une sorte d'ellipse progressant entre le cercle équatorial et la projection en un seul cercle des deux tropiques.

En définitive, nous avons cru déceler deux usages différents de la manipulation du dispositif mécanique par Théon : un usage expérimental, pourrait-on dire, et un usage heuristique. Dans le premier cas, il s'agit de valider une hypothèse explicative par combinaisons de mouvements en proposant une réalisation matérielle de ces combinaisons qui permette d'en contrôler à la fois la cohérence et la conformité aux phénomènes observables. Dans le second cas, on utilise la réalisation matérielle déjà construite, et correspondant à l'hypothèse choisie, pour « montrer », « faire découvrir », aider à « concevoir », un phénomène très difficile, sinon impossible à observer directement. L'instrument acquiert alors une puissance d'investigation scientifique, par l'aide à

32 - Certains logiciels d'astronomie permettent de réaliser une représentation graphique, par exemple de la trajectoire de l'astre lunaire autour de la Terre, or ils produisent une projection dans le plan qui n'est ni une sinusoïde, ni une cycloïde.

33 - Voir figure 5, réalisation O. Delattre.

la conceptualisation qu'il permet, et par la démarche de type paradigmatique[34] dont il facilite la mise en place. Or cette démarche, si elle est caractéristique d'une investigation méthodique, est aussi parfaitement adaptée à un apprentissage progressif. Ainsi pouvons-nous découvrir comment la seule finalité avouée, et sans doute avouable par un philosophe platonicien du IIe siècle, pour un tel dispositif technique, sera son efficacité pédagogique[35]. Il montre, il aide à concevoir et à imaginer, il permet toutes les décompositions de mouvements en en contrôlant les étapes intermédiaires. Il pourra enfin surtout servir de support et de guide pour une relecture des textes de Platon, dont l'ambiguïté et le caractère volontiers allusif n'est un secret pour personne[36].

Modèles mécaniques de l'harmonie du monde

L'autre forme sous laquelle la notion de modèle mécanique s'est imposée à nous à la lecture du traité de Théon de Smyrne trouve sa source dans la partie II sur la musique. En effet, nous avons été longtemps intriguée par le fait que le traité de Théon est généralement considéré comme un commentaire du *Timée* de Platon[37], alors que finalement on y trouve assez peu de références explicites à ce texte platonicien. Dans la partie III sur l'astronomie, en particulier, c'est même le chapitre dix de la *République*[38] qui est cité très longuement. En revanche, un seul même petit passage du *Timée*, décrivant le « partage » numérique du mélange fondamental dont l'âme du monde est constituée, est cité par deux fois, dans la partie II sur la musique[39], dont toute la fin consiste

34 - Voir le *Politique* de Platon, 277b-278d, pour une ébauche de théorisation de cette démarche, dans le contexte précisément du mythe cosmologique de ce grand dialogue.

35 - Pour décrire l'activité des éducateurs qui, tels des teinturiers préparant avec soin les meilleures peaux pour qu'elles reçoivent la teinture de manière égale et définitive, doivent « tremper » l'âme de leurs élèves, grâce à de bons exercices préparatoires, Théon reprend le terme que Platon utilise dans le livre IV de la *République*, mais qui est aussi le verbe réservé à l'activité du démiurge dans le *Timée* : *mȩkhanâsthai*. Cf. I 1, Hiller p. 14 li. 5-11 : « *en effet, nous éduquons les enfants par la musique, la gymnastique* », les lettres et la géométrie et aussi l'arithmétique, nous « *contentant pour notre part de* » (Théon adapte la formule de Platon : *mȩdèn állo mȩkhanâsthai ȩ̀ hópǫs*... où le verbe *mȩkhanâsthai* se rapporte au procédé « artisanal » ou technique de préparation pour la bonne éducation.) les purifier et de les préparer en nous servant de ces savoirs mathématiques comme d'astringents, afin que nos discours concernant la vertu dans son ensemble, qu'ils apprendront à connaître par la suite, « *ils les reçoivent comme une teinture...* » (Les passages en italique citent *République* IV 430 a).

36 - Voir J. Delattre, « Le point de vue de l'histoire des sciences : Y a-t-il un modèle mécanique dans le *Timée* de Platon ? », *Lectures du Timée*, plaquette collective éditée à la mémoire de J.-P Dumont par l'IREM et la MAFPEN de Lille.

37 - De fait, la comparaison du traité de Théon de Smyrne avec le *Commentaire* de Calcidius au *Timée* a pu faire soupçonner l'écrivain latin de plagiat. On a émis aussi l'hypothèse d'une source commune aux deux auteurs : Posidonius ou un de ses disciples. Mais les documents manquent pour infirmer ou confirmer.

38 - *République* X 616 b 2-617 b 7, cité par Théon en III 16, Hiller pp. 143 li. 19 - 146 li. 2.

39 - *Timée* 35 b, cité par Théon en II 38, Hiller p. 96 li. 5, et en II 46, Hiller p. 103 li.17.

justement à apprendre au lecteur à « combler les intervalles doubles et triples »[40], à l'aide des deux médiétés arithmétiques et harmoniques correctement calculées, puis à comprendre comment « à l'aide de l'intervalle de un plus un huitième, dieu a comblé tous les intervalles de un plus un tiers, laissant subsister de chacun d'eux une fraction... »[41].

Or, il se trouve que ces exercices, un peu répétitifs et fastidieux, ne sont proposés au lecteur qu'après la présentation d'une division platonicienne du canon harmonique pythagoricien, espèce de « machine musicale » qui permettait de visualiser et de lire directement les intervalles entre les notes. Théon consacre deux chapitres assez longs à rapporter assez précisément de quelle manière platonicienne Thrasylle le divisait[42]. Nous allons les étudier maintenant.

La division de la corde tendue sur le canon, comportant lui-même douze subdivisions, se fait tout simplement en deux, puis en trois, puis en quatre. On place ainsi les notes fixes ou immuables du système musical grec : la *mèse* est la note moyenne ou médiane, l'*hypate*, plus grave[43] d'une quarte, et la *nète* des disjointes plus aiguë d'une quinte, résultent de la division en trois, puis l'*hyperhypate* plus grave que l'*hypate* d'un ton, et la *nète* des *hyperbolées* plus aiguë que la *nète* des disjointes d'une quarte, partagent la corde en quatre jusqu'à la fin du canon, par rapport à la *mèse* et au son ajouté ou *proslambanomène*, placé au tout début du canon. Or, à chaque étape de la division, on peut vérifier, écrit Théon, qu'il y a inversion (*antipepónthasi*[44]) du nombre des vibrations par rapport aux longueurs des intervalles que donne la division.

Cela deviendra évident, précise alors Théon de Smyrne[45], appliqué aux nombres.

> En effet, si la longueur du canon est de douze mesures quelconques, on aura la *mèse*, une fois opérée la division en deux, avec six mesures de chaque côté; puis l'*hypate* des *mèses* sera à quatre [mesures] du début, et la *nète* des disjointes à quatre de la fin, et entre elles, il y en aura quatre.

40 - C'est-à-dire ceux des deux *tetractús* paire et impaire dont Platon dit que l'âme (du monde) est constituée : voir *Timée* 35 c, trad. L. Brisson p. 124 ; voir aussi pp. 285-287.

41 - *Timée* 36 b, trad. L. Brisson p. 125.

42 - II 35 et 36, Hiller pp. 87-93.

43 - Bien que le terme *húpatȩ* signifie « plus élevée », parce qu'il désigne la note correspondant à la corde du haut dans les anciens instruments, il se rapporte à un son plus grave que celui de la corde du milieu, *mésȩ*. De même pour le son correspondant à la dernière corde, *néatȩ*, c'est un son plus aigu qui est ainsi désigné.

44 - La formule est répétée plusieurs fois (Hiller pp. 87 li. 10 ; 88 li. 15 ; 89 li. 6).

45 - II 35, Hiller p. 89 ; nous indiquons, en indice les numéros de pages, et en indice entre parenthèses, les numéros de lignes toutes les dix lignes.

Quant à l'*hyperhypate*, elle sera éloignée de trois longueurs du début, et d'une longueur de l'*hypate*; puis l'*hyperbolée* de trois longueurs de la fin et d'une longueur de la [*nète*] disjointe.

Entre elles il y aura six [mesures], si bien qu'il y en aura trois de chaque côté de la *mèse*, et toute la division se fait ainsi : à partir du début jusqu'à l'*hyperhypate* trois ; de là à l'*hypate* un ; de là à la *mèse* deux ; puis de la *mèse* à la [*nète*] disjointe deux ; de là jusqu'à l'*hyperbolée* un ; et de cette dernière à la fin trois ; ce qui fait en tout douze.

On aura donc,

pour ce qui est de l'*hyperbolée*, de la *nète* des disjointes [à celle-là] **4 à 3**, un rapport 90 *épitrite* [=qui dépasse l'unité d'un tiers] celui de la quarte ; de la *mèse* [à la même] **6 à 3**, un rapport double, celui de l'octave ;<de l'*hypate* [à la même] **8 à 3**, le rapport de l'octave> et quarte ; de l'*hyperhypate* [à la même] **9 à 3**, un rapport triple, celui de l'octave et quinte ; et enfin de toute la [corde] du [son] *proslambanomène* [à l'*hyperbolée*] **12 à 3**, un rapport quadruple, celui de la double octave ;

pour ce qui est de la *nète* des disjointes, son rapport à la mèse est de **6 à 4**, un rapport *hémiole* [=qui dépasse l'unité d'un demi] celui de la quinte ; à l'*hypate*, il est de **8 à 4**, un rapport double, celui de l'octave ; à l'*hyperhypate* il est de **9 à 4**, celui de la double quinte ; et à toute la [corde] du [son] *proslambanomène*, il est de **12 à 4**, celui de l'octave et quinte ;

pour ce qui est de la *mèse*, [son rapport] à l'*hypate* est de **8 à 6**, un rapport *épitrite*, celui de la quarte ; [son rapport] à l'*hyperhypate* [est] de **9 à 6**, un rapport *hémiole*, celui de la quinte ; à toute la [corde] du [son] *proslambanomène*, de **12 à 6**, un rapport double, celui de l'octave ;

pour ce qui est de l'*hypate*, l'*hyperhypate* qui est de **9 à 8**, est dans un rapport *épogde* [=qui dépasse l'unité d'un huitième], celui du ton, tandis que la [corde] entière du [son] *proslambanomène* qui est de **12 à 8**, est dans un rapport *hémiole*, <celui de quinte> ;

pour ce qui est de l'*hyperhypate*, toute la [corde] du [son] *proslambanomène* qui est de **12 à 9**, est dans un rapport *épitrite*, celui de quarte.

Voici le schéma récapitulatif que nous proposons : il s'efforce de rendre compte de l'inversion, telle qu'elle se traduit en nombres. En effet, les nombres indiqués au-dessus du canon rectangulaire indiquent de combien de mesures chaque note est éloignée de la fin. Ce sont eux qu'on lit pour déterminer directement les intervalles entre les notes, et que nous avons écrits en caractères gras dans le texte cité.

←		←	double octave			→		→				
		4te	1 ton		4te		5te	4te				
12	-	-	**9**	**8**	-	**6**	-	**4**	**3**	-	-	-
X	1	2	3	4	5	6	7	8	9	10	11	12
↑**début**			↑			*mèse*		↑	↑			**fin**
↑			↑	↑*hypate*			*nète des disj.*		↑			
↑				*des mèses*					↑			
↑		*hyperhypate*						*nète des hyperbolées*				

[son] *proslambanomène*

Or, l'inversion entre le nombre des vibrations et la longueur de corde est directement lisible « sur les nombres », tout particulièrement pour les deux mesures égales marquées sur le canon par les chiffres 3, 4, 8 et 9, entre l'*hyper-hypate* et l'*hypate* de *mèses*, distantes d'un seul ton, d'une part, et entre la *nète* des disjointes et celle des *hyperbolées* d'autre part, distantes d'une quarte c'est-à-dire de deux tons et un demi-ton. Mais, si l'on compare les différentes quartes sur le canon, et que l'on s'aperçoit que la quarte la plus grave fait trois mesures, la quarte moyenne fait deux mesures, et la quarte aiguë fait une seule mesure, il est encore plus évident que l'inversion a pour conséquence le resserrement des intervalles musicaux du côté de l'aigu.

L'originalité de la division du canon musical selon Thrasylle, qui est pratiquée ici et théorisée à la fois par Théon, ne peut se mesurer qu'en la comparant avec d'autres traditions. Ainsi, le *lógos mousikós* pythagoricien dont parle aussi Plutarque dans son dialogue *De la Musique*, en se référant à Platon, puis à Aristote, apparaît un peu différent[46] : six et douze étant les termes extrêmes, l'*hypate* des *mèses* a le nombre six et la *nète* des disjointes le nombre douze ; ensuite les termes intermédiaires sont pris de telle sorte qu'ils aient par rapport aux extrêmes un rapport *épitrite* (= quatre tiers) pour l'un et *hémiole* (= trois demis) pour l'autre ; ce sont les nombres huit et neuf ; la *mèse* aura le nombre huit, et la *paramèse* le nombre neuf. C'est ainsi qu'on déterminait, chez les pythagoriciens anciens[47] les quatre sons fixes[48] de l'octocorde hellénique.

Annie Bélis, dans son étude sur Aristoxène de Tarente et Aristote, explique comment en calculant la place des intervalles à partir de comparaisons de rapports, les pythagoriciens[49] ne pouvaient envisager une problématique de l'espace sonore comme Aristoxène. « La notion-clé des pythagoriciens est plutôt, écrit-elle[50], la *summetría* qui rapporte à la comparaison de deux nombres ce qu'Aristoxène rapporte à la comparaison de situations dans l'espace ». Le

46 - Voir en particulier *De la Musique* 1138 E, éd. et trad. H. Weil et Th. Reinach, p. 88 et 89. Voir aussi Th. Reinach, *La musique grecque*, Paris 1926, pp. 22 et suiv.

47 - Cf. *Les Présocratiques*, éd. J.-P. Dumont, Philolaos A xxiv p. 499 et B vi p. 504, et Archytas de Tarente A xvi p. 527, trad. D. Delattre. Voir aussi *Pitagorici*, éd. M. Timpanaro Cardini, II Archytas et Philolaos ; et ce que dit Ptolémée de la théorie d'Archytas : *Harmonique* I 30, éd. Düring, p. 30. 9.

48 - Notons que la *paramèse* n'est un son fixe dans le système musical parfait que si on utilise la « bifurcation dans l'aigu » (cf. Th. Reinach, *o. c.* p. 14) du tétracorde des disjointes ; si on utilise en revanche le tétracorde des conjointes, la note voisine de la *mèse* devient une note mobile, la *trite* des conjointes.

49 - Si du moins on peut se représenter correctement leur théorie à travers la polémique qu'Aristoxène développe à leur encontre.

50 - Cf. A. Bélis, *Aristoxène de Tarente et Aristote : le traité d'harmonique*, p. 151.

schéma « nombré » qui illustre la théorie de Philolaos, est alors donné comme preuve[51] :

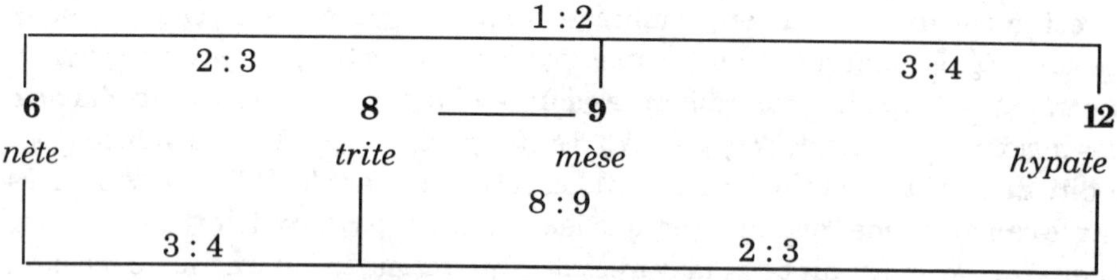

> Là où l'espace juxtapose les intervalles, le calcul en fait le produit »[52], par exemple l'octave dans le rapport double (2/1) s'obtient par la composition de la quarte et de la quinte, c'est-à-dire le produit des rapports 4/3 et 3/2, ce qui donne 12/6. De même, la différence d'un ton entre la quinte et la quarte s'obtient en faisant le quotient de ces mêmes rapports 3/2 / 4/3, ce qui donne 9/8. Mais peut-on conclure que « la conception « topologique » des sons organisés en systèmes, et la conception « numérique » des intervalles sont inconciliables ?

Il nous semble au contraire que la machine musicale de Théon de Smyrne, subdivisée selon la méthode de Thrasylle, proposait justement une telle conciliation. Reste, bien entendu, à savoir l'utiliser avec efficacité pour combler les intervalles entre les notes fixes, et réaliser « de manière platonicienne » la *katapúknosis* ou subdivision resserrée des intervalles en tons et *leîmmas* « diésiés ».[53] Nous n'entrerons pas dans les détails de la subdivision dont le principe repose sur une exacte proportionnalité des subdivisions matérielles et des intervalles sonores, et qui continue de respecter l'inversion et le resserrement mis en évidence plus haut. Au point que chacun des « tons » et *leîmmas* ainsi subdivisés correspondra à une longueur différente sur le canon, intermédiaire entre un tiers et une demi-mesure, pour les notes qu'on placera entre la *nète* des disjointes et celle des *hyperbolées*, supérieure à une mesure entière du canon pour les notes qu'on placera entre le son *proslambanomène* et l'*hyperhypate*.[54] A la suite d'un long échange avec Annie Bélis, nous sommes en effet convenues que la machine musicale en question réalisait « génialement » la conciliation des exigences pratiques des musiciens instrumentistes, en parti-

51 - On y voit bien comment la « symétrie » entre le rapport double (2/1) « somme » et le rapport *épogde* (9/8) « différence » supprime en quelque sorte l'existence spatiale de la différence d'un ton entre la quarte et la quinte.

52 - *Ibidem*, p. 152.

53 - Intervalle restant (sens du terme grec *leîmma*), dont Platon dit qu'il est défini par le rapport du nombre deux-cent-cinquante-six au nombre deux-cent-quarante-trois, intermédiaire entre un rapport de un plus un dix-huitième et un rapport de un plus un seizième, comme l'explique Théon (Hiller p. 69). Notons que Théon qualifie ce *leîmma* de « diésié », c'est-à-dire qu'il l'assimile à la *díesis*, sorte d'unité de mesure musicale, et plus petite subdivision de l'échelle sonore grecque, dont la grandeur variait selon les genres de 1/4 de ton (enharmonique), 1/3 de ton (chromatique) à 1/2 ton (diatonique).

54 - Voir figure 6.

culier la justesse des demi-tons, avec les exigences théoriques de l'harmonie, c'est-à-dire la division exacte selon les médiétés jusque dans les plus petites subdivisions.

Néanmoins, il convient de remarquer que la machine musicale n'est pas du tout utilisée par Théon de Smyrne « musicalement », pas plus que le dispositif des sphères mécaniques platoniciennes n'est vraiment utilisé « astronomiquement ». Nous en avons, en effet, surtout mis en évidence la dimension « pédagogique », et même propédeutique à la lecture et la compréhension des écrits de Platon. Une autre raison de cela pourrait bien être justement très platonicienne : le discours vrai, portant sur « ce qui se rapporte à la raison »[55], est du ressort de l'intellection et de la science, et de ce fait, il n'a rien à voir directement avec celui « qui porte sur le sensible » et qui exprime opinions et croyances, même si « les deux processus cognitifs se produisent dans l'âme » ; autrement dit, la théorie est d'un autre ordre que le sensible, telle est l'attitude philosophique fondamentale qui constitue précisément le paradoxe du platonisme.

Selon Platon, les yeux et l'ouïe sont des bienfaits des dieux pour nous permettre de saisir, dans les mouvements célestes et dans l'harmonie et les rythmes musicaux, les révolutions parfaites et régulières de l'intellect, certes « en les calculant correctement en conformité avec ce qui se passe dans la nature »[56], mais de manière à pouvoir les rapporter aux mouvements désordonnés de nos âmes pour devenir ainsi capables de les « stabiliser ». La science exacte des phénomènes célestes et harmoniques ne s'intéresse donc pas à leur maîtrise technique et mathématique pour elle-même, mais elle s'y intéresse seulement dans la mesure où celle-ci peut avoir une utilité psychologique et éthique.

Modèles mécaniques de l'ordre et de la position des planètes

Qu'en est-il, dans cette perspective, de ce que les anciens appelaient « harmonie des sphères »?

Pour ce qui est de l'ajustement à la sphère céleste du canon musical, divisé selon la méthode de Thrasylle, Théon de Smyrne s'en préoccupe, selon nous[57], aux chapitres 15 et 16 de la partie III[58]. Il commence par y critiquer

55 - Cf. Platon, *Timée* 37 b-c, trad. L. Brisson p. 127.

56 - Cf. *Timée* 47 c3 : *tàs en hemîn peplaneménas katastesaímetha* (*trad. cit.* p. 144).

57 - Nous sommes de l'avis de P. Tannery dans « Sur Théon de Smyrne », *Mémoires scientifiques* II (pp. 455-465), le traité de Théon de Smyrne nous est parvenu plus que complet, et il n'en manque, en tout cas, pas une dernière partie sur l'harmonie des sphères.

58 - Cf. Hiller pp. 138 li. 9-147 li. 6.

sévèrement un poème d'Alexandre d'Etolie[59] qui décrit l'ordre des astres errants à partir de la Terre, en le fondant sur l'existence entre eux de rapports musicaux, et en attribuant à certains d'entre eux le nom d'une note. Théon de Smyrne propose ensuite, mais sans le développer, le modèle de la lyre à huit cordes[60] d'Eratosthène lequel il juge « plus musicien » qu'Alexandre, avant de citer *in extenso* la vision d'Er le Pamphyllien. Sans doute s'agit-il de donner un sens précis aux rangs selon la largeur, l'éclat et la vitesse attribués par Platon à chacun des astres errants. Mais le commentaire détaillé manque, Théon se contente de nous renvoyer aux *Commentaires* de la *République* qu'il a lui-même écrits, et où il en fait, nous dit-il, « l'exégèse »[61] ; ceux-ci ne nous sont malheureusement pas parvenus.

Nous avons tenté de proposer, en un même schéma[62], le résultat de la division platonicienne du canon harmonique et, en vis-à-vis, le classement des astres proposé dans le texte de Platon que Théon de Smyrne a pris la peine de citer *in extenso*. Le problème vient en réalité de ce que Platon effectue plusieurs classements qu'il s'ingénie à brouiller plus ou moins en les mêlant. Il se trouve que l'ordre selon la vitesse et celui selon l'éloignement de la Terre sont compatibles, nous avons donc supposé que l'ordre selon la largeur du bord des pesons vu d'en haut devait avoir le plus d'importance du point de vue de l'harmonie céleste.

Il apparaît effectivement que le désordre n'est qu'apparent, les rangs en largeur pour chacun des pesons montrent une symétrie (ou une inversion) entre le pair et l'impair, en même temps qu'ils se resserrent du plus large vers le plus étroit en allant vers la position centrale du Soleil.

Les difficultés qui se présentent pour réaliser l'ajustement sont très nombreuses. Nous n'en formulerons que quelques-unes. La Terre est-elle silencieuse et immobile, comme le pensait Eratosthène au témoignage de Théon, ou bien doit-elle être associée aux mouvements des autres astres errants ? La référence au texte de la *République*, et à l'image des huit (et non neuf) pesons

---

59 - Alexandre d'Etolie (ou de Pleuron) est un poète du IIIe siècle avant notre ère, ami du poète astronome Aratos et bibliothécaire à Alexandrie, comme le fut aussi Eratosthène de Cyrène, savant astronome et géographe, lui même ami d'Archimède.

60 - Le nombre de cordes de la lyre grecque semble avoir beaucoup varié, depuis la lyre primitive, dite « lyre d'Hermès », qui comportait sept cordes (sans remonter à la lyre préhistorique qui n'en comportait peut-être que trois) jusqu'à la lyre de Timothée qui au début du IVe siècle en aurait comporté quinze. Que la lyre d'Eratosthène n'en ait comporté que huit, alors que, semble-t-il, celle d'Aristoxène en comportait déjà onze, ne signifie pas nécessairement qu'elle était moins perfectionnée. Peut-être même était-elle plutôt un instrument expérimental, du genre de ceux dont parle Ptolémée, et dont il est plutôt douteux qu'ils aient tous été sinon construits du moins utilisés. Cf. A. Barker, « Ptolemy's experimental instruments », Actes du Colloque d'archéologie de la musique de Cambridge (1992), à paraître ?

61 - *Ibidem* p. 146 li. 3.

62 - Voir figure 6.

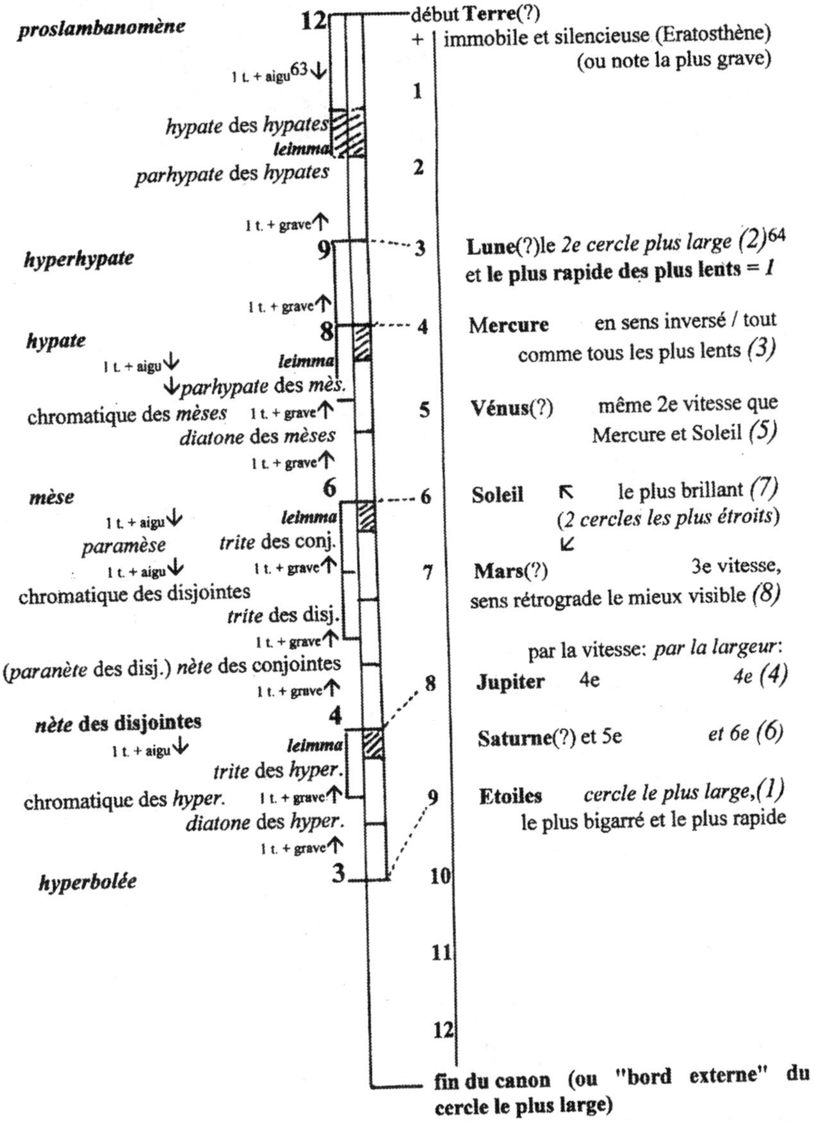

Fig. 6 : Ajustement du canon harmonique divisé de manière platonicienne, aux sphères des astres errants.

63 - Les indications « 1 t. + aigu » et « 1 t. + grave » correspondent au procédé décrit par Théon de Smyrne (II 36) pour compléter les différents tétracordes.

64 - Les chiffres entre parenthèses correspondent au rang attribué « selon la largeur » aux bords supérieurs de chacun des huits des pesons dans la *République*.

creux emboîtés les uns dans les autres, et qui, vus d'en haut, semblent des cercles d'épaisseur, d'éclat, de couleur et de vitesse différents, exclut de fait que la Terre en fasse partie. On peut néanmoins supposer qu'on lui attribue la note du son « ajouté » (*proslambanomène*) qui se trouve hors des douze divisions marquées du canon, mais qui donne le son de la corde entière, le son le plus grave[65].

Des étoiles supposées correspondre aux *hyperbolées*, notes les plus aiguës, jusqu'à la fin du canon[66], la distance est donc « la plus grande » sur la corde au point qu'elle n'y est plus musicalement divisée, étant donnée que la montée vers l'aigu ou le passage par dessous du défaut d'1/9 (*hypobibázo̱n tò énaton*) y atteint le seuil de sensibilité de nos oreilles[67] ; tandis qu'à l'opposé, de la Lune au début du canon, la longueur de la corde est cette fois musicalement divisée au moins par le tétracorde des notes graves, si on choisit d'attribuer à la Terre la position du son *proslambanomène*, en deçà duquel on dépasse le seuil de sensibilité de nos oreilles dans la descente vers le grave, et en deçà duquel le passage par dessus de l'excès d'1/8 (*hyperbibázo̱n tò ógdoon*)[68] n'est plus possible.

Platon semble hésiter concernant la position du Soleil : doit-il être placé en deuxième lieu juste après la Lune (solution d'Eratosthène), ou en cinquième position au milieu des astres errants (solution pythagoricienne) ? L'ordre des trois astres : Mercure, Vénus, Soleil semble aléatoire ; ils se rattrapent l'un l'autre et sont sans cesse rattrapés l'un par l'autre, car ils vont « à la même (deuxième) vitesse »[69]. C'est donc surtout du point de vue musical qu'il importera d'attribuer une note immuable au Soleil, source de vie et de lumière, d'où

65 - A cela s'ajoute l'analogie entre la gravité du son et le caractère pesant de la Terre.

66 - L'idée que les étoiles qu'on voit sur la sphère des fixes n'en sont que la représentation figurée (*eido̱lopoiían*), et qu'elles ne se trouvent pas en réalité « toutes situées sur la même surface », dont Géminus se fait l'écho (*Introduction aux Phénomènes* I 23) et que l'on attribue habituellement aux stoïciens, est peut-être plus ancienne. Ainsi, la plaisanterie d'Archytas (*Les Présocratiques* B xxiv p. 532) qui proposait, à l'extrême limite de la sphère des fixes, de tendre la main ou un bâton au dehors, sans que rien ne l'en empêche, ne doit peut-être pas être prise trop à la légère.

67 - Du point de vue visuel, on peut dire aussi que la sphère des étoiles constitue la limite de notre capacité d'observer les astres.

68 - Les deux verbes *hypobibázein* et *hyperbibázein* nous semblent avoir un sens technique directement lié à la manière dont la division de la corde sur le canon harmonique se fait sans doute à l'aide d'un curseur qu'on fait passer par dessus ou par dessous les subdivisions des notes fixes préalablement déterminées. Ils ne nous paraissent pas devoir être traduits comme le suggèrent Lidell et Scott par un terme musical technique comme « transposer » ; et A. Bélis nous encourage dans cette conviction.

69 - En effet, l'ordre semble inversé dans le *Timée* (38 d) par rapport à celui du livre X de la *République*.

le choix de la position médiane et de la *mèse*. Dans l'intervalle d'octave et quinte, de 9 à 3, si sous toute réserve on attribue à la Lune la position d'*hyper-hypate*, peuvent prendre place les planètes inférieures et les planètes supérieures, symétriquement autour du Soleil en position de *mèse* ; le rétrécissement des épaisseurs (ou largeurs) des pesons emboîtés tels qu'on peut les voir d'en haut, correspondrait ainsi à la division des intervalles musicaux sur la longueur de corde, de part et d'autre de la *mèse*. Rappelons que les rangs attribués aux astres selon la largeur du bord de leur cercle vu d'en haut, sont inversés et symétriquement répartis autour du Soleil[70].

Sans doute, dans le passage de la *République* tel que Théon de Smyne le cite, importe-t-il de rendre compte en priorité d'une harmonie musicale : celle qui est émise par l'ensemble des huit sirènes, placées chacune en haut de chacun des cercles, et par les trois Parques, filles de la Nécessité, dont Théon ne fait pas mention, mais qui, dans le texte de Platon, ont un rôle moteur déterminant tout en chantant en accord avec les Sirènes. Or de huit à trois, il n'y a qu'un rapport double *épitrite* correspondant à l'accord d'octave et quarte, tandis que, selon Adraste, cité par Théon[71], Platon « avait en vue la nature » en concevant que l'harmonie de l'âme du monde doit progresser selon une échelle de quatre octaves, une quinte et un ton, ce qui dépasse largement la capacité de notre machine musicale, mais nous rappelle en même temps qu'elle est seulement un instrument de représentation et de compréhension.

Enfin, si les huit sons proférés par les sirènes, assises au sommet de chacun des pesons creux, constituent « une seule harmonie »[72] pour l'oreille, il faut peut-être considérer que chaque planète correspond à une note restant à préciser par rapport aux subdivisions intermédiaires du canon afin de produire un réel accord harmonieux de huit notes, plutôt qu'au son de chacune des cordes d'un instrument à huit cordes dont la vibration des cordes à vide, toutes en même temps, ne produira pas nécessairement « la plus belle des harmonies ». Il ne faudrait peut-être même pas limiter au genre diatonique le choix de ces huit notes, et envisager que certaines notes du genre chromatique soient requises pour des planètes comme Mercure et Vénus lesquelles « vont l'une et l'autre du même pas »[73] que le Soleil, quant au sens et à la vitesse de leur mouvement, ou encore pour Mars dont le sens rétrograde du mouvement est dit le mieux visible[74].

70 - Voir les chiffres entre parenthèses sur la figure 6.

71 - Cf. II 13, Hiller pp. 63 li. 25 et 65 li. 1-9.

72 - Cf. *République* X 617 b 7 : « *mían harmonían xumphōneïn* ».

73 - *Ibidem*, 617 b 1 : « *kaì háma allēlois* ».

74 - *Ibidem*, 617 b 2 : « *phaínesthai epanakukloúmenon* ».

Une fois encore, pour mieux mesurer l'originalité du travail théorique de Théon de Smyrne, nous avons voulu le comparer par exemple à la solution proposée par Nicomaque de Gérase[75], dans son manuel d'harmonie : *Enchiridion.* Andrew Barker a traduit ce texte, et en particulier le troisième chapitre[76] où Nicomaque explique que la musique sensible est une imitation de la musique des planètes. Or il donne alors une correspondance, entre la position et l'ordre des planètes, et d'autre part, la position et l'ordre des notes, qui n'a en commun avec celle que nous venons d'essayer de reconstituer que la position centrale du Soleil comme *mèse*. En effet, selon Nicomaque, c'est à partir de l'orbe de Saturne qui est la plus haute, que la note la plus élevée a été appelée *húpate̱*, et à partir de celle de la Lune qui est la plus basse et qui entoure la Terre au plus près, que le nom *néate̱* (de la note la plus basse) a été choisi. On peut récapituler ce que dit Nicomaque, pour former les deux quartes de part et d'autre du Soleil, de la manière suivante[77], en allant pour les astres du plus éloigné jusqu'au plus proche de la Terre, mais en allant pour les notes de la plus grave à la plus aiguë, dans le genre diatonique :

	Saturne	*hypate* (des *mèses*)
demi-ton		
	Jupiter	*parhypate* (des *mèses*)
ton		
	Mars	*hypermèse* ou *lichanos*
ton		
	Soleil	*mèse*
demi-ton		
	Mercure	*paramèse*
ton		
	Vénus	*paranète*
ton		
	Lune	*nète* (des conjointes)

L'inversion à laquelle on aboutit ainsi trouve sans doute son origine, comme le suggère Andrew Barker[78], dans l'influence exercée par un discours de type religieux où les termes *húpatos* et *néatos* ont aussi une connotation

75 - Auteur grec, sans doute contemporain de Théon de Smyrne, connu surtout par une *Introduction à l'arithmétique*, traduite en latin par Apulée dès le IIe siècle.

76 - Cf. A. Barker, *Greek Musical Writings* II pp. 250-253.

77 - *Ibidem* p. 253, note 28.

78 - *Ibidem*, p. 252, note 20.

astronomique. Ainsi, la distinction entre un Zeus *hypatos* régnant dans la région supérieure du monde, toujours identique à elle-même, et un Zeus *néatos* dont le royaume est le monde sublunaire du changement continuel, se rencontre chez Plutarque[79] qui l'attribue à Xénocrate, lequel dit aussi que les planètes sont comme sept dieux. Nicomaque de Gérase, en se faisant l'écho d'une telle tradition, se situe donc en réalité dans une perspective tout à fait à l'opposé de celle des modèles mécaniques de Théon de Smyrne, sur lesquels nous allons revenir à présent.

Signification des modèles mécaniques

Laissant, en effet, aux musiciens de métier le soin de trouver l'harmonie unique et merveilleuse dont il peut s'agir[80], le philosophe préfère faire porter son étonnement sur la fonction de l'espèce de machine à la fois musicale et astronomique qui résulte de l'adaptation du canon musical, divisé de manière platonicienne, aux sphères construites platoniciennes.

La correspondance sur le canon entre les divisions-longueurs et les divisions-intervalles est-elle seulement proportionnelle ? Sinon, en quoi consiste-t-elle ? L'inversion, par rapport à l'échelle des longueurs, des nombres des vibrations sur l'échelle musicale se fait, nous l'avons vu, symétriquement autour des chiffres six ; or l'on retrouve, de part et d'autre de la ligne médiane des chiffres six, les couples neuf-huit et quatre-trois, et l'on peut remarquer que la correspondance entre eux fixe la longueur matérielle du ton (dans les notes graves) et celle de la quarte (dans les notes aiguës). Mais ce sont aussi les mêmes intervalles d'un ton et d'une quarte que les rapports numériques neuf sur huit et quatre sur trois permettent de calculer, d'une manière générale, quelle que soit la longueur de la corde ou de la colonne d'air étudiée.

D'autre part, ces quatre nombres peuvent encore s'écrire 3; 2^2; 2^3; 3^2; ils renvoient alors aux savants mélanges démiurgiques du *Timée* de Platon, et comme Théon de Smyrne l'a expliqué lui-même, ils appartiennent à la double *tetractús* qui renferme tous les rapports « dont précisément l'harmonie du tout est constituée »[81]. La représentation triangulaire habituelle des sept nombres de la double *tetractús* permet de visualiser la position des deux couples de

79 - Plutarque, *Quaestiones Platonicae* IX 1 1007 F.

80 - D'autant, comme l'écrit L. Brisson, que « Platon n'a pas du tout l'intention de faire la théorie du type de musique que pourraient émettre les corps célestes », comme en témoignent en particulier les pages 37b et 47a du *Timée*. Rien n'empêche néanmoins d'imaginer que certains dispositifs de sphères mécaniques aient pu être en même temps des « boîtes à musique ».

81 - Cf. II 38, Hiller p. 96 li. 12.

nombres dans les séries paire et impaire : si on calcule les sommes obliques, quatre et trois donnent sept, et huit et neuf donnent dix-sept, ce qui fait au total vingt-quatre.

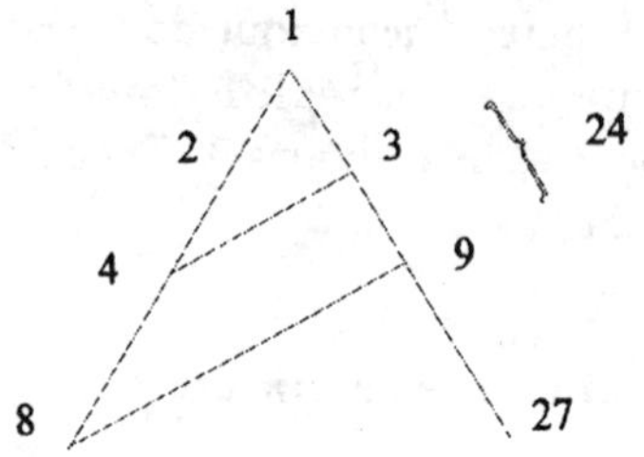

Sept est précisément le nombre de cercles entraînés en sens inverse par rapport au tout, et selon l'obliquité du zodiaque ; huit le nombre de pesons emboîtés ou le nombre de sirènes produisant « l'unique harmonie » ; et, si la Terre est comptée comme un niveau, tout le système comportera alors neuf niveaux.

Toutefois, ajoutés aux dix-sept que font huit et neuf, les quatre premiers nombres qui constituent la décade (un, deux, trois et quatre font dix) produiront le premier nombre solide cubique vingt-sept (3^3), et non pas vingt-quatre (3 fois 2^3).

Aussi nous sommes nous demandé si les rapports inverses de un à vingt-quatre et de vingt-quatre à un que Théon déclare trouver respectivement selon l'hypothèse de l'excentrique, puis selon l'hypothèse de l'épicycle, « grâce à la solution concernant les distances et les grandeurs »[82], n'avaient pas quelque chose à voir avec les deux couples de nombres dont le rôle dans la division du canon de Thrasylle apparaît tellement décisif. En particulier, si notre représentation de la machine musicale est correcte, ce dont le couple de rapports permet, en quelque sorte la maîtrise, ce sont précisément deux caractéristiques : celle de l'inversion et celle du resserrement d'une échelle de division (longueur de corde) par rapport à l'autre (composition de l'intervalle musical). Or, dans le cas du cercle solaire, qu'il soit excentrique ou épicycle, comparé au cercle zodiacal, on peut dire qu'il s'agit aussi d'ajuster deux échelles de divisions : une échelle spatiale (division régulière en quatre quadrants des trois cent soixante degrés du cercle) et une échelle en quelque sorte tempo-

82 - Cf. III 26, Hiller p. 158 l. 8-9 et p. 165 l. 14-15. Ces chiffres s'inspirent probablement des mesures scientifiques d'Hipparque, effectuées peut-être selon une méthode semblable à celle d'Aristarque de Samos, mais Théon ne le précise pas ; car ce qui lui importe surtout, c'est que ces mesures soient compatibles avec les écrits de Platon, au point qu'il cherche à le « sauver », en disant qu'il « parle par énigmes », ou qu'il manque de rigueur.

relle (division en quatre parties inégales des trois cent soixante-cinq jours et quart d'une révolution annuelle, dans le cas du Soleil, ou de toute autre durée de révolution pour les autres astres errants).

Il est possible de concevoir alors une raison supplémentaire, pour laquelle Théon de Smyrne s'efforce de distinguer les trois dimensions du mouvement astronomique (en latitude, en longitude et en profondeur)[83], même dans le cas du Soleil, en resserrant ses durées de rétablissement au même point à 2, 2^2, 2^3 années, alors que cela n'est pas astronomiquement fondé ni même utile. D'autant que c'est par rapport aux quatre points zodiacaux[84] qu'il faut caler les points de la course du Soleil le plus éloigné et le plus rapproché de la Terre, puis ceux de distance moyenne, comme si on commençait, chaque fois, par régler en quelque sorte la machine astronomique. Sans laisser l'imagination s'enflammer davantage à la découverte de nouveaux rapports de nombres, contentons-nous de simplement reconnaître ici l'existence d'une analogie fondamentale entre l'agencement « théorique » de la machine musicale et celui de la machine astronomique, selon deux principes complémentaires : resserrement ou ajustement de deux systèmes de division et de représentation l'un par rapport à l'autre, et d'autre part, inversion du mouvement ou du sens de progression liée précisément à l'ajustement lui-même.

Or, il se pourrait bien que le principe commun aux deux modèles mécaniques, le musical comme l'astronomique, soit lui-même encore très conforme au texte platonicien, non cité par Théon, mais ainsi explicité : c'est le passé, le présent et l'avenir que *Lachésis*, *Clothô*, et *Atropos* représentent, assises toutes trois en cercle pour actionner le fuseau sur les genoux de leur mère, *Anankè*. Les *Moires* touchent de leurs mains droite ou gauche la machine planétaire pour « faire tourner » (*sunepistréphein*) le cercle extérieur, et les sept cercles intérieurs, « par intervalles » (*dialeípousan chrónon*)[85]. Le resserrement autour du cercle, l'ajustement du spatial et du temporel et l'inversion symétrique des mains gauche et droite correspondant à la fois au présent et au futur et aux mouvements en avant et en arrière des sphères célestes sont tout à la fois présents dans l'image étonnante de ces quatre femmes dont trois seulement sont dites se mouvoir et chanter, en harmonie avec les huit Sirènes.

Il est bien difficile de résister à la tentation de constater que Platon joue sans doute avec les nombres des rapports musicaux fondamentaux corres-

83 - Le chapitre XXVII doit être analysé, selon nous, en termes de cohérence cosmologique plutôt que d'erreur astronomique.

84 - Rappelés au début de chaque démonstration du chapitre XXVI : « soit le zodiaque α β γ δ » ; ce sont des repères à la fois temporels (liés au retour des saisons) et spatiaux (déterminés avec précision par rapport aux constellations).

85 - Cf. *République* 617 c 6-7, éd. et trad. E. Chambry p. 118.

pondant à l'intervalle de quarte et au ton. Quant à Théon de Smyrne, il n'est pas excessif de dire qu'il veut fournir à ses lecteurs les moyens de démêler l'écheveau des paroles énigmatiques[86] rapportées de Platon. C'est pourquoi il juge nécessaire, selon nous, de citer *in extenso* la vision cosmologique d'Er le Pamphylien, en liant étroitement ce texte à la fois à l'initiation aux connaissances théoriques musicales et à l'utilisation des sphères platoniciennes qu'il a construites.

Ainsi, le traité de Théon sur l'astronomie se révèle être, pour peu qu'on veuille bien le relire scrupuleusement, un précieux commentaire des écrits cosmologiques de Platon, mais aussi un remarquable exemple de recours à la fois expérimental et heuristique à la construction mécanique. Nous pouvons certes dire que la pensée qu'il développe s'y auto-limite et se stérilise en quelque sorte, en s'inscrivant dans une finalité essentiellement pédagogique, plutôt que dans un véritable projet d'enquête scientifique au sens moderne.

Ce n'est pourtant pas le moindre des intérêts de ce traité, qu'une certaine indépendance de pensée par rapport même à Platon, à la lecture duquel il prétend introduire, et dont il critique l'absence de rigueur dans l'emploi de certains termes, comme pôle et axe, ou bien cercle et sphère. Certes, H. Stierlin a longuement démontré[87] que « *l'unique moteur de la débauche d'efforts technologiques et scientifiques* (dans la construction en particulier d'instruments cosmologiques monumentaux) *était la curiosité des puissants face à l'avenir* », et que « *l'astrologie constitue le mobile profond des progrès de la technique antique* ». Il est assez difficile de remettre en cause la plupart de ses arguments. « *Pour engager des frais artisanaux considérables* », nous dit-il, la seule curiosité devant le fonctionnement de la mécanique céleste, pas plus que le besoin d'appuyer son exposé sur un support clair et manifeste, éprouvés par un philosophe ou un astronome, ne sont des « *motivations suffisantes* »[88].

Et si Théon, avec sa sphéropée platonicienne avait voulu démontrer le contraire?

Nous avons peu de renseignements[89] sur le statut social et les ressources des enseignants et des chercheurs de l'antiquité, mais ils semblent avoir plu-

86 - Toutefois il faut nettement distinguer le contexte platonicien qui se définit lui-même comme un discours mythique et « vraisemblable », du contexte exégétique dans lequel Théon cherche à « sauver » la cohérence scientifique et élucider le sens théorique de ce qu'il préfère appeler des paroles énigmatiques.

87 - Cf. H. Stierlin, *L'astrologie et le pouvoir – De Platon à Newton*, Paris 1986. Voir aussi in *Astronomie et sciences humaines*, n° 8, Strasbourg 1993, l'article intitulé : « Le développement de la mécanique antique sous l'impulsion de l'astrologie », p. 17 à 32.

88 - *Ibidem* p. 30.

89 - Voir à ce propos I. Hadot, *Arts libéraux et philosophie dans la pensée antique*, Paris 1984.

tôt été de riches notables, suffisamment nantis ou protégés par la qualité reconnue de leurs travaux, pour ne pas craindre quelque dépense exceptionnelle. Aussi l'explication des historiens n'est-elle pas si « *courte* »[90], selon nous, qui admet le caractère pédagogique ou de démonstration de certains des instruments cosmologiques de l'antiquité. Elle peut même se justifier pour des raisons de philosophie très eudémonique : le sage ne pouvant trouver l'absence de trouble et le bonheur, ni dans la recherche ou la fréquentation du pouvoir, ni dans la connaissance insensée de futurs plus ou moins contingents, a besoin néanmoins d'explications rationnelles et cohérentes, concernant les phénomènes célestes en particulier, pour se prémunir contre l'angoisse et la peur superstitieuse.

90 - H. Stierlin, *art. cit.*, p. 30.

Jean LALLOT

La quête de rationalité dans la grammaire alexandrine

Pour écarter un malentendu possible, je rappellerai d'abord la définition qu'un disciple d'Aristarque, Denys le Thrace, donnait de la grammaire vers la fin du IIe siècle avant J.-C.:

> La grammaire est la connaissance empirique (ἐμπειρία) de ce qui se dit couramment (ἐπὶ τὸ πολύ) chez les poètes et les prosateurs.

Définition complétée, chez le même auteur, par l'énumération des parties constitutives de la grammaire:

> 1) la lecture experte conforme à la prosodie, 2) l'explication des tropes poétiques, 3) l'élucidation des mots rares et des récits, 4) la découverte de l'étymologie, 5) l'établissement de l'analogie, 6) la critique des poèmes, qui est, de toutes les parties de l'art (τέχνη), la plus belle.

Sans m'attarder longuement sur cette définition de la grammaire – la première que nous livre la tradition –, j'en retiendrai deux points qui intéressent mon propos.

1. Je soulignerai d'abord l'importance de la composante que j'appellerai « philologique » de la grammaire: le grammairien a avant tout affaire à des textes, et, on l'aura remarqué, à des textes poétiques – qui posent des problèmes spécifiques de lecture, où l'on rencontre, plus fréquemment qu'en prose, des mots difficiles (tropes, mots rares) dont l'étymologie doit éclairer la forme et le sens, textes pour lesquels enfin, surtout lorsqu'il s'agit d'Homère, le jugement d'authenticité est souvent sollicité. À Alexandrie, lieu où la τέχνη γραμματική s'est constituée comme discipline autonome et, en quelque sorte, professionnalisée, être grammairien (γραμματικός), c'est d'abord s'attacher à la critique et à l'explication approfondie des textes littéraires, poétiques en particulier. Mais c'est aussi, ou cela peut être, approfondir la description de la langue grecque – le grammairien qui se livre à cette activité est appelé τεχνικός.

2. Ma deuxième remarque touche au statut épistémologique de la discipline grammaticale. La question n'est pas neuve: dès l'antiquité, les com-

mentateurs de la *Technè* de Denys[1], observant que la définition parle d'ἐμπειρία et que l'énumération des parties constitutives s'achève sur le mot τέχνη, se sont fait un devoir de lever l'incertitude que cette double désignation faisait planer sur le statut de la γραμματική : est-elle une simple pratique empirique (ἐμπειρία)? est-elle un art (τέχνη)? ne serait-elle pas – pourquoi pas après tout? – une science (ἐπιστήμη)? La réponse canonique à ces délicates questions (je la donne directement sans pouvoir, faute de temps, m'attarder sur les arguments qui la fondent) est que la grammaire est un art, une τέχνη – ce qui revient à dire qu'elle est plus qu'une simple pratique (τριβή), caractérisée, elle, comme privée de rationalité (ἄλογος), mais moins qu'une véritable science, car elle devrait alors être (entre autres formulations plus ou moins équivalentes) un « habitus rationnel inébranlable » (ἕξις ἀμετάπτωτος λογική, 112,35). Pour les scholiastes qui apportent cette réponse, dire que la grammaire est une τέχνη, c'est lui reconnaître une composante rationnelle (οὐκ ἄλογός ἐστι τριβή, 167,9), tout en admettant que sa capacité de rationalisation n'est pas illimitée :

> car elle n'est pas infaillible (ἄπταιστος): sur bien des points elle apparaît imparfaite (ἀτελής) du fait que, souvent incapable de corriger (κατορθοῦν), elle tolère les irrégularités (ἐν τοῖς σεσημειωμένοις ἐᾶν) (163,1).

Ce type de commentaire – typique des scholies à la *Technè* – est doublement instructif. Il nous montre, d'une part, combien la question de la rationalité de la grammaire était présente à l'esprit des commentateurs de la tradition alexandrine, et, d'autre part, comment ces scholiastes tardifs, grammairiens eux-mêmes, étaient capables d'apprécier avec lucidité les limites de leur savoir. Nous leur décernerons donc un bon point, disons pour leur « modestie éclairée » – ce d'autant plus volontiers que, comme nous allons le voir maintenant, il y avait dans la démarche des grands grammairiens alexandrins dont ils étaient les héritiers des élans rationalisants qui témoignaient davantage d'un esprit d'hégémonie conquérante que de prudente modestie. Ce sera mon deuxième point que je ferai bref, renvoyant, pour une analyse plus circonstanciée, à mon article « Analogie et pathologie chez les grammairiens alexandrins », paru dans *Lalies* 15 (1995), p. 107-123.

En dehors de la *Technè*, notre principal document sur la grammaire alexandrine est l'œuvre du grammairien du IIe siècle de notre ère Apollonius Dyscole – principal, entre autres raisons, parce que c'est pratiquement la seule œuvre grammaticale (grecque) antique (un traité de syntaxe de 400 pages[2], trois monographies respectivement consacrées au pronom, aux adverbes et

1 - Éd. A. Hilgard, *Grammatici Graeci* I iii (1901). [La collection complète des *Grammatici Graeci* a fait l'objet d'une réimpression anastatique chez Olms, Hildeshein, en 1979].

2 - Éd. G. Uhlig, *Grammatici Graeci* II ii (1910). Une édition revue, accompagnée d'une traduction française et de notes par J. Lallot, doit paraître fin 1996, aux éditions Vrin, Paris.

aux conjonctions[3], en tout 260 pages) à nous être parvenue par tradition directe[4]. Si importantes qu'elles aient été, les contributions à la grammaire de savants aussi considérables qu'Aristarque (2e s. avant J.-C.), Tryphon (1er s. avant J.-C.), Hérodien (fils d'Apollonius) ne nous sont connus que sous forme de fragments dispersés dans des scholies ou des lexiques. C'est donc Apollonius que j'invoquerai comme témoin de la démarche intellectuelle du grammairien alexandrin.

Pour Apollonius, le postulat épistémologique de base est celui qui est inscrit dans sa langue même. En grec, le mot λόγος, très polysémique comme chacun sait, peut s'appliquer (entre autres) aussi bien à des notions qui, pour nous, relèvent du domaine langagier (langage, propos, énoncé, discours oral, texte écrit, etc.) qu'à des notions relatives aux opérations de la pensée rationnelle (raison, raisonnement, calcul, proportion, etc.). Il est important de noter que, dans ce deuxième groupe d'acceptions, λόγος est toujours chargé d'une connotation positive ; il suffit pour s'en convaincre d'observer que le composé privatif ἄλογος a toujours, lui, une charge négative : est ἄλογος ce qui ne participe pas à la *droite* raison (« absurde », « déraisonnable »), ce qui ne se ramène pas à une *juste* proportion (« irrationnel » appliqué à un nombre), etc. De la polysémie de λόγος telle que je viens de l'esquisser, il me paraît résulter assez naturellement qu'un Grec, en tant que simple usager, non prévenu, de sa langue, devait se représenter spontanément le domaine langagier comme *pénétré de rationalité* : n'est-ce pas ainsi par exemple qu'il faut entendre le couple d'opposés λογικός–ἄλογος lorsque, appliqués respectivement à l'homme et aux (autres) animaux, les deux adjectifs qui le composent désignent *conjointement*, l'un la capacité de parler (*animal loquax*)[5] et de raisonner (*animal rationale*), l'autre la privation de ces deux facultés ? Quoi qu'il en soit de cette spéculation – rien n'est plus difficile que d'établir quelle représentation évoque un mot dans l'esprit d'un locuteur étranger, difficulté encore accrue quand ledit locuteur est à distance de vingt siècles –, nous constatons qu'Apollonius, profondément influencé par la polysémie de λόγος, en faisait découler un principe qui occupe une place centrale dans sa théorie grammaticale.

3 - Éd. R. Schneider, *Grammatici Graeci* II i (1878).

4 - Il faut y ajouter le compendium de morphologie nominale et verbale que sont les *Canons* de Théodose (4e-5e s. de notre ère), édités par A. Hilgard, *Grammatici Graeci* (IV i, p. 3-99).

5 - Cf. [Aristote], *Problèmes* XI 55 : Διὰ τί μόνον τῶν ἄλλων ζῴων ἄνθρωπος γίνεται ἰσχνόφωνον ; Ἢ ὅτι λόγου κοινωνεῖ μόνον, τὰ δὲ ἄλλα φωνῆς ; Οἱ δὲ ἰσχνόφωνοι φωνοῦσι μέν, λόγον δὲ οὐ δύνανται συνείρειν. « Pourquoi, parmi les animaux, l'homme est-il le seul à bégayer ? N'est-ce pas parce qu'il est le seul a avoir part au *lógos*, les autres n'ayant que la voix ? Les bègues sont doués de voix, mais ils n'arrivent pas à enchaîner un *lógos* ». Le propre de l'homme apparaît clairement ici comme la capacité de produire un énoncé enchaîné, appelé *lógos*. La tradition latine, en privilégiant la traduction *animal rationale*, a éliminé l'ambivalence qui s'attachait à ζῷον λογικόν.

Ce principe me paraît pouvoir se résumer au postulat selon lequel :

> toute production linguistique est justiciable en droit d'un discours fondé sur une théorie explicite qui permet d'en rendre compte rationnellement.

Il suffit de transformer cette formule en sabir « frangrec » pour faire apparaître à quel point elle va de soi à force d'être tautologique :

> toute production linguistique (λόγος) est justiciable en droit d'un discours (λόγος) fondé sur une théorie explicite (λόγος) qui permet d'en rendre compte rationnellement (λόγον διδόναι).

Disons qu'il s'agit là, formulé par moi, de ce que pouvait être la profession de foi d'un grammairien *analogiste* comme celui dont je vous parle, Apollonius d'Alexandrie.

Il me faut maintenant préciser comment se traduit pratiquement l'application d'un tel principe. Je ferai d'abord une remarque concernant le λόγος– corpus auquel le λόγος–théorie doit s'appliquer.

– De ce corpus je soulignerai en premier la *diversité*. Il inclut en effet deux composantes principales :

1. les textes de la *tradition littéraire*, la παράδοσις τῶν Ἑλλήνων – j'ai déjà souligné son importance en commençant – ;

2. l'*usage contemporain*, désigné par une assez grande variété d'expressions : τὸ κοινὸν ἔθος, τὸ σύνηθες, ἡ χρῆσις, ἡ τριβή, ὁ βίος, ἡ ἀνὰ χεῖρα ὁμιλία.

– D'autre part, ce corpus est qualitativement *bigarré* : il fait place, comme chacun sait, à une grande variété *dialectale*, mais aussi à des hésitations et à des *flottements* liés au clivage social de la langue et à son évolution ; dans le corpus écrit, le flottement prend notamment la forme de *variantes* textuelles ; enfin, tant les documents écrits que le corpus oral donnent à constater une grande *malléabilité* de l'expression, qui peut, sans cesser d'être du grec intelligible, faire place à des ellipses, des pléonasmes, des interversions de mots, etc. – et, naturellement, à des *fautes*.

Face à tant de diversité, deux attitudes de principe sont envisageables : ou bien tout accepter tel quel, sans chercher à mettre de l'ordre ni à rectifier, ou bien hiérarchiser et trier. La première attitude, qui relèverait d'un empirisme radical et interdirait toute intervention normative raisonnée, n'a jamais été adoptée, que l'on sache, par aucun grammairien[6]. En revanche, la deuxième, que semble impliquer *de facto* la déontologie minimale de la profession, peut donner lieu à des applications diverses. L'une, prônée par Sextus Empiricus dans son pamphlet *Contre les grammairiens*, consiste à affirmer [§ 153, en conclu-

6 - La critique contemporaine a fait justice du mythe d'une école grammaticale « anomaliste » qui aurait posé en principe que le langage ignorait *toute* régularité ; sur cette question, voir en dernier la mise au point de D. Blank, « Analogy, anomaly and Apollonius Dyscolus », in S. Everson (éd.), *Language*, Cambridge, Cambridge U. P., 1994 (Companions to ancient thought 3), notamment p. 151-158.

sion d'une discussion polémique sur les fondements du genre grammatical] que :

> le critère du correct et de l'incorrect sera non pas le raisonnement technique d'un grammairien (γραμματικὸς λόγος), mais l'observation sans prétention de l'usage, étrangère à toute technique[7].

J'en ai assez dit jusqu'ici pour laisser entendre que l'attitude du gramairien analogiste sera diamétralement opposée à celle-là. Laissons parler Apollonius (*Synt.* I, § 60):

> Certains penseront pouvoir respecter la construction [correcte] sans même prendre en compte la théorie (τὸν λόγον). Ces gens-là se trouveront dans la même situation que ceux qui ne tiennent leur connaissance de la forme des mots que de l'usage (ἐκ τριβῆς), sans le renfort de la tradition [garante] de la grécité (παράδοσιν τῶν Ἑλλήνων) et de la régularité morphologique (ἀναλογίας) à laquelle ces formes sont soumises. Il se passe alors ceci : s'ils commettent une erreur (εἰ διαμάρτοιεν) sur une forme, l'incompétence qui est la leur les rend incapables de la corriger (μὴ δύνασθαι διορθοῦν τὸ ἁμάρτημα).

Ce texte met bien en évidence la position épistémologique de notre grammairien : sans le recul que permet une théorie explicite, λόγος, appuyée sur un corpus littéraire de qualité, l'observation de l'usage ne met pas, à elle seule, le *tekhnikós* en mesure de trier le bon grain de l'ivraie, d'intervenir normativement face aux *fautes*. N'en déplaise à Sextus, son presque contemporain, Apollonius sera donc le partisan résolu du γραμματικὸς λόγος. Comment va-t-il le mettre en œuvre?

En schématisant drastiquement, je dirai que sa démarche combine deux opérations :

– la première consiste dans *l'invention d'une norme* – il s'agit ici d'une opération en partie inductive, à partir des données statistiquement dominantes dans un corpus de référence, *grosso modo* la koinè alexandrine, en partie déductive, à partir de schémas logico-ontologiques hérités de la philosophie. Pour ne prendre qu'une paire d'exemples :

a) par induction à partir de l'usage, il construira les paradigmes réguliers de la flexion nominale et verbale ;

b) par déduction philosophico-logique, il établira que l'ordre naturel de la phrase transitive active est l'ordre Sujet – Verbe – Objet. Ainsi est érigé en norme de référence un noyau de régularité, réputé constituer l'armature *analogique* de la langue ; à ce niveau, la rationalité que le grammairien découvre/introduit dans la langue est sans faille, la théorie est compacte (cf. *Synt.* I, § 61 : ἡ τοῦ λόγου συνέχεια « la cohérence, la compacité du *lógos* ») :

– la deuxième opération consiste à utiliser comme *pierre de touche* l'étalon analogique ainsi institué, pour procéder à l'évaluation des écarts de toute

7 - Τοῦ τε εὖ λεγομένου καὶ μὴ κριτήριον οὐχὶ τεχνικός τις καὶ γραμματικὸς λόγος, ἀλλ' ἡ ἄτεχνος καὶ ἀφελὴς τῆς συνηθείας παρατήρησις.

nature que présente le corpus. Avec l'examen des écarts, nous découvrons un secteur capital de la théorie grammaticale antique – le domaine de la *pathologie*, domaine rigoureusement complémentaire de celui où règne l'analogie. C'est, à l'origine et en rigueur de termes, le domaine des variations dialectales, phonétiques et morphologiques[8], mais c'est aussi, par extension à la syntaxe, le domaine des figures du discours (σχήματα λόγου), c'est-à-dire de tous les tours qui, d'une façon ou d'une autre, font entorse à la stricte régularité (ellipse, pléonasme, hyperbate, énallage, etc.).

Ce qui est important ici – et sur quoi j'aimerais insister en conclusion –, c'est que, comme le suggèrent déjà les quelques noms de figures (parmi tant d'autres !) que je viens de mentionner, le domaine de la pathologie linguistique n'est rien moins qu'un immense terrain vague servant de décharge amorphe à la masse des exceptions. Tout au contraire, le zèle analogiste hors de pair des grammairiens alexandrins les a conduits à mettre de l'ordre *également* dans ce qui échappait à la norme – et on pourrait, si la clepsydre le permettait, montrer sur des exemples comment, tendanciellement, tout écart par rapport à la norme tend à être récupéré dans une sorte de *normalité pathologique*. L'oxymore que je viens d'introduire peut paraître osée, et j'y mettrais volontiers les guillemets de la vergogne, si Apollonius lui-même, dans son traité *Des adverbes* (138,28), ne parlait de πάθος ἀνάλογον pour caractériser le vocatif irrégulier ἄνα[9] du nom ἄναξ !

Voilà donc où aboutit l'entreprise de rationalisation de la langue, ou plutôt de sa description, menée par les grammairiens alexandrins. Comme l'écrit David Blank[10] pour caractériser la fonction de la « pathologie » (en syntaxe) chez Apollonius :

> The point of the procedure is *to save the basic orderliness of syntax* by showing that whatever appears *disorderly can be derived in rational fashion from the orderly* [italiques J.L.]

Avant de donner le dernier mot à Hérodien, le fils d'Apollonius, qui nous propose une belle métaphore illustrant mon propos, je souligne un profit non négligeable du dispositif théorique ANALOGIE + PATHOLOGIE ANALOGIQUE : il permet, en principe au moins, de donner un statut à la *faute*. Est fautif, et à ce titre réprouvé sans appel, un tour ou une forme qui, échappant à l'analogie primaire, ne peut être repêché dans les « filets » de la pathologie.

Car la théorie analogiste alexandrine n'est autre qu'un vaste filet à double maillage. C'est du moins ce que nous laisse entendre Hérodien (Περὶ μονήρους

8 - Cf. J. Wackernagel, *De pathologiae veterum initiis*, diss. Bâle, 1876.

9 - La disparition « pathologique » du ξ au vocatif fait entrer ἄνα dans le sous-ensemble « analogique » des vocatifs barytons de type Ὀρέστα, Θυέστα.

10 - *Ancient Philosophy and Grammar. Studies in the Syntactic Theory of Apollonius Dyscolus*, Chico, California, 1982, p. 45 (Chap. 4 $: « *Pathology and Regularity* »).

λέξεως [Sur les mots morphologiquement isolés], *Grammatici Graeci* III ii, p. 909,17) :

> L'analogie qui permet de prévoir chaque mot grec aura à connaître des mots en usage chez les Grecs, qu'il s'agisse de ceux, dans toute leur diversité, qui sont nombreux à se former de manière identique [c'est le domaine de l'analogie primaire], ou de ceux qui sont dispersés [c'est le domaine de la pathologie] : par son art, elle contiendra *comme en un filet*, dans sa diversité formelle, tout ce que la langue humaine peut émettre[11].

Je ne commenterai pas ce propos : il parle assez de lui-même. Je ferai simplement remarquer, comme je l'annonçais il y a un moment, que l'entreprise analogiste dont il résume l'ambition – entreprise qu'on pourrait qualifier de *totalitaire* dans la mesure où elle prétend rendre compte rationnellement (λόγον διδόναι), pratiquement sans reste, d'un corpus immense et extraordinairement divers – ne se signale nullement par la modestie. Cette ambition qui la caractérise – et qui parfois a été jugée délirante – n'a d'égal que le colossal effort qu'ont mis à son service, inlassablement, les grammairiens d'Alexandrie. Tant pour le projet qui fut le leur que pour la constance méthodique dont ils ont fait preuve dans sa réalisation, ces spécialistes des textes et de la langue méritent bien, tout autant que d'autres dont nous avons abondamment parlé pendant deux jours, le nom de « savants ».

11 - [...] εἴσεται τὰς παρὰ τοῖς Ἕλλησι λέξεις πῆ μὲν καθ᾽ ὁμοιότητα ἐν πλήθει ἐκφερομένας ποικίλας καθεστῶσας ἣ σπανίους ἡ πάσης λέξεως Ἑλληνικῆς πρόνοιαν ποιοῦσα ἀναλογία καὶ ὥσπερ εἰ ἐν δικτύῳ συνέχουσα τὸ πολυσχιδὲς τῆς τῶν ἀνθρώπων γλώσσης φθέγμα τῇ τέχνῃ.

Jean IRIGOIN

Les éditions de poètes à Alexandrie

Parmi les sciences exactes et les sciences appliquées qui se développent à Alexandrie au cours de la période hellénistique, fallait-il faire une place à l'édition des textes, à cette partie de la philologie que certains dénomment aujourd'hui ecdotique (*ἐκδοτικὴ τέχνη), un terme d'apparence grecque, mais ignoré des Grecs ? À cette question les organisateurs de notre rencontre ont donné une réponse positive en réservant une section à la philologie et à la critique textuelle. Une section de petite taille puisqu'elle ne compte que deux intervenants. Mais son renvoi à la fin du colloque rappelle la place que les textes scientifiques et techniques, de la fin de l'archaïsme au début de l'époque impériale, ont tenu dans la plupart des communications présentées au cours de ces journées.

En choisissant de parler ici de l'édition des textes poétiques, j'avais une double intention. D'abord rappeler comment la philologie s'est formée à partir de l'édition des poètes, et surtout du premier d'entre eux, Homère. Ensuite éviter les difficultés supplémentaires que présente la transmission des traités spécialisés confrontés aux progrès des sciences et des techniques. Certes, des parallélismes apparaissent. Les *glôssai* homériques, les formes archaïques ou dialectales remplacées par des mots plus courants ou plus récents, ont leurs équivalents dans le vocabulaire médical, comme le montre le témoignage du lexique hippocratique d'Érotien face à l'état du texte dans les papyrus d'époque romaine et dans les manuscrits byzantins. Mais plus graves et plus profondes sont les retouches apportées aux traités sous l'influence de théories nouvelles ou pour tenir compte de découvertes ultérieures. André Allard, pour les *Arithmétiques* de Diophante, et Micheline Decorps – Foulquier, pour le traité des *Coniques* d'Apollonios de Pergè, nous ont donné avant-hier d'excellents spécimens de ce processus. En m'attachant aujourd'hui à un poème de caractère didactique, je rappellerai que, dans les *Phénomènes* d'Aratos, des corrections ont été apportées au texte par l'astronome Attalos de Rhodes pour, comme celui-ci le dit dans sa préface, citée par Hipparque, « rétablir l'accord du poète avec la réalité des phénomènes »[1]. Cela se passait moins de cent ans après la

1 - Hipparque, I, 3,3 Manitius, cité par J. Martin, *Histoire du texte des Phénomènes d'Aratos*, Paris, 1956, p. 24 et n. 3.

composition du poème. L'exemple d'Attalos sera suivi, quinze siècles plus tard, par le savant Maxime Planude, qui récrira plusieurs vers, en trois passages des *Phénomènes*[2], et les substituera aux originaux pour établir un accord avec Ptolémée ; par chance, le manuscrit ainsi corrigé en marge par Planude, nous est parvenu[3]. Comme second cas, je ferai appel à une τέχνη, la rhétorique, qui ne passe pas pour scientifique à la différence de l'astronomie. La *Rhétorique à Alexandre*, transmise sous le nom d'Aristote, est attribuée depuis le XVIe siècle à Anaximène de Lampsaque, autre précepteur d'Alexandre[4]. Ce traité est représenté dans une trentaine de manuscrits grecs dont le plus ancien est du XIVe siècle. On dispose aussi de deux traductions latines indépendantes, l'une et l'autre du XIIIe siècle, donc antérieures à tous les manuscrits grecs. Enfin, en 1906, le *P. Hibeh* 26 nous a fait connaître trois fragments importants d'un même rouleau de papyrus, trouvés dans un cartonnage de momie et attribués au deuxième quart du IIIe siècle avant notre ère, entre 280 et 250 ; ils contiennent les chapitres I à IV de la *Rhétorique à Alexandre,* soit environ le dixième du traité. Ce nouveau témoin est postérieur de moins d'un siècle à la rédaction d'Anaximène (vers 340) et séparé par un millénaire et demi du plus ancien manuscrit grec et des traductions latines. Le cas est exceptionnel. L'état du texte représenté par le papyrus, avec des variations souvent importantes, nous permet d'entrevoir, comme avec le lexique d'Érotien et les manuscrits d'Hippocrate, le caractère des modifications apportées, au fil des siècles, pour moderniser un traité technique et l'adapter aux besoins des utilisateurs successifs.

À l'exception des textes didactiques, dont l'emploi réclame une mise à jour périodique, les œuvres poétiques visent à une fixité qui passe pour être le maintien de la version originelle. Le cas de l'*Iliade* et de l'*Odyssée* est privilégié à cet égard, comme j'ai eu l'occasion de le montrer dans un cours à l'École pratique des hautes études qui s'est étendu sur deux années pleines, de 1990 à 1992. Il n'est pas question d'en résumer ici les résultats. Je me contenterai d'insister sur quelques points particulièrement significatifs, un peu comme je l'ai fait, d'une manière plus large, en 1993, dans les XLe Entretiens de la Fondation Hardt sur « La philologie grecque à l'époque hellénistique et romaine », et je tenterai de montrer comment ces points valent aussi pour les autres œuvres poétiques des périodes archaïque et classique.

---

2 - Il s'agit des passages où Aratos donne la liste des constellations traversées par le Tropique du Cancer (v. 481-496), le Tropique du Capricorne (v. 501-506) et l'Équateur (v. 515-524) ; voir J. Martin, *op. cit.*, p. 295-299.

3 - C'est l'*Edimburgensis* Adv. MS. 18-7-15, décrit par I. C. Cunningham dans *Scriptorium*, 24, 1970, p. 367-368 et pl. 24.

4 - Sur l'histoire de ce texte, voir M. Fuhrmann, *Untersuchungen zur Textgeschichte der pseudo-aristotelischen Alexander-Rhetorik*, dans *Abhandl. Akad. Wiss. in Mainz*, Geistes - u. Sozialwiss. Kl., 1964, Nr. 7, p. 545-747 et 4 pl.

Premier point : de la librairie attique à la bibliothèque du Musée.

Les représentations de vases attiques, à partir du début du Ve siècle, et le témoignage des poètes comiques, d'Aristophane à Alexis, le maître de Ménandre, montrent que l'usage du livre et le commerce de librairie sont plus développés à Athènes au temps de Platon et d'Aristote qu'on ne le croyait naguère. Ce qui est vrai du livre vaut aussi pour l'érudition : les premiers recueils de γλῶσσαι, les premiers commentaires, les premières éditions, sont antérieurs à l'activité des grammairiens alexandrins. Tout un ensemble de particularités, matérielles et techniques, bien attestées dans les papyrus ptolémaïques, remonte en fait au livre attique du IVe siècle. Je citerai en particulier la copie des œuvres de prose en lignes de longueur égale à celle d'un hexamètre dactylique, le vers d'Homère servant en quelque sorte d'étalon, procédé attesté dans le commentaire d'une cosmogonie orphique vers le milieu du IVe siècle. Ce découpage est utilisé pour les totaux stichométriques libellés en notation acrophonique, système numérique inusité dans l'Orient hellénistique et témoignant à sa manière de la persistance de la tradition attique dans l'histoire du livre grec, tout comme les chiffres romains ont été utilisés pendant des siècles pour dater les livres imprimés en Occident. Une autre particularité est la conséquence d'une contrainte technique, la capacité du rouleau de papyrus. Au IVe siècle, et pour longtemps, le rouleau commercial est fait de vingt rectangles de papyrus collés bout à bout par le côté le plus long ; il contient une tragédie ou une comédie entière. Cette capacité, qui sera aussi celle des rouleaux hellénistiques, ne correspond pas à la longueur des chants de l'*Iliade* et de l'*Odyssée*, beaucoup plus courts et dont le découpage a des chances de remonter plus haut, au-delà, selon moi, du temps des Pisistratides[5].

Le Musée d'Alexandrie une fois fondé, dans les premières années du IIIe siècle, la bibliothèque qui était annexée à ce sanctuaire des Muses s'enrichit rapidement grâce aux libéralités des premiers Ptolémées. Les ouvrages ainsi acquis dans une certaine hâte, il fallait les identifier ou les authentifier, les classer méthodiquement et, toutes les fois qu'on disposait de plusieurs exemplaires, confronter ceux-ci et comparer leurs variantes afin d'aboutir à un texte unifié destiné à devenir unique parce que jugé conforme à l'original. Telle fut la tâche dévolue à Zénodote d'Éphèse, le premier bibliothécaire du Musée, mort vers 260.

Certains de ces problèmes s'étaient déjà posés à Athènes. D'abord pour l'édition des trois grands tragiques, dont une copie officielle fut établie à l'initiative de Lycurgue, entre 338 et 326, afin d'éviter que les acteurs ne modifient le texte à leur gré. Et surtout pour la bibliothèque d'Aristote, une bibliothèque

5 - Ce qui implique, pour l'exemplaire parvenu à Athènes, que la division en chants a été faite en un lieu où l'alphabet ionien de 24 lettres était déjà en usage.

exceptionnelle de documentation et de travail. Le philosophe avait résolu les problèmes que posait son usage, et c'est à bon droit que Strabon (XIII, 608-609) déclare que le classement de la bibliothèque d'Aristote a servi de modèle, par l'intermédiaire de quelques-uns de ses disciples, à l'ordonnance de ce qu'il appelle « la bibliothèque des rois d'Égypte ». Parmi ces disciples, Démétrios de Phalère tient la première place. C'est lui, semble-t-il, qui a suggéré à Ptolémée Ier Sôtêr la fondation du Musée ; c'est lui qui a convaincu le souverain de l'importance d'une bibliothèque rassemblant toutes les connaissances et mise à la disposition des savants de toute origine. Si Callimaque est né trop tard pour avoir été le disciple d'Aristote, c'est dans les *Didascalies* de ce dernier qu'il a trouvé pratiquée pour la première fois la méthode dont il étendra les applications à l'ensemble de la littérature grecque archaïque et classique (πᾶσα παιδεία) ; ses *Pinakes* (« Tableaux ») en 120 livres (autrement dit 120 rouleaux de papyrus tels qu'ils ont été définis plus haut) constituent le premier ouvrage de bibliographie générale, et même de biobibliographie[6].

En relation étroite avec ce travail de recensement, de classement et d'authentification, Zénodote a dirigé l'édition des textes poétiques. Il s'était chargé d'Homère, de l'épopée en général, y compris Hésiode, et de la poésie lyrique, se faisant assister, pour la poésie dramatique, de deux pensionnaires du Musée qui étaient eux-mêmes des poètes : Alexandre d'Étolie pour la tragédie et le drame satyrique, Lycophron de Chalcis, l'auteur d'*Alexandra*, pour la comédie.

Deuxième point : l'édition d'Homère.

Commençons avec ce que nous connaissons le mieux, l'édition d'Homère. Elle est fondée sur des livres de provenances diverses, parmi lesquels Zénodote a privilégié une recension d'origine attique à laquelle j'ai déjà fait allusion. Le texte adopté par l'érudit alexandrin peut, dans l'ensemble, être qualifié de prudent : les vers manifestement intrus, attestés par un très petit nombre de témoins, sont expulsés ; mais tous ceux sur l'authenticité desquels on pouvait hésiter à l'époque sont maintenus en place. En simplifiant, je dirai que les principes critiques mis en œuvre par Zénodote[7] sont les suivants : Homère ne se répète pas ; Homère ne se contredit pas ; Homère ne dit rien d'invraisemblable. La prudence critique de Zénodote se manifeste par l'emploi d'un signe, l'*obel* (ὀβελός « broche »), un trait horizontal tracé à la gauche du vers concerné

6 - R. Blum, *Kallimachos und die Literaturverzeichnung bei den Griechen. Untersuchungen zur Geschichte der Bibliographie*, dans Archiv *für Geschichte des Buchwesens*, 18, 1977, col. 1-360.

7 - On en trouvera une analyse détaillée dans K. Nickau, *Untersuchungen zur textkritischen Methode des Zenodotos von Ephesos*, Berlin – New York, 1977.

pour avertir le lecteur que, au jugement de l'éditeur, l'authenticité homérique en est douteuse ; mais le lecteur reste libre d'en décider pour son propre compte, ce qui n'était pas le cas pour les vers expulsés du texte. L'édition ainsi établie et fournie d'*obels* sera le fondement des travaux de deux successeurs de Zénodote à la direction du Musée, Aristophane de Byzance (mort vers 180) et Aristarque de Samothrace (mort vers 145). Elle deviendra rapidement la vulgate d'Homère dans toute l'Égypte : dès le milieu du IIe siècle, juste avant la mort d'Aristarque, les papyrus présentent un texte uniforme qui contraste avec le texte « sauvage » des livres antérieurs à cette date[8]. Le succès de la vulgate issue des premiers travaux alexandrins est remarquable par sa rapidité et par son caractère exclusif.

La prudence de Zénodote sera imitée par ses deux successeurs pour ce qui est du *numerus uersuum*. Le développement d'un système de signes marginaux à partir de l'*obel* montre que ceux-ci sont appliqués à un texte de base – la vulgate homérique de Zénodote – dont Aristophane de Byzance et Aristarque, chacun à son tour, critiquent ici et là les leçons. Dans leurs commentaires, les deux érudits faisaient connaître variantes et conjectures[9], les signes critiques servant à la fois d'indications sommaires et d'appels de notes renvoyant au commentaire. Je mentionnerai ici quelques-uns de ces signes, en rappelant leur fonction. L'*obel*, qui indique une athétèse, a déjà été vu à propos de Zénodote. L'*astérisque* indique que le vers est authentique, mais a été répété abusivement ailleurs ; joint à l'*obel*, il indique que le vers est authentique ailleurs, mais a été répété abusivement là où il est ainsi signalé. La *diplè* joue le rôle d'un appel de note, sans spécification particulière ; mais, si elle est pointée, elle signale une différence textuelle entre Aristarque et Zénodote. Sur ces signes et sur d'autres, nous possédons les extraits du traité d'Aristonicos, grammairien du temps d'Auguste, que donne le *Venetus A* de l'*Iliade*. Un papyrus du premier siècle avant notre ère (*P. Oxy.* 1 086), antérieur à l'activité d'Aristonicos, donne une bonne idée du fonctionnement des signes[10] : dans le commentaire (ὑπόμνημα) du chant B de l'*Iliade*, le signe qui se trouvait à la gauche du vers dans le rouleau du texte est répété quelquefois et précède le passage concerné recopié en entier ; c'est beaucoup plus que le lemme des manuscrits médiévaux, réduit aux premiers mots, et exigeant donc un recours immé-

8 - S. West, *The Ptolemaic Papyri of Homer*, Köln, 1967.

9 - Pour Aristophane de Byzance, voir W. J. Slater, *Aristophanis Byzantii Fragmenta*, Berlin-New York, 1986 (p. 175-203 : « Recensio Homerica »). Pour Aristarque, le livre de K. Lehrs, *De Aristarchi studiis homericis*, 3e éd. par A. Ludwich, Lipsiae, 1882, reste toujours valable (p. 328-343 : « De criticis Aristarchi rationibus ») ; voir aussi D. Lührs, *Untersuchungen zu den Athetesen Aristarchs in der Ilias und zu ihrer Behandlung im Corpus der exegetischen Scholien*, Hildesheim, 1992.

10 - Le papyrus est reproduit dans H. Erbse, *Scholia graeca in Homeri Iliadem* (*Scholia vetera*), vol. I, Berolini, 1969, pl. II ; le texte qu'il porte, correspondant aux v. 751-827 du chant B, est édité aux p. 164-174 du même volume.

diat au texte, recours aisé avec les scholies marginales mais exclu dans la présentation du rouleau, d'où la reprise nécessaire du passage entier dans le commentaire.

Il ne faut donc pas se représenter les éditions d'Aristophane de Byzance et d'Aristarque comme une série de rouleaux contenant *leur* texte d'Homère, comme les *Homeri opera* de Th. W. Allen, l'*Iliade* de Paul Mazon, l'*Odyssée* de P. Von der Mühll ou les deux éditions récentes de H. van Thiel. Ce n'est pas sans raison que des mots comme ἔκδοσις « édition » ou διόρθωσις « recension » sont des noms d'action, alors que le nom du commentaire (ὑπόμνημα) et celui du traité ou de la monographie (σύγγραμμα, σύνταγμα) sont des substantifs neutres en -μα qui, « dans le grec historique, ont servi à exprimer le résultat de l'action verbale »[11] ; dans un ὑπόμνημα, on trouve des remarques qui relèvent aussi bien de l' ἐξήγησις que de la διόρθωσις. Certains se sont étonnés de l'influence réduite exercée par Aristarque sur la vulgate homérique d'époque romaine, que des centaines de papyrus nous font connaître. Il n'y a pas lieu d'en être surpris. Et s'il arrive que des manuscrits byzantins d'Homère présentent de façon sporadique des leçons aristarchéennes dans leur texte, il faut voir là l'influence du commentaire marginal où copistes et réviseurs peuvent puiser, à leur gré, des conjectures alexandrines.

J'ai parlé de la prudence de Zénodote et de ses successeurs devant le texte homérique transmis. Il s'agit en fait plus de respect que de prudence. L'attitude de Zénodote sera la même face aux textes lyriques, comme les odes chorales ; et ses collaborateurs, Alexandre d'Étolie et Lycophron, l'imiteront pour les parties chantées des œuvres dramatiques.

Troisième point : l'édition des poèmes lyriques et des chants dramatiques.

Une preuve de ce respect est fournie par Aristophane de Byzance à qui remonte, en définitive, la présentation de tous les textes de caractère lyrique. Au IVe siècle et au début du IIIe siècle, comme en témoignent les papyrus ptolémaïques, les grands vers lyriques, de facture libre, paraissent écrits comme de la prose[12]. Aristophane les a découpés en éléments plus courts, des *côla* « membres » ; il en a fait la colométrie, c'est-à-dire qu'il a adopté le même découpage pour les vers de deux ou plusieurs strophes construites sur le même

11 - P. Chantraine, *La formation des noms en grec ancien*, Paris, 1933, p. 183.

12 - Sur la présentation des textes lyriques en lignes longues dans les *Perses* de Timothée et dans les papyrus dramatiques du IIIe siècle, notamment ceux qui comportent une partition musicale (*Oreste* et *Iphigénie à Aulis* d'Euripide), je ne peux que renvoyer à ce que j'en ai dit dans mon cours du Collège de France (*Annuaire du Collège de France* 1991-1992, Paris, 1992, p. 720).

schéma métrique. Cette opération lui a permis de découvrir dans la IIe *Olympique* de Pindare un élément intrus, le *côlon* 48 : dans l'énumération des dieux qui aiment Sémélé, quelqu'un avait inséré, entre Pallas et Zeus, les Muses : φιλέοντι δὲ Μοῦσαι ; c'était un fidèle des Muses, mais pas nécessairement un pensionnaire du Musée. Zénodote avait édité le passage sans rien y changer. L'interpolation a été décelée par Aristophane de Byzance lorsqu'il a établi la correspondance antistrophique[13]. Il a donc athétisé le *côlon* mais, comme Zénodote, il l'a maintenu dans le texte. Le *côlon* condamné est resté en place pendant un millénaire et demi ; c'est seulement au début du XIVe siècle qu'un grammairien byzantin, Démétrios Triclinios, l'en a expulsé.

La colométrie des œuvres lyriques présentait un autre avantage, celui de permettre, dans le rouleau de papyrus, une mise en colonnes adaptée à ce type de texte. En effet les grammairiens alexandrins ont toujours cherché à tirer le meilleur parti des possibilités et des contraintes offertes par la forme et la capacité du rouleau.

D'abord en ce qui concerne la mise en colonnes, l'équivalent de la mise en pages dans le codex, forme du livre qui n'apparaîtra que beaucoup plus tard. L'emploi de plusieurs types de vers de longueur inégale dans les parties non lyriques des œuvres dramatiques (trimètre iambique, tétramètres divers, systèmes anapestiques) a entraîné, peut-être déjà dans le livre attique du IVe siècle, des différences d'alignement mettant en évidence le changement de mètre et la nature de ce dernier. Pour les parties chantées, la division en *côla* entraînait un autre alignement, en retrait par rapport aux stiques du dialogue, avec une colonne plus étroite, relativement régulière. On sait que le retour aux vers lyriques, de longueur très inégale, ne se fera qu'au début du siècle dernier, avec l'édition de Pindare procurée par August Bœckh.

Un des avantages du rouleau de papyrus était de permettre la réunion d'un ensemble d'œuvres courtes, telles les odes dont il vient d'être question. Mais cet avantage avait sa contrepartie : l'ensemble ainsi constitué devait correspondre à la capacité du rouleau, sans être ni trop court ni trop long. Ainsi s'explique la variété des groupements adoptés par Aristophane de Byzance. Les épinicies, ces chants glorifiant les vainqueurs aux grands jeux de la Grèce, admettent, selon leur nombre, un classement différent. Celles de Bacchylide, peu nombreuses, sont réunies en un seul livre. Pour Pindare, elles sont réparties en quatre livres, *Olympiques, Pythiques, Isthmiques* et *Néméennes*[14], correspondant aux quatre grands jeux de la Grèce, classés dans l'ordre de leur fondation. Beaucoup plus nombreuses, celles de Simonide sont classées selon le

13 - *Schol.* Ol. II 48c (p. 73, 5-6 Drachmann).

14 - Dans le passage du *volumen* au *codex*, type de livre dont la capacité est beaucoup plus grande, les deux derniers rouleaux des épinicies de Pindare ont été intervertis, les *Isthmiques* fermant le recueil (cf. *Histoire du texte de Pindare*, Paris, 1952, p. 100).

type d'épreuve, ce qui représente une douzaine de livres. Chaque fois, c'est la capacité du rouleau qui entraîne une solution différente. En d'autres termes, c'est le rouleau qui contraint l'éditeur à chercher et à trouver un classement particulier, adapté à l'extension de cette partie de l'œuvre.

Le problème ne se posait pas pour la poésie dramatique, où une partie du travail critique sera d'ailleurs simplifiée par l'usage de l'exemplaire authentique des trois grands tragiques, établi à Athènes même à l'initiative de Lycurgue. Malgré des variations sensibles, le nombre des vers d'une tragédie, d'un drame satyrique ou d'une comédie correspondait au contenu d'un rouleau. Les libraires d'Athènes en avaient tenu compte et les éditeurs alexandrins n'ont fait que suivre leur exemple. Chaque pièce tenant sur un rouleau, les tétralogies ont été dissociées en quatre éléments. Pour chaque genre dramatique, Callimaque a adopté un classement alphabétique, d'après l'initiale de leur titre, des pièces de chaque auteur. C'est pourquoi une seule trilogie tragique liée, l'*Orestie* d'Eschyle, est parvenue jusqu'à nous. On notera que les poètes alexandrins du IIIe siècle ont tenu compte de cette donnée technique. Pour utiliser au mieux la capacité du rouleau, Apollonios de Rhodes, qui dirigea la bibliothèque du Musée avant Ératosthène et Aristophane de Byzance, a donné aux quatre chants de ses *Argonautiques* un nombre de vers (de 1285 à 1781) équivalant à ceux d'une tragédie ; Lycophron en a fait de même avec son *Alexandra* (1 474 vers).

Le rôle joué par Aristophane de Byzance ne s'est pas limité au classement des œuvres lyriques et à leur découpage en *côla*. Ce grammairien est aussi à l'origine d'un jeu de signes destinés à indiquer les limites des strophes et à préciser la composition du poème lyrique : la *paragraphos*, un trait horizontal identique à l'*obel* mais placé à droite du dernier vers de la strophe, indique la fin de cet élément dans une ode triadique ; la *corônis*, une *paragraphos* ornée à l'une de ses extrémités, marque la fin d'une triade ou la fin d'une strophe dans une ode monostrophique ; l'*astérisque*, placé à la fin de toute ode, indique à la fois la fin d'un poème et le début du suivant. Ces signes sont en relation avec la forme et la composition du poème lyrique.

Enfin, Aristophane a mis au point deux systèmes de signes relatifs le premier à l'accentuation des mots, le second à la durée métrique de certaines syllabes. L'un et l'autre sont assez bien représentés dans quelques papyrus de poètes lyriques. Pour l'accentuation, les trois signes, aigu, grave et circonflexe (association d'un aigu et d'un grave), sont utilisés dans deux cas : pour lever une ambiguïté dans un texte en *scriptio continua*, et pour noter des particularités dialectales d'accentuation. Le système des deux signes métriques, utilisés pour noter les syllabes brèves ou longues et non les durées vocaliques, a pour but, lui aussi, d'éviter les ambiguïtés : dans une forme nominale se terminant par la diphtongue écrite AI, le signe de brève indique un nominatif pluriel, le signe de longue un datif singulier.

Conclusion :

Au terme de cette présentation rapide, on peut mesurer ce qu'a été, dans le domaine de l'édition, l'activité des grammairiens alexandrins. En moins d'un siècle et demi, de la fondation du Musée à la mort d'Aristarque, toute la littérature grecque des époques archaïque et classique est passée entre leurs mains. Certes, quelques pertes s'étaient déjà produites, mais ce n'était rien à côté de ce qui disparaîtra dès avant la fin de l'antiquité. Ce n'est pas ici le lieu de le déplorer. Il vaut mieux admirer avec quel soin, avec quel respect du texte transmis, de Zénodote à Aristarque, les grammairiens alexandrins ont travaillé, aussi bien dans leurs éditions que dans leurs commentaires. Certes, lorsqu'ils se sont trouvés devant des exemplaires d'Homère si différents, ils n'ont pas appliqué les règles de Lachmann ni cherché à établir un stemma. Mais, comme le montre l'usage de l'*obel*, ils ont cherché à ne rien faire d'irrémédiable, d'irréversible, appliquant le précepte donné aujourd'hui aux restaurateurs d'œuvres d'art. Cette précaution nous permet, après plus de deux millénaires, de contourner l'édition alexandrine – qu'il s'agisse d'Homère, des poètes lyriques ou des auteurs dramatiques – et de nous rapprocher un peu plus de l'état original du texte, but ultime de tout éditeur.

Christian Jacob

Questions ouvertes

Le Colloque international organisé par Gilbert Argoud et Jean-Yves Guillaumin a incontestablement atteint l'un de ses objectifs, qui était de dresser un état des lieux des recherches en cours dans les différents champs des sciences alexandrines, de confronter les disciplines, les corpus et les approches.

On voudrait ici dérouler quelques fils conducteurs qui nous ont semblé relier plusieurs des interventions présentées et appeler des prolongements à l'avenir. Davantage que de conclusions, il s'agit de formuler quelques propositions programmatiques sur ce que pourraient être les futurs axes d'une réflexion commune.

L'une des questions « transversales » sous-jacentes à un grand nombre des communications de ces journées est le statut de ce que nous entendons aujourd'hui comme « science » dans le monde antique. Les textes ici réunis explorent des traditions scientifiques dont certaines sont fortement organisées – les mathématiques, la mécanique, la médecine, la géographie, l'astronomie, la philologie. Et les études de cas et de corpus présentées lors du Colloque montrent la grande diversité des problématiques, des instruments conceptuels, des méthodes mis en œuvre dans ces différentes disciplines. Ces dernières années ont vu un important développement des recherches sur la philosophie hellénistique, en particulier sur les conceptions de la science et de la connaissance – tout ce qui relève de l'épistémologie[1]. Il faudrait sans doute à l'avenir ouvrir un plus large dialogue entre historiens de la philosophie et historiens des sciences hellénistiques. Les avantages d'un tel rapprochement seraient multiples : chacune des grandes écoles philosophiques du monde gréco-romain a eu son propre discours, ses propres conceptions sur les sciences,

1 - Citons par exemple M. Schofield, M. Burnyeat et J. Barnes (ed.), *Doubt and Dogmatism. Studies in Hellenistic Epistemology*, Oxford, Clarendon Press, 1980 ; J. Brunschwig, M.F. Burnyeat et M. Schofield (ed.), *Science and speculation. Studies in Hellenistic Theory and practice*, Cambridge/Paris, 1982 ; *Le scepticisme antique. Perspectives historiques et systématiques. Actes du colloque international sur le scepticisme antique*, Université de Lausanne, 1-3 juin 1988, sous la direction de A.- J. Voelke, Genève/Lausanne/Neuchâtel, Cahiers de la Revue de Théologie et de Philosophie, 1990. Ces différents courants de recherche sont présentés de manière synthétique dans J. Brunschwig, G.E.R. Lloyd et P. Pellegrin (ed.), *Les savoirs grecs*, Paris, Flammarion, 1996.

ainsi que, plus généralement, sur les fondements de la connaissance, son « critère ». Nombre des savants de l'époque hellénistique ont eu une formation philosophique, voire ont exercé leur activité scientifique dans le cadre d'une école philosophique – école aristotélicienne, Stoïcisme, Académie. On sait du reste le rôle paradigmatique du Lycée d'Aristote dans les fondations culturelles des Lagides à Alexandrie, que ce soit pour le concept même du Musée ou l'organisation de sa bibliothèque. Réciproquement, les écoles philosophiques ont toutes interrogé les sciences et leur ont parfois lancé de redoutables défis – le défi sceptique, par exemple. La philosophie antique a aussi élaboré, comme l'a montré Ilsetraut Hadot[2], un cadre général d'organisation des sciences, une réflexion sur leur hiérarchie et ce qui peut les unifier, sur leur articulation, sur le type de cursus intellectuel qui permettait de les parcourir dans le cadre d'un cycle d'éducation et pouvait constituer une propédeutique à la sagesse.

Une étape essentielle dans une telle réflexion épistémologique serait de se demander comment les savants eux-mêmes, à travers les textes conservés, manifestent une conscience, une réflexion épistémologique, méthodologique et critique sur leur propre pratique. Par exemple, peut-on repérer, et sous quelles formes, le sentiment d'appartenir à une communauté de spécialistes partageant les mêmes intérêts, le même projet intellectuel ? Ce sentiment d'appartenance pouvait être non seulement synchronique, mais aussi historique : Alexandrie, poursuivant en cela des réflexions élaborées dans l'école d'Aristote à Athènes, est un lieu où l'on reconstitue la généalogie des différentes disciplines, où l'on évalue l'œuvre de ses prédécesseurs et où l'on définit d'une certaine façon le statut de son propre travail, de sa propre contribution par rapport à une bibliothèque disciplinaire. Selon que l'on est, par exemple, un mathématicien, un astronome, un historien, un médecin, un philologue ou un géographe, ce positionnement par rapport à la discipline et aux prédécesseurs ainsi que par rapport à la bibliographie peut revêtir des formes différentes – la critique, la rectification, la continuation, le complément, la reformulation, l'acceptation d'un corpus de théorèmes et d'axiomes. Ces différentes stratégies intellectuelles qui organisent le rapport que l'on pouvait avoir à la tradition ont pour effet de rendre explicites les fondements épistémogiques de la discipline concernée, son identité et ses objets, ses procédures de validation, les règles déontologiques qui encadraient la relation aux sources et aux prédécesseurs. Elles invitent aussi à réfléchir sur la manière dont une science pouvait devenir cumulative, s'organiser en corpus, être animée par un progrès et dirigée vers un *télos*, s'organiser en tradition, avec des modalités spécifiques d'enseignement et de transmission du savoir. Par exemple, comment un philologue alexandrin se situe-t-il par rapport aux éditions de ses prédécesseurs ? Pourquoi la

2 - I. Hadot, *Arts libéraux et philosophie dans la pensée antique*, Paris, Études Augustiniennes, 1984.

Géographie d'Ératosthène constitue-t-elle non pas le point de départ d'une « École alexandrine de cartographie », mais d'une tradition géographique qui va revêtir des formes diverses, avec Hipparque, Poseidonios, Polybe et Strabon, jusqu'à ce que Marin de Tyr et Ptolémée donnent à la cartographie une autonomie et un statut technique nouveaux ?

Ce regard réflexif des savants sur leur pratique et sur la science elle-même, nous devons naturellement le rechercher dans tous les textes où ils commentent, introduisent, expliquent leur démarche (ou critiquent celles des autres), en définissent les acquis, la visée et les méthodes. Les deux premiers livres de la *Géographie* de Strabon, par exemple, sont, de ce point de vue, une source privilégiée. Le rapport aux prédécesseurs, quant à lui, s'exprime dans les commentaires, dans la sélection et l'exploitation des sources, dans la citation et les manifestations de l'autorité, ainsi que dans les controverses, dont G.E.R. Lloyd a souligné le rôle central dans la manière dont les savants Grecs se comportaient les uns envers les autres.

Il serait ici essentiel de réfléchir sur le statut des formes discursives et éditoriales qui assuraient la production, l'archivage et la communication de ces savoirs. Quel est le statut du texte savant à Alexandrie ? Que peut-on savoir des formes orales du travail scientifique (conférences, discussions, débats) ? A quel public étaient destinés les livres scientifiques ? Quel fut l'impact des bibliothèques du monde hellénistique et gréco-romain dans ce processus ? Les données de la papyrologie, puis de la codicologie sont ici essentielles, notamment par ce qu'elles nous apprennent sur les techniques éditoriales des textes scientifiques et philosophiques, sur l'usage, parfois, de figures et d'illustrations. Question centrale, aussi bien pour l'astronomie et la géographie que pour toutes les sciences naturelles et la médecine (que l'on pense par exemple à Galien, à qui nous devons tant d'indications sur les techniques éditoriales et les modes de circulation des livres). L'approche technique du livre scientifique devrait s'accompagner d'une réflexion sur les modes de diffusion du savoir, sur la dimension socio-culturelle de ce processus, sur les usages éditoriaux qui conduisent, par exemple, à abréger, à compiler et à vulgariser de grandes œuvres scientifiques et philosophiques : les *Météorologiques* et le *Sur l'Océan* de Poseidonios, par exemple, firent l'objet d'abrégés de la part de Géminos et d'Athénodore de Tarse. Les *Phénomènes* d'Aratos par rapport à l'astronomie d'Eudoxe et la *Périégèse de la Terre habitée* de Denys par rapport à la *Géographie* d'Ératosthène ou au *Sur l'Océan* de Poseidonios sont des témoins parmi d'autres de l'adaptation d'un champ scientifique à un public non spécialisé : cette adaptation implique la perte de l'apparat technique et le gain d'une dimension nouvelle, esthétique, philosophique. La traduction en latin constitue une autre phase essentielle de la transmission scientifique (citons par exemple la traduction par Cicéron des *Phénomènes* d'Aratos, les adaptations de la *Périégèse* de Denys par Avienus et Priscien).

Parallèlement à ce questionnement sur la nature de la science, sa perception et ses fondements philosophiques, ainsi que sur les formes techniques de sa diffusion, le colloque de Saint-Étienne me semble avoir ouvert un autre chantier important pour des recherches futures. L'ensemble des interventions réunies ici invite à réfléchir sur les différentes formes du regard scientifique, sur ce que pouvaient être un regard expert et technique, des procédures spécialisées d'observation et de lecture. Pensons au médecin, au mécanicien et au technicien (construire, utiliser des modèles réduits et des figures), au géomètre (qu'est-ce que tracer des figures ? Quelles sont les opérations intellectuelles, les formes de discours qui s'appuient sur ces dessins ?), au philologue (qu'est-ce qu'une lecture critique ? Une lecture comparée de plusieurs textes ? Une lecture qui s'arrête sur le mot, sur le vers, sur l'épisode, sur la totalité de l'œuvre), au grammairien et au lexicographe (le regard sur les usages de la langue, sur les formes dialectales), le regard du géographe (que montrait au juste une carte ? Quel était le statut de cette image ?) et de l'astronome (qu'est-ce regarder une sphère armillaire ? ou lire le catalogue des étoiles et de leurs positions ?).

La pratique scientifique alexandrine inviterait ainsi à réfléchir sur les seuils de transformation successifs, les paliers intellectuels qui conduisent de l'observation empirique à la « vue de l'esprit », de l'observation *de visu* à la constitution (ou à la consultation) d'un corpus d'évidences, de cas analogues, de précédents, de parallèles qui, par leur accumulation même, invitent à généraliser le discours, à proposer des théories au fort pouvoir explicatif, comme le firent par exemple Straton et Ératosthène à propos des bassins maritimes ou comme le font les médecins à partir des observations cliniques. Mais il y aussi les relais techniques de la vision, ce qui permet de matérialiser l'invisible : les sphères célestes, les cartes, les modèles réduits, les figures scientifiques, les métaphores, autant d'instruments qui instaurent une dialectique complexe entre le visible, l'invisible et l'intelligible, entre ce que l'on voit et la compréhension intellectuelle d'un objet, d'un espace, d'un processus ou d'une loi physique invisibles au regard empirique. Il serait, dans cette perspective, intéressant d'appliquer aux sources gréco-romaines l'éclairage des réflexions et des travaux sur l'illustration scientifique et les visualisations dans l'histoire de la science occidentale[3].

Outre ces différents regards, il conviendrait aussi d'étudier la constitution de langages plus ou moins techniques et spécialisés, les modes de circulation et d'usage de ces lexiques. Les ingénieurs alexandrins, on l'a vu, dispo-

3 - Une bonne introduction à ces problématiques : le numéro spécial de la revue *Culture technique*, 14, 1985, sur le thème « Les « Vues » de l'Esprit ». Voir aussi M. Lynch et S. Woolgar (ed.), *Representation in Scientific Practice*, Cambridge, Mass., MIT, 1990 ; E.R. Tufte, *Envisioning Information*, Cheshire Connecticut, Graphic Press, 1990 ; E.S. Ferguson, *Engineering and the mind's eye*, Cambridge, Mass., MIT, 1992.

saient d'un langage technique, permettant d'expliquer les étapes de montage d'une machine et les modalités de son fonctionnement. De même le mathématicien et le géomètre – les *Éléments* d'Euclide contribuent à fixer un corpus de définitions et un langage. Mais la science alexandrine témoigne aussi de la manière dont un langage peut être exporté d'une discipline à l'autre, où, le cas échéant, il peut jouer un rôle opératoire et heuristique. Ainsi de la mécanique à la médecine (comme en témoignent Andréas de Caryste et Nymphodore) ou encore de la philologie à la géographie. L'observation de la constitution de ces terminologies, de leurs mutations et de leurs transferts, et, dans certains cas, de leur efficacité métaphorique, apportera certainement un éclairage nouveau sur les sciences du monde gréco-romain[4].

L'une des étapes à venir du travail collectif qui a été si bien entamé dans cette rencontre du Centre Jean-Palerne pourrait être de réfléchir sur les sciences dans le monde antique en essayant de surmonter provisoirement les clivages disciplinaires et les nécessaires investigations techniques propres à chaque domaine pour accéder à une approche plus globale et dynamique.

Approche globale qui devrait d'abord définir les cadres, le contexte des sciences antiques : sciences et culture, sciences et société, sciences et pouvoir politique, sciences et institutions. En quoi Archimède, Euclide, Ératosthène, Aristarque de Samos, Zénodote d'Éphèse ou Hérophilos s'insèrent-ils dans une culture, dans une société, dans un moment historique qui, selon des modalités multiples et des nuances propres à chaque discipline, exercent une influence sur l'organisation de leur activité intellectuelle, sur les instruments méthodologiques mis à leur disposition, sur les ressources (bibliographiques, humaines, financières...) et les moyens logistiques disponibles ? En d'autres termes, qu'est-ce qui les enracine dans le terreau culturel d'Alexandrie et les différencie radicalement de leurs collègues de l'Académie des Sciences de la France moderne ?

Approche globale, qui pourrait ensuite observer des clivages multiples, des traits différentiels entre disciplines, et parfois à l'intérieur même d'une discipline au cours de son évolution et entre ses différents représentants, par exemple en ce qui concerne les usages de l'écriture et du traité, le rôle des controverses, les conceptions de l'erreur et de la vérité, ce qui permet d'éviter ou de corriger la première pour parvenir à la seconde, le statut de l'expérience, de la preuve et de la vérification, etc. Ainsi serait-il possible de dégager les influences d'un champ à l'autre, voire la valeur paradigmatique d'un champ particulier qui, à un moment déterminé, est susceptible d'offrir aux autres des

4 - Tel est notamment le projet de l'Associazione internazionale lessicografica sulla litteratura scientifica e technica greca e latina. Voir S. Sconocchia e L. Toneatto (ed.), *Lingue tecniche del greco e del latino (Atti del 1o Seminario internazionale sulla letteratura scientifica greca e latina)*, Università degli studi di Trieste, 1993.

modèles, un cadre épistémologique, un lexique, des concepts opératoires, voire une légitimation.

Transferts, influence, interaction, jeux de présupposition : il conviendrait de s'attacher à l'étude des processus dynamiques qui sous-tendent l'histoire des sciences de l'Antiquité. Nombre des communications réunies ici ont abordé, directement ou incidemment, les sciences alexandrines du point de vue des processus de transmission, dans le cadre d'une histoire intellectuelle et culturelle beaucoup plus large. Nous avons aussi souligné les dynamiques qui conduisent des traités à leurs abrégés, des traités à leurs commentaires. Ces processus conduisent du monde hellénistique aux mondes romain, byzantin et islamique, et par delà, à l'Occident médiéval, à l'Occident de la Renaissance et de l'Âge classique. Il s'agirait ainsi d'étudier les sciences antiques comme un ensemble de traditions, avec des formes successives, culturellement déterminées, de réception, d'interprétation, de transformation ; d'identifier les ressources savantes et intellectuelles qui ont été mobilisées aux différentes étapes de cette histoire, et qui passent par les opérations de l'édition des textes, de leur traduction, de leurs commentaires. Une telle histoire éclairerait sans aucun doute les modalités de notre propre lecture des textes scientifiques de l'Antiquité, au fil d'une tradition savante qui a contribué à en façonner (et parfois à en obscurcir) l'intelligibilité. Elle pourrait incidemment prendre la forme d'une histoire de l'histoire des sciences, où les différentes phases d'évaluation, d'interprétation et de reconstruction refléteraient les intérêts, et parfois les *a priori* directement liés à la culture et à l'époque de l'historien.

Les textes réunis dans ce volume, sous la direction de Gilbert Argoud et Jean-Yves Guillaumin, partagent déjà ce triple projet intellectuel, comprendre et évaluer les différents champs scientifiques du monde gréco-romain, réfléchir sur les genres de connaissances ainsi construits, et mettre à l'épreuve les différentes options méthodologiques offertes à l'historien contemporain confronté à des corpus de textes souvent complexes, qui posent des problèmes spécifiques y compris dans leur matérialité même. Pouvons-nous ajouter un dernier défi à la difficulté, déjà grande, de la tâche ? Le défi comparatiste, où de nouvelles questions, de nouvelles idées pourraient naître de la confrontation dynamique et contrastive entre les sciences du monde gréco-romain et celles, par exemple, des mondes de la Chine et de l'Islam ancien[5].

5 - Perspective brillamment développée, depuis plusieurs années, par G.E.R. Lloyd. Voir *Adversaries and Authorities. Investigations into ancient Greek and Chinese Science*, Cambridge University Press, 1996 et, à paraître, *Tao and Logos*, écrit en collaboration avec N. Sivin.

Résumés des communications

Amal Abou Aly, « Testing Women's milk » :

No attention has before been given to the tests which were conducted over woman's milk by Mnesitheus of Cyzicus and Soranus of Ephesus. Their interest in making these experiments was utilitarian, i. e. in order to select the nurse whose milk is good for the baby. This paper studies these tests and sheds some light on points of correspondence and difference between both writers. It also compares their accounts with Galen's theoretical account. Amid the senses which were used to decide the milk quality I shall be stressing the value of observation in particular. I shall be examining which elements the doctors looked at in woman's milk, and how typical or different was their interest from Galen's interest in another human product (urine).

Josèphe-Henriette Abry, « Les *anaphorai* des signes du zodiaque dans les écrits astrologiques » :

Les temps que mettent les signes du zodiaque à se lever au-dessus de l'horizon représentent une question importante en astrologie : on doit connaître précisément le signe (appelé *Horoscope* ou *Ascendant*) et même le degré de l'écliptique qui pointe à l'horizon au moment d'une naissance car la disposition de la géniture en dépend et, selon sa nature, le signe ascendant détermine non seulement les aptitudes diverses et les mœurs de l'enfant qui naît, mais aussi la durée de vie qui lui est allouée, en un mot : sa destinée.

Les astrologues appliquent donc dans leur *praxis* un domaine précis de l'astronomie mathématique : le calcul des temps d'ascension des signes du zodiaque, temps qui varient selon la latitude terrestre. C'est à Alexandrie, au IIe s. av. J.-C., qu'Hypsiclès formule la méthode de calcul empruntée aux fonctions linéaires des mathématiques babyloniennes ; c'est à Alexandrie aussi que s'élabore, peu après, le manuel astrologique mis sous les noms fabuleux de Néchepso et de Pétosiris : il y était fait appel aux *anaphorai*, au moins pour le premier *climat* (Alexandrie). Si l'état des fragments ne permet guère de se faire une idée précise de la façon dont les premiers astrologues ont appliqué la théorie de l'*Anaphorikos*, les textes ultérieurs font apparaître qu'ils se contentent le plus souvent de reporter la table « canonique » des *anaphorai*, soit avec des erreurs qui révèlent leur incompréhension de la question, soit correctement mais sans aucune explication ; même à une époque tardive, les progrès introduits par le recours à la trigonométrie (dès Hipparque) et les corrections de Ptolémée restent pratiquement sans écho. Le même conservatisme apparaît dans les textes, moins nombreux, qui livrent, avec la table, la méthode destinée à effectuer le calcul pour n'importe quelle latitude : c'est un emprunt direct à Hypsiclès et aux prototypes babyloniens. Cependant, la théorie des *anaphorai* telle qu'elle fut définie à Alexandrie a connu plusieurs applications importantes : sur elle reposent les spéculations à propos des sept climats ou latitudes géographiques du monde habité, et à propos des durées de vie que peuvent espérer les hommes. Elle fournit aussi au poète Manilius l'occasion d'une méditation particulièrement dense sur la notion de temps.

André Allard, « Les précurseurs de Diophante d'Alexandrie et l'authenticité du texte grec des *Arithmétiques* » :

Des exemples célèbres, comme ceux d'une partie des œuvres d'Archimède, d'Apollonius ou de Pappus, illustrent bien l'intérêt exceptionnel que peut offrir la connaissance d'œuvres scientifiques de l'Antiquité grecque, perdues dans la langue originale et retrouvées, au moins partiellement, dans des traductions arabes. La découverte en 1971 par R. Rashed d'une traduction arabe par Qustâ ibn Lûqâ (IXe s.) de quatre livres des *Arithmétiques* de Diophante d'Alexandrie, perdus en grec, a bouleversé toutes les hypothèses sur le contenu de l'œuvre du mathématicien. Il n'en reste pas moins que la lecture de Diophante, soit dans les six des treize livres conservés en grec, soit dans les quatre livres arabes, pose de nombreux problèmes dont le plus important pour les historiens des sciences concerne l'authenticité même du texte tel qu'il nous a été transmis par une tradition byzantine dont les témoins les plus anciens ne sont pas antérieurs à la fin du XIIIe siècle. Plusieurs éléments récemment identifiés permettent d'aborder cette question de l'authenticité de l'œuvre grecque. Le premier est de nature à la fois mathématique et paléographique ; il permet de constater dans un fragment du papyrus Michigan 620 l'existence d'un problème résolu à la manière diophantienne et la présence d'une abréviation qui est exactement celle de l'ἄλογος ἀριθμός diophantien dans les plus anciens manuscrits grecs conservés. Le second est la citation par le Pseudo-Élias de Diophante comme maître de la logistique, à une époque où la distinction platonicienne entre l'arithmétique théorique à la manière de Nicomaque et la logistique du calcul était depuis longtemps tombée en désuétude. Enfin, l'utilisation systématique par le mathématicien arabe al-Karajî d'une version des *Arithmétiques* qui n'est pas celle connue en grec procure une importante source de comparaison, à la fois sur l'état dans lequel nous sont parvenus certains problèmes et sur l'authenticité de certaines résolutions, particulièrement des secondes résolutions proposées à maintes reprises par le texte grec.

(Le texte de la communication ne nous est pas parvenu pour insertion dans les Actes)

Gilbert ARGOUD, « Jean Palerne à Alexandrie » :

Né en 1557 dans la banlieue de Saint-Étienne, Jean Palerne devint à 19 ans, en 1576, secrétaire de François, Duc d'Anjou et d'Alençon, et frère du Roi Henri III, avec qui il voyagea en Europe. Il abandonna cette fonction de secrétaire en 1579 pour se consacrer à la poésie et préparer le grand voyage qu'il entreprit en Orient de 1581 à 1583. Parti de Venise, il arriva à Alexandrie le 20 juillet 1581, pour y séjourner quelque temps, et la description qu'il fait de la ville ne manque pas d'intérêt. Après avoir atteint Jérusalem, il revint à Lyon, avant de se fixer à Orléans. C'est dans cette ville qu'il mourut en 1592, à l'âge de 35 ans.

Gilbert ARGOUD, « Héron d'Alexandrie et les *Pneumatiques* » :

Au Ier siècle de notre ère, Héron d'Alexandrie a produit une œuvre importante qui est en grande partie parvenue jusqu'à nous (cinq volumes dans l'édition Teubner). Il a notamment rédigé des *Pneumatiques*. Le mot «pneumatiques» désigne un ensemble d'appareils qui utilisent le «souffle», *pneuma* en grec, c'est-à-dire la pression de l'air, de la vapeur et également de l'eau, avec usage de siphons, pour obtenir une réaction ou un mouvement. Certains appareils peuvent être utiles, comme la pompe à incendie, ou des dispositifs permettant d'alimenter automatiquement une lampe en huile ; mais d'autres le sont moins, par exemple ceux qui permettent d'obtenir des chants d'oiseaux ou de la musique. D'autres enfin ont un caractère merveilleux, propre à étonner le spectateur ; c'est le cas de récipients où l'on verse de l'eau et d'où il sort du vin, par exemple.

Les *Pneumatiques* d'Héron se répartissent en deux livres, sans plan cohérent. Les appareils décrits par Héron ont existé, et les fouilles archéologiques montrent que plusieurs dispositifs qu'il décrit étaient déjà connus bien avant lui. Tous ces appareils demeurent de petite taille, à base de vases, de lampes ou d'ustensiles de ce genre. Une fois, en I,10, l'auteur précise que la sphère utilisée doit avoir une contenance de six cotyles, soit un peu plus d'un litre et demi. L'autel de II,3 est en verre ou en corne, ce qui exclut un objet important. Tout suggère que les appareils proposés par Héron sont de petite taille, à caractère ludique.

Germaine AUJAC, « Ératosthène et la géographie physique » :

Si, en tant que géographe, Ératosthène est surtout connu pour sa mesure de la circonférence terrestre et ses tentatives cartographiques, il s'est également intéressé de près aux problèmes de géographie physique. Il reprend et discute les hypothèses géologiques formulées par les uns ou les autres, concernant la formation du bassin Méditerranéen, il analyse et tente d'expliquer les courants inverses que l'on observe dans les détroits et qui avaient tant intrigué Aristote à Chalcis. Ératosthène est un bon représentant de la polymathie tellement en honneur à Alexandrie.

Béatrice Bakhouche, « L'héritage alexandrin dans les textes latins d'astronomie » :

A partir du corpus de textes latins d'astronomie, qui ne constituent d'ailleurs jamais une œuvre complète mais seulement une partie – corpus essentiellement constitué du livre II de l'*Histoire naturelle* de Pline, du *Commentaire au Songe de Scipion* de Macrobe, du *Commentaire au Timée* de Calcidius et du livre VIII des *Noces de Philologie et Mercure* de Martianus Capella –, nous nous interrogerons sur les liens qui les unissent à la période hellénistique en général et à Alexandrie en particulier. Sont-ils redevables –ou non – à un savant comme Ptolémée, que ce soit en astronomie ou en « géographie mathématique » ?

Micheline Decorps-Foulquier, « Eutocius d'Ascalon éditeur des *Coniques* d'Apollonios de Pergé » :

Le commentateur d'Archimède, Eutocius d'Ascalon (VIe siècle), qui fut l'élève du philosophe Ammonius d'Alexandrie, a procuré une édition commentée des quatre premiers livres du traité des *Coniques* d'Apollonios de Pergé. C'est dans cette recension que nous lisons aujourd'hui le texte d'Apollonios, puisque ni les Grecs ni les Arabes n'ont transmis le texte original des livres 1-4.

La présente étude inscrit les travaux mathématiques d'Eutocius sur Archimède et Apollonios de Pergé dans une tradition d'exégèse bien attestée depuis l'époque hellénistique pour d'autres types de textes. On s'attache en particulier à saisir dans sa pratique du commentaire des ouvrages d'Archimède sa conception d'un texte « clair » et on confronte cette exigence avec les principes suivis dans son édition commentée des *Coniques*. Les éléments de cette réflexion doivent être ajoutés aux données concrètes de la tradition indirecte pour mieux percevoir la nature et la portée des transformations que le texte d'Apollonios a pu subir à la faveur de la recension d'Eutocius.

Joëlle Delattre, « Théon de Smyrne : modèles mécaniques en astronomie » :

Théon de Smyrne, auteur grec du début du IIe siècle de notre ère, propose dans son *Exposition des connaissances mathématiques utiles à la lec-*

ture de Platon un petit traité d'astronomie dont l'intérêt pédagogique et épistémologique n'a pas été jusqu'ici vraiment reconnu.

Les différentes hypothèses géométriques utilisées par les mathématiciens grecs pour rendre compte des mouvements apparents des « astres errants » y sont exposées ; puis la démonstration de leur conciliation est tentée d'abord mathématiquement, et « physiquement » ensuite, en référence à la construction d'une sphéropée mécanique « platonicienne » dont l'auteur propose le plan et l'explication du fonctionnement.

Ce texte témoigne ainsi d'une approche originale du mouvement planétaire parce qu'il cherche à en concilier l'appréhension géométrique et l'appréhension mécanique, en affichant en même temps le projet de faire comprendre au lecteur les grands textes cosmologiques de Platon.

Michel Federspiel, « Sur un emploi de *sèmeion* dans les mathématiques grecques » :

Dans la définition d'Euclide, *Éléments* 1,4, le mot σημεῖα a le sens d'« extrémités », fondé sur le sens primitif de « marque, repère ». Quelques attestations de ce sens de σημεῖον dans la littérature mathématique grecque.

Simonetta Feraboli, « Astrotesie celesti in antichi cataloghi stellari » :

La comunicazione analizza l'evoluzione delle astrotesie celesti attraverso lo studio dei cataloghi stellari di Eudosso, Ipparco, Eratostene, del florilegio ermetico *De decanis* sino alla codificazione tolemaica. Dall'esame si può desumere che le osservazioni astronomiche antiche furono sostanzialmente indipendenti una dall'altra, nonostante gli astronomi conoscessero il più delle volte gli studi dei loro predecessori.

Philippe Fleury, « Les sources alexandrines d'un ingénieur romain au début de l'Empire » :

Étude de la place occupée par les savants alexandrins dans la littérature scientifique et technique latine. Nous essayons de montrer, à titre d'exemple, que Ctésibius est une source directe de plusieurs passages du *De architectura* de Vitruve. Cela permet de situer l'auteur latin dans la transmission des connaissances mécaniques entre Philon de Byzance et Héron d'Alexandrie. Mise au point sur l'application de quelques principes mécaniques dans le monde romain : exemple des machines de jet, de la pompe à pistons et de l'orgue hydraulique.

Françoise Gaide, « Le témoignage des textes médicaux latins sur les médecins alexandrins » :

Nous avons souhaité, en utilisant les beaux recueils (gréco-latins) de K. Deichgräber, M. Michler, et surtout H. von Staden, examiner à part le témoignage des textes médicaux latins, pour en dégager l'originalité et les caractéristiques.

Ce témoignage est riche et varié. Si nos auteurs médicaux latins ont généralement négligé les découvertes anatomiques et les créations terminologiques, souvent métaphoriques, d'Hérophile, les lignes de Celse sur la pratique, par ce médecin alexandrin, de la vivisection humaine sont cependant capitales. Pline, curieux de *mirabilia*, a évoqué deux fois la théorie sphygmologique (unissant médecine et poésie) de ce même Hérophile. Dans le domaine de la pathologie et de la sémiologie, alors que les textes grecs sont assez pauvres, le matériel, qui atteste, notamment, des entités nosologiques entièrement nouvelles, est surtout fourni par Caelius Aurelianus. Il en est de même pour la thérapeutique, à condition bien sûr de mettre à part la pharmacologie, sur laquelle ont témoigné, parmi les Latins, aussi bien Scribonius Largus que Pline ou Celse. En chirurgie Celse est un témoin essentiel. Les travaux philologiques des médecins alexandrins (éditions, commentaires, lexiques hippocratiques) n'ont guère intéressé les Latins ; on pourrait être tenté de dire la même chose des travaux doxographiques, mais ce serait oublier la *Préface* de Celse, de source probablement empirique, qui est assurément témoignage.

L'auteur le plus important nous paraît être Celse, qu'il s'agisse de la *Préface* ou du corps du *De medicina*, même si certains livres sont assez hippocratiques. Nous ajouterons qu'alors que Galien, par sa célébrité, a contribué à faire oublier l'œuvre d'un Hérophile tout autant qu'à en conserver le souvenir, notre encyclopédiste latin a, lui, le mérite de l'innocence !

Jean-Yves Guillaumin, « Présence d'Euclide dans un traité du corpus gromatique des années 100 après J.-C. : l'*Expositio et ratio omnium formarum* de Balbus » :

Dans le corpus gromatique édité par Lachmann (Berlin, 1848) figure ce qui reste d'un traité mathématico-agrimensorique dont l'auteur, Balbus, n'est pas autrement connu. Balbus, dans les années 100, a voulu donner un manuel utile aux apprentis techniciens du cadastre. Aussi fait-il alterner l'exposé des éléments de base de la géométrie et leurs applications au domaine de la gromatique. Le traité a évidemment subi plusieurs influences : la littérature (pseudo ?) héronienne certainement, Géminus peut-être. Mais il se recommande aussi parce que nous y trouvons toute une série d'emprunts euclidiens, notamment pour les définitions des êtres géométriques comme le point, la ligne, la surface, etc. Qu'il ait ou non emprunté les traductions latines qu'il donne de ces définitions à des prédécesseurs, et par exemple aux œuvres disparues de Varron, nous avons là un témoignage rare et assez ancien du fait qu'il existait à Rome une littérature géométrique directement traduite d'Euclide, bien avant l'époque de Boèce ou du Pseudo-Boèce à qui l'on attribue souvent la première traduction d'Euclide en latin. Il n'est pas étonnant qu'après avoir servi à la formation des *agrimensores*, ce traité, mis sous forme d'*excerpta*, ait été utilisé pendant plusieurs siècles pour l'enseignement des rudiments de la géométrie, au moins jusqu'à l'époque carolingienne dont un certain nombre de mss. le contiennent encore.

Wolfgang Hübner, « Astrologie et mythologie dans la Tétrabible de Ptolémée » :

Dans sa « Tétrabible », Ptolémée n'a donné aux signes zodiacaux et extra-zodiacaux qu'un rôle marginal, en préférant l'influence des planètes. C'est ainsi qu'il a négligé aussi leurs mythes. En traitant les planètes, il a marqué une distance nette entre les dieux et les étoiles qu'elles gouvernent. Tout de même, il a adopté de ses prédécesseurs quantité de significations qui s'expliquent par la mythologie, non seulement au chapitre extravagant sur les jumeaux et les triplés (3,8), mais aussi dans la réduction des constellations et de leurs étoiles les plus brillantes à des forces planétaires (1,9), qui ne représentent pas seulement, comme on a pensé jusqu'ici, des catégories d'éclat et de couleur, mais qui remontent en partie à des catastérismes mythiques.

André Hurst, « Géographes et poètes : le cas d'Apollonios de Rhodes » :

La fascination devant l'étrangeté du monde est depuis longtemps utilisée comme un ressort de la poésie lorsque les Alexandrins entreprennent simultanément d'établir l'inventaire de leur littérature et d'en renouveler quelques principes fondamentaux. Mais peut-on, en géographie, conjuguer la volonté d'exactitude qui préside aux sciences exactes et les sentiments que recherche une poétique ouvertement vouée à la subtilité ? Sans aller jusqu'à la versification du savoir géographique telle que l'illustrera plus tard Denys le Périégète, il existe des possibilités d'intégration de cette forme de savoir dans le monde de la poésie nouvelle. Callimaque et Lycophron pourraient en offrir de bons exemples. Cependant, s'il est question de géographie, c'est à l'évidence l'épopée des Argonautes qui offre un terrain de choix : Apollonios de Rhodes se montre conscient du fait que la géographie forme une sorte de basse continue de cette légende. Et l'on peut dire que si, aux yeux de Strabon, Homère est l'ἀρχηγέτης des connaissances géographiques, il n'est pas trop surprenant que l'homérisant Apollonios de Rhodes n'ignore pas cette dimension du matériau épique. Se porter en amont de la matière de Troie et tenter d'intégrer la nouvelle vision d'un monde élargi par les conquêtes macédoniennes, c'est l'ambition que l'on sent confusément dans les *Argonautiques*. Le recours au savoir géographique dans un passage du deuxième chant (2. 899-1029) et dans un passage du quatrième chant (4. 492-658) nous montre la variété des procédures permettant au poète de faire accéder la géographie au niveau du récit poétique.

Jean IRIGOIN, « Les éditions de poètes à Alexandrie » :

1. De la librairie attique à la bibliothèque du Musée.
2. Des didascalies d'Aristote aux travaux bibliographiques de Callimaque.
3. Principes critiques et contraintes matérielles.
4. Relation entre édition et commentaire.
5. Les poètes alexandrins du IIIe siècle comme éditeurs de leurs propres œuvres.
6. Le témoignage des papyrus ptolémaïques.

Christian JACOB, « La bibliothèque, la carte et le traité. Les formes de l'accumulation du savoir » :

Le propos porte sur les conditions générales de la science alexandrine et sur certains des mécanismes de la production du savoir, qui sont communs aux disciplines scientifiques, mais aussi philologiques et littéraires se développant autour de la grande bibliothèque : développement des traités, travail de compilation et de redistribution des informations (dans des listes, des catalogues, des dictionnaires, des cartes), transformation des données partielles et locales en système général, liens entre la périphérie et le centre alexandrin, etc. La communication est une tentative pour dégager certaines figures majeures de l'épistémologie alexandrine, et pour situer la science dans le cadre plus vaste de l'ensemble de la culture alexandrine.

Jean LALLOT, « La quête de rationalité dans la grammaire alexandrine » :

A la fois philologue (*grammatikós*) et linguiste (*technikós*), héritier de la double tradition des bibliothécaires-éditeurs et des philosophes du langage, le grammairien alexandrin est confronté à la gageure de donner une description raisonnée et cohérente d'un matériau extrêmement polymorphe. Il fonde sa technologie descriptive sur l'hypothèse modulée d'une langue principiellement régulière (*analogía*), mais exposée à des altérations (*páthē*) qui en masquent la régularité. Son effort porte alors sur l'élaboration d'un discours « pathologique » lui-même pénétré de rationalité, tendant à rendre raison de l'irrationnel et à régulariser l'irrégularité.

Gabriele MARASCO, « Cléopâtre et les sciences de son temps » :

Les témoignages concernant la vie intellectuelle à Alexandrie à l'époque de Cléopâtre permettent de relever un essor remarquable des sciences, en particulier de l'astronomie, de la philologie et surtout de la médecine, après la période sombre qui avait suivi l'expulsion des intellectuels par Ptolémée Physkon. Bien que les témoignages soient limités et très dispersés, il est possible de dégager l'œuvre de quelques personnages, en particulier de

Dioscoridès « Phakas », médecin de Cléopâtre, qui s'est distingué non seulement dans la lexicographie médicale, mais aussi par ses études de médecine appliquée. Ce développement de l'activité scientifique, qui avait donné un nouvel attrait aux écoles d'Alexandrie, était l'effet aussi du patronage de Cléopâtre, dont la culture et l'attention pour les sciences doivent être reconnues, malgré quelques exagérations des sources anciennes ; elle s'intéressait en particulier aux aspects pratiques de la médecine et surtout à la pharmacologie.

Didier Marcotte, « La climatologie d'Ératosthène à Poséidonios : genèse d'une science humaine » :

La découverte de la plaine indo-gangétique, au tournant des 4e-3e s. av. notre ère, a offert aux géographes une occasion nouvelle d'examiner les rapports entre latitude, conditions atmosphériques, vie animale et végétale. Reconnue par Ératosthène, la spécificité de l'Inde a donné lieu à des modèles d'analyse cartographique, que Poséidonios d'Apamée a appliqués aussi à l'étude de l'homme en société. De discipline géométrique qu'elle était au départ, la climatologie devenait une science humaine.

Elisa Romano, « I colori artificiali e le origini della chimica » :

Come è noto, i più antichi testi alchemici a noi giunti, ovvero i papiri di Leyda e di Stoccolma e i frammenti dei *Physiká* di Bolos di Mendes (lo pseudo-Democrito), cui bisogna aggiungere i capitoli finali del libro VII del *De architectura* di Vitruvio e alcune notizie contenute nella *Naturalis historia* di Plinio, si presentano come ricettari per la preparazione dei colori artificiali. Partendo delle testimonianze di età romana, sono affrontati da un lato un problema filologico, relativo alla ricostruzione di una tradizione di trattati sui colori artificiali (e, in particolare, il problema della possibile dipendenza di Vitruvio da Bolos), dall'altro la questione più ampia riguardante il ruolo centrale del colore e della tintura nella costituzione del sapere chimico nell'antichità : ruolo centrale legato alle origini di un sapere che nasce sul terreno della pratica piuttosto che all'interno di una speculazione teorica.

Amneris Roselli, « Tra pratica medica e filologia ippocratica : il caso di Apollonio di Cizio » :

Il περὶ ἄρθρων di Apollonio di Cizio, tramandato nel grande manoscritto della collezione chirurgica di Niceta (Laur. gr. 74.7) ed accompagnato da 30 illustrazioni, è uno dei più antichi esempi greci a noi noti di libri di medicina illustrati. Dal testo del περὶ ἄρθρων di Ippocrate Apollonio ha estratto le parti che descrivono interventi di riduzione e le ha trascritte accompagnandole con illustrazioni. Testo ippocratico ed illustrazioni sono dunque impiegati da Apollonio per costruire un nuovo manuale per la riduzione delle lussazioni. Gli interventi di Apollonio si limitano per lo più a frasi di raccordo che legano tra di loro testo ippocratico ed illustrazioni ed esplicitano i criteri di disposizione della materia. Questo scritto ha potuto essere scambiato per un commento perché contiene molto testo ippocratico (ma non si tratta di lemmi da commentare) e perché in esso trovano spazio alcune sezioni erudite in cui Apollonio critica interpretazioni ed opinioni di autorità precedenti (il lessicografo Baccheios e il medico erofileo Hegetor) ; ma P. Potter ha definitivamente chiarito che si tratta di una *pragmateia* autonoma. Attraverso l'analisi dettagliata del testo, e servandomi di confronti con la tradizione del testo di Arato attraverso Attalo ed Ipparco, mostrerò quale uso Apollonio fa dei risultati conseguiti dalla filologia ippocratica della prima età ellenistica e cercherò di precisare la natura e la finalità del suo περὶ ἄρθρων.

Carlo Santini, « Sulle tracce dei catasterismi di Eratostene a Roma » :

Questa indagine si propone di accostare i termini della figura di Eratostene scienziato e filosofo con la tradizione, largamente attestata, che riporta la sua attività letteraria di raccoglitore ed espositore di leggende astrali (catasterismi). Partendo da alcune fonti latine (Igino, gli scoli a Germanico, il commento alle Georgiche attribuito a Probo), vengono evidenziati alcuni aspetti della mitografia astrale di Eratostene, reperibili nei perduti poemetti *Hermes* ed *Erigone*, come anche nella discussa opera in prosa sui catasterismi ; il proposito complessivo mira a restituire una certa unità culturale alla figura del letterato « filologo », inteso come chi « espone molte cose e insieme le spiega » (Leski).

Heinrich von Staden, « Andréas de Caryste et Philon de Byzance : médecine et mécanique à Alexandrie » :

Les relations entre la technologie alexandrine (en particulier la mécanique et la pneumatique) et la médecine hellénistique ont été une source de controverse au moins depuis l'étude de Hermann Diels sur la physique de Straton. Une grande partie du débat moderne s'est concentrée sur la nature des affinités entre les théories physiologiques du médecin Érasistrate, les théories physiques du péripatéticien Straton, et les principes théoriques fondant la technologie pneumatique de Ctésibius et Philon de Byzance.

Pourtant les interactions entre la médecine hellénistique et la technologie alexandrine allaient bien au delà d'Érasistrate et son école et comprenaient bien plus que des affinités entre les théories physiologiques et les principes théoriques de la technologie contemporaine. Cette interaction s'étendait aussi à des sphères pratiques comme la chirurgie, notamment aux nouveaux appareils techniques utilisés dans la chirurgie orthopédique. Cette communication propose deux exemples d'appareils, tous deux probablement inventés entre 250 et 217 avant Jésus-Christ et qui ne nous sont connus que sous une forme très incomplète, à savoir à travers les informations excitantes mais partielles qu'ont transmises Celse, Galien et Oribase.

Le premier appareil est une machine pour la réduction des luxations, inventée par l'influent médecin de Ptolémée IV Philopator, Andréas de Caryste, contemporain presque exact d'Archimède. Le second est une machine similaire inventée par un médecin contemporain d'Andréas, Nymphodore. Cette machine pour la réduction du fémur lui apporta une renommée durable dans l'Antiquité. Des sources anciennes comparent explicitement la machine d'Andréas à une machine similaire ayant une fin semblable, attribuée à Archimède, et aussi bien la machine d'Andréas que celle de Nymphodore sont comparées aux inventions de *mechanikoi andres* (dont Archimède) qui n'étaient pas des *iatroi*. Il apparaît ainsi que les anciens avaient déjà reconnu les affinités existant entre les nouvelles machines inventées et utilisées par les médecins et la mécanique alexandrine.

Une analyse, premièrement, de la terminologie technique détaillée employée pour décrire les parties et les fonctions des deux appareils médicaux, et, deuxièmement, de leurs principes mécaniques (dans la mesure où les informations fragmentaires permettent une reconstruction de leurs principes) confirme l'ancienne hypothèse selon laquelle la nouvelle technologie mécanique alexandrine eut un impact considérable sur la technologie médicale.

Fabio STOK, « La fisiognomica fra teoria e pratica » :

Ad Alessandria la fisiognomica conobbe un indirezzo applicativo, rilevabile nella produzione biografica (in cui il trattato fisiognomico diventa un modulo canonico della biografia letteraria) ed anche nei reperti papiracei. Nella tradizione successiva, di età imperiale, l'indirizzo « alessandrino » convive con quello di carattere più marcatamente « teorico » alimentato dalla tradizione aristotelica.

Alain TOUWAIDE, « Le médicament en Alexandrie : de la pratique à l'épistémologie » :

L'article étudie les théories proposées dans la médecine d'époque alexandrine pour expliquer l'action du médicament. Du Lycée à Dioscoride, il retrace les conceptions de Dioklês, des Empiriques et d'Erasistratos au départ de fragments ou des développements plus amples qui nous sont parvenus. Par ailleurs, il constate la progressive transformation du débat : au départ d'une analyse conceptuelle relativement abstraite, il inclut de façon chaque fois plus marquée l'examen des méthodes qui portent à la formulation des théories, soit la création d'un savoir de type réflexif, qui analyse autant les résultats de son travail que les méthodes qui y ont porté.

Table des matières

Géographie

Astronomie

Philosophie et critique textuelle

Conclusions[1]

1 - Nous remercions Christian Jacob qui, en l'absence de J.-Y. Guillaumin malencontreusement hospitalisé, a bien voulu se charger de faire la synthèse et de tirer les conclusions du colloque.

Ouvrage composé par
Houria Boundaoui
Ateliers typographiques
de l'Université de Saint-Étienne

Achevé d'imprimé
sur les presses de l'"Imprimerie Dumas
Numéro d'ordre 34195

Dépôt légal : Mars 1998

IMPRIMÉ EN FRANCE